현대제어공학

개정판

상태방정식의 이해

최연욱 지음

홍릉과학출판사

머 | 리 | 말

상태방정식 표현에 기초를 두는 현대제어이론의 기본적인 이해와 그 설계법 등을 중심으로 다룬 '현대제어공학'이 출간된 지 벌써 3년 이상이 경과하였다. 그간 본서를 교재로 하여 진행된 세 학기 이상의 강의 경험을 바탕으로 판단하면, 학부 3학년 과정에서 '제어'관련 과목을 수강하는 학생들의 자세는 대략 다음과 같은 것으로 생각된다.

- 수식의 전개에 대한 거부감이 크다.
- 이론과 실제 사이의 연결성을 가지지 못하기 때문에 강의에서 배운 내용을 실험실에서 전혀 적용하지 못하고 있다.
- 소위 이과계의 기초과목, 예를 들어 물리, 화학, 대수학 등에 대한 기초가 많이 부족하다.

이상의 느낌은 물론 학교(혹은 학과)마다 달라질 수 있겠지만, 특히 이공계 학생임에도 불구하고 수식전개에 대한 어려움을 호소하는 교수들이 많은 것을 고려한다면 저자가 몸담고 있는 부경대학교만의 사정은 아닌 것 같다. 대학 1학년 과정에서 이공계 학생들을 위한 기초과목이 소위 교양과목으로서 개설되어 있지만 전공과목의 이수를 위해서는 부족한 감이 없지 않는 것이 사실이다.

본서는 특히 행렬 등을 이용한 수식전개가 다용되고 있기 때문에 학생들에게 상당한 부담으로 작용할 것으로 판단된다. 이러한 관점에서 학생들이 제어이론을 수식보다는 그림으로 이해할 수 있도록 해야겠다는 목표를 세우고 본서의 내용을 재정비하여 개정판을 내게 되었다. 이번 개정판은 다음의 두 항에 중점을 두었다.

(1) 가능한 범위 내에서 수식전개를 생략한다.
(2) MATLAB 및 SIMULINK를 활용하여 시각적으로 '제어'의 의미를 이해할 수 있도록 한다.

몇 회에 걸친 개정판의 수정과정을 거치면서 단 두 가지뿐인 중점사항마저도 제대로 지키지 못한 것 같은 느낌을 지울 수 없다. 아무리 훌륭한 소프트웨어를 사용한다고 하더라고 기본적인 수학을 배제하고는, 어떤 대상을 목표하는 바대로 제어하기 위한 과정을 이해할 수 없기 때문이다. 이러한 점을 제외한다면 이번 개정판은 MATLAB란 훌륭한 소프트웨어를 사용하여 예제 등을 작성하였기 때문에 시각적인 '이해'에는 상당한 도움이 될 것으로 생각한다.

수강하는 학생들의 능력에 따라 본서의 내용을 적절히 가감-예를 들어 수식전개에 흥미가 있다면 [요점]의 증명부분 등에 초점을 둘 수 있을 것이며, 그렇지 않다면 [요점]의 설명 이후 바로 [예제]를 활용하여 이 요점의 의미를 그림 등으로 설명-한다면 현대제어이론을 이해하는데 있어 상당한 도움이 될 것으로 생각된다. 본서가 상태방정식을 중심으로 하는 현대제어이론의 이해에 조금이나마 도움이 되길 바란다. (개행 후) 본서에서 사용된 MATLAB m-file과 SIMULINK file이 필요한 독자는 저자의 E-mail 주소로 연락주기 바란다.

2012년 2월

최 연 욱

차 | 례

제1장 제어공학의 목적

제2장 시스템과 수식모델과 제어이론

제3장 상태방정식의 해와 시스템의 안정성

제4장 가제어성, 가관측성과 선형시스템의 구조

제5장 상태피드백과 관측기

제6장 최적제어

제7장 서보시스템의 설계

부록

제 1 장 제어공학의 목적

1.1 제어의 역할

제어공학의 사명은, 어떤 대상을 목적에 맞게 능숙하게 조절하는 것이라고 할 수 있다. 대상으로 하는 것은 주로 여러 종류의 공업용 장치이며, 기계 · 전기 · 제철 · 화학공업 등 많은 분야에 걸쳐있다. 더욱이 최근에는 경제, 사회, 의학, 농학 등 공학 이외의 분야로의 응용에도 많은 성과를 거두고 있다.

하나의 예로서 자동차 운전에 대하여 생각하여 보자. 물론 자동차를 움직이게 하는 것은 엔진에서 발생하는 힘이지만, 주행 중의 안정성이나 승차감도 충분히 배려하면서 원하는 목적지로 가기 위해서는 이것(힘)만으로는 불충분하다. 다시 말하면, 현재의 위치, 속도 및 도로상황 등을 참고한 적절한 판단에 의해 엔진의 힘을 조절하는 (인간의) 「두뇌」 작용이 있어야 만이 자동차를 이용하는 목적, 즉 자동차를 대상으로 하는 제어목적이 달성될 수 있다는 것이다.

물체를 움직이는 것은 대부분의 경우, 전기, 기계, 유체 열 등과 같이 어떤 형태의 힘(power)이지만, 위의 예에서 알 수 있는 바와 같이 대상을 목적에 맞게 능숙하게 움직이기 위해서는, 대상이 놓여있는 상태를 계측하여 이 정보를 바탕으로 하는 판단에 의해 힘을 조절하여야 할 필요가 있다. 이러한 기능을 제어(control)라고 한다.

이러한 제어를 전문적으로 연구하는 학문이 제어공학이다. 따라서 제어공학에서는 대상의 현 상황을 파악하기 위해 필요한 정보의 수집, 다시 말하면 대상에서 발생되는 정보(신호)의 처리가 필요할 뿐만 아니라, 동시에 대상으로 들어가는 에너지 흐름의 조절에도 많은 관심을 기울여야 한다. 이와 같이 에너지와 정보의 양쪽에 관련이 깊다는 사실은 제어공학의 하나의 특색으로서, 에너지변환을 중심으로 해서 발달해 온 기계공학이나 전기공학, 정보의 처리를 중심으로 하는 통신공학이나 컴퓨터공학이 제어공학을 하나의 접점으로 하고 있는 것으로 볼 수 있다.

자동차의 예에서는 제어를 운전자(사람)가 수행하고 있지만, 이 기능을 인간이 아니고 기계가 할 수 있도록 하는 것을 자동제어(automatic control)이라고 하며, 이를 위한 장치를 제어장치(controller)라고 부른다. 자동차와 같이 제어되는 대상을 제어대상(controlled system)이라고 하며, 어떤 제어대상이 제어장치에 의해 자동제어 될 때, 이 전체 시스템을 자동제어시스템(automatic control system), 또는 단순히 제어시스템이라고 부르기도 한다.

1.2 제어의 세 가지 형태

넓은 의미에서 제어를 그 형태에 따라 세 개의 분야로 나눌 수 있다.

자동차의 경우를 생각하면, 일반적으로 출발하기 전에 목적지까지의 거리나 도로의 혼잡정도 등을 고려하여 경로, 출발시각, 도중에서의 휴게 등의 계획을 세우는 것이 보통이다. 화학플랜트 등에서도 원재료의 수입이나 제품의 수요, 생산의 효율이나 에너지 절약 등을 생각하면서, 조업계획이나 조업조건 등을 결정한다. 선박의 운항계획이나 로켓의 궤도 등도 마찬가지이다. 이와 같은 단계를 '제어계획(control plan)'이라고 부르며, 주어진 조건 아래 최적인 계획을 찾아내기 위하여, 수리계획법, 최적제어이론 등이 활용되고 있다.

다시 자동차의 경우를 가지고 생각하여 보자. 사려 깊은 운전자라면 출발하기 직전에 엔진의 시동을 걸어본다든지, 브레이크를 확인하며, 또한 운행도중에 여러 가지 상황에 따라 와이퍼(wiper)를 움직이거나 조명을 켜거나 끄며 에어컨 등을 동작시키게 될 것이다. 이와 같이 동작 · 정지, 점등 · 소등 등과 같이 몇 가지의 이산적인 상태를 지니는 기기에 대해서 상황을 고려하면서 정해진 순서에 따라 상태를 변경시키는 조작을 '시퀀스제어(sequential control)'라고 한다. 화학플랜트와 같은 공업장치에 있어서도, 모터의 시동 · 정지, 밸브의 열림 · 닫힘, 점화 · 소화 등과 같이 여러 종류의 변환장치가 있으며 이를 이용한 시퀀스제어가 실시되고 있다.

다시 자동차의 예로 돌아가서, 자동차는 아무리 계획을 잘 세웠다고 하더라도 계획에 정해진 경로만을 따라서 움직이는 것은 아니다. 도로의 상황에 따라 속도를 조절하기도 하고, 혹은 경로를 변경하지 않으면 안 되는 경우도 생길 수 있다. 선박의 운항도 바람이나 파도에 의해 발생하는 계획항로와의 차이를 수정하지 않으면 안 된다. 화학플랜트에서도 어떤 정해진 온도를 유지하면서 조업하려고 한다면, 외부온도의 변화 혹은 예측하지 못했던 원인 등에 의한 온도변동으로 인해 이를 수정해야 할 필요가 발생한다. 이와 같이 여러 종류의 예측할 수 없는 원인에 의해 발생하는 목표값으로부터의 이탈을, 그 이탈의 종류나 크기 등에 따라 적절한 판단과 조치를 취하여 수정하는 것을 '피드백제어(feedback control)'라고 한다.

위에서 언급한 시퀀스제어와의 가장 큰 차이점은 실제의 출력을 원래 계획한 목표값과 비교하여 이 결과에 따른 제어입력을 생성한다는 것이다. 즉 출력을 입력 쪽으로 되돌리는(feedback) 작용에 의해 시스템에 하나의 루프(loop)가 형성되었다는 것이다([그림 1.1] 참조). 이로 인해 피드백제어를 '폐루프제어(closed-loop control)'라고 하기도 한다.

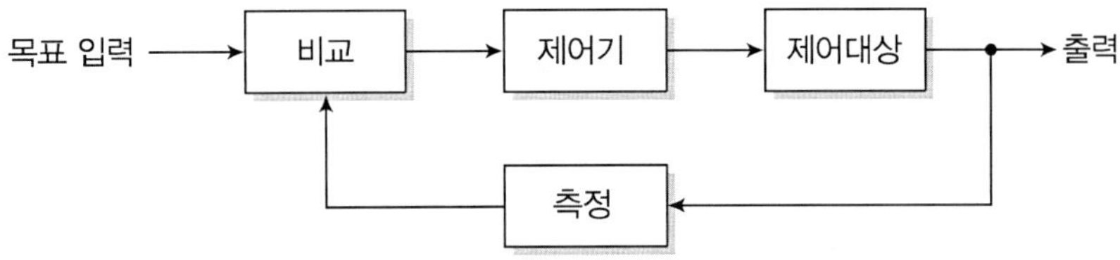

그림 1.1
피드백제어시스템

제어하고자 하는 변수가 늘어남에 따라 전체 제어시스템도 복잡하게 되며, 당연히 변수 사이의 상호관련성이 제어에 있어 중요한 요소의 하나가 될 것이다. 이와 같은 경우를 '다변수제어시스템(multivariable control system)'이라고 하며 [그림 1.2]에 이를 도식적으로 표시하였다[1].

이와 같이 피드백을 제어에 도입함으로서 원하는 출력으로의 제어가 가능하게 되었고, 동시에 정밀성이 대폭 향상 되었다. 그러나 출력응답의 안정성의 면에 있어서는 주의가 요망된다[2].

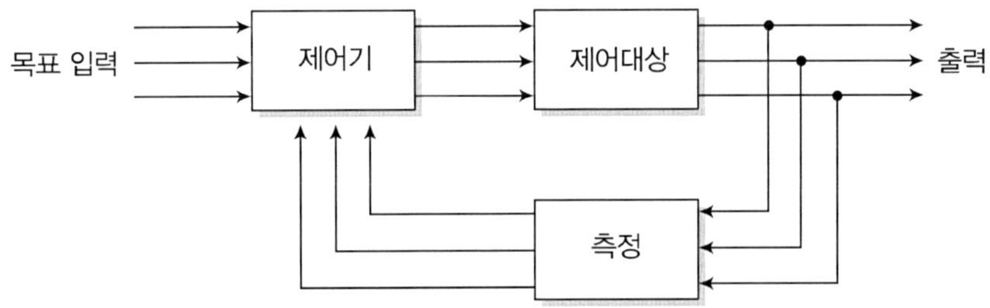

그림 1.2
다변수제어시스템

1.3 피드백제어의 예

자동제어시스템의 예를 몇 가지 들어본다.

예제 1.1

근대적인 자동제어는 James Watt에 의한 증기기관의 원심조속기(1788)로부터 시작된다고 하는 것이 일반적인 정설이다. 이와 같은 조속기(governor)의 요점은 [그림 1.3]에 나타낸 바와 같이 구형의 철제 추를 중심축에 매달아서 속도를 제어했다는

1) 1.6절 참조.
2) 제3장 이후 참조.

것이다. 그림에서와 같이 중심축을 기관과 연동하여 회전시키면 추에 작용하는 원심력에 의해 추는 중심축에서 적당한 위치만큼 떨어져서 회전한다. 이때 만약 기관의 회전속도가 빨라진다면 조속기에 연결되어 있는 중심축의 회전도 빨라지고 이에 따라 추는 중심축에 멀리 떨어져서 회전하게 된다. 이러한 움직임을 이용하여 기관에 보내는 증기를 어느 정도 줄일 수 있다면 기관의 회전수는 줄어들게 될 것이다. 기관의 회전이 느릴 경우에는 위와 반대의 동작이 발생하기 때문에 기관으로 들어가는 증기의 양을 증가시킬 수 있을 것이다. 이와 같이 하여 증기기관의 회전수를 일정하게 유지하고자 하는 구조이다.

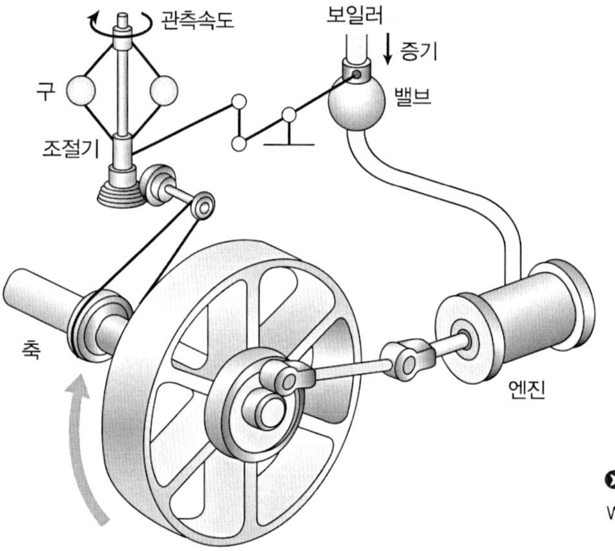

그림 1.3
Watt의 원심조속기(fly-ball governor)

예제 1.2

간단한 수위제어 시스템을 [그림 1.4]에 나타내었다. 수조 내의 수위를 측정하여 그 변동에 따라 유입 측의 밸브를 개폐함으로서 수위를 일정하게 유지하고자 하는 것이다.

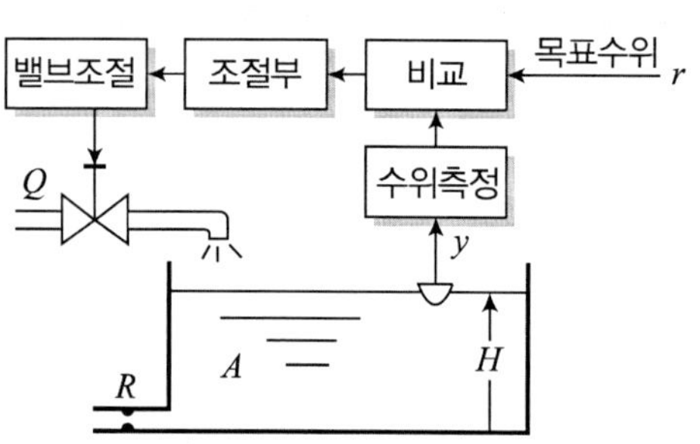

그림 1.4 수위제어 시스템

예제 1.3

[그림 1.5]에 표시한 것은 TV 카메라, 안테나, 망원경, 혹은 대포 등과 같이 무거운 물체를 원하는 방향으로 움직이도록 하기 위한 자동제어 시스템이다. 물체의 회전과 연동하여 회전하는 포텐셔미터(potentiometer) 등에 의해 물체의 현재 각도를 그것과 비례하는 전압으로 변환한다. 목표위치는 전압신호로서 주어지고, 이것을 현재의 전압과 비교한다. 이때의 차이를 증폭하여 모터에 인가하면 모터는 이 차이가 없어질 때까지 물체를 회전시켜서 물체의 각도(변위각)를 목표의 값에 일치시키게 된다.

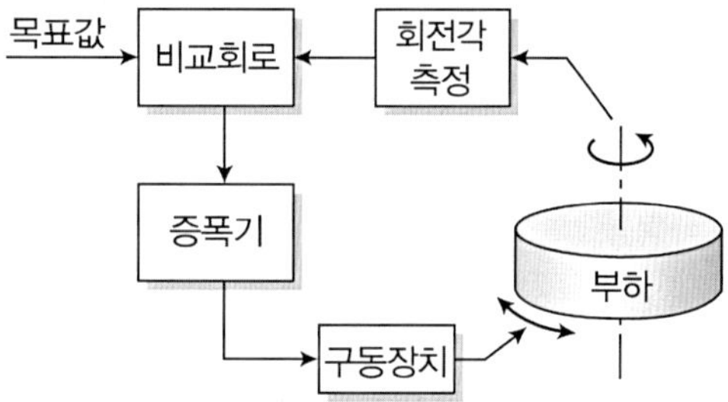

그림 1.5 서보 기구

예제 1.4

막대기를 손바닥 위에 올리고 손을 전후좌우로 이동시키면서 균형을 취하면 막대기를 손바닥 위에서 수직으로 유지할 수 있다. 이것과 유사한 장치를 만들어 자동제어로서 시험한 것이 [그림 1.6]이다. 대차(cart) 위에 막대기를 피벗(pivot)으로 고정시키고 자유로이 회전가능(360°)하다고 한다. 이 경우 아무런 조치를 취하지 않으면 막대기는 당연히 어느 한 쪽으로 기울지고 말 것이다. 이 시스템은 막대기의 수직축에 대한 경사각을 검출하여 이것에 의해 모터를 회전시켜 대차를 막대기가 기울어진 방향으로 이동시킴으로서 막대기를 수직의 상태로 유지하고자 하는 것이다.

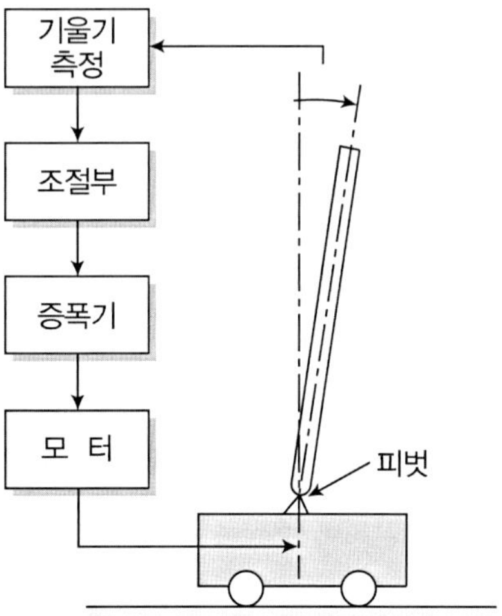

그림 1.6 도립진자 시스템

1.4 제어의 목적과 구성요소

위에서 들은 네 가지 예제에서 알 수 있다시피, 대상을 목적한 바에 맞게 적절히 동작시키기 위하여 자동제어 시스템이 구성되어 있는 것은 명백하다. 여기서 '적절히 동작'시킨다고 하는 내용에 대하여 조금 자세히 분석하여 보기로 한다. 이는 제어의 목적을 명확히 하기 위한 것이다.

조속기가 없다면 증기기관의 회전수는 부하가 변할 때마다, 빨라지거나 느려지거나 할 것이다. [예제 1.2]에서도 만약 자동제어를 하지 않는다면 물의 수요가 변할 때마다 수조의 수위를 일정하게 유지한다는 것은 어려운 일이 될 것이다. [예제 1.1]의 회전수, [예제 1.2]의 수위, [예제 1.3]의 변위각과 같이 원하는 값을 유지하도록 요청되는 변수를 '제어량(controlled variable)'이라고 하며, 그 희망하는 값을 '목표값(desired value, set point)'이라고 한다. 목표값에서 제어량을 뺀 양을 '오차(deviation, error signal)'라고 하며, 또한 부하, 물의 수요 등과 같이 대상에 작용하여 제어량의 바람직하지 않는 변동의 요인으로 되는 것을 '외란(disturbance)'이라고 부른다. 외란의 영향을 억제하면서 제어량이 목표값으로부터 벗어나지 않도록 하는 것이 자동제어를 수행하는 목적의 하나이다.

[그림 1.5]에서 물체가 향하는 방향(즉 각도)은 때와 장소에 따라 변동한다. 위성의 움직임을 따라가면서 안테나로 전파를 수신하는 것 등은 이런 종류의 전형적인 예이다. 이와 같이 목표값의 변화에 제어량을 추종시키는 것이, 자동제어의 또 하나의 목적이다.

[예제 1.4]와 같이 원래 불안정한 제어대상을 자동제어를 이용하여 안정화시키는 것도 역시 자동제어의 목적이다. 로켓발사 시의 자세제어, 초대형 수송선의 위치제어, 자기부상체의 제어 등은 안정화제어의 좋은 실제 예이다.

제어대상의 특성이 일정불변하지 않고, 다소의 불확실성이나 파라미터의 변동 등을 피할 수 없는 경우도 많이 있다. 마찰이나 혼합과 같이 재현성이 좋지 않는 현상을 포함하는 것도 있으며, 또한 기온이나 습도의 영향을 받기 쉬운 특성을 가진 대상도 있을 것이다. 파이프 내부에 녹이 슬어 물의 유동저항이 변동한다는 것과 같이 시간의 흐름에 따른 대상의 변화[3]도 생각할 수 있다. 이와 같은 여러 종류의 요인에 의해 제어대상의 특성에 불확실성이 존재하거나, 또는 변동이 예측되는 경우에는 이것의 영향이 가능한 한 제어량에 나타나지 않도록 하는 것, 다시 말하면 특성변동의 영향을 억제하는 것 또한 자동제어를 행하는 목적의 하나이다.

자동제어의 목적은 대략 위에서 언급한 바와 같이 네 가지이다. 그러나 이 중에서 어느 것에 중점을 둘 것인가는 경우에 따라 다르기 때문에 일률적으로 말할 수는 없다. 예를 들어 안정한 제어대상인 경우에는 안정화는 필요하지 않을 것이며, TV 카메라에는 외란의 영

3) 이것을 경년변화라고 한다.

향은 거의 없기 때문에 목표값의 추종이 주된 목적으로 될 것이다. 그렇지만 실외에 있는 안테나의 경우에는 목표값의 추종과 함께 바람 등과 같은 외란에 대항하는 것도 중요하다.

어느 것에 중점을 두는지 관계없이 이들 제어의 목적을 달성하기 위해서는, 제어장치(즉 controller)가 모터의 회전이나 밸브의 개폐 등을 통하여 제어대상에서 어떤 종류의 작용이 일어날 수 있도록 하는 신호를 인가하여야 한다. 이와 같은 작용을 하는 신호를 '조작량(manipulated variable)'이라고 한다.

제어시스템의 구성요소

위에서 언급한 제어의 목적을 달성하기 위한 제어시스템의 구성요소에 대하여 살펴보자. [그림 1.7]은 제어시스템의 기본구조를 나타낸 것이다.

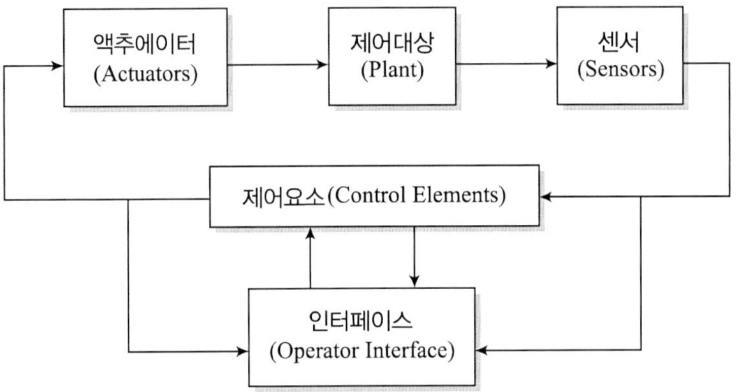

그림 1.7
제어시스템의 물리적인 요소

제어대상은 출력변수(output variable)를 가지고 있는데, 이 중의 몇 개 혹은 전부가 제어해야 하는 변수, 즉 제어량으로 된다. 이러한 출력변수는 대부분 여러 형태의 센서(sensor)를 이용해서 측정되어진다. 센서는 일반적으로 어떤 형태의 물리적인 신호를 다른 형태의 양(주로 전기적인 신호)으로 바꾸어 주는 변환기(transducer)의 역할을 한다고 볼 수가 있는데 이와 같은 센서의 예로서는 타코미터(tachometer), 가속도계(accelerometer), 압전소자(strain gauge) 등이 있다.

또한 제어대상은 반드시 입력변수(input variable)를 가지고 있는데, 이 입력변수의 값을 적절히 조정하여 출력변수 값을 변동시키게 된다. 이와 같이 입력변수를 조정할 수 있는 요소를 '액추에이터(actuator)'라 부르며, 이것의 예로는 제어밸브, 유압 액추에이터 등이 있다. 액추에이터는 그 자체로서 완전한 시스템을 이루고 있는 경우가 많기 때문에, 보통 제어시스템의 설계 시에는 제어대상과 결합시켜서 하나의 시스템으로 간주하여 설계를 수행하는 경우가 대부분이다.

제어요소(즉 제어장치)의 역할은 미리 정해진 제어법칙을 수행하는 것이다. 다시 말하면 센서의 출력신호에 따라서 액추에이터에 제어명령신호를 만들어 보내는 가장 중요한 역할을 담당하고 있다. 옛날에는 제어를 아날로그 요소(예를 들어 전기회로)로서 실행하는 경우가 대부분이었지만, 최근에는 A/D 및 D/A를 내장한 컴퓨터를 이용하여 주로 수행되고 있다.

오퍼레이터 인터페이스(operator interface)는 시스템의 관리자가 현재 수행되고 있는 제어의 과정을 모니터 등을 통해 실제로 보면서 그 과정에 개입할 수 있도록 하기 위한 것이다. 예를 들면 컴퓨터의 화면을 보면서 신호의 크기를 조절하거나 혹은 자동경보장치에 의한 신호의 자동차단 등을 들 수 있다.

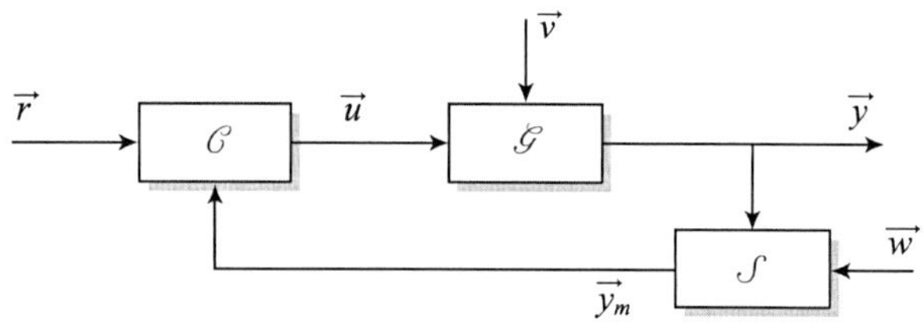

그림 1.8
제어시스템의 추상적인 요소

[그림 1.7]의 각 블록은 하나 이상의 물리시스템을 의미한다. 따라서 지금까지 언급한 내용은 제어시스템을 구성하는 '물리적인 요소'라고 볼 수 있다. 이에 반해 [그림 1.8]은 제어시스템을 설계하는 입장에서 본 제어시스템의 구성도를 나타낸다. 여기서 제어대상을 $\mathscr{G}$로서 표시하고 있는데, 이것은 제어대상의 출력 $\vec{y}$ 는 입력 $\vec{u}$ 및 외란 $\vec{v}$ 에 의한 조합으로 만들어진다는 의미에서 수학적 연산자[4]의 역할을 하고 있는 것으로 해석할 수 있다[5]. 또한 일반적으로 입력은 다음과 같이 두 종류로 분류된다. 즉 외부에서 임의로 조절이 가능한 입력(제어입력: $\vec{u}$ 로 표시)과 설계자가 임의로 조절할 수 없는 입력(외란, 잡음 등: $\vec{v}$, $\vec{w}$ 로 표시)이다.

센서는 $\mathscr{S}$로 표현되어 있으며 이것 역시 제어대상의 출력 $\vec{y}$ 와 센서가 가지는 잡음 $\vec{w}$ 에 의해 측정출력을 생성하는 수학적인 연산자를 의미하는 것으로 볼 수 있다.

마지막으로 제어기는 외부의 목표신호 $\vec{r}$ 과 센서의 출력 $\vec{y}_m$ 을 이용해서 제어신호 $\vec{u}$ 를 만들어내는 수학적인 과정(즉 제어 알고리즘의 수식표현)을 나타내는 것으로서 제어연산자 $\mathscr{C}$ 로서 표시되어 있다. 이 그림에서는 이미 언급한 바와 같이 액추에이터는 제어대상과 결합되어 있으므로 별도로 표시하지 않았다.

4) 혹은 작용소(作用素)라고도 하며 일반적으로 선형공간, 함수공간 또는 그들의 부분집합 사이의 사상(mapping)을 가리킨다. 여기서는 제어대상 입력 u, v에 의해 출력 y가 결정되는 관계식, $y=f(u, v)$를 의미한다.

5) 여기서 입력, 출력 및 외란이 1개 이상인 경우를 상정하여 각 신호를 $\vec{y}$, $\vec{u}$, 및 $\vec{v}$와 같이 벡터로서 표현하였다.

1.5 제어시스템의 설계과정

일반적으로 제어시스템의 목적은 앞에서 언급한 바와 같이 외란이 존재함에도 불구하고 출력 $\vec{y}$ 를 목표신호 $\vec{r}$ 에 가능한 한 가깝게 유지시키고자 하는 것이다. 이와 같은 제어의 목적을 수행하기 위한 설계과정은 위의 두 그림에서 나타낸 바와 같이 추상적인 부분(그림 1.8)과 물리적인 부분(그림 1.7)으로 분류할 수 있다.

추상적인 부분에서의 최종목적은 제어연산자 $\mathscr{C}$의 수학적인 표현을 구하는 것이다. 즉 목표신호 $\vec{r}$ 과 센서의 출력신호 $\vec{y}_m$ 을 이용해서 가장 바람직한 제어입력신호 $\vec{u}$ 를 어떻게 생성시킬 것인가를 결정하는 것이다. 이러한 목표를 달성하기 위해서는 다음과 같은 정보가 필요하다.

❶ 제어대상 $\mathscr{G}$의 근사값 : 이 근사값을 제어대상의 수식모델이라 한다.

❷ 목표신호 $\vec{r}$ 과 외란신호 $\vec{w}$ 를 규정: 목표신호는 대개 어떤 특정한 시간함수(계단, 램프 함수 등)로 표현되는 경우가 많고, 외란신호는 주로 스펙트럼의 특성에 따른 주파수영역에서의 표현으로 나타나는 경우가 많다.

❸ 제어성능을 평가하기 위한 성능특성

❹ 액추에이터와 센서의 수학적인 모델

❺ 제어연산자 $\mathscr{C}$의 구조와 이에 대한 사양: 예를 들어 비례-적분-미분(PID) 제어기를 사용한다고 하면 그 구조는

$$u(t) = K(r - y_m) + \frac{1}{T_I}\int_0^t (r - y_m)dt + T_D \frac{d}{dt}(r - y_m)$$

와 같이 될 것이므로, 제어기의 설계는 계수 T_I , K , 및 T_D 를 구하는 과정으로 요약할 수 있다[6].

이러한 정보를 이용하여 실제 제어시스템의 설계과정을 흐름도(flow chart)로서 나타내면 대략 [그림 1.9]로 될 것이다.

[그림 1.9]에 의해 설계가 종료된 제어기를 실현하기 위해 필요한 물리적인 단계로서는 다음을 들 수 있을 것이다.

❶ 액추에이터와 센서의 적절한 선택

❷ 제어요소의 선정 : 대부분의 제어시스템은 컴퓨터의 사용을 전제로 하고 있으므로 제어알고리즘의 실현을 위한 하드웨어의 선정 및 소프트웨어의 작성 등에 문제가 발생

---

6) 1입력 1출력시스템으로 간주한 경우이다.

할 수 있다.

❸ 사람과 기계 사이의 인터페이스(interface)설계 : 이 과정에서 경보장치에 대한 조건이나 비상시를 위한 백업(backup) 등이 논의된다.

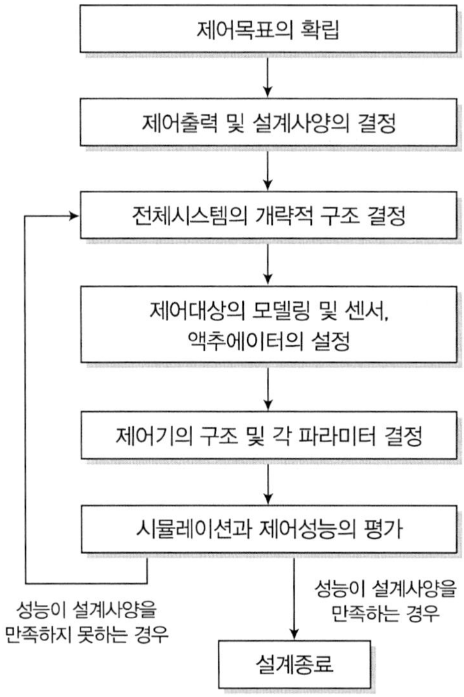

그림 1.9
제어시스템의 설계과정

추상적인 단계에서의 설계는 결국 제어전략의 정의에 귀착되며 이를 위해서 당연히 많은 수학적인 노력이 필요하다. 이러한 과정을 효율적으로 다루기 위한 체계적인 방법을 제시하고자 하는 것이 이 책의 목표이다. 한편, 일반적으로 제어기술자들은 물리적 시스템을 실현하기 위해 사실상 더 많은 시간을 소비하고 있다. 왜냐하면 이러한 물리시스템은 제어이론의 전개과정과는 달리 비용과 관련된 경제성의 문제, 부품의 조달 가능성, 부품공급자와 부품 자체에 대한 신뢰성의 문제 및 고객과의 약속 등과 같은 현실적인 여러 문제들이 상호 밀접하게 관련되어 있기 때문이다. 그러나 이 두 가지 단계 – 제어전략의 결정과 물리시스템의 실현 – 가 별도로 움직이는 것이 아니라 서로 긴밀한 관계에 놓여있으며, 이 때문에 전체적인 설계는 반복적이며 상호보완적이다. 다시 말하면 훌륭한 시스템을 설계하기 위해서는 결국 둘 사이의 타협이 불가피하다는 것이다. 예를 들면 성능에 관한 여러 사양에는 위에서 언급한 두 가지 단계가 미리 확실한 형태로서 주어지는 경우는 드물지만, 결국은 최종 사용자의 요구조건 뿐만 아니라 액추에이터, 센서 및 컴퓨터 등의 가격에 대해서도 고려하지 않을 수 없기 때문이다.

1.6 자동제어의 분류와 이론의 전개

(1) 자동제어의 분류

자동제어시스템은 몇 개의 관점으로 분류되어진다.

먼저 1.5절에서 언급한 목적과 관련하여, 목표값은 거의 변동이 없으며 외란에 대항하여 제어량을 일정하게 유지하는 것을 목적으로 하는 것을 '정치제어(fixed control)', 목표값이 때때로 변동하기 때문에 이것을 추종하는 것을 주된 목적으로 하는 것을 '추종제어(follow-up control)'로 구별하고 있다.

[예제 1.2]와 같이 열의 전달, 액체의 흐름 등에 관여하여 이들의 온도, 압력, 유량, 수위, 농도 등이 제어량으로 되어 있는 것을 '프로세서제어(process control)'이라고 한다. 한편 [예제 1.1], [예제 1.3] 및 [예제 1.4]와 같이 주로 기계장치를 이용하며 속도 등이 제어량으로 되어있는 것을 '서보기구(servomechanism)'라고 한다. 프로세서제어는 발전, 정제, 화학반응, 발효 등의 공업장치에서 폭넓게 사용되고 있으며, 서보기구는 선박이나 항공기의 자동조종, 공작기계, 로봇의 팔의 제어 등에 응용되고 있다. 이들의 성격상, 프로세서제어에는 정치제어가 많으며, 서보기구에는 추종제어가 주로 사용되고 있다.

여기서 제시한 예제에는 오차와 조작량이 연속적으로 대응하여, 오차가 크면 이것의 수정을 위해 가해지는 조작량도 크게 된다. 이와 같은 제어를 '연속제어(continuous control)'라고 한다. 전기난방기 등은 온도가 내려가면 스위치가 자동으로 켜지고, 어느 정도 이상 온도가 올라가면 서보모터가 작동하여 스위치가 꺼지게 되어있다. 이와 같은 경우에는 오차의 크기에 관계없이 조작량의 인가 혹은 단절이라고 하는 두 종류의 상태만을 가진다. 이러한 제어는 '불연속제어(discontinuous control)'이며, 특히 전열기와 같이 스위치가 켜져 있는가(on), 아니면 꺼져있는가(off)로 한정되어 있는 것을 특히 '온오프제어(on-off control)'라고도 한다.

연속제어이면서, 특히 오차와 조작량이 서로 선형적인 관계에 있는 것을 '선형제어(linear control)'라고 하며, 이외의 것을 '비선형제어(nonlinear control)'라고 한다. 상기의 온오프제어는 비선형제어로 볼 수 있을 것이다. 연속이면서 비선형의 예는 많이 있다. 예를 들면 전열기의 히터, 밸브의 열림 정도, 모터가 발생하는 토크의 크기 등은 모두 한계가 있기 때문에 오차가 크게 된다고 해서 이에 비례하여 무조건적으로 조작량을 크게 할 수 있는 것은 아니다. 이와 같은 포화특성도 비선형성의 하나의 예이며 제어시스템에서 자주 부딪치는 문제의 하나이다. 이 책은 선형제어만을 취급하지만, 이상적인 선형제어라고 하는 것은 현실적으로 존재하지 않기 때문에, 일정한 크기의 허용범위 내에서 선형적으로 근사하여 (이 범위 내에서) 편의상 선형제어로서 취급하는 것으로 생각하여야 할 것이다.

자동차를 운전하는 경우 항상 전방을 주시하면서 동시에 운전대나 엑설레이터(accelerator)

를 조절한다. 이에 대해 방안의 온도를 조절하고자 하는 경우에는 간헐적으로 온도계를 보고서 이에 따라 냉난방기의 강도를 조절한다. 이때 조정한 냉난방기의 강도는 다음 설정 때까지는 그대로 유지되는 것이 보통이다. 자동차 운전과 같은 형식을 '연속시간제어(continuous-time control)'라고 하며, 실내온도 조절의 예와 같이 불연속적인 관측, 측정의 결과에 따라 조작량을 불연속적으로 수정하고, 다음 수정이 있을 때까지 일정한 값을 유지하는 방식을 '샘플값제어(sampled-data control)'라고 한다. 이 책에서는 주로 연속시간제어에 대하여 설명하기로 한다.

다음 사항으로 조작량과 제어량의 개수에 주목하여 보자. 1.3절의 예제에서는 간단한 설명을 위해 조작량도 제어량도 모두 한 개만 존재하는 것으로 가정하였다. 이와 같은 자동제어 시스템은 '스칼라제어시스템(scalar control system, 또는 single-input single-output system)'으로 불리고 있다.

[예제 1.2]의 수위제어는 스칼라시스템이지만, [그림 1.10]과 같이 두 개의 수조가 관로를 통하여 결합하고 있는 경우를 생각하여 보자. 이때 제어하여야 할 양은 수위 y_1과 y_2이며, 이것의 제어를 위해 조작하는 양은 유입량 Q_1과 Q_2로서 어느 쪽도 복수 개이다. 게다가 Q_1을 조작하면 y_1 뿐만 아니라 관로에 의한 결합으로 인하여 y_2에도 그 영향이 미치게 된다. Q_2를 조작한 경우에도 y_2 뿐만 아니라 y_1에도 영향이 있다. 이와 같이 제어량, 조작량이 다수 존재하여, 하나의 조작량이 다수의 제어량에 영향을 미친다고 하는, 상호간섭이 있는 제어대상을 '다변수시스템(multivariable system)'이라고 부르며, 이와 같은 대상에 관한 자동제어시스템을 '다변수제어시스템(multivariable control system)'이라고 한다.

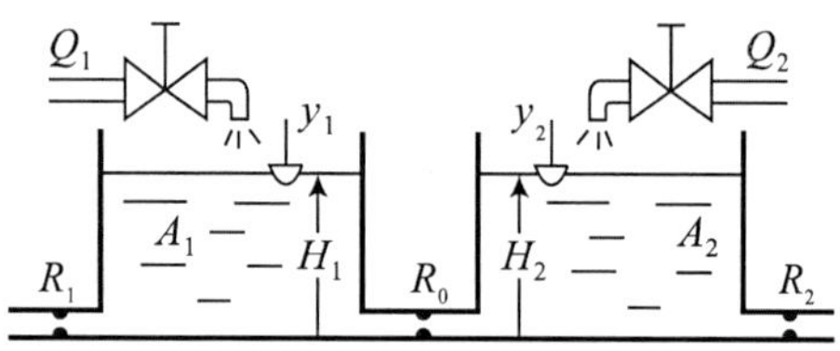

그림 1.10 다변수시스템의 예

많은 공업장치가 다변수시스템이다. 예를 들어 제철공장에서 사용되는 다단압연기에는 제어량으로 제1단과 제2단 사이의 장력, 제2단과 제3단 사이의 장력 등이 있으며, 조작량은 제1단에서 회전하는 롤러(roller)의 각속도, 제2단에서의 롤러의 각속도 등이 있고, 더욱이 이들 사이에는 상호간섭이 존재한다. 보일러에서는 증기온도, 압력, 보일러의 수위 등이 제어량이며, 급수유량, 연료유량, 가압기의 힘 등이 조작량으로 되며, 여기서도 당연히 상호간섭이 존재한다.

이와 같이 다변수제어시스템의 연구는 실용상 대단히 중요하지만, 당연히 스칼라시스템에 비하여 다변수시스템은 그의 취급이 훨씬 복잡하다. 따라서 이와 같은 다변수시스템은 고전제어이론만으로 다루기는 어렵기 때문에, 상태변수의 개념을 도입한 현대제어이론의 필요성이 대두되었다.

(2) 제어이론의 전개

자동제어이론은 스칼라시스템에 관해서는 전달함수, 주파수응답을 이용한 설계기법이 발달하여 1950년대에 거의 완성단계에 이르렀다. 이것을 오늘날 '고전제어이론(classical control theory)'으로 부르고 있다. 1960년경부터 상태방정식을 이용한 접근법이 급속히 발전하여 오늘날 가장 중요한 설계법의 하나가 되었으며, 이로 인해 제어대상이 가지는 동적인 특성에 대한 이해도가 깊어지면서 시스템의 구조에 대한 기본적 개념이 확립되었다. 이 결과 제어시스템의 설계법에 대해서도 최적레귤레이터, 극배치, 관측기 등의 이름으로 불리는 여러 가지 착상이 고안되었다. 이러한 흐름을 '현대제어이론(modern control theory)'이라고 한다.

자동제어이론에 있어서 이와 같은 두 가지 흐름은 각각 특색을 가지고 있기 때문에, 나중에 등장한 현대제어이론이 있기 때문에 고전제어이론은 이제 필요하지 않다고 하는 그런 단순한 것은 아니다. 오히려 각각의 특색을 살려 상호보완적으로 활용되어야 하며, 또한 현재 제어이론의 흐름도 그렇게 나아가고 있다. 이 책은 특히 현대제어이론의 설명에 초점을 두지만 수시로 고전제어이론의 성과를 활용하여, 고전과 현대가 조화될 수 있는 제어시스템의 설계이론을 전개하고자 한다.

연 습 문 제

1.1 피드백제어를 예를 몇 개 들고, 각각에 대하여 제어량, 조작량, 외란 등을 구별하여라.

1.2 [문제 1.1]에서 들은 예에서, 제어의 주된 목적은 무엇인가를 고찰하여라.

1.3 [문제 1.1]에서 취급한 예에서, 1.6절의 자동제어의 분류에 대하여 언급하여라.

1.4 [문제 1.1]의 다른 예를 이용하여 블록선도를 그리고, 이것에 대한 제어시스템의 설계과정을 생각하여 보라.

제2장 시스템의 수식모델과 제어이론

2.1 시스템이란?

2.1.1 시스템의 정의

제어공학에서 취급하는 대상은 제1장에서 언급한 것처럼 다방면에 걸쳐있다. 이들의 특성을 공통의 틀 속에서 파악하여 수리적으로 처리하기 위해서 '시스템(system)'이라는 개념을 이용하고 있다.

시스템의 개념을 명확하게 정의한다는 것은 쉬운 일은 아니지만 간단히 설명하자면 다음과 같다. 즉 어떤 사물이나 현상을, 그것을 둘러싸고 있는 외부와 구별하여 하나의 독립체로서 취급함으로서 이 독립체가 외부와의 상호작용에 의하여 나타내는 움직임, 기능 등에 주목한 것으로 볼 수 있다. 이런 관점에서 외부에서 시스템으로의 작용 또는 정보를 '입력(input)'이라 하며, 입력이 인가된 결과로서 생기는 시스템에서 외부로의 작용이나 정보 전달을 '출력(output)'이라고 한다. 이를 도식적으로 표현하면 [그림 2.1]과 같이 될 것이다.

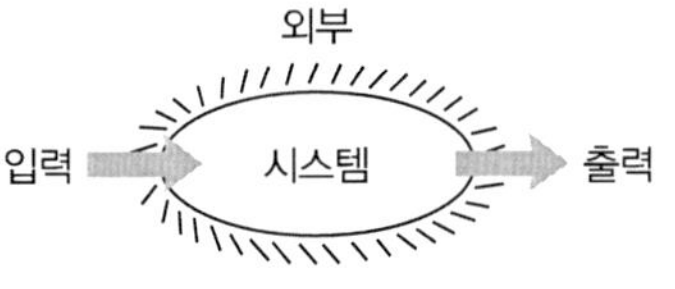

그림 2.1 시스템의 개념

제1장의 [그림 1.3] 속도조절기는 그 자체로서 하나의 시스템이며, 축의 회전수가 입력(왜냐 하면 축의 회전수에 따라 추의 원심력이 달라지므로), 증기 밸브의 개폐를 출력으로 볼 수 있다. 이 조절기를 어떤 원동기에 부착하였다고 하자. 이때 원동기와 조절기를 하나로 간주하여 외부와 구별한다면 이것도 하나의 시스템으로 된다. 이 경우, 원동기의 속도를 얼마로 할 것인가에 대한 명령 및 원동기에 인가되는 부하 등이 입력이며, 조절기에 의한 실제의 회전속도와 그 시각에서의 증기밸브의 개폐여부 등이 출력으로 될 것이다.

어떤 나라의 경제현상에 주목한다면 이것도 시스템이다. 입력으로 금리정책이나 공공투자, 대외무역 등을 생각할 수 있으며, 출력으로 물가나 고용상황, 무역수지 등이 될 것으로 예상할 수 있다.

이와 같이 여러 가지 사물이나 현상을 시스템으로 취급할 수 있다.

2.1.2 시스템의 실체와 기능

정의에서 언급한 바와 같이, 시스템의 개념에서는 그것의 기능 및 움직임에 주목한다. 이러한 사실로부터 동일한 물체라고 하더라도, 그것이 가지고 있는 다른 기능에 착목한다면 별도의 시스템으로서 간주할 수 있을 것이다.

예제 2.1

모터를 원동기로서 사용하는 경우에는, 입력으로 전압을 인가하면 출력으로 토크를 발생시키는 시스템이다. 모터를 전철에 설치하고 전체 차량의 진동을 해석하고자 하는 경우를 생각하여 보자. 이 경우 모터에서 발생하는 토크, 다시 말하자면 모터에서 발생하여 차량에 가해지는 힘이 입력이며, 차량의 속도 또는 위치를 출력으로 하는 시스템으로서 취급하는 것이 적당할 것이다.

반대로 동일한 기능을 가지는 물체는 실체의 모양이 다르다고 하더라도 시스템의 관점에서는 동일한 것으로 간주된다.

예제 2.2

$R[\Omega]$의 전기저항에 입력으로 전압 $v[\mathrm{v}]$를 인가하면 옴의 법칙에 따라 전류 $i = v/R[\mathrm{A}]$가 흐른다. 이것을 시스템으로 본다면 $i = v/R$의 관계만이 중요할 뿐 저항체의 재료, 모양, 크기, 색 및 가격 등은 고려할 필요가 없다.

예제 2.3

스프링의 경우도 마찬가지로, 훅크(Hook)의 법칙에 의하면 스프링의 변위에 비례한 힘이 발생한다. 이 기능이 시스템의 입장에서 본 스프링의 특성이며 스프링의 종류나 재질 등과는 관련이 없다.

예제 2.4

❶ [그림 2.2]에 나타낸 전기회로를 생각하여 보자. 여기서 전압 $v_1(t)$를 인가하여 $v_2(t)$를 측정하고자 한다. 다시 말하면 $v_1(t)$가 입력, $v_2(t)$가 출력이다. 초보적인 전기회로의 지식을 사용하면 이 시스템의 특성은

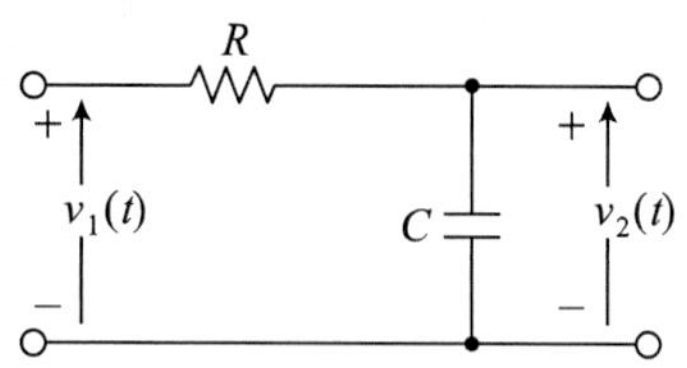

그림 2.2 전기회로의 예

$$C\frac{dv_2(t)}{dt}=\frac{v_1(t)-v_2(t)}{R}$$

의 방정식으로 나타낼 수 있다.

❷ [그림 2.3]과 같은 회전체를 생각하고, 이것의 관성모멘트를 J, 각속도를 $\omega(t)$, 외부에서 가해지는 토크를 $\tau(t)$로 둔다. 이 때 회전체의 저항은 각속도의 함수로 가정하여 $f(\omega)$로 두면, 이 시스템의 특성을 나타내는 방정식으로서

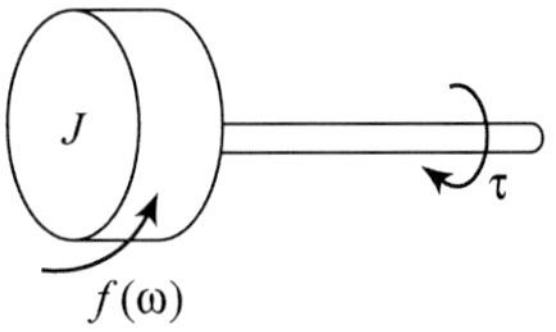

▶ 그림 2.3 회전체

$$J\frac{d\omega(t)}{dt}=\tau(t)-f[\omega(t)] \quad ①$$

가 얻어진다.

이때 각속도 ω_o에서 토크 τ가 $f(\omega_o)$와 동등하다고 가정하면, $d\omega(t)/dt=0$으로 되어 회전체는 일정한 각속도 ω_o로 회전을 계속하게 된다. 이를 기준상태로 선정하고, 토크 τ, 각속도 ω를 각각

$$\tau(t)=f(\omega_o)+\Delta\tau(t) \quad ②$$

$$\omega(t)=\omega_o+\Delta\omega(t)$$

로 나타낸다. 위 식의 $\Delta\tau(t)$, $\Delta\omega(t)$는 각각 기준값으로부터의 변화를 의미한다. 함수 $f(\omega)$는 테일러급수 전개가 가능한 것으로 하고, $\omega=\omega_o$에서 전개하면

$$f(\omega)=f(\omega_o)+\left(\frac{df}{d\omega}\right)_{\omega=\omega_o}\Delta\omega+(\Delta\omega\text{의 2차 이상의 항}) \quad ③$$

로 된다. 기준값으로부터의 변화가 충분히 작다고 가정하면, 위 식 오른쪽의 $\Delta\omega$의 2차 이상의 항은 무시 가능하므로

$$f(\omega)\approx f(\omega_o)+\left(\frac{df}{d\omega}\right)_{\omega=\omega_o}\Delta\omega \quad ④$$

로 둘 수 있다. ②, ④를 원래의 방정식 ①에 대입하면

$$J\frac{d\{\omega_o+\Delta\omega(t)\}}{dt}=\{f(\omega_o)+\Delta\tau(t)\}-\left\{f(\omega_o)+\left.\frac{df}{d\omega}\right|_{\omega=\omega_o}\Delta\omega(t)\right\} \quad ⑤$$

가 얻어진다. ω_o가 정수라는 사실에 주목하여 ⑤를 정리하면

$$J\frac{d\Delta\omega(t)}{dt} = -C\Delta\omega(t) + \Delta\tau(t),\ \ C = \left(\frac{df}{d\omega}\right)_{\omega=\omega_o} \quad ⑥$$

로 되어 변화량 $\Delta\tau(t)$, $\Delta\omega(t)$에 관한 식을 얻는다.

❸ [그림 2.4]의 수조의 (예 1)에 대하여 생각하여 본다. 수위를 $H(t)$, 용기의 단면적을 A, 흘러들어오는 수량을 $Q(t)$라고 한다. 베르누이의 정리 등에 의하면 $Q(t)$를 입력, $H(t)$를 출력으로 하는 시스템의 움직임은

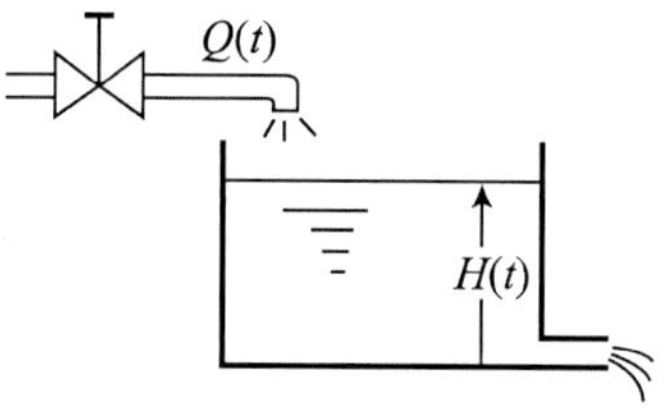

그림 2.4 수조의 (예 1)

$$A\frac{dH(t)}{dt} = Q(t) - \alpha\sqrt{H(t)}$$

라는 방정식으로 나타낼 수 있다[1]. α는 적절한 계수이며, 이때 수위의 기준값을

$$Q_o = \alpha\sqrt{H_o}$$

를 만족하도록 선정하여 이로부터의 변화량을

$$Q(t) = Q_o + \Delta Q(t),\ \ H(t) = H_o + \Delta H(t)$$

로 둔다. 기준값으로부터의 변이 $\Delta Q(t)$, $\Delta H(t)$가 충분히 작다고 하고, 상기의 회전체의 경우와 동일한 방법을 적용하면

$$A\frac{d\Delta H(t)}{dt} = -\frac{\alpha}{2\sqrt{H_o}}\Delta H(t) + \Delta Q(t)$$

가 얻어진다.

❹ 열용량 C의 물체에 외부로부터 $W(t)$의 열을 가한다고 한다. 주위의 온도가 θ_a로 거의 일정하며, 물체로부터 뉴턴의 냉각법칙에 따른 방열이 있는 것으로 가정한다면

$$C\frac{d\theta(t)}{dt} = -\beta\{\theta(t) - \theta_a\} + W(t)$$

가 성립한다. β는 적절한 계수이며, $\theta(t)$는 물론 물체의 온도이다. 주위온도를 기준으로 하여 측정한 물체의 온도 $(\theta(t) - \theta_a)$를 $\Delta\theta(t)$로 표현한다면 위 식은

$$C\frac{d\Delta\theta(t)}{dt} = -\beta\Delta\theta(t) + W(t)$$

1) 자세한 내용은 2.5절의 선형화를 참조.

로 된다.

❺ 어떤 종류의 원자는, 예를 들어 원자로 내에서 중성자를 조사(irradiation)하면 방사성의 원자로 변한다. 방사성물질은 방사선을 방출하면서 다른 원자로 변하지만(이를 방사성 붕괴라고 한다), 붕괴하는 개수는 존재하는 원자의 개수에 의존한다는 것이 알려져 있다. 이런 종류의 원자가 오직 중성자의 조사에 의해서만 생성되고, 다른 원자로의 전환은 방사성붕괴에 의해서만 발생하는 것으로 한다면, 원자로 내의 중성자 조사의 강도를 $\phi(t)$, 원자의 단위체적당 개수를 $N(t)$로 하면

$$\frac{dN(t)}{dt} = -\lambda N(t) + \sigma\phi(t)$$

가 성립한다. λ, σ는 관련 정수이다.

이상과 같이, (1) [그림 2.2]의 전기회로, (2) [그림 2.3]의 회전체, (3) [그림 2.4]의 수조, (4) 물체의 가열, (5) 방사성물질의 다섯 가지에 대하여 시스템으로서의 특성을 나타내는 방정식을 유도하였다. 위 다섯 가지 방정식은 모두

$$\frac{dy(t)}{dt} = ay(t) + bu(t) \tag{2.1}$$

의 형식으로 되어 있다는 사실에 주목한다. 여기서 $y(t), u(t), a, b$를 위에서 언급한 각각의 예에 대하여 [표 2.1]에 정리하였다. 다섯 가지의 예로 알 수 있는 바와 같이, 각 물체는 실체의 모양은 전혀 다르지만, 식 (2.1)로 표현된다는 점에 있어서는 공통점을 가지고 있기 때문에 시스템으로서는 동일하다고 간주된다. 식 (2.1)과 같은 형식으로 주어지는 시스템을 '일차지연시스템(first order lag system)'이라고 한다[2].

[표 2.1]

	예	입력 $u(t)$	출력 $y(t)$	a	b
(1)	전기회로	전압 $v_1(t)$	전압 $v_2(t)$	$-\frac{1}{RC}$	$\frac{1}{RC}$
(2)	회전체	토크 $\Delta\tau(t)$	각속도 $\Delta\omega(t)$	$-\frac{1}{J}\left(\frac{df}{d\omega}\right)_{\omega=\omega_o}$	$\frac{1}{J}$
(3)	수조	유량 $\Delta Q(t)$	수위 $\Delta H(t)$	$-\frac{\alpha}{2A\sqrt{H_o}}$	$\frac{1}{A}$
(4)	열	가열 $W(t)$	온도 $\Delta\theta(t)$	$-\frac{\beta}{C}$	$\frac{1}{C}$
(5)	방사성물질	조사 $\phi(t)$	원자의 개수 $N(t)$	$-\lambda$	σ

2) Simulink 파일 'first_order_lag_system'을 참조한다.

2.1.3 입력과 출력

시스템의 정의에서 입력이란 외부에서 시스템으로의 작용 혹은 정보라고 설명했다. 이와 같이 작용이 미치는 범위, 혹은 정보의 전달방향에 따라 입력, 출력이 구별된다.

예제 2.5

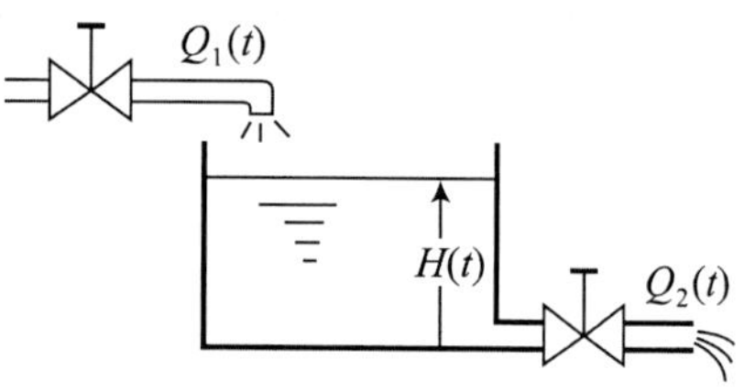

그림 2.5 수조의 (예 2)

[그림 2.5]의 수조의 (예 2)에서, 유입량 $Q_1(t)$은 밸브의 조작(개폐)을 이용해서 외부에서 조절되기 때문에 입력이다. 한편, 유출량 $Q_2(t)$은 수위 H에 의해 정해지기 때문에 수위와 마찬가지로 출력이다. 그렇지만 [그림 2.5]와 같이 유출되는 쪽에도 밸브가 부착되어 있다면 유출량도 유입량과 마찬가지로 입력이며, 유입량과 유출량과의 차이에 의해 결정되는 수위가 출력으로 된다. 단순히 물이 들어가기 때문에 입력, 나가기 때문에 출력으로 되는 것은 아니다. [그림 2.4]의 경우는 우연히 그렇게 되었을 뿐이다.

2.1.4 시스템의 분류

A. 동적시스템과 정적시스템

시스템은 재차 이야기 하지만, 입력과 출력의 관계에 주목하며 이 관계의 형태에 의해 크게 두 가지로 분류된다. 시각 t에 있어서의 출력이 그 시각 t에서의 입력에 의해서만 결정되는 시스템을 '정적시스템(static system)'이라고 한다. 예를 들면, [예제 2.2]의 전기저항이 하나의 예이다. 시각 t에서의 출력이 현재 시각의 입력뿐만 아니라 이전 시각 $\tau, (\leq t)$에서 인가된 입력에도 의존하는 시스템은 '동적시스템(dynamic system)'으로 불린다. 시각 t에 있어서 수조의 수위는 그 시각에서의 유입량만으로 정해지는 것이 아니라 과거의 유입량이나 유출량에도 의존한다. 따라서 유입량을 입력, 수위를 출력으로 간주한다면 수조는 동적시스템이다.

[예제 2.3]의 스프링은 외부적인 힘에 의한 스프링의 변위를 입력, 그 변위에 의해 스프링이 가지는 힘을 출력으로 생각한다면 정적시스템이다. 그러나 변위가 아니라 속도를 입력으로 하는 경우에는 동적시스템으로 된다.

일반적으로 정적시스템은 대수방정식으로, 동적시스템은 미분방정식을 사용해서 기술된다. 더욱이 상미분방정식으로 표현되는 동적시스템을 '집중정수시스템(lumped parameter system)', 편미분방정식으로 표현되는 동적시스템을 '분포정수시스템(distributed parameter system)'으로 구별한다.

B. 연속시간시스템과 이산시간시스템

동적시스템에서는 출력이 현재 시각뿐만 아니라 과거시각에도 의존하기 때문에 시간의 경과에 따른 시스템의 움직임을 조사하거나 기술할 필요가 있다. 이 경우, 예를 들어 수위나 온도변화와 같이 시간에 관해 연속적인 현상이라면 '연속시간시스템(continuous-time system)'이라고 한다. 한편으로 주식시장과 같이 이산적인 시각에 있어만 주식가격이 정해지는 경우는 '이산시간시스템(discrete-time system)'으로 불린다. 원래 현상은 연속시간으로 발생하는 하지만, 간헐적으로 측정과 제어를 수행한다면 결과적으로 일종의 이산시간시스템으로 되며, 이와 같은 시스템을 '샘플값 제어시스템(sampled-data control system)'이라고 부르며, 일반적으로 이산시스템과 구별하여 제어기의 설계 등을 수행한다.

이외에도 입력, 출력이 각각 하나뿐인 시스템은 스칼라시스템(scalar system), 입력 또는 출력이 다수 존재하는 것은 다변수시스템(multivariable system)으로 불리고 있다[3]. 당연히 다변수시스템은 해석 및 설계가 복잡하고 어렵다. 본서에서는 현대 제어 이론의 특징을 살려 다변수시스템인 집중정수시스템을 주된 제어대상으로 하여 이론을 전개한다.

2.2 시스템의 수식모델

제어공학에서는 다루는 대상을 시스템으로서 취급하여 그의 수식모델을 구성한다. 수식모델이란 시스템에 관해서 현재 착목하고 있는 기능을 필요로 하는 정밀도의 범위 내에서 표현하는 수식을 의미한다. [예제 2.2]의 전기회로에 있어서 $i(t)=v(t)/R$ 은 그 하나의 예이다. [예제 2.3]의 스프링에 대해서는 $f(t)=kz(t)$ 에서 $f(t)$ 는 힘, $z(t)$ 는 스프링의 변위로 두면 이것 역시 하나의 수식모델이다. [예제 2.4]에서 일차지연시스템으로 유도한 식 (2.1) 역시 수식모델이다.

수식모델은 결코 시스템의 실체 그대로가 아니다. 다시 말하면 시스템에서 착목하고 있는 하나 또는 그 이상의 기능에 한정하여, 더욱이 필요한 정밀도가 얻어질 수 있다면 여러 부분을 생략하거나 근사화하여 얻어진 것이 수식모델이다. 예로서 [그림 2.2]의 전기회로에 대하여 좀 더 세밀하게 언급한다면, 도선에는 기생적 인덕턴스(parasitic inductance)가 존재하며, 저항에는 기생용량이 있을 수도 있다. 식 (2.1)은 이들 영향은 충분히 작다는 가정

3) 스칼라시스템을 단입력단출력(SISO: Single-Input Single-Output)시스템, 다변수시스템을 다입력다출력(MIMO: Multiple-Input Multiple-Output) 시스템이라고 하기도 한다.

아래 유도한 수식모델인 것이다. 이것 외의 예제에서도 마찬가지이다. 특히 중요한 것은 회전체의 회전저항이나 수조로부터 유출되는 물과 같이 입출력, 사이에 비선형특성이 존재하거나, 혹은 어떤 기준값으로부터의 변이가 충분히 작은 값을 가지는 경우 등의 시스템을 테일러급수전개를 이용하여 선형화하는 과정에서 고차항은 무시된다는 사실이다. 이것은 기준으로 하는 상황 근처에서의 극히 작은 변동만을 취급하는 것으로서 근사선형을 수행하는 것이다. 또한 [예제 2.4]에서는 외부에서의 인가토크와 회전저항이 균형을 이루고 있는 등각속도운동($\omega = \omega_o$)을 지속하는 상태, 또는 유입유출의 수량이 평형을 이루어서 수위가 일정하게 유지되고 있는 상태 등을 기준값으로 선정하고 있다. 이와 같은 「균형의 상태」를 '평형상태(equilibrium)'라고 한다.

[예제 2.4]의 전기회로 등과 같이, 원래 선형특성을 가지는 시스템에서는 근사선형화를 수행할 필요성이 없지만, 이런 경우라도 평형상태로부터의 변이를 생각하는 것이 편리한 경우가 있다. 다시 말하면 선형특성을 가지는 시스템의 경우에도, 기준값으로부터의 변이를 고려하여 식을 유도하여도 원래 방정식과 동일한 것으로 된다는 것이다.

그런데 평형상태로부터의 변이로서 수식모델을 구하려고 하는 경우, $u(t) = 0$, $y(t) = 0$ 라는 것은 평형상태를 표현하고자 하는 것이지, 결코 실제로 전압이 $0\,[\mathrm{V}]$, 유량이 $0\,[\mathrm{m}^3/\mathrm{s}]$, 또는 수위가 0 (즉 수조가 비어있다는 의미)을 나타내는 것은 아니라는 사실에 유의해야 한다.

시스템의 수식모델은 외부로부터 인가된 입력에 대해, 시스템이 어떤 출력을 발생시키는가를 기술한 것이지만, 이때 두 종류의 입장에서 식을 나타낼 수 있다. 첫 번째는 시스템의 내부는 바깥에서 보이지 않는 「검은 상자(black box)」로서 생각하여 입력과 출력 사이의 현상적인 관계에만 주목하는 것이다. 이것을 시스템의 '외부표현(external description)', 혹은 입출력특성(input–output characteristic)이라고 한다. 두 번째는 시스템의 내부상태에 주목한 것으로, 입력이 이것을 중개하여 출력과 연결되는 관계식을 기술하고 이를 '내부표현(internal description)'이라고 부르고 있다.

2.2.1 외부표현의 수식모델

여기서는 선형시스템에 있어서 입력과, 이것에 의한 출력과의 관계를 직관적으로 표현하는 수식모델에 대하여 설명한다. 이 과정은 주로 고전제어이론 등에서 다루기 때문에 여기서는 간략하게 언급한다.

A. 선형시스템의 외부표현

시스템이 동적이라면, 출력 $y(t)$은 동일한 시각에 들어오는 입력 $u(t)$ 뿐만 아니라 이전의 시각 τ, $(\leq t)$에 인가된 입력 $u(\tau)$ 에도 의존한다. 이러한 의존관계가

$$y(t) = \int_{-\infty}^{\infty} g(t, \tau)u(\tau)d\tau \tag{2.2}$$

와 같은 수식모델로서 표현되는 경우에 대하여 생각하여 보자. 식 (2.2)의 오른쪽 항은 $u(\tau)$ 에 대하여 선형이기 때문에, 이와 같은 특성의 시스템을 '선형시스템(linear system)'이라고 한다. $g(t, \tau)$ 는 임의의 시각 τ에서 크기 $u(\tau)$를 가지는 입력이 임의의 시각 t에서의 출력 $y(t)$에 미치는 영향의 정도를 나타내고 있다. 여기서 시스템이 인과성(causality)을 가진다는 사실, 다시 말하면 원인인 입력이 인가되기 전에 결과인 출력이 발생하지 않는다는 점에 주목하면

$$g(t, \tau) = 0, \ \tau > t \tag{2.3}$$

이 성립한다. 따라서 식 (2.2)는

$$y(t) = \int_{-\infty}^{t} g(t, \tau)u(\tau)d\tau \tag{2.4}$$

로 된다. 더욱이 시스템이 시각 $t = t_o$ 에서 영상태(zero state)에 있었다고 가정해 보자. 영상태라고 하는 것은 이 시각 이후 입력이 계속 0 이라면($u(t) \equiv 0, \ t \geq t_o$) 출력 역시 계속 영으로 유지($y(t) \equiv 0, t \geq t_o$)된다고 하는 상태를 의미하는 것으로, 시스템이 평형상태에 있는 것으로 볼 수 있다. 이 경우 $u(t) \equiv 0, \ t \geq t_o$ 라고 한다면 $y(t)$ 는

$$y(t) = \int_{-\infty}^{t_o} g(t, \tau)u(\tau)d\tau$$

로 된다. 따라서 시스템이 t_o 에서 영상태에 있다고 한다면

$$\int_{-\infty}^{t_o} g(t, \tau)u(\tau)d\tau = 0, \ t \geq t_o \tag{2.5}$$

가 성립하며 식 (2.4)는 다음으로 된다.

$$y(t) = \int_{t_o}^{t} g(t, \tau)u(\tau)d\tau \, , \ t > t_o \tag{2.6}$$

식 (2.6)은 동적시스템의 입출력관계를 나타내는 외부표현 중의 하나로서 가장 많이 사용되고 있다. $g(t, \tau)$ 는 이미 언급한 바와 같이, 임의 시각 $t = \tau$ 에서 입력이 출력에 미치는 영향의 크기를 나타내는 것으로 '가중함수(weighting function)'라고 부른다.

B. 시불변시스템의 외부표현

위에서 정의한 가중함수의 특별한 경우로서 식

$$g(t-\sigma,\ \tau-\sigma)=g(t,\ \tau) \tag{2.7}$$

이 임의의 $t,\ \sigma,\ \tau$에 대해서 성립되고 있다고 생각한다. σ는 임의의 값을 가지기 때문에 $\sigma=\tau$로 선정하면

$$g(t,\ \tau)=g(t-\tau,\ 0)$$

가 얻어진다. 위 식으로부터 시스템이 인과성을 가진다는 전제 아래, 시각 τ에서의 크기 $u(\tau)$를 가지는 입력이 시각 t에서의 출력 $y(t)$에 미치는 영향을 나타내는 가중함수는 두 시각의 차 $(t-\tau)$의 함수로 된다는 것 알 수 있다. 위식 오른쪽의 0을 생략하여 $g(t-\tau)$로 쓰기로 한다면 식 (2.6)은 인과성의 조건아래서

$$y(t)=\int_{t_o}^{t} g(t-\tau)u(\tau)d\tau\ ,\ t>t_o \tag{2.8}$$

으로 된다. 여기서 식 (2.8)은 입력신호의 시간축 상의 이동에 관계없이 항상 동일한 식으로 표현된다는 사실, 다시 말하면 입력을 시간축에서 s만큼 왼쪽(혹은 오른쪽)으로 이동시켜(즉 $u(t+s)$, 혹은 $u(t-s)$) 인가한다면, 시스템의 출력 역시 동일한 크기만큼 시간축에서 이동(즉 $y(t+s)$ 혹은 $y(t-s)$)된다는 사실을 확인하여 보자. 이를 위해 [그림 2.6]과 같이 입력 $u(\tau)$를 시간축을 따라서 s 만큼 왼쪽(또는 오른쪽)으로 이동시킨 파형 $u(\tau+s)$를 생각하여 보자[4]. 이것을 입력으로 하면 식 (2.8)은

$$\hat{y}(t)=\int_{t_o-s}^{t} g(t-\tau)u(\tau+s)d\tau \tag{2.9}$$ [5]

로 되고 이를 변수변환 $\hat{\tau}=\tau+s$ 에 의해 실행하면 식 (2.8)에 의해

$$\int_{t_o-s}^{t} g(t-\tau)u(\tau+s)d\tau=\int_{t_o}^{t+s} g(t-\hat{\tau}+s)u(\hat{\tau})d\hat{\tau}=y(t+s) \tag{2.10}$$

로 된다. 이 결과는 t_o에서 영상태인 시스템에 입력 $u(\tau),\ t_o\le\tau\le t$을 인가했을 경우의 출력 $y(t),\ t_o\le t$ (즉 식 (2.8))는, $t=t_o-s$에서 영상태인 시스템에 입력 $\hat{u}(\tau)=u(\tau+s),\ t_o-s\le\tau\le t-s$를 인가했을 경우의 출력 $\hat{y}(t),t\ge t_o-s$ (즉 식 (2.9))를 시간 s 만큼 오른쪽으로 이동시킨 것과 동일하다는 것을 의미하고 있다. 즉

---

4) [그림 2.6]에서는 시간축을 따라서 왼쪽으로 s 만큼 이동시켰다.

5) 입력신호를 시간축 상에서 왼쪽으로 s만큼 이동시켰다는 것은, 시스템 전체의 시간축 역시 왼쪽(즉 과거)으로 이동되었다는 것을 의미하므로 시스템의 초기시각 역시 t_o에서 t_o-s로 되어야 할 것이다.

$$\hat{y}(t-s) = y(t), \ t \geq t_o$$

가 성립한다는 것을 나타낸다(그림 2.6). 이로부터 입력을 시간축에 따라서 이동시키면, 출력도 동일한 크기만큼 동일한 방향으로 이동되어 입력과 출력사이의 관계는 변화하지 않는다는 것을 알 수 있다. 이러한 의미에서 식 (2.7)을 만족하는 시스템을 '시불변시스템(time invariant system)', 혹은 '정상시스템(stationary system)'이라고 한다. 이에 반하여 식 (2.7)이 성립하지 않는 경우는 '시변시스템(time varying system)', 혹은 '비정상시스템(nonstationary system)'이라고 한다.

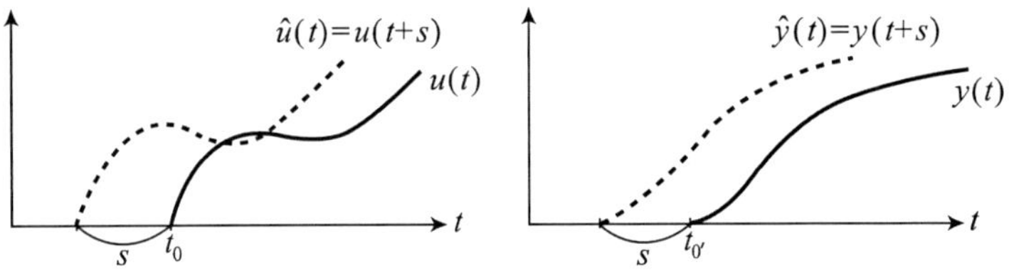

그림 2.6
시간 불변성

시불변시스템에서는 시간축 위에서 어느 쪽으로 이동시켜도 상관없기 때문에 $s = t_o$ 로 두면

$$\hat{y}(t) = \int_0^t g(t-\tau)\hat{u}(\tau)d\tau \tag{2.11}$$

가 얻어진다. 이와 같이 시불변시스템의 외부표현을 고찰하기 위해서 $t_o = 0$ 으로 두어도 일반성을 잃지 않는다는 것을 알 수 있다. 따라서 이하 시불변시스템을 취급하는 경우에는 $t_o = 0$ 로 두고 식 (2.11)에서 모자표시 '^'를 생략하기로 한다.

요점 2.1 **외부표현**

선형이며 시불변인 시스템의 임펄스응답을 $g(t)$ 로 두었을 경우, 입력 $u(t)$ 에 대한 시스템의 출력은

$$y(t) = \int_0^t g(t-\tau)u(\tau)d\tau$$

와 같은 컨볼류션적분의 형식으로 주어진다.[6]

6) m file인 convolution.m은 컨볼루션 적분의 계산이 t의 변화에 따라 실행되는 과정을 그래프로 보여주는 예제이다.

가중함수의 예

예제 2.6

[예제 2.4]에서 유도한 일차지연시스템인 식 (2.1)의 가중함수를 구하여 보자. 먼저 $w(t)=e^{-at}y(t)$로 두고 $dw(t)/dt$를 계산하면

$$\frac{dw(t)}{dt}=e^{-at}\frac{dy(t)}{dt}-ae^{-at}y(t)$$

로 되고, 식 (2.1)을 위 식의 오른쪽에 대입하면

$$\frac{dw(t)}{dt}=e^{-at}bu(t)$$

로 된다. 위 식의 양변을 적분하면

$$w(t)=w(t_o)+\int_{t_o}^{t}e^{-a\tau}bu(\tau)d\tau$$

가 얻어지며 이로부터 $y(t)$는

$$y(t)=e^{at}w(t)=e^{a(t-t_o)}y(t_o)+\int_{t_o}^{t}e^{a(t-\tau)}bu(\tau)d\tau \tag{2.12}$$

가 유도된다. 단 위 식에서 $w(t_o)=e^{-at_o}y(t_o)$로 두었다. 이 결과로부터 시스템이 t_o에서 영상태에 있다는 사실은 식 (2.12)에서 $y(t_o)=0$과 등가라는 것을 알 수 있다. 이때 가중함수는

$$g(t,\tau)=e^{a(t-\tau)}b$$

로 되어 식 (2.7)을 만족하기 때문에 식 (2.1)은 시불변시스템이라는 것을 알 수 있다.

예제 2.7

관(pipe) 내부를 일정한 속도로 흘러가고 있는 유체를 생각한다. 관 입구에서의 온도를 입력, 출구에서의 온도를 출력으로 한다. 이때 유체와 관벽과의 열교환은 무시할 수 있는 것으로 가정하면, 입구온도의 변화는 유체의 통과시간 L 만큼 지연되어 그대로 출구온도로 될 것이다. 다시 말하자면

$$y(t)=u(t-L) \tag{2.13}$$

이 성립한다. 일정한 속도를 가지는 벨트 콘베어(belt conveyor)로 물건을 이동시키는 경우에도 동일한 내용을 적용할 수 있다. 이와 같이 입력이 일정시간 지연되어 그대로 출력으로 되는 시스템은 데드타임(dead time), 또는 이동지연(transport delay) 등으로 불리고 있다.

식 (2.13)로부터 알 수 있는 바와 같이, 이런 종류의 시스템이 t_o에서 영상태에 있기 위한 필요충분조건은

$$u(t)=0,\ t_o-L\le t\le t_o \tag{2.14}$$

이며, 이 시스템은 시불변이라는 사실은 쉽게 이해될 것이다. 가중함수를 구하기 위해 식 (2.11)에서 $\sigma=t-\tau$와 같은 변수변환을 수행하면

$$y(t)=\int_0^t g(t-\tau)u(\tau)d\tau=\int_0^t g(\sigma)u(t-\sigma)d\sigma$$

로 되며, 여기에 식 (2.13)의 관계를 적용하면

$$\int_0^t g(\sigma)u(t-\sigma)d\sigma=u(t-L)$$

로 된다. 위 식이 성립하기 위해서 가중함수는 델타함수의 성질에 의해

$$g(\sigma)=\delta(\sigma-L) \tag{2.15}$$

으로 되어야 한다는 것을 알 수 있다. 즉 시간지연을 가지는 시스템의 가중함수 역시 동일한 크기의 지연시간을 가진다는 것을 확인할 수 있다.

C. 전달함수 표현

$g(t)$, $u(t)$가 라플라스변환[7]이 가능한 함수라고 하고 식 (2.11)의 양변을 라플라스변환하여보자. 컨볼류션적분(convolution integral)에 관한 공식을 적용하면

$$y(s)=G(s)u(s) \tag{2.16}$$

로 된다. 여기서 $y(s)$, $u(s)$는 각각 출력 $y(t)$와 입력 $u(t)$의 라플라스변환식이다. 즉

$$y(s)=\mathcal{L}\,[y(t)]=\int_0^\infty y(t)e^{-st}dt$$

7) 라플라스변환은 이미 고전제어이론 등에서 충분히 학습한 것으로 간주하여 자세한 설명은 생략한다.

$$u(s) = \mathcal{L}\,[u(t)] = \int_0^\infty u(t)e^{-st}\,dt$$

이다. 또한 $G(s)$는 가중함수 $g(t)$의 라플라스변환식으로, 시스템의 '전달함수(transfer function)'로 불리고 있다. 즉

$$G(s) = \mathcal{L}\,[g(t)] = \int_0^\infty g(t)e^{-st}\,dt \tag{2.17}$$

이다. 식 (2.16)은 출력의 라플라스변환 $y(s)$는 입력의 라플라스변환 $u(s)$에 전달함수 $G(s)$를 곱한 것과 동일하다는 것을 나타내고 있으며, 이것이 시스템 외부표현을 위한 또 하나의 방법이다. 임펄스응답에 의한 표현법에 비해 편리한 것은, 컨볼류션적분이라는 적분의 계산이 필요하지 않고 단지 곱셈만을 이용하여 나타낼 수 있다는 점이다. 이는 입력이 $G(s)$ 배 되어 출력으로 된다는 일종의 증폭기의 이득을 취급하는 감각으로 사용할 수 있다는 것을 의미한다. 단지 전달함수 표현법은 식 (2.11)으로부터 시작되었기 때문에, 시변시스템에도 적용 가능한 임펄스응답의 표현식 (2.6)에 비하여 그 사용범위가 한정되어 있다.

전달함수의 예

예제 2.8

[예제 2.6]에서 가중함수는

$$g(t) = e^{at}b$$

로 주어지므로, 이것을 라플라스변환 하면

$$G(s) = \mathcal{L}\,[e^{at}b] = \frac{b}{s-a} = \frac{K}{1+Ts} \tag{2.18}$$

로 된다. 단

$$T = -\frac{1}{a},\ K = -\frac{b}{a}$$

로 정의하였다. 식 (2.18)을 보면 전달함수의 분모가 s의 1차 다항식으로 되어있기 때문에 이 시스템을 1차 지연시스템이라고 한다. 정수 T는 시간을 나타내는 양으로 '시정수(time constant)'라고 하며 시스템의 동작특성을 나타내는 하나의 지표로 사용되는 값이다. 정수 K는 '이득(gain constant)'으로 불리며, 이것의 차원(dimension)은 출력의 크기를 입력의 크기로 나눈 것으로 된다.

예제 2.9

[예제 2.7]의 시스템, 즉 시간지연을 가지는 시스템을 생각한다. 식 (2.13)의 양변을 라플라스변환하고, 여기에 라플라스변환이 가지는 시간이동의 성질을 이용하면

$$y(s)=e^{-Ls}u(s)$$

가 얻어진다. 따라서 전달함수는

$$G(s)=e^{-Ls} \tag{2.19}$$

로 된다. 이 결과는 식 (2.15)의 양변을 라플라스변환 하여도 얻을 수 있다.

2.2.2 내부표현의 수식모델

내부표현의 수식모델을 얻기 위한 하나의 방법으로 '상태공간(state-space) 표현법'이 있다. 이것은 현대제어이론의 전개를 위한 주요한 도구로서, 앞으로 이 책에서 각종 이론의 전개에 있어 가장 중요한 역할을 하게 된다.

A. 상태방정식

보존의 법칙

동적시스템에 있어서는 시각 t_o에서의 출력 $y(t_o)$는 그 시각에서의 입력 $u(t_o)$만으로 결정되는 것이 아니고, 과거의 입력 $u(t)$, $t \le t_o$의 영향도 받는다. 왜냐하면 동적시스템은 그 내부에 과거의 입력을 저장하는, 혹은 기억하는 요소(또는 기능)를 가지고 있기 때문이다.

예제 2.10

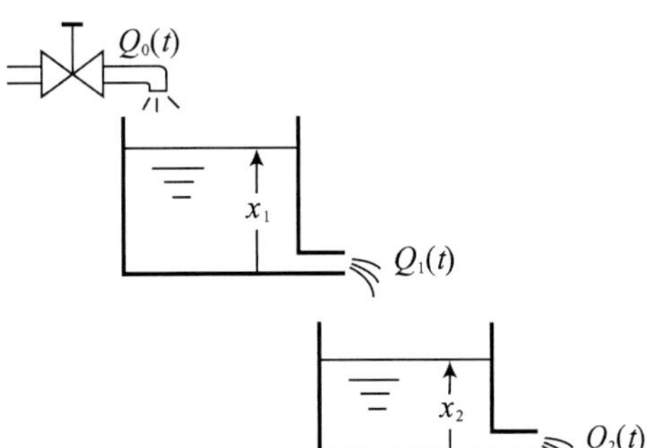

그림 2.7 두 개의 수조를 가지는 시스템

[그림 2.7]에 표시한 두 개의 수조로 이루어진 시스템을 생각하여 보자. 수조의 수위는 과거의 유입량, 유출량에 의해 결정된다. 이것은 수조가 (물을) 저장하는 요소이기 때문이다. [그림 2.7]의 경우 저장요소는 두 개 있으며, 각각의 수위 $x_1(t)$, $x_2(t)$는 이 시스템에서 과거입력의 영향이 남아 있는 변수이다. 다시 말하면 과거의 유입량에 의한 상태(즉 수위)의 변화를 기억하고 있는 변수이다.

저장요소 혹은 기능에 대하여 일반적으로

$$\text{변화량} = \frac{d}{dt}(\text{저장되어 있는 양}) = (\text{유입량}) - (\text{유출량})$$

이라고 하는 보존의 법칙이 성립한다. 예를 들면, 저장되어 있는 양이 물의 체적이라면, 위 식의 오른쪽은 체적의 변화량을 나타내며, 만약 열을 저장한다면 오른쪽은 용기 내의 열 변화량으로 된다. 일반적으로 저장되는 양이 [D]라고 하는 차원을 가진다면, 오른쪽의 각 양은 [D/s]의 차원을 가져야 할 것이다. 이하

$x(t) =$ 저장되어 있는 양
$w(t) =$ 유입량 − 유출량 = 순 유입량

으로 나타내기로 한다. 저장매체가 복수개 있는 경우에는 적당히 번호를 붙여서 i 번째의 저장매체에 관한 양을 $x_i(t), w_i(t), (i=1,\cdots,n)$ 으로 표현하기로 한다. 이를 이용하여 [그림 2.7]의 시스템에 보존의 법칙을 적용하여 보자[8]. 먼저 제1의 수조에 대하여

$$A_1\frac{dx_1(t)}{dt} = Q_o(t) - Q_1(t) = w_1(t) \tag{2.20a}$$

이다. 단 A_1 은 수조의 단면적이다. 제2의 수조에 있어서는

$$A_2\frac{dx_2(t)}{dt} = Q_1(t) - Q_2(t) = w_2(t) \tag{2.20b}$$

로 쓸 수 있다.

상태방정식

보존법칙의 오른쪽에 나타나는 순 유입량 $w_i(t)$ 는, 저장되어 있는 양 $x_j(t), (j=1,\cdots,n)$ 및 시스템의 외부로부터 인가되는 입력 $u(t)$ 에 의해 결정되는 것이 보통이다. 다시 말하면 순 유입량 $w_i(t)$ 은 $x_j(t), u(t)$ 의 함수로 된다는 것이다. 이것은

$$\frac{dx_i(t)}{dt} = f_i[x_1(t),\cdots,x_n(t);u(t);t],\ (i=1,\cdots,n) \tag{2.21}$$

와 같은 미분방정식의 형태로 표현할 수 있다. 그러나 모든 경우에 있어서 시스템을 나타내는 식을 반드시 식 (2.21)과 같은 형식으로 나타낼 수 있는 것은 아니지만, 여기서는 식 (2.21)과 같은 형식의 미분방정식이 얻어지는 시스템만을 대상으로 하기로 한다.

여기서 식 (2.21)의 미분방정식에 대하여 좀 더 자세히 알아보자. 식 (2.21)은

8) 결과적으로 [그림 2.7]의 시스템에 대한 수식 모델이 얻어진다.

a) $x_i(t)$ 의 시각 t 에 관한 1계 상미분방정식의 집합이며
b) $x_i(t)$ 의 도함수 $dx_i(t)/dt$ 가 구체적으로 표현되어 있으며
c) $dx_i(t)/dt$ 는 $x_j(t), (j=1,\cdots,n)$, $u(t)$ 및 시간 t 의 함수로서 주어지며, $x_j(t)$, $u(t)$ 의 도함수는 포함하지 않는다.

와 같은 특징을 가지고 있다.

예제 2.11

[예제 2.10]의 시스템에서는 유입량 $Q_o(t)$ 가 입력 $u(t)$ 로 간주된다. 베르누이의 정리에 의하면 적당한 정수 k_1, k_2 를 이용하여

$$Q_i(t) = k_i\sqrt{x_i(t)}\ ,\ (i=1,2) \qquad ①$$

로 나타낼 수 있다. 이것을 식 (2.20)에 적용하면

$$w_1(t) = \left\{-k_1\sqrt{x_1(t)} + u(t)\right\} \qquad ②$$

$$w_2(t) = \left\{-k_1\sqrt{x_1(t)} - k_2\sqrt{x_2(t)}\right\}$$

로 되어 식 (2.21)과 같은 형식의 미분방정식이 얻어졌다.

요점 2.2 상태변수가 만족해야 하는 조건

(a) 임의의 시각 t_o 에 있어서의 값 $x_1(t_o),\cdots,x_n(t_o)$ 과 $t \ge t_o$ 에서의 입력 $u(t)$ 가 주어졌을 경우, $x_1(t),\cdots,x_n(t)$ 은 유일하게 결정된다.
(b) 임의의 시각 t_o 에서의 출력 $y(t)$ 는 $\{x_1(t),\cdots,x_n(t);u(t);t\}$ 의 대수식에 의해 표현되어야 한다. 다시 말하면 함수를 이용하여

$$y(t) = h[x_1(t),\cdots,x_n(t)\,;u(t);t] \qquad (2.22a)$$

로 나타낼 수 있다. 일반적으로 $y(t)$ 가 입력 $u(t)$ 의 직접적인 영향을 받지 않기 때문에 식 (2.22a)가

$$y(t) = h[x_1(t),\cdots,x_n(t)\,;t] \qquad (2.22b)$$

와 같은 형식으로 되는 경우가 많다.
(c) 임의의 시각 t_o 에서 초기상태 $x_1(t_o),\cdots,x_n(t_o)$ 및 $u(t_o)$ 는 상호간에 아무런 구속력이 없으며, 독립적으로 그 값을 설정할 수 있다.

식 (2.21)이 가지는 n 개의 변수 $x_1(t), \cdots, x_n(t)$ 에 대하여 [요점 2.2]의 세 가지 조건이 성립한다면 이것을 '상태변수(state variable)'라고 하며, 이때 식 (2.21)을 '상태방정식(state equation)'이라고 한다.

이상의 내용을 한마디로 요약하면, 상태변수란 과거입력이 시스템의 미래의 움직임에 미치는 영향을 집약해서 표현하는데 부족하지 않는 몇 개의 변수를 나타내는 것으로 볼 수 있다.

식 (2.21)과 (2.22)의 관계를 개략적으로 나타낸 것이 [그림 2.8]이다. 이 그림으로부터 알 수 있는 바와 같이 상태변수에 의한 내부표현이란, 시스템 내부에 존재하는 저장소자, 기억기능 등에 주목하여, 여기에 저장되는 양을 매개체로 하여 시스템의 움직임(거동)을 나타낸 것이다. 다시 말하면 외부에서 주어지는 입력으로 인한 시스템 내부의 작용 결과로 어떠한 출력이 생성될 것인가와 같은, 시스템이 가지는 고유의 특징을 표현한 것으로 이해할 수 있다.

방정식 (2.21)을 상태방정식으로 부르는 것에 대하여 식 (2.22)를 '출력방정식(output equation)'이라고 한다. 단 식 (2.21)과 (2.22)를 합하여 상태방정식이라고도 한다.

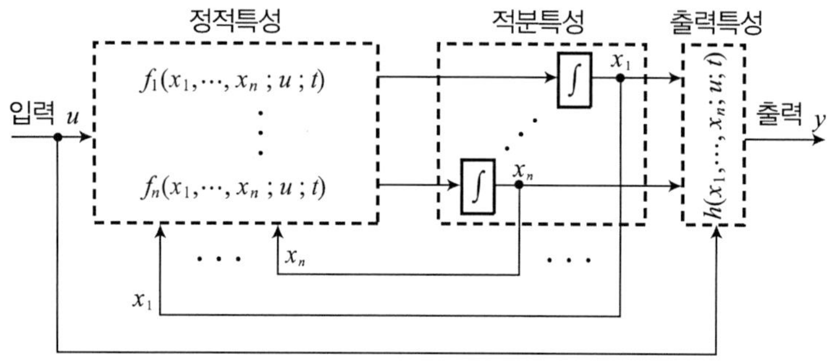

그림 2.8 상태방정식에 의한 내부표현

상태방정식의 예

[예제 2.10]에서 두 번째 수조의 수위를 출력으로 취하면

$$\frac{d}{dt}x_1(t) = -\frac{k_1}{A_1}\sqrt{x_1(t)} + \frac{1}{A_1}u(t) \qquad ①$$

$$\frac{d}{dt}x_2(t) = \frac{k_1}{A_2}\sqrt{x_1(t)} - \frac{k_2}{A_2}\sqrt{x_2(t)}$$

가 상태방정식이며

$$y(t) = x_2(t) \qquad ②$$

가 출력방정식으로 된다. 다시 말하면 [예제 2.10]은 차수가 2, 즉 두 개의 상태를 가지는 시스템이다. 단 $x_1(t)$, $x_2(t)$는 양을 값을 가지는 것으로 가정한다.

예제 2.12

[예제 2.4]의 ❷번 항에서 주어진 회전체를 생각하여 보자. 이미 설명한 바와 같이

$$J\frac{d\omega(t)}{dt} = -C\omega(t) + \tau(t) \qquad ①$$

가 성립한다. $\omega(t)$를 출력이라고 하면 $x_1 = \omega$, $u = \tau$로 하여

$$\frac{d}{dt}x_1(t) = -\frac{C}{J}x_1(t) + \frac{1}{J}u(t) \qquad ②$$

$$y(t) = x_1(t)$$

로 되어 [요점 2.2]의 조건이 만족된다. 따라서 회전체는 차수가 1인 시스템이다. 한편 출력을 $\omega(t)$가 아니라 회전각 $\theta(t)$로 취한다면, $\theta(t)$는 상태변수 $x_1(t) = \omega(t)$와 입력 $u(t) = \tau(t)$의 대수식으로 표현할 수 없다. 다시 말하면 상태변수 $x_1(t)$만으로는 조건 (b)를 만족시킬 수 없다. 여기서 새로운 상태변수 $x_2(t) = \theta(t)$를 도입하여 식을 다시 쓰면

$$\frac{d}{dt}x_1(t) = -\frac{C}{J}x_1(t) + \frac{1}{J}u(t) \qquad ③$$

$$\frac{d}{dt}x_2(t) = x_1(t) \qquad ④$$

$$y(t) = x_2(t) \qquad ⑤$$

로 되어야 한다. 이와 같은 경우에는 동일한 시스템이지만 시스템의 차수는 2로 된다. 출력을 회전각으로 취한다고 해서 회전각 $\theta = x_2$에 관한 ④만으로는 초기값 $x_2(t_o)$이 주어진다고 하더라도 $x_2(t)$, $(t \geq t_o)$를 유일하게 결정할 수 없기 때문에 [요점 2.2]에서 언급한 조건 (a)를 만족하지 못한다. 다시 말하면 $\theta(t)$만을 상태변수로 취해서는 시스템 전체의 움직임을 나타내기에는 부족하다는 것을 의미한다. 따라서 $\theta(t), \omega(t)$의 두 변수를 채용하여야 비로소 상태변수로서의 자격을 가지게 된다.

그렇다면 각속도 $\omega(t)$를 출력으로 가지는 경우에 ③뿐만 아니라, ④까지를 포함하여 2차의 시스템으로 간주하면 어떻게 되는지 확인하여 보자. 이 경우에도 상기의 조건 (a)~(c)는 만족되어 역시 $x_1(t)$, $x_2(t)$는 상태변수의 자격을 가진다. 그러나 앞서 언급한 바와 같이, 이 경우에는 $x_1(t)$만으로 이미 상태변수의 자격을 가지고 있는데, 굳이 $x_2(t)$를 추가하여 2차의 시스템으로 만드는 것은 불필요하게 변수의 수를 증가시키는 것이 아닌가 하는 의문이 생길 것이다. 이 의문에 대한 답은 제4장에서 자세히 설명한다.

예제 2.13

[예제 2.12]의 회전체가 톱니바퀴(즉 감속기어)를 중개하여 별개의 회전체에 연결되어 있는 경우를 생각하여 보자(그림 2.9). 예를 들어, J_1은 원동기 자체의 관성, J_2는 감속기어 중개하여 구동되는 부하의 관성이며, τ는 원동기에서 발생하는 토크라고 각각 가정한다.

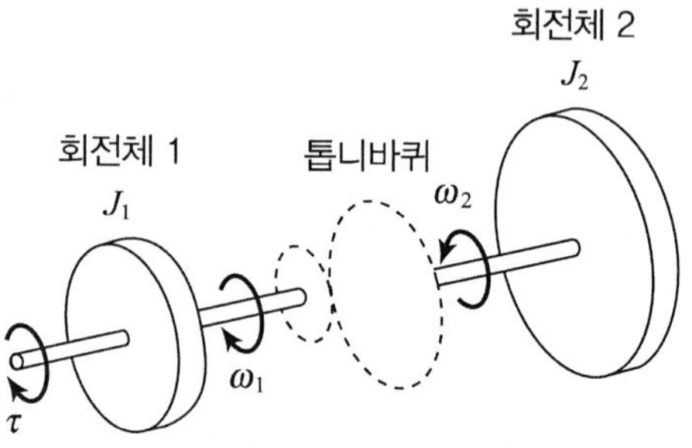

그림 2.9 두 개의 회전체

이 경우에는 회전체 1의 각속도 $\omega_1(t)$와 회전체 2의 각속도 $\omega_2(t)$를 상태변수로 취할 수는 없다. 왜냐하면 감속기어의 비를 k로 하면

$$\omega_2(t) = k\omega_1(t) \qquad ①$$

의 관계가 성립하여 초기조건 $\omega_1(t_o)$과 $\omega_2(t_o)$ 사이에도 $\omega_2(t_o) = k\omega_1(t_o)$이 만족되어야 한다. 이는 초기상태 상호간에 구속이 없어야 한다는 [요점 2.2]의 조건 (c)에 반하기 때문이다. 즉 ω_1 또는 ω_2 중에서 어느 한쪽이 결정되면 다른 하나는 그의 정수배로서 계산되기 때문에, 양자를 전부 상태변수로서 채용한다는 것은 불필요하게 상태변수의 수를 늘이는 결과로 된다.

만약 두 회전체의 연결축의 비틀림까지 고려한다면 ω_1과 ω_2는 독립으로 되어 ①이 성립되지 않는다. 따라서 양쪽을 상태변수에 포함시켜도 조건 (c)를 위반하지 않는다.

예제 2.14

[예제 2.4]의 일차지연시스템에 대해서는, 식 (2.1)로부터 쉽게 알 수 있는 바와 같이

$$\frac{d}{dt}x(t) = ax(t) + bu(t) \qquad ①$$

가 상태방정식으로 되며, 출력방정식은

$$y(t) = x(t) \qquad ②$$

이다. 이와 같은 일차지연시스템으로 완전히 동일한 특성을 가지는 물체가 두 개 있다고 가정하고

$$\frac{d}{dt}x_1(t) = ax_1(t) + bu(t) \qquad ③$$

$$\frac{d}{dt}x_2(t) = ax_2(t) + bu(t) \qquad ④$$

$$y(t) = \frac{1}{2}x_1(t) + \frac{1}{2}x_2(t) \qquad ⑤$$

와 같은 상태방정식으로 표현되는 시스템을 생각하여 보자. 이 시스템은 두 개의 동일한 특성을 가지는 수조에 하나의 수도로서 공통으로 물을 공급하여, 두 수조의 평균수위를 측정하고 있는 경우(그림 2.10)을 예로서 들 수 있을 것이다.

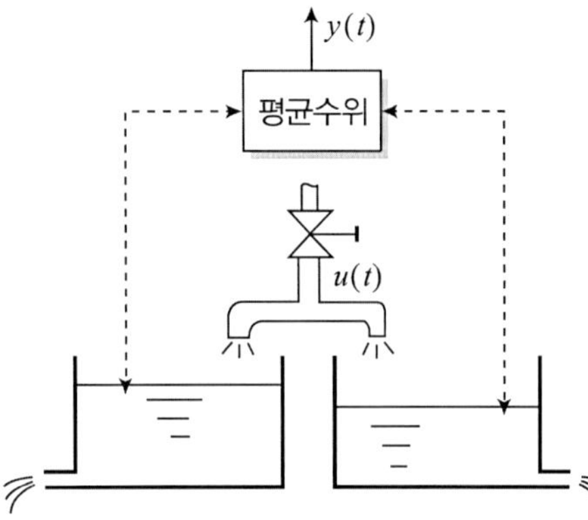

그림 2.10 동일특성을 가지는 두 개의 수조

방정식 ③과 ④는 동일한 모양을 하고 있다. 그렇지만 두 개 수조의 초기상태는 독립이며, 특히 둘 사이의 어떤 물리적인 구속이 존재하지 않기 때문에 요점의 조건 (c)를 만족하고 있으며, 두 개의 변수 x_1, x_2 는 동일한 모양이지만 계수값이 다른 방정식에 의해 결정되기 때문에 한쪽이 불필요한 것은 아니다. 다시 말하면, 이것은 2차의 시스템이다. 그러나 이 시스템의 경우, 쉽게 알 수 있는 것처럼 두 변수 x_1 과 x_2 사이에는

$$x_2(t) - x_1(t) = e^{at}\{x_2(0) - x_1(0)\}$$

라고 하는 관계가 존재하며, 입력 $u(t)$ 에 관계없이 $x_1(t)$ 와 $x_2(t)$ 중 어느 한쪽이 계산되면 다른 하나는 쉽게 얻어진다. 물론 이 경우 초기상태 값은 기지라고 가정한다. 다시 말하면, 한쪽이 계산되면 다른 하나는 미분방정식의 해를 구할 필요도 없이 간단한 대수식으로 얻어진다는 사실을 생각하면 두 변수 중 하나는 역시 불필요한 것이 아닌가 하는 의문이 생긴다. 이 의문에 대한 해답은 제4장에서 '가제어성'과 관련하여 설명한다. 또한 $\tilde{x}(t) = x_1(t) + x_2(t)$ 라고 하는 새로운 변수를 도입하여 미분하면

$$\begin{aligned}\frac{d}{dt}\tilde{x}(t) &= ax_1(t) + bu(t) + ax_2(t) + bu(t) \qquad ⑥\\ &= a\tilde{x}(t) + 2bu(t)\end{aligned}$$

로 되며 출력은

$$y(t) = \frac{1}{2}\tilde{x}(t) \qquad ⑦$$

이다. 이 변수 $\tilde{x}(t)$는 조건 (a)~(c)를 만족하기 때문에 상태변수의 자격을 가진다. 이와 같이 하면 위 시스템은 1차의 시스템으로서 표현될 수 있는데도 불구하고, x_1, x_2 를 상태변수로 하여 2차의 시스템으로 표현하였지만, 이 경우 역시 두 변수 중 하나는 불필요한 것이 아닌가 하는 의문이 생긴다. 이에 대한 답은 제4장에서 '가관측성'과 관련하여 설명한다.

B. 시스템모델의 분류

집중정수와 분포정수 시스템

위에서 나타낸 몇 개의 예와 같이, 시각 t 를 독립변수로 하는 유한개의 상태변수를 이용하여 식 (2.21)과 같은 형식의 1계미분방정식으로 시스템의 동적특성을 기술할 수 있을 때, 시스템은 '유한차원(finite dimensional)', 또는 집중정수시스템(lumped parameter system)이라고 한다. 또한 예를 들어 열전도를 동반하는 시스템에서는 장소 z 와 시각 t 의 함수로서의 온도분포 $\theta(t, z)$가 반드시 필요하다. 이때 시스템의 동적인 거동을 기술하는 식은 z 와 t 를 독립변수로 하는 편미분방정식으로 된다. 이와 같은 경우를 분포정수시스템(distributed parameter system), 혹은 '무한차원(infinite dimensional)' 시스템이라고 한다.

앞서 언급한 시간지연시스템도 무한차원시스템의 하나의 예이며, 아마도 가장 간단한 분포정수시스템일 것이다. 이 책에서는 주로 집중정수시스템만을 대상으로 하여 이론을 전개한다. 집중정수시스템에서 변수의 개수 n 을 '차수(order)', 혹은 차원(dimension)이라고 한다.

차원이 n 인 집중정수시스템에 있어서, 필요한 상태변수 $x_1, \cdots, x_n$ 을 선정하였다고 하고 이들을 좌표축으로 하는 n 차원공간을 생각한다. 3차원의 경우를 생각하여 그림으로 나타내면 [그림 2.11]로 된다. 이때 시스템의 내부상태는 이 공간에서의 한 점에 대응시킬 수 있다. 이 점은 시각 t 의 변화와 함께 공간 내를 이동하지만, 이 움직임을 기술한 것이 식 (2.21)이다. 식 (2.21)의 해를 구한다는 것은, 시스템의 상태에 대응하는 점이 이 공간 내에서 만들어 내는 궤도를 찾아내는 것에 상당한다. 이러한 의미에서 이 공간을 '상태공간(state space)'이라고 부르며, 식 (2.21)의 해를 상태공간에 있어서 궤도(trajectory)라고 하기도 한다.

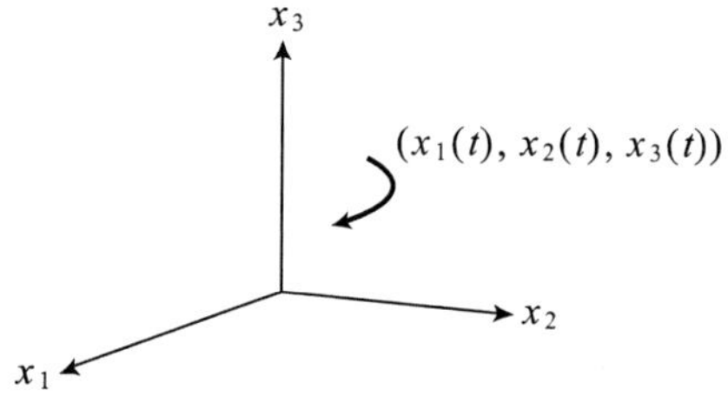

그림 2.11 상태공간과 궤도

선형시불변시스템

식 (2.21)과 (2.22)의 오른쪽 항이 x_i, $(i=1,2,\cdots,n)$과 u와의 선형함수로서 나타내어질 때, 다시 말하면 적당한 계수 $a_{ij}(t)$, $b_i(t)$, $c_j(t)$, $d(t)$를 이용하여

$$\frac{dx_i(t)}{dt}=a_{i1}(t)x_1(t)+\cdots+a_{in}(t)x_n(t)+b_i(t)u(t),\ (i=1,\cdots,n) \tag{2.23a}$$

$$y(t)=c_1(t)x_1(t)+\cdots+c_n(t)x_n(t)+d(t)u(t) \tag{2.23b}$$

로 나타낼 수 있는 시스템을 '선형(linear)'이라고 한다.

식 (2.23)의 기술을 간단히 하기 위하여 벡터와 행렬을 도입하여 다음과 같이 둔다.

$$\vec{x}(t)=\begin{bmatrix} x_1(t) \\ \vdots \\ x_n(t) \end{bmatrix} : (n\times 1) \tag{2.24a}$$

$$\boldsymbol{A}(t)=\begin{bmatrix} a_{11}(t) & \cdots & a_{1n}(t) \\ \vdots & & \vdots \\ a_{n1}(t) & \cdots & a_{nn}(t) \end{bmatrix} : (n\times n) \tag{2.24b}$$

$$\vec{b}(t)=\begin{bmatrix} b_1(t) \\ \vdots \\ b_n(t) \end{bmatrix} : (n\times 1) \tag{2.24c}$$

$$\vec{c}(t)=\begin{bmatrix} c_1(t) & \cdots & c_n(t) \end{bmatrix} : (1\times n) \tag{2.24d}$$

이들의 정의를 이용하면 식 (2.23)은

$$\frac{d}{dt}\vec{x}(t)=\boldsymbol{A}(t)\vec{x}(t)+\vec{b}(t)u(t) \tag{2.25a}$$

$$y(t)=\vec{c}(t)\vec{x}(t)+d(t)u(t) \tag{2.25b}$$

으로 된다.

식 (2.23)에 나타나는 계수가 시각 t에 의존하지 않고 정수로 되는 경우, 시스템은 '선형시불변(linear time invariant)', 혹은 '정상선형(stationary linear)'이라고 한다. 선형시불변인 경우의 식 (2.25)는

$$\frac{d}{dt}\vec{x}(t)=\boldsymbol{A}\vec{x}(t)+\vec{b}u(t) \tag{2.26a}$$

$$y(t)=\vec{c}\,\vec{x}(t)+du(t) \tag{2.26b}$$

로 된다. 또한 입력과 출력이 하나 이상인 일반적인 경우, 예를 들어 m 개의 입력과 p 개의 출력을 가지는 경우, 이를 벡터로 표현하면

$$\vec{u}(t) = \begin{bmatrix} u_1(t) \\ \vdots \\ u_m(t) \end{bmatrix} : (m \times 1) \tag{2.27a}$$

$$\vec{y}(t) = \begin{bmatrix} y_1(t) \\ \vdots \\ y_p(t) \end{bmatrix} : (p \times 1) \tag{2.27b}$$

로 된다. 이결과 식 (2.24c)에서 $(n \times 1)$차원 벡터인 $\vec{b}$는 크기 $(n \times m)$인 행렬 $\boldsymbol{B}$로, $(1 \times n)$ 차원의 행벡터인 $\vec{c}$는 크기 $(p \times n)$인 행렬 $\boldsymbol{C}$로, 마지막으로 스칼라인 d는 크기 $(p \times m)$인 행렬 $\boldsymbol{D}$로 각각 변경된다. 따라서 다입력다출력 시스템의 경우 식 (2.26)은

$$\frac{d}{dt}\vec{x}(t) = \boldsymbol{A}\vec{x}(t) + \boldsymbol{B}\vec{u}(t) \tag{2.28a}$$

$$\vec{y}(t) = \boldsymbol{C}\vec{x}(t) + \boldsymbol{D}\vec{u}(t) \tag{2.28b}$$

$$\boldsymbol{A} : (n \times n),\ \boldsymbol{B} : (n \times m),\ \boldsymbol{C} : (p \times n),\ \boldsymbol{D} : (p \times m) \tag{2.28c}$$

로 되며, 통상 $\{\boldsymbol{A}, \boldsymbol{B}, \boldsymbol{C}, \boldsymbol{D}\}$로 시스템을 나타낸다.

2.3 에너지 보존의 법칙을 이용한 수식모델

에너지 보존의 법칙(뉴턴의 제2법칙)을 적용함으로써 모델에 대한 힘의 평형상태를 나타내는 식을 얻을 수 있다. 다시 말하면 어떤 양(예를 들어 모멘트 값, 열 등)의 단위시간 당 변화율은 에너지 보존의 법칙을 이용하면 다른 양(즉 힘(Force)이나 흐름(Flow) 등)으로 동등하게 표현할 수 있게 된다. 이와 같은 전개과정을 거치면 주어진 제어대상에 대한 상태방정식을 얻을 수 있다.

2.3.1 물리시스템의 표현법: 미분방정식

주어진 (물리)시스템에 에너지 보존의 법칙을 적용하여 상태방정식을 구하기 위해서는, 시스템에서 입출력 에너지의 상호관계를 나타내는 미분방정식이 필요하다. 기계시스템에서는 주로 뉴턴의 법칙을 적용하며, 전기시스템에서는 키르히호프(Kirchhoff)의 법칙을 주로 사용한다. 예를 들어 [그림 2.12(a)]와 같은 단순한 스프링-질량-마찰을 가지는 시스템은 뉴턴의 제2법칙(Newton's second law of motion)을 적용하여 기술할 수 있다. [그림

2.12(b)]에 질량 M에 관한 자유물체선도(free-body diagram)를 나타내었다. 여기서 질량 M과 벽면 사이의 점성마찰(viscous friction)은 질량의 속도에 비례하며(비례상수: D), 스프링에 인가(혹은 소요)되는 힘은 스프링의 변화량(스프링상수: K)에 비례한다. 이때 $x(t)$를 질량이 움직인 거리라 하면, 질량에 작용하는 힘은 뉴턴의 법칙에 의해 다음과 같은 미분방정식을 얻을 수 있다.

$$M\frac{d^2x(t)}{dt^2}+D\frac{dx(t)}{dt}+Kx(t)=f(t) \quad (2.29)$$

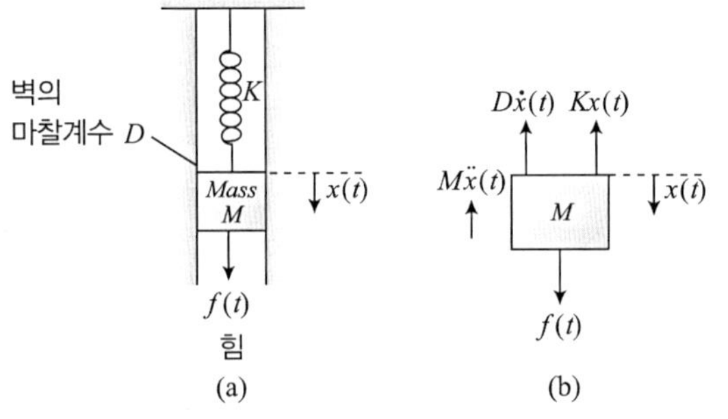

그림 2.12
(a) 스프링-질량-마찰 시스템
(b) 자유물체 선도(free-body diagram)

한편 [그림 2.13]과 같은 RLC 전기회로에 키르히호프의 전류법칙을 적용한다면 다음과 같은 미분적분 방정식이 얻어진다.

$$\frac{v(t)}{R}+C\frac{dv(t)}{dt}+\frac{1}{L}\int_0^t v(\tau)d\tau=i(t) \quad (2.30)$$ [9]

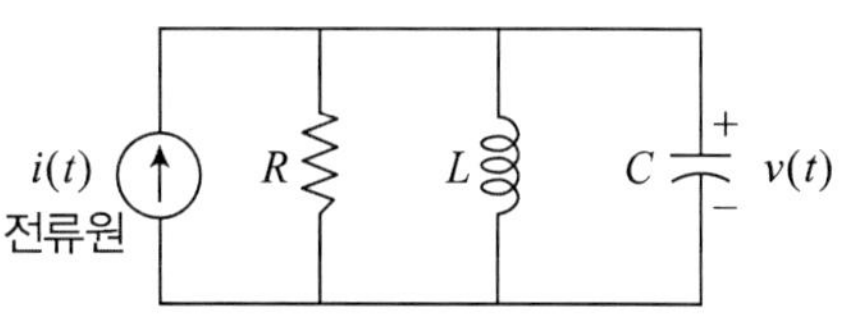

그림 2.13 RLC 전기회로

이러한 미분방정식의 해는 적절한 방법, 예를 들어 라플라스변환 등을 이용하면 쉽게 구할 수 있다. [그림 2.12]의 경우, 질량 M의 초기위치를 $x(t)=x(0)$, $(\neq 0)$에 두고 방치하였을 경우(즉 외부 힘 $f(t)=0$ 이다), 질량위치의 시간적인 변화는 다음과 같이 표현될 수 있을 것이다.

$$x(t)=K_1e^{-\alpha_1 t}\sin(\beta_1 t+\theta_1) \quad (2.31)$$

[그림 2.13]의 전기회로에서 외부전류원 $i(t)=I$로 두고 커패시터의 양단에 걸리는 전압을 계산하여 보면

$$v(t)=K_2e^{-\alpha_2 t}\cos(\beta_2 t+\theta_2) \quad (2.32)$$

로 된다.

9) Simulink file인 'RLCparallel_circuit'를 참조한다.

대표적인 두 종류의 물리시스템을 기술한 미분방정식 식 (2.29), (2.30)로부터 상태방정식 표현을 구하기 위해서는 시스템 내부상태의 시간적인 변화를 나타내는 상태변수를 지정하여야 한다. 즉 기계시스템인 경우는 질량 M의 변위 $x(t)$와 이것을 미분한 $\dot{x}(t)$[10]를 각각 상태변수로서 취한다면, 2계미분방정식 (2.29)를 1계미분방정식인 식 (2.21)의 형식으로 변환할 수 있다. 마찬가지로 전기시스템인 경우에도 커패시터 양단에 걸리는 전압 $v(t)$와 이것의 미분으로 표현되는 인덕터 L에 흐르는 전류 $\dot{v}(t)$를 각각 상태변수로 취한다면 역시 식 (2.30)을 1계미분방정식의 형식으로 표현할 수 있다.

이하 우리에게 친숙한 물리시스템인 전기회로와 기계시스템에 관하여 상태방정식을 도출하는 구체적인 방법에 대하여 설명한다.

2.3.2 전기회로와 기계시스템의 예

A. 전기회로에 대한 상태방정식

저항, 커패시터(capacitor) 및 인덕터(inductor)로 이루어진 간단한 전기회로에 대한 수식모델을 얻기 위해서는 각 소자에 대한 전압과 전류 사이의 관계를 이용하여, 전기회로의 기본법칙인 키르히호프(Kirchhoff)의 법칙을 적용한다. 이 경우 식 (2.21)과 같은 형식의 1계미분방정식을 얻기 위해서는 전기회로의 방정식에 가능한 한 적분항이 나타나지 않도록 하는 것이 필요하다. 이를 위해 각 소자에 있어서의 전류 · 전압 관련식을 다음과 같이 적용하면 편리하다.

(a) 커패시터 : $i(t) = C\dfrac{dv(t)}{dt}$ (2.33a)

(b) 저항 : $v(t) = R\,i(t)$ (2.33b)

(c) 인덕터 : $v(t) = L\dfrac{di(t)}{dt}$ (2.33c)

이로부터 전기회로에 대하여 식 (2.26)과 같은 형식의 상태방정식을 얻기 위해서는, 커패시터 양단의 전압과 인덕터에 흐르는 전류를 상태변수로 취한 뒤, 각 상태변수의 일계 미분항이 항상 방정식의 왼편에 나타나도록 식을 정리하는 과정이 필요하다. 따라서 상태변수의 개수 n은 독립적으로 연결된 커패시터와 인덕터의 수와 같게 된다. 이를 다음 예제를 이용하여 확인하여 보자.

예제 2.15

[그림 2.14]는 입력전압 $u(t)$를 인가했을 경우의 전기회로이다. 두 개의 커패시터 C_1, C_2 양단의 전압과, 인덕터 L에 흐르는 전류를 각각 상태변수 $x_1(t)$, $x_2(t)$,

10) 표기상의 편의를 위하여 $dx(t)/dt$를 $\dot{x}(t)$로, $d^2x(t)/dt^2 = \ddot{x}(t)$ 등으로 표기한다.

$x_3(t)$로 취하기로 한다[11]. 그러면 C_2에 흐르는 전류 $C_2\dot{x}$와 L에 흐르는 전류 x_3가 같다는 사실로부터 $C_2\dot{x}_2 = x_3$를 얻는다. 또 L의 역기전력 $L\dot{x}_3$와 C_2의 양단에 걸리는 전압 x_2의 합이 C_1의 양단에 걸리는 전압 x_1과 같으므로 $L\dot{x}_3 + x_2 = x_1$이 성립한다. 그리고 R에서의 전압강하와 C_1 양단의 전압의 합이 u와 같아야 하므로 $R(C_1\dot{x}_1 + x_3) + x_1 = u$ 가 만족된다.

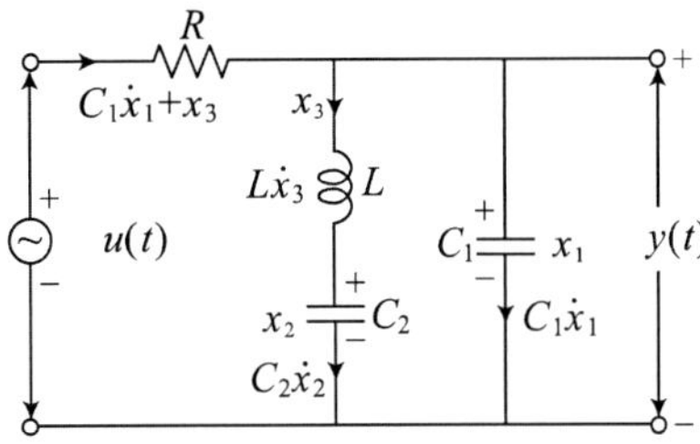

그림 2.14 [예제 2.15]

상기 3개의 식을 왼쪽에 미분항이 오도록 정리한 뒤 행렬과 벡터를 이용해서 이를 표현하면

$$\begin{bmatrix} \dot{x}_1(t) \\ \dot{x}_2(t) \\ \dot{x}_3(t) \end{bmatrix} = \begin{bmatrix} -\dfrac{1}{RC_1} & 0 & -\dfrac{1}{C_1} \\ 0 & 0 & \dfrac{1}{C_2} \\ \dfrac{1}{L} & -\dfrac{1}{L} & 0 \end{bmatrix} \begin{bmatrix} x_1 \\ x_2 \\ x_3 \end{bmatrix} + \begin{bmatrix} \dfrac{1}{RC_1} \\ 0 \\ 0 \end{bmatrix} u \qquad ①$$

와 같은 상태방정식이 얻어진다.

또한 그림과 같이 x_1을 출력변수로서 취하면 출력방정식은

$$y(t) = [1 \ \ 0 \ \ 0] \begin{bmatrix} x_1(t) \\ x_2(t) \\ x_3(t) \end{bmatrix} \qquad ②$$

으로 된다.[12] ①, ②를 식 (2.26)과 비교하면 행렬 $\boldsymbol{A}$, $\vec{b}$, $\vec{c}$를 얻을 수 있다. ②로부터 알 수 있다시피 $d=0$이다.

%[예제 2.15] (상태방정식의 MATLAB 표현)

```
R=1;C1=1;C2=1;L=1;                          % 전기회로의 각 소자의 값을 지정
A=[-1/R/C1 0 -1/C1;0 0 1/C2;1/L -1/L 0];    % ①의 상태방정식을 입력
B=[1/R/C1 0 0]';C=[1 0 0];D=0;
sys=ss(A,B,C,D);                            % 상태방정식의 LTI object의 표현
```

11) 상태변수의 선정순서는 임의이다. 다시 말하면 선정순서에 관계없이 동일한 시스템에 대해서 표현식은 다르지만 동일한 특성을 가지는 상태방정식이 얻어진다.

12) Simulink file인 'example_2_15'를 참고. 단 [예제 2.15]의 m file을 먼저 실행한다.

➲ MATLAB의 Control Toolbox에서는 상태방정식의 표현식을 얻기 위해 명령어 'ss'를 사용한다[13]. 이 결과 얻어지는 'sys'를 LTI object라고 하며, 이를 이용하여 다양한 계산을 수행한다.

B. 기계시스템에 대한 상태방정식

기계시스템과 관련된 운동은 크게 직선운동과 회전운동으로 나눌 수 있다. 따라서 기계시스템에 대한 상태방정식을 얻기 위해서는 이 두 가지 운동에 관한 정확한 이해가 필요하다.

직선운동

기계시스템을 구성하는 기본요소인 질량, 마찰 및 스프링에서, 정지상태로부터의 변화량 $x(t)$ 와 힘 $F(t)$ 사이의 관련식은 각각 다음과 같다.

(a) 스프링 : $F(t) = K\,x(t)$, K: 스프링 상수 (2.34a)

(b) 마찰 : $F(t) = D\dfrac{dx(t)}{dt}$, D : 마찰계수 (2.34b)

(c) 질량 : $F(t) = M\dfrac{d^2x(t)}{dt^2}$, M: 질량 (2.34c)

스프링의 경우 힘 $F(t)$는 늘어난 스프링이 가지고 있는 에너지(즉 위치에너지)이며, 마찰은 질량의 이동에 의해 발생하는 열로 생각할 수 있다. 마지막으로 질량의 경우는 이동을 위한 에너지, 즉 운동에너지로 간주하여 여기에 뉴턴의 제2법칙(에너지 보존의 법칙)을 적용하면 상태방정식을 얻을 수 있다. 다음 예제로서 이를 확인하여 보자.

예제 2.16

[그림 2.15]에 있어서 $u(t)$는 입력으로 질량 M에 가해지는 힘을 나타낸다. 중력과 평행을 이루는 위치 x_o로부터 힘 $u(t)$에 의한 질량의 변위 $x(t)$로 하면, 인가된 힘은 늘어난 스프링의 복원력(위치에너지) $K\,x(t)$, 마찰에 의한 열 $D\,(dx/dt)$, 및 질량의 운동으로 인한 운동에너지 $M\left(d^2x/dt^2\right)$ 등과 평형을 이루게 된다. 즉

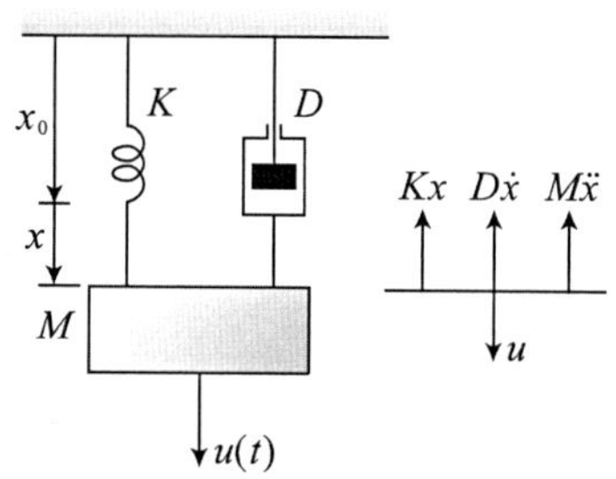

➲ 그림 2.15 [예제 2.16]

$$M\frac{d^2x(t)}{dt^2} + D\frac{dx(t)}{dt} + Kx(t) = u(t) \qquad ①$$

13) 전달함수의 경우는 명령어 'tf'를 사용한다. 예를 들어 sys=tf([1 2],[1 2 3])은 전달함수 $G(s) = (s+2)/(s^2+2s+3)$ 에 대한 LTI object를 얻기 위한 명령어이다.

이 성립한다. 이때 상태변수로서 $x_1(t)=x(t)$ (위치), $x_2(t)=dx(t)/dt$ (속도)로 취하면 ①로부터

$$\frac{dx_1(t)}{dt}=x_2(t), \quad M\frac{dx_2(t)}{dt}=-Dx_2(t)-Kx_1(t)+u(t) \qquad ②$$

가 얻어지므로 이를 벡터와 행렬을 이용하여 정리하면

$$\begin{bmatrix} \frac{dx_1(t)}{dt} \\ \frac{dx_2(t)}{dt} \end{bmatrix}=\begin{bmatrix} 0 & 1 \\ -\frac{K}{M} & -\frac{D}{M} \end{bmatrix}\begin{bmatrix} x_1(t) \\ x_2(t) \end{bmatrix}+\begin{bmatrix} 0 \\ \frac{1}{M} \end{bmatrix}u(t) \qquad ③$$

인 상태방정식을 얻을 수 있다. 위 시스템에서 출력으로 질량의 변위 $x(t)$를 취한다면

$$y(t)=[1 \quad 0]\begin{bmatrix} x_1(t) \\ x_2(t) \end{bmatrix} \qquad ④$$

로 된다.

위 예제로부터 알 수 있는 바와 같이, 기계시스템에서의 변수 $x(t)$에 관한 n계미분방정식으로부터 상태방정식 (2.26)을 얻기 위해서는 상태변수를 다음과 같이 정의하면 편리하다.

$$x_1(t)=x(t),\ x_2(t)=\frac{dx(t)}{dt},\ \cdots\ ,\ x_n(t)=\frac{d^{n-1}x(t)}{dt^{n-1}} \qquad (2.35)$$

이 경우 각 상태변수의 1계미분은 식 (2.35)의 정의로부터

$$\frac{dx_1(t)}{dt}=x_2(t),\ \frac{dx_2(t)}{dt}=x_3(t),\ \cdots\ ,\ \frac{dx_{n-1}(t)}{dt}=x_n(t) \qquad (2.36)$$

으로 되며, 상태변수 $x_n(t)$에 대한 1계미분 $dx_n(t)/dt$는 원래의 미분방정식으로부터 얻어진다([예제 2.16]의 ②참조). 이와 같은 상태변수의 선정결과 얻어지는 상태방정식의 행렬 $\boldsymbol{A}$, $\vec{b}$는 반드시 다음과 같은 특별한 형식을 가지게 된다. 예를 들어 n계미분방정식이

$$\frac{d^n x(t)}{dt^n}+a_{n-1}\frac{d^{n-1}x(t)}{dt^{n-1}}+a_{n-2}\frac{d^{n-2}x(t)}{dt^{n-2}}+\cdots+a_1\frac{dx(t)}{dt}+a_o x(t)=b_1 u \qquad (2.37)$$

와 같이 주어졌을 경우 크기 $(n\times n)$인 행렬 $\boldsymbol{A}$와 $(n\times 1)$인 벡터 $\vec{b}$는 다음과 같은 특별한 형식으로 됨을 쉽게 확인할 수 있을 것이다.

$$\boldsymbol{A} = \begin{bmatrix} 0 & 1 & 0 & \cdots & 0 \\ 0 & 0 & 1 & \cdots & 0 \\ \vdots & & & \ddots & \vdots \\ 0 & 0 & 0 & \cdots & 1 \\ -a_o & -a_1 & -a_2 & \cdots & -a_{n-1} \end{bmatrix}, \ \vec{b} = \begin{bmatrix} 0 \\ 0 \\ \vdots \\ 0 \\ b_1 \end{bmatrix} \quad (2.38)^{14)}$$

회전운동

모터나 기어박스와 같이 회전운동을 하는 기계시스템이 정지상태에서의 변화각 $\theta(t)$ 와 인가된 힘(토크, Torque)사이의 관련식은 다음과 같다.

(a) 비틀림 : $T(t) = K\theta(t)$, K : 비틀림계수(torsional stiffness) (2.39a)

(b) 마찰 : $T(t) = D\dfrac{d\theta(t)}{dt} = D\omega(t)$, D: 마찰계수 (2.39b)

(c) 부하의 관성 : $T(t) = J\dfrac{d^2\theta(t)}{dt} = J\dfrac{d\omega(t)}{dt}$, (2.39c)

J : 관성모멘트(moment of inertia)

위 식은, 비틀림은 회전운동을 하는 축의 두 끝 사이에서의 각도변화량 $\theta(t)$ 에, 회전으로 발생하는 마찰은 각속도 $\omega(t)$ 에 각각 비례한다는 것을 보여준다. 또한 관성모멘트 J 를 가지는 물체를 회전시키기 위하여 필요한 힘(토크)은 그 회전체의 각가속도 $d\omega(t)/dt$ 에 비례한다는 것을 알 수 있다.

예제 2.17

[그림 2.16]에서 T 는 인가된 토크, J 는 부하의 관성모멘트, D 는 마찰 및 ω 는 축의 각속도를 각각 나타낸다. 여기에 뉴턴의 제2법칙을 적용하면

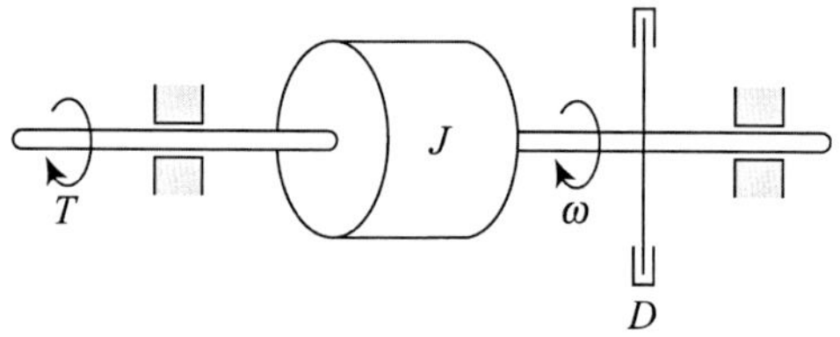

그림 2.16 기계적인 회전시스템

$$T = D\omega(t) + J\frac{d\omega(t)}{dt} \quad ①$$

로 되어 일반적인 기계시스템에 대한 미분방정식이 얻어진다. 식 (2.36)과 같이 상태변수를

$$x_1(t) = \theta(t),\ x_2(t) = \omega(t) \quad ②$$

로 두면 상태방정식은

14) $\boldsymbol{A}$ 와 같은 형식으로 주어지는 행렬을 companion matrix 라고 하며, 제4장에서 사용된다.

$$\frac{d}{dt}\begin{bmatrix} x_1(t) \\ x_2(t) \end{bmatrix} = \begin{bmatrix} 0 & 1 \\ 0 & -\frac{D}{J} \end{bmatrix}\begin{bmatrix} x_1(t) \\ x_2(t) \end{bmatrix} + \begin{bmatrix} 0 \\ \frac{1}{J} \end{bmatrix} T \quad ③$$

으로 된다.

다음에 직선운동과 회전운동이 동시에 존재하는 [그림 2.17]과 같은 도립진자에 대하여 생각하여 보자. 이 시스템은 설계된 제어기의 성능실험 등에 보편적으로 많이 사용되고 있다. 그림에서 보는 바와 같이 대차 위에 거꾸로 설치된 진자는 대차가 정지된 상태에서는 당연히 아래쪽으로 넘어지고 말 것이다. 따라서 진자를 항상 수직으로 유지하기 위해서는 대차를 진자가 기울어지는 쪽으로 대차를 이동시켜야 한다.

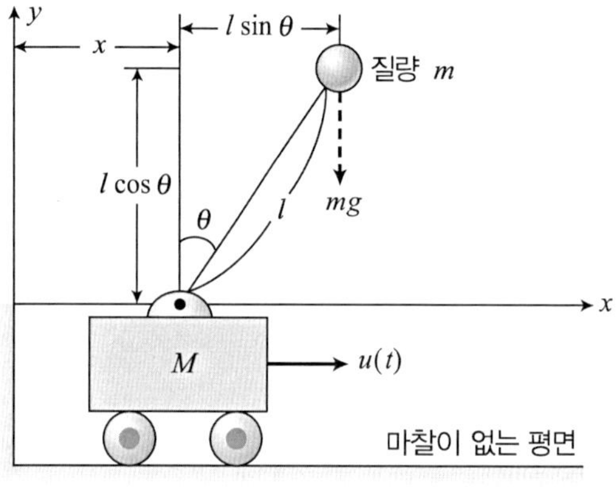

그림 2.17 도립진자의 모형

이와 같이 복잡한 형식의 물리시스템에 대한 수식모델을 구하는 방법으로 라그란제방정식(Lagrange equation)이 있으나 여기서는 대차와 진자에 대한 힘의 균형관계를 이용하여 수식모델을 유도하기로 한다.

예제 2.18

[그림 2.17]로 주어진 도립진자에 대한 선형인 상태방정식을 구하여 보자.

해 그림에서와 같이 수직축에 대한 진자의 기울기를 $\theta(t)$, 입력 $u(t)$에 의한 대차의 이동거리를 $x(t)$로 각각 둔다. 이 시스템은 직선운동(대차)과 회전운동(진자)을 동시에 가지므로 다음과 같이 두 종류의 미분방정식이 필요하다.

❶ 직선운동: 먼저 대차가 움직이는 방향으로 뉴턴의 제2법칙을 적용한다. 즉 입력 $u(t)$에 의해 대차가 $x(t)$, 진자는 $(x + l\sin\theta)$ 만큼 각각 이동하였기 때문에 힘의 균형관계는

$$M\left(\frac{d^2x(t)}{dt^2}\right) + m\frac{d^2}{dt^2}(x(t) + l\sin\theta(t)) = u(t) \quad ①$$

로 된다. 단 l은 막대의 길이이며 대차와 지면과의 마찰은 무시하였다. ①을 실제로 미분하여 정리하면

$$(M+m)\ddot{x}(t)-ml(\sin\theta(t))\dot{\theta}^2(t)+ml(\cos\theta(t))\ddot{\theta}(t)=u(t) \quad ②$$

로 된다[15].

❷ 회전운동: 대차의 움직임에 의한 피벗(점 P)을 중심으로 하는 진자의 회전운동은

$$\left\{m\frac{d^2}{dt^2}[x(t)+l\sin\theta(t)]\right\}l\cos\theta(t)-\left\{m\frac{d^2}{dt^2}[l\cos\theta(t)]\right\}l\sin\theta(t)=mgl\sin\theta(t) \quad ③$$

로 주어진다. ③의 왼쪽 첫 번째 항은 대차의 움직임에 의한 진자의 x축 방향으로의 운동에너지 성분에 의한 회전력을, 왼쪽 두 번째 항은 진자의 y축 방향으로의 운동에너지 성분에 의한 회전력을 각각 나타내고 있다. 또한 ③의 오른쪽 항은 진자자체가 x축 방향으로 이동함에 따라 얻어지는 회전을 의미한다. ③의 왼쪽 항을 전개하여 정리하면

$$m\ddot{x}(t)\cos\theta(t)+ml\ddot{\theta}(t)=mg\sin\theta(t) \quad ④$$

을 얻는다. 그러나 ②와 ④는 $\theta(t)$와 $x(t)$에 대하여 선형이 아니기 때문에 평형점을 기준으로 선형화하여야 한다. 도립진자의 선형점은 진자가 수직으로 서 있는 경우에 해당하므로 $\theta(t)=0$이다. 따라서 평형점 근처에서의 미소변화에 대한 선형화식을 얻기 위해 $\theta(t)$가 작은 값을 가진다는 가정을 하면

$$\cos\theta\approx 1,\ \sin\theta\approx\theta,\ \theta\dot{\theta}^2\approx 0 \quad ⑤$$

로 둘 수 있다. 이를 ②, ④에 적용하면

$$(M+m)\ddot{x}(t)+ml\ddot{\theta}(t)=u(t) \quad ⑥$$

$$mx(t)+ml\ddot{\theta}(t)=mg\theta(t) \quad ⑦$$

과 같이 대차의 움직인 거리 $x(t)$와 진자의 회전각 $\theta(t)$에 대한 선형인 [예제 2.16]의 ①과 동일한 형태의 미분방정식이 얻어졌다. 따라서 상태변수로서

$$x_1(t)=\theta(t),\ x_2(t)=\dot{\theta}(t),\ x_3(t)=x(t),\ x_4(t)=\dot{x}(t) \quad ⑧$$

을 취하면 ⑥, ⑦로부터 다음을 얻는다.

---

15) 여기서 다음의 관계식을 이용하였다.

$$\frac{d}{dt}\sin\theta=(\cos\theta)\dot{\theta},\ \frac{d^2}{dt^2}\sin\theta=-(\sin\theta)\dot{\theta}^2+(\cos\theta)\ddot{\theta},$$

$$\frac{d}{dt}\cos\theta=-(\sin\theta)\dot{\theta},\ \frac{d^2}{dt^2}\cos\theta=-(\cos\theta)\dot{\theta}^2-(\sin\theta)\ddot{\theta}$$

$$\dot{x}_1(t) = x_2(t) \quad ⑨$$

$$\dot{x}_2(t) = \frac{M+m}{Ml} g x_1(t) - \frac{1}{Ml} u(t)$$

$$\dot{x}_3(t) = x_4(t)$$

$$\dot{x}_4(t) = -\frac{m}{M} g x_1(t) + \frac{1}{M} u(t)$$

이상을 행렬로서 정리하면 도립진자에 대한 다음의 상태방정식이 얻어진다.

$$\frac{d}{dt}\vec{x}(t) = \boldsymbol{A}\vec{x}(t) + \vec{b}u(t)$$

$$\boldsymbol{A} = \begin{bmatrix} 0 & 1 & 0 & 0 \\ \left(\dfrac{M+m}{Ml} g\right) & 0 & 0 & 0 \\ 0 & 0 & 0 & 1 \\ -\dfrac{mg}{M} & 0 & 0 & 0 \end{bmatrix}, \quad \vec{b} = \begin{bmatrix} 0 \\ \left(-\dfrac{1}{Ml}\right) \\ 0 \\ \left(\dfrac{1}{M}\right) \end{bmatrix} \quad ⑩$$

위 시스템에 대한 출력으로 대차의 이동거리를 취한다면 출력방정식은

$$y(t) = \vec{c}\vec{x}(t) + du(t)$$

$$\vec{c} = [\ 0 \quad 0 \quad 1 \quad 0\ ], \quad d = 0 \quad ⑪$$

으로 된다.

2.3.3 전기회로와 기계시스템과의 상사관계

전기회로를 구성하는 요소의 관련성을 나타내는 식 (2.33)과 기계시스템의 구성요소의 관련식 (2.34)는 거의 동일한 모양을 하고 있기 때문에, 두 시스템을 나타내는 미분방정식(또는 상태방정식) 사이에도 상당한 관련성이 있을 것으로 생각된다. 이것을 [그림 2.18]의 전기회로를 이용하여 간단히 언급한다.

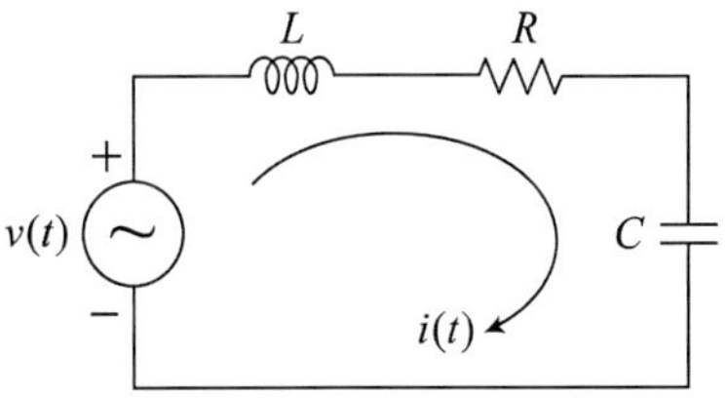

그림 2.18 간단한 RLC 전기회로

전기회로에 키르히호프의 전압법칙을 적용하면

$$Ri(t) + L\frac{di(t)}{dt} + \frac{1}{C}\int_0^t i(\tau)d\tau = v(t) \quad (2.40)$$

이 얻어진다. 이때 전기회로에 흐르는 전류는 회로의 단면을 단위시간당 흐르는 전하의 양으로 정의되어, 전류 $i(t)$와 전하 $g(t)$사이에는

$$i(t)=\frac{d}{dt}q(t) \tag{2.41}$$

가 성립한다. 이것을 식 (2.40)에 대입하면

$$R\frac{dq(t)}{dt}+L\frac{d^2q(t)}{dt^2}+\frac{1}{C}q(t)=v(t) \tag{2.42}$$

으로 되어 적분항이 사라진다. 이것을 [예제 2.16]에서 [그림 2.15]의 기계시스템에 대한 미분방정식 ①과 비교하면

$$u(t)\leftrightarrow v(t),\ M\leftrightarrow L,\ D\leftrightarrow R,\ K\leftrightarrow\frac{1}{C} \tag{2.43}$$

의 관계가 성립한다는 것을 쉽게 확인할 수 있다. 이러한 관계는 전기회로의 입력인 전압 $v(t)$와 기계시스템의 입력인 힘 $u(t)$가 각각의 미분방정식에서 유사한 역할을 하고 있으므로 이를 '힘-전압 상사(analogy)'라고 한다.

한편 [그림 2.13]과 같이 전류원을 가지는 RLC 병렬회로를 나타내는 식 (2.30)에서 적분항을 소거하기 위해, 전압 $v(t)$와 자속(magnetic flux) $\psi(t)$ 사이에

$$v(t)=\frac{d}{dt}\psi(t) \tag{2.44}$$

가 성립한다는 사실을 이용하여 식 (2.30)의 적분항을 제거하고 이것을 [예제 2.16]의 ①과 비교하면 식 (2.43)과 유사한

$$u(t)\leftrightarrow i(t),\ M\leftrightarrow C,\ D\leftrightarrow\frac{1}{R},\ K\leftrightarrow\frac{1}{L} \tag{2.45}$$

의 관계가 성립한다. 이를 '힘-전류 상사'라고 한다.

2.3.4 전기기계시스템(모터)과 상태방정식

앞서 설명한 전기시스템과 기계시스템을 결합한 형태의 대표적인 것으로 모터(motor)가 있다. 여기서는 일반적인 제어시스템에 가장 많이 사용되는 두 가지 형태의 직류서보모터(DC servo motor)에 대한 상태방정식을 유도하기로 한다. [그림 2.19]에서 (a)는 필드제어(field-controlled) DC 모터이며, (b)는 아마추어제어(armature-controlled) DC 모터를 각각 나타내고 있다. 두 종류 모두 관성모멘트 J와 마찰계수 b를 가지는 축이 모터에 연결되어 있

는 것으로 한다. 이때 축의 회전각 $\theta(t)$와 발생되는 토크 T 사이에는 다음의 관계가 성립한다.

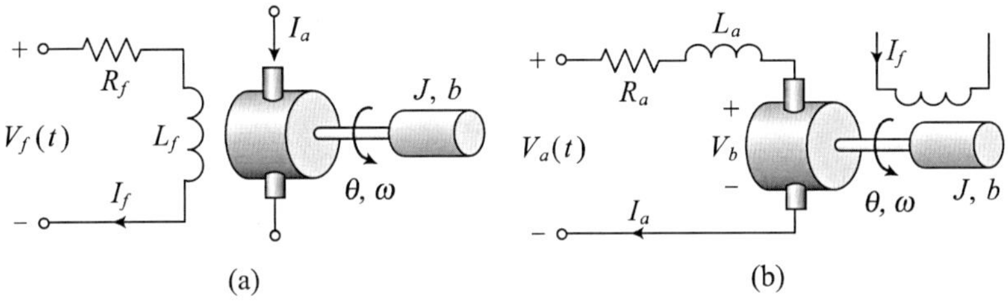

그림 2.19 DC 모터
(a) 필드제어 DC 모터
(b) 아마추어제어 DC 모터

$$T(t) = J\frac{d^2\theta(t)}{dt^2} + b\frac{d\theta(t)}{dt} \tag{2.46}$$

(a) 필드제어 DC모터: 필드루프회로의 방정식은

$$R_f I_f(t) + L_f\frac{dI_f(t)}{dt} = V_f(t) - K_m\omega \tag{2.47}$$

로 주어지며, $K_m\omega$는 역기전력을 나타낸다. 여기서 아마추어 전압이 일정하므로 식 (2.46)의 토크 $T(t)$는 필드전류 $I_f(t)$에 비례하며 다음식이 성립한다.

$$T(t) = K_m I_f(t) \tag{2.48}$$

여기서 K_m는 모터의 토크정수이다. 위의 식 (2.47)과 (2.48)로부터 상태방정식을 구하기 위해서 상태변수를 $x_1(t)=\theta(t)$, $x_2(t)=d\theta(t)/dt=\omega(t)$ 및 $x_3(t)=I_f(t)$로 취하면

$$\begin{cases} \dfrac{d}{dt}x_1(t) = x_2(t) \\ \dfrac{d}{dt}x_2(t) = -\dfrac{b}{J}x_2(t) + \dfrac{K_m}{J}x_3(t) \\ \dfrac{d}{dt}x_3(t) = -\dfrac{K_m}{L_f}x_2(t) - \dfrac{R_f}{L_f}x_3(t) + \dfrac{1}{L_f}V_f(t) \end{cases} \tag{2.49}$$

가 얻어진다. 위 식을 행렬을 이용하여 정리하면 다음과 같다.

$$\frac{d}{dt}\vec{x}(t) = \begin{bmatrix} 0 & 1 & 0 \\ 0 & -\dfrac{b}{J} & \dfrac{K_m}{J} \\ 0 & -\dfrac{K_m}{L_f} & -\dfrac{R_f}{L_f} \end{bmatrix}\vec{x}(t) + \begin{bmatrix} 0 \\ 0 \\ \dfrac{1}{L_f} \end{bmatrix}V_f(t) \tag{2.50}$$

$$\theta(t) = [\,1 \;\; 0 \;\; 0\,]\vec{x}(t)$$

(b) 아마추어 제어 DC모터: 아마추어 회로의 방정식은

$$V_a(t) = R_a I_a(t) + L_a \frac{dI_a(t)}{dt} + V_b \tag{2.51}$$

으로 주어진다. 여기서 $d\theta(t)/dt = \omega(t)$는 각속도이며, 역기전력은 축의 각속도에 비례하는 것으로 볼 수가 있으므로

$$V_b(t) = K_e \omega(t) \tag{2.52}$$

이며 동시에 모터에 의해 발생되는 토크 $T(t)$는 전류 $I_a(t)$에 비례하므로

$$T(t) = K_e I_a(t) \tag{2.53}$$

의 관계가 성립한다. 식 (2.46) 및 (2.51)~(2.53)으로부터 상태변수를 $x_1(t) = \theta(t)$, $x_2(t) = \omega(t)$ 및 $x_3(t) = I_a(t)$로 취하면 상태방정식은 다음으로 된다.

$$\begin{cases} \dfrac{d}{dt}x_1(t) = x_2(t) \\ \dfrac{d}{dt}x_2(t) = -\dfrac{b}{J}x_2(t) + \dfrac{K_e}{J}x_3(t) \\ \dfrac{d}{dt}x_3(t) = -\dfrac{K_e}{L_a}x_2(t) + \dfrac{R_a}{L_a}x_3(t) + \dfrac{1}{L_a}V_a(t) \end{cases} \tag{2.54}$$

위 식을 행렬의 형식으로 전개하면 다음과 같다.

$$\frac{d}{dt}\vec{x}(t) = \begin{bmatrix} 0 & 1 & 0 \\ 0 & -\dfrac{b}{J} & \dfrac{K_e}{J} \\ 0 & -\dfrac{K_e}{L_a} & -\dfrac{R_a}{L_a} \end{bmatrix}\vec{x}(t) + \begin{bmatrix} 0 \\ 0 \\ \dfrac{1}{L_a} \end{bmatrix} V_a(t) \tag{2.55}$$

$$\theta(t) = [\,1 \;\; 0 \;\; 0\,]\vec{x}(t)$$

실제로 서보모터에서는 L_a는 작은 값을 가지므로 식 (2.51)에서 $L_a I_a(t) \approx 0$로 근사하는 경우가 많다. 이 경우 식 (2.51)과 (2.52)로부터 $I_a(t)$를 소거하면

$$J\frac{d^2\theta(t)}{dt^2} + \left(b + \frac{K_e^2}{R_a}\right)\frac{d\theta(t)}{dt} = \frac{K_e}{R_a}V_a(t) \tag{2.56}$$

로 되며, 이 경우에는 상태변수를 하나 줄여서 $x_1(t) = \theta(t)$, $x_2(t) = \omega(t)$로 두면 2차원의 상태방정식이 얻어진다.

예제 2.19

[그림 2.20]과 같이 부하 $T_L(t)$ 을 가지는 DC 모터를 증폭기(Amplifier)로 구동하였을 때 이 시스템의 상태방정식을 구하여 보자.

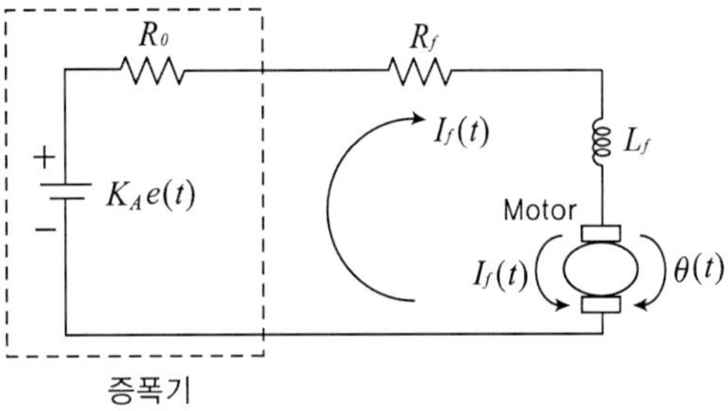

그림 2.20 증폭기 - DC 모터 회로

해 모터의 토크정수를 K_m 이라고 하면 [그림 2.20]에 대한 루프방정식은 다음으로 된다.

$$L_f \frac{dI_f(t)}{dt} + (R_0 + R_f)I_f(t) = K_A e(t) - K_m \frac{d\theta(t)}{dt} \quad ①$$

$$J\frac{d^2\theta(t)}{dt^2} + b\frac{d\theta(t)}{dt} + T_L(t) = K_m I_f(t) \quad ②$$

여기서 R_0와 K_A는 증폭기의 저항과 전압 증폭율을 각각 의미한다.
여기서 부하토크 $T_L(t)$는 시스템에 있어 일종의 외란으로 볼 수 있으므로, [그림 2.20]의 시스템은 하나의 입력 $e(t)$과 외란 $T_L(t)$ 및 두 개의 출력 $\vec{y}(t) = [\theta(t) \quad \omega(t)]^T$을 가지는 상태방정식으로 유도한다. 식 ①, ②에서 상태변수를 $x_1(t) = \theta(t)$, $x_2(t) = \dot{\theta}(t) = \omega(t)$ 및 $x_3(t) = i(t)$로 두면 상태방정식은 다음과 같이 됨을 쉽게 확인할 수 있을 것이다.

$$\frac{d}{dt}\vec{x}(t) = \begin{bmatrix} 0 & 1 & 0 \\ 0 & -b/J & K_m/J \\ 0 & -K_m/L_f & -(R_f+R_0)/L_f \end{bmatrix}\vec{x}(t) + \begin{bmatrix} 0 \\ 0 \\ K_A/L_f \end{bmatrix} e(t) + \begin{bmatrix} 0 \\ -1/J \\ 0 \end{bmatrix} T_L(t) \quad ③$$

$$\vec{y}(t) = \begin{bmatrix} 1 & 0 & 0 \\ 0 & 1 & 0 \end{bmatrix}\vec{x}(t) \quad ④$$

여기서 $R_f = 0.2[\Omega]$, $R_o = 1[\Omega]$, $J = 0.135\,\mathrm{kg\,m^2}$, $K_m = 0.6[\mathrm{Nm/A}]$,

$L_f = 0.05\,[\mathrm{H}], K_A = 1$로 설정하고, 입력 $e(t)$를 $e(t) = +3\,[\mathrm{v}], (0 \le t \le 2)$, $e(t) = -3\,[\mathrm{v}], (2 < t \le 4)$로 하였을 경우의 출력파형을 [그림2.21]에 표시하였다. 그림으로부터 입력전압의 부호의 변환에 따른 모터의 각도변환이 상당히 느린 속도로 진행되고 있음을 볼 수 있다[16]

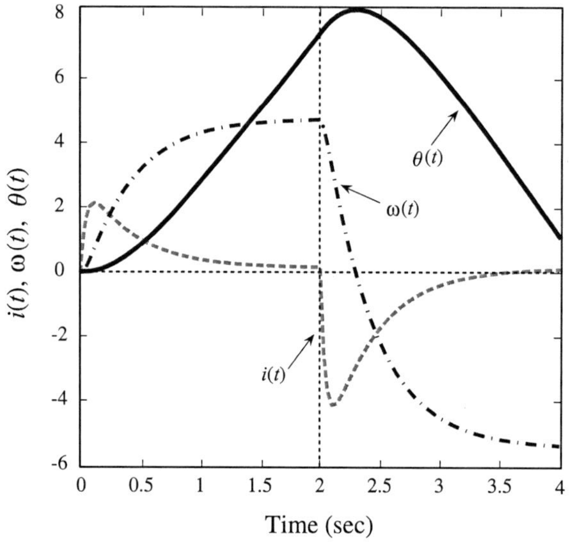

그림 2.21 [예제 2.19]의 출력응답

2.4 고전제어이론에서 현대제어이론으로

PID 제어로 대표되는 고전제어이론은 제어대상의 수식모델을 전달함수로 표현하여 제어시스템의 설계와 해석을 수행하고 있다. 고전제어이론은, 1차 시스템이나 2차 시스템과 같이 낮은 차수를 가지는 제어대상에 대해서는 그 위력을 발휘할 수 있지만, 높은 차수의 시스템이나 입출력 사이에 간섭이 존재하는 다입출력을 갖는 제어대상에 대해서는 그 취급이 용이하지 않다. 이에 반하여 현대제어이론에서는 제어대상의 입력신호(조작량)나 출력신호(제어량)뿐만 아니라, 시스템의 내부 상태까지도 고려한 상태공간표현으로 불리는 수식모델로서 제어대상을 기술하고, 그 내부의 상태를 피드백 하는 구조의 제어기를 사용함으로서 높은 차수의 시스템이나 다입출력을 가지는 시스템의 취급을 용이하게 하고 있다.

여기서는 간단한 구체적인 예를 이용하여 고전제어이론의 한계와 현대제어이론이 필요한 이유를 설명한다.

16) Simulink file인 'example_2_19'를 참조한다.

2.4.1 고차시스템에 대한 고전제어이론의 한계

고전제어이론에서 대표적인 제어기법의 하나인 PID[17]는, 2차 이하의 저차인 제어대상에 대해서는 폐루프의 극을 임의로 설정할 수 있기 때문에 안정성을 확보할 수 있지만, 일반적으로 3차 이상인 고차의 제어대상인 경우에는 항상 폐루프시스템의 안정성을 확보할 수 있다고 장담할 수는 없다. 여기서는 고차의 제어대상으로서 [그림 2.22]로 주어진 2관성 시스템을 가지고 이상의 사실을 확인하여 보기로 한다.

예제 2.20 2관성 시스템의 전달함수 표현

[그림 2.22]의 2관성시스템은 입력 $u(t)= f_1(t)$에 의해 대차 M_1이 $z_1(t)$ 만큼 이동하고, 이 결과로 대차 M_2가 $z_2(t)$ 만큼 이동한 모습을 나타내고 있다. 여기서는 M_2의 위치를 제어하는 것을 목적으로 한다(즉 $y(t)= z_2(t)$이다). 먼저 대차 1, 2의 점성마찰을 무시하고 뉴턴의 에너지보존의 법칙을 적용하면 다음의 운동방정식을 얻을 수 있다.

$$M_1\ddot{z}_1(t)= u(t)- k(z_1(t)- y(t))- \mu(\dot{z}_1(t)- \dot{y}(t)) \tag{2.57a}$$

$$M_2\,\ddot{y}(t)= k(z_1(t)- y(t))+ \mu(\dot{z}_1(t)- \dot{y}(t)) \tag{2.57b}$$

단 k와 μ는 스프링상수와 뎀프의 마찰계수를 각각 나타낸다.
고전제어이론에서는 제어대상의 수식모델을 전달함수를 이용하여 나타낸다. 다시 말하면 위 시스템의 입력$u(t)$와 출력$y(t)$의 라플라스변환을 각각 $u(s)$와 $y(s)$로 둔다면 [그림 2.22]의 시스템은 전달함수를 이용하여 다음과 같이 정의된다.

$$y(s)= P(s)u(s) \tag{2.58}$$

이로부터 $P(s)\equiv y(s)/u(s)$이며 이를 '$u(s)$에서 $y(s)$까지의 전달함수'라고 한다. 예를 들어 $M_1=0.5, M_2=1, k=2, \mu=1$의 경우, 초기값을 영으로 가정하고 식 (2.57)의 양변을 라플라스변환 하여 $z_1(s)$를 소거하면 다음과 같은 전달함수를 얻을 수 있다.

$$P(s)= \frac{y(s)}{u(s)}= \frac{2s+4}{s^2(s^2+3s+6)} \tag{2.59}$$

17) PID는 Proportional(비례), Integral(적분), 및 Derivative(미분)을 의미한다.

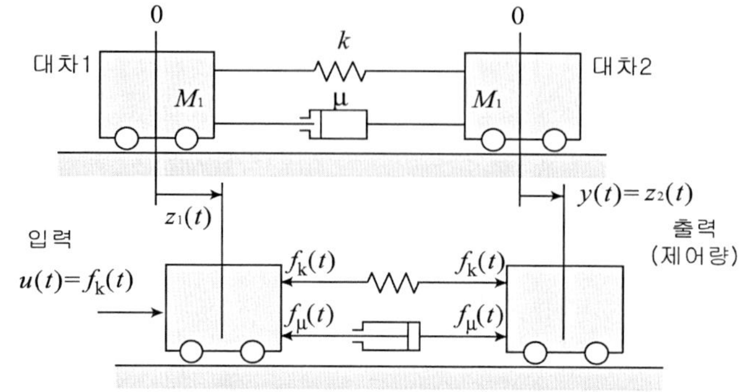

그림 2.22
대차 1에 입력 $u(t)=f_1(t)$가 인가된 2관성시스템

기계시스템의 제어에서는 [그림 2.23]의 형식으로 주어지는 P-D 제어[18]가 이용되는 경우가 많다. 단 그림에서 $r(s)$는 $y(t)$의 목표값 $r(t)$의 라플라스변환, $e(s)$는 제어오차 $e(t)=r(t)-y(t)$의 라플라스변환을 각각 의미한다. [그림 2.23]의 P-D 제어는

$$u(t)=k_P e(t)-k_D \dot{y}(t) \xrightarrow{\mathcal{L}} u(s)=k_P e(s)-k_D s y(s) \tag{2.60}$$

의 관계로 된다는 것을 이용하여 [그림 2.22]의 2관성시스템의 위치제어, 다시 말하면 대차 M_2의 위치 z_2를 목표값 $r(t)$에 추종시키는 것을 생각하여 보자.

P-D 제어기의 설계파라미터인 k_P와 k_D의 설정방법으로 여러 가지가 방법이 제안되어 있으나 여기서는 부분적 모델매칭법을 사용하기로 한다.

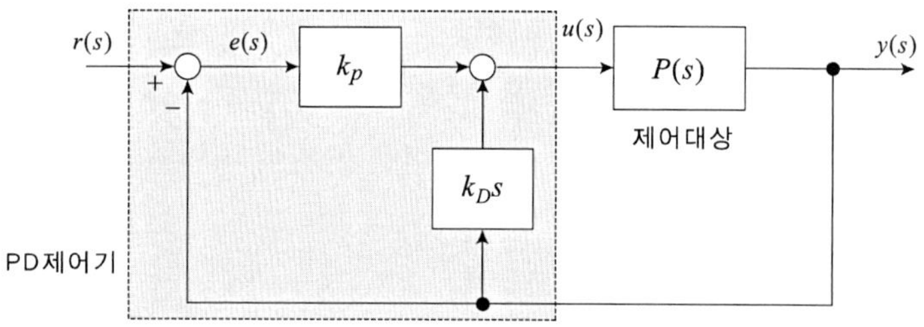

그림 2.23
P - D 제어

예제 2.21 2관성 시스템 (그림 2.22)의 P-D 제어

다음과 같은 순서로 k_P와 k_D를 결정한다.

[단계 1]: [그림 2.23]에서 목표값 $r(s)$에서 출력 $y(s)$까지의 전달함수 $T(s)\equiv y(s)/r(s)$를 계산하면 다음과 같다.

$$T(s)=\frac{P(s)k_P}{1+P(s)(k_D s+k_P)}=\frac{N_T(s)}{D_T(s)} \tag{2.61}$$

18) 이러한 형식의 제어를 미분선행형 PID 제어라고 한다. [그림 2.23]에서는 I(적분)은 빠져있다.

$$\begin{cases} N_T(s) = 2k_P s + 4k_P \\ D_T(s) = s^4 + 3s^3 + (6 + 2k_D)s^2 + (2k_P + 4k_D)s + 4k_P \end{cases}$$

[단계 2]: $1/T(s)$를 계산하면

$$\begin{array}{r|l} & 1 \quad + \frac{k_D}{k_P}s \quad + \frac{3}{2k_P}s^2 + \cdots \\ \hline 4k_P + 2k_P s & 4k_P + (2k_P + 4k_D)s + (6 + 2k_D)s^2 + 3s^3 + s^4 \\ & 4k_P \quad + 2k_P s \\ \hline & 4k_D s + (6 + 2k_D)s^2 + 3s^3 + s^4 \\ & 4k_D s \quad + 2k_D s^2 \\ \hline & 6s^2 + 3s^3 + s^4 \\ & 6s^2 + 3s^3 \\ \hline & \vdots \end{array}$$

와 같이 되므로, $1/T(s)$를 다음과 같이 무한급수로 표현할 수 있게 된다. 즉

$$\frac{1}{T(s)} = 1 + \frac{k_D}{k_P}s + \frac{3}{2k_P}s^2 + \cdots \tag{2.62}$$

로 된다. 식 (2.62)은 $1/T(s)$를 $s=0$에서 테일러급수 전개하여도 얻을 수 있다.

[단계 3]; P-D 제어에서는 설계파라미터로서 k_P, k_D 의 두 개 존재한다. 여기서 시스템의 출력이 다음 식으로 주어지는 규범모델의 출력과 동일한 모양으로 될 수 있도록 제어기의 파라미터를 설계하기로 한다. 규범모델 $G_M(s)$이 표준 2차 시스템으로 주어지는 것으로 한다면

$$G_M(s) = \frac{\omega_n^2}{s^2 + 2\zeta\omega_n s + \omega_n^2}, \ (\omega_n > 0, \ \zeta > 0) \tag{2.63}$$

로 된다. 이때 시스템 $y_M(s) = G_M(s)r(s)$의 계단응답의 모양은 주어진 고유진동수 ω_n의 크기에 비례하여 그 속응성이 향상하며, 감쇠비 ζ의 값에 따라 안정성이 결정된다는 점에 유의한다. $G_M(s)$의 역수는

$$\frac{1}{G_M(s)} = 1 + \frac{2\zeta}{\omega_n}s + \frac{1}{\omega_n^2}s^2 \tag{2.64}$$

이므로, 식 (2.64)과 (2.62)을 2차까지의 항이 일치하도록 제어기 식 (2.60)의 파라미터 k_P와 k_D를 다음과 같이 결정한다.

$$k_P = \frac{3\omega_n^2}{2},\ k_D = 3\zeta\omega_n \tag{2.65}$$

이상과 같이 하여 결정한 P-D의 파라미터를 이용한 시뮬레이션 결과를 [그림 2.24]에 나타내었다. 단 설계파라미터로서 $\zeta = 0.7, \omega_n = 0.5$ 및 2로 선정하였으며, 목표값은

$$r(t) = \begin{cases} 0, (t < 0) \\ 1, (t \geq 0) \end{cases}$$

으로 두었다. [그림 2.24]로부터 알 수 있는 바와 같이, P-D 제어에서 ω_n을 크게 함에 따라 $G_M(s)$와 $T(s)$ 사이의 근사정도가 악화하게 되며, (ω_n을 너무 크게 하면) 결국에는 폐루프가 불안정으로 된다. 왜냐하면 $T(s)$의 분모 $D_T(s)$가 4차임에 대해, P-D 제어기 식 (2.60)는 파라미터가 k_P와 k_D 두 개밖에 가지지 않으므로 $T(s)$의 네 개의 극(즉 $D_T(s) = 0$의 근)을 임의로 지정할 수 없기 때문이다.

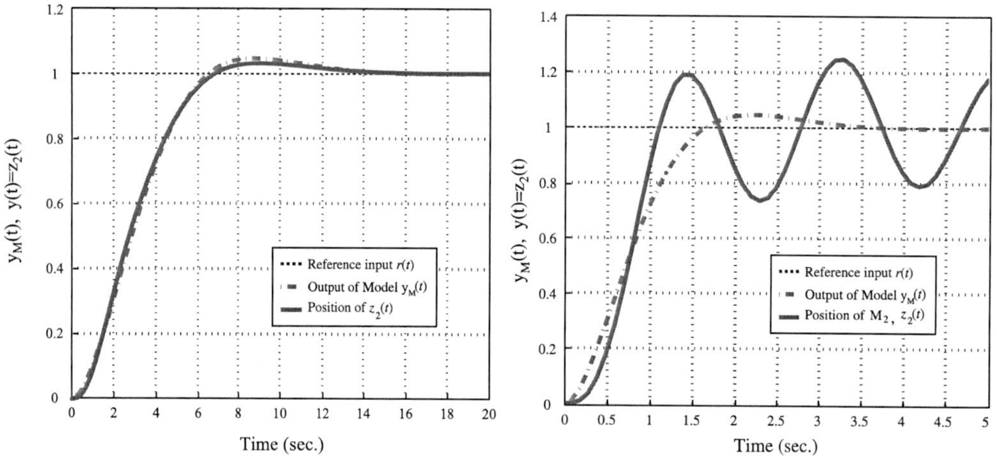

(a) $\omega_n = 0.5$ 인 경우 (b) $\omega_n = 2$ 인 경우

그림 2.24 P-D 제어의 시뮬레이션 결과

2.4.2 현대제어이론에서의 고차시스템

[그림 2.22]의 2관성시스템에 대한 P-D 제어에서는 식(2.60)으로부터 알 수 있는 바와 같이 대차 M_2의 상태, 즉 출력 $y(t) = z_2(t)$와 그의 미분 값 $\dot{z}_2(t)$만을 사용하여 제어를 수행하였다. 그러나 만약 대차 M_1의 상태(즉 $z_1(t)$과 $\dot{z}_1(t)$)까지도 사용가능하다면 보다

우수한 제어성능을 기대할 수 있을 것이다. 현대제어이론에서는 대차 M_2의 상태뿐만 아니라 M_1의 상태도 제어에 사용한다. 이를 확인하여 보자.

예제 2.22 2관성시스템의 상태피드백제어

쉽게 알 수 있는 바와 같이 정상상태에서는 대차 M_2가 일정한 크기의 목표값의 위치, 즉 $r(t)=r^C$에 정지하고 있으므로 당연히 M_1의 위치 $z_1(t)$도 r^C에서 정지하고 있다[19]. 이것을 고려하여 제어법칙의 형식을 다음과 같이 선정한다.

$$u(t)=\left\{K_{P_1}e_1(t)-K_{D_1}\dot{z}_1(t)\right\}+\left\{K_{P_2}e_2(t)-K_{D_2}\dot{z}_2(t)\right\} \tag{2.66}$$

$$e_1(t)=r(t)-z_1(t),\ e_2(t)=r(t)-z_2(t)$$

더욱이

$$\vec{x}(t)=\begin{bmatrix} x_1(t) \\ x_2(t) \\ x_3(t) \\ x_4(t) \end{bmatrix}=\begin{bmatrix} z_1(t) \\ \dot{z}_1(t) \\ z_2(t) \\ \dot{z}_2(t) \end{bmatrix}$$

$$\vec{k}=\left[k_1\ \ k_2\ \ k_3\ \ k_4\right]=\left[-k_{P_1}\ \ -k_{D_1}\ \ -k_{P_2}\ \ -k_{D_2}\right],\ h=k_{P_1}+k_{P_2}$$

로 두면 식(2.66)은 "제어대상의 상태변수로 이루어진 벡터 $\vec{x}(t)$를 피드백 한 항 $\vec{k}\vec{x}(t)$"와 "목표값 $r(t)$로부터의 피드포워드 한 항 $h \cdot r(t)$"의 합, 즉

$$u(t)=\vec{k}\,\vec{x}(t)+h\,r(t) \tag{2.67}$$

으로 나타낼 수 있다([그림 2.25] 참조). 상태피드백 형식의 제어기에 대해서는 제4장에서 자세히 설명한다. 제어법칙 (2.67)을 이용하면 목표값 $r(s)$에서 제어량 $y(s)$까지의 전달함수 $T(s)$의 극을 임의로 설정할 수 있다는 이점이 있다. 실제로 [그림 2.25]에서 전달함수 $T(s)$를 계산하면

$$T(s)=\frac{N_T(s)}{D_T(s)} \tag{2.68a}$$

$$\begin{cases} N_T(s)=2\left(k_{P_1}+k_{P_2}\right)s+4\left(k_{P_1}+k_{P_2}\right) \\ D_T(s)=s^4+\left(3+k_{D_1}\right)s^3+2\left(3+k_{P_1}+k_{D_1}+k_{D_2}\right)s^2 \end{cases} \tag{2.68b}$$

$$+2\left\{k_{P_1}+k_{P_2}+2\left(k_{D_1}+k_{D_2}\right)\right\}s+4\left(k_{P_1}+k_{P_2}\right)$$

19) $z_1(t)$와 $z_2(t)$는 위치는 정지상태를 각각 기준(즉, 영)으로 한다.

로 된다. 따라서 $k_{P_1}, k_{D_1}, k_{P_2}, k_{D_2}$를 이용하여 $T(s)$의 극(즉 $D_T(s)=0$의 근)을 임의로 지정할 수 있으며, 이 결과 P-D 제어기인 식(2.60)보다 유연한 설계가 가능하다.

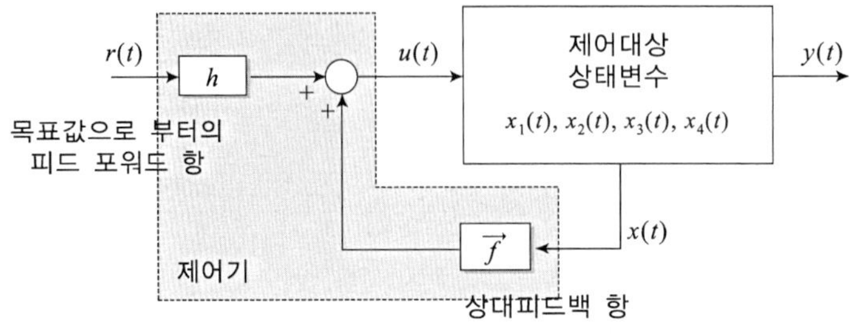

그림 2.25 상태피드백 형식의 제어기

또한 현대제어이론에서는 극배치법(제4장)이나 최적레귤레이터 이론(제6장) 등을 이용하여 $\vec{k}$, h를 설계할 수도 있다. 예를 들어 최적레귤레이터 이론을 적용하는 경우에는 평가함수

$$J=\int_0^\infty \{60(y(t)-r)^2+u(t)^2\}dt$$

를 최소로 하는 제어기를 설계하는 것이다. 제6장에서 설명한 방법으로 계산된 제어법칙 식 (2.67)의 이득은 다음과 같다.

$$\vec{k}=[-1.90\ \ -1.71\ \ -5.84\ \ -4.45],\ h=7.75$$

이상의 결과를 적용하여 수행한 시뮬레이션 결과를 [그림 2.26]에 나타내었다. 전절에서 설명한 P-D 제어기의 시뮬레이션 결과인 [그림 2.24(b)]와 비교하면, 동일한 정도의 속응성을 나타내면서도 진동이 상당히 억제된 응답을 보여주고 있음을 알 수 있다.

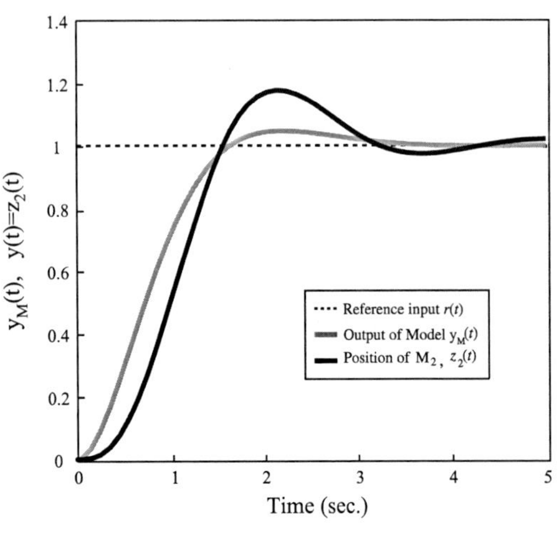

그림 2.26 시뮬레이션 결과

이와 같이 현대제어이론에서는 제어대상의 모든 상태 $\vec{x}(t)$를 피드백 하는 형식의 제어법칙이 사용되고 있다. 한편 고전제어이론에 있어서 표준적으로 사용되는 전달함수 표현은, 입력신호 $u(t)$와 출력신호 $y(t)$와의 관계에 주목하고 있기 때문에 제어대상이 가지는 상태 $\vec{x}(t)$를 식으로 표현할 수 없다. 이에 반해 현대제어이론에서는 이미 앞에서 언급한 바와 같이 제어대상의 상태를 이용하여 식 (2.26)과 같은 형식으로 대상의 수식모델을 얻고 있다. 예를 들어 [예제 2.22]에서 도입한 상태변수 $\vec{x}(t)$의 관계를 이용하여 식 (2.57)을 상태공간표현법으로 고치면 다음으로 된다는 것을 쉽게 확인할 수 있다.

$$\boldsymbol{A}=\begin{bmatrix} 0 & 1 & 0 & 0 \\ -\dfrac{k}{M_1} & -\dfrac{\mu}{M_1} & \dfrac{k}{M_1} & \dfrac{\mu}{M_1} \\ 0 & 0 & 0 & 1 \\ \dfrac{k}{M_2} & \dfrac{\mu}{M_2} & -\dfrac{k}{M_2} & -\dfrac{\mu}{M_2} \end{bmatrix},\ \boldsymbol{B}=\begin{bmatrix} 0 \\ 1 \\ \dfrac{}{M_1} \\ 0 \\ 0 \end{bmatrix},\ \boldsymbol{C}=[0\,0\,1\,0]$$

[그림 2.27]은 상태공간표현법의 물리적 특성을 나타낸 블록선도로서 상태공간표현과 관련된 시스템의 해석 및 설계 등에 자주 사용된다.

또한 고전제어이론에 이용되고 있는 전달함수표현은 시스템의 초기값을 반드시 영으로 두고 있다. 그러나 실제의 경우 영이 아닌 초기값으로부터 제어를 하고자 하는 경우도 흔히 있다. 이에 반하여 현대제어이론에서 사용되는 상태공간표현은 초기값을 영으로 가정할 필요가 없기 때문에 초기값을 고려한 논의를 쉽게 수행할 수 있다는 장점이 있다.

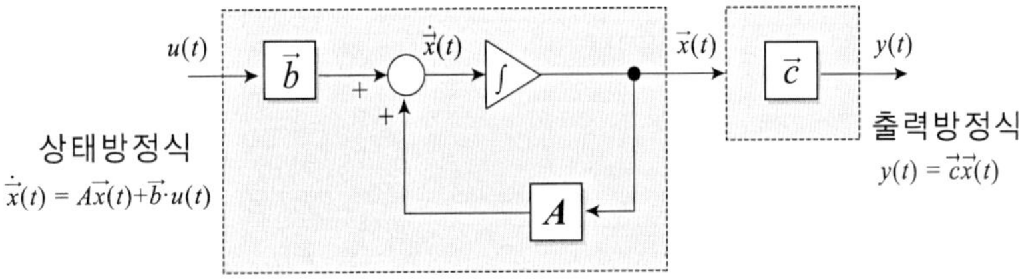

그림 2.27
1입출력시스템의 상태방정식, 출력방정식의 블록선도

2.4.3 다입출력 시스템에 대한 고전제어이론의 한계

[그림 2.22]에 나타낸 2관성시스템은, 입력 $u(t)$와 출력 $y(t)$를 각각 하나만을 가지므로(즉 u, y가 스칼라이다), 이러한 시스템은 일반적으로 1 입출력시스템(SISO: Single-Input Single- Output)으로 불린다. PID제어로 대표되는 고전제어이론에서는 기본적으로 제어대상이 하나의 입력과 하나의 출력을 가지는 것을 전제로 하여 이론이 전개되기 때문에 복수의 입력과 출력이 존재하는 다입출력시스템(MIMO: Multiple-Input Multiple-Output)은 그 취급에 상당한 어려움을 동반한다.

다입출력시스템의 예로서 [그림 2.28]에 표시한 2관성시스템에 대하여 생각하여보자.

예제 2.23 2입력 2출력의 2관성시스템의 전달함수표현

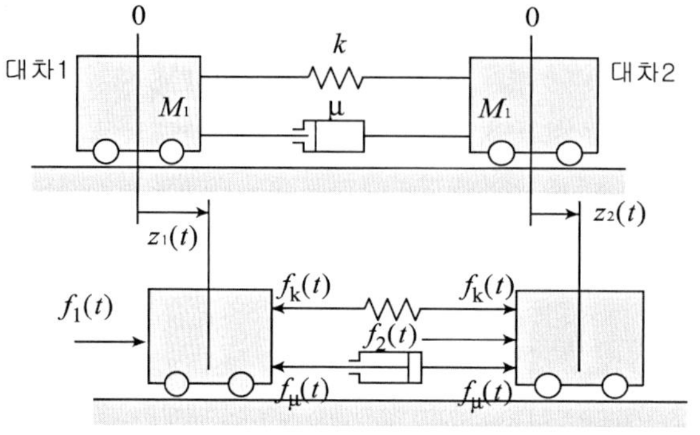

그림 2.28
대차 1, 2에 외부로부터 힘 $f_1(t)$와 $f_2(t)$가 인가되는 2관성시스템

[그림 2.28]의 2관성시스템은, 대차 M_1에 힘 $f_1(t)$가 인가될 뿐만 아니라 대차 M_2에도 힘 $f_2(t)$가 인가되고 있으며, 동시에 M_1의 위치 $z_1(t)$ 뿐만 아니라 M_2의 위치 $z_2(t)$도 제어하는 것을 목적으로 하고 있다. 이로 인해 상기의 2관성시스템의 입력과 출력은 각각 두 개의 요소를 가지므로 MIMO 시스템이다. 여기서 입력 $\vec{u}(t)$와 출력 $\vec{y}(t)$를

$$\vec{u}(t)=\begin{bmatrix} u_1(t) \\ u_2(t) \end{bmatrix}=\begin{bmatrix} f_1(t) \\ f_2(t) \end{bmatrix},\ \vec{y}(t)=\begin{bmatrix} y_1(t) \\ y_2(t) \end{bmatrix}=\begin{bmatrix} z_1(t) \\ z_2(t) \end{bmatrix} \tag{2.69}$$

로 둔다. 식 (2.57)을 이용하면 2관성시스템 [그림 2.28]을 나타내는 미분방정식은 다음으로 됨을 쉽게 확인할 수 있을 것이다.

$$M_1\ddot{y}_1(t)=u_1(t)-k(y_1(t)-y_2(t))-\mu(\dot{y}_1(t)-\dot{y}_2(t)) \tag{2.70a}$$

$$M_2\ddot{y}_2(t)=u_2(t)+k(y_1(t)-y_2(t))+\mu(\dot{y}_1(t)-\dot{y}_2(t)) \tag{2.70b}$$

여기서 $y_1(0)=0, \dot{y}_1(0)=0, y_2(0)=0, \dot{y}_2(0)=0$로 두고 식 (2.70)의 양변을 라플라스변환하면

$$\begin{bmatrix} M_1s^2+\mu s+k & -(\mu s+k) \\ -(\mu s+k) & M_2s^2+\mu s+k \end{bmatrix}\begin{bmatrix} y_1(s) \\ y_2(s) \end{bmatrix}=\begin{bmatrix} u_1(s) \\ u_2(s) \end{bmatrix} \tag{2.71}$$

으로 된다. 이로부터 $\vec{u}$에서 $\vec{y}$까지의 전달함수표현을 계산하면

$$\begin{bmatrix} y_1(s) \\ y_2(s) \end{bmatrix}=\begin{bmatrix} P_{11}(s) & P_{12}(s) \\ P_{21}(s) & P_{22}(s) \end{bmatrix}\begin{bmatrix} u_1(s) \\ u_2(s) \end{bmatrix} \tag{2.72a}$$

$$\boldsymbol{P}(s)=\begin{bmatrix} P_{11}(s) & P_{12}(s) \\ P_{21}(s) & P_{22}(s) \end{bmatrix}=\frac{1}{D(s)}\begin{bmatrix} M_2s^2+\mu s+k & \mu s+k \\ \mu s+k & M_1s^2+\mu s+k \end{bmatrix} \tag{2.72b}$$

$$D(s)=s^2\left(M_1M_2s^2+M_{12}\mu s+M_{12}k\right),\ M_{12}=M_1+M_2$$

로 된다. 여기서 행렬 $\boldsymbol{P}(s)$를 $\vec{u}(s)$에서 $\vec{y}(s)$까지의 전달함수행렬이라고 하며 이를 [그림 2.29]에 블록선도를 이용하여 나타내었다.

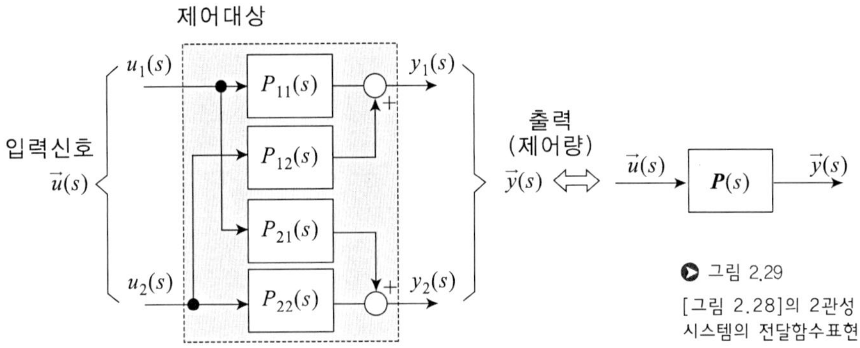

그림 2.29 [그림 2.28]의 2관성 시스템의 전달함수표현

[그림 2.28]은 대차 M_1에 힘 $f_1(t)$를 인가하면 이 힘은 M_1 뿐만 아니라 연결부(즉 스프링과 덤프)를 통하여 대차 M_2에도 영향을 미친다는 것을 보여주고 있다. 마찬가지로 M_2에 인가된 힘 $f_2(t)$ 역시 M_2 뿐만 아니라 대차 M_1에도 작용을 하게 된다. 다시 말하면 대차 M_1과 M_2는 독립으로 동작하는 것이 아니라 입출력 사이에서 상호 간섭이 존재하게 된다. 이를 고전제어이론의 구조에서 설계하고자 하는 경우의 가장 단순한 방법은, 스프링이나 덤프에 의해 발생하는 힘 $f_k=k(y_1(t)-y_2(t))$, $f_\mu=k\left(\dot{y}_1(t)-\dot{y}_2(t)\right)$가 충분히 작다고 하여 이를 무시하는 것이다, 이 결과 [그림 2.28]을 2개의 1입출력시스템, 즉

$$\begin{aligned} y_1(s)&\approx P_1(s)u_1(s),\ P_1(s)=\frac{1}{M_1s^2} \\ y_2(s)&\approx P_2(s)u_2(s),\ P_2(s)=\frac{1}{M_2s^2} \end{aligned} \tag{2.73}$$

로 근사하여, 각 1입출력시스템에 대해 제어기를 설계하는 방법이다. 이하 식 (2.73)의 제어대상에 대하여 P-D 제어기의 설계 방법을 알아본다.

예제 2.24 2입력 2출력 2관성시스템(그림 2.28)의 P-D제어

식 (2.73)으로 주어진 두 개의 제어대상에서 각각의 출력 $y_1(t)$, $y_2(t)$를 목표값 $r^1(t), r^2(t)$에 추종시키는 P-D 제어기

$$u_i(t) = k_{P_i} e_i(t) - k_{D_i} \dot{y}_i(t),\ e_i(t) = r^i(t) - y_i(t),\ (i = 1,2) \tag{2.74}$$

를 설계한다. 대차 M_1, M_2의 목표값 $r^1(s), r^2(s)$에서 $y_1(s), y_2(s)$까지의 전달함수 $T_1(s)$, $T_2(s)$는 식 (2.73), (2.74)로부터 다음으로 됨을 알 수 있다.

$$T_i(s) = \frac{y_i(s)}{r^i(s)} = \frac{k_{P_i}}{M_i s^2 + k_{D_i} s + k_{P_i}},\ (i = 1,2) \tag{2.75}$$

따라서 식 (2.75)와 주어진 2차의 규범모델 전달함수

$$G_{M,i}(s) = \frac{\omega_{n,i}^2}{s^2 + 2\zeta_i \omega_{n,i} s + \omega_{n,i}},\ (i = 1,2) \tag{2.76}$$

와 일치하도록 P-D의 파라미터 k_{P1}, k_{D1}, k_{P2}, k_{D2}를 결정하면 설계완료이다. 이러한 관계로부터 다음 식을 얻는다.

$$k_{Pi} = M_i \omega_{n,i}^2,\ \ k_{Di} = 2M_i \zeta_i \omega_{n,i},\ (i = 1,2) \tag{2.77}$$

여기서 $\omega_{n,i} = 5, \zeta_i = 0.7$ 로 두었을 경우의 P-D 제어기 식 (2.74), (2.77)를 적용하여 시뮬레이션을 수행한 결과를 [그림 2.30]에 나타내었다. 이 예제의 경우는 스프링이나 댐프에 의해 발생하는 힘 $f_k(t), f_\mu(t)$가 크기 때문에($k = 2, \mu = 2$로 두었다) 입출력 상호간의 간섭을 무시할 수 없는 경우에 해당한다. 다시 말하면 대차 M_1(혹은 M_2)이 입력에 의해 이동하면 대차 M_2(혹은 M_1)도 크게 이동하게 된다. 이 결과로 목표값에서 벗어난 위치에 M_1과 M_2가 정지하게 되므로 그림에서 보는 바와 같이 정상상태 오차가 발생하게 된다.

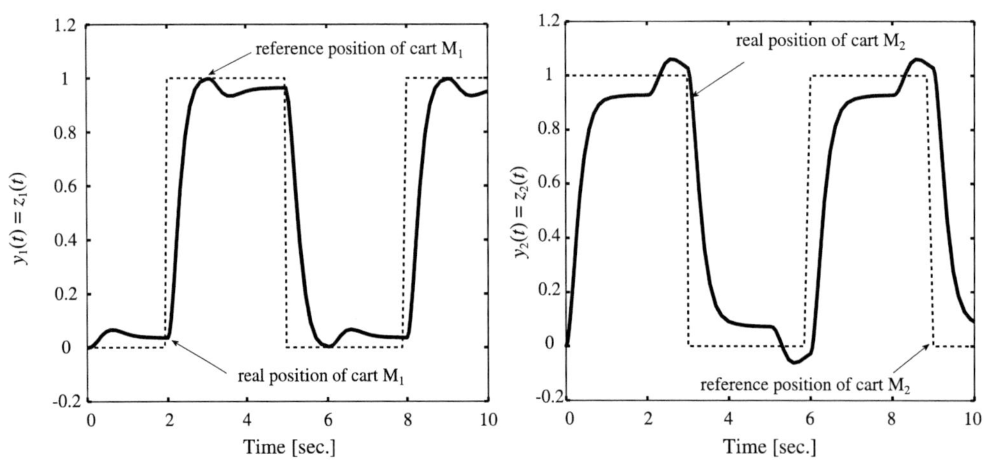

(a) (b)

그림 2.30 P-D 제어의 시뮬레이션 결과 ($M_1 = 2,\ M_2 = 1,\ k = 2,\ \mu = 2$)

2.4.4 현대제어이론에 있어서 다입출력시스템의 처리

2.4.3절에서 설명한 바와 같이 고전제어이론에서 다입출력시스템을 취급한다는 것은 상당히 어렵다. 이에 반하여 현대제어이론에서는 제어대상의 수식모델을 상태공간표현으로 나타냄으로서 1입출력시스템과 완전히 동일한 이론전개로서 간단하게 다입출력시스템에 대한 설계를 수행할 수 있다.

예제 2.25 2입력 2출력 2관성시스템(그림 2.28)의 상태피드백제어

[그림 2.28]의 2입력 2출력의 2관성시스템을 생각하는 경우, 이것의 수식모델을 다음과 같은 상태공간 표현

$$\dot{\vec{x}}(t) = \boldsymbol{A}\vec{x}(t) + \boldsymbol{B}\vec{u}(t) \cdots\cdots \text{ 상태방정식} \tag{2.78a}$$

$$\vec{y}(t) = \boldsymbol{C}\vec{x}(t) \cdots\cdots \text{ 출력방정식} \tag{2.78b}$$

으로 나타낸다면 상태피드백 형식의 제어기

$$\vec{u}(t) = \boldsymbol{K}\vec{x}(t) + \boldsymbol{H}\vec{y}_{sp}(t) \tag{2.79}$$

$$\vec{y}_{sp}(t) = \begin{bmatrix} y_{sp}^1 \\ y_{sp}^2 \end{bmatrix},\ K = \begin{bmatrix} k_{11} & k_{12} & k_{13} & k_{14} \\ k_{21} & k_{22} & k_{23} & k_{24} \end{bmatrix},\ H = \begin{bmatrix} h_{11} & h_{12} \\ h_{21} & h_{22} \end{bmatrix}$$

를 설계할 수 있다. 최적레귤레이터 이론에 의해 식 (2.79)의 이득 $\boldsymbol{K}$, $\boldsymbol{H}$를 계산하고 시뮬레이션을 수행하면 [그림 2.31]의 결과를 얻을 수 있다. [그림 2.30]에서 언급한 바와 같이 P-D 제어에서는 스프링이나 댐프에 의해 발생하는 힘 $f_k(t)$, $f_\mu(t)$가 큰 경우 입출력 사이에 간섭의 영향이 강하게 나타났다. 이에 반해 상태피드백을 사용한 제어기 (2.79)의 경우 [그림 2.31]로부터 쉽게 알 수 있는 바와 같이 입출력 간섭의 영향을 신속하게 제거하고 목표값에 추종시킬 수 있다는 것을 확인할 수 있다.

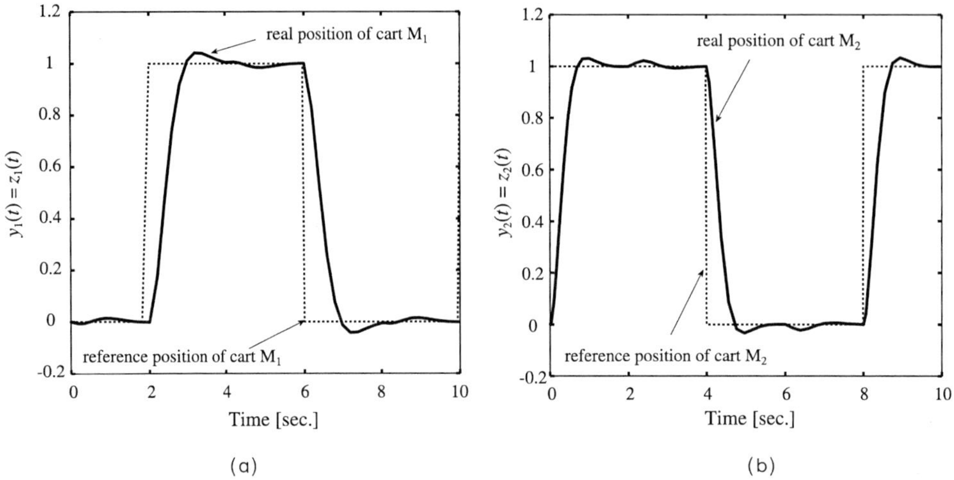

그림 2.31 상태피드백 제어를 이용한 시뮬레이션 결과 ($M_1 = 2,\ M_2 = 1,\ k = 2,\ \mu = 2$)

2.5 선형화(Linearization)

대부분의 물리시스템은 그 시스템이 가지고 있는 변수의 어떤 특정 범위 내에서 선형으로 볼 수 있다. 따라서 변수의 범위를 증가시키면 시스템의 입출력 특성은 비선형으로 변하게 된다. 예를 들어 [그림 2.12(a)]의 시스템에서 질량의 변위 $x(t)$가 어떤 정해진 좁은 범위 내에 변동한다면 이 시스템은 선형이며, 따라서 식 (2.29)와 같은 선형인 미분방정식으로 시스템의 입출력 관계를 기술할 수 있다. 그러나 $x(t)$가 점차적으로 증가한다면, 결국에는 스프링이 과도하게 늘어나서 끊어지게 될 것이다. 따라서 시스템의 선형성이나 이것의 적용범위는 각각의 시스템에 따라 다르게 설정되어야 할 것이다.

일반적으로 어떤 시스템이 선형으로 되기 위한 필요조건은 그 시스템의 입력 $x(t)$와 출력 $y(t)$로서 결정될 수 있다. 예를 들어 정지상태에 있는 어떤 시스템에 입력으로 $x_1(t)$와 $x_2(t)$를 각각 인가하였을 때의 출력을 각각 $y_1(t)$ 및 $y_2(t)$라고 하자. 이때 입력으로 $x_1(t)+x_2(t)$를 인가하였을 때의 출력이 $y_1(t)+y_2(t)$로 된다면, 이 시스템은 선형시스템이다. 이것은 일반적으로 '중첩의 원리(principle of superposition)'라고 불리는 것으로 앞으로 이 책의 내용을 전개하는데 있어 중요한 역할을 한다[20].

$y(t) = x^2(t)$으로 표현되는 2차 시스템은 중첩의 원리가 만족되지 않기 때문에 비선형이다. 그러나 이 식을 어떤 특정한 점[21] $(x_o,\ y_o)$을 중심으로 하는 좁은 범위로 한정시킨다면, 비선형인 시스템을 (좁은 범위 내에서는) 선형으로 간주하여 사용할 수 있게 된다. 이러한

20) 선형성을 위한 필요조건으로 중첩의 원리 외에 '동질성(homogeneity)'이라는 특성이 필요하다.
21) 동작점(operating point)라고 부른다.

과정을 수식을 이용하여 일반적으로 표현하여 보자.

변수 $x(t)$로 주어지는 어떤 비선형인 함수가

$$y(t) = g(x(t)) \tag{2.80}$$

로 주어졌다고 한다. 이때 어떤 특정한 점 x_o의 근방에서 식 (2.80)이 변수 $x(t)$에 대하여 연속이라는 가정 아래 식 (2.80)을 테일러급수전개(Taylor series expansion) 하면

$$\begin{aligned} y(x) &= g(x) \\ &= g(x_o) + \left.\frac{dg(x)}{dx}\right|_{x=x_o} \frac{(x-x_o)}{1!} + \left.\frac{d^2g(x)}{dx^2}\right|_{x=x_o} \frac{(x-x_o)^2}{2!} + \cdots \end{aligned} \tag{2.81}$$

로 된다. 여기서 $(x-x_o)$가 작은 값을 가지는 x의 범위에서는 $(x-x_o)^k$의 항 (단 $k \geq 2$)을 무시할 수 있을 것이다. 따라서 식 (2.81)은

$$y(x) \approx g(x_o) + \left.\frac{dg(x)}{dx}\right|_{x=x_o} (x-x_o) = y_o + m(x-x_o) \tag{2.82}$$

로 쓸 수 있다. 여기서 m은 동작점에서의 기울기를 나타내고 있다([그림 2.32] 참조). 식 (2.82)를 정리하면

$$(y-y_o) = m(x-x_o)$$

또는

$$\Delta y = m\Delta x \tag{2.83}$$

인 선형관계식을 얻는다. 이 관계를 $y = x^2$으로 주어진 비선형함수에 적용하면 $m = 2x_o$로 되어 [그림 2.32]와 같이 나타낼 수 있다. 그림에서 $\Delta y = 2x_o \cdot \Delta x$의 관계식은 당연히 $\Delta x = |x - x_o|$가 작은 값을 가지는 경우에만 적용가능한 수식이라는 것은 쉽게 이해할 수 있을 것이다.

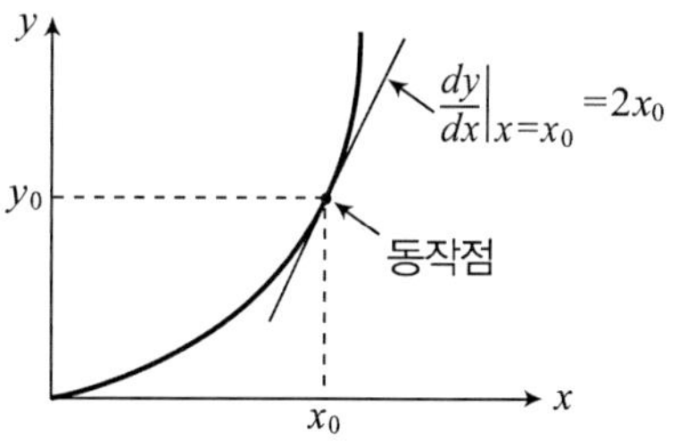

▶ 그림 2.32 $y = x^2$의 선형화

예제 2.26

[그림 2.33(a)]와 같이 주어진 진자에 대하여 생각하여 보자. 진자가 $\theta(t)$만큼 회전하였을 경우 진자에 작용하는 토크는

$$T = MgL\sin\theta \quad ①$$

로 된다. 단 g는 중력가속도를 나타낸다. 토크 T와 θ 사이의 비선형적인 관계식 ①을 [그림 2.33(b)]에 표시하였다. 여기서 동작점을 $\theta_o = 0^o$로 두고 ①을 선형화하면

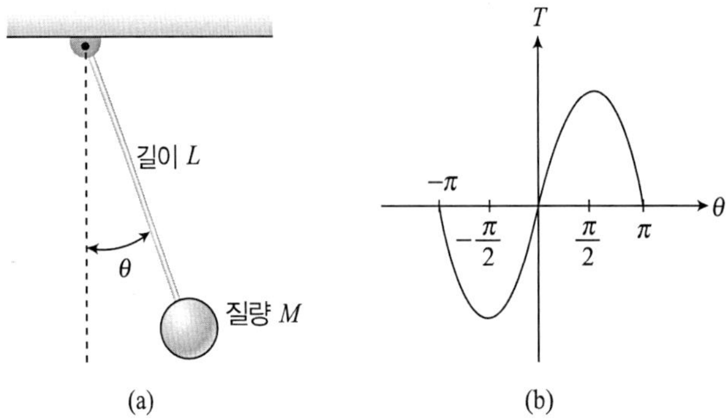

그림 2.33
[예제 2.26]의 진자
(a) 진자, (b) 진자의 움직임

$$T - T_o \approx MgL \frac{\partial(\sin\theta)}{\partial\theta}\bigg|_{\theta=\theta_o}(\theta-\theta_o) \quad ②$$

로 된다. 여기서 $T_o = 0$ 이므로 ②를 계산하면

$$\begin{aligned} T &= MgL(\cos 0^o)(\theta - 0^o) \quad ③ \\ &= MgL\theta \end{aligned}$$

로 된다. 근사식 ③은 θ가 $(-\pi/4) \le \theta \le (\pi/4)$의 범위에 있을 경우에는 상당히 정확한 것으로 볼 수 있다. 왜냐하면 진자가 $\pm 30^o$ 이내에서 진동하는 경우 오차, 즉 (①−③)은 전체 크기의 약 2% 이내에 존재하기 때문이다.

%[예제 2.26]

```
M=1;g=9.8;L=1;                  % 파라미터 값의 입력
theta=(-1:0.1:1)*pi;            % θ의 범위를 지정
T=M*g*L*sin(theta);             % ①에 토크의 계산
Ta=M*g*L*theta;                 % ③에 의한 토크의 계산
plot(theta,T,theta,Ta,':')      % [그림 2.33]의 확인
axis([-pi pi -12 12])
xlabel('\theta'), ylabel('Torque')
```

상태변수 표현식에서의 선형화

여기서는 식 (2.21)과 (2.22)와 같이 상태변수를 이용하여 얻어진 시스템의 수식모델을 선형화하는 방법에 대하여 생각한다. 먼저 식 (2.34)로 정의된 벡터 및 행렬의 표현법을 이용하여 식 (2.21)과 (2.22)를 나타내면 다음과 같다.

$$\frac{d}{dt}\vec{x}(t) = \vec{f}(\vec{x}(t), u(t)) \quad (2.84a)$$ [22]

$$y(t) = h(\vec{x}(t), u(t)) \tag{2.84b}$$

시스템이 $\vec{x}(t) = \vec{x}^*, u(t) = u^*$ 에서 $\vec{f}(\vec{x}^*, u^*) = \vec{0}$ 로 된다면, $\vec{x}^*$ 를 평형상태라고 한다. 이 평형상태에 대응하는 출력의 평형값은 식 (2.84b)로부터 $y^* = h(\vec{x}^*, u^*)$ 로 주어진다. 따라서 시스템이 평형상태에서는

$$\vec{f}(\vec{x}^*, u^*) = \vec{0} \tag{2.85a}$$

$$y^* = h(\vec{x}^*, u^*) \tag{2.85b}$$

가 성립한다는 것을 알 수 있다. 그러나 보통 식 (2.85)를 만족하는 평형상태가 항상 존재한다거나, 혹은 그것이 유일한 값을 가진다는 보장은 할 수 없으나 일반적으로 이러한 평형상태의 존재 및 유일성 여부는 시스템의 입력과 출력의 개수에 의존하는 경우가 많은 것으로 알려져 있다.

다음 단계로 식 (2.83)과 같이 시스템의 각 변수가 가지는 평형상태로부터의 미소변화를 다음과 같이 정의하여 둔다.

$$\begin{aligned} \vec{x}(t) - \vec{x}^* &= \Delta \vec{x}(t) \\ u(t) - u^* &= \Delta u(t) \\ y(t) - y^* &= \Delta y(t) \end{aligned} \tag{2.86}$$

여기서 일반적으로 비선형함수로 표현되어 있는 식 (2.84a)를 식 (2.81)과 같이 평형상태에서의 테일러급수전개를 수행한다.

$$\begin{aligned} \frac{d}{dt}\vec{x}(t) = \vec{f}(\vec{x}^*, u^*) &+ \left.\frac{\partial \vec{f}}{\partial \vec{x}}\right|_* \Delta \vec{x} + \frac{1}{2!}\left.\frac{\partial^2 \vec{f}}{\partial \vec{x}^2}\right|_* (\Delta \vec{x})^2 + \cdots \\ &+ \left.\frac{\partial \vec{f}}{\partial u}\right|_* \Delta u + \frac{1}{2!}\left.\frac{\partial^2 \vec{f}}{\partial u^2}\right|_* (\Delta u)^2 + \cdots \end{aligned} \tag{2.87}$$

이때 ' $|_*$ '는 평형상태 $\{\vec{x}^*, u^*\}$ 에서 각 미분의 값을 계산한다는 것을 의미한다. 식 (2.87)에서 미소변화 $\Delta \vec{x}$ 와 Δu 의 2차 이상 고차항을 제거한 뒤 식 (2.85)를 적용하여 정리하면

$$\begin{aligned} \frac{d}{dt}\Delta \vec{x}(t) &= \left.\frac{\partial \vec{f}}{\partial \vec{x}}\right|_* \Delta \vec{x}(t) + \left.\frac{\partial \vec{f}}{\partial u}\right|_* \Delta u(t) \\ &\equiv \boldsymbol{A}\, \Delta \vec{x}(t) + \vec{b}\, \Delta u(t) \end{aligned} \tag{2.88}$$

22) 시불변시스템으로 가정하였다.

로 된다. 여기서 함수 $\vec{f}(\bullet)$와 상태 $\Delta\vec{x}$가 n 차원의 벡터라는 사실에 주목하면 식 (2.88)의 계수행렬 $\partial\vec{f}(\bullet)/\partial\vec{x}$와 $\partial\vec{f}(\bullet)/\partial u$는 식 (2.89)와 같이 행렬과 벡터로서 나타낼 수 있을 것이다.

이것은 함수 $\vec{f}$에 대한 벡터 $\vec{x}$와 u의 야코비안(Jacobian)을 나타내고 있으며, 이를 야코비안행렬이라고 부르고 있다. 여기서 주의할 점은 식 (2.89)로 주어지는 야코비안행렬은 어떤 특정한 정상상태 값 $\{\vec{x}^*, u^*\}$에 대하여 평가되어지기 때문에 항상 정수행렬로 된다는 점이다. 식 (2.89)의 관계를 이용하면 식 (2.84a)로 주어지는 일반적으로 비선형인 시스템의 수식모델을 임의의 평형상태 $\{\vec{x}^*, u^*\}$를 중심으로 발생하는 (미소한) 변동에 대한 선형인 상태방정식 (2.88)을 얻을 수 있다.

$$\frac{\partial\vec{f}}{\partial\vec{x}}=\begin{bmatrix}\frac{\partial f_1}{\partial x_1} & \frac{\partial f_1}{\partial x_2} & \cdots & \frac{\partial f_1}{\partial x_n}\\ \frac{\partial f_2}{\partial x_1} & \frac{\partial f_2}{\partial x_2} & \cdots & \frac{\partial f_2}{\partial x_n}\\ \vdots & \vdots & \ddots & \vdots\\ \frac{\partial f_n}{\partial x_1} & \frac{\partial f_n}{\partial x_2} & \cdots & \frac{\partial f_n}{\partial x_n}\end{bmatrix}\equiv\boldsymbol{A},\quad \frac{\partial\vec{f}}{\partial u}=\begin{bmatrix}\frac{\partial f_1}{\partial u}\\ \frac{\partial f_2}{\partial u}\\ \vdots\\ \frac{\partial f_n}{\partial u}\end{bmatrix}\equiv\vec{b} \tag{2.89}$$

한편 출력함수 (2.84b)에 대해서도 상기와 동일한 과정을 거치면 아래와 같은 선형의 관계식을 얻을 수 있다.

$$\begin{aligned}\Delta y(t)&=\left.\frac{\partial h}{\partial\vec{x}}\right|_*\Delta x(t)+\left.\frac{\partial h}{\partial u}\right|_*\Delta u(t)\\ &\equiv\vec{c}\,\Delta x(t)+d\Delta u(t)\end{aligned} \tag{2.90}$$

이때 함수 $h(\bullet)$는 스칼라이므로 식 (2.90)의 계수 $\partial h/\partial\vec{x}$는 다음으로 정의된다.

$$\frac{\partial h}{\partial\vec{x}}=\begin{bmatrix}\frac{\partial h}{\partial x_1} & \frac{\partial h}{\partial x_2} & \cdots & \frac{\partial h}{\partial x_n}\end{bmatrix}\equiv\vec{c} \tag{2.91}$$

만약 시스템의 입력과 출력이 각각 $m, (m\geq 1)$, $p, (p\geq 1)$개 인 경우에는 입력과 출력은 식 (2.27)과 같이 벡터로 되어, 식 (2.89)의 $\vec{b}=(\partial\vec{f}/\partial u)$는 $\boldsymbol{B}=(\partial\vec{f}/\partial\vec{u})$로 되어 크기 $(n\times m)$인 행렬로 된다. 또한 식 (2.84b)로 주어지는 출력함수 $h(\bullet)$도 크기 $(p\times 1)$인 벡터로 되며, 이 결과 식 (2.90)의 계수 $\vec{c}=(\partial h/\partial\vec{x})$와 $d=(\partial h/\partial u)$는 $\boldsymbol{C}=(\partial\vec{h}/\partial\vec{x})$와 $\boldsymbol{D}=(\partial\vec{h}/\partial\vec{u})$로 되어 각각 크기가 $(p\times n)$ 및 $(p\times m)$인 행렬로 바뀐다.

이미 언급한 것처럼 야코비안행렬의 각 요소는 평형상태 값 $\{\vec{x}^*, u^*\}$에 따라 달라지므로, 만약 평형상태를 변경시켰을 경우에는 당연히 (2.89)의 값이 달라질 것이다. 따라서 비선형시스템의 선형화는 평형상태 값을 어디에 설정하는 가에 따라 시스템의 표현식이 달라진다는 점에 유의해야 한다.

선형화의 예

여기서는 [예제 2.4]의 ❸번에서 취급한 바 있는 [그림 2.34]와 같은 수조에 대한 수식모델을 구한 뒤, 이를 선형화하여 이 시스템에 대한 상태방정식을 구하여보자. 이러한 과정을 통하여 비선형시스템의 선형화가 가지는 물리적 의미를 생각해 보기로 한다.

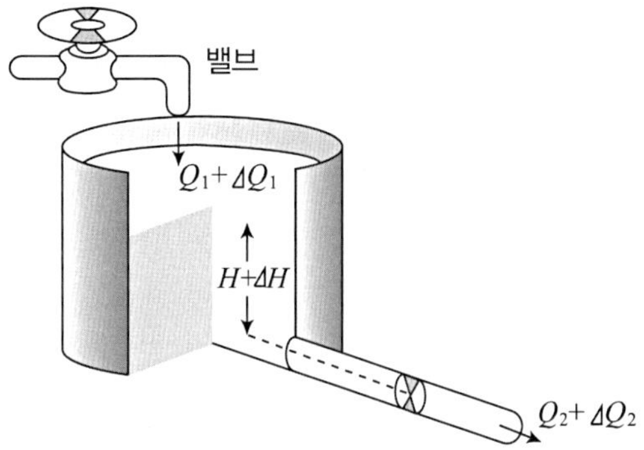

그림 2.34 수조 시스템

[그림 2.34]의 수조에서 임의의 시각에 수조 속에 들어있는 물의 양은

$$m(t) = \rho A_1 H(t) \tag{2.92}$$

로 주어진다. 여기서 A_1은 수조의 단면적, H는 수위, ρ는 물의 밀도를 각각 나타내고 있다. 이하 식의 전개과정에서 첨자 1은 수조로 유입되는 측, 첨자 2는 유출되는 측을 각각 의미하는 것으로 한다.

수조 내의 물의 변화량은 수조에 들어온 물의 양과 배출된 물의 양과의 차이로 주어지므로

$$\frac{d}{dt}m(t) = \rho A_1 \left(\frac{d}{dt}H(t)\right) = Q_1 - \rho A_2 V_2 \tag{2.93}$$

으로 표현된다. 이 식에서 Q_1은 흘러 들어오는 물의 양, V_2는 배출구에서의 물의 속도, A_2는 배출구의 단면적을 각각 나타내고 있다. 당연히 V_2의 크기는 수위에 따라 달라질 것이다. 여기서는 A_1이 A_2에 비해 충분히(약 100배 이상) 크다는 가정 아래서 수위와 유체의 속도를 나타내는 베르누이(Bernoulli)의 정리는 다음과 같이 간략화 시킬 수 있다.

$$V_2(t) = \sqrt{2gH(t)} \tag{2.94}$$

단 g는 중력가속도를 의미한다. 식 (2.94)를 식 (2.93)에 대입하여 수위변화의 속도, 즉 $(dH(t)/dt)$에 대해 풀면 다음으로 된다.

$$\frac{d}{dt}H(t) = -\left[\frac{A_2}{A_1}\sqrt{2g}\right]\sqrt{H(t)} + \frac{1}{\rho A_1}Q_1 = k_1\sqrt{H(t)} + k_2 Q_1 \tag{2.95}$$

$$\equiv f\left(H(t), Q_1\right)$$

또한 식 (2.93)을 이용하면 배출구로부터 흘러나가는 물의 양에 대한 식이 얻어진다.

$$Q_2 = \left(\rho\sqrt{2g}\,A_2\right)\sqrt{H(t)} = k_3\sqrt{H(t)} \tag{2.96}$$

$$\equiv h\left(H(t), Q_1\right)$$

위 식에서 k_1, k_2, k_3 는 각각의 식에 해당하는 값들을 나타내고 있다. 식 (2.95), (2.96)은 비선형 미분방정식이므로 선형인 상태방정식을 유도하기 위해서는 이것을 임의의 평형상태에서 선형화시켜야 한다.

임의의 상태 Q^*와 H^* 에서 수조의 수위가 평형을 이루고 있다고 한다(즉 유입되는 물의 양과 유출수량이 동일하여 수위변동이 없는 상태). 이 평형상태로부터 수위와 유입수량의 미소변화량을 각각 $\Delta H(t)$, $\Delta Q_1(t)$ 로 하면 수조의 수위와 전체 유입수량의 변화량은

$$H(t) = H^* + \Delta H(t) \tag{2.97}$$

$$Q_1(t) = Q^* + \Delta Q_1(t)$$

로 표현된다. 식 (2.95)를 평형상태를 중심으로 테일러급수전개를 수행하면

$$\frac{d}{dt}(H(t)) = \frac{d}{dt}(\Delta H(t)) = f(H^*,\ Q^*) + \left.\frac{\partial f}{\partial H}\right|_{\substack{H=H^* \\ Q_1=Q^*}} (H(t) - H^*) + \cdots \\ + \left.\frac{\partial f}{\partial Q_1}\right|_{\substack{H=H^* \\ Q_1=Q^*}} (Q_1(t) - Q^*) + \cdots \tag{2.98}$$

로 된다. 여기서 $f(H^*, Q^*) = 0$ 이라는 사실과 변동분에 대한 2차 이상의 급수전개항을 무시하면 식 (2.88)이 얻어진다. 또한 $(\partial f/\partial H)$와 $(\partial f/\partial Q_1)$ 을 계산하여 $H = H^*$, $Q_1 = Q^*$ 을 대입하면 식 (2.98)로부터 다음과 같은 $\Delta H(t)$ 에 관한 (1차의) 상태방정식을 얻는다.

$$\frac{d}{dt}(\Delta H(t)) = -\left[\frac{A_2^2}{A_1}\frac{g\rho}{Q^*}\right]\Delta H(t) + \frac{1}{\rho A_1}\Delta Q_1 \tag{2.99}$$

배출유량 Q_2 에 대해서도 위와 동일한 과정을 밟으면

$$Q_2(t) = Q^* + \Delta Q_2(t) = h(H(t),\ Q_1) \\ \approx h(H^*,\ Q^*) + \left.\frac{\partial h}{\partial H}\right|_{\substack{H=H^* \\ Q_1=Q^*}} \Delta H(t) + \left.\frac{\partial h}{\partial Q_1}\right|_{\substack{H=H^* \\ Q_1=Q^*}} \Delta Q_1 \tag{2.100}$$

로 되어, 여기서도 평형값에서 $(\partial h/\partial H)$와 $(\partial h/\partial Q_1)$ 을 계산하여 정리하면 아래와 같은 $\Delta H(t)$ 에 대한 선형의 출력방정식을 얻는다.

$$\Delta Q_2 = \left[\frac{g\rho^2 A_2^2}{Q^*}\right]\Delta H(t) \tag{2.101}$$

따라서 평형상태에서의 미소 변화량 $\Delta H(t)$, $\Delta Q_1(t)$ 에 의한 유출수량 $Q_2(t)$ 을 나타내는 선형인 근사식은

$$Q_2(t) = Q^* + \frac{1}{R}\Delta H, \ \left(\frac{1}{R} = \frac{g\rho^2 A_2^2}{Q^*}\right) \tag{2.102}$$

으로 주어진다. 여기서 R 은 유체저항이라고 불리는 것으로 식 (2.102)로부터 배출구에서 흘러나가는 물의 양은 이 유체저항에 반비례하며 평형점에서의 수위변화량 ΔH 에 비례한다는 것을 알 수 있다[23].

임의의 평형점 근처에서 테일러전개를 이용하여 2차 이상의 고차항을 소거하여 얻어진 근사식 (2.102)와 근사를 이용하지 않은 원래의 식 (2.96)을 비교하여 봄으로써 평형점에서의 근사의 의미를 생각해 보자. [그림 2.35]에서 알 수 있는 바와 같이 테일러 전개를 통한 근사는 ΔH 가 미소할 경우에만 성립하며, 이때 평형점에서의 기울기는 임의로 선정한 평형점에서의 값 Q^* 에 의존한다(식 (2.101) 참조). 따라서 평형상태가 이동(즉 H^*, Q^*가 변동)하면 당연히 그에 따라 근사식의 계수(즉 유체저항 값 R)도 바뀌게 된다는 점에 유의해야 한다.

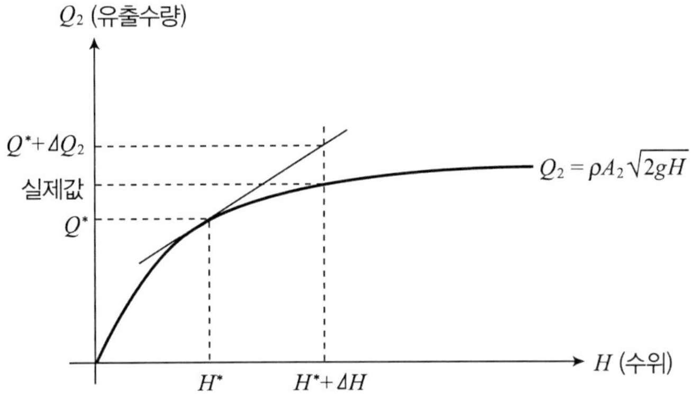

그림 2.35
배출 수량의 근사

예제 2.27

[예제 2.10]에서 취급한 두 개의 수조로 이루어진 시스템의 선형화를 생각하여 보자. 즉 [그림 2.7]에서 두 수조의 평형상태에서의 수위를 각각 x_1^*, x_2^*로, 이때의 입력을 u^*로 두면, 평형상태에서는 수조로 흘러들어가는 물의 양 u^*은, 첫 번째 수조에서 두 번째 수조로 흘러가는 양 Q_1 및 두 번째 수조에서 바깥으로 흘러나가는 양 Q_2와 같으므로 [예제 2.11]의 ①로부터

23) 회로망 이론에서, 임의의 단면을 흐르는 전류의 크기는 저항에 반비례하고 전압에 비례한다. 즉, $i(t) = \frac{1}{R}v(t)$ 이다. 이러한 관계로부터 유체저항이라고 불리는 의미를 짐작할 수 있을 것이다.

$$k_1\sqrt{x_1^*} = k_2\sqrt{x_2^*} = u^* \qquad ①$$

이 성립한다. 이것을 이용하여 [예제 2.11]의 ②로 주어진 비선형 상태방정식

$$\frac{d}{dt}x_1(t) = f_1(\vec{x}(t), u(t)) = \left\{-k_1\sqrt{x_1(t)} + u(t)\right\}\frac{1}{A_1} \qquad ②^{24)}$$

$$\frac{d}{dt}x_2(t) = f_2(\vec{x}(t), u(t)) = \left\{k_1\sqrt{x_1(t)} - k_2\sqrt{x_2(t)}\right\}\frac{1}{A_2}$$

을 선형화하여 보자. 이 과정은 위 선형화과정의 식 (2.98)을 이용하면 쉽게 확인 가능하므로 계산과정은 생략한다. [그림 2.7]의 시스템은 두 개의 상태변수와 하나의 입력 및 출력을 가지므로 식 (2.88)과 (2.90)에서의 각 행렬을 계산하면 다음을 얻는다.

$$\boldsymbol{A} = \begin{bmatrix} -\dfrac{k_1}{2A_1\sqrt{x_1^*}} & 0 \\ \dfrac{k_1}{2A_2\sqrt{x_1^*}} & -\dfrac{k_2}{2A_2\sqrt{x_2^*}} \end{bmatrix}, \quad \vec{b} = \begin{bmatrix} \dfrac{1}{A_1} \\ 0 \end{bmatrix} \qquad ③$$

$$\vec{c} = [\,0 \quad 1\,], \quad d = 0$$

[그림 2.7]의 수조에서 $k_1 = 1.8, k_2 = 1.2, A_1 = 1, A_2 = 1$로 두고 크기 0.5인 일정한 양의 물이 수조 1의 입력으로 인가되었을 경우(즉 $u = 0.5$) 비선형 상태방정식 ②의 응답을 나타낸 것이 [그림 2.36]이다. 그림에서 보는 비와 같이 이 시스템은 약 4초가 경과한 뒤 두 개의 수조는 적절한 높이 $(x_1 = 0.0772, x_2 = 0.1736)$에서 평형을 유지하고 있다. 여기서 $t = 5.4[s]$에서의 평형상태를 기준으로 ②를 선형화하여 얻은 상태방정식 ③을 이용하여 시간 $5.2 \le t \le 5.6$의 구간에서 계산하여 얻은 출력 $x_2(t)$를 역시 [그림 2.36]에 표시하였다. 이로부터 $t = 5.4$에서의 상태, 즉 평형상태 (x_1^*, x_2^*)에서는 동일한 값을 보여 주고 있지만, 시간의 변동에 따른 실제값과의 상당한 크기의 오차가 존재한다는 것을 볼 수 있다.

%[예제 2.27]

```
syms k1 k2 x1 x2 u A1 A2                 % symbolic 변수의 정의
f1=(-k1*sqrt(x1)+u)/A1;                  % ②의 f1 의 정의
f2=(k1*sqrt(x1)-k2*sqrt(x2))/A2;         % ②의 f2 의 정의
```

24) 오른쪽 항에 $(1/A_1)$과 $(1/A_2)$글 곱한 것은 식 (2.20)에 의한 것이다

```
a11=diff(f1,'x1')                % ③의 A 의 a11 요소
a12=diff(f1,'x2')                % A 의 a12 요소
a21=diff(f2,'x1')                % A 의 a21 요소
a22=diff(f2,'x2')                % A 의 a22 요소
b1=diff(f1,'u')                  % ③의 b 의 b1 요소
b2=diff(f2,'u')                  % ③의 b 의 b2 요소
```

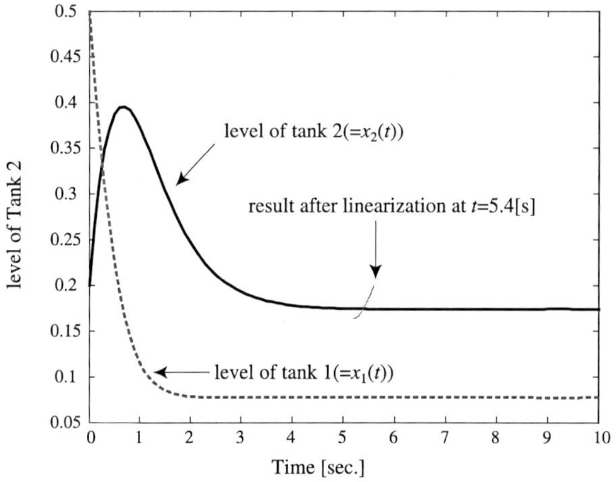

그림 2.36
[예제 2.27]의 결과

%[그림 2.36]

```
k1=1.8;k2=1.2;A1=1;A2=1;u=0.5;
tspan = 0:0.1:10;x0=[0.5 0.2]';
[t,x]=ode23('wtank',tspan,x0);
x1=x(:,1);x2=x(:,2);
plot(t,x2,t,x1,':')
xlabel(' Time [s] '),ylabel(' level of Tank 2')
hold on
plot(t(55),x2(55),'*')
%
A=[-k1/(2*A1*sqrt(x1(55))) 0;
    k1/(2*A2*sqrt(x1(55))) -k2/(2*A2*sqrt(x2(55)))];
B=[1/A1 0]';C=[0 1];D=0;
sys=ss(A,B,C,D);T=5.2:0.01:5.6;
u=ones(size(T)).*0.5;x0=[x1(55) x2(55)]';
[y,T,x]=lsim(sys,u,T,[x1(55)-0.01 x2(55)-0.01]');
plot(T,y,'r'),hold off
```

```
%
% 명령어 'ode23'의 실행을 위한 function 프로그램
% 이를 'wtank.m'의 파일명으로 저장한다
function xdot = wtank(t,x)
%
k1=1.8;k2=1.2;A1=1;A2=1;u=0.5;
xdot = [-k1/A1*sqrt(x(1))+1/A1*u; k1/A2*sqrt(x(1))-k2/A2*sqrt(x(2))];
```

앞으로 이 책에서 특별히 언급을 하지 않는 한, 적절한 평형값 근처에서 선형화하여 얻어진 선형시스템을 대상으로 한다. 따라서 입력, 출력, 상태변수는 각각의 평형값 $\{\vec{x}^*, u^*\}$를 중심으로 하는 미소한 변위 $\Delta\vec{x}$ 와 Δu 에 관한 것, 즉

$$\frac{d}{dt}\Delta\vec{x} = \boldsymbol{A}\,\Delta\vec{x}(t) + \vec{b}\,\Delta u(t) \tag{2.103a}$$

$$\Delta y(t) = \vec{c}\,\Delta\vec{x}(t) + d\,\Delta u(t) \tag{2.103b}$$

이지만, 식의 간단한 표현을 위하여 'Δ'를 생략하여 사용하기로 한다.

지금까지 취급한 예는 대부분 1개의 입력과 1개의 출력을 가지는 시스템이었으나, 제3장 이후에서는 특별히 입력과 출력의 개수에 제한을 두지 않는 일반적인 경우를 고려하기로 한다. 따라서 시스템은 $m, (\geq 1)$개의 입력과 $p, (\geq 1)$개의 출력을 가지는 것으로 가정하고 관련 이론을 전개하기로 한다. 이와 같은 경우 식 (2.103)의 상태방정식에서 $\vec{b}$는 $\boldsymbol{B}, (n \times m)$, $\vec{c}$는 $\boldsymbol{C}, (p \times n)$, 및 d는 $\boldsymbol{D}, (p \times m)$으로 되므로, 일반적인 경우에 대한 시스템의 상태방정식은

$$\frac{d}{dt}\vec{x} = \boldsymbol{A}\,\vec{x}(t) + \boldsymbol{B}\,\vec{u}(t) \tag{2.104a}$$

$$\vec{y}(t) = \boldsymbol{C}\vec{x}(t) + \boldsymbol{D}\,\vec{u}(t) \tag{2.104b}$$

로 주어지는 것으로 한다.

2.6 모델의 불확실성

모델이란 주어진 입력변수의 시간적인 변화에 따른 출력변수의 움직임을 예측하기 위하여 도입된 하나의 추상물체이다. '모델'이 정확한지 어떤지를 이야기한다는 것은 부적절한 표현이다. 왜냐하면 모델이 할 수 있는 단 하나의 기능은 실제 시스템의 움직임을 예

측하는 데 있기 때문이다. 이것은 결국 제어시스템의 주된 목적이 바람직한 출력을 얻을 수 있도록 제어입력을 만들어 내는 것에 있다는 것을 생각하면 제어기의 설계과정은 설계자가 구한 모델의 예측 능력에 크게 의존하고 있음을 의미하고 있다.

설계한 제어시스템으로 달성 가능한 성능은 부분적으로 모델의 품질에 크게 의존한다. 따라서 요구조건이 엄격하면 할수록 더 나은(정확한) 모델이 반드시 필요하게 된다. 이것은 결국 모델자체의 복잡성으로 이어지게 될 것이다. 예를 들어 물리적인 저항체를 간단히 표시하면 상수(저항값)로 표시할 수 있다. 그러나 높은 주파수대역에서는 이와 같은 단순 모델로서는 부족하며 커패시터, 인덕터와 비선형성 등이 필요하게 될 것이다. 또한 복잡한 모델은 당연히 설계에 소요되는 시간과 실험작업 등에 요구되는 기간이 길어지게 되며 이것은 결국 원가의 상승으로 이어지게 됨은 말할 필요도 없을 것이다. 그러므로 성능에서 요구되는 것보다 더 복잡한 모델을 사용하지 않는 것이 모델링 작업시 기본이 된다. 다시 말하면 이것은 제어시스템의 설계단계에서 모델의 예측특성의 부정확성을 고려해야 할 필요가 있다는 것을 의미하고 있다.

이와 같은 모델의 불확실성(uncertainty)은 주로 비선형시스템을 선형화하는 과정에서 발생하기도 하고, 또는 어떤 특정한 동작점에서 구한 모델에 대해 설계한 시스템에 있어서 그 동작점의 변경이 있었을 경우 역시 모델의 불확실성으로 간주할 수 있다.

수식모델이 반드시 가지는 이러한 불확실한 영역을 때때로 모델의 각 변수에 있어서의 변화로서 나타낼 수 있는데 이것을 파라미터의 불확실성(parametric uncertainty)이라고 부른다. 모든 모델은 질량, 스프링상수 등과 같은 파라미터를 가지고 있는데 이러한 변수들은 어떤 일정한 크기의 허용오차를 가지고 있는 것으로 알려져 있다. 이 허용오차를 실제와의 불확실성으로 볼 수 있다.

또한 일부의 불확실성은 간략한 모델을 구하는 과정에서도 발생한다. 예를 들어 로봇유압시스템의 오일압축계수에 기인하는 매니퓰레이터의 진동은 사실상 무한차원이나 이것을 유한차원으로 모델링하는 과정에서 위와 같은 불확실성이 발생한다. 이와 같은 불확실한 모델에 대해 주어진 제어성능을 만족하는 강인한(robust) 제어기를 설계하기 위해서 여러 가지 요구조건들이 존재하지만 그 중 가장 중요한 것은 어떻게 하여 (혹은 어떤 과정을 거쳐서) 불확실영역을 가능한 한 정확하게 표현할 것인가 하는 점이다. 이 과정에서 공학적인 판단과 경험은 이러한 오차에 대한 대략적인 범위를 추정하는 데 상당한 도움이 된다.

연 습 문 제

2.1 (a) 아래 [그림 P2.1(a)]와 같은 전기회로의 상태방정식을 구하고 이것과 상사인 기계시스템을 나타내 보라.

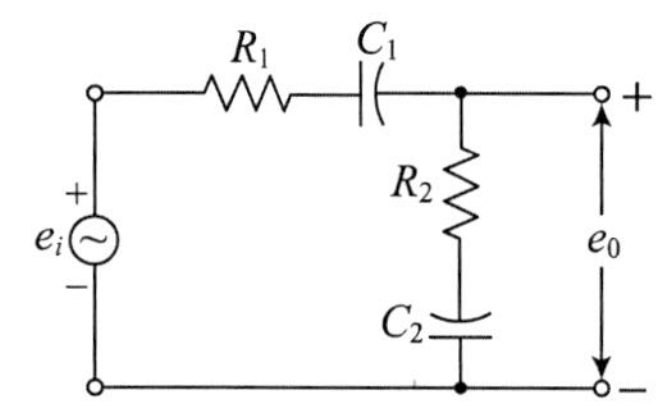

그림 P2.1(a)

(b) [그림 P2.1(b)]로 주어진 기계시스템의 상태방정식을 유도하고 이것과 상사인 전기회로를 나타내어 보라.

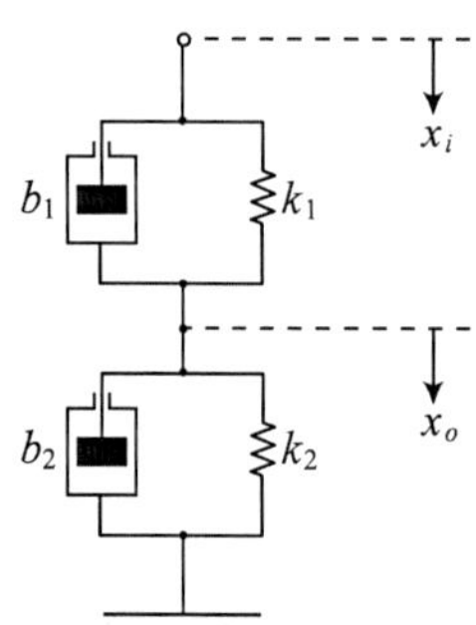

그림 P2.1(b)

2.2 다음 [그림 P2.2]와 같이 주어진 전기회로에 대해 키르히호프의 법칙을 사용하여 상태방정식을 유도하라.

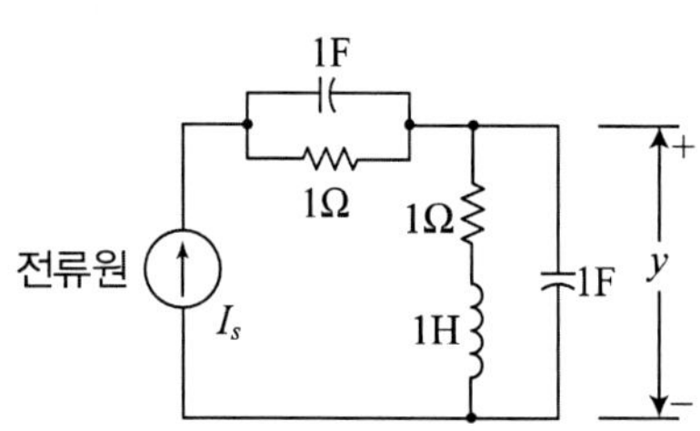

(a)

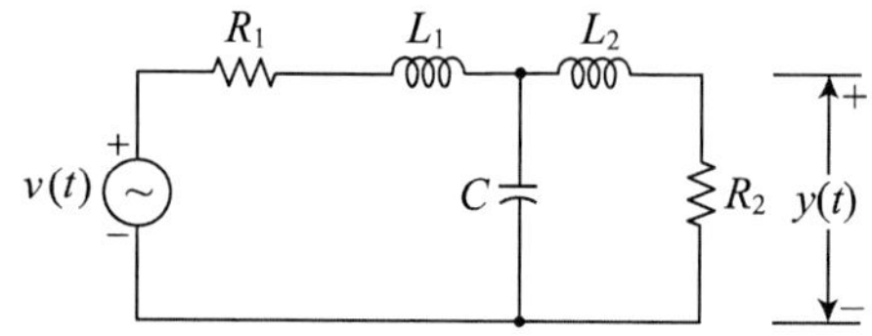

(b)

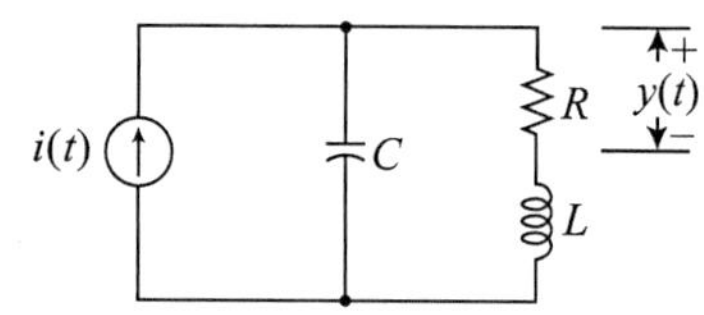

(c)

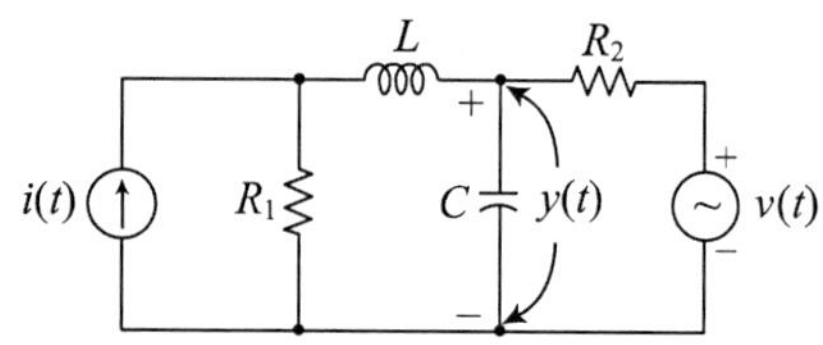

(d)

그림 P2.2

2.3 [그림 P2.3]은 주로 기계적인 진동을 제어하기 위한 간단한 진동 흡수기를 나타내고 있다. 상대적으로 작은 크기의 질량 m_2가 스프링 k_2를 통해서 주 질량 m_1에 부착되어 있다. 일정한 주기를 가지는 정현파상의 힘 f가 인가되면 질량 m_2와 k_2는 주 질량 m_1이 진동하지 않도록 선정되어

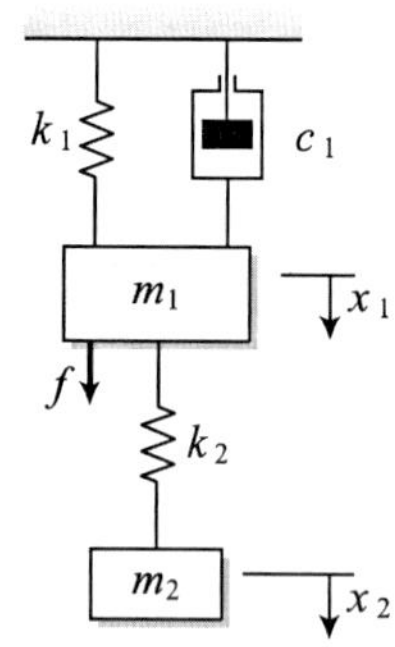

그림 P2.3

있다고 한다. 이때 시스템을 나타내는 미분방정식을 계산하고 이로부터 상태방정식을 유도하라.

2.4 [그림 P2.4]로 주어진 기계시스템에 대해 상태방정식 표현을 구하라. 단 u_1, u_2는 입력이며, y_1, y_2는 각각 질량 m_1과 m_2이 움직인 거리를 나타내는 것으로 이 시스템의 출력으로 한다.

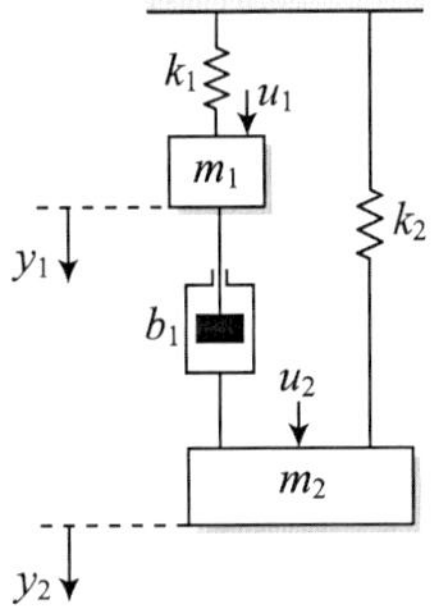

그림 P2.4

2.5 [그림 P2.5]와 같이 주어진 수조에 있어서 $\Delta x_1, \Delta x_2, \Delta x_3, \Delta u_1, \Delta u_2$는 각각 시스템의 평형상태로부터 미소변화된 양을 나타내고 있으며, 또한 각 배출구에서의 유체저항 역시 전 시스템의 평형상태를 기준으로 하여 계산된 것으로 가정한다. 이때 이 시스템에 대한 상태방정식을 구하라. 단 A_1, A_2 및 A_3는 각 수조의 단면적으로 한다.

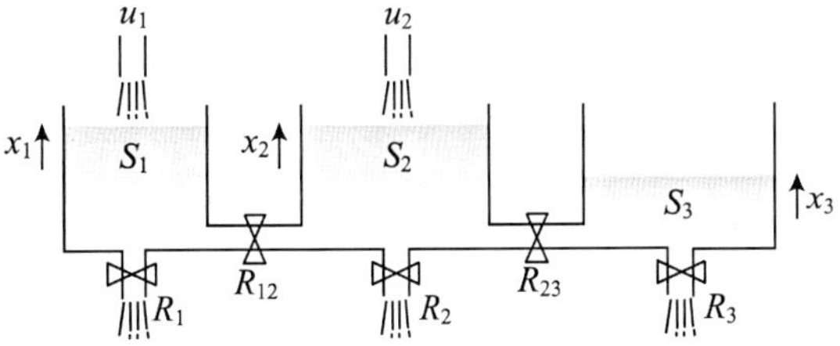

그림 P2.5

2.6 [그림 P2.6]은 기차의 움직임을 간략하게 나타낸 시스템이다. 여기서 힘 F를 입력, 차량 m_3가 움직인 거리를 나타내는 y를 출력으로 하는 상태방정식을 유도하라.

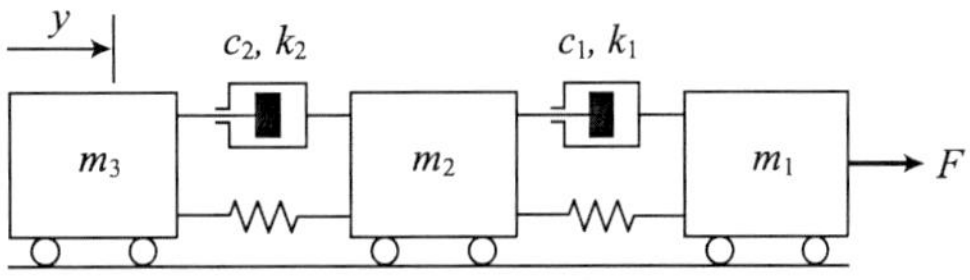

그림 P2.6

2.7 [그림 P2.7]과 같은 기계시스템에 대한 상태방정식을 유도하라. 단 출력으로서는 질량 m의 변위 y를 취한다. 스프링 k_2에 달려있는 판자의 무게는 무시한다.

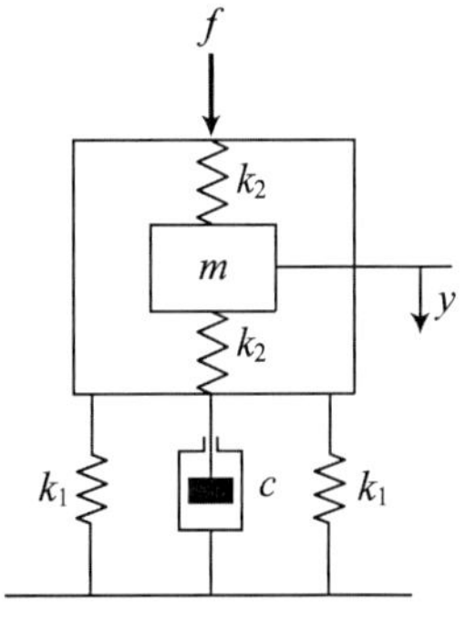

그림 P2.7

2.8 [그림 P2.8]에 대한 선형화된 상태방정식을 구하라. 단 h_1과 h_2는 (평형상태로부터의)수위, q_1과 q_2는 (평형상태에서의) 유입수량, A_1과 A_2는 각 수조의 단면적

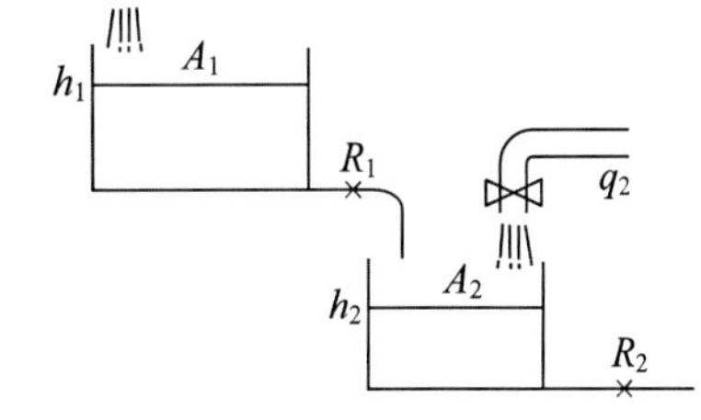

그림 P2.8

및 R_1과 R_2는 역시 평형상태에서 계산된 각 배출구의 유체저항을 나타내고 있다. 단 출력으로는 두 번째 수조의 수위 h_2로 한다.

2.9 일반적으로 시스템은 몇 개의 부시스템이 여러 가지 형태로서 연결되어 있는 경우가 많다. 그중 [그림 P2.9(a)~(c)]와 같은 3가지 형태가 가장 일반적으로 사용되고 있다. 이때 각각의 블록 A_1과 A_2가 다음과 같은 상태방정식으로 표현되어 있다고 가정한다.

$$A_1 : \begin{cases} \dot{\vec{x}}_1 = \boldsymbol{A}_1 \vec{x}_1 + \boldsymbol{B}_1 \vec{b}_1 \\ \vec{y}_1 = \boldsymbol{C}_1 \vec{x}_1 + \boldsymbol{D}_1 \vec{u}_1 \end{cases}$$

$$A_2 : \begin{cases} \dot{\vec{x}}_2 = \boldsymbol{A}_2 \vec{x}_2 + \boldsymbol{B}_2 \vec{b}_2 \\ \vec{y}_2 = \boldsymbol{C}_2 \vec{x}_2 + \boldsymbol{D}_2 \vec{u}_2 \end{cases}$$

이 경우 각 결합 시스템의 상태방정식을 시스템의 입력 $\vec{u}$, 출력 $\vec{y}$ 및 상태 $\vec{x} = \begin{bmatrix} \vec{x}_1 \\ \vec{x}_2 \end{bmatrix}$를 이용하여 나타내어 보라.

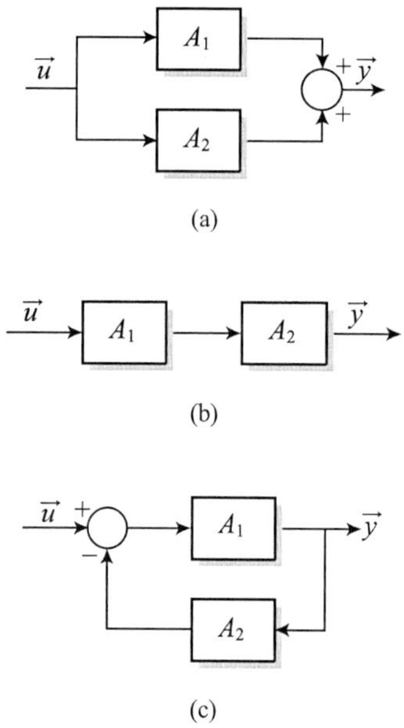

그림 P2.9 (a) ~ (c)

제 3 장 상태방정식의 해와 시스템의 안정성

제2장에서 물리시스템의 수식모델을 나타내는 하나의 방법으로 상태방정식을 도입하였다. 이것은 간단한 1계미분방정식의 형식으로 주어지지만, 변수와 계수가 벡터와 행렬로 주어지기 때문에 해를 구하기 위해서는 행렬에 관한 지식이 필요하다. 여기서는 행렬과 벡터공간에 관한 기초과정은 이수한 것으로 간주하고 설명한다.

3.1 시스템의 선형성

지금부터 특별히 언급하지 않으면 이론전개를 위한 제어대상은 선형시불변(linear time-invariant)이며, 동시에 n 개의 상태변수, m 개의 입력, 및 p 개의 출력을 가지는 것으로 한다. 이와 같은 시스템에 대한 상태방정식은 식 (2.88), 즉

$$\dot{\vec{x}}(t) = \boldsymbol{A}\vec{x}(t) + \boldsymbol{B}\vec{u}(t) \tag{3.1a}$$ [1]

$$\vec{y}(t) = \boldsymbol{C}\vec{x}(t) \tag{3.1b}$$

$$\{\vec{x}(t) : (n \times 1),\ \boldsymbol{A} : (n \times n),\ \boldsymbol{B} : (n \times m),\ \boldsymbol{C} : (p \times n)\}$$

로 주어진다. 단 입력은 직접적으로 출력에 영향을 미치지 않는 것으로 하여 $\boldsymbol{D} = 0$ 으로 두었다. 또한 상태방정식 (3.1)의 각 계수행렬의 요소는 실수라고 가정하며, 위 시스템의 초기상태는 $\vec{x}(0) = \vec{x}_o$ 로 표기한다.

식 (3.1)과 같은 1계미분방정식의 해를 구하기 위한 여러 방법이 제시되어 있으나, 여기서는 시스템이 선형으로 중첩의 원리가 성립한다는 사실을 이용하여 해를 두 부분, 즉 입력이 영(zero)인 경우와 시스템의 초기상태가 영인 경우로 나누어서 해를 구한 다음, 이로부

1) 벡터의 1계미분을 나타내는 방법으로, $\frac{d}{dt}\vec{x}(t)$, $\dot{\vec{x}}$, 및 $\vec{x}^{(1)}(t)$ 등이 있으나, 이후 벡터의 1계미분은 점(dot)를 사용하여 $\dot{\vec{x}}$ 로 표기하기로 한다.

터 최종해를 구하는 방법을 취하기로 한다[2].

❶ 영-입력 응답(zero-input response): $\vec{u}(t)=\vec{0},\ t\geq 0$ 이므로 식 (3.1)은

$$\dot{\vec{x}}_h(t)=\boldsymbol{A}\,\vec{x}_h(t) \tag{3.2}$$

$$\vec{y}_h(t)=\boldsymbol{C}\,\vec{x}_h(t)\,,\ \vec{x}_h(0)=\vec{x}_o$$

로 된다.

❷ 영-상태 응답[3](zero-state response): $\vec{u}(t)\neq\vec{0},\ \vec{x}_o=\vec{0}$ 이므로

$$\dot{\vec{x}}_p(t)=\boldsymbol{A}\,\vec{x}_p(t)+\boldsymbol{B}\,\vec{u}(t) \tag{3.3}$$

$$\vec{y}_p(t)=\boldsymbol{C}\,\vec{x}_p(t)$$

의 표현식을 얻는다.

여기서 위에서 언급한 영-입력과 영-상태인 시스템에서 선형성이 유지되는지의 여부를 먼저 확인하여 보자.

●● 영-입력의 선형성(zero-input linearity):

$\vec{x}_1(t),\ \vec{x}_2(t)$ 를 초기상태가 각각 $\vec{x}_1(0)=\vec{x}_{10}$ 와 $\vec{x}_2(0)=\vec{x}_{20}$ 로 주어졌을 경우의 영-입력응답이라고 한다. 이때 초기상태가 $\left(\alpha\,\vec{x}_{10}+\beta\,\vec{x}_{20}\right)$, (단 α,β는 정수)로 되었을 경우의 영-입력응답은 $\vec{x}(t)=\alpha\,\vec{x}_1(t)+\beta\,\vec{_2}(t)$로 주어진다. 이것을 증명하기 위해 식 (3.2)에 $\vec{x}(t)$ 를 대입해 보면

$$\begin{aligned}\dot{\vec{x}}(t)&=\alpha\,\dot{\vec{x}}_1(t)+\beta\dot{\vec{x}}_2(t)=\alpha\boldsymbol{A}\,\vec{x}_1(t)+\beta\boldsymbol{A}\,\vec{x}_2(t)\\&=\boldsymbol{A}\left(\alpha\,\vec{x}_1(t)+\beta\,\vec{x}_2(t)\right)=\boldsymbol{A}\,\vec{x}(t)\end{aligned}$$

로 되어 $\vec{x}(t)$는 영-입력 미분방정식의 해가 된다. 또한

$$\vec{x}(0)=\alpha\,\vec{x}_1(0)+\beta\,\vec{x}_2(0)=\alpha\,\vec{x}_{10}+\beta\,\vec{x}_{20}$$

이므로 $\vec{x}(t)$는 요구되는 초기상태를 가지고 있음을 알 수 있다. 따라서 해의 유일성(uniqueness)의 조건으로부터 $\vec{x}(t)$는 초기상태 $\left(\alpha\,\vec{x}_{10}+\beta\,\vec{x}_{20}\right)$에 대한 유일한 해이므로

2) 이 방법은 비제차미분방정식의 해를 구하는 경우에 일반적으로 사용되는 방법이다.
3) 미분방정식에서 사용되는 표현에 의하면, 외부입력이 영이고 초기값이 영이 아닌 경우의 해를 제차해(homogenous solution), 반대로 초기값이 영이며 외부입력이 영이 아닌 경우의 해를 특수해(particular solution)라고 각각 부르고 있다.

영-입력의 선형성이 확인되었다.

영-상태의 선형성(zero-state linearity):

$\vec{x}_1(t)$을 입력 $\vec{u}_1(t)$에 대한 응답, $\vec{x}_2(t)$를 $\vec{u}_2(t)$에 대한 응답이라 하자. 이 때 입력 $\{\alpha\vec{u}_1(t)+\beta\vec{u}_2(t)\}$에 대한 영-상태응답은 $\vec{x}(t)=\alpha\vec{x}_1(t)+\beta\vec{x}_2(t)$로 주어진다. 이 역시 위의 식 (3.3)에 $\vec{x}(t)$를 대입하면

$$
\begin{aligned}
\dot{\vec{x}}(t) &= \alpha\dot{\vec{x}}_1(t)+\beta\dot{\vec{x}}_2(t) = \alpha\left(\boldsymbol{A}\vec{x}_1(t)+\boldsymbol{B}\vec{u}_1(t)\right)+\beta\left(\boldsymbol{A}\vec{x}_2(t)+\boldsymbol{B}\vec{u}_2(t)\right) \\
&= \boldsymbol{A}\left(\alpha\vec{x}_1(t)+\beta\vec{x}_2(t)\right)+\boldsymbol{B}\left(\alpha\vec{u}_1(t)+\beta\vec{u}_2(t)\right) \\
&= \boldsymbol{A}\vec{x}(t)+\boldsymbol{B}\left(\alpha\vec{u}_1(t)+\beta\vec{u}_2(t)\right)
\end{aligned}
$$

로 되어 $\vec{x}(t)$는 입력 $\{\alpha\vec{u}_1(t)+\beta\vec{u}_2(t)\}$에 대한 해로 된다. 또한

$$\vec{x}(0)=\alpha\vec{x}_1(0)+\beta\vec{x}_2(0)=\vec{0}$$

이므로 $\vec{x}(t)$는 영-상태 시스템의 해로 되어 선형성이 확인되었다.

가법성(Additivity):

미분방정식 (3.1)의 완전한 해는 영-입력과 영-상태응답의 해를 더한 것으로 된다. 이것은 $\{\vec{x}_h(t)+\vec{x}_p(t)\}$를 식 (3.1)에 대입하여 식 (3.2), (3.3)을 적용하면 쉽게 확인할 수 있다.

따라서 식 (3.1)의 해를 구하는 과정은 영-입력응답과 영-상태응답을 별도로 계산하여 더하면 완전한 해를 얻을 수 있다. 이하 이 원칙에 따라 식 (3.1)의 해를 구해보기로 한다.

3.1.1 선형시스템의 시간응답

시스템 자체가 가지는 어떤 초기상태 값에 의하거나, 또는 계단신호나 정현파 등과 같은 기본적인 신호를 외부입력 $\vec{u}(t)$로서 인가하였을 경우, 이로 인해 시스템의 내부 상태 $\vec{x}(t)$가 변동하고 그 결과 출력 $\vec{y}(t)$에 변화가 발생한다. 이를 시스템의 시간응답이라고 하며, 이것은 시스템의 선형성을 이용하여 계산할 수 있다. 식 (3.1)과 같은 상태공간으로 표현된 선형시스템의 시간응답을 계산하기 위해서는 천이행렬로 불리는 행렬 지수함수가 중요한 역할을 한다.

시스템의 선형성을 이용하여 식 (3.1)의 시스템에 임의의 입력 $\vec{u}(t)$가 인가되었을 경우, 이에 의한 상태 $\vec{x}(t)$와 출력 $\vec{y}(t)$를 계산하는 방법을 다음 절에서 알아본다.

3.2 영-입력 시스템의 응답

A. 하나의 상태변수만을 가지는 경우 ($n=1$인 경우)

먼저 시스템의 입력을 영으로 하였을 경우, 즉 영-입력 응답(zero-input response)을 확인하여 보기로 한다. 여기서는 우선 시스템이 하나의 상태를 가지는 경우에 대하여 알아본다.

$n=1$이므로 상태방정식의 모든 변수는 스칼라, 즉 $\boldsymbol{A}=a, \boldsymbol{B}=b, \boldsymbol{C}=c, \vec{x}=x, \vec{y}=y$ 및 $\vec{u}=u$ 로 되므로 식 (3.1)은

$$\dot{x}(t)=ax(t)+bu(t) \tag{3.4a}$$

$$y(t)=cx(t) \tag{3.4b}$$

인 1차 시스템으로 된다. 식 (3.4a)의 양변을 라플라스변환 하여 입력 $u(s)$와 상태 $x(s)$ 사이의 전달함수를 계산하면 다음을 얻는다.

$$x(s)=\frac{1}{s-a}x_0+\frac{b}{s-a}u(s) \tag{3.5}$$

단 x_0는 식 (3.4)의 상태변수 $x(t)$의 초기값이다. 여기서 $u(t)=0$로 두고 식 (3.5)의 양변을 라플라스 역변환하면

$$x(t)=e^{at}x_0,\ (t\geq 0) \tag{3.6}$$

을 얻는다. 실제로 식 (3.6)의 양변을 미분하면

$$\dot{x}(t)=\frac{d}{dt}e^{at}x_0=ae^{at}x_0=ax(t)$$

로 되어 식 (3.6)은 식 (3.4a)의 해로 됨을 알 수 있다. 따라서 1차 시스템 식 (3.4)의 영-입력 응답은

$$y(t)=cx(t)=ce^{at}x_0,\ (t\geq 0) \tag{3.7}$$

로 되며 $a<0$인 경우에 한하여 $t\to\infty$에서 $y(t)\to 0$으로 수렴한다.

예제 3.1

[그림 3.1]의 RC 회로에서 커패시터 C의 충전(또는 방전)에 대하여 생각하여 보자.

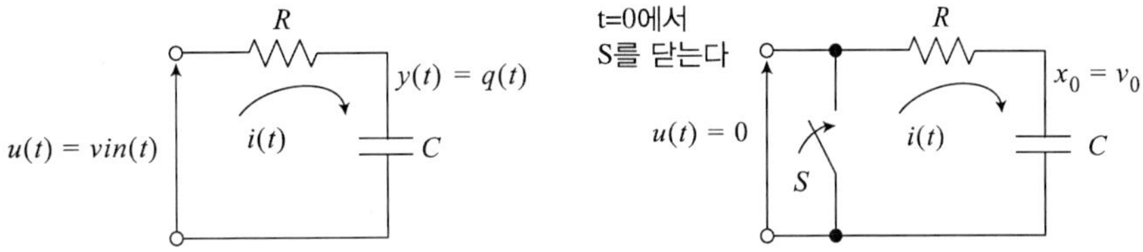

그림 3.1

해 먼저 RC 회로에 대한 상태방정식을 구하여 보자. [그림 3.1(a)]의 저항 R에 흐르는 전류는 식 (2.33a)에 의해 $i(t)= C(dv_c/dt)$이므로 회로방정식은

$$v_{in}(t)= RC\frac{dv_c(t)}{dt}+v_c(t) \quad ①$$

이다. 여기서 상태변수로 $v_c(t)= x(t)$로 취하고 $u(t)= v_{in}(t)$로 두면 ①로부터 다음의 상태방정식을 얻는다.

$$\frac{dx(t)}{dt}= -\frac{1}{RC}x(t)+\frac{1}{RC}u(t),\ y(t)= x(t) \quad ②$$

다음, 입력전압을 영으로 만들기 위해 [그림 3.1(b)]와 같이 구성하고 스위치 S를 닫는다. 이 경우 S를 닫기 전에 C는 v_0[v]로 충전되어 있는 것으로 가정한다(즉 $x_0 = v_0$이다). ②에서 $u(t)= 0$로 두고 해를 구하면

$$x(t)= e^{-\frac{1}{RC}t}x_0,\ (t \geq 0) \quad ③$$

로 된다. [그림 3.2]로부터 알 수 있는 바와 같이 C의 전압은 $x(\infty)= \lim_{t\to\infty} x(t)= 0$로 수렴한다. 여기서 $T= RC$로 두면

$$x(T)= e^{-\frac{1}{T}T}x_0 = \frac{1}{e}x_0 \approx 0.368x_0 \quad ④$$

$$\dot{x}(t)= -\frac{x_0}{T}e^{-\frac{1}{T}t} \ \rightarrow\ \dot{x}(0)= -\frac{1}{T}x_0 \quad ⑤$$

로 되므로, 시간 $T= RC$는 영-입력응답에 있어서

- 초기값 x_0의 약 36.8%에 이르기까지의 시간 (← ④)
- $t = 0$에서의 접선이 시간축과 만나는 시간 (← ⑤)

을 의미한다. 이러한 의미에서 T를 시정수(time constant)라고 하며, 응답의 속응성에 관한 파라미터이다. 따라서 저항 R이나 커패시터 C의 값이 크게 감에 따라서 초기전압의 방전은 늦어진다.

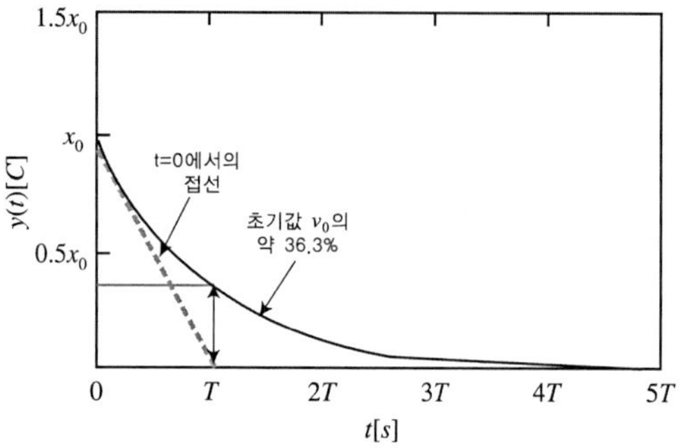

그림 3.2
RC 회로의 방전
(영-입력 응답)

B. 하나 이상의 상태변수를 가지는 경우 (즉 $n \geq 1$인 경우)

여기서는 상태변수와 입출력이 하나 이상인 일반적인 경우의 영-입력응답을 계산하여 보자. 다시 말하면 다음과 같은 입력이 영(즉 $\vec{u}(t)=\vec{0}$)이며 초기상태가 $\vec{x}_0, (\neq \vec{0})$로 주어진 1계미분방정식의 해를 구하는 과정을 생각해 본다.

$$\dot{\vec{x}}(t) = \boldsymbol{A}\,\vec{x}(t) \tag{3.8}$$ [4]

$n=1$인 경우의 해인 식 (3.6)으로부터 추정할 수 있는 바와 같이, 식 (3.8)의 해도 지수함수(exponential function)와 관련이 있을 것으로 생각된다. 그러나 $n \geq 1$인 경우 스칼라 a는 크기 $(n \times n)$인 행렬 $\boldsymbol{A}$로 되므로 해에 포함되는 지수함수도 스칼라인 e^{at}에서 $(n \times n)$ 크기의 행렬 $e^{\boldsymbol{A}t}$로 바뀌어야 될 것으로 예상된다[5]. 이러한 예상 아래 식 (3.8)의 해를 구하여 본다.

3.2.1 상태천이행렬

식 (3.8)의 양변을 시간 t로 미분하면

$$\ddot{\vec{x}}(t) = \boldsymbol{A}\,\dot{\vec{x}}(t) = \boldsymbol{A}^2\,\vec{x}(t)$$

로 되며 이런 과정을 k번 반복하면 다음으로 됨을 쉽게 확인할 수 있다.

$$\begin{aligned}\vec{x}^{(3)}(t) &= \boldsymbol{A}^2\,\dot{\vec{x}}(t) = \boldsymbol{A}^3\,\vec{x}(t) \\ &\vdots \\ \vec{x}^{(k)}(t) &= \boldsymbol{A}^k\,\vec{x}(t)\end{aligned} \tag{3.9}$$

4) 입력이 인가되지 않았다는 의미에서 식 (3.8)을 자유 시스템(free system)이라고도 한다.

5) 이는 $n \geq 1$인 경우 식 (3.6)은 $\vec{x}(t)=e^{\boldsymbol{A}t}\,\vec{x}_0$로 되어, 벡터와 행렬의 곱셈이 성립하기 위한 조건을 생각하여 보면 당연한 것이다.

위 식에서 $t=0$ 을 대입하면

$$\vec{x}^{(k)}(0) = \boldsymbol{A}^k \vec{x}(0) \tag{3.10}$$

로 된다. 식 (3.10)은 $\vec{x}^{(k)}(0)$, 즉 상태벡터 $\vec{x}(t)$ 의 시각 $t=0$ 에서의 k 계미분이 모든 k 에 대해 존재한다는 것을 의미하고 있다. 이 사실로부터 벡터 $\vec{x}(t)$ 의 모든 요소는 시간 t 에 대해 해석함수[6]로 되어, 미분방정식 (3.8)의 해 $\vec{x}(t)$ 는 시각 $t=0$ 근방에서 테일러전개가 가능하며, 이는 테일러전개공식에 의해

$$\begin{aligned}\vec{x}(t) &= \vec{x}(0) + \dot{\vec{x}}(0)t + \frac{1}{2!}\vec{x}^{(2)}(0)t^2 + \cdots + \frac{1}{k!}\vec{x}^{(k)}(0)t^k + \cdots \\ &= \vec{x}(0) + \boldsymbol{A}\vec{x}(0)t + \frac{1}{2!}\boldsymbol{A}^2\vec{x}(0)t^2 + \cdots + \frac{1}{k!}\boldsymbol{A}^k\vec{x}(0)t^k + \cdots \\ &= \left(\boldsymbol{I} + \boldsymbol{A}t + \frac{1}{2!}\boldsymbol{A}^2 t^2 + \cdots + \frac{1}{k!}\boldsymbol{A}^k t^k + \cdots\right)\vec{x}(0)\end{aligned} \tag{3.11}$$ [7]

와 같이 표현된다. 특히 괄호 안의 부분은 유한한 시간 t 에 대해 수렴한다는 것을 증명할 수 있다[8]. 식 (3.11)은 상태벡터 $\vec{x}(t)$ 가 $t=0$ 에서의 값 $\vec{x}(0)$ 에서 출발하여 시간이 경과함에 따라 어떻게 변화해 가는 가를 나타내고 있는 것으로 해석할 수 있다. 이러한 의미에서 식 (3.11)의 괄호부분을 '상태천이행렬(state transition matrix)'이라고 하며 다음과 같이 정의된다.

$$e^{\boldsymbol{A}t} = \boldsymbol{I} + \boldsymbol{A}t + \frac{1}{2!}\boldsymbol{A}^2 t^2 + \cdots + \frac{1}{k!}\boldsymbol{A}^k t^k + \cdots \tag{3.12}$$ [9]

위 식에서 알 수 있는 바와 같이 $e^{\boldsymbol{A}t}$ 는 크기가 $(n \times n)$인 행렬이며, 임의의 초기벡터 $\vec{x}(0)$ 에서 t 시간 경과 후의 상태를 나타내는 벡터 $\vec{x}(t)$ 로 변환시키는 작용을 하는 것으로 볼 수 있다. 이러한 변환은 경과시간 t, 즉 초기시간과 최종시간과의 차이에만 의존한다. 예를 들어 임의의 시각 $t=t_1, (t_1>0)$ 에서의 상태는 $\vec{x}(t_1) = e^{\boldsymbol{A}t_1}\vec{x}(0)$ 으로 주어된다. 이러한 사실로 부터 식 (3.11), 즉 $\vec{x}_h(t) = e^{\boldsymbol{A}t} \cdot \vec{x}(0)$ 는 영-입력인 상태방정식 $\dot{\vec{x}}(t) = \boldsymbol{A}\vec{x}(t)$ 의 해로 됨을 알 수 있다. 또한 상태천이 행렬의 성질을 이용하면 임의 시각 $t=t_1$에서의 상태 $\vec{x}(t_1)$을 어렵지 않게 계산할 수 있다. 즉 반복계산을 위한 적당한 간격 Δ 를 설정해 두면[10] $t=t_1$ 에서의 상태는 $t_1 = k\Delta$ 로 나타낼 수 있으므로, $\vec{x}(t_1)$ 은

6) 어떤 영역에서 함수의 미분값이 존재하는 경우, 이 함수는 주어진 영역에서 해석적이라고 한다.
7) $\vec{x}^{(k)}(0)$ 은 $\vec{x}(t)$ 를 시간 t 로 k계미분한 뒤 $t=0$ 를 대입하여 얻어진 값을 의미한다.
8) 식 (3.8)의 자유시스템이 안정한 경우에 가능하다.
9) 행렬지수함수 $e^{\boldsymbol{A}t}$를 시각 $t=0$ 근방에서 테일러급수전개하면 상태천이행렬이 얻어진다는 것을 의미한다.
10) 모든 시각 $t, (>0)$에 대하여 $\vec{x}(t)$ 를 계산하기 위해서는 가능한 한 간격 Δ를 작게 설정해 두는 것이 바

$$\vec{x}(\Delta)=e^{\boldsymbol{A}\Delta}\vec{x}(0) \tag{3.13}$$

$$\vec{x}(2\Delta)=e^{\boldsymbol{A}\Delta}\vec{x}(\Delta)$$

$$\vdots$$

$$\vec{x}(k\Delta)=e^{\boldsymbol{A}\Delta}\vec{x}(\Delta\cdot(k-1))=\vec{x}(t_1)$$

과 같이 계산가능하다. 위 식에서 $e^{\boldsymbol{A}\Delta}$를 미리 계산해 두었다면 식 (3.13)의 계산은 이것의 반복적인 사용으로 쉽게 수행할 수 있을 것이다.

[표 3.1]에 상태천이행렬이 가지는 몇 가지 중요한 성질을 정리하였다.

[표 3.1] 상태천이행렬의 특성

	특 성	표 현 식
(1)	정적상태(stationary)	$e^{\boldsymbol{A}(t_o-t_o)}=\boldsymbol{I}$
(2)	$\boldsymbol{A}$와의 가환	$\boldsymbol{A}\,e^{\boldsymbol{A}(t-t_o)}=e^{\boldsymbol{A}(t-t_o)}\boldsymbol{A}$
(3)	t의 미분	$\frac{d}{dt}\left[e^{\boldsymbol{A}(t-t_o)}\right]=e^{\boldsymbol{A}(t-t_o)}\boldsymbol{A}$
(4)	가역성	$\left[e^{\boldsymbol{A}(t-t_o)}\right]^{-1}=e^{\boldsymbol{A}(t_o-t)}$
(5)	천이의 분할	$e^{\boldsymbol{A}(t-t_1)}e^{\boldsymbol{A}(t_1-t_o)}=e^{\boldsymbol{A}(t-t_o)}$ $(t_o\le t_1<t)$
(6)	전치(transpose)	$\left[e^{\boldsymbol{A}(t-t_o)}\right]^T=e^{\boldsymbol{A}^T(t-t_o)}$

특성 (4)에 의해 상태천이행렬은 항상 역행렬이 존재하며 이것을 이용하면 과거의 상태를 계산할 수 있다는 것을 알 수 있다.

3.2.2 상태천이행렬의 계산법

여기서는 상태방정식의 해석에서 빼놓을 수 없는 상태천이행렬을 계산하는 방법 몇 가지를 소개한다.

❶ 상태천이행렬의 정의식 (3.12)를 이용하는 방법:

$$e^{\boldsymbol{A}t}=\boldsymbol{I}+\boldsymbol{A}t+\frac{1}{2!}\boldsymbol{A}^2t^2+\cdots+\frac{1}{n!}\boldsymbol{A}^n t^n+\cdots \tag{3.14}$$

람직 하지만, 대신 계산양이 늘어나게 될 것이다.

을 직접적인 계산에 의해 수행한다. 이 방법은 주로 계산기로서 $e^{\boldsymbol{A}t}$의 근사값[11])을 얻고자 하는 경우에 사용되며, 이것의 효율적이며 정확한 계산을 위한 많은 알고리즘이 개발되어 있다.

❷ 라플라스역변환에 의한 방법:
다음 절에서 설명하지만 상태천이행렬은 다음과 같이 라플라스역변환을 이용하여 나타낼 수 있다. 즉

$$e^{\boldsymbol{A}t} = \mathcal{L}^{-1}\left[(s\boldsymbol{I}-\boldsymbol{A})^{-1}\right] \tag{3.15}$$

이다. 단 $\mathcal{L}^{-1}$은 행렬 $(s\boldsymbol{I}-\boldsymbol{A})^{-1}$의 모든 요소에 대하여 수행한다. 이 방법은 행렬 $\boldsymbol{A}$의 차원이 낮아 컴퓨터를 이용하지 않고 직접 계산하고자 하는 경우에 주로 사용된다.

❸ 대각변환을 이용하는 방법:
크기 $(n\times n)$인 행렬 $\boldsymbol{A}$의 완전대각화가 가능하다면 적절한 대각변환행렬 $\boldsymbol{T}$에 의해

$$\Lambda = \boldsymbol{T}^{-1}\boldsymbol{A}\boldsymbol{T} = \begin{bmatrix} \lambda_1 & 0 & \cdots & 0 \\ 0 & \lambda_2 & \cdots & 0 \\ \vdots & & \ddots & \vdots \\ 0 & 0 & \cdots & \lambda_n \end{bmatrix} \tag{3.16}$$ [12]

와 같이 변환된다. 여기서 $\lambda_i, (i=1,\cdots,n)$은 행렬 $\boldsymbol{A}$의 고유값(eigenvalue)이다. 위 관계는 상태천이행렬에도 적용 가능하므로

$$\boldsymbol{T}^{-1}e^{\boldsymbol{A}t}\boldsymbol{T} = e^{\Lambda t} \tag{3.17}$$

으로 된다. 식 (3.17)을 이용하면 상태천이행렬은

$$e^{\boldsymbol{A}t} = \boldsymbol{T}e^{\Lambda t}\boldsymbol{T}^{-1} = \boldsymbol{T}\begin{bmatrix} e^{\lambda_1 t} & 0 & \cdots & 0 \\ 0 & e^{\lambda_2 t} & \cdots & 0 \\ \vdots & & \ddots & \vdots \\ 0 & 0 & \cdots & e^{\lambda_n t} \end{bmatrix}\boldsymbol{T}^{-1} \tag{3.18}$$

로 되어 스칼라값인 $e^{\lambda_i t},(i=1,\cdots,n)$의 계산으로 $e^{\boldsymbol{A}t}$를 얻을 수 있다. 이 방법은 실제적인 계산보다는 이론적인 해석 등에 사용된다.

❹ 죠르단표준형을 이용하는 방법:
$\boldsymbol{A}$가 식 (3.16)과 같이 완전대각화가 불가능한 경우에는 이것과 유사한 모양의 죠르

---

11) 근사값이라고 하지만 식 (3.13)의 간격 Δ의 값에 따라 그 정도가 상당히 달라지며, 현재 대부분의 컴퓨터 simulation에 사용하고 있다.
12) 행렬의 변환 등과 관련된 내용은 부록이나 선형대수학의 교과서를 참고하기 바란다.

단형식으로 변환할 수 있다(부록참조). 즉 $\boldsymbol{T}$가 이를 위한 적절한 변환행렬이라면

$$\boldsymbol{J}=\boldsymbol{T}^{-1}\boldsymbol{A}\boldsymbol{T}=\begin{bmatrix} J_{k_1}(\lambda_1) & 0 & \cdots & 0 \\ 0 & J_{k_2}(\lambda_2) & \cdots & 0 \\ \vdots & & \ddots & \vdots \\ 0 & 0 & \cdots & J_{k_s}(\lambda_k) \end{bmatrix} \tag{3.19}$$

와 같은 블록대각행렬로 변환된다. 단 $k_1+k_2+\cdots+k_s=n$이며, $J_{k_i}(\lambda_i)$는 다음으로 정의되는 죠르단셀(Jordan cell)이다.

$$J_{k_i}(\lambda_i)=\begin{bmatrix} \lambda_i & 1 & 0 & \cdots & 0 \\ 0 & \lambda_i & 1 & \cdots & 0 \\ \vdots & & \ddots & \ddots & \vdots \\ 0 & 0 & \cdots & \lambda_i & 1 \\ 0 & 0 & 0 & \cdots & \lambda_i \end{bmatrix},\ (k_i\times k_i) \tag{3.20}$$

이때 식 (3.20)의 죠르단셀에 대하여

$$e^{J_{k_i}(\lambda_i)}=\begin{bmatrix} e^{\lambda_i t} & te^{\lambda_i t} & \cdots & \cdots & \frac{t^{k_i-1}}{(k_i-1)!}e^{\lambda_i t} \\ 0 & e^{\lambda_i t} & te^{\lambda_i t} & \cdots & \vdots \\ \vdots & \ddots & \ddots & \ddots & \vdots \\ \vdots & & \ddots & \ddots & te^{\lambda_i t} \\ 0 & \cdots & \cdots & 0 & e^{\lambda_i t} \end{bmatrix} \tag{3.21}$$

의 관계가 성립하기 때문에 식 (3.19)의 블록대각행렬에 대한 천이행렬은 식 (3.18)의 관계를 이용하면 다음과 같이 계산할 수 있다.

$$e^{\boldsymbol{J}t}=\mathrm{diag}\left[e^{J_{k_1}(\lambda_1)},\ e^{J_{k_2}(\lambda_2)},\ \cdots,\ e^{J_{k_s}(\lambda_s)}\right] \tag{3.22}$$

가 성립함을 알 수 있다. 따라서 식 (3.19)로부터

$$\boldsymbol{A}=\boldsymbol{T}\boldsymbol{J}\boldsymbol{T}^{-1} \tag{3.23}$$

가 얻어지고 이를 식 (3.19)에 적용하면 상태천이행렬은

$$e^{\boldsymbol{A}t}=\boldsymbol{T}e^{\boldsymbol{J}t}\boldsymbol{T}^{-1} \tag{3.24}$$

로 되기 때문에 $e^{\boldsymbol{J}t}$를 식 (3.22), (3.21)을 이용해서 계산하면 $e^{\boldsymbol{A}t}$를 얻을 수 있다.

예제 3.2

다음 행렬에 대한 상태천이행렬 $e^{\boldsymbol{A}t}$를 계산하여 보자.

$$\boldsymbol{A}=\begin{bmatrix} 0 & 1 \\ -2 & -3 \end{bmatrix} \qquad ①$$

해 먼저 라플라스역변환법 ❷를 이용하여 계산한다. 즉

$$(s\boldsymbol{I}-\boldsymbol{A})^{-1}=\begin{bmatrix} s & -1 \\ 2 & s+3 \end{bmatrix}^{-1}=\begin{bmatrix} \dfrac{s+3}{(s+1)(s+2)} & \dfrac{1}{(s+1)(s+2)} \\ \dfrac{-2}{(s+1)(s+2)} & \dfrac{s}{(s+1)(s+2)} \end{bmatrix}$$

$$=\begin{bmatrix} \dfrac{2}{s+1}-\dfrac{1}{s+2} & \dfrac{1}{s+1}-\dfrac{1}{s+2} \\ \dfrac{-2}{s+1}+\dfrac{2}{s+2} & \dfrac{-1}{s+1}+\dfrac{2}{s+2} \end{bmatrix}$$

로 된다. 따라서 이에 대한 라플라스역변환을 수행하면

$$e^{\boldsymbol{A}t}=\mathcal{L}^{-1}\left[(sI-A)^{-1}\right]=\begin{bmatrix} 2e^{-t}-e^{-2t} & e^{-t}-e^{-2t} \\ -2e^{-t}+2e^{-2t} & -e^{-t}+2e^{-2t} \end{bmatrix} \qquad ②$$

로 된다. 또한 대각변환법 ❸을 이용하기 위해 필요한 고유벡터는 행렬 ①이 가지는 두 개의 고유값 $\lambda_1=-1$, $\lambda_2=-2$에 대하여

$$(\lambda_i\boldsymbol{I}-\boldsymbol{A})\vec{v}_i=\vec{0},\ (i=1,2) \qquad ③$$

을 이용하여 얻은 두 개의 벡터 $\vec{v}_1, \vec{v}_2$로서 대각변환을 다음과 같이 구성한다(부록참조).

$$\boldsymbol{T}=[\vec{v}_1, \vec{v}_2]=\begin{bmatrix} 1 & 1 \\ -1 & -2 \end{bmatrix},\quad \boldsymbol{T}^{-1}=\begin{bmatrix} 2 & 1 \\ -1 & -1 \end{bmatrix}$$

이것을 식 (3.14)에 적용하면

$$e^{\boldsymbol{A}t}=\boldsymbol{T}\begin{bmatrix} e^{-t} & 0 \\ 0 & e^{-2t} \end{bmatrix}\boldsymbol{T}^{-1} \qquad ④$$

로 되므로 이것을 계산하면 ②와 동일한 결과로 됨을 쉽게 확인할 수 있다.

%[예제 3.2]

```
A=[0 1;-2 -3];                                    % ①의 입력
syms t s                                          % symbolic 변수로 t와 s를 지정
expm(t*A)                                         % 정의식 (3.14)에 의한 계산
%
fs11=(s+3)/(s+1)/(s+2);eAt11=ilaplace(fs11)   % ②의 a11 요소의 계산
fs12=1/(s+1)/(s+2));eAt12=ilaplace(fs12)      % ②의 a12 요소의 계산
fs21=-2/(s+1)/(s+2);eAt21=ilaplace(fs21)      % ②의 a21 요소의 계산
fs22=s/(s+1)/(s+2);eAt22=ilaplace(fs22)       % ②의 a22 요소의 계산
%
As=sym(A);                                        % 행렬 A를 symbolic 으로 지정
[V,D]=eig(As);                                    % 행렬 A의 고유값과 고유벡터의 계산
V\[exp(-t) 0;0 exp(-2*t)]*V                       % ④의 계산
```

➲ 프로그램에서 Symbolic Math Toolbox의 명령어 'ilaplace'을 이용하여 라플라스역변환을 수행하면 위 예제의 결과와는 다른 표현식이 얻어지지만 동일한 값을 가진다.

예제 3.3

다음 행렬의 상태천이행렬을 정의식을 이용하여 계한하여 보자.

$$\boldsymbol{A}=\begin{bmatrix} 0 & 1 \\ -1 & 0 \end{bmatrix}$$

해 정의식 (3.14)를 적용하면

$$e^{At}=\begin{bmatrix} 1 & 0 \\ 0 & 1 \end{bmatrix}+\begin{bmatrix} 0 & 1 \\ -1 & 0 \end{bmatrix}t+\begin{bmatrix} -1 & 0 \\ 0 & -1 \end{bmatrix}\frac{t^2}{2!}+\begin{bmatrix} 0 & -1 \\ 1 & 0 \end{bmatrix}\frac{t^3}{3!}+\cdots \quad ①$$

$$=\begin{bmatrix} 1-\frac{1}{2!}t^2+\frac{1}{4!}t^4-\cdots, & t-\frac{1}{3!}t^3+\frac{1}{5!}t^5-\cdots \\ -t+\frac{1}{3!}t^3-\frac{1}{5!}t^5+\cdots, & 1-\frac{1}{2!}t^2+\frac{1}{4!}t^4-\cdots \end{bmatrix}$$

$$=\begin{bmatrix} \cos t & \sin t \\ -\sin t & \cos t \end{bmatrix}$$

로 된다. 이 경우 물론 $\sin t$와 $\cos t$에 대한 테일러급수전개식에 대한 지식이 필요하다. ①을 라플라스역변환을 이용하여 확인하여 보자. 즉

$$(s\boldsymbol{I}-\boldsymbol{A})^{-1}=\begin{bmatrix} \frac{s}{s^2+1} & \frac{1}{s^2+1} \\ \frac{-1}{s^2+1} & \frac{s}{s^2+1} \end{bmatrix} \quad ②$$

로 되기 때문에 이를 역변환하면 ①이 얻어짐을 쉽게 확인할 수 있다.

%[예제 3.3]

```
syms t
A=sym([0 1;-1 0]);           % 행렬 A를 symbolic으로 지정
expm(A*t)                    % ①의 계산
%
taylor(cos(t),8)             % cos(t)의 테일러전개
taylor(sin(t),8)             % sin(t)의 테일러전개
```

예제 3.4

다음과 같이 크기가 (4×4)인 행렬에 대한 $e^{\boldsymbol{A}t}$를 죠르단표준형을 이용하여 계산하여 보자.

$$\boldsymbol{A}=\begin{bmatrix} 0 & 1 & 0 & 1 \\ 0 & -1 & 0 & 0 \\ 0 & 0 & 0 & 1 \\ 0 & 0 & -1 & -2 \end{bmatrix} \quad ①$$

해 먼저 위 행렬에 대한 고유값을 계산하여 보자. 이는

$$|s\boldsymbol{I}-\boldsymbol{A}|=(s+1)^3 s=0 \quad ②$$

로 되어 $\lambda_1=-1$에서 3중근을, $\lambda_2=0$에서 단근을 가진다는 것을 알 수 있다. 이와 같이 행렬이 중복 이상의 고유값을 가지는 경우의 고유벡터의 계산은 [예제 3.2]의 ③을 그대로 적용할 수 없는 경우가 발생하기 때문에 간단하지 않다[13]. 적당한 방법을 동원하여 얻어진 변환행렬을 이용하면

$$\boldsymbol{T}^{-1}\boldsymbol{A}\,\boldsymbol{T}=\text{block diag}\left[J_2(\lambda_1),\ J_1(\lambda_1),\ J_1(\lambda_2)\right] \quad ③$$

$$=\left[\begin{array}{cc|c|c} -1 & 1 & 0 & 0 \\ 0 & -1 & 0 & 0 \\ \hline 0 & 0 & -1 & 0 \\ \hline 0 & 0 & 0 & 0 \end{array}\right]$$

와 같이 죠르단표준형으로 변환된다. 따라서 식 (3.22)로부터

13) 선형대수학의 참고서나 부록을 참조 바란다.

$$e^{Jt} = \text{block diag}\left[e^{J_2(\lambda_1)t},\ e^{J_1(\lambda_1)t},\ e^{J_1(\lambda_2)t}\right] \qquad ④$$

$$= \begin{bmatrix} e^{-t} & te^{-t} & 0 & 0 \\ 0 & e^{-t} & 0 & 0 \\ 0 & 0 & e^{-t} & 0 \\ 0 & 0 & 0 & 1 \end{bmatrix}$$

이 얻어진다. 여기에 식 (3.24)를 적용하면 ①에 대한 상태천이행렬은

$$e^{At} = Te^{Jt}T^{-1} = \begin{bmatrix} 1 & 1-e^{-t} & -1+e^{-t}+te^{-t} & te^{-t} \\ 0 & e^{-t} & 0 & 0 \\ 0 & 0 & e^{-t}+te^{-t} & te^{-t} \\ 0 & 0 & -te^{-t} & e^{-t}-te^{-t} \end{bmatrix} \qquad ⑤$$

로 된다.

%[예제 3.4]

```
A=sym([0 1 0 1;0 -1 0 0;0 0 0 1;0 0 -1 -2]); % ①의 지정
syms t                                        % 변수 t를 symbolic으로 지정
expm(A*t)                                     % 식 (3.10)에 의한 e^At 의 계산
%
[V,J]=jordan(A);                              % A의 고유값과 고유벡터의 계산
V\A*V                                         % ②의 확인
JJ=expm(J*t);                                 % ③의 확인
V*JJ/V                                        % ⑤의 계산
```

➲ 프로그램의 실행결과 얻어지는 행렬 표현식은 [예제 3.4]의 각 행렬, 즉 ③, ④, ⑤의 표현식과는 다르게 나타날 수 있다. 이는 변환행렬 $\boldsymbol{T} = \left[\vec{v}_1, \vec{v}_2, \cdots, \vec{v}_n\right]$, (단 $\vec{v}_i, (i=1,\cdots,n)$은 고유벡터이다)의 계산과정에서 고유벡터의 순서를 다르게 취하면 다른 표현식이 얻어질 수 있지만 행렬의 성질은 동일하다(부록참조).

3.3 영-상태 시스템의 응답

A. 하나의 상태변수만을 가지는 경우($n=1$인 경우)

초기상태를 영으로 하였을 경우의 출력이 영-상태응답이므로, 여기서도 3.2.1과 마찬가지로 입력과 출력이 스칼라이며 하나의 상태변수만을 가지는 경우를 먼저 생각하여 본다. 이 경우 상태방정식은 식 (3.4), 즉

$$\dot{x}(t) = ax(t) + bu(t),\ x(0) = 0 \tag{3.25a}$$

$$y(t) = cx(t) \tag{3.25b}$$

로 되며 여기서 식 (3.25a) 해를 $x(t) = e^{at}z(t),\ (t \geq 0)$으로 가정한다. 이 경우 식 (3.25a)의 왼쪽 항과 오른쪽 항은 각각

$$\dot{x}(t) = \frac{d}{dt}\left(e^{at}z(t)\right) = ae^{at}z(t) + e^{at}\dot{z}(t) \tag{3.26a}$$

$$ax(t) + bu(t) = ae^{at}z(t) + bu(t) \tag{3.26b}$$

로 되기 때문에 양쪽을 비교하면 다음과 같이 $z(t)$를 계산할 수 있다.

$$e^{at}\dot{z}(t) = bu(t) \ \rightarrow \ \dot{z}(t) = e^{-at}bu(t) \tag{3.27}$$

$$\rightarrow \ z(t) = \int_0^t e^{-a\tau}bu(\tau)d\tau + \alpha$$

단 α는 적분상수이다. 여기서 초기상태가 영이라는 점(즉 $z(0) = 0$)을 고려하여 식 (3.27)로부터 적분상수를 계산하면

$$\alpha = z(0) - \int_0^0 e^{-a\tau}bu(\tau)d\tau = z(0) = 0$$

로 된다. 따라서 $x(0) = 0$인 경우의 상태방정식 (3.25)의 해는

$$x(t) = e^{at}z(t) = e^{at}\int_0^t e^{-a\tau}bu(\tau)d\tau = \int_0^t e^{a(t-\tau)}bu(\tau)d\tau \tag{3.28}$$

로 됨을 알 수 있다.

예제 3.5

[그림 3.3]의 RC 회로(단 $v_c(0) = 0$이다)는 스위치 S를 닫으면 직류전압 E가 인가되어 커패시터에 전압이 충전된다. [예제 3.1]에서 설명한 바와 같이 RC 회로의 상태공간표현은

$$E = RC\frac{dv_c(t)}{dt} + v_c(t) \rightarrow \frac{dv_c(t)}{dt} = -\frac{1}{RC}v_c(t) + \frac{1}{RC}E \quad ①$$

로 주어진다. 이를 식 (3.25)와 비교하면 $a = -1/RC$, $b = 1/RC$, 및 $u(t) = E$이므로 이를 식 (3.28)에 적용하여 ①의 해를 구하면

$$v_c(t) = \int_0^t e^{-\frac{1}{T}(t-\tau)} E \frac{1}{T} d\tau = \frac{E}{T} \int_0^t e^{-\frac{1}{T}\tilde{\tau}} d\tilde{\tau} = E\left(1 - e^{-\frac{t}{T}}\right) \quad ②$$

로 된다. 단 $T = RC$로 두었다. ②는 [그림 3.4]에 나타낸 바와 같이 진동 없이 $v_{c,\infty} = \lim_{t \to \infty} v_c(t) = E$ 로 수렴한다. 즉 C나 E의 크기에 비례하여 $v_{c,\infty}$의 값이 결정된다. 또한

$$v_c(T) = E(1 - e^{-1}) \approx 0.632 v_{c,\infty} \quad ③$$

$$\dot{v}_c(t) = \frac{E}{T} e^{-\frac{t}{T}} \quad \rightarrow \quad \dot{v}_c(0) = \frac{E}{T} = \frac{v_{c,\infty}}{T} \quad ④$$

로 되어 시정수 $T = RC$는 계단상의 입력에 대하여

- 정상상태 값 $v_{c,\infty}$의 약 63.2%에 도달할 때까지 걸리는 시간(← ③)
- $t = 0$에서의 접선이 정상상태 값과 만나는 점에서의 시간(← ④)

을 각각 의미한다. 따라서 R 이나 C가 크게 됨에 따라서 충전이 늦어짐을 알 수 있다.

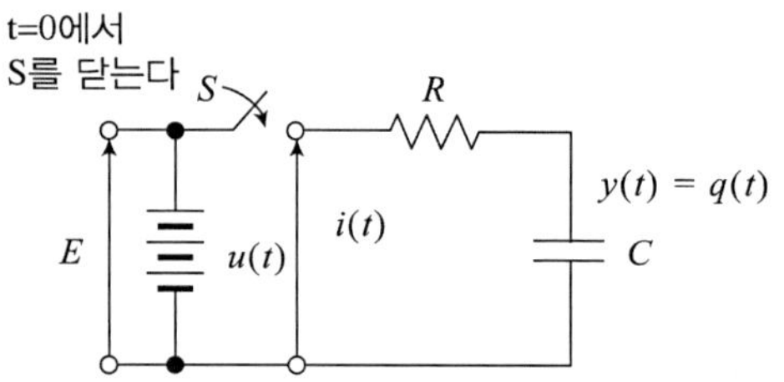

그림 3.3 RC 회로

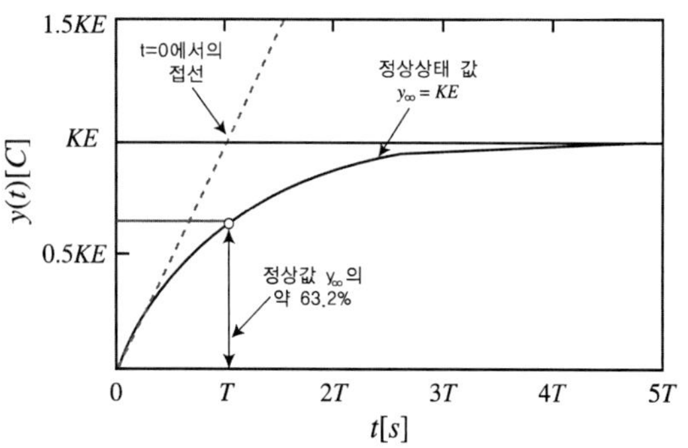

그림 3.4 RC 회로의 충전(계단입력)

여기서 상태방정식 (3.9)의 입력과 상태변수가 스칼라이며, 동시에 초기값이 영이라는 점을 이용하여 이 시스템의 전달함수를 구하여 보자[14]. 식 (3.25)의 양변을 라플라스변환

14) 전달함수를 정의하기 위해서는 시스템의 초기값이 영(zero)이라는 조건이 반드시 필요하다.

하고 정리하면

$$h(s)=\frac{y(s)}{u(s)}=\frac{bc}{s-a} \tag{3.29}$$

로 된다. 하나의 입력과 출력을 가지는 시스템의 경우에는 전달함수 표현이 중요한 역할을 한다. [예제 3.5]의 경우 $x(t)=v_c(t), u(t)=E$, 및 $y(t)=x(t)=v_c(t)$로 두면 상태방정식은

$$\dot{x}(t)=-\frac{1}{T}x(t)+\frac{1}{T}u(t),\ y(t)=x(t) \tag{3.30a}$$

로 된다. 따라서 $a=-1/T, b=1/T$, 및 $c=1$이므로 식 (3.13)으로부터

$$h(s)=\frac{1}{Ts+1} \tag{3.30b}$$

로 됨을 쉽게 확인할 수 있다. 따라서 $u(t)=E$인 경우 $u(s)=E/s$이므로

$$y(s)=\frac{1}{Ts+1}\frac{E}{s} \ \rightarrow\ y(t)=E-Ee^{-\frac{t}{T}}$$

로 되어 [예제 3.5]의 ②와 동일한 결과를 얻을 수 있다. 특히 시스템이 영의 초기값을 가지는 경우에는 전달함수 표현을 이용한 해석이 편리한 경우가 많다. 이와 같이 시스템의 전달함수 표현을 이용하여 시스템의 해석 등을 수행하는 것을 고전제어이론이라고 한다.

B. 하나 이상의 상태변수를 가지는 경우 (즉 $n \geq 1$인 경우)

여기서는 n개의 상태변수, m개의 입력, 및 p개의 출력을 가지는 시스템의 상태공간표현식 (3.1)에 대해 영-상태시스템의 응답을 구하여 본다. 위에서 언급한 바와 같이 영의 초기값을 가지는 시스템 해석에는 전달함수 표현이 유용하기 때문에 먼저 식 (3.1)과 같은 다입력다출력 시스템에 대한 전달함수 표현을 생각한다.

3.3.1 행렬전달함수

영-상태응답은 라플라스변환을 이용한 전달함수[15)]의 표현식을 이용하면 쉽게 구할 수 있다. 식 (3.1)로 주어진 시스템의 상태방정식

$$\dot{\vec{x}}(t)=\boldsymbol{A}\vec{x}(t)+\boldsymbol{B}\vec{u}(t) \tag{3.1a}$$

15) 라플라스변환에 의한 전달함수는 시스템의 초기상태 $\vec{x}(0)$를 영으로 가정했을 경우, 시스템의 입력의 라플라스변환 $u(s)$에 대한 출력의 라플라스변환 $y(s)$의 비, 즉 $G(s)=y(s)/u(s)$로서 주어진다.

$$\vec{y}(t) = \boldsymbol{C}\vec{x}(t) \tag{3.1b}$$

에 대한 전달함수를 구해보자. 먼저 상태변수 $x_1(t), \cdots, x_n(t)$, 입력 $u_1(t), \cdots, u_m(t)$ 및 출력 $y_1(t), \cdots, y_p(t)$의 라플라스변환을 각각 $x_1(s), \cdots, x_n(s)$, $u_1(s), \cdots, u_m(s)$ 및 $y_1(s), \cdots, y_p(s)$로 하고 이를 벡터를 이용하여 각각

$$\vec{x}(s) = \begin{bmatrix} x_1(s) \\ \vdots \\ x_n(s) \end{bmatrix}, \quad \vec{u}(s) = \begin{bmatrix} u_1(s) \\ \vdots \\ u_m(s) \end{bmatrix}, \quad \vec{y}(s) = \begin{bmatrix} y_1(s) \\ \vdots \\ y_p(s) \end{bmatrix} \tag{3.31}$$

로 나타내기로 한다. 이때 시간함수의 미분과 관련한 라플라스변환의 공식, 즉 $\mathcal{L}\left[\dot{x}_i(t)\right] = s\,x_i(s) - x_i(0)$을 벡터의 각 요소에 적용하면

$$\mathcal{L}\left[\dot{\vec{x}}(t)\right] = s\begin{bmatrix} x_1(s) \\ \vdots \\ x_n(s) \end{bmatrix} - \begin{bmatrix} x_1(0) \\ \vdots \\ x_n(0) \end{bmatrix} = s\vec{x}(s) - \vec{x}(0) \tag{3.32}$$

로 된다. 위 표현법을 이용하여 식 (3.1)의 양변을 라플라스변환하면

$$s\vec{x}(s) - \vec{x}(0) = \boldsymbol{A}\vec{x}(s) + \boldsymbol{B}\vec{u}(s) \tag{3.33a}$$

$$\vec{y}(s) = \boldsymbol{C}\vec{x}(s) \tag{3.33b}$$

로 되므로 식 (3.33a)를 $x(s)$로 정리하면

$$\vec{x}(s) = (s\boldsymbol{I} - \boldsymbol{A})^{-1}\vec{x}(0) + (s\boldsymbol{I} - \boldsymbol{A})^{-1}\boldsymbol{B}\vec{u}(s) \tag{3.34}$$

을 얻는다. 이것을 식 (3.33b)에 대입하면

$$\vec{y}(s) = \boldsymbol{C}(s\boldsymbol{I} - \boldsymbol{A})^{-1}\vec{x}(0) + \boldsymbol{C}(s\boldsymbol{I} - \boldsymbol{A})^{-1}\boldsymbol{B}\vec{u}(s) \tag{3.35}$$

을 얻는다. 여기서 전달함수를 위해 초기값 $\vec{x}(0) = \vec{0}$으로 두면

$$\vec{y}(s) = \boldsymbol{C}(s\boldsymbol{I} - \boldsymbol{A})^{-1}\boldsymbol{B}\vec{u}(s) \equiv \boldsymbol{H}(s)\vec{u}(s) \tag{3.36}$$

로 된다. 여기서 $H(s)$를 역행렬의 표현식(부록참조)을 이용하여 나타내면

$$\boldsymbol{H}(s) = \boldsymbol{C}(s\boldsymbol{I} - \boldsymbol{A})^{-1}\boldsymbol{B} = \frac{\boldsymbol{C}\,\mathrm{adj}\,(s\boldsymbol{I} - \boldsymbol{A})\boldsymbol{B}}{|s\boldsymbol{I} - \boldsymbol{A}|}, \quad (p \times m) \tag{3.37}$$

로 되며, 이를 '전달함수행렬(transfer function matrix)'이라고 한다. $m = p = 1$인 경우 $\boldsymbol{H}(s)$는 스칼라로 된다.

시간영역의 표현식을 얻기 위해서, 식 (3.36)과 식 (3.15)를 이용하면

$$\vec{y}(s) = \boldsymbol{C}\,\mathcal{L}\left[e^{\boldsymbol{A}t}\right]\boldsymbol{B}\,\vec{u}(s) \tag{3.38}$$

이 얻어진다. 여기에 라플라스변환의 컨볼류션적분[16]에 관한 공식을 적용하면 다음과 같은 시간영역에서의 표현식이 얻어진다.

$$\vec{y}(t) = \boldsymbol{H}(t) * \vec{u}(t) = \int_0^t \boldsymbol{C}\,e^{\boldsymbol{A}(t-\tau)}\boldsymbol{B}\,\vec{u}(\tau)d\tau \tag{3.39}$$

이때 $\boldsymbol{H}(t)$ 는 시스템의 임펄스응답으로 불리는 것으로 $\mathcal{L}^{-1}[\boldsymbol{H}(s)]$ 로 정의된다[17].

예제 3.6

다음 식으로 주어지는 상태방정식에 대해 전달함수를 계산해보자.

$$\dot{\vec{x}}(t) = \begin{bmatrix} 0 & 1 \\ -2 & -3 \end{bmatrix}\vec{x}(t) + \begin{bmatrix} 1 \\ 1 \end{bmatrix}u(t) \equiv \boldsymbol{A}\,\vec{x}(t) + \vec{b}\,u(t) \qquad ①\ [18]$$

$$y(t) = [1 \quad 0]\,\vec{x}(t) \equiv \vec{c}\;\vec{x}(t)$$

해 입력과 출력을 하나만을 가지므로, $m = p = 1$ 로 되어 전달함수 $H(s)$ 는 스칼라로 된다. 즉

$$H(s) = \vec{c}\,(s\boldsymbol{I} - \boldsymbol{A})^{-1}\vec{b} \qquad ②$$

로 된다. $(s\boldsymbol{I} - \boldsymbol{A})^{-1}$ 는 [예제 3.1]의 결과를 이용하여 ②를 계산하면 다음과 같다.

$$\begin{aligned} H(s) &= [1 \quad 0]\begin{bmatrix} s & -1 \\ 2 & s+3 \end{bmatrix}^{-1}\begin{bmatrix} 1 \\ 1 \end{bmatrix} \qquad ③ \\ &= [1 \quad 0]\frac{1}{s^2+3s+2}\begin{bmatrix} s+3 & 1 \\ -2 & s \end{bmatrix}\begin{bmatrix} 1 \\ 1 \end{bmatrix} \\ &= \frac{s+4}{s^2+3s+2} \end{aligned}$$

%[예제 3.6]

```
A=[0 1;-2 -3];B=[1 1]';C=[1 0];D=0;   % ①의 입력
sys=ss(A,B,C,D);                      % LTI object로 변환
Hs=tf(sys)                            % LTI object를 전달함수로 표현
```

16) $\mathcal{L}^{-1}[x(s)y(s)] = x(t) * y(t) = \int_0^t x(t-\tau)y(\tau)d\tau$, (2.4.1절 참고)

17) 따라서 $\boldsymbol{H}(t)$ 는 벡터가 아니고 $(p \times m)$의 크기를 가지는 행렬이다.

18) $\vec{c}$ 는 열벡터가 아니라 행벡터(row vector)이지만, 열벡터 행벡터를 구별하지 않고 벡터는 전부 '화살표'를 붙여서 구별하기로 한다.

3.3.2 임의의 시간에서의 응답

여기서는 입력과 초기값이 모두 주어진 일반적인 경우의 응답을 구하여 본다. 지금까지와 마찬가지로 $n=1$의 상태방정식 (3.4)의 출력 $y(t)$을 먼저 확인한 뒤 일반적인 경우인 식 (3.1)의 응답을 구하기로 한다.

임의의 입력 $u(t)$, $(\neq 0)$, 초기상태 $x(0)=x_0$에 대한 스칼라시스템 (3.4)의 응답은 영-상태응답의 경우와 마찬가지로 상태방정식 (3.4a)의 해를 $x(t)=e^{at}z(t)$로 가정하면 $z(t)$는 식 (3.27)로 주어진다. 여기서 $x(0)=x_0$이라는 사실을 고려하면 $x(t)=e^{at}z(t)$의 초기값은 $z(0)=e^{-a\times 0}x_0=x_0$이므로 식 (3.27)의 적분상수는

$$\alpha = z(0)-\int_0^0 e^{-a\tau}bu(\tau)d\tau = z(0)=x_0 \tag{3.40}$$

로 결정된다. 따라서 식 (3.4a)의 해는 식 (3.27)과 (3.40)으로부터

$$x(t)=e^{at}z(t)=e^{at}x_0+\int_0^t e^{a(t-\tau)}bu(\tau)d\tau \tag{3.41}$$

으로 된다는 것을 알 수 있다. 이로부터 완전한 해 $x(t)$는 '초기값 x_0만으로 정해지는 부분'과 '입력 $u(t)$만으로 결정되는 부분'의 합으로 이루어져 있음을 볼 수 있다([그림 3.5] 참조). 이러한 사실은 식 (3.4)가 선형이라는 사실로부터 쉽게 이해될 수 있을 것이다[19].

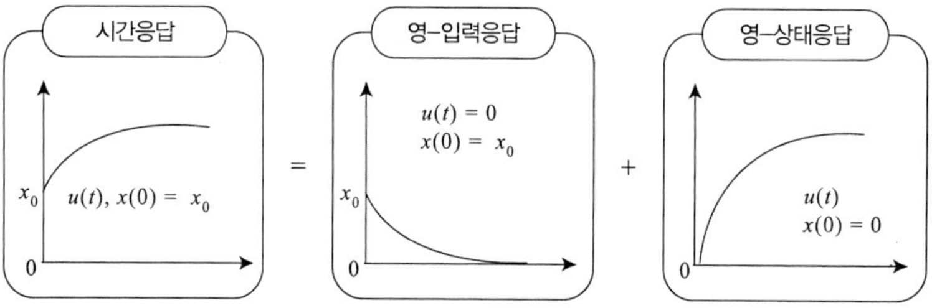

그림 3.5
시간응답의 결정

예제 3.6

RC 회로의 충전
[예제 3.5]의 [그림 3.3]의 회로에서 커패시터 C에 초기전압으로 v_{c0}가 충전되어 있다고 한다. 이때 시각 $t=0$에서 직류전압 E를 인가했을 경우 커패시터의 전압 $y(t)=v_c(t)$, $(t\geq 0)$을 계산하여 보자.

---

19) 선형시스템의 특징인 중첩의 원리를 적용한다. 즉 입력 $u(t)$에 의한 출력(초기값은 영으로 간주)을 $x_{zi}(t)$, 초기값 x_0에 의한 출력(단 입력은 영으로 간주)을 $x_{zs}(t)$로 둔다면, 입력과 초기값이 모두 영이 아닌 경우에는 $x(t)=x_{zs}(t)+x_{zi}(t)$로 된다.

해 이 경우 RC 회로의 상태방정식

$$\dot{x}(t) = -\frac{1}{T}x(t) + \frac{1}{T}u(t),\ y(t) = x(t) \qquad ①$$

에서 초기값 $x(0)=v_{c0}$, 입력 $u(t)=E, (t \geq 0)$로 두면 ①의 해는 식 (3.16)으로부터

$$y(t) = x(t) = e^{-\frac{1}{T}t}x_0 + E\left(1 - e^{-\frac{1}{T}t}\right) = e^{-\frac{1}{RC}t}v_{c0} + E\left(1 - e^{-\frac{1}{RC}t}\right) \qquad ②$$

로 된다. [그림 3.6에 $v_{c0} = 0.5E$로 두었을 경우 커패시터의 시간응답을 나타내었다.

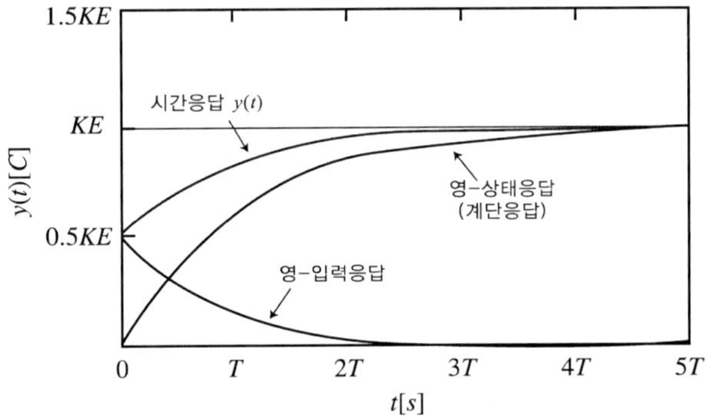

그림 3.6
RC 회로의 시간응답

다음, 위에서 언급한 내용과 동일한 순서를 따라 일반적인 다입출력 상태방정식 (3.1)의 해를 구하여 보자. 다시 말하면 입력 $\vec{u}(t)$과 초기값 $\vec{x}(0)=\vec{x}_0$ 을 가지는 n차 상태방정식 (3.1)의 시간응답 $\vec{y}(t)$를 구하여본다.

먼저 식 (3.1a)의 해 $\vec{x}(t)$를 식 (3.41)과 같이

$$\vec{x}(t) = e^{\boldsymbol{A}t}\vec{z}(t),\ \vec{z}(t) \in R^n \qquad (3.42)$$

로 가정하면 상태천이행렬의 성질에 의해

$$\text{식 (3.1a)의 왼쪽 항}=\dot{\vec{x}}(t) = \frac{d}{dt}\left(e^{\boldsymbol{A}t}\vec{z}(t)\right) = \boldsymbol{A}e^{\boldsymbol{A}t}\vec{z}(t) + e^{\boldsymbol{A}t}\dot{\vec{z}}(t) \qquad (3.43a)$$

$$\text{식 (3.1a)의 오른쪽 항}=\boldsymbol{A}e^{\boldsymbol{A}t}\vec{z}(t) + \boldsymbol{B}\vec{u}(t) \qquad (3.43b)$$

로 되기 때문에 여기에 다시 상태천이행렬의 성질을 적용하면 $\vec{z}(t)$는

$$e^{\boldsymbol{A}t}\dot{\vec{z}}(t) = \boldsymbol{B}\vec{u}(t) \rightarrow \dot{\vec{z}}(t) = \left(e^{\boldsymbol{A}t}\right)^{-1}\boldsymbol{B}\vec{u}(t) = e^{-\boldsymbol{A}t}\boldsymbol{B}\vec{u}(t)$$

$$\rightarrow \vec{z}(t) = \int_0^t e^{-\boldsymbol{A}\tau} \boldsymbol{B} \vec{u}(\tau) d\tau + \vec{\alpha}, \ (\vec{\alpha} \in R^n : \text{ 적분상수}) \tag{3.44}$$

로 된다. 여기서 $\vec{x}(0) = \vec{x}_0$ 이므로 식 (3.42)로부터 $\vec{z}(t)$의 초기값 $\vec{z}(0)$는

$$\vec{x}_0 = e^{\boldsymbol{A} \times 0} \vec{z}(0) = \vec{z}(0) \ \rightarrow \ \vec{z}(0) = \vec{x}_0$$

가 얻어지고, 이를 이용하여 식 (3.44)의 적분상수 $\vec{\alpha}$는 다음과 같이 결정된다.

$$\vec{\alpha} = \vec{z}(0) - \int_0^0 e^{-\boldsymbol{A}\tau} \boldsymbol{B} \vec{u}(\tau) d\tau = \vec{z}(0) = \vec{x}_0 \tag{3.45}$$

따라서 임의의 입력 $\vec{u}(t)$와 초기값 $\vec{x}_0$에 의한 식 (3.1a)의 해는

$$\begin{aligned} \vec{x}(t) &= e^{\boldsymbol{A}t} \vec{z}(t) \\ &= e^{\boldsymbol{A}t} \vec{x}(t) + \int_0^t e^{\boldsymbol{A}(t-\tau)} \boldsymbol{B} \vec{u}(\tau) d\tau \end{aligned} \tag{3.46}$$

로 됨을 쉽게 확인할 수 있다.

식 (3.46)은 라플라스 변환을 이용하여 유도할 수 있다. 다시 말하면 식 (3.1)로 주어지는 상태방정식의 완전한 해는, 영-입력시스템의 응답 $\vec{y}(t) = \boldsymbol{C}\vec{x}(t) = \boldsymbol{C} e^{\boldsymbol{A}t} \vec{x}(0)$ 과 영-상태시스템의 응답 $\vec{y}(t) = \boldsymbol{H}(t) * \vec{u}(t)$ 의 대수적인 합으로 주어진다. 이 값은 식 (3.35)의 양변을 라플라스역변환하면 얻어진다. 즉

$$\begin{aligned} \vec{y}(t) &= \mathcal{L}^{-1}[\vec{y}(s)] \\ &= \mathcal{L}^{-1}[\boldsymbol{C}(s\boldsymbol{I} - \boldsymbol{A})^{-1} \vec{x}(0)] + \mathcal{L}^{-1}[\boldsymbol{C}(s\boldsymbol{I} - \boldsymbol{A})^{-1} \boldsymbol{B} \vec{u}(s)] \end{aligned} \tag{3.47}$$

이다. 위 식에 식 (3.11)과 (3.39)를 적용하면 식 (3.46)의 관계를 확인할 수 있다.

이상을 정리하면 식 (3.1)의 상태방정식의 해에 관한 다음 요점을 얻는다.

요점 3.1 상태방정식의 해

식 (3.1a)로 주어지는 상태방정식의 일반해는 다음으로 주어진다.

$$\vec{x}(t) = e^{\boldsymbol{A}t} \vec{x}(0) + \int_0^t e^{\boldsymbol{A}(t-\tau)} \boldsymbol{B} \vec{u}(\tau) d\tau \tag{3.48a}$$

이때 출력방정식은

$$\vec{y}(t) = \boldsymbol{C} \vec{x}(t) \tag{3.48b}$$

로 된다.

예제 3.8

$$\dot{\vec{x}}(t)=\begin{bmatrix}0 & 1\\ -2 & -3\end{bmatrix}\vec{x}(t)+\begin{bmatrix}0\\1\end{bmatrix}u(t),\ \vec{x}(0)=\begin{bmatrix}1\\0\end{bmatrix} \quad ①$$

이고 입력은 계단함수 $u(t)=1,\ (t\geq 0)$ 가 인가되는 것으로 한다. 이때 상태벡터 $\vec{x}(t)$를 계산하여 보자.

해 상태천이행렬 $e^{\boldsymbol{A}t}$는 [예제 3.2]에서 이미 계산되어 있으므로 식 (3.48a)로부터

$$\begin{aligned}\vec{x}(t)&=e^{\boldsymbol{A}t}\begin{bmatrix}0\\1\end{bmatrix}+\int_0^t\begin{bmatrix}e^{-(t-\tau)}-e^{-2(t-\tau)}\\-e^{-(t-\tau)}+2e^{-2(t-\tau)}\end{bmatrix}d\tau \quad ②\\ &=\begin{bmatrix}2e^{-t}-e^{-2t}\\-2e^{-t}+2e^{-2t}\end{bmatrix}+\begin{bmatrix}\frac{1}{2}-e^{-t}+\frac{1}{2}e^{-2t}\\e^{-t}-e^{-2t}\end{bmatrix}\\ &=\begin{bmatrix}\frac{1}{2}+e^{-t}-\frac{1}{2}e^{-2t}\\-e^{-t}+e^{-2t}\end{bmatrix}\end{aligned}$$

로 됨을 쉽게 확인할 수 있다.

%[예제 3.8]

```
syms t tau                          % t와 τ를 symbolic 변수로 지정
A=[0 1;-2 -3];B=[0 1]';             % ①의 입력
As=sym(A); eAt=expm(As*t)           % e^At 의 계산
eAtB=eAt*B;                         % e^At B 의 계산
eAtB=subs(eAtB,t,t-tau);            % e^A(t-τ) B 의 계산
inteAtB=int(eAtB,tau,0,t);          % 식 (3.31a)의 적분부분을 계산
xt=eAt*[1 0]'+inteAtB               % ②의 확인
```

➲ ‘subs’와 ‘int’는 Symbolic Math Toolbox가 제공하는 명령어로서 변수의 교체와 적분을 수행한다.

3.3.2 상태방정식과 전달함수와의 대응

내부표현인 식 (3.1)의 상태방정식과 이것의 계수행렬 $\{\boldsymbol{A},\boldsymbol{B},\boldsymbol{C}\}$에 의해 정의되는 외부표현인 전달함수는 식 (3.37)로 주어진다는 것을 언급하였다. 여기서는 $m=p=1$ (즉 SISO 시스템)인 경우 두 표현법, 즉 내부표현법과 외부표현법 사이의 관련성에 관하여 알아본다.

역행렬의 관계식으로부터

$$(s\boldsymbol{I}-\boldsymbol{A})^{-1}=\frac{1}{\det(s\boldsymbol{I}-\boldsymbol{A})}\mathrm{adj}\,(s\boldsymbol{I}-\boldsymbol{A}) \tag{3.49}$$

이다. 이때 행렬 $(s\boldsymbol{I}-\boldsymbol{A})$의 모양으로부터 행렬식 $\det(s\boldsymbol{I}-\boldsymbol{A})$은 s 에 관한 n 차의 다항식이며, 여인자행렬 $\mathrm{adj}\,(s\boldsymbol{I}-\boldsymbol{A})$의 각 요소는 s 에 관한 $(n-1)$ 차 이하의 다항식으로 된다는 쉽게 알 수 있다. 따라서 전달함수

$$h(s)=\vec{c}\,\{\mathrm{adj}\,(s\boldsymbol{I}-\boldsymbol{A})\}\,\vec{b}\,\frac{1}{\det(s\boldsymbol{I}-\boldsymbol{A})} \tag{3.50}$$

는 s 의 유리함수이며, 분모다항식의 차수가 분자다항식보다 항상 크게 된다. 이와 같이 분모다항식의 차수가 분자다항식보다 큰 유리함수는 '엄격히 프로퍼(strictly proper)'하다고 한다. 따라서 계수행렬 $\{\boldsymbol{A},\vec{b},\vec{c}\}$로 구성되는 상태방정식으로부터 정의되는 전달함수 $h(s)$ 는 항상 엄격히 프로퍼한 유리함수로 된다.

한편 고전제어이론 등에서 사용되는 전달함수 역시 대부분 분모다항식의 차수가 분자다항식의 차수보다 하나 이상 큰 다항식으로 구성되는 유리함수로 주어진다. 이러한 사실을 상태공간에서의 전달함수표현식인 식 (3.42)와 비교하여 보면, 전달함수가 프로퍼한 유리함수로 되기 위해서는 입력 $u(t)$의 출력 $y(t)$으로의 직접적인 영향을 나타내는 항인 $\boldsymbol{D}, (p\times m), (p=m=1$의 경우 $d)$가 영으로 되어야 한다는 사실을 확인할 수 있다.

이후 특별한 언급이 없는 한 프로퍼한 시스템, 즉 $\boldsymbol{D}=0$ 인 시스템을 대상으로 이론을 전개하기로 한다.

3.3.3 시스템의 모드(dynamic mode)

식 (3.47)로부터 알 수 있는 바와 같이 출력 $y(t)$ 를 계산하기 위해서는 $(s\boldsymbol{I}-\boldsymbol{A})^{-1}$ 의 라플라스역변환이 필요하다. 여기서는 이 과정을 통하여 실제 출력 $y(t)$ 가 어떤 형식의 함수로 구성되는지를 알아본다. 식 (3.49)로부터

$$(s\boldsymbol{I}-\boldsymbol{A})^{-1}=\frac{1}{\det(s\boldsymbol{I}-\boldsymbol{A})}\mathrm{adj}\,(s\boldsymbol{I}-\boldsymbol{A})$$

로 주어지는데, 이미 앞에서 언급한 바와 같이 행렬식 $\det(s\boldsymbol{I}-\boldsymbol{A})$은 n 차의 다항식이며, 크기 $(n\times n)$인 여인자행렬의 각 요소[20]는 최대 $(n-1)$차의 다항식으로 된다. 따라서 행렬 $(s\boldsymbol{I}-\boldsymbol{A})^{-1}$ 의 임의의 요소는 다음과 같은 형태의 부분분수 전개형식으로 나타낼 수 있을 것이다.

$$\frac{k_{11}}{s-\lambda_1}+\frac{k_{12}}{(s-\lambda_1)^2}+\cdots+\frac{k_{21}}{s-\lambda_2}+\frac{k_{22}}{(s-\lambda_2)^2}+\cdots \tag{3.51a}$$

20) cofactor라고 부른다.

여기서 $\lambda_1, \lambda_2, \cdots$는 행렬식 $\det(s\boldsymbol{I}-\boldsymbol{A})=0$의 근[21]이며 k_{ij}는 부분분수 전개 시에 나타나는 유수(residue)를 의미한다. 라플라스역변환의 공식을 이용하면 식 (3.51a)는 다음과 같은 형태의 지수함수로 된다.

$$k_{11}e^{\lambda_1 t}+k_{12}te^{\lambda_1 t}+\cdots+k_{21}e^{\lambda_2 t}+k_{22}te^{\lambda_2 t}+\cdots \tag{3.51b}$$

상태천이행렬 $e^{\boldsymbol{A}t}$의 각 요소는 식 (3.18) 또는 식 (3.21)로부터 지수함수, 또는 시간이 곱해진 지수함수의 합으로 이루어져 있으며, 이 지수함수의 각 지수 $(\lambda_1, \lambda_2, \cdots)$는

$$|s\boldsymbol{I}-\boldsymbol{A}|=0 \tag{3.52}$$

를 만족하는 근이다. 이것을 행렬 $\boldsymbol{A}$의 '특성다항식(characteristic equation)'이라 하며 근 $(\lambda_1, \lambda_2, \cdots)$을 $\boldsymbol{A}$의 '고유값(eigen value)'이라 한다. 다시 말하면 상태천이행렬의 각 요소는 $\boldsymbol{A}$의 고유값을 지수로 가지는 지수함수 및 이것에 시간 t가 곱해진 지수함수 등의 합으로 구성되어 있다고 할 수 있다. 선형시스템이론에서는 이러한 고유값(즉 지수함수의 지수)를 '모드(mode)'라고 부른다.

행렬 $\boldsymbol{A}$의 고유값은 그 이름으로부터 짐작할 수 있는 바와 같이 특별한 의미를 가지고 있다. 행렬이론 등을 참고하면, 고유값 λ_i와 고유벡터 $\vec{v}_i$ 사이에는

$$\boldsymbol{A}\vec{v}_i=\lambda_i\vec{v}_i \tag{3.53}$$

의 관계가 성립한다[22]. 이때 $\vec{v}_i$는 상태천이행렬 $e^{\boldsymbol{A}t}$의 고유벡터로도 된다는 것을 다음 식으로부터 알 수 있다. 식 (3.14)로부터

$$e^{\boldsymbol{A}t}\vec{v}_i=\vec{v}_i+\boldsymbol{A}\vec{v}_i t+\frac{1}{2!}\boldsymbol{A}^2\vec{v}_i t^2+\cdots+\frac{1}{k!}\boldsymbol{A}^k\vec{v}_i t^k+\cdots \tag{3.54}$$

가 얻어진다. 그런데

$$\begin{aligned}
\boldsymbol{A}^2\vec{v}_i &= \boldsymbol{A}\boldsymbol{A}\vec{v}_i=\boldsymbol{A}(\lambda_i\vec{v}_i)=\lambda_i(\boldsymbol{A}\vec{v}_i)=\lambda_i^2\vec{v}_i\\
\boldsymbol{A}^3\vec{v}_i &= \boldsymbol{A}(\boldsymbol{A}^2\vec{v}_i)=\boldsymbol{A}(\lambda_i^2\vec{v}_i)=\lambda_i^2(\boldsymbol{A}\vec{v}_i)=\lambda_i^3\vec{v}_i\\
&\ \ \vdots \qquad\qquad \vdots\\
\boldsymbol{A}^k\vec{v}_i &= \lambda_i^k\vec{v}_i
\end{aligned} \tag{3.55}$$

가 성립하므로

21) 행렬 $\boldsymbol{A}$의 고유값으로 물론 중복 혹은 3중, 4중 이상 중복하는 근을 가질 수도 있다.
22) "성립한다"라기 보다는 고유값과 고유벡터는 식 (3.53)을 만족하도록 정의되었다.

$$e^{\boldsymbol{A}t}\vec{v}_i = \vec{v}_i + \lambda_i \vec{v}_i t + \frac{1}{2!}\lambda_i^2 \vec{v}_i t^2 + \cdots + \frac{1}{k!}\lambda_i^k \vec{v}_i t^k + \cdots \tag{3.56}$$

$$= \left(1 + \lambda_i t + \frac{1}{2!}\lambda_i^2 t^2 + \cdots + \frac{1}{k!}\lambda_i^k t^k + \cdots\right)\vec{v}_i$$

$$= e^{\lambda_i t}\vec{v}_i$$

의 관계를 얻는다. 이것을 식 (3.53)과 비교하면 $\vec{v}_i$는 행렬 $e^{\boldsymbol{A}t}$의 고유값 $e^{\lambda_i t}$에 대한 고유벡터로 된다는 것을 확인할 수 있다.

식 (3.56)을 조금 자세히 설명하면 다음과 같다. 즉 초기상태가 그 시스템의 고유벡터로 주어졌을 경우(즉 $\vec{x}(0) = \vec{v}_i$이다), 이에 대한 영-입력응답은 $\vec{x}(t) = e^{\lambda_i t}\vec{v}_i$로 된다는 것이다. 이것은 시스템 (3.1)이 가지는 n 개의 모드 중에서 초기값으로 사용된 고유벡터 $\vec{v}_i$에 대응하여 모드 λ_i 만이 여기(excited)된다는 것을 의미하고 있다. 따라서 이 경우 벡터 공간 R^n 에서 해 벡터 $\vec{x}(t)$ 의 방향은 시간 t 와는 무관하게 고유벡터 $\vec{v}_i$ 에 의해서만 결정되며, 그 크기는 시스템의 초기상태 $\vec{x}(0)$ 의 $|e^{\lambda_i t}|$배이다. 이와 같이 상태방정식 (3.1)에서 행렬 $\boldsymbol{A}$ 가 가지는 n 개의 고유벡터는 시스템의 특성해석에 있어서 중요한 역할을 한다는 것을 알 수 있다.

아래의 예제를 통하여 고유벡터의 특성을 좀 더 조사해 보자.

예제 3.9

다음 [그림 3.7]로 주어진 전기회로에 대해 상태방정식을 유도하고 $R = C = 1$일 때의 시스템모드와 고유벡터를 계산해 보자. 또 이 시스템의 초기값을 각각 두 개 의 고유벡터 $\vec{v}_1, \vec{v}_2$로 두었을 경우의 시스템의 영-입력응답을 구해보자.

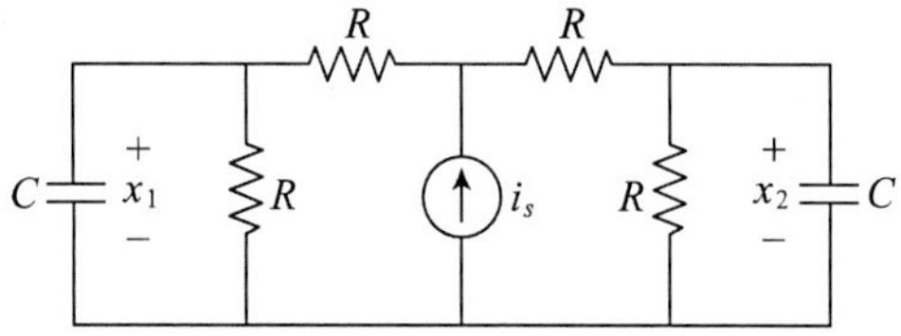

그림 3.7 대칭인 전기회로

해 제2장에서 다룬 바와 같이 전기회로에서는 커패시터(capacitor) 양단에 걸리는 전압, 인덕터(Inductor)에 흐르는 전류를 상태변수로 취하면 상태방정식의 계산이 용이하다. 여기서도 그림과 같이 왼쪽 커패시터의 전압을 $x_1(t)$, 오른쪽 커패시터 커패시터의 전압을 $x_2(t)$로 하면 각 커패시터에 흐르는 전류는

$$C\frac{dx_1(t)}{dt} = -\frac{3x_1(t)}{2R} + \frac{x_2(t)}{2R} + \frac{i_s(t)}{2}$$

$$C\frac{dx_2(t)}{dt} = \frac{x_1(t)}{2R} - \frac{3x_2(t)}{2R} + \frac{i_s(t)}{2} \qquad ①$$

와 같이 표현된다. 이것을 정리하면 상태방정식은

$$\dot{x}_1(t) = -\frac{3}{2RC}x_1(t) + \frac{1}{2RC}x_2(t) + \frac{1}{2C}i_s(t) \quad ②$$

$$\dot{x}_2(t) = \frac{1}{2RC}x_1(t) - \frac{3}{2RC}x_2(t) + \frac{1}{2C}i_s(t)$$

로 된다. 여기서 $R = C = 1$ 로 두면 ②는

$$\dot{\vec{x}}(t) = \begin{bmatrix} -1.5 & 0.5 \\ 0.5 & -1.5 \end{bmatrix}\vec{x}(t) + \begin{bmatrix} 0.5 \\ 0.5 \end{bmatrix} i_s(t) \quad ③$$

로 된다. 이것에 대한 고유값은 특성다항식

$$|\lambda \boldsymbol{I} - \boldsymbol{A}| = \lambda^2 + 3\lambda + 2 \quad ④$$

$$= (\lambda+1)(\lambda+2) = 0$$

로부터 $\{-2, -1\}$로 됨을 알 수 있다. 또한 고유벡터는

$$\boldsymbol{A}\vec{v}_i = \lambda_i \vec{v_i} \quad ⑤$$

을 만족시켜야 하므로, 먼저 $\lambda_1 = -1$ 에 대한 고유벡터는 다음 과정을 거쳐 구해진다.

$$\begin{bmatrix} -1.5 & 0.5 \\ 0.5 & -1.5 \end{bmatrix}\begin{bmatrix} v_{11} \\ v_{12} \end{bmatrix} = -\begin{bmatrix} v_{11} \\ v_{12} \end{bmatrix} \quad ⑥$$

혹은

$$-1.5v_{11} + 0.5v_{12} = -v_{11}$$

$$0.5v_{11} - 1.5v_{12} = -v_{12}$$

이다. 위 첫 번째 방정식에서 $v_{12} = v_{11}$ 가 얻어지므로, v_{12} 혹은 v_{11} 을 적당한 값(예를 들어 α)으로 설정하면 ⑥의 두 번째 방정식으로부터 나머지 요소가 얻어진다(부록참조).

따라서 $\lambda_1 = -1$ 에 대한 고유벡터는

$$\vec{v}_1 = \alpha \begin{bmatrix} 1 \\ 1 \end{bmatrix} \quad ⑦$$

이다. 여기서 α 는 영이 아닌 실수이다. 또한 $\lambda_2 = -2$ 에 대한 고유벡터도 동일한 과정을 거치면

$$\vec{v}_2 = \beta \begin{bmatrix} 1 \\ -1 \end{bmatrix} \quad ⑧$$

가 얻어진다(β는 영이 아닌 실수이다). 위에서 구한 고유벡터를 시스템의 초기값으로 가정하고 영-입력의 해를 구하여 보자.

먼저 초기값으로 $\vec{x}(0) = \vec{v}_1$ 으로 했을 때 ③의 해는 식 (3.11)로부터

$$\vec{x}(t) = e^{\boldsymbol{A}t}\vec{x}(0) = e^{\lambda_1 t}\vec{v}_1 = e^{-t}\begin{bmatrix} 1 \\ 1 \end{bmatrix} \quad ⑨$$ 23)

로 된다. 또 $\vec{x}(0) = \vec{v}_2$ 일 경우 또한 위와 마찬가지로

$$\vec{x}(t) = e^{\boldsymbol{A}t}\vec{x}(0) = e^{\lambda_2 t}\vec{v}_2 = e^{-2t}\begin{bmatrix} 1 \\ -1 \end{bmatrix} \quad ⑩$$

로 된다. 두 가지의 초기값으로부터 얻어진 영-입력의 해 $\vec{x}_i(t), (i=1,2)$가 가지는 의미를 [그림 3.8]의 전기회로를 가지고 설명하면 다음과 같다.

먼저 $\vec{x}(0) = \vec{v}_1$ 은 $x_1(0) = 1$ 및 $x_2(0) = 1$ 이므로 양쪽 커패시터에 동일한 (초기)전압이 걸려 있음을 나타내고 있다. 따라서 입력이 영(즉 $i_s = 0$)이라면 [그림 3.7]은 입력인 전류원 i_s 를 중심으로 양쪽의 회로가 대칭을 이루기 때문에, 위쪽 두 개의 저항 R 에는 전류가 흐르지 못하고 전류는 양쪽의 RC 회로의 루프 내에서만 흐르게 된다. 따라서 ⑨에 의해

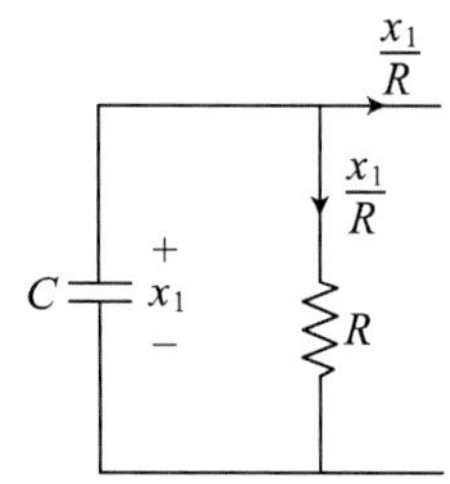

그림 3.8 [예제3.9]의 설명

$$x_i(t) = e^{-\frac{t}{RC}}x_i(0) = e^{-t} \cdot 1, \ (i=1,2) \quad ⑪$$

이므로 양쪽 폐루프에서의 초기전압의 방전속도는 루프의 시정수 $RC = 1$ 에 의존한다는 것을 알 수 있다.

다음 초기값 $\vec{x}(0) = \vec{v}_2$ 는 $x_1(0) = 1$ 및 $x_2(0) = -1$ 이므로 양쪽 커패시터의 초기전압은 크기는 같고 부호가 반대로 된다. 이때 ⑩으로부터 $x_1(t) = \beta e^{-2t}$ 이므로 왼쪽 루프의 시정수는 1/2 로 됨을 알 수 있다. 이것을 [그림 3.8]을 이용하여 확인하여 보자.

먼저 ⑩으로부터 $x_2(t) = -x_1(t)$ 이므로 왼쪽의 커패시터에서 오른쪽의 커패시터로 흐르는 전류는 $(2x_1(t))/2R = x_1(t)/R$ 로 된다. 또한 왼쪽루프의 저항 R 에 흐르는 전류는 $x_1(t)/R$ 이므로, 왼쪽 루프내부에서 발생된 전류의 총합은 $2x_1(t)/R$

23) ⑦, ⑧에서 α, β는 임의의 상수이기 때문에 $\alpha = \beta = 1$로 두었다.

이다. 이 과정은 [그림 3.8]에서

$$C\frac{dx_1(t)}{dt} = -\frac{x_1(t)}{R} - \frac{x_1(t)}{R} = -\frac{2x_1(t)}{R} \quad ⑫$$

로 되며, 이 식의 양변을 라플라스변환하여 정리하면 다음과 같다.

$$x_1(s) = \frac{RC}{RCs+2}x_1(0) = \frac{\frac{1}{2}RC}{\frac{1}{2}RCs+1}x_1(0) \quad ⑬$$

이것을 다시 라플라스역변환을 통하여 커패시터에 대한 전압으로 표현하면

$$x_1(t) = \frac{1}{2}RCe^{-\frac{2}{RC}t}x_1(0) \quad ⑭$$

로 되어 커패시터의 초기전압의 방전은 시정수 $RC/2 = 1/2$ 에 의존한다는 것을 알 수 있다.

%[예제 3.9]

```
syms t                          % 시간 t 의 symbolic 변수지정
A=[-1.5 0.5;0.5 -1.5];
As=sym(A);                      % 행렬 A 의 symbolic 변수로 지정
[V,D]=eig(As)                   % A 의 고유값과 고유벡터의 계산
x1=expm(As*t)*V(:,2)            % ⑨의 계산
x2=expm(As*t)*V(:,1)            % ⑩의 계산
ezplot(x1(2),[0,5]),hold on     % e^-t 와 e^-2t 를 그래프로 비교
ezplot(x2(2),[0,5])
```

3.4 상태방정식 해의 계산법

상태방정식의 완전한 $\vec{x}(t)$ 는 식 (3.47) 같이 라플라스역변환을 이용하여 계산할 수 있으나 이 방법은 행렬 $\boldsymbol{A}$ 의 차원이 높아짐에 따라 그 계산과정이 상당히 복잡하게 되어 바람직하지 않다. 또한 시간 t 의 변화에 따른 해 $\vec{x}(t)$ 의 움직임을 그래프로 나타내고자 한다면 계산기가 필요할 것이다.

3.4.1 상태천이행렬의 계산

식 (3.48)로 주어지는 상태방정식의 해를 얻기 위해서는 상태천이행렬 $e^{\boldsymbol{A}t}$ 의 계산이 필수적이다. 여기서는 임의의 시각 $t=t_o$ 에서 시각 t 까지의 상태천이를 나타내는 $e^{\boldsymbol{A}(t-t_o)}$ 의 계산방법에 대하여 알아본다.

상태천이행렬의 정의식 (3.14)에서 $n=N$ 차 항까지의 테일러급수전개를

$$e^{\boldsymbol{A}(t-t_o)} \approx \boldsymbol{I}+\boldsymbol{A}(t-t_o)+\frac{1}{2!}\boldsymbol{A}^2(t-t_o)^2+\cdots+\frac{1}{N!}\boldsymbol{A}^N(t-t_o)^N \tag{3.57}$$

로 둔다. 위 식은 물론 무한급수인 테일러전개에서 $(N+1)$ 차 이상의 항, 즉

$$\boldsymbol{R}_N=\frac{1}{(N+1)!}\boldsymbol{A}^{N+1}(t-t_o)^{N+1}+\cdots=\sum_{k=N+1}^{\infty}\frac{1}{k!}\boldsymbol{A}^k(t-t_o)^k \tag{3.58}$$

을 무시한 것이기 때문에, 상태천이행렬로서 식 (3.57)의 정확성은 오차행렬인 $\boldsymbol{R}_N$ 의 크기에 의존한다. 그러나 $\boldsymbol{R}_N$ 이 행렬이기 때문에 이것의 크기를 정의하기란 쉽지 않다. 여기서는 행렬의 놈(norm)을 이용하면 오차행렬의 크기는 다음으로 된다[24].

$$\|\boldsymbol{R}_N\|=\left\|\sum_{k=N+1}^{\infty}\frac{1}{k!}\boldsymbol{A}^k(t-t_o)^k\right\|\le\sum_{k=N+1}^{\infty}\|\boldsymbol{A}^k\|\frac{(t-t_o)^k}{k!} \tag{3.59}$$

위 관계식은 잘 알려진 삼각부등식(triangle inequality), 즉 $|a+b|\le|a|+|b|$ 에 의한 것이다. 이 경우 상태천이행렬의 근사식 (3.57)이 사용한 가능한 정확한 값으로 될 수 있기 위해서는, 1) $\|\boldsymbol{R}_N\|$ 이 유한한 크기를 가져야 하고, 동시에 2) $\|\boldsymbol{R}_N\|$ 이 작은 값을 가져야 한다. 그런데 앞서 언급한 바 있지만, $\boldsymbol{A}$ 가 안정행렬이면 식 (3.14)의 테일러급수전개가 수렴하기 때문에, 그의 일부분인 식 (3.58) 역시 N 의 크기에 관계없이 항상 수렴한다. 따라서 근사식 (3.57)을 사용하기 위한 두 가지 조건 중 하나인 1)은 $\boldsymbol{A}$ 가 안정이면 만족된다.

다음 2), 즉 $\|\boldsymbol{R}_N\|$ 이 작은 값을 가지기 위해서는 식 (3.59)로부터 두 가지 방법이 존재함을 알 수 있다. (i) N 의 값을 증가시키는 것과, (ii) $(t-t_o)$ 를 감소시키는 것이다. 상태천이행렬의 계산을 위해 위 두 가지 사항을 적절히 사용한 여러 가지 알고리즘이 제안되어 있으나[25], 보통은 $(t-t_o)$ 의 크기를 작게 취하는 것이 바람직하다. 이 값은 행렬 $\boldsymbol{A}$ 의 특성에 의존한다. 일반적으로 적당히 작은 시간 간격 $\Delta t=(t-t_o)/n$ 을 정의하여

$$e^{\boldsymbol{A}\Delta t}\approx\boldsymbol{I}+\boldsymbol{A}\Delta t+\frac{1}{2!}\boldsymbol{A}^2(\Delta t)^2+\cdots+\frac{1}{N!}\boldsymbol{A}^N(\Delta t)^N \tag{3.60}$$

---

24) 행렬의 norm에 관한 구체적인 내용은 관련서적을 참조바람.

25) 상태천이행렬의 계산을 위한 MATLAB 명령어로, expm, expmdemo2, 및 expmdemo3 등이 있다. 각각 다른 알고리즘을 이용하여 프로그램 되어 있기 때문에 그 결과를 비교하여 보기 바란다.

로서 계산한다. 이 경우 $t = t_o + k\Delta t, (k = 1, \cdots, n)$ 의 관계로부터

$$e^{\boldsymbol{A}(t_o + n\Delta t)} = e^{\boldsymbol{A}\Delta t} e^{\boldsymbol{A}[t_o + (n-1)\Delta t]} \tag{3.61}$$

로 된다. 이것을 $n = 1, 2, \cdots$ 으로 하여 연속적으로 계산하면 최종시각 t 에서의 상태를 얻을 수 있다(다음 절 참조).

예제 3.10

고유값을 $\{-5, -2, -0.01\}$에 가지는 행렬 $\boldsymbol{A}$ 에 대한 상태천이행렬을 계산하여 보자.

$$\boldsymbol{A} = \begin{bmatrix} 0 & 1 & 0 \\ 0 & 0 & 1 \\ -1 & -10.07 & -7.01 \end{bmatrix}$$

해 MATLAB의 명령어 'expm'은 Pade근사법[26]을 사용하여 계산을 수행하고 있다. 이외에도 MATLAB가 제공하는 'expmdemo2'는 테일러급수전개, 'expmdemo3'는 행렬의 고유값과 고유벡터를 사용하여 상태천이행렬을 각각 계산하고 있다. 이들 명령어를 이용하여 $\Delta t = 0.01,\ 1,\ 10$ 의 세 가지 경우에 대하여 $e^{\boldsymbol{A}\Delta t}$ 를 계산하여 본다.

```
%[예제 3.10]
%
A=[0 1 0;0 0 1;-1 -10.07 -7.01];
deltaT=[0.01 1 10];
for i=1:3
    A1(:,3*(i-1)+1:3*i)=expm(A*deltaT(i));         % A1은 (3×9)의
                                                    % 행렬로 된다
    A2(:,3*(i-1)+1:3*i)=expmdemo2(A*deltaT(i)); % A2 : (3×9)
    A3(:,3*(i-1)+1:3*i)=expmdemo3(A*deltaT(i)); % A3 : (3×9)
end
A1-A2, A1-A3                                        % 세 가지 방법에
                                                    % 의한 오차의 비교
```

위 프로그램의 수행결과 (A1−A2) ($\Delta t = 0.01$ 인 경우)는

---

26) $e^{\boldsymbol{A}\Delta t} = \left(\boldsymbol{I} - \frac{1}{2}\boldsymbol{A}\Delta t + \frac{1}{12}\boldsymbol{A}^2(\Delta t)^2\right)^{-1}\left(\boldsymbol{I} + \frac{1}{2}\boldsymbol{A}\Delta t + \frac{1}{12}\boldsymbol{A}^2(\Delta t)^2\right)$의 근사를 Pade 근사라 한다.

1.0e-015 *

0	0	0.0000
0.0000	0.1110	0
0.0035	0.0139	-0.3331

로 되고, (A1-A3) ($\Delta t = 0.01$ 인 경우)는

1.0e-015 *

-0.2220	-0.1110	-0.0470
0.0244	0.3331	0.0451
0.0226	0.4718	-0.1110

로 되어 세 방법에 의한 오차인 식 (3.59)는 그다지 문제가 되지 않는다. 그러나 $\Delta t = 10$ 인 경우에는 테일러전개를 이용한 상태천이행렬의 계산은 나머지 두 방법에 비해 큰 오차가 발생하는 것을 볼 수 있다. 이와 같이 주어진 행렬 $\boldsymbol{A}$ 의 특성과 Δt 의 크기에 의하여 상태천이행렬의 계산결과에는 많은 차이가 발생한다.

예제 3.11

[그림 3.9]로 주어진 RLC 전기회로에 대한 상태방정식을 구하고, 이 시스템에 대한 영-입력응답을 그림으로 나타내어 보자. 단 $R=3$, $L=1$, 및 $C=1/2$ 이다.

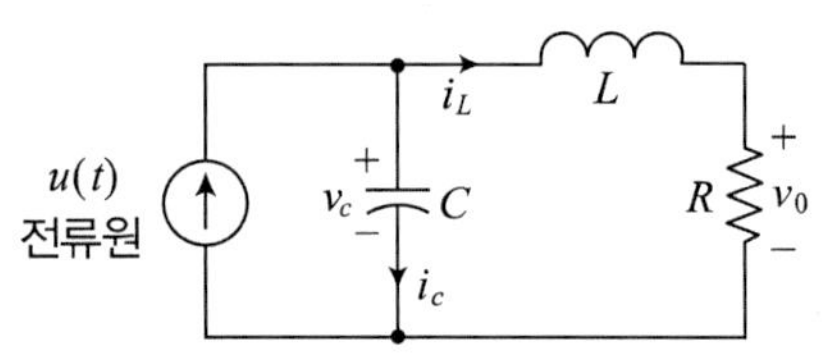

그림 3.9 [예제 3.11]의 전기회로

해 제2장에서 언급한 방법, 즉 인덕터 L 에 흐르는 전류를 $x_1(t)$, 커패시터 양단의 전압을 $x_2(t)$ 로 상태변수로 취하면 키르히호프의 법칙에 의해

$$C\frac{dx_1(t)}{dt} = x_2(t) + u(t) \qquad ①$$

$$L\frac{dx_2(t)}{dt} = x_1(t) - Rx_2(t)$$

와 출력으로

$$y(t) = Rx_2(t)$$

을 얻는다. 이를 상태방정식 (3.1)의 형식으로 정리하여 $R=3$, $L=1$ 및 $C=1/2$ 를 대입하여 정리하면 다음으로 된다.

$$\dot{\vec{x}}(t)=\begin{bmatrix}0 & -\frac{1}{C}\\ \frac{1}{L} & -\frac{R}{L}\end{bmatrix}\vec{x}(t)+\begin{bmatrix}\frac{1}{C}\\ 0\end{bmatrix}u(t)=\begin{bmatrix}0 & -2\\ 1 & -3\end{bmatrix}\vec{x}(t)+\begin{bmatrix}2\\ 0\end{bmatrix}u(t) \quad ②$$

$$y(t)=[\,0 \quad R\,]\,\vec{x}(t)=[\,0 \quad 3\,]\,\vec{x}(t)$$

영-입력응답의 계산을 위한 MATLAB 프로그램은 아래와 같으며, 이를 실행하면 초기상태 $x_o(0)=[1 \;\; 1]^T$ 에서 출발한 두 개의 상태변수 $x_i(t), (i=1,2)$의 변화가 화면에 표시된다.

%[예제 3.11]

```
A=[0 -2;1 -3]; B=[2 0]';C=[0 3]; D=0;% 시스템 ②의 입력
sys=ss(A,B,C,D);                     % 시스템의 LTI-object로 변환
xo=[1 1]';                           % 시스템 ②의 초기값
t=[0:0.01:1];                        % 시뮬레이션을 위한 시간간격
u=0*t;                               % 입력의 지정(여기서는 영-입력)
[y,t,x]=lsim(sys,u,t,xo);            % 시간의 흐름에 따른 상태벡터 및 출력의 계산
subplot(211),plot(t,x(:,1))          % 그림화면을 상하 두 개로 분할하여 표시
xlabel('Time (sec)'), ylabel('x_1(t)')
subplot(212),plot(t,x(:,2))
xlabel('Time (sec)'), ylabel('x_2(t)')
```

➲ 제어대상의 시뮬레이션에 빈번하게 사용되는 명령어 'lsim'의 사용법은 다음과 같다.

```
>> [y,t,x] = lsim(sys,u,t,x0)
```

여기서 'sys'는 제어대상의 LTI object 표현이며, 'u'는 벡터로서 인가되는 입력, 't' 역시 벡터로서 시뮬레이션에 사용되는 시간, 및 'x0'는 제어대상이 가지는 초기값을 각각 나타낸다. 이때 'u'와 't'의 동일한 크기를 가져야 한다. 또 'y'에는 제어대상의 출력이, 'x'에는 제어대상의 상태가 각각 계산되어 출력으로 얻어진다. 따라서 'y'는 'u' 또는 't'와 동일한 크기의벡터이며, 'x'는 제어대상이 가지는 상태변수의 개수에 따른 행과 열을 가지는 행렬이다.
위 프로그램의 경우 입력이 '영'이므로 'u=0*t'로 두었다.

3.4.2 해 $\vec{x}(t)$의 계산

식 (3.48a)로 주어지는 상태방정식의 해를 실제로 계산하는 방법에 대하여 간단히 언급한다. 이미 3.3절에서 언급한 바와 같이, 먼저 적절한 값으로 정해진 시간간격 Δt 로서 상태천이행렬 $e^{\boldsymbol{A}\Delta t}$ 의 값이 주어졌다고 한다.

먼저 표기상의 편리를 위해 시각 $t=k \cdot \Delta t$ 에서의 상태 $\vec{x}(k \cdot \Delta t)$를 $\vec{x}[k]$, $(k=1,2,\cdots)$로 표시한다. 또한 구간 $\Delta t \cdot (k-1) \leq t < \Delta t \cdot k$ 에서 입력 $\vec{u}(t)$가 일정한 값을 가지는 벡터 $\vec{u}[k-1]$로 간주될 수 있다고 가정한다([그림 3.10] 참조). 이러한 가정은 $\vec{u}(t)$가 계단입력의 경우에는 불필요하겠지만 그 외의 경우에는 충분히 작은 Δt를 선정함으로서 정당화시킬 수 있다.

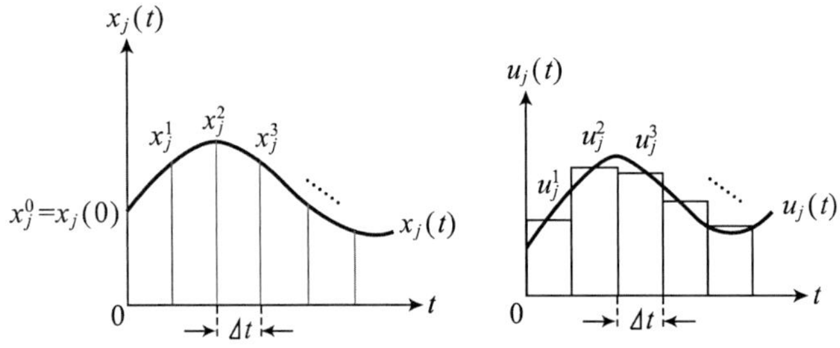

그림 3.10
$\vec{x}[k]$의 정의와 $\vec{u}(t)$의 근사

식 (3.48a)를 이용하여 시각 $t=\Delta t \cdot k$ 에서의 상태, 즉 $\vec{x}[k]$의 계산과정에서 적분구간을 조절하면 다음을 얻는다.

$$\begin{aligned}\vec{x}[k] &= \vec{x}(\Delta t \cdot k) \\ &= e^{\boldsymbol{A}\Delta t \cdot k}\left[\vec{x}(0)+\int_0^{\Delta t \cdot k} e^{-\boldsymbol{A}\tau}\boldsymbol{B}\vec{u}(\tau)d\tau\right] \\ &= e^{\boldsymbol{A}\Delta t \cdot k}\left[\vec{x}(0)+\int_0^{\Delta t \cdot (k-1)} e^{-\boldsymbol{A}\tau}\boldsymbol{B}\vec{u}(\tau)d\tau\right] \\ &\quad + e^{\boldsymbol{A}\Delta t \cdot k}\int_{\Delta t \cdot (k-1)}^{\Delta t \cdot k} e^{-\boldsymbol{A}\tau}\boldsymbol{B}\vec{u}(\tau)d\tau\end{aligned} \tag{3.62}$$

로 된다. 이때 위 식 오른쪽의 [•]를 [표 3.1]의 상태천이행렬의 성질(2)를 이용하여 정리하면 시각 $t=\Delta t \cdot (k-1)$ 에서의 상태, 즉 $\vec{x}(\Delta t \cdot (k-1)) \equiv \vec{x}[k-1]$를 나타내고 있음을 알 수 있다. 또한 오른쪽 두 번째 항에서 입력에 설정한 상기의 조건, 즉 구간 $\Delta t \cdot (k-1) \leq t < \Delta t \cdot k$ 에서 $\vec{u}(t)$가 일정한 값을 가진다는 것을 적용하면 식 (3.62)는

$$\vec{x}[k]=e^{\boldsymbol{A}\Delta t}\vec{x}[k-1]+e^{\boldsymbol{A}\Delta t \cdot k}\int_{\Delta t \cdot (k-1)}^{\Delta t \cdot k} e^{-\boldsymbol{A}\tau}d\tau \cdot \boldsymbol{B}\vec{u}[k-1] \tag{3.63}$$

로 된다. 여기서 위 식의 오른쪽 두 번째 항의 적분을 수행하면

$$e^{\boldsymbol{A}\Delta t\cdot k}\left[-e^{-\boldsymbol{A}\tau}\boldsymbol{A}^{-1}+\boldsymbol{K}\right]\Big|_{\Delta t\cdot(k-1)}^{\Delta t\cdot k}\boldsymbol{B}\vec{u}[k-1] \tag{3.64}$$
$$=\left[e^{\boldsymbol{A}\Delta t}-\boldsymbol{I}\right]\boldsymbol{A}^{-1}\boldsymbol{B}\vec{u}[k-1]$$

로 됨을 확인할 수 있다[27]. 따라서 식 (3.63)은

$$\vec{x}[k]=\boldsymbol{\Phi}\vec{x}[k-1]+\boldsymbol{\Psi}\vec{u}[k-1],\ \vec{x}[0]=\vec{x}(0) \tag{3.65}$$

로 주어지는 이산시간시스템(discrete-time system)으로 된다. 단

$$\boldsymbol{\Phi}=e^{\boldsymbol{A}\Delta t},\ \boldsymbol{\Psi}=\left[e^{\boldsymbol{A}\Delta t}-\boldsymbol{I}\right]\boldsymbol{A}^{-1}\boldsymbol{B} \tag{3.66}$$

이다. 식 (3.65)를 순차적으로 적용하면 $\vec{x}(\Delta t)=\vec{x}[1]$, $\vec{x}(\Delta t\cdot 2)=\vec{x}[2]$, …을 차례로 얻을 수 있다. 이 경우 식 (3.66)의 $\boldsymbol{\Phi},\boldsymbol{\Psi}$는 앞에서 언급한 상태천이행렬 $e^{\boldsymbol{A}\Delta t}$의 계산법을 이용하면 어렵지 않게 계산할 수 있다.

예제 3.12

다음으로 주어지는 시스템에 대하여 [그림 3.11]과 같은 입력이 인가되었다고 한다. 이때 적당한 Δt에 대해 식 (3.48a)를 계산하고 이를 그림으로 나타내어 보자.

$$\dot{\vec{x}}(t)=\begin{bmatrix}0 & 1\\ 0 & -1\end{bmatrix}\vec{x}(t)+\begin{bmatrix}0\\ 1\end{bmatrix}u(t) \qquad ①$$

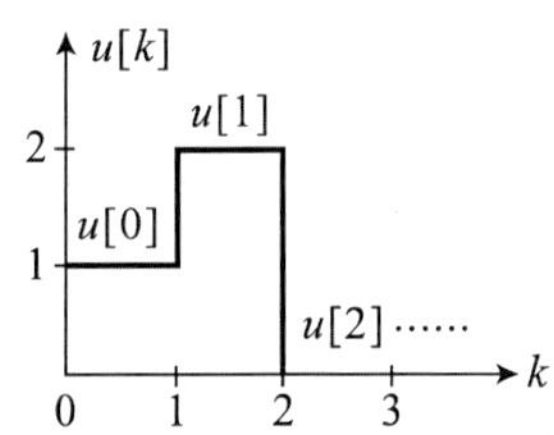

그림 3.11 [예제 3.12]의 입력

해 위 시스템에 대한 상태천이행렬 $e^{\boldsymbol{A}\Delta t}$는 3.3절의 방법을 이용할 수 있지만, 여기서는 주어진 행렬 $\boldsymbol{A}$가 (2×2)인 크기를 가지기 때문에 식 (3.15)의 라플라스 역변환을 이용하기로 한다. 즉

$$(s\boldsymbol{I}-\boldsymbol{A})^{-1}=\begin{bmatrix}s & -1\\ 0 & s+1\end{bmatrix}^{-1}=\begin{bmatrix}\dfrac{1}{s} & \dfrac{1}{s}-\dfrac{1}{s+1}\\ 0 & \dfrac{1}{s+1}\end{bmatrix}$$

로 되기 때문에 식 (3.15)에 의해

$$e^{\boldsymbol{A}t}=\mathcal{L}^{-1}\left[(s\boldsymbol{I}-\boldsymbol{A})^{-1}\right]=\begin{bmatrix}1 & 1-e^{-t}\\ 0 & e^{-t}\end{bmatrix} \qquad ②$$

을 얻는다. 또 식 (3.63)의 입력 $\vec{u}[k]$와 관련되는 적분에서 k는 임의의 값이므로 $k=1$로 두고, 여기에 치환을 이용하여 정리하면

27) $\int e^{\boldsymbol{A}t}dt=\boldsymbol{A}^{-1}e^{\boldsymbol{A}t}+\boldsymbol{K}=e^{\boldsymbol{A}t}\boldsymbol{A}^{-1}+\boldsymbol{K}$를 이용했다. 단 $\boldsymbol{K}$는 적분상수이다.

$$\boldsymbol{\Psi} = e^{\boldsymbol{A}\Delta t}\int_0^{\Delta t} e^{-\boldsymbol{A}\tau}d\tau \cdot \boldsymbol{B} = \int_0^{\Delta t} e^{\boldsymbol{A}\tau}d\tau \cdot \boldsymbol{B} \qquad ③$$ [28]

로 된다. 여기서 $\Delta t = t$ 로 두고 ③을 계산하면

$$\boldsymbol{\Psi} = \int_0^{t} e^{\boldsymbol{A}\tau}d\tau \cdot \vec{b} = \begin{bmatrix} t & t-1+e^{-t} \\ 0 & 1-e^{-t} \end{bmatrix}\begin{bmatrix} 0 \\ 1 \end{bmatrix} = \begin{bmatrix} t-1+e^{-t} \\ 1-e^{-t} \end{bmatrix} \qquad ④$$

로 된다. 따라서 식 (3.65)를 구성하는 두 요소가 계산되었으므로, [그림 3.11]의 입력의 모양으로부터 $\Delta t = 1$ 로 두면[29]

$$\boldsymbol{\Phi} = e^{\boldsymbol{A}\cdot 1} = \begin{bmatrix} 1 & 1-e^{-1} \\ 0 & e^{-1} \end{bmatrix} = \begin{bmatrix} 1 & 0.6321 \\ 0 & 0.3679 \end{bmatrix} \qquad ⑤$$

$$\boldsymbol{\Psi} = \begin{bmatrix} e^{-1} \\ 1-e^{-1} \end{bmatrix} = \begin{bmatrix} 0.3679 \\ 0.6321 \end{bmatrix}$$

로 되고, 여기에 초기상태 조건 $\vec{x}(0) = \vec{x}[0] = \vec{0}$ 에 의해

$$\vec{x}[0] = \begin{bmatrix} 0 \\ 0 \end{bmatrix}, \vec{x}[1] = \begin{bmatrix} e^{-1} \\ 1-e^{-1} \end{bmatrix}, \vec{x}[2] = \begin{bmatrix} 1+e^{-1}+e^{-2} \\ 2-e^{-1}-e^{-2} \end{bmatrix}, \cdots \qquad ⑥$$

$$\vec{x}[\infty] = \begin{bmatrix} 3 \\ 0 \end{bmatrix}$$

가 얻어진다[30].

%[예제 3.9]

```
syms t tau                                   % t, τ를 symbolic으로 지정
A=sym([0 1;0 -1]);B=[0 1]';                  % 행렬 A 를 symbolic으로 지정
Phi=expm(A*tau)                              % ②의 확인
Psi=int(Phi,tau,0,t)*B                       % ④의 확인
Phi_1=subs(Phi,tau,1), Psi_1=subs(Psi,t,1)% ⑤의 확인
% Simulation
A=[0 1;0 -1]; B=[0 1]';
C=[1 0;0 1]; D=[0;0];
Ts=1;                                        % 샘플링 시간([그림 3.11]에 의해 결정
```

28) $\Delta t - \tau = k, d\tau = -dk$ 의 치환을 이용하여 적분을 정리하고, 다시 $k = \tau$로 두었다.
29) 식 (3.63)의 적분계산에서 적분구간 내에서 입력 $u(t)$가 일정하다는 전제 하에 Ψ의 계산을 수행하였다. [그림 3.11]의 입력은 구간 $0 \le t \le 1$과 $1 \le t \le 2$에서 입력의 크기가 일정하기 때문에 $\Delta t = 1$로 두었다.
30) Simulink file인 'example_3_12'를 참고

```
sysc=ss(A,B,C,D);                 % 연속시간의 LTI object
sysd=c2d(sysc,Ts,'zoh');          % 이산시간의 LTI object로 변환
dt=[0:Ts:10];                     % simulation 시간지정
ud=zeros(size(dt));               % 입력의 크기 지정
ud(1)=1;ud(2)=2;                  % [그림 3.11]에 의해 크기 지정
xo=[0 0]';                        % 초기값
lsim(sysd,ud,dt,xo)               % 이산시간의 simulation을 직접 얻는다
```

➲ 프로그램을 실행하면 $\Delta t = 1$ 인 경우의 상태변수 $x_1(t)$와 $x_2(t)$의 시간흐름에 따른 변화를 얻을 수 있다. 이때 명령어 'lsim'의 요구조건에 의해 반드시 'Δt =샘플링 시간'으로 지정하여야 한다. Δt를 여러 가지로 바꾸어 프로그램을 실행시켜보면 $\vec{x}[\infty]$의 값이 달라짐을 확인할 수 있다.

3.5 상태방정식 표현에서의 극점과 영점

여기서는 식 (3.1)의 상태방정식으로 주어진 시스템의 영점과 극점에 대하여 설명한다. 특히 다입출력(MIMO)시스템의 경우는 SISO시스템과 달리 전달함수를 이용한 표현이 불가능하기 때문에 영점에 대한 새로운 정의가 필요하다.

식 (3.1)의 시스템에 대한 전달함수표현은 크기 $(p \times m)$의 행렬인 식 (3.37)로 주어진다. 즉

$$\boldsymbol{H}(s) = \boldsymbol{C}(s\boldsymbol{I} - \boldsymbol{A})^{-1}\boldsymbol{B} \tag{3.67}$$

이다. 위 행렬의 각 요소 $h_{ij}(s)$, $(i = 1 \sim p,\ j = 1 \sim m)$에 대한 표현식을 얻기 위해 행렬 $\boldsymbol{C}$를 행벡터의 표현식, 행렬 $\boldsymbol{B}$를 열벡터의 표현식으로 각각 분리하여 전개하여보자. 이렇게 하면 식 (3.67)은

$$\boldsymbol{H}(s) = \begin{bmatrix} \vec{c}_1 \\ \vec{c}_2 \\ \vdots \\ \vec{c}_p \end{bmatrix} (s\boldsymbol{I} - \boldsymbol{A})^{-1} \begin{bmatrix} \vec{b}_1 & \vec{b}_2 & \cdots & \vec{b}_m \end{bmatrix} \tag{3.68}$$

로 된다. 이로부터 위 행렬의 각 요소는

$$h_{ij}(s) = \vec{c}_i (s\boldsymbol{I} - \boldsymbol{A})^{-1} \vec{b}_j \tag{3.69}$$

로 되며 위 식에서 역행렬의 부분에 식 (3.49)를 적용하면 식 (3.69)는

$$h_{ij}(s) = \frac{\vec{c}_i\,[\mathrm{adj}(s\boldsymbol{I}-\boldsymbol{A})]\,\vec{b}_j}{|s\boldsymbol{I}-\boldsymbol{A}|} \tag{3.70}$$

로 나타낼 수 있다. 위 식으로부터 전달함수 $h_{ij}(s)$의 분모는 i, j 의 값에 관계없이 전부 다항식 $|s\boldsymbol{I}-\boldsymbol{A}|$로 된다는 것을 알 수 있다. 다시 말하면, 분모다항식 $|s\boldsymbol{I}-\boldsymbol{A}|$는 전달함수행렬 $\boldsymbol{H}(s)$의 각 요소가 가지는 분모다항식의 최소공배수라고 할 수 있다.

그런데 $|s\boldsymbol{I}-\boldsymbol{A}|=0$의 근은 행렬 $\boldsymbol{A}$의 고유값과 일치하기 때문에, 전달함수행렬 $\boldsymbol{H}(s)$의 분모다항식을 영으로 하는 값, 즉 $\boldsymbol{H}(s)$의 극은 상태방정식 (3.1a)의 행렬 $\boldsymbol{A}$의 고유값과 일치한다([요점 3.2] 참조). 그러나 이 표현의 반대(즉 $\boldsymbol{A}$의 고유값은 항상 $\boldsymbol{H}(s)$의 분모다항식의 근으로 된다는 사실)는 항상 성립되는 것은 아니기 때문에 주의가 필요하다. 왜냐하면, 예를 들어 다항식 $|s\boldsymbol{I}-\boldsymbol{A}|$가 $(s-\lambda_i)^k$를 요소로서 가지고 있다고 하자. 이때 만약 모든 $h_{ij}(s)$의 분자에 이 요소가 역시 포함되어 있다면 분자–분모 사이에 극–영점 소거가 생기게 되므로 $(s-\lambda_i)^k$는 더 이상 $\boldsymbol{H}(s)$의 극이 될 수 없는 경우가 발생하기 때문이다. 이상을 정리하면 다음 요점이 얻어진다.

요점 3.2 시스템의 극

식 (3.1)의 상태방정식 표현으로 주어진 시스템의 극은, 크기 $(p\times m)$인 전달함수행렬

$$\boldsymbol{H}(s) = \boldsymbol{C}(s\boldsymbol{I}-\boldsymbol{A})^{-1}\boldsymbol{B}$$

의 모든 성분이 가지는 분모다항식의 최소공배다항식

$$|s\boldsymbol{I}-\boldsymbol{A}| = 0 \tag{3.71}$$

을 만족하는 근으로 정의된다.

다음 영점에 대하여 알아보자. 우선 식 (3.1)에서 $m=p=1$로 두면 전달함수행렬은

$$h(s) = \vec{c}(s\boldsymbol{I}-\boldsymbol{A})^{-1}\vec{b} = \frac{\vec{c}\,[\mathrm{adj}(s\boldsymbol{I}-\boldsymbol{A})]\,\vec{b}}{|s\boldsymbol{I}-\boldsymbol{A}|}$$

로 되어 스칼라로 된다. 따라서 이 경우에는 영점의 정의에 의해 '분자를 영으로 하는 점', 즉 $h(s_o)=0$으로 하는 점을 찾으면 된다. 그러나 입력 혹은 출력의 개수가 둘 이상인 경우에는 식 (3.67)의 분자가 행렬로 되어 분자를 영으로 하는 점을 찾기가 어렵게 된다. 이와 같은 사실로부터 다입출력시스템에서 통용되는 영점에 대한 새로운 정의가 필요하다.

요점 3.3 **시스템의 영점**

다음과 같이 행렬을 정의하고 이것을 시스템행렬이라고 부른다.

$$\boldsymbol{P}(s) = \begin{bmatrix} \boldsymbol{A} - s\boldsymbol{I} & \boldsymbol{B} \\ \boldsymbol{C} & 0 \end{bmatrix} : (n+p)\times(n+m) \tag{3.72}$$

이때 다음의 부등식을 만족하는 복소수 s_o를 '등가영점'(혹은 불변영점(invariant zeros))이라고 한다.

$$\text{rank}\left[\boldsymbol{P}(s_o)\right] < n + \min(m, p) \tag{3.73}$$

위 요점에서 만약 $m = p = 1$ 이라고 두면 $\boldsymbol{P}(s)$는 정방행렬로 되므로, 행렬식의 전개에 관한 공식(부록참조)을 이용하면 식 (3.73)의 조건은

$$|P(s)| = \begin{vmatrix} -(s_o\boldsymbol{I} - \boldsymbol{A}) & \vec{b} \\ \vec{c} & 0 \end{vmatrix} = (-1)^n |s_o\boldsymbol{I} - \boldsymbol{A}|\, \vec{c}\, (s_o\boldsymbol{I} - \boldsymbol{A})^{-1}\vec{b} \tag{3.74}$$

$$= (-1)^n\, \vec{c}\, \left[\text{adj}\,(s_o\boldsymbol{I} - \boldsymbol{A})\right]\vec{b} = 0$$

로 표시될 수 있기 때문에 $P(s)$의 랭크를 $(n+1)$ 미만으로 하는 s_o와 식 (3.74)의 근은 서로 일치한다. 따라서 $m = p = 1$ 인 경우에는 [요점 3.3]은 결국 전달함수의 분자를 0 으로 만드는 점 s_o가 영점으로 된다고 하는 SISO시스템에서의 정의와 일치한다는 것을 알 수 있다.

예제 3.13

다음으로 주어진 SISO시스템의 상태방정식에 대해 영점을 계산해 보자.

$$\boldsymbol{A} = \begin{bmatrix} 0 & 1 \\ -2 & -3 \end{bmatrix},\ \vec{b} = \begin{bmatrix} 1 \\ 1 \end{bmatrix},\ \vec{c} = [1 \quad 0]$$

식 (3.74)에 의해

$$\det\begin{bmatrix} -s_o & 1 & 1 \\ -2 & -3-s_o & 1 \\ 1 & 0 & 0 \end{bmatrix} = 0 \qquad ①$$

을 계산하면 전달영점은

$$s_o = -4$$

이다.

%[예제 3.13]

```
syms so                                          % s_o 를 symbolic 변수로 지정
A=sym([0 1;-2 -3]);B=sym([1 1]');C=sym([1 0]);
Ps=[A-so*eye(2),B;C,0]                           % 식 (3.72)를 symbolic으로 지정
solve(det(Ps))                                   % ①의 확인
```

예제 3.14

다음 식과 같이 주어진 2입력2출력 시스템에 대한 영점을 구해보자.

$$\dot{\vec{x}}(t)=\begin{bmatrix}0&1&0\\0&0&1\\0&0&0\end{bmatrix}\vec{x}(t)+\begin{bmatrix}0&1\\0&0\\1&0\end{bmatrix}\vec{u}(t) \qquad ①$$

$$\vec{y}(t)=\begin{bmatrix}3&1&0\\2&3&1\end{bmatrix}\vec{x}(t)$$

해 먼저 전달함수행렬은 식 (3.67)에 의해

$$\boldsymbol{H}(s)=\begin{bmatrix}3&1&0\\2&3&1\end{bmatrix}\begin{bmatrix}s&-1&0\\0&s&-1\\0&0&s\end{bmatrix}^{-1}\begin{bmatrix}0&1\\0&0\\1&0\end{bmatrix} \qquad ②$$

$$=\begin{bmatrix}3&1&0\\2&3&1\end{bmatrix}\begin{bmatrix}1/s&1/s^2&1/s^3\\0&1/s&1/s^2\\0&0&1/s\end{bmatrix}\begin{bmatrix}0&1\\0&0\\1&0\end{bmatrix}$$

$$=\begin{bmatrix}\dfrac{s+3}{s^3}&\dfrac{3}{s}\\\dfrac{(s+1)(s+2)}{s^3}&\dfrac{2}{s}\end{bmatrix}$$

로 된다. 고전제어이론에 있어서의 영점은 $\{-3,-1,-2\}$이다. 한편 시스템행렬은 식 (3.72)로부터

$$\boldsymbol{P}(s)=\left[\begin{array}{ccc|cc}-s&1&0&0&1\\0&-s&1&0&0\\0&0&-s&1&0\\\hline 3&1&0&0&0\\2&3&1&0&0\end{array}\right] \qquad ③$$

로 되어 정방행렬이다. 따라서 식 (3.74)와 같은 방법으로 행렬식을 계산해보면

$$|\boldsymbol{P}(s)|=(-1)^3|s\boldsymbol{I}-\boldsymbol{A}|\cdot|\boldsymbol{C}(s\boldsymbol{I}-\boldsymbol{A})^{-1}\boldsymbol{B}|=3s+7 \qquad ④$$

로 된다. 따라서 불변영점은 $-7/3$ 으로 되어, 고전제어이론에 의한 영점과는 완전히 다른 값으로 됨을 알 수 있다.

%[예제 3.14]

```
syms s
A=sym([0 1 0;0 0 1;0 0 0]);B=sym([0 1;0 0;1 0]);
C=sym([3 1 0;2 3 1]);D=sym([0 0;0 0]);
Hs=C/(s*eye(3)-A)*B
Ps=[A-s*eye(3),B;C,D];
solve(det(Ps))
%
A=[0 1 0;0 0 1;0 0 0]; B=[0 1;0 0;1 0];          % 상태방정식 ①의 입력
C=[3 1 0;2 3 1]; D=[0 0;0 0];
sys=ss(A,B,C,D);                                  % LTI-object로 지정
p=pole(sys);                                      % LTI-object의 극을 계산
z=zero(sys);                                      % LTI-object의 영점을 계산
```

➲ 프로그램의 전반부는 Symbolic Math Toolbox가 제공하는 명령어를 이용한 것이며, 후반부는 Control System Toolbox의 명령어를 이용한 것이다. 어느 쪽을 실행하여도 영점으로 -2.333 을 얻는다. 또한 명령어 'ss'는 상태방정식 표현을, 이에 대응하는 명령어 'tf'는 전달함수를 각각 LTI object로서 표현하는 경우에 사용한다. [그림 3.6]에 둘 사이의 관계를 나타내었다.

3.6 좌표변환과 등가시스템

선형시불변시스템의 상태방정식 (3.1)에서 정칙행렬 $\boldsymbol{T}$를 이용한 등가변환을 수행한다. 즉

$$\vec{x}(t)=\boldsymbol{T}\vec{z}(t) \tag{3.75}$$

의 관계를 이용하여 상태 $\vec{x}(t)$를 $\vec{z}(t)$로 변환하면

$$\frac{d}{dt}\vec{z}(t)=\boldsymbol{T}^{-1}\boldsymbol{A}\boldsymbol{T}\vec{z}(t)+\boldsymbol{T}^{-1}\boldsymbol{B}\vec{u}(t) \tag{3.76a}$$

$$\vec{y}(t)=\boldsymbol{C}\boldsymbol{T}\vec{z}(t)+\boldsymbol{D}\vec{u}(t) \tag{3.76b}$$

로 된다. 여기서 상태방정식 (3.1)과 상태방정식 (3.76)을 비교하여 보자.

먼저 영-입력시스템의 응답에 있어서, 임의의 초기값 $\vec{x}(0)=\vec{x}_o$에 대한 식 (3.1)의 영-입력의 해인 식 (3.11)은, $\vec{z}(0)=\boldsymbol{T}^{-1}\vec{x}_o$에 대한 식 (3.76)의 영-입력의 해와 일치한다는 것은 쉽게 확인할 수 있다. 따라서 두 시스템의 영-입력응답은 한쪽이 계산되었다면 다른 한쪽은 식 (3.75)를 이용하여 쉽게 얻을 수 있다. 이러한 의미에서 두 상태방정식 (3.1)과 (3.76)은 서로 영-입력등가(zero-input equivalent)이라고 한다. 다음 영-상태, 즉 $\vec{z}(0)=\boldsymbol{T}^{-1}\vec{x}(0)=\vec{0}$로 두고 식 (3.76)을 라플라스변환 하고 정리하면

$$\begin{aligned}\vec{y}(s)&=\boldsymbol{CT}(s\boldsymbol{I}-\boldsymbol{T}^{-1}\boldsymbol{AT})^{-1}\boldsymbol{T}^{-1}\boldsymbol{B}\,\vec{u}(s)+\boldsymbol{D}\,\vec{u}(s)\\&=\boldsymbol{CT}\cdot\ \boldsymbol{T}^{-1}(s\boldsymbol{I}-\boldsymbol{A})^{-1}\boldsymbol{T}\cdot\ \boldsymbol{T}^{-1}\boldsymbol{B}\,\vec{u}(s)+\boldsymbol{D}\,\vec{u}(s)\\&=\{\boldsymbol{C}\,(s\boldsymbol{I}-\boldsymbol{A})^{-1}\boldsymbol{B}+\boldsymbol{D}\}\vec{u}(s)\end{aligned}$$

가 유도된다. 이 결과 식 (3.76)으로부터 얻어진 전달함수행렬은 식 (3.1)에서 얻어진 것과 동일하다는 것을 알 수 있다. 다시 말하면 두 시스템의 영-상태응답이 일치한다는 것이다. 이러한 의미에서 두 시스템은 영-상태등가(zero-state equivalent)라고 한다.

출력 $\vec{y}$는 영-입력응답과 영-상태응답의 합으로 주어지기 때문에 식 (3.1)과 (3.76)은 초기상태를 $\vec{x}(0)=\boldsymbol{T}\vec{z}(0)$로 선정한다면, 동일한 입력에 대하여 동일한 출력을 생성하게 된다. 이러한 의미에서 위 두 시스템은 서로 '등가(equivalent)'라고 한다. 즉 변환 (3.75)를 수행하여 얻어지는 내부표현은 원래의 내부표현과 등가이다.

차원 n이 2인 경우에 대하여 식 (3.75)를 좀 더 자세히 나타내면

$$\begin{bmatrix}x_1\\x_2\end{bmatrix}=\begin{bmatrix}t_{11}&t_{12}\\t_{21}&t_{22}\end{bmatrix}\begin{bmatrix}z_1\\z_2\end{bmatrix}$$

즉

$$\begin{bmatrix}1\\0\end{bmatrix}x_1+\begin{bmatrix}0\\1\end{bmatrix}x_2=\begin{bmatrix}t_{11}\\t_{21}\end{bmatrix}z_1+\begin{bmatrix}t_{12}\\t_{22}\end{bmatrix}z_2$$

로 된다. 이것은

$$\vec{e}_1=\begin{bmatrix}1\\0\end{bmatrix},\ \vec{e}_2=\begin{bmatrix}0\\1\end{bmatrix}$$

로 두면 $\vec{e}_1$ 방향의 성분이 x_1이고, $\vec{e}_2$ 방향의 성분이 $\vec{x}_2$인 2차원벡터를

$$\vec{t}_1=\begin{bmatrix}t_{11}\\t_{21}\end{bmatrix},\ \ \vec{t}_2=\begin{bmatrix}t_{12}\\t_{22}\end{bmatrix}$$

라고 하는 새로운 선형독립인 두 개의 벡터 $\vec{t}_1$과 $\vec{t}_2$ 방향으로 분해하면, 그 각각의 성분

이 z_1과 z_2로 된다는 것을 나타내고 있다. 이것을 그림으로 나타내면 [그림 3.12]와 같이 된다. 다시 말하면 공간 R^2 상에 존재하는 벡터의 표현법의 기준[31]을 $\left[\vec{e}_1, \vec{e}_2\right]$의 좌표에서 $\left[\vec{t}_1, \vec{t}_2\right]$ 좌표로의 변환하는 것이다. 일반적으로 식 (3.75)는 n 차원인 상태공간에서의 정칙행렬 $\boldsymbol{T}$를 이용한 좌표변환을 나타낸다[32]. 따라서 위에서 언급한 설명은 시스템의 내부표현에 있어서, 상태공간을 표현하기 위한 좌표축의 선정방법을 변경하여도 동일한 초기상태와 동일한 입력에 대해서 출력도 동일하게 된다는 것을 나타내고 있는 것으로 이것은 '등가'라는 의미에서 당연한 결과이다.

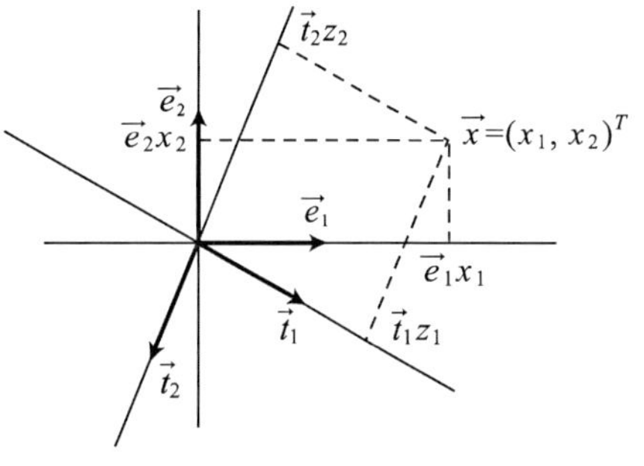

그림 3.12 상태의 좌표변환($n=2$)

3.7 선형시스템의 안정성

3.7.1 안정성과 모드

먼저 영-상태응답을 이용하여 계산한 시스템의 출력인 식 (3.39)를 구성하고 있는 성분에 대하여 알아보자. 식 (3.51)의 관계로부터 시스템의 임펄스응답 $\boldsymbol{H}(t)$는, 일반적으로 행렬 $\boldsymbol{A}$의 고유값에 따라 다음과 같은 성분으로 구성되어 있음을 알 수 있다.

(i) m 중(m multiple), $(m \geq 1)$인 실수 $\lambda=\sigma$를 가지는 경우:,

$$e^{\sigma t}, te^{\sigma t}, \cdots, t^{m-1}e^{\sigma t} \tag{3.77a}$$

(ii) m 중(m multiple), $(m \geq 1)$인 복소수 $\lambda=\sigma+j\omega$을 가지는 경우:

$$e^{\sigma t}\cos(\omega t+\phi), te^{\sigma t}\cos(\omega t+\phi), \cdots, t^{m-1}e^{\sigma t}\cos(\omega t+\phi) \tag{3.77b}$$

다음 영-입력응답의 해를 얻기 위한 상태천이행렬 $e^{\boldsymbol{A}t}$의 구성성분에 대하여 알아보자. 이는 식 (3.19) 또는 (3.21)의 변환으로 주어지는 죠르단표준형에 의하면, $e^{\boldsymbol{A}t}$ 역시 행렬 $\boldsymbol{A}$의 고유값에 따라 식 (3.77a), 또는 (3.77b)의 성분으로 이루어져 있음을 확인할 수 있다.

31) 이것을 일반적으로는 '기저(basis)'라고 한다.

32) n차원 공간 R^n 상에 존재하는 벡터는 선형독립인 n개의 벡터를 이용하여 유일하게 표현된다. 따라서 n개의 선형독립인 벡터(즉 기저)를 어떻게 선정하는가에 따라 동일한 벡터의 표현법은 달라진다.

앞에서 언급한 바와 같이 임펄스응답 $\boldsymbol{H}(t)$ 나 상태천이행렬 $e^{\boldsymbol{A}t}$ 의 각 요소에 대응하는 성분인 식 (3.77a), (3.77b)의 각 항을 고유값 λ 에 대응하는 모드(mode)라고 부른다.

실수 고유값에 대응하는 모드 (3.77a)는 $\lambda = \sigma$ 의 부호에 따라서

- $\sigma < 0$ 이면 $t \to \infty$ 에서 0 으로 수렴
- $\sigma = 0$ 이면 $e^{\lambda t} = 1$, 그 외는 $t \to \infty$ 에서 무한대로 발산
- $\sigma > 0$ 이면 $t \to \infty$ 에서 무한대로 발산

로 되는 것은 명백하다. 또한 복소고유값에 대응하는 모드에 있어서도 $\sigma = \mathrm{Re}\{\lambda\}$ 의 부호에 따라서

- $\sigma < 0$ 이면 $t \to \infty$ 에서 sine파 형식으로 진동하면서 수렴하는 감쇠진동.
- $\sigma = 0$ 이면 $e^{\sigma t}\cos(\omega t + \phi)$는 진폭 1 의 지속진동.
- $\sigma > 0$ 이면 $t \to \infty$ 에서 진폭이 무한대로 증가하는 발산진동.

으로 된다는 것을 쉽게 이해할 수 있을 것이다. 이처럼 각 모드의 $t \to \infty$ 에 있어서의 움직임은 $\boldsymbol{A}$ 의 고유값의 실수부에 의하여 결정된다는 것을 알 수 있다. 이러한 이유로서 $\sigma < 0$인 모드를 '점근안정한 모드(asymptotically stable mode)', $\sigma \geq 0$ 로 되는 모드를 '불안정한 모드(unstable mode)'라고 한다.

3.7.2 내부안정성

먼저 식 (3.1)로 주어진 시스템의 영-입력응답에 대하여 생각해 보자. 이 경우 시스템의 초기상태를 $\vec{x}(0) = \vec{x}_o$ 로 두면 $\vec{x}(t)$ 는 식 (3.11)에 의해

$$\vec{x}(t) = e^{\boldsymbol{A}t}\vec{x}_o \tag{3.78}$$

로 된다. 여기서 어떠한 $\vec{x}_o$ 에 대해서도 $t \to \infty$ 에서 $\vec{x}(t) \to \vec{0}$ 로 된다면 시스템은 내부안정(internally stable)이라고 한다.

이 사실로부터 선형시불변시스템의 내부안정성에 대한 요점을 얻는다.

요점 3.4 시스템의 내부안정성

식 (3.1a)로 주어진 시스템이 초기상태 $\vec{x}_o$ 에 관계없이 영-입력의 해 $\vec{x}_h(t)$ 가 항상 영으로 수렴하는 경우, 시스템 (3.1)은 내부안정이라고 한다. 이것을 식으로 표현하면 다음과 같다. 즉 시스템 (3.1a)

$$\dot{\vec{x}}_h(t) = \boldsymbol{A}\vec{x}_h(t) \tag{3.1a}$$

에 대해

$$\lim_{t \to \infty} \vec{x}_h(t) = \vec{0}, \quad (\forall\ \vec{x}(0)) \tag{3.79}$$

가 성립한다.

위 요점은 시스템의 안정성은 출력이 아니라 내부상태(즉 상태변수)로서 주어져 있으며, 또한 입력은 영으로 두었기 때문에 상태방정식 (3.1)의 행렬 $\boldsymbol{B}$, $\boldsymbol{C}$는 시스템의 내부안정성과는 무관함을 알 수 있다. 다시 말하며 시스템의 내부안정성은 행렬 $\boldsymbol{A}$에 의해서 결정된다. 또한 식 (3.77)을 참조하면 시스템의 내부안정성은 행렬 $\boldsymbol{A}$ 의 고유값과 밀접한 관계가 있다는 것을 알 수 있다.

요점 3.5 내부안정의 조건

시스템이 내부안정으로 되기 위한 필요충분조건은 $\boldsymbol{A}$ 의 모든 고유값의 실수부가 음(negative), 즉

$$\mathrm{Re}\{\lambda_i(\boldsymbol{A})\} < 0, \ (\forall\ i) \tag{3.80}$$

로 되는 경우이다.

예제 3.15

다음 두 종류의 시스템에 대한 해를 구하여 보자.

$$(1)\ \dot{\vec{x}}(t) = \begin{bmatrix} 0 & 1 \\ -1 & 0 \end{bmatrix} \vec{x}(t), \ \vec{x}(0) = \begin{bmatrix} \alpha \\ \beta \end{bmatrix} \quad ①$$

$$(2)\ \dot{\vec{x}}(t) = \begin{bmatrix} 0 & 0 \\ 0 & 0 \end{bmatrix} \vec{x}(t), \ \vec{x}(0) = \begin{bmatrix} \alpha \\ \beta \end{bmatrix} \quad ②$$

해 (1)의 경우에는 두 개의 고유값이 전부 허수, 즉 $\{\lambda_1, \lambda_2\} = \{j, j\}$로 된다. 따라서 [예제 3.3]의 ①을 이용하면 해는

$$\vec{x}(t) = [\ \alpha\cos t + \beta\sin t,\ -\alpha\sin t + \beta\cos t]^T \quad ③$$

로 되어 지속진동하고 있음을 알 수 있다.

(2)의 경우는 두 개의 고유값이 전부 영, 즉 $\{\lambda_1, \lambda_2\} = \{0, 0\}$ 이지만, 이 경우는 $\boldsymbol{A}=0$ 로 이므로 $e^{\boldsymbol{A}t} = e^{0t} = \boldsymbol{I}$ 로 되어 해는 $\vec{x}(t) = [\alpha, \beta]^T$ 인 일정한 크기로 된다. 그런데

$$\dot{\vec{x}}(t) = \begin{bmatrix} 0 & 1 \\ 0 & 0 \end{bmatrix} \vec{x}(t),\ \vec{x}(0) = \begin{bmatrix} \alpha \\ \beta \end{bmatrix} \qquad ④$$

인 경우에는 고유값은 위와 동일하게 전부 영을 가지지만

$$e^{\boldsymbol{A}t} = \begin{bmatrix} 1 & t \\ 0 & 1 \end{bmatrix} \qquad ⑤$$

이다. 따라서 $\vec{x}(t) = [\alpha + \beta t,\ \beta]^T$ 로 되어, 만약 $\beta \neq 0$ 이라면, $\| \vec{x}(t) \| \to \infty, (t \to \infty)$ 로 될 것이다.

%[예제 3.15]

```
syms alpha beta t real                    % α,β 및 시간 t를 symbolic 변수로 지정
A1=sym([0 1;-1 0]); xo=[alpha beta]';     % ①의 행렬을 symbolic으로 지정
xt=expm(A1*t)*xo                          % ③의 확인
xtR=subs(xt,{alpha,beta},{1,-1});         % ③에 α=1,β=-1를 대입한다.
ezplot(xtR(1)),hold on                    % x1(t)를 그림으로 확인
ezplot(xtR(2))                            % x2(t)를 그림으로 확인
A2=sym([0 0;0 0]);                        % ②를 symbolic 변수로 지정
xt=expm(A2*t)*xo                          % 상태천이행렬의 확인
A3=sym([0 1;0 0]);                        % ③을 symbolic변수로 지정
xt=expm(A3*t)*xo                          % ⑤의 확인
```

행렬 $\boldsymbol{A}$ 의 고유값 전부가 안정모드(즉 $\mathrm{Re}\{\lambda_i(\boldsymbol{A})\} < 0,\ (\forall i)$)로 이루어져 있는 행렬을 안정행렬(stable matrix)이라고 한다. 또한 $\boldsymbol{A}$ 가 안정행렬일 때 상태방정식 (3.1)을 내부안정[33]한 시스템이라고 한다. 이 경우에는, 예를 들어 입력의 크기가 일정한 값을 가진다면, $\vec{u}(t) = \alpha \cdot 1(t)$이라면 '$\vec{x}(\infty)$ = 일정'으로 된다. 더욱이 $\boldsymbol{A}$ 의 고유값을 시스템 (3.8)의 '극(pole)'이라고 부른다.

33) 점근안정(asymptotically stable)한 시스템이라고도 한다. 즉 시간의 흐름에 따라 점근적으로 영으로 된다는 의미를 내포하고 있다.

3.7.3 외부안정성

먼저 고전제어이론에서 자주 사용되는 안정성에 대한 개념으로서 유한한 크기의 입력에 의한 유한한 크기의 출력으로 정의되는 안정성이 있다. 이를 일반적으로 유계입출력(Bounded-Input Bounded-Output: BIBO) 안정이라고 한다. 이것은 그 이름이 의미하는 바와 같이 입출력 신호의 크기 관계를 이용하여 안정성을 판단하는 것으로 다음과 같이 정의된다.

요점 3.6 입출력 안정성의 정의

[그림 3.13]에 나타낸 바와 같이 초기상태 $\vec{x}(0)=\vec{0}$인 선형시스템 (3.1)에서, 입력 $\vec{u}(t)\in R^m$가 유한한 크기(즉 $\|\vec{u}(t)\| \le M_u$이다)를 가진다고 한다[34]. 이때 어떤 양의 정수 M_u, M_y가 존재해서, 임의의 유한한 크기를 가지는 입력 $\vec{u}(t)$에 대한 시스템 (3.1)의 출력 $\vec{y}(t)\in \mathrm{R}^p$ 역시 유한한 크기, 즉 $\|\vec{y}(t)\| \le M_y$를 만족하는 경우 선형시스템 (3.1)은 입출력안정, 또는 외부안정이라고 한다.

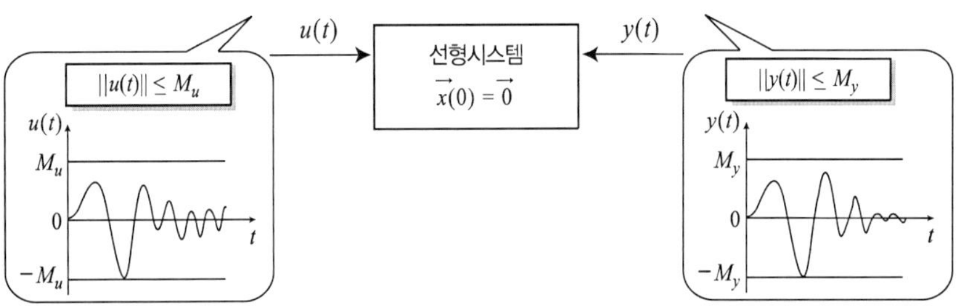

그림 3.13 1입출력시스템의 BIBO 안정성

이상의 사실을 전달함수행렬을 이용하여 확인하여 보자. 즉 식 (3.1)의 영-상태응답은 식 (3.39)와 같이 임펄스응답함수 행렬 $\boldsymbol{H}(t)$를 이용하여

$$\vec{y}(t)=\int_0^t \boldsymbol{H}(t-\tau)\vec{u}(\tau)d\tau \tag{3.81}$$

로 주어진다. 이때 유한한 크기를 가지는 입력, 다시 말하면 적당한 양의 수 K_1에 대해서

$$|u_i(t)| \le K_1 < \infty, (0 \le t < \infty,\ i=1,\cdots,m) \tag{3.82a}$$

을 만족하는 입력이 인가된다면 출력도 유한한 크기로 되는 지의 여부를 확인하여 보자.

34) $\|\vec{f}\|=\sqrt{f_1^2+\cdots f_k^2}$을 벡터 $\vec{f}=[f_1 \cdots f_k]^T \in \mathrm{R}^k$의 유클리드 놈(norm)이라고 부른다. $k=1$이면 $\vec{f}$는 스칼라이므로 이 경우의 유클리드 놈은 단순한 절대크기 $\|\vec{f}\|=|f|$를 의미한다.

다시 말하면 적당한 정의 수 K_2 에 대해서

$$|y_j(t)| \le K_2 < \infty, (0 \le t < \infty,\ j = 1, \cdots, p) \tag{3.82b}$$

가 성립하는 지의 여부에 주목한다. 만약 임의의 유한한 크기를 가지는 입력에 대해서 역시 유한한 크기의 출력으로 되는지의 여부이다. 이와 관련하여 다음 요점이 주어진다.

요점 3.7 외부안정

다음의 세 가지 성질은 서로 등가이다.

(i) 시스템이 외부안정이다.

(ii) 임펄스응답 $\boldsymbol{H}(t)$ 가 어떤 양의 수 K 에 대해서

$$\int_0^\infty |\boldsymbol{H}(t)| dt \le K < \infty \tag{3.83}$$

을 만족한다.

(iii) 모든 모드가 내부안정이다. 즉 전달함수행렬 $\boldsymbol{H}(s)$ 의 모든 극의 실수부는 영보다 작다.

3.7.4 내부안정과 외부안정과의 관계

이상의 사실로부터 시스템이 내부안정으로 되기 위한 필요충분조건은 행렬 $\boldsymbol{A}$ 의 고유값, 즉

$$|s\boldsymbol{I} - \boldsymbol{A}| = 0 \tag{3.84}$$

의 근이 모두 음의 실수부를 가져야 하는 것이며, 외부안정이기 위한 필요충분조건은 전달함수행렬 $\boldsymbol{H}(s)$ 의 각 요소의 분모다항식의 최소공배 다항식을 구하여

$$\boldsymbol{H}(s) = \frac{\boldsymbol{N}(s)}{d(s)} \tag{3.85a}$$

으로 두었을 경우

$$d(s) = 0 \tag{3.85b}$$

의 근이 전부 음의 실수부를 가지는 것이다.

식 (3.84)와 (3.85b)로 주어지는 두 개의 다항식이 일치한다면 내부안정과 외부안정의 정의는 일치할 것이다. 만약 시스템이 SISO인 경우에 식 (3.85b)의 다항식이 식 (3.84)와 일치하기 위해서는, 전달함수 $h(s) = n(s)/d(s)$ 의 분자다항식과 분모다항식이 공통의 근

을 가지지 않아야 한다는 것이다. 또한 MIMO시스템의 경우에는 식 (3.85a)의 행렬 $\boldsymbol{N}(s)$의 모든 요소의 분자다항식과 분모다항식 $d(s)$ 사이에 공통인자가 존재하지 않아야 하는 것이다. 이러한 사실들은 제4장에서 취급하는 시스템의 구조에서 자세히 언급될 것이다.

이러한 사실로부터, 내부안정이라면 반드시 외부안정이지만 그 역은 항상 성립하는 것은 아니라는 것을 알 수 있다.

3.8 안정판별법

3.8.1 대수방정식의 근과 계수

식 (3.84)와 (3.85b)는 모두 s 에 관한 대수방정식이다. 따라서 이것을 풀어서 근을 구할 수 있다면 안정인지의 여부를 확인할 수 있다. 그러나 일반적으로 고차의 대수방정식을 푼다고 하는 것은 상당히 번거로운 일이다. 따라서 시스템의 안정여부만을 알고자 한다면 근의 완전한 해를 구하기보다는, 단지 근의 실수부가 음(−)인지의 여부를 확인하는 것으로 충분할 것이다. 이런 이유로서 고차의 대수방정식을 직접 풀지 않고서 시스템의 안정성을 판별하는 방법이 몇 가지 제안되어 있다.

주어진 대수방정식 (3.84)를 전개하여

$$s^n + \alpha_{n-1} s^{n-1} + \cdots + \alpha_1 s + \alpha_o = 0 \tag{3.86}$$ [35]

으로 되었다고 한다. 이때 행렬 $\boldsymbol{A}$ 는 고유값으로 2μ 개의 복소값과 $(n-2\mu)$ 개의 실수값을 가지는 것으로 가정하고, 식 (3.86)을 인수분해하면

$$\begin{aligned} & s^n + \alpha_{n-1} s^{n-1} + \cdots + \alpha_1 s + \alpha_o \\ & \quad = \prod_{j=1}^{n-2\mu} (s-\lambda_j) \prod_{i=1}^{\mu} \left\{ (s-\sigma_i)^2 + \omega_i^2 \right\} \end{aligned} \tag{3.87}$$

로 된다. 시스템이 안정으로 모든 극이 음의 실수부를 가진다고 하면, 위 식에서 $\lambda_j < 0$ 및 $\sigma_i < 0$ 으로 되어야 한다. 여기서 $q_j = -\lambda_j > 0, (j = 1, \cdots, n-2\mu)$, $r_i = -\sigma_i > 0$, $(i = 1, \cdots, \mu)$ 로 정의하여 식 (3.87)을 고쳐 쓰면

$$\begin{aligned} & s^n + \alpha_{n-1} s^{n-1} + \cdots + \alpha_1 s + \alpha_o \\ & \quad = \prod_{j=1}^{n-2\mu} (s+q_j) \prod_{i=1}^{\mu} \left\{ s^2 + 2r_i s + \left(r_i^2 + \omega_i^2\right) \right\} \end{aligned} \tag{3.88}$$

35) 이미 앞에서 언급하였지만 이는 시스템의 특성다항식이다.

이 얻어진다. 여기서 오른쪽 항의 계수 q_j, $2r_i$, $\left(r_i^2+\omega_i^2\right)$은 전부 양(+)이므로 오른쪽 항을 전개하여 얻어지는 다항식 s^k의 계수는 전부 양으로 되어야 한다. 따라서 왼쪽 항의 계수 $\alpha_{n-1},\cdots,\alpha_1,\alpha_o$ 도 당연히 전부 양으로 되어야 할 것이다. 이로부터 다항식 (3.86)의 근의 실수부가 전부 음, 즉 시스템 (3.1)이 안정으로 되기 위한 필요조건은 식 (3.86)의 다항식의 계수가

$$\alpha_k > 0\,,(k=0,1,\cdots,n-1) \tag{3.89}$$

로 되어야 한다는 것을 알 수 있다. 식 (3.89)는 필요조건이지, 일반적으로 충분조건은 아니라는 점에 유의한다. 안정성을 판별하기 위한 필요충분 두 가지를 다음에 설명한다.

3.8.2 라우스(Routh)의 안정판별법

다항식 (3.86)의 s^k의 계수를 하나씩 건너뛰면서 다음과 같이 정의한다.

$$\begin{aligned} &\alpha_o^0=1 \\ &\alpha_1^0=\alpha_{n-2} \\ &\alpha_2^0=\alpha_{n-4} \\ &\quad\vdots \end{aligned} \tag{3.90}$$

나머지의 계수에 대해서는

$$\begin{aligned} &\alpha_o^1=\alpha_{n-1} \\ &\alpha_1^1=\alpha_{n-3} \\ &\alpha_2^1=\alpha_{n-5} \\ &\quad\vdots \end{aligned}$$

로 둔다. 이렇게 두고 이하 다음 공식

$$\alpha_i^{k+2}=\frac{\alpha_o^{k+1}\alpha_{i+1}^{k}-\alpha_o^{k}\alpha_{i+1}^{k+1}}{\alpha_o^{k+1}}=\alpha_{i+1}^{k}-\gamma_{k+1}\alpha_{i+1}^{k+1} \tag{3.91}$$

에 의해 $\alpha_i^2,\alpha_i^3,\cdots$ 를 계산한다. 단

$$\gamma_{k+1}=\frac{\alpha_o^k}{\alpha_o^{k+1}},\ \alpha_o^0=1 \tag{3.92}$$

이다. 이들을 나열하여 [표 3.2]를 만든다. 이 표는 '라우스배열(Routh array)'이라고 불리는 것이다. [표 3.2]에는 n이 짝수 $n=2m$인 경우를 나타내고 있지만, n이 홀수인 경우에는 각 행에 나열되는 계수의 개수가 약간 변할 뿐 본질적으로는 동일하다.

[표 3.2] 라우스배열

α_o^0	α_1^0	α_2^0	$\cdots$		α_{m-1}^0	α_m^0
α_o^1	α_1^1	α_2^1	$\cdots$		α_{m-1}^1	|----
α_o^2	α_1^2	α_2^2	$\cdots$		α_{m-1}^2	|
α_o^3	α_1^3	α_2^3	$\cdots$	α_{m-2}^3	|----	
	$\vdots$					
α_o^{n-2}	α_1^{n-2}	|----				
α_o^{n-1}	|-----					
α_o^n	|					

위 표를 이용한 라우스의 안정판별법(Routh's stability criterion)은 다음과 같다. 식 (3.86)의 근이 전부 음의 실수부를 가지기 위한 필요충분조건은, 라우스배열에 있어서 $\alpha_o^i > 0$, $(i = 1,2,\cdots,n)$이 성립하는 것이다. 이것은 $\gamma_k > 0$, $(k = 1,2,\cdots,n)$의 조건이 성립하는 것과 동일한 내용이라는 것은 쉽게 확인할 수 있을 것이다.

3.8.3 후르비쯔의 안정판별법

또 하나의 판정방법으로 후르비쯔의 안정판별법(Hurwitz's stability criterion)이 있다. 이것은 식 (3.86)의 계수로부터 먼저 다음과 같은 크기 $(n \times n)$인 행렬 $\boldsymbol{H}$를 만든다.

$$\boldsymbol{H} = \begin{bmatrix} \alpha_{n-1} & \alpha_{n-3} & \alpha_{n-5} & \cdots & 0 \\ 1 & \alpha_{n-2} & \alpha_{n-4} & & \vdots \\ 0 & \alpha_{n-1} & \alpha_{n-3} & & \vdots \\ \vdots & 1 & \alpha_{n-2} & & \vdots \\ \vdots & & \alpha_{n-1} & \cdots & \vdots \\ \vdots & & 1 & & \vdots \\ \vdots & & 0 & & \vdots \\ \vdots & & \vdots & & 0 \\ 0 & 0 & 0 & & \alpha_o \end{bmatrix} \tag{3.93}$$

$\boldsymbol{H}$는 왼쪽 위의 α_{n-1}에서 시작해서 하나씩 오른쪽으로 옮길 때마다 첨자를 2 만큼 감소시키며, 또 하나씩 아래쪽으로 옮기면서 첨자를 1 씩 증가시킨다. 이 과정에서

$$\alpha_n = 1$$

$$\alpha_k = 0,\ (k > n,\ \text{혹은}\ k < 0)$$

으로 두면 행렬 $\boldsymbol{H}$가 얻어진다. 이때 $\boldsymbol{H}$의 주좌소행렬식(leading principal minor), 즉 왼쪽 위로부터 크기 $(k \times k)$인 소행렬식을 Δ_k, $(k=1,2,\cdots,n)$으로 둔다. 이를 이용하여

$$\Delta_1 = \alpha_{n-1} \tag{3.94}$$

$$\Delta_2 = \begin{vmatrix} \alpha_{n-1} & \alpha_{n-3} \\ 1 & \alpha_{n-2} \end{vmatrix}$$

$$\Delta_3 = \begin{vmatrix} \alpha_{n-1} & \alpha_{n-3} & \alpha_{n-5} \\ 1 & \alpha_{n-2} & \alpha_{n-4} \\ 0 & \alpha_{n-1} & \alpha_{n-3} \end{vmatrix}$$

$$\vdots$$

$$\Delta_n = \det \boldsymbol{H}$$

을 만든다. 이때 Δ_k를 '후르비쯔 행렬식(Hurwitz determinant)'이라고 부른다.

후르비쯔의 안정판별법은 다음과 같다. 식 (3.86)의 근의 실수부가 전부 음으로 되기 위한 필요충분조건은 $\Delta_k > 0, (k=1,2,\cdots,n)$이 성립하는 것이다.

위 공식을 계산에 편리한 형식으로 조금 변환하면 다음과 같다. 즉 행렬 $\boldsymbol{A}$가 안정하기 위한 필요충분조건은

(i) 식 (3.86)의 계수($\alpha_i, i=0,1,2,\cdots,n-1$)가 전부 양(+).

(ii) n이 짝수 $2k$ 일 경우: $\Delta_{2i-1} > 0$, $(i=1,2,\cdots,k)$이 만족.

n이 홀수 $2k+1$ 일 경우: $\Delta_{2i} > 0$, $(i=1,2,\cdots,k)$이 만족.

이다.

위 조건을 후르비쯔의 조건 (3.94)와 비교해보면, 복잡한 계산을 필요로 하는 행렬식에 대한 조건이 약 반으로 줄고, 그 대신 쉽게 판단할 수 있는 계수의 부호조건이 추가되어 있다. 따라서 이 방법이 계산의 면에서 훨씬 간편하게 판단을 수행할 수 있다.

예제 3.16

다음과 같이 주어진 상태방정식이 안정하기 위한 K의 범위를 라우스의 방법을 이용하여 구하라.

$$\dot{\vec{x}}(t) = \begin{bmatrix} 0 & 1 & 0 & 0 \\ 0 & 0 & 1 & 0 \\ 0 & 0 & 0 & 1 \\ -1 & -1 & -1 & -K \end{bmatrix} \vec{x}(t) + \begin{bmatrix} 0 \\ 0 \\ 0 \\ 1 \end{bmatrix} u(t) \quad ①$$

$$y(t) = [1 \ 0 \ 0 \ 0] \vec{x}(t)$$

해 안정성의 판별을 위해 식 (3.86)을 계산하면

$$|s\boldsymbol{I}-\boldsymbol{A}|=s^4+Ks^3+s^2+s+1=0 \qquad ②$$

위 식으로 라우스테이블을 만들면 아래와 같다.

s^4	1	1	1
s^3	K	1	0
s^2	$\dfrac{K-1}{K}$	1	0
s^1	$1-\dfrac{K^2}{K-1}$	0	
s^0	1		

따라서 안정성을 위해서는 아래의 조건이 필요하다.

$$K>0 \qquad ③$$

$$\frac{K-1}{K}>0$$

$$1-\frac{K^2}{K-1}>0$$

첫 번째와 두 번째 조건으로부터 K는 1 보다 커야 한다는 것이 필요하고, 세 번째 조건에서

$$\frac{K-1-K^2}{K-1}=\frac{-1+K(1-K)}{K-1}<0 \qquad ④$$

이 만족되어야 한다. 그러나 이러한 세 가지 조건을 동시에 만족하는 K는 존재하지 않으므로 위의 시스템을 비례제어기만으로는 안정화할 수 없다.

%[예제 3.16]

```
syms K s                              % symbolic 변수 K, s를 지정
A=sym([0 1 0 0;0 0 1 0;0 0 0 1;-1 -1 -1 -K]);  % 행렬 A를 symbolic으로 지정
Is=eye(4)*s;                          % 행렬 sI를 작성
Z=(det(Is-A));                        % ②의 표현식 확인
ch=solve(Z,'s');chs=simple(ch);       % ②를 만족하는 s_i,(i=1~4)의 계산
ezplot(real(chs(1,1)),[-10 10])       % -10 ≤ K ≤ 10 에서 Re[s_1]의 그래프를 작성
ezplot(real(chs(2,1)),[-10 10])       % -10 ≤ K ≤ 10 에서 Re[s_2]의 그래프를 작성
ezplot(real(chs(3,1)),[-10 10])       % -10 ≤ K ≤ 10 에서 Re[s_3]의 그래프를 작성
```

```
ezplot(real(chs(4,1)),[-10 10]) % −10 ≤ K≤ 10 에서 Re[s4]의 그래프를 작성
```

➲ 다항식 ②를 만족하는 네 개의 근은 K의 함수로 되어 있기 때문에, K의 범위를 $-10 \le K \le 10$로 두고 이를 그래프로 나타내는 명령어가 'ezplot'이다. 이때 'ezplot'는 symbolic변수가 실수를 가지는 경우에만 그래프로 나타낼 수 있기 때문에 'real'을 사용하여 실수부만을 그래프로 표시하였다. 이때 네 개 근의 실수부가 영보다 작은 값을 가지도록 하는 K값은 존재하지 않기 때문에, 시스템 ①을 안정화하는 비례제어기 K는 존재하지 않음을 알 수 있다.

3.8.4 리아프노프(Lyapunov)의 방법

리아프노프의 안정성이론을 이용하여 상태방정식 (3.1)의 안정성을 확인할 수 있다. 이 방법은 실제로 시스템의 안정성확인보다는 제4장 이후에 사용되는 선형시스템의 구조 및 제어기설계 등에서 이론전개과정에 주로 사용된다.

크기 $(n \times n)$인 행렬 $\boldsymbol{Q}$를 대칭인 준정정행렬[36]로 가정하고, 또한 역시 크기가 $(n \times n)$인 미지의 행렬 $\boldsymbol{X}$에 관한 대수방정식

$$\boldsymbol{X}\boldsymbol{A} + \boldsymbol{A}^T\boldsymbol{X} = -\boldsymbol{Q} \tag{3.95}$$

이 주어졌다고 한다. 위 식은 '리아프노프방정식(Lyapunov equation)'으로 불리는 것으로 제어이론의 여러 분야에서 중요한 역할을 하고 있다. 위 식에서 $\boldsymbol{Q}$를 준정정인 경우도 가능하다고 했으므로, 여기서는 $\text{rank}[\boldsymbol{Q}] = 1$로 한정하면 임의의 n차인 실수 행벡터 $\vec{q}$를 이용하여

$$\boldsymbol{Q} = \vec{q}^{\,T}\vec{q} \tag{3.96}$$

로 나타낼 수 있다. 예를 들어 가장 간단한 형식으로 $\boldsymbol{Q} = \begin{bmatrix} 1 & 0 \\ 0 & 0 \end{bmatrix}$로 두면 당연히 $\text{rank}[\boldsymbol{Q}] = 1$이고, 따라서 $\vec{q} = [1, 0]$로 두면 식 (3.96)과 같이 나타낼 수 있다.

리아프노프방정식 (3.95)의 해 $\boldsymbol{X}$와, $\boldsymbol{A}$의 내부안정성에 관하여 다음의 요점이 주어진다.

요점 3.8 리아프노프방정식의 해

> $(\vec{q}, \boldsymbol{A})$가 가관측[37]이라고 한다. 리아프노프방정식 (3.95)의 해 $\boldsymbol{X}$가 정정행렬이라면 $\boldsymbol{A}$는 내부안정이다. 반대로 $\boldsymbol{A}$가 내부안정이라면, 식 (3.95)은 실대칭행렬인 유일해 $\boldsymbol{X}$를 가지며, 이때 $\boldsymbol{X}$는 정정행렬이다.

36) 대칭행렬 $\boldsymbol{A}$에 대한 2차형식이 임의의 벡터 $\vec{x}$에 대하여 양의 값, 즉 $\vec{x}^{\,T}\boldsymbol{A}\vec{x} > 0, (\forall \vec{x})$으로 되는 경우 행렬 $\boldsymbol{A}$를 정정행렬이라고 한다. 또한 $\vec{x}^{\,T}\boldsymbol{A}\vec{x} \ge 0, (\forall \vec{x})$ 를 만족하면 $\boldsymbol{A}$는 준정정행렬이다(부록참조).

위 요점의 상세한 증명은 참고문헌에 맡기고, 아래의 예제를 이용하여 이를 확인하여 보자.

예제 3.17

다음 영-입력시스템의 안정성에 대하여 알아보자.

$$\dot{\vec{x}}(t)=\begin{bmatrix}0 & 1\\ -1 & -2\end{bmatrix}\vec{x}(t) \quad ①$$

해 이 경우 간단하게 $\boldsymbol{Q}$ 로서

$$\boldsymbol{Q}=\begin{bmatrix}1 & 0\\ 0 & 0\end{bmatrix} \quad ②$$

를 선택하면 $\boldsymbol{Q}=\vec{q}^{\,T}\vec{q}$ 이므로, 제4장의 가관측성의 성질을 이용하면 쉽게 $(\vec{q},\boldsymbol{A})$가 가관측이라는 사실을 확인할 수 있다. 따라서 식 (3.95)는 유일한 해 $\boldsymbol{X}$가 존재한다. 이를

$$\boldsymbol{X}=\begin{bmatrix}x_{11} & x_{12}\\ x_{21} & x_{22}\end{bmatrix}$$

로 두면 $\boldsymbol{X}$는 대칭행렬이므로 $x_{12}=x_{21}$ 이다. 따라서 식 (3.95)는

$$\begin{bmatrix}x_{11} & x_{12}\\ x_{12} & x_{22}\end{bmatrix}\begin{bmatrix}0 & 1\\ -1 & -2\end{bmatrix}+\begin{bmatrix}0 & -1\\ 1 & -2\end{bmatrix}\begin{bmatrix}x_{11} & x_{12}\\ x_{12} & x_{22}\end{bmatrix} \quad ③$$

$$=\begin{bmatrix}-2x_{12} & x_{11}-2x_{12}-x_{22}\\ x_{11}-2x_{12}-x_{22} & 2x_{12}-4x_{22}\end{bmatrix}=-\begin{bmatrix}1 & 0\\ 0 & 0\end{bmatrix}$$

로 되어

$$2x_{12}=1,\ x_{11}-2x_{12}-x_{22}=0,\ 2x_{12}-4x_{22}=0 \quad ④$$

인 3개의 식을 얻는다. 이를 풀면 $x_{12}=1/2$, $x_{22}=1/4$, $x_{11}=5/4$로 되기 때문에

$$\boldsymbol{X}=\begin{bmatrix}5/4 & 1/2\\ 1/2 & 1/4\end{bmatrix} \quad ⑤$$

로 된다. 행렬 $\boldsymbol{X}$가 정정인지의 여부는 부록을 참고하여, 예를 들어 $\boldsymbol{X}$의 고유값을 계산하면 1.4572과 0.0429로 되어 전부 양(+)의 값을 가진다. 따라서 $\boldsymbol{X}$는 정정행렬로 되어 [요점 3.8]에 의해 행렬 $\boldsymbol{A}$는 안정행렬이다. 실제로 행렬 $\boldsymbol{A}$의 고유값을 구해보면 -1에 중근을 가지므로 안정행렬임을 확인할 수 있다.

---

37) 가관측성에 대해서는 제4장을 참조바람.

%[예제 3.17]

```
A=[0 1;-1 -2]; Q=[1 0;0 0];     % ①, ②의 입력
X=lyap(A,Q);                    % 식 (3.95)의 해를 구하는 명령어
eig(X), eig(A)                  % X가 정정행렬, A가 안정행렬임을 고유값을 이용
                                % 하여 확인
```

➲ 위 프로그램에서 리아프노프방정식 (3.95)의 해 $\boldsymbol{X}$를 계산하여 보면 위 예제의 ⑤와 달리 $x_{12}=x_{21}=-1/2$로 됨을 알 수 있다. 이 경우에도 물론 $\boldsymbol{X}$는 정정행렬로 되어 [요점 3.8]의 성립에는 문제가 없으나, 위 예제의 ⑤와 다른 값이 나오는 이유는 다음과 같다. 즉 MATLAB에서 취급하는 리아프노프방정식의 모양이 식 (3.95)와 달리

$$\boldsymbol{A}\boldsymbol{X}+\boldsymbol{X}\boldsymbol{A}^T=-\boldsymbol{Q}$$

의 형식을 취하기 때문이나, 이것은 [요점 3.8]의 적용에는 문제로 되지 않는다.

연 습 문 제

3.1

$$A=\begin{bmatrix} 1 & 0 & 1 & 1 \\ 0 & 1 & 0 & 0 \\ 0 & 0 & 1 & -1 \\ 0 & 0 & 0 & 1 \end{bmatrix}$$

에 대해서 라플라스역변환의 관계식 $e^{\boldsymbol{A}t} = \mathcal{L}^{-1}[(s\boldsymbol{I}-\boldsymbol{A})^{-1}]$ 을 이용하여 상태천이 행렬을 계산하라.

3.2 2개의 상태와 하나의 출력을 가지는 LTI 시스템이 아래와 같은 영-입력응답을 가진다고 한다. 이때 시스템의 선형성을 이용하여 초기상태 값이 $\vec{x}(0)=[2 \quad 0.5]^T$ 로 주어졌을 경우의 영-입력응답 $y(t)$ 를 계산하라.

$$\vec{x}_1(0)=\begin{bmatrix} 1 \\ 0.5 \end{bmatrix} \rightarrow y_1(t)=e^{-t}-0.5e^{-2t}$$

$$\vec{x}_2(0)=\begin{bmatrix} -1 \\ 1 \end{bmatrix} \rightarrow y_2(t)=-0.5e^{-t}-e^{-2t}$$

3.3 어떤 LTI시스템에 단위계단함수(unit step function)를 인가하였을 때의 응답이 다음과 같이 주어졌다고 한다.

$$\vec{x}_1(0)=\begin{bmatrix} 1 \\ 1 \end{bmatrix} \rightarrow y_1(t)=0.5-0.5e^{-t}+e^{-2t}$$

$$\vec{x}_2(0)=\begin{bmatrix} 2 \\ 2 \end{bmatrix} \rightarrow y_2(t)=0.5-e^{-t}+1.5e^{-2t}$$

이때 단위계단 함수입력에 대한 영-상태응답을 구하라.

3.4 상태천이행렬 $e^{\boldsymbol{A}\Delta t}$ 를 계산하기 위한 유용한 하나의 방법으로서 파디(Pade)근사법이 있다. 이는

$$\phi=e^{\boldsymbol{A}\Delta t} = (\boldsymbol{I}-\frac{1}{2}\boldsymbol{A}\Delta t+\frac{1}{12}\boldsymbol{A}^2\Delta t^2)^{-1}(\boldsymbol{I}+\frac{1}{2}\boldsymbol{A}\Delta t+\frac{1}{12}\boldsymbol{A}^2\Delta t^2) \quad \text{(문3.1)}$$

에 의해 근사적으로 상태천이행렬을 계산하고 있다. 또한 이것을 급수전개에 의한 무한 급수의 형태로 표현하면 다음과 같다.

$$\phi=\boldsymbol{I}+c_1\boldsymbol{A}\Delta t+c_2\boldsymbol{A}^2\Delta t^2+\cdots+c_n\boldsymbol{A}^n\Delta t^n+\cdots \quad \text{(문3.2)}$$

이 관계를 이용하면 파디근사법에 의한 계산법의 정확도를 확인할 수가 있다. 즉 (문3.1)에 (문3.2)를 대입하여 정리하면

$$(\boldsymbol{I}-\frac{1}{2}\boldsymbol{A}\Delta t+\frac{1}{12}\boldsymbol{A}^2\Delta t^2)(\boldsymbol{I}+c_1\boldsymbol{A}\Delta t+c_2\boldsymbol{A}^2\Delta t^2+\cdots) = (\boldsymbol{I}+\frac{1}{2}\boldsymbol{A}\Delta t+\frac{1}{12}\boldsymbol{A}^2\Delta t^2) \quad \text{(문3.3)}$$

으로 되는 데, 이것을 전개하여 양측의 계수를 비교하면 급수전개의 각 계수 c_i, $(i=1,\cdots)$ 를 구할 수가 있다. 또한 일반적인 테일러급수전개에 의한 식 (문3.2)의 계수의 값 c_n 은 $\frac{1}{n!}$ 로 주어지는 데, 이것과 위에서 구한 계수 값을 서로 비교해 봄으로써 파디근사법에 의한 상태천이행렬의 계산 시에 어느 정도까지의 정확도를 기대할 수 있을 것인지를 짐작할 수 있게 된다. 또한 파디근사법을 사용할 때 시간 간격 Δt 의 크기가 근사법의 정확도에 미치는 영향에 대해서도 살펴보라.

3.5 행렬 $\boldsymbol{A}$ 가 다음과 같이 주어져 있다.

$$A=\begin{bmatrix} -1 & 1 & 0 \\ 0 & -1 & -1 \\ 0 & 1 & -1 \end{bmatrix}$$

(a) $e^{\boldsymbol{A}t}$ 를 라플라스변환을 이용해서 계산하라.
(b) (a)의 계산을 $t=0.01,\ 0.1,\ 1$ 의 3가지 경우에 대해서 수행하라.
(c) 위의 문제 3.3의 파디근사법을 이용하여 (b)의 문제를 되풀이하라.
(d) 시간간격 t 의 크기와 상태천이행렬 $e^{\boldsymbol{A}t}$ 의 근사값의 정확도와는 어떤 관계가 있는가? 그 이유는?

3.6 아래와 같은 자유시스템이 있다.

$$\dot{\vec{x}}(t)=\begin{bmatrix} 0 & 1 \\ -3 & -4 \end{bmatrix}\vec{x}(t)$$

(a) 초기값을 $\vec{x}(0)=[1\quad 1]^T$ 로 두고 시간 t 의 변화에 따른 상태 $x_1(t)$와 $x_2(t)$ 를 계산하여 그래프로 나타내 보라.
(b) $x_1(t)$에 대한 $x_2(t)$ 의 값(즉 $x_1(t)$을 x 축, $x_2(t)$ 를 y 축)을 xy 그래프에 나타내어라.
(c) 상기 행렬의 고유값과 고유벡터를 구하여 각각의 고유벡터를 초기값으로 하여 위의 (a),(b)의 과정을 되풀이하라. 이때 그려지는 xy 그래프는 (b)에서 구한 것과 어떤 점이 다르며 또 그 이유는 무엇인가?

3.7 아래와 같은 시스템이 있다.

$$\dot{\vec{x}}(t)=\begin{bmatrix} 0 & 1 \\ -3 & -4 \end{bmatrix}\vec{x}(t)+\begin{bmatrix} 0 & 1 \\ -1 & 1 \end{bmatrix}\vec{u}(t)$$

$$\vec{y}(t)=\begin{bmatrix} 1 & 1 \\ 0 & 1 \end{bmatrix}\vec{x}(t)$$

(a) 전달함수행렬 $\boldsymbol{H}(s)$ 를 계산하라.
(b) $\det\boldsymbol{H}(s_o)=0$를 이용하여 위 시스템의 전달영점을 구하라.

3.8 어떤 시스템의 전달함수를 $H(s)$ 라 둔다. 이때 s_o 는 이 시스템의 극점이 아니라고 가정한다.
(a) 이 시스템의 입력으로서 $e^{s_o t}\vec{w}\cdot 1(t)$ 를 인가했을 경우 출력성분 중에는 $H(s_o)\vec{w}e^{s_o t}$ 가 반드시 포함되어 있다는 것을 보여라. 단 $\vec{w}$ 는 임의의 벡터이며 $1(t)$ 는 단위계단함수이다.
(b) (a)의 결과를 이용하여 시스템의 전달영점이 가지는 의미를 설명해 보라.

3.9 시스템

$$\dot{\vec{x}}(t)=\begin{bmatrix} -5 & 4 \\ -5 & 3 \end{bmatrix}\vec{x}(t)+\begin{bmatrix} 1 \\ 1 \end{bmatrix}u(t)$$

에서 $\vec{x}(0)=[1\quad 0]^T$, $u(t)=1(t)$ 로 두었을 경우 상태 $\vec{x}(t)$ 를 적당한 방법을 동원하여 계산하라.

이 경우 $J=\int_0^\infty [x_1(t)-x_1(\infty)]^2 dt$ 의 값도 구하라.

3.10 행렬

$$\boldsymbol{A}=\begin{bmatrix} 0 & 1 & 0 \\ 0 & 0 & 1 \\ -a_1 & -a_2 & -a_3 \end{bmatrix}$$

가 안정행렬이 되기 위한 필요충분조건을 라우스(Routh) 방법과 리아프노프(Lyapunov)의 방법에 의해 각각 유도해 보고 양쪽의 등가성을 확인하라.

3.11. $\boldsymbol{A}$ 의 고유치 λ_i 에 대해서, $\mathrm{Re}(\lambda_i)<-\sigma,\ (i=1\sim n)$ 으로 되기 위한 필요충분조건은 $\boldsymbol{Q}>0$ 으로 두었을 때 행렬방정식

$$PA + A^T P + 2\sigma P = -Q$$

의 해가 $P > 0$ 으로 되어야 한다는 것을 증명하라.(**힌트:** $(A+\sigma I)$ 의 고유치는 $\lambda_i + \sigma$ 로 된다는 사실을 이용하라)

3.12 다음과 같은 2입력2출력을 가지는 시스템의 해를 계산하여 출력 $\vec{y}(t)$ 를 구하라. 또 이 문제를 이용하여 $e^{A(t-2)} = e^{At}e^{-A2} = e^{-A2}e^{At}$ 로 됨을 확인하라.

$$\dot{\vec{x}}(t) = \begin{bmatrix} 0 & 1 & 0 \\ 0 & 0 & 1 \\ -2 & -4 & -3 \end{bmatrix} \vec{x}(t) + \begin{bmatrix} 1 & 0 \\ 0 & 1 \\ -1 & 1 \end{bmatrix} \vec{u}(t)$$

$$\vec{y}(t) = \begin{bmatrix} 0 & 1 & -1 \\ 1 & 2 & 1 \end{bmatrix} \vec{x}(t),\ \vec{x}(0) = \begin{bmatrix} 1 \\ 0 \\ 0 \end{bmatrix}$$

3.13 $X(t) = e^{At}Ce^{Bt}$ 는 다음 행렬 미분방정식의 해가 됨을 보여라. 단 A, B, C 는 적당한 크기의 행렬이다.

$$\frac{d}{dt}X(t) = AX(t) + X(t)B,\ X(0) = C$$

3.14 다음과 같은 영-입력 시스템이 주어져 있다.

$$\dot{\vec{x}}(t) = A\vec{x}(t),\ A = \begin{bmatrix} 0 & 1 \\ -1 & -2 \end{bmatrix}$$

이때 평형상태 $\vec{x}(0) = \vec{0}$ 의 안정성을 조사해 보라.

제 4 장 가제어성, 가관측성과 선형시스템의 구조

일반적으로 제어시스템을 설계한다고 하는 것은 결국 시스템의 출력이 설계자가 요구하는 값으로 나타날 수 있도록 하는 제어입력 $\vec{u}(t)$를 결정하는 과정으로 볼 수 있다. 따라서 이와 같은 제어시스템을 설계해야 한다는 관점에서 생각하면, 요구되는 응답을 과연 주어진 환경 아래서 얻을 수 있는 지, 아니면 어떤 제약이나 부가적인 조건이 필요한 지의 여부를 설계에 들어가기 전에 미리 알 수 있다면 설계자의 입장에서는 많은 도움이 될 것이다.

주어진 제어대상의 제어가능 여부를 확인하는 작업은 결국 시스템의 내부구조에 대한 정확한 지식으로 연결되므로, 이는 현대제어이론을 이해하는데 있어 기본이 되고 있다. 이점은 시스템의 입 · 출력에만 관심이 있는 고전제어이론과 확연히 구별되는 점이기도 하다. 여기서는 제어가능 여부를 확인하는 가제어성과 이것과 쌍대를 이루는 가관측성의 개념에 대해 먼저 설명하고 이와 같은 개념을 바탕으로 한 선형시스템의 구조에 대해 자세히 언급한다.

4.1 동기와 정의

제3장의 경우와 마찬가지로 m개의 입력, p개의 출력, 및 n개의 상태변수를 가지는 시스템

$$\dot{\vec{x}}(t) = \boldsymbol{A}\vec{x}(t) + \boldsymbol{B}\vec{u}(t) \tag{4.1a}$$

$$\vec{y}(t) = \boldsymbol{C}\vec{x}(t) \tag{4.1b}$$

에 대하여 가관측성과 가제어성의 개념을 알아본다.

제3장에서 시스템 (4.1)의 외부표현과 내부표현과의 관계를 언급하였다. 즉 m개의 입력과 p개의 출력을 가지는 시스템의 외부표현은 다음으로 주어지는 크기 $(p\times m)$의 전달함수행렬로 되었다.

$$H(s)= C(sI- A)^{-1}B=\frac{C\,\mathrm{adj}(sI- A)B}{|sI- A|},\ (p\times m) \tag{4.2}$$

이때 $m=p=1$, 즉 SISO 시스템으로 가정하여 전달함수가

$$h(s)=\frac{\beta_{n-1}s^{n-1}+\cdots+\beta_1 s+\beta_0}{s^n+\alpha_{n-1}s^{n-1}+\cdots+\alpha_1 s+\alpha_0} \tag{4.3}$$

와 같은 분수다항식으로 주어졌다면 이에 대한 내부표현법의 하나로

$$\dot{\vec{x}}(t)= A\vec{x}(t)+\vec{b}u(t),\ y(t)=\vec{c}\vec{x}(t) \tag{4.4a}$$

$$A=\begin{bmatrix} -\alpha_{n-1} & 1 & 0 & \cdots & 0 \\ -\alpha_{n-2} & 0 & 1 & \cdots & \vdots \\ \vdots & \vdots & \ddots & \ddots & 0 \\ -\alpha_1 & \vdots & & \ddots & 1 \\ -\alpha_0 & 0 & & & 0 \end{bmatrix},\ \vec{b}=\begin{bmatrix} \beta_{n-1} \\ \beta_{n-2} \\ \vdots \\ \beta_1 \\ \beta_0 \end{bmatrix},\ \vec{c}=[1\,0\cdots0\,0] \tag{4.4b}$$

와 같은 n차 상태방정식으로 나타낼 수 있다[1]. 이때 외부표현인 식 (4.3)이 가지는 n차의 분모다항식은 식 (3.71)의 관계로부터 행렬 A의 특성다항식, 즉 $\det(sI- A)$와 동일하다는 것을 이미 확인하였다. 이렇게 보면 시불변시스템에서 전달함수행렬의 분모다항식의 차수(order)와 상태방정식의 차수(dimension), 즉 상태변수의 개수는 항상 일치하고 있는 것으로 보인다. 다음 예제를 이용하여 이 관계를 조사하여 보자.

예제 4.1

[예제 2.14]의 두 개의 수조를 가지는 시스템의 예를 생각하여보자. 이 시스템에 대한 상태방정식은

$$\frac{d}{dt}x_1(t)=ax_1(t)+bu(t)$$

$$\frac{d}{dt}x_2(t)=ax_2(t)+bu(t)$$

$$y(t)=\frac{1}{2}x_1(t)+\frac{1}{2}x_2(t)$$

로 계산되었다. 이를 벡터로 정리하면

$$A=\begin{bmatrix} a & 0 \\ 0 & a \end{bmatrix},\ \vec{b}=\begin{bmatrix} 1 \\ 1 \end{bmatrix},\ \vec{c}=\begin{bmatrix} \frac{1}{2} & \frac{1}{2} \end{bmatrix} \quad ①$$

1) $h(s)=\vec{c}(sI- A)^{-1}\vec{b}$의 계산을 통해 확인가능하다.

이다. 식 (3.50)을 이용하여 전달함수를 계산하면

$$h(s)=\begin{bmatrix}\frac{1}{2} & \frac{1}{2}\end{bmatrix}\begin{bmatrix}(s-a) & 0\\ 0 & (s-a)\end{bmatrix}^{-1}\begin{bmatrix}1\\1\end{bmatrix} \quad ②$$

$$=\frac{1}{(s-a)^2}\begin{bmatrix}\frac{1}{2} & \frac{1}{2}\end{bmatrix}\begin{bmatrix}(s-a) & 0\\ 0 & (s-a)\end{bmatrix}\begin{bmatrix}1\\1\end{bmatrix}$$

$$=\frac{1}{s-a}$$

로 된다. 상태방정식의 차수가 2 임에도 불구하고 전달함수의 분모다항식의 차수가 1 로 되었다.

%[예제 4.1]

```
a=1;                                    % 변수 a에 적절한 값을 대입한다.
A=[a 0;0 a];b=[1 1]';c=[1/2 1/2];d=0;  % 상태방정식의 계수설정
sys=ss(A,b,c,d);                        % 상태방정식을 LTI object로 전환
pole(sys)                               % LTI object의 극점계산
zero(sys)                               % LTI object의 영점계산
[num,den]=ss2tf(A,b,c,d)                % 상태방정식을 전달함수로 변경한다
```

➲ 위 프로그램을 실행하면 ①을 전달함수로 변환하는 과정에서 분자 · 분모의 공통인자인 $(s-1)$ 이 소거되어 전달함수는 1차의 분모다항식을 가지는 것을 확인할 수 있다.

위의 예제로부터 알 수 있는 바와 같이, 전달함수인 식 (3.50)의 분모다항식 $\det(s\boldsymbol{I}-\boldsymbol{A})$ 와 분자다항식 $\vec{c}\,\mathrm{adj}\,(s\boldsymbol{I}-\boldsymbol{A})\vec{b}$ 사이에 만약 공통인자가 존재한다면 당연히 서로 소거되기 때문에, 분모의 차수는 $n=\deg\{\det(s\boldsymbol{I}-\boldsymbol{A})\}$ 보다 작아지게 된다. 이와 같이 분모다항식의 차수가 n 보다 작아져서, 예를 들어 k 차 $(k<n)$ 되었다면, 여기에 식 (4.2), (4.3)의 방법을 적용하면 k 차의 상태방정식 표현이 얻어진다. 다시 말하면, 시스템의 입력에서 출력까지의 전달특성은 동일하지만, 차수가 작은 간결한 형식의 내부표현이 존재한다는 것이다. [예제 4.1]의 경우 동일한 전달특성을 가지면서 차수가 1 인 내부표현이 존재한다. 실제로 $\boldsymbol{A}=a,\vec{b}=1,\vec{c}=1$ 은 이와 같은 내부표현의 하나이다.

[예제 2.14]에서 확인한 바와 같이, [예제 4.1]의 시스템이 가지는 두 개의 상태변수 x_1, x_2 는 ①로부터 알 수 있는 것처럼 서로 독립[2)]이므로 불필요한 것이 아니다. 이와 반대로 [예제 2.13]의 두 변수 ω_1, ω_2 사이에는 $\omega_2(t)=k\omega_1(t)$ 의 관계가 있으므로 (독립이

2) 두 개의 상태변수가 독립이라는 것은, 예를 들어 $dx_1/dt=ax_1$, $dx_2/dt=bx_2$ 와 같이 각각의 상태변수만으로 이루어진 미분방정식으로부터 얻어진다는 것을 의미한다. 이 경우 행렬 $\boldsymbol{A}$는 항상 대각행렬로 된다.

아니라) 종속의 관계에 있다. [예제 4.1]과 같이 상태변수는 서로 독립이지만, 입력과 출력의 사이에 존재하는 특성에는 영향을 미치지 않는, 즉 외부표현의 입장에서 보면 불필요한 것으로 보이는 상태변수가 포함되어 있는 것으로 볼 수 있다. 이와 같은 내용은 이미 [예제 2.14]의 부분에서 약간 언급하였다.

상태방정식표현에서는 입력에서 출력까지의 전달특성을 두 단계, 즉 입력이 상태변수에 미치는 영향을 나타낸 표현(첫 번째 단계)과, 상태변수에서 출력으로의 영향을 나타내는 표현(두 번째 단계)으로 나누어 그 특성을 나타내고 있다([그림 4.1] 참조). 이 과정에서 내부표현으로서는 불필요한 것이 아님에도 불구하고, 입력에서 출력까지의 특성결정에 관여하지 않는 부분이 존재한다면, 이 부분은 입력과 상태변수 사이의 단계, 혹은 상태변수와 출력 사이의 단계에 존재할 수 있다는 두 가지 가능성을 생각할 수 있다. 만약 입력과 상태변수 사이에 문제가 있다면, 이것은 아마도 입력을 어떻게 변화시켜도 변동하지 않는 부분이 상태변수 중에 존재하는 경우일 것이다. 한편 상태변수와 출력 사이에 문제가 있다면, 이것은 상태변수의 변화의 일부분이 출력에 반영되지 않는 경우에 해당될 것이다.

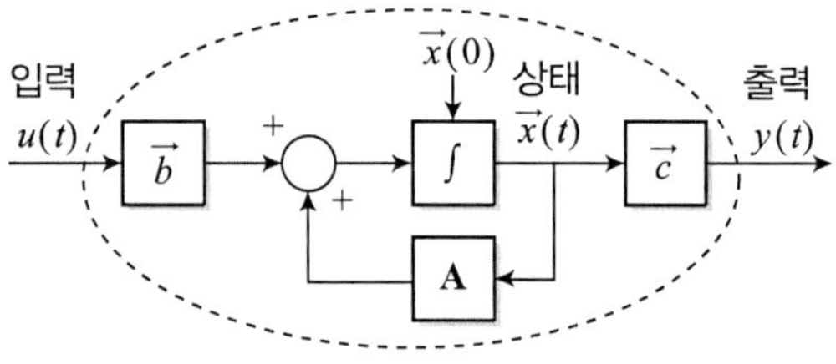

그림 4.1 시스템의 상태방정식에 의한 내부표현

이상의 사실을 확인하기 위해, 1) 입력을 어떻게 변화시켜도 이에 반응하지 않는 상태변수가 존재하는 경우와, 2) 입력에 의한 내부 상태의 변화가 시스템의 출력에 반영되지 않는 상태변수가 존재하는 경우의 예를 들고, 이를 이용하여 시스템의 가제어성과 가관측성의 개념을 이해하기로 한다.

예제 4.2 가제어 및 가관측성의 이해

(1) [그림 4.2]의 경우: [그림 4.2]는 두 개의 RC회로를 직렬로 연결한 것이다. 이 시스템에 대한 완전한 상태공간 표현식을 얻기 위해서는 두 개의 상태변수(커패시터 C_1의 전압 x_1과 C_2의 전압 x_2)가 필요하다. 그림으로부터 변수 $x_1(t)$은, [RC 회로1]의 $u(t)$을 이용하여 임의의 속도로 임의의 값으로 가져갈 수 있다(즉 제어할 수 있다). 또한 변수 $x_2(t)$는 [RC 회로1]을 통해서 간접적으로 역시 임의의 속도로 임의의 값으로 만들 수 있다. 따라서

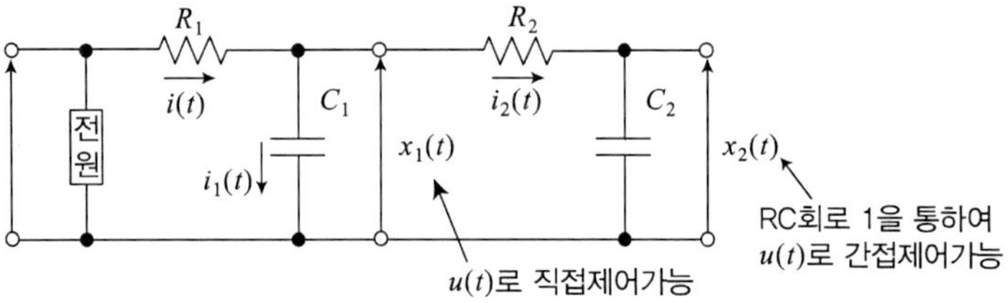

그림 4.2 가제어인 RC 회로

[그림 4.2]는 가제어인 시스템이다.

한편 [그림 4.2]에서 커패시터 C_2의 전압을 출력으로 취한다고 한다. 즉 출력을 $y(t)=x_2(t)$로 두고 시스템의 가관측성, 다시 말하면 두 개 상태변수의 변화가 $y(t)$에 반영되는 지의 여부를 확인하여 보자. 위에서 언급한 바와 같이 $u(t)$에 의해 먼저 변수 $x_1(t)$이 변화하고, 이 변화에 따라 $x_2(t)$가 변동할 것이므로 출력 $y(t)$에는 두 변수의 변화가 모두 반영되는 것으로 볼 수 있다. 따라서 [그림 4.2]의 시스템은 가관측이다.

(2) [그림 4.3]의 경우 :

[그림 4.3]와 같이 두 개의 RC 회로가 분리되어 있는 경우를 생각하여 보자. [RC 회로1]의 입력 $u(t)$에 의해 변수 $x_1(t)$은 임의의 속도로서 임의의 값으로 만들 수 있다. 그러나 [RC 회로2]는 [RC 회로1]과 분리되어 있기 때문에 $x_2(t)$는 $x_1(t)$의 영향을 전혀 받지 않으며 단지 C_2의 초기값 $x_2(0)$에 의하여 결정된다. 다시 말하면 상태 $x_2(t)$는 시간의 경과에 따라 영으로 수렴하지만, 수렴의 속도 또는 수렴의 값을 바꿀 수 없다. 따라서 [그림 4.3]은 불가제어인 시스템이다.

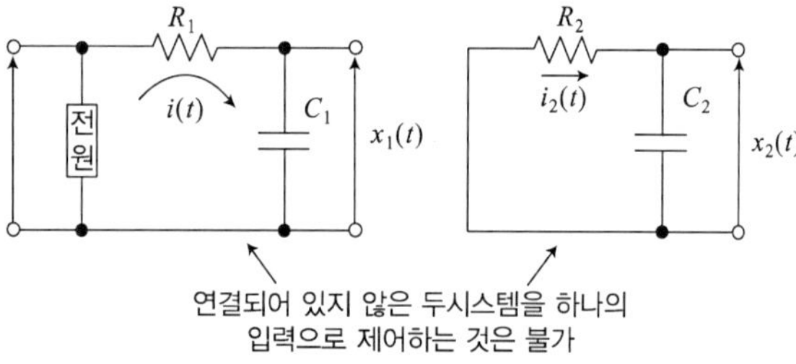

그림 4.3 불가제어인 RC 회로

한편 이 시스템의 경우 출력을 $x_2(t)$, 즉 $y(t)=x_2(t)$로 둔다면 변수 $x_1(t)$의 변화가 출력에 전혀 반영되지 않기 때문에 불가관측으로 된다. 또한 $y(t)=x_1(t)$인 경우에도 동일한 이유로 불가관측이다. 그러나 예를 들어 $y(t)=x_1(t)+x_2(t)$인 경우에는 상태변수의 변화가 출력에 반영되기 때문에 관측 가능한 시스템으로 될 것이다.

(3) [그림 4.4]의 경우:

[그림 4.4]의 회로를 생각하여 보자. 이 경우 각 회로의 시정수 $T_1=R_1C_1$ 및 $T_2=R_2C_2$가 동일하다면 하나의 입력 $u(t)$로서 두 회로의 상태 $x_1(t)$과 $x_2(t)$를 동시에 임의의 속도로 임의의 값에 가져갈 수는 없기 때문에 가제어인 시스템이 아니다[3].

여기서도 출력을 어떻게 취하는 가에 따라 가관측성이 달라진다. 다시 말하면 변수 중의 하나를 출력으로 취하는 경우 나머지 하나의 변화가 출력에 반영되지 않기 때문에 불가관측으로 되며, 만약 두 변수의 대수적 합을 출력으로 취한다면 [그림 4.4]는 불가제어이지만 가관측한 시스템으로 될 것이다.

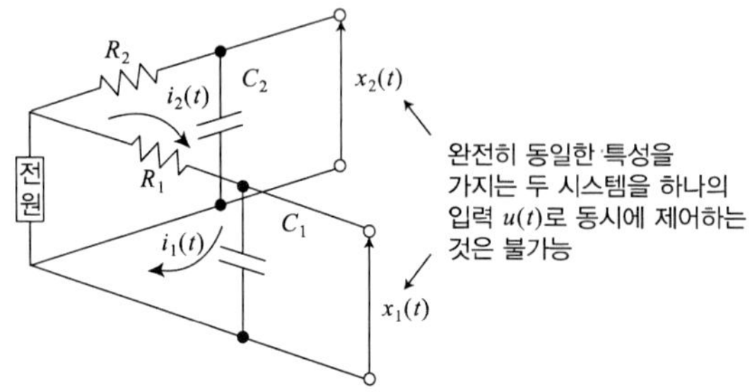

그림 4.4 불가제어인 RC 회로

4.2 가관측성(Observability)

4.2.1 가관측성의 정의

[예제 4.2]에서 설명한 바와 같이 가관측성의 개념은 시스템 내부의 동적인 움직임을 정확히 파악할 수 있는 센서의 능력과 관련되어 있다. 다시 말하면 센서를 통하여 얻어진 출력 $\vec{y}(t)$을 이용하여 시스템 내부의 상태변수 $x_i(t), (i=1\sim n)$를 정확히 알아낼 수 있는지의 여부가 시스템의 가관측성을 결정한다[4]. 다시 말하면 출력과 상태변수는 식 (4.1b), 즉 $\vec{y}(t)=\boldsymbol{C}\vec{x}(t)$의 형태로 연결되어 있기 때문에, 상태변수 $x_i(t)$와 출력과의 관계는 행렬 $\boldsymbol{C}$에 의해 정해진다. 한편 상태변수의 변화는 식 (4.1a)로부터 알 수 있는 바와 같이 시스템 행렬 $\boldsymbol{A}$에 따라 결정되기 때문에[5] 행렬 $\boldsymbol{C}$와 $\boldsymbol{A}$의 관계가 가관측성의 결정에 중요한 역할을 하게 된다.

요점 4.1 가관측성의 정의

유한한 개수의 입출력 데이터 $\left\{\vec{u}(t), \vec{x}(t), (0 \le t \le t_1)\right\}$을 이용하여 시스템의 임의의 초기상태 $\vec{x}_0 \in R^n$를 유일하게 결정할 수 있는, 다시 말하면 계산으로 유일한 값을 얻을 수 있는 경우 이 시스템은 가관측(observable)하다고 한다.

3) 두 회로의 시정수가 다르다고 하더라도 하나의 입력으로 두 회로의 출력을 별도로 제어한다는 것은 불가능할 것이다.

4) 정확한 값을 알아낸다는 것은 센서를 내부의 변수에 연결하지 않으면 불가능하기 때문에, 상태를 알아낸다는 표현보다는 '정확하게 추정한다'는 표현이 더 적절할 것이다.

5) 시스템 자체가 가지는 센서의 구조, 즉 가관측성을 이해하기 위해서는 외부입력 $\vec{u}(t)$를 영으로 둔다.

따라서 일단 시스템의 초기상태 $\vec{x}_0 = \vec{x}(0)$가 계산되었다면 임의의 구간 $0 \le t \le t_1$에서 입력 $\vec{u}(t)$에 의한 상태 $\vec{x}(t)$의 변화는 식 (3.48)로부터 계산가능하다. 즉

$$\vec{x}(t) = e^{\boldsymbol{A}t}\vec{x}(0) + \int_0^t e^{\boldsymbol{A}(t-\tau)}\boldsymbol{B}\vec{u}(\tau)d\tau \tag{4.5}$$

로 주어진다. 이러한 관계로부터 가관측성(observability)이란 출력 $\vec{y}(t)$으로부터 시스템의 상태 $\vec{x}(t)$를 유도(즉 계산)할 수 있는지의 여부를 의미하는 것으로 볼 수 있다. 식 (4.5)의 계산에서 $\vec{u}(t)$는 외부에서 주어지기 때문에, 임의시각 t_1에서의 상태 $\vec{x}(t_1)$를 계산하기 위해서는 초기상태 $\vec{x}(0)$의 확보가 결정적인 역할을 한다.

이상의 사실로부터 시스템의 가관측성은 시스템의 영-입력 응답, 즉 식 (3.2)와 밀접한 관계가 있다. 영-입력인 경우의 출력은 식 (4.5)에서 $\vec{u}(t) = 0$로 두고 $\vec{y}(t) = \boldsymbol{C}\vec{x}(t)$에 적용하면

$$\vec{y}(t) = \boldsymbol{C}e^{\boldsymbol{A}t}\vec{x}_0 \tag{4.6}$$

로 되어 초기상태 $\vec{x}_0 = \vec{x}(0)$에만 의존한다는 것을 알 수 있다.

4.2.2 불가관측 한 상태와 기관측성

먼저 불가관측(unobservable)의 의미를 정의한다.

> **요점 4.2 불가관측 한 상태**
>
> 초기상태 값 $\vec{x}(0) = \vec{x}^*$를 가지는 시스템의 영-입력 응답 $\vec{y}(t)$가 임의의 시각 $t \ge 0$에서 영의 값을 가진다면 초기상태 $\vec{x}^* \ne \vec{0}$은 불가관측 한 상태이다.

수학적으로는 $\vec{x}^*$가 불가관측 한 상태이라면 $t \ge 0$에서

$$\vec{y}(t) = \boldsymbol{C}e^{\boldsymbol{A}t}\vec{x}^* = \vec{0}, (t \ge 0) \tag{4.7}$$

로 되어야 한다는 것을 의미한다. 이를 출력이 하나, 즉 $p = 1, (\boldsymbol{C} = \vec{c})$로 가정하고 조금 자세히 살펴보자, 이 경우 식 (4.7)은 $y(t) = \vec{c}\,\vec{x}(t) = \vec{c}\{e^{\boldsymbol{A}t}\vec{x}^*\} = 0$으로 되어 초기값 $\vec{x}^*$가 불가관측이라는 사실은 영-입력시스템의 해 $\vec{x}(t)$가 모든 시각 t에서 행벡터 $\vec{c}$와 항상 직교한다는 것을 의미한다.

[예제 3.9]의 전기회로에서 $i_s = 0$이고 출력을 윗부분에 있는 두 개의 저항 R에 걸리는

전압으로 두면 출력은 $y(t)=x_1(t)-x_2(t)$이므로 $\vec{c}=[1,-1]$로 된다. 단 $\vec{x}(t)=[x_1(t)\ x_2(t)]^T$ 및 $R=1$로 두었다[6]. 따라서 임의의 상태 $\vec{x}(t)$가 불가관측으로 되기 위해서는 식 (4.7)에 의해 $y(t)=0$, 즉 $x_1(t)=x_2(t)$되어야 함을 알 수 있다([그림 4.5] 참조). 이는 [예제 3.9]의 시스템에 있어서 $x_1(t)=x_2(t)$를 만족하는 모든 상태는 불가관측하다는 사실을 의미하고 있다. 특히 이 회로의 초기값이 조건 $x_1(0)=x_2(0)$, 즉 두 커패시터의 초기전압이 동일하다면 출력은 모든 $t \geq 0$에서 항상 영의 상태를 유지하게 될 것이며, 이는 시스템의 상태 $\vec{x}(t)$의 시간적인 궤적은 벡터 $\vec{c}$와 직교하는 선상에 항상 존재한다는 것을 의미한다.

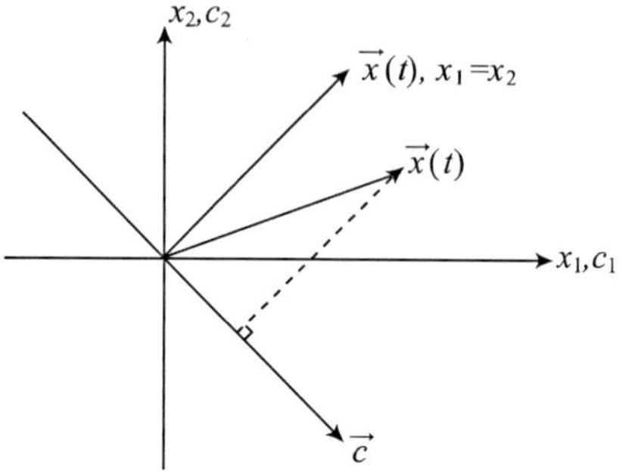

그림 4.5 [예제 3.9]에 대한 가관측성의 예시

두 개 이상의 출력을 가지는 경우에는 $p \geq 2$로 되어 벡터 $\vec{c}$는 행렬 $\boldsymbol{C}$로 되어 두 개 이상의 행을 가지게 된다. 따라서 시스템이 불가관측 즉 $\vec{y}(t)=\vec{0}$로 되기 위해서는 $\boldsymbol{C}$가 가지는 p개의 행과 상태 $\vec{x}(t)$가 동시에 직교하여야 할 것이므로 $p=1$인 경우에 비하여 불가관측으로 될 수 있는 가능성은 훨씬 낮아질 것으로 생각된다.

시스템의 가관측성과 불가관측한 상태의 존재 사이의 관련성을 확립하기 위해서는 행렬에 관한 다음 두 종류의 개념이 필요하다(부록참조).

- 대칭행렬 $\boldsymbol{M} \in R^n$이 $\vec{x}^T \boldsymbol{M} \vec{x} > 0, (\forall\ \vec{x} \neq \vec{0})$ 의 조건을 만족하는 경우 $\boldsymbol{M}$를 정정행렬(positive definite matrix))이라고 한다.
- 정정행렬은 항상 정칙행렬이다, 즉 $\boldsymbol{M}^{-1}$이 존재한다.

요점 4.3

LTI 시스템이 가관측[7]하기 위한 필요충분조건은 불가관측한 상태가 존재하지 않는 것이다.

위 요점을 간단히 증명하여 보자.

❶ 필요조건: 불가관측한 상태가 존재하면 시스템이 가관측하지 않다는 사실을 증명한다. 이를 위해 먼저 $\vec{x}^*$가 불가관측 한 상태이며 $\vec{x}_1$은 임의의 n차원의 벡터로 가정한다. 여기서 만약 $\vec{x}(0)=\vec{x}_1$으로 둔다면 영-입력 시스템의 출력은

6) [그림 3.7]의 전기회로에서 왼쪽 저항 R과 오른쪽 저항 R에 흐르는 전류의 방향은 서로 반대라는 점에 유의한다.
7) LTI 시스템이 가관측하다는 표현을 이후 '$(\boldsymbol{C}, \boldsymbol{A})$가 가관측하다'라고 나타내기로 한다.

$$\vec{y}_1(t) = \boldsymbol{C} e^{\boldsymbol{A} t} \vec{x}_1$$

로 된다. 초기값을 $\vec{x}(0) = \vec{x}_1 + \alpha \vec{x}^*$ 로 가정하면, 출력은 3.1절의 영-입력의 선형성 정리와 $\boldsymbol{C} e^{\boldsymbol{A} t} \vec{x}^* = \vec{0}$ 의 관계로부터

$$\vec{y}_2(t) = \boldsymbol{C} e^{\boldsymbol{A} t} \vec{x}_1 + \alpha \boldsymbol{C} e^{\boldsymbol{A} t} \vec{x}^* = \boldsymbol{C} e^{\boldsymbol{A} t} \vec{x}_1 = \vec{y}_1(t)$$

가 얻어진다. $\vec{y}_2(t) = \vec{y}_1(t)$, 즉 서로 다른 초기값으로부터 동일한 출력이 얻어지기 때문에 출력을 관측하여 시스템의 초기값을 유일하게 결정한다는 것을 불가능, 다시 말하면 이 시스템은 불가관측하다는 사실을 알 수 있다.

❷ 충분조건: 불가관측한 상태가 존재하지 않으면 시스템이 가관측하다는 사실을 증명한다. 먼저 $\vec{x}(0) = \vec{x}_0 \neq \vec{0}$ 로 두면 출력은 다음으로 된다.

$$\vec{y}(t) = \boldsymbol{C} e^{\boldsymbol{A} t} \vec{x}_0$$

위 식의 양변의 왼쪽에 $(\boldsymbol{C} e^{\boldsymbol{A} t})^T$를 곱한 뒤

$$(\boldsymbol{C} e^{\boldsymbol{A} t})^T \vec{y}(t) = (\boldsymbol{C} e^{\boldsymbol{A} t})^T \boldsymbol{C} e^{\boldsymbol{A} t} \vec{x}_0$$

위 식의 양변을 적분한다, 즉

$$\int_0^T (\boldsymbol{C} e^{\boldsymbol{A} t})^T \vec{y}(t) dt = \boldsymbol{M}(T) \vec{x}_0 \tag{4.8}$$

$$\boldsymbol{M}(T) = \int_0^T (\boldsymbol{C} e^{\boldsymbol{A} t})^T \boldsymbol{C} e^{\boldsymbol{A} t}\, dt \tag{4.9}$$

이다. 식 (4.9)로부터 $\boldsymbol{M}(T)$는 대칭행렬로 된다는 것을 알 수 있다. 여기서 우선 모든 $T > 0$에서 $\boldsymbol{M}(T)$가 정정행렬로 된다는 사실을 확인하여 본다.

$$\begin{aligned} \vec{x}_0^T \boldsymbol{M}(T) \vec{x}_0 &= \int_0^T \vec{x}_0^T (\boldsymbol{C} e^{\boldsymbol{A} t})^T \boldsymbol{C} e^{\boldsymbol{A} t} \vec{x}_0 dt \\ &= \int_0^T (\boldsymbol{C} e^{\boldsymbol{A} t} \vec{x}_0)^T (\boldsymbol{C} e^{\boldsymbol{A} t} \vec{x}_0) dt \\ &= \int_0^T \| \boldsymbol{C} e^{\boldsymbol{A} t} \vec{x}_0 \|^2 dt \end{aligned} \tag{4.10}$$

식 (4.10)의 피적분은 벡터 크기의 제곱을 의미하므로 $\vec{x}_0^T \boldsymbol{M}(T) \vec{x}_0 \geq 0$ 로 됨을 알 수

있다. 식 (4.10)의 적분이 영의 값을 가지기 위해서는 구간 0과 T 사이의 모든 값에서 피적분이 영으로 되어야 한다. 그러나 함수 $\boldsymbol{C}e^{\boldsymbol{A}t}\vec{x}_0$가 영의 값을 가지기 위해서는 $\vec{x}_0$가 영으로 되어야만 가능하다. 다시 말하면 $\vec{x}_0^T\boldsymbol{M}(T)\vec{x}_0=0$은 $\boldsymbol{C}e^{\boldsymbol{A}t}\vec{x}_0=\vec{0}$으로 되어야 하며, 이는 $\vec{x}_0=\vec{0}$을 의미한다. 그런데 영 아닌 초기값, 즉 $\vec{x}_0\neq\vec{0}$으로 가정하였기 때문에 식 (4.10)의 적분이 영의 값을 가질 수는 없다. 즉

$$\vec{x}_0^T\boldsymbol{M}(T)\vec{x}_0>0\,,\left(\forall\ \vec{x}_0\neq\vec{0}\right)$$

을 얻는다. 이로부터 $\boldsymbol{M}(T)$는 정정이며 따라서 정칙행렬이라는 것을 확인할 수 있다. 식 (4.8)로부터

$$\vec{x}_0=\boldsymbol{M}^{-1}(T)\int_0^T\left(\boldsymbol{C}e^{\boldsymbol{A}t}\right)^T\vec{y}(t)dt \tag{4.11}$$ [8]

로 되어 초기값 $\vec{x}_0$는 출력으로부터 유일하게 결정가능 하므로 시스템은 가관측하다.

4.2.3 가관측성의 테스트

지금까지의 결과를 종합하면, 시스템의 가관측성은 모든 $t\geq 0$에 있어서 $\boldsymbol{C}e^{\boldsymbol{A}t}\vec{x}_0=\vec{0}$를 만족하는 상태 $\vec{x}_0$의 존재여부에 달려있다. 따라서 주어진 시스템에 대해 불가관측한 상태의 존재를 확인한다는 것은 수학적으로 상당히 어려운 작업이다. 더 간편한 방법을 알아본다.

이를 위해서는 행렬은 자신의 특성다항식을 만족한다는 케일리-해밀턴(Cayley-Hamilton)의 정리가 필요하다. 예를 들어 행렬 $\boldsymbol{A}$의 특성다항식이

$$|s\boldsymbol{I}-\boldsymbol{A}|=s^n+a_ns^{n-1}+\cdots+a_2s+a_1=0 \tag{4.12}$$

로 주어졌다면, 케일리-해밀턴정리에 의해 다음의 행렬방정식이 항상 만족된다.

$$\boldsymbol{A}^n+a_n\boldsymbol{A}^{n-1}+\cdots+a_2\boldsymbol{A}+a_1\boldsymbol{I}=\boldsymbol{0}_{(n\times n)} \tag{4.13}$$

이를 이용하여 시스템의 가관측성을 테스트 할 수 있는 간단한 방법을 유도한다.

8) 식 (4.9)로서 초기값을 계산할 수는 있지만, 실제 이 방법으로 초기값을 계산하지는 않는다.

요점 4.4

다음 조건은 상태 $\vec{x}^*$가 불가관측으로 되기 위한 필요충분조건이다.

$$\boldsymbol{M}\vec{x}^* \equiv \begin{bmatrix} \boldsymbol{C} \\ \boldsymbol{CA} \\ \boldsymbol{CA}^2 \\ \vdots \\ \boldsymbol{CA}^{n-1} \end{bmatrix} \vec{x}^* = \vec{0} \tag{4.14}$$

위 요점을 간단히 증명하여 보자.

❶ 충분조건의 증명: $\vec{x}^*$를 불가관측 한 상태라고 가정하고 식 (4.14)가 만족되는지의 여부를 확인한다. $\vec{x}^*$가 불가관측이므로 식 (4.7)로부터 $\boldsymbol{C}e^{\boldsymbol{A}t}\vec{x}^* = \vec{0}, (t \geq 0)$이다. $\boldsymbol{C}e^{\boldsymbol{A}t}\vec{x}^*$는 해석함수이므로 그의 미분이 존재하며 동시에 $t=0$에서 영으로 되어야 한다는 점을 고려하면 다음의 관계식이 만족된다는 것을 이해할 수 있을 것이다.

$$\boldsymbol{C}e^{\boldsymbol{A}t}\vec{x}^*|_{t=0} = \boldsymbol{C}\vec{x}^* = \vec{0}$$

$$\frac{d}{dt}\boldsymbol{C}e^{\boldsymbol{A}t}\vec{x}^*|_{t=0} = \boldsymbol{CA}\,e^{\boldsymbol{A}t}\vec{x}^*|_{t=0} = \boldsymbol{CA}\,\vec{x}^* = \vec{0}$$

$$\frac{d^2}{dt^2}\boldsymbol{C}e^{\boldsymbol{A}t}\vec{x}^*|_{t=0} = \boldsymbol{CA}^2e^{\boldsymbol{A}t}\vec{x}^*|_{t=0} = \boldsymbol{CA}^2\vec{x}^* = \vec{0} \quad \vdots \tag{4.15}$$

$$\frac{d^{n-1}}{dt^{n-1}}\boldsymbol{C}e^{\boldsymbol{A}t}\vec{x}^*|_{t=0} = \boldsymbol{CA}^{n-1}e^{\boldsymbol{A}t}\vec{x}^*|_{t=0} = \boldsymbol{CA}^{n-1}\vec{x}^* = \vec{0}$$

위 식을 정리하면 식 (4.14)와 동일한 형식이라는 것을 쉽게 알 수 있다.

❷ 필요조건의 증명: 식 (4.14)를 만족하는 $\vec{x}^*$는 불가관측이라는 사실, 즉 모든 $t \geq 0$에 있어서 $\boldsymbol{C}e^{\boldsymbol{A}t}\vec{x}^* = \vec{0}$ 를 만족한다는 것을 보인다. 식 (4.14)로부터

$$\boldsymbol{C}\vec{x}^* = \boldsymbol{CA}\vec{x}^* = \boldsymbol{CA}^2\vec{x}^* = \cdots = \boldsymbol{CA}^{n-1}\vec{x}^* = \vec{0} \tag{4.16}$$

로 된다. 그런데 케일리-해밀턴의 정리 식 (4.13)으로부터

$$\boldsymbol{A}^n = -a_n\boldsymbol{A}^{n-1} - a_{n-1}\boldsymbol{A}^{n-2} - \cdots - a_2\boldsymbol{A} - a_1\boldsymbol{I} \tag{4.17}$$

로 되며 위 식의 왼쪽과 오른쪽에서 각각 $\boldsymbol{C}$와 $\vec{x}^*$를 곱하면

$$\boldsymbol{CA}^n \vec{x}^* = -a_n \boldsymbol{CA}^{n-1}\vec{x}^* - a_{n-1}\boldsymbol{CA}^{n-2}\vec{x}^* - \cdots - a_2\boldsymbol{CA}\vec{x}^* - a_1\boldsymbol{C}\vec{x}^*$$
$$= \vec{0}$$

로 됨을 알 수 있다. 또한 식 (4.17)의 양변에 행렬 $\boldsymbol{A}$를 곱하면

$$\boldsymbol{A}^{n+1} = -a_n\boldsymbol{A}^n - a_{n-1}\boldsymbol{A}^{n-1} - \cdots - a_2\boldsymbol{A} - a_1\boldsymbol{A}$$

로 되고 이는 다시

$$\boldsymbol{CA}^{n+1}\vec{x}^* = -a_n\boldsymbol{CA}^n\vec{x}^* - a_{n-1}\boldsymbol{CA}^{n-1}\vec{x}^* - \cdots - a_2\boldsymbol{CA}^2\vec{x}^* - a_1\boldsymbol{CA}\vec{x}^*$$
$$= \vec{0}$$

로 된다. 이러한 사실로부터 $\boldsymbol{CA}^k\vec{x}^*$는 k의 모든 값에 대해 $\vec{0}$으로 된다는 사실을 알 수 있다. 이상의 사실과 식 (3.12)에 의해

$$\boldsymbol{C}e^{\boldsymbol{A}t}\vec{x}^* = \boldsymbol{C}\left(\boldsymbol{I} + \boldsymbol{A}t + \frac{1}{2!}\boldsymbol{A}^2t^2 + \cdots + \frac{1}{k!}\boldsymbol{A}^kt^2 + \cdots\right)\vec{x}^* = \vec{0}$$

로 되므로 필요조건이 증명되었다.

[요점 4.4]를 이용하면 시스템의 가관측성을 테스트할 수 있다. 다시 말하면 가관측성은 어떠한 상태 $\vec{x}^*, (\neq \vec{0})$에 대해서도 식 (4.14)가 만족되지 않는다는 것을 확인하는 것이다. 즉 불가관측 한 상태 $\vec{x}^*$가 존재한다면 $\boldsymbol{M}\vec{x}^* = \vec{0}$ 으로 되어야 하고, 이는 벡터 $\vec{x}^*$가 크기 $\{(p\times n)\times n\}$인 행렬 $\boldsymbol{M}$의 모든 행과 직교해야 한다는 것을 의미한다, 행렬이론에 의하면 이러한 벡터가 존재하기 위한 필요충분조건은 $\boldsymbol{M}$이 가지는 n차원인 $p\times n$개의 행벡터로서 n차원공간을 생성할 수는 없는 경우에 해당한다[9]. 따라서 시스템이 가관측하기 위해서는 불가관측한 상태가 존재하지 않아야 되며 이 조건은 행렬 $\boldsymbol{M}$이 풀 랭크를 가져야 한다는 것을 의미한다. 다시말하면

$$\mathrm{rank}\,\boldsymbol{M} \equiv \mathrm{rank}\begin{bmatrix} \boldsymbol{C} \\ \boldsymbol{CA} \\ \boldsymbol{CA}^2 \\ \vdots \\ \boldsymbol{CA}^{n-1} \end{bmatrix} = n \tag{4.18}$$

은 가관측성을 위한 필요충분조건으로, 이러한 관점에서 행렬 $\boldsymbol{M}$을 가관측성 행렬이라고 한다. 식 (4.18) 외에 시스템의 가관측성을 확인할 수 있는 방법으로 PBH(Popov–Belevich–

9) $\vec{m}_i, \{i = 1, \cdots, (p\times n)\}$를 행렬 $\boldsymbol{M}$의 크기 $(1\times n)$인 행벡터로 두면, $\vec{x}^* \in \mathrm{span}\{\vec{m}_i^T\}$로 되는 것을 의미한다.

Hautus)법으로 불리는 방법 등이 있다. 가관측성을 확인하는 두 가지 방법으로 요점으로 정리하였다.

요점 4.5 가관측성의 조건

다음 조건은 시스템 (4.1)이 가관측으로 되기 위한 필요충분조건이다.

(i) 크기 $\{(p\times n)\times n\}$인 가관측성 행렬(Observability Matrix)의 랭크는 n이다. 즉

$$\mathrm{rank}\,\boldsymbol{M} \equiv \mathrm{rank}\begin{bmatrix} \boldsymbol{C} \\ \boldsymbol{CA} \\ \boldsymbol{CA}^2 \\ \vdots \\ \boldsymbol{CA}^{n-1} \end{bmatrix} = n$$

(ii) 임의의 $s\in C$에 대하여

$$\mathrm{rank}\begin{bmatrix} s\boldsymbol{I}-\boldsymbol{A} \\ \boldsymbol{C} \end{bmatrix} = n \tag{4.19}$$

이 성립한다.

위 요점의 식 (4.16)에서 만약 s가 행렬 $\boldsymbol{A}$의 고유값이 아니라면 $(s\boldsymbol{I}-\boldsymbol{A})$는 항상 정칙으로 되기 때문에 랭크조건은 행렬 $\boldsymbol{C}$에 관계없이 항상 성립한다. 따라서 식 (4.19)는 $s\in\lambda(\boldsymbol{A})$에 대해서만 확인하면 된다.

예제 4.3

(a) [예제 2.14]의 경우 $n=2$이며

$$\boldsymbol{M}=\begin{bmatrix} \vec{c} \\ \vec{c}\boldsymbol{A} \end{bmatrix} = \begin{bmatrix} \frac{1}{2} & \frac{1}{2} \\ \frac{1}{2}a & \frac{1}{2}a \end{bmatrix}$$

로 된다. 따라서 $\det(\boldsymbol{M})=0$, 즉 a에 관계없이 불가관측이다.

(b) [예제 2.12]의 회전체에 있어서, ③~⑤의 상태방정식을 이용하여 각속도 ω를 출력으로 간주하면

$$\boldsymbol{A}=\begin{bmatrix} -\frac{c}{J} & 0 \\ 1 & 0 \end{bmatrix},\ \vec{c}=[1\ \ 0]$$

으로 된다. 이 경우에도 $n=2$ 로서

$$\boldsymbol{M}=\begin{bmatrix}\vec{c}\\ \vec{c}\boldsymbol{A}\end{bmatrix}=\begin{bmatrix}1 & 0\\ -\dfrac{c}{J} & 0\end{bmatrix}$$

이며, $\det(\boldsymbol{M})=0$, 즉 불가관측이다. 한편 동일한 상태방정식에 대하여 회전각 θ를 출력으로 취하면

$$\vec{c}=[0\ \ 1]$$

으로 되어, 역시 $n=2$ 이며

$$\boldsymbol{M}=\begin{bmatrix}\vec{c}\\ \vec{c}\boldsymbol{A}\end{bmatrix}=\begin{bmatrix}0 & 1\\ 1 & 0\end{bmatrix}$$

가 얻어진다. $\det(\boldsymbol{M})\neq 0$로서 이 경우는 가관측이다.

[예제 4.3]

```
syms a                                    % symbolic 변수로 지정
A=sym([a 0;0 a]); b=sym([1 1]');          % A,b,c를 symbolic변수로 변환
c=sym([1/2 1/2]); d=0;
M=[c;c*A];det(M)                          % M을 작성하여 행렬식 확인
rank(M)                                   % M의 랭크를 확인
                                          % a에 적당한 값이 설정된 경우
a=-5;A=[a 0;0 a]; b=[1 1]';c=[1/2 1/2];d=0;
sys=ss(A,b,c,d);
M=gram(sys,'o'); rank(M)
```

➲ 위 예제에서 만약 변수에 적절한 값이 대입되어 있으면, Symbolic Math Toolbox의 사용보다는 Control System Toolbox의 명령어 'gram' 또는 'obsv'를 사용하여 가관측성행렬 M을 작성한 다음 명령어 'rank'를 사용하여 M의 랭크를 확인하는 과정을 이용할 수도 있다.

예제 4.4

아래 영-입력시스템을 생각한다.

$$\frac{d}{dt}\begin{bmatrix}x_1(t)\\ x_2(t)\end{bmatrix}=\begin{bmatrix}-1 & 0\\ 0 & -1\end{bmatrix}\begin{bmatrix}x_1(t)\\ x_2(t)\end{bmatrix},\quad \begin{bmatrix}x_1(0)\\ x_2(0)\end{bmatrix}=\begin{bmatrix}\eta_1\\ \eta_2\end{bmatrix} \qquad ①$$

$$y(t)=[2\ \ 1]\begin{bmatrix}x_1(t)\\ x_2(t)\end{bmatrix}$$

이때 출력을 계산하면

$$y(t)=(2\eta_1+\eta_2)e^{-t},\ (t\geq 0) \qquad ②$$

로 된다. 이 경우 $y(t)$ 에는 초기값 η_1, η_2 의 일차결합만이 나타나기 때문에 η_1, η_2 을 개별적으로 알아낸다는 것은 불가능하다. 실제 초기값이 직선 $2\eta_1+\eta_2=0$ 상에 존재한다면 출력은 $y(t)=0, (t\geq 0)$로 되어, 직선상에 존재하는 초기값은 영의 초기값, 즉 $\vec{x}(0)=[0,\ 0]^T$와 구별할 수 없다. 따라서 불가관측이다.

%[예제 4.4]

```
syms eta1 eta2             % symbolic 변수로서 η1, η2 를 지정
% ①을 각 상태변수 x1(t)와 x2(t)에 대한 두 개의 미분방정식으로
% 만들어 해를 구한다
[x1, x2]=dsolve('Dx1=-x1, Dx2=-x2','x1(0)=eta1, x2(0)=eta2');
y=2*x1+x2;                 % 출력 y(t)를 구하고
factor(y)                  % y(t) 에서 공통인자를 분리하여 ②의 형식으로 전개한다
```

4.3 가제어성(Controllability)

4.3.1 가제어성의 정의

가제어성의 개념을 소개하기 위해 먼저 [예제 2.14]를 생각하여 보자. 이 경우 두 개 수조의 수위를 각각 상태변수로 취하여 상태방정식을 구하였다. 그림으로부터 짐작할 수 있는 바와 같이 이 시스템이 가지는 하나의 입력으로 두 개 수조의 수위를 별도로 제어할 수 없음은 쉽게 이해 될 수 있을 것이다.

이와 같이 가제어성은 입력으로 시스템의 상태를 '제어'할 수 있는 지의 여부와 관련되는 것이다. 다시 말하면 입력이 상태변수와 어떤 식으로 연결되어 있는지에 달려 있으므로 상태방정식 (4.1)에서 행렬 $\boldsymbol{A}$와 $\boldsymbol{B}$ 사이의 관련성이 중요한 역할을 하게 될 것으로 생각된다.

요점 4.6 가제어성의 정의

시스템 (4.1)에서 시스템이 가지는 임의의 초기상태 $\vec{x}(t_0)$에서, 예를 들어 시간 $T, (> t_0)$ 내에 시스템의 상태를 임의의 값 $\vec{x}_1 = \vec{x}(T)$으로 가져갈 수 있는 입력 $\vec{u}(t), (t_0 < t < T)$이 존재한다면 이 시스템은 가제어하다고 한다.

위 요점에서 시스템의 초기상태를 시각 $t = t_0$의 상태 $\vec{x}(t_0)$로 두었으나 이는 다음과 같은 간단한 조작에 의해 초기상태를 항상 시각 $t = 0$, 즉 $\vec{x}_0 = \vec{x}(0)$ 로 가져갈 수 있다. 즉 식 (3.48a)로부터

$$\vec{x}(t_0 + T) = e^{\boldsymbol{A}T}\vec{x}(t_0) + \int_{t_0}^{t_0+T} e^{\boldsymbol{A}(t_0+T-\tau)}\boldsymbol{B}\vec{u}(\tau)d\tau \tag{4.20}$$

으로 되며, 여기서 $\tau' = \tau - t_0$로 두면 식 (4.20)의 적분항은

$$\int_{t_0}^{t_0+T} e^{\boldsymbol{A}(t_0+T-\tau)}\boldsymbol{B}\vec{u}(\tau)d\tau = \int_0^T e^{\boldsymbol{A}(T-\tau')}\boldsymbol{B}\vec{u}(t_0+\tau')d\tau'$$

로 된다. 여기서 $\vec{v}(\tau') = \vec{u}(t_0 + \tau')$로 하면 위식의 적분은 입력 $\vec{v}(t), (0 < t' \le T)$에 의한 시각 $t = T$에서의 영-상태응답으로 볼 수 있다. 만약 시스템이 가제어하다면 식 (4.20)은 그 초기상태 $\vec{x}(t_0)$의 크기에 관계없이 항상 $\vec{x}(t_0 + T)$를 원하는 값으로 가져갈 수 있는 입력 $\vec{v}(t')$가 존재하는 것을 의미한다. 따라서 이후 수식 전개의 편의상 초기상태를 영, 즉 시스템의 영-상태응답에 초점을 두고 가제어성을 전개하기로 한다. 이는 4.2절에서 가관측성의 수식에 영-입력응답이 사용되었다는 점을 생각하면 가관측성과 가제어성 사이에 존재하는 쌍대성(duality)을 이해할 수 있을 것이다(4.3.4절 참조).

4.3.2 불가제어 한 상태와 가제어성

요점 4.7 불가제어 한 상태

시스템의 영-상태응답 $\vec{x}(t)$가 모든 시각 $t, (> 0)$에서 임의의 상태 $\vec{x}^*, (\neq \vec{0})$와 직교한다면 상태 $\vec{x}^*$는 불가제하다고 한다.

[예제 3.9]의 전기회로의 영-상태응답은, 회로의 대칭성으로 인하여 입력 $i_s(t)$의 형식에 관계없이 항상 $x_1(t) = x_2(t)$, 즉 [그림 4.5]의 $x_1 - x_2$평면에서 $x_2(t) = x_1(t)$인 직선을 의

미한다. 따라서 이 직선상에 존재하지 않는 벡터 $\vec{x}^*$는 항상 영-상태응답과 직교하는 불가제어 한 상태이다. 다시 말하면 [그림 3.7]의 전기회로에서 입력 $i_s(t)$로 두 개의 상태를 동일한 값, 즉 $x_1(t)=x_2(t)$로 만들 수는 있으나, 그 외의 값을 가지도록 할 수 없다, 즉 불가제어 한 시스템이라는 것을 알 수 있다.

이상의 사실을 수학적으로 표현하여 보자. 직교한다는 사실로부터

$$\vec{x}^{*T}\int_0^t e^{\boldsymbol{A}\tau}\boldsymbol{B}\vec{u}(t-\tau)d\tau=\int_0^t \vec{x}^{*T}e^{\boldsymbol{A}\tau}\boldsymbol{B}\vec{u}(t-\tau)d\tau=\vec{0} \tag{4.21}$$

가 $t,(>0)$에서 모든 가능한 입력 $\vec{u}(t-\tau)$에 대하여 만족하여야 한다. 이는 $\vec{x}^{*T}e^{\boldsymbol{A}\tau}\boldsymbol{B}=\vec{0},(0<\tau\leq t)$로 되어야 한다는 것을 의미하며, 이 결과 불가제어 한 상태 $\vec{x}^*$는 다음의 관계식을 만족하여야 한다.

$$\vec{x}^{*T}e^{\boldsymbol{A}\tau}\boldsymbol{B}=\vec{0},\ \forall t\geq 0 \tag{4.22}$$

불가제어한 상태의 존재가 가제어성과 연결되어 있음을 다음 요점을 통하여 확인한다.

요점 4.8 가제어성

LTI 시스템이 가제어[10]하기 위한 필요충분조건은 불가제어한 상태가 존재하지 않는 것이다.

위 요점을 간단히 증명하여 보자.

❶ 필요조건의 증명: 하나의 불가제어 한 상태 $\vec{x}^*$의 존재로 인해 시스템이 불가제어로 된다는 것을 보여야 한다. 이는 불가제어한 상태의 정의로부터 쉽게 이해될 수 있다. 즉 $\vec{x}^*$와 직교하는 상태 $\vec{x}(T)$는 어떠한 입력으로도 얻어질 수 없다.

❷ 충분조건의 증명: 불가제어한 상태가 존재하지 않는다면 가제어성이 성립한다는 것을 보인다. 먼저 입력을 $\vec{u}(T-\tau)=\boldsymbol{B}^Te^{\boldsymbol{A}^T\tau}\vec{v}$으로 둔다. 이때 n차원인 벡터 $\vec{v}$는 적절히 선택한 값으로 선정되어 있다고 한다. 이때 영-상태응답은

$$\vec{x}(T)=\int_0^T e^{\boldsymbol{A}\tau}\boldsymbol{B}\vec{u}(T-\tau)d\tau \tag{4.23}$$

$$=\left[\int_0^T e^{\boldsymbol{A}\tau}\boldsymbol{B}\boldsymbol{B}^Te^{\boldsymbol{A}^T\tau}d\tau\right]\vec{v}=\boldsymbol{N}(T)\vec{v}$$

10) LTI 시스템이 가제어하다는 표현을 이후 '$(\boldsymbol{A},\boldsymbol{B})$가 가제어하다'라고 나타내기로 한다.

로 된다. 가관측성의 $\boldsymbol{M}(T)$에 대응하여 $\boldsymbol{N}(T)$는 다음으로 주어진다.

$$\boldsymbol{N}(T) = \int_0^T \left(\boldsymbol{B}^T e^{\boldsymbol{A}^T \tau}\right)^T \boldsymbol{B}^T e^{\boldsymbol{A}^T \tau} d\tau \tag{4.24}$$

[요점 4.3]의 증명에서 $\boldsymbol{M}(T)$에 대하여 언급한 것과 동일한 이유로서, 만약 불가제어한 상태가 존재하지 않는다면 $\boldsymbol{N}(T)$ 역시 정정행렬로 되어야 한다. 따라서 $\boldsymbol{N}(T)$는 역행렬을 가지므로 식 (4.23)에서 임의의 상태 $\vec{x}(T)$로 가져갈 수 있는 입력 $\vec{v}$가 유일하게 존재하게 된다. 따라서 가제어성이 증명되었다.

4.3.3 가제어성의 테스트

가관측성의 경우와 마찬가지로, 시스템의 가제어성 역시 불가제어인 상태가 존재하지 않음을 보임으로서 확인할 수 있다. 여기서는 이를 가관측성과 가제어성 사이에 존재하는 쌍대성(duality)의 개념을 이용하여 전개한다.

식 (4.22)의 양변을 전치하면

$$\boldsymbol{B}^T e^{\boldsymbol{A}^T t} \vec{x}^* = \vec{0} \tag{4.25}$$

로 된다. 이 식을 식 (4.7)과 비교해보면, 상태 $\vec{x}^*$는 아래 시스템 (4.26)의 불가관측 한 상태로 되기 위한 조건이라는 것을 알 수 있다.

$$\dot{\vec{x}}(t) = \boldsymbol{A}^T \vec{x}(t) \tag{4.26}$$

$$\vec{y}(t) = \boldsymbol{B}^T \vec{x}(t)$$

따라서 시스템 $\dot{\vec{x}} = \boldsymbol{A}\vec{x} + \boldsymbol{B}\vec{u}$ 의 불가제어 한 상태를 찾는 문제는 이것의 쌍대시스템인 식 (4.26)의 불가관측 한 상태를 확인하는 것으로 변경되었다. 식 (4.26)의 불가관측 한 상태는 식 (4.14)로부터

$$\begin{bmatrix} \boldsymbol{B}^T \\ \boldsymbol{B}^T \boldsymbol{A}^T \\ \boldsymbol{B}^T (\boldsymbol{A}^T)^2 \\ \vdots \\ \boldsymbol{B}^T (\boldsymbol{A}^T)^{n-1} \end{bmatrix} \vec{x}^* = \vec{0}$$

이므로, 이를 전치하면

$$\vec{x}^{*T} [\boldsymbol{B} \;\; \boldsymbol{A}\boldsymbol{B} \;\; \boldsymbol{A}^2\boldsymbol{B} \cdots \boldsymbol{A}^{n-1}\boldsymbol{B}] = \vec{0} \tag{4.27}$$

로 된다. 따라서 식 (4.27)을 만족하는 $\vec{x}^*, (\neq \vec{0})$가 존재하지 않기 위해서는 다음의 랭크조건이 만족되는 것이다.

$$\text{rank}\, \boldsymbol{W} = \text{rank}[\boldsymbol{B}\ \ \boldsymbol{AB}\ \ \boldsymbol{A}^2\boldsymbol{B} \cdots \boldsymbol{A}^{n-1}\boldsymbol{B}] = n \tag{4.28}$$

이상을 정리하면 다음 요점을 얻는다.

요점 4.9　가제어성의 조건

다음 조건은 시스템 (4.1)이 가관측으로 되기 위한 필요충분조건이다.

(i) $\boldsymbol{W} = [\boldsymbol{B}, \boldsymbol{AB}, \boldsymbol{A}^2\boldsymbol{B}, \cdots, \boldsymbol{A}^{n-1}\boldsymbol{B}]$ 에 대해

$$\text{rank}\, \boldsymbol{W} = n$$

이 성립한다. 이때 크기 $\{(p \times n) \times n\}$인 행렬 $\boldsymbol{W}$를 가제어성행렬(controllability matrix)라고 한다.

(ii) 임의의 $s \in C$에 대하여

$$\text{rank}[s\boldsymbol{I} - \boldsymbol{A}, \boldsymbol{B}] = n \tag{4.29}$$

이 성립한다.

식 (4.29)의 확인에서, s가 $\boldsymbol{A}$의 고유값이 아니라면 $(s\boldsymbol{I} - \boldsymbol{A})$는 항상 정칙으로 되어 식 (4.29)를 만족한다. 따라서 이 조건은 $s \in \lambda(\boldsymbol{A})$, 즉 행렬 $\boldsymbol{A}$의 고유값에 대해서만 조사하면 된다.

예제 4.5

(a) [예제 4.1]의 ①로서 식 (4.28)의 가제어성행렬을 구성하면

$$\boldsymbol{W} = [\vec{b}, \boldsymbol{A}\vec{b}] = \begin{bmatrix} 1 & a \\ 1 & a \end{bmatrix} \quad ①$$

로 된다. 따라서 $\det(\boldsymbol{W}) = 0$으로 되어 불가제어로 됨을 알 수 있다.

(b) [예제 2.13]의 회전체의 경우, $n = 2$이며

$$\boldsymbol{A} = \begin{bmatrix} -\dfrac{c}{J} & 0 \\ 1 & 0 \end{bmatrix},\ \vec{b} = \begin{bmatrix} \dfrac{1}{J} \\ 0 \end{bmatrix} \quad ②$$

로 주어진다. 따라서

$$\boldsymbol{W} = [\vec{b}, \boldsymbol{A}\vec{b}] = \begin{bmatrix} \dfrac{1}{J} & -\dfrac{c}{J^2} \\ 0 & \dfrac{1}{J} \end{bmatrix} \qquad ③$$

로 되어 $\det(\boldsymbol{W}) = \dfrac{1}{J^2} \neq 0$이므로 가제어이다.

예제 4.6

상태방정식 (4.1)의 $\boldsymbol{A}, \boldsymbol{B}$가

$$\boldsymbol{A} = \begin{bmatrix} -2 & 1 \\ 1 & -2 \end{bmatrix}, \vec{b} = \begin{bmatrix} 1 \\ 1 \end{bmatrix} \qquad ①$$

로 주어졌다고 한다. 이때 식 (4.28)의 가제어성행렬에서

$$\boldsymbol{W} = [\vec{b}, \boldsymbol{A}\vec{b}] = \begin{bmatrix} 1 & -1 \\ 1 & -1 \end{bmatrix} \rightarrow \text{rank}(\boldsymbol{W}) = 1 < 2 \qquad ②$$

로 되기 때문에 $(\boldsymbol{A}, \vec{b})$는 가제어가 아니다. 여기서 3.6절의 등가변환을 이용하여 이것을 확인하여 보자. 즉 식 (3.75)의 변환행렬로서

$$\boldsymbol{T} = \begin{bmatrix} 1 & 1 \\ 1 & -1 \end{bmatrix} \qquad ③$$

을 취하여 ①을 등가변환하면 식 (3.76)의 계수행렬은

$$\boldsymbol{T}^{-1}\boldsymbol{A}\boldsymbol{T} = \begin{bmatrix} -1 & 0 \\ 0 & -3 \end{bmatrix}, \ \boldsymbol{T}^{-1}\vec{b} = \begin{bmatrix} 1 \\ 0 \end{bmatrix} \qquad ④$$

로 된다. 따라서 $\vec{x} = \boldsymbol{T}\vec{z}$의 변환에 의한 상태방정식 (3.76)은

$$\frac{d}{dt}z_1(t) = -z_1(t) + u(t), \quad \frac{d}{dt}z_2(t) = -3z_2(t) \qquad ⑤$$

로 된다. 이로부터 상태 $z_1(t)$는 입력 $u(t)$에 의해 제어가 가능하지만, $z_2(t)$는 제어입력으로부터 영향을 받지 않기 때문에 제어가 되지 않는다. 시간이 충분히 경과하면, 즉 $t \rightarrow \infty$이면 $z_2(t) \rightarrow 0$으로 되기 때문에, 상태방정식의 움직임은 거의 상태 $z_1(t)$에 의해 결정된다고 말할 수 있다.

% [예제 4.6]

```
A=[-2 1;1 -2];b=[1 1]';        % A와 b의 입력
W=[b A*b]; rank(W)             % 가제어성행렬 W를 구성하여 랭크의 확인
Wo=ctrb(A,b); rank(Wo)         % 명령어 "ctrb"를 이용한 랭크의 확인
[T,D]=eig(A);                  % 좌표변환행렬 ③의 구성
T\A*T, T\b                     % ④를 확인한다
```

➲ 예제의 변환행렬 ③, 즉 $\boldsymbol{T}$를 구성하는 방법에는 주어진 행렬 $\boldsymbol{A}$에 따라 여러 방법이 제안되어 있으나, 가장 간단한 것으로 $\boldsymbol{A}$의 고유벡터를 이용하는 것이다(부록참조). 위 프로그램을 실행하면 예제의 결과인 ④와 열벡터의 순서가 바뀌어 나타나지만, 고유벡터의 순서를 변경하면 ④와 동일하게 만들 수 있다.

4.3.4 가제어성과 가관측성의 쌍대관계

위에서 언급한 바와 같이 $\boldsymbol{A}$와 $\boldsymbol{A}^T$, $\vec{b}$와 $\vec{c}^{\,T}$를 서로 교환하면[11] 가제어성과 가관측성은 동일한 조건으로 된다는 것을 알 수 있다. 따라서 제1시스템

$$\frac{d}{dt}\vec{x}(t) = \boldsymbol{A}\vec{x}(t) + \vec{b}u(t)$$
$$y(t) = \vec{c}\,\vec{x}(t)$$

에 대한 가제어성과 가관측성의 조건은 제2시스템

$$\frac{d}{dt}\vec{z}(t) = \boldsymbol{A}^T\vec{z}(t) + \vec{c}^{\,T}u(t) \qquad (4.30)$$
$$y(t) = \vec{b}^{\,T}\vec{z}(t)$$

의 가관측성과 가제어성조건과 각각 일치한다. 이와 같은 관계에 있는 두 시스템은 서로 쌍대(dual)의 관계에 있다고 하며, 이러한 성질을 '가제어성과 가관측성의 쌍대성(duality of controllability and observability)'이라고 한다.

4.3.5 좌표변환에 대한 불변성

정칙인 행렬 $\boldsymbol{T}$에 의한 식 (3.75) 형식의 좌표변환

$$\vec{x}(t) = \boldsymbol{T}\vec{z}(t) \qquad (4.31)$$

11) MIMO시스템의 경우는 물론 $\boldsymbol{B}$와 $\boldsymbol{C}^T$를 교환한다.

을 수행하면, 변환후의 상태변수 $\vec{z}(t)$에 대한 계수행렬은 식 (3.76)에 의하여

$$\tilde{\boldsymbol{A}} = \boldsymbol{T}^{-1}\boldsymbol{A}\boldsymbol{T}, \quad \vec{\tilde{b}} = \boldsymbol{T}^{-1}\vec{b}, \quad \vec{\tilde{c}} = \vec{c}\,\boldsymbol{T} \tag{4.32}$$

로 되었다. 변환후 시스템에 대한 가제어성행렬 $\tilde{\boldsymbol{W}}$는

$$\begin{aligned}\tilde{\boldsymbol{W}} &= \left[\vec{\tilde{b}}, \tilde{\boldsymbol{A}}\vec{\tilde{b}}, \cdots \ \tilde{\boldsymbol{A}}^{n-1}\vec{\tilde{b}}\right] \\ &= \left[\boldsymbol{T}^{-1}\vec{b}, (\boldsymbol{T}^{-1}\boldsymbol{A}\boldsymbol{T})\boldsymbol{T}^{-1}\vec{b}, \cdots, (\boldsymbol{T}^{-1}\boldsymbol{A}\boldsymbol{T})^{n-1}\boldsymbol{T}^{-1}\vec{b}\right] \\ &= \boldsymbol{T}^{-1}[\vec{b}, \boldsymbol{A}\vec{b}, \cdots, \boldsymbol{A}^{n-1}\vec{b}] = \boldsymbol{T}^{-1}\boldsymbol{W}\end{aligned}$$

로 된다. $\boldsymbol{T}$는 정칙행렬이기 때문에, $\tilde{\boldsymbol{W}}$가 정칙으로 되는 필요충분조건은 $\boldsymbol{W}$가 정칙으로 되는 것이다. 다시 말하면 변환전의 상태방정식이 가제어라면, 변환후도 가제어이며, 그 역도 성립한다는 것을 알 수 있다. 가관측성의 경우도 마찬가지이다. 가제어성 · 가관측성의 성질이 좌표변환에 의해 변화하지 않는다는 사실은 가제어나 가관측의 정의로부터 생각하면 당연한 결과이다.

4.4 시스템의 분해와 가안정 및 가검출

4.4.1 시스템의 분해

불가제어시스템의 분해

먼저 불가제어와 불가관측인 시스템의 분해를 통하여, '불가제어'와 '불가관측'의 의미를 다시 한 번 설명한다. 여기서는 m개의 입력과 p개의 출력을 가지는 MIMO시스템

$$\frac{d}{dt}\vec{x}(t) = \boldsymbol{A}\vec{x}(t) + \boldsymbol{B}\vec{u}(t) \tag{4.33a}$$

$$\vec{y}(t) = \boldsymbol{C}\vec{x}(t) \tag{4.33b}$$

를 대상으로 한다. 이와 관련하여 다음 요점이 주어진다.

요점 4.10 시스템의 내부안정성

식 (4.28)로 주어진 가제어성 행렬 $\boldsymbol{W}$의 랭크가 $\mathrm{rank}(\boldsymbol{W}) = n_c < n$으로 주어졌다고 한다. 이 경우 식 (4.33)을 적절한 변환행렬 $\boldsymbol{T}$를 이용하여 좌표변환하면

$$\frac{d}{dt}\vec{z}(t) = \begin{bmatrix} \boldsymbol{A}_{11} & \boldsymbol{A}_{12} \\ 0 & \boldsymbol{A}_{22} \end{bmatrix} \vec{z}(t) + \begin{bmatrix} \boldsymbol{B}_1 \\ 0 \end{bmatrix} \vec{u}(t) \tag{4.34}$$

$$\vec{y}(t) = \begin{bmatrix} \boldsymbol{C}_1 & \boldsymbol{C}_2 \end{bmatrix} \vec{z}(t)$$

와 같은 형식으로 되며, 위 식은 식 (4.33)과 등가이다. 단 $\boldsymbol{A}_{11}$은 $(n_c \times n_c)$, $\boldsymbol{A}_{22}$는 $(n-n_c)\times(n-n_c)$의 크기를 가지며, 동시에 $(\boldsymbol{A}_{11}, \boldsymbol{B}_1)$은 가제어시스템을 구성한다. 따라서 식 (4.34)의 상태를 계수행렬의 블록의 크기에 따라 분리하여 $\vec{z}(t) = \begin{bmatrix} \vec{z}_1^T(t) & \vec{z}_2^T(t) \end{bmatrix}^T$로 두면, $\vec{z}_1(t), (n_c \times 1)$은 가제어인 상태, $\vec{z}_2(t)$, $(\overline{n-n_c} \times 1)$는 불가제어인 상태변수를 각각 나타낸다.

식 (4.34)를 블록선도로 표시하면 [그림 4.6]으로 된다. 그림으로부터 $(\boldsymbol{A}_{11}, \boldsymbol{B}_1)$은 가제어이기 때문에 입력 $\vec{u}$가 인가되어 $\vec{z}_1(t)$는 제어가 가능하지만, 상태 $\vec{z}_2(t)$의 입력항은 $\boldsymbol{B}_2 = \boldsymbol{0}$로 되어 입력이 들어가지 않는다(즉 $\dot{\vec{z}}_2(t) = \boldsymbol{A}_{22}\vec{z}_2(t)$이다). 이와 같이 식 (4.33)으로 주어진 시스템이 불가제어라면 식 (4.33) 자체로는 어느 상태변수가 제어가 가능하고(즉 제어입력이 인가되고), 어느 상태변수가 불가제어로 되는지를 알 수 없으나, 등가변환을 수행하면 가제어인 상태변수와 불가제어인 상태변수를 구별할 수 있기 때문에 대단히 편리하다.

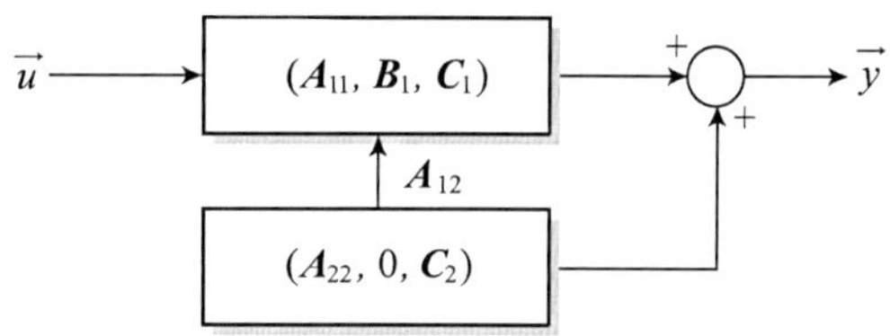

그림 4.6 불가제어인 시스템의 분해

예제 4.7

위 요점에 관한 간단한 예로서

$$\boldsymbol{A} = \begin{bmatrix} 0 & 0 & -1 \\ 1 & 0 & -3 \\ 0 & 1 & -3 \end{bmatrix}, \boldsymbol{B} = \begin{bmatrix} 1 \\ 1 \\ 0 \end{bmatrix}, \boldsymbol{C} = \begin{bmatrix} 0 & 1 & -2 \end{bmatrix} \quad ①$$

을 생각해 보자. 가제어성행렬의 랭크를 조사해 보면

$$\boldsymbol{W} = \begin{bmatrix} 1 & 0 & -1 \\ 1 & 1 & -3 \\ 0 & 1 & -2 \end{bmatrix} \rightarrow \text{rank}(\boldsymbol{W}) = 2 < 3 \quad ②$$

로 되기 때문에 $(\boldsymbol{A}, \boldsymbol{B})$는 가제어가 아니다. 따라서 $\boldsymbol{W}$에서 처음 두 개의 열벡터와 이것과 일차독립으로 되는 벡터를 이용해서

$$\boldsymbol{T}=\begin{bmatrix}1&0&0\\1&1&0\\0&1&1\end{bmatrix},\ \boldsymbol{T}^{-1}=\begin{bmatrix}1&0&0\\-1&1&0\\1&-1&1\end{bmatrix} \quad ③$$

로 둔다. $\boldsymbol{T}$를 이용해서 ①을 등가변환하면

$$\frac{d}{dt}\vec{z}(t)=\left[\begin{array}{cc|c}0&-1&-1\\1&-2&-2\\\hline 0&0&-1\end{array}\right]\vec{z}(t)+\left[\begin{array}{c}1\\0\\\hline 0\end{array}\right]u(t) \quad ④$$

$$y(t)=\left[\begin{array}{cc|c}1&-1&-2\end{array}\right]\vec{z}(t)$$

로 된다. 이때

$$\boldsymbol{A}_{11}=\begin{bmatrix}0&-1\\1&-2\end{bmatrix},\ \boldsymbol{B}_1=\begin{bmatrix}1\\0\end{bmatrix}\ \rightarrow\ \boldsymbol{W}=[\boldsymbol{B}_1,\ \boldsymbol{A}_{11}\boldsymbol{B}_1]=\begin{bmatrix}1&0\\0&1\end{bmatrix}$$

이므로 $(\boldsymbol{A}_{11}, \boldsymbol{B}_1)$은 분명히 가제어이다.

% [예제 4.7]

```
A=[0 0 -1;1 0 -3;0 1 -3];b=[1 1 0]';c=[0 1 -2]; ①의 구성
W=ctrb(A,b); rank(W)                       % ②의 확인
T=W; T(:,3)=[0 0 1];                       % ③의 구성
At=T\A*T,bt=T\b,ct=c*T                     % ④의 확인
Wt=ctrb(At(1:2,1:2),bt(1:2))               % (A11,B1)이 가제어로 됨을 확인
rank(Wt)
```

불가관측시스템의 분해

불가제어의 [요점 4.10]의 쌍대인, 불가관측에 관한 다음 요점이 주어진다.

요점 4.11 불가관측시스템의 분해

식 (4.33)의 시스템에서 가관측성행렬 $\boldsymbol{M}$의 랭크가 $\mathrm{rank}(\boldsymbol{M})=n_o<n$으로 주어졌다고 한다. 이 경우 식 (4.33)을 적절한 변환행렬 $\boldsymbol{T}$를 이용하여 좌표변환하면

$$\frac{d}{dt}\vec{z}(t)=\begin{bmatrix}\boldsymbol{A}_{11}&\boldsymbol{0}\\\boldsymbol{A}_{21}&\boldsymbol{A}_{22}\end{bmatrix}\vec{z}(t)+\begin{bmatrix}\boldsymbol{B}_1\\\boldsymbol{B}_2\end{bmatrix}\vec{u}(t) \quad (4.35)$$

$$\vec{y}(t)=[\ \boldsymbol{C}_1\quad \boldsymbol{0}\ ]\vec{z}(t)$$

와 같은 형식으로 되며, 위 식은 식 (4.33)과 등가이다. 단 $\boldsymbol{A}_{11}$은 $(n_o \times n_o)$, $\boldsymbol{A}_{22}$는 $(n-n_o)\times(n-n_o)$의 크기를 가지며, 동시에 $(\boldsymbol{C}_1, \boldsymbol{A}_{11})$은 가관측시스템을 구성한다. 이 경우에도 [요점 4.10]과 마찬가지로 상태변수를 $\vec{z}(t) = \left[\ \vec{z}_1^T(t) \quad \vec{z}_2^T(t)\right]^T$로 분리한다.

식 (4.35)를 블록선도로 표시한 것이 [그림 4.7]이다. 그림에서부터 $(\boldsymbol{C}_1, \boldsymbol{A}_{11})$은 가관측이기 때문에 상태 $\vec{z}_1(t)$는 출력으로 관측이 가능하지만, $\boldsymbol{A}_{22}$와 관련되는 $(n-n_o)$개의 상태변수(즉 $\vec{z}_2(t)$)는 $\boldsymbol{C}_2$가 영행렬이기 때문에 출력에서 관측되지 않는다(즉 $\vec{y}(t) = \boldsymbol{C}_1 \vec{z}_1(t)$이다). 이로 인해 $\vec{y}(t)$를 이용하여 시스템의 초기 벡터 $\vec{z}(0)$를 계산할 수 없다(즉 불가관측이다). 이와 같이 불가관측인 시스템을 좌표변환을 이용하여 등가변환함으로서 불가관측인 상태변수를 확인할 수 있으므로 시스템의 해석 등에 중요한 역할을 하고 있다.

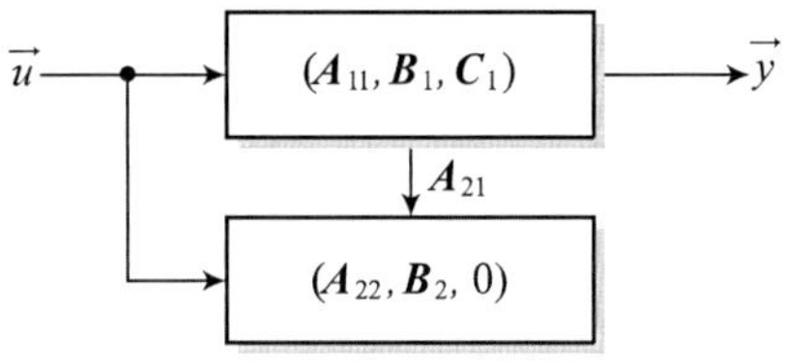

그림 4.7 불가관측인 시스템의 분해

예제 4.8

위 [예제 4.7]의 시스템에 [요점 4.11]을 적용한다. 가관측성행렬은

$$\boldsymbol{M} = \begin{bmatrix} 0 & 1 & -2 \\ 1 & -2 & 3 \\ -2 & 3 & -4 \end{bmatrix} \rightarrow \mathrm{Ker}(\boldsymbol{M}) = \left\{ \begin{bmatrix} 1 \\ 2 \\ 1 \end{bmatrix} \right\} \equiv \{\vec{t}_3\} \qquad ①$$ [12]

로 된다. $\vec{t}_3$와 선형독립으로 되는 두 개의 열벡터 $\vec{t}_1, \vec{t}_2$를 보충하여

$$\boldsymbol{T} = [\vec{t}_1, \vec{t}_2, \vec{t}_3] = \begin{bmatrix} 1 & 2 & 1 \\ 0 & 1 & 2 \\ 0 & 0 & 1 \end{bmatrix} \qquad ②$$

로 두면

$$\widetilde{\boldsymbol{A}} = \boldsymbol{T}^{-1}\boldsymbol{A}\boldsymbol{T} = \left[\begin{array}{cc|c} -2 & -2 & 0 \\ 1 & 0 & 0 \\ \hline 0 & 1 & -1 \end{array}\right], \ \widetilde{\boldsymbol{B}} = \left[\begin{array}{c} -1 \\ 1 \\ \hline 0 \end{array}\right], \ \widetilde{\boldsymbol{C}} = [\,0 \mid 1 \mid 0\,] \qquad ③$$

을 얻는다. 여기서 $(\boldsymbol{C}_1, \boldsymbol{A}_{11})$은 가관측으로 됨을 쉽게 확인할 수 있다.

% [예제 4.8]

```
A=[0 0 -1;1 0 -3;0 1 -3];b=[1 1 0]';c=[0 1 -2];
M=obsv(A,c); rank(M)                  % 가관측성행렬의 확인
M=sym(M); t3=null(M)                  % M을 symbolic으로 정의하여 ①을 확인
T=[1 2;0 1;0 0]; T=[T,t3]             % ②의 구성
T\A*T, bt=T\b, ct=c*T                 % ③으로 됨을 확인한다
```

➲ 명령어 'null'은 행렬의 영화공간을 구하는 명령어이지만, symbolic으로 정의하여 사용하는 것이 편리하다.

4.4.2 가안정과 가검출

가안정

[예제 4.7]의 시스템 ①을 생각하여 보자. 이 시스템은 3개의 상태변수를 가지지만 $\vec{x} = \boldsymbol{T}\vec{z}$ 에 의해 좌표변환된 ④로부터 $\boldsymbol{A}_{11}$ 에 관련되는 두 개의 상태변수($z_1(t), z_2(t)$)에는 입력이 인가되어 제어가 가능하지만, $\boldsymbol{A}_{22}$ 에 해당하는 상태변수($z_3(t)$)에는 입력이 들어가지 못하기 때문에 외부로부터 제어가 불가능하다(따라서 불가제어인 시스템이다). 그러나 불가제어인 상태변수 $z_3(t)$ 에 대한 미분방정식은 ④로부터

$$\frac{d}{dt}z_3(t) = -z_3(t)$$

로 주어지며, 이것은

$$z_3(t) = e^{-t}z_3(0)$$

로 되어 초기값 $z_3(0)$ 에 관계없이 $t \to \infty$ 에서 $z_3(t) \to 0$ 으로 된다. 다시 말하면, 주어진 시스템은 불가제어이지만, 제어불가능인 상태변수 $z_3(t)$ 는 시간의 경과와 함께 결국 영으로 수렴하기 때문에 제어가 가능한 두 개의 상태변수 $z_1(t), z_2(t)$ 만을 가지고서도 충분히 시스템을 안정화할 수 있다는 의미에서의 '제어'의 목적은 달성될 수 있다. 이와 같은 시스템을 '가안정(stabilizability)'이라고 한다.

12) 불가제어의 경우와 달리, 불가관측인 시스템에 대한 변환행렬은 가관측성행렬 $\boldsymbol{M}$ 의 영화공간으로부터 변환행렬을 구성하여 선형독립인 벡터를 얻는 것이 편리하다.

요점 4.12 가안정의 정의

시스템 (4.33)에 있어서

$$\lim_{t\to\infty} \vec{x}(t) = \vec{0}, \ \left(\forall\ \vec{x}_o \in R^n\right) \tag{4.36}$$

으로 될 수 있는 제어입력 $\vec{u}(t), (t \geq 0)$ 이 존재하는 경우, 시스템 (4.33)은 가안정이라고 한다.

위 요점은 제어입력으로 시스템이 가지는 모든 상태변수를 영으로 수렴시킬 수 없는 경우, 즉 불가제어인 시스템의 경우, 불가제어인 상태변수가 제어입력의 도움 없이도 시간의 경과에 따라 영으로 수렴될 수 있는지의 여부를 확인하고 있다. 즉 식 (4.36)은 만약 시스템이 가제어라면 당연히 만족되는 것이지만, 가제어가 아닌 경우에도 식 (4.36)이 만족된다면 가안정으로 된다는 것을 의미하고 있다. 따라서 불가제어 시스템인 경우 [예제 4.7]과 같이 좌표변환을 이용한 등가시스템 (4.34)로 변환하여야만 식 (4.36)이 만족되는지의 여부가 확인가능하다. 그러나 일반적으로 식 (4.34)와 같은 변환은 간단한 작업이 아니기 때문에 이와 같은 변환을 수행하지 않고 가안정의 여부를 확인하는 방법이 필요하다. 이를 위한 방법은 다음 요점으로 주어진다.

요점 4.13 가안정의 조건

다음의 조건은 시스템 (4.33)이 가안정으로 되기 위한 등가인 조건이다.

(i) 임의의 $s \in C, (\mathrm{Re}[s] \geq 0)$ 에 대해서

$$\mathrm{rank}[s\boldsymbol{I} - \boldsymbol{A}, \boldsymbol{B}] = n \tag{4.37}$$

로 된다. 식 (4.29)의 랭크조건과의 차이점은 $\mathrm{Re}[s] \geq 0$ 이라는 제약에 있다. 즉 행렬 $\boldsymbol{A}$ 의 불안정한 고유값에 대해서만 랭크조건을 확인하는 것이다.

(ii) $\boldsymbol{A}, \boldsymbol{B}$ 를 식 (4.34)와 같이 변환했을 때 $\left(\boldsymbol{A}_{11}, \boldsymbol{B}_1\right)$ 은 가제어이며, 동시에 $\boldsymbol{A}_{22}$ 는 안정행렬이다.

가제어성의 판별을 위해서는 [요점 4.9]를 적용하면 가능하지만 수학적인 측면에서 보면 간단하다고 할 수는 없을 것이다. 아래 [요점 4.14]와 같이 고유벡터 테스트를 이용하는 방법은 위의 방법보다는 식 자체의 구성이 간단하며 동시에 가제어성에 관련한 시스템의 구조해석을 가능하게 해 주기 때문에 많이 사용되고 있다. 이에 대하여 간략하게 언급한다.

행렬 $\boldsymbol{A}$ 의 고유벡터와 가제어성에 대하여 다음 요점이 주어진다.

요점 4.14 고유벡터를 이용한 불가제어성의 판단

시스템 $(\boldsymbol{A}, \boldsymbol{B})$가 불가제어라는 사실과 $\boldsymbol{B}^T \vec{\omega} = \vec{0}$ 를 만족하는 행렬 $\boldsymbol{A}^T$의 고유벡터 $\vec{\omega}$ 가 존재한다는 것과 등가이다[13].

$\boldsymbol{A}^T$의 고유벡터 $\vec{\omega}_i$ 가 $\boldsymbol{B}^T \vec{\omega}_i = \vec{0}$ 를 만족할 때 이 고유벡터에 관련되는 고유값(즉 모드) λ_i 를 '불가제어 모드'라고 부른다. 위의 요점은 시스템이 불가제어인 경우 적어도 하나 이상의 이러한 모드가 존재하고 있음을 의미하고 있다. '불가제어'를 이와 같은 고유벡터를 이용하여 설명하면 다음과 같다. 즉 상태방정식

$$\frac{d}{dt}\vec{x}(t) = \boldsymbol{A}\vec{x}(t) + \boldsymbol{B}\vec{u}(t)$$

의 양변을 왼쪽에서 $\vec{\omega}_i^T$ 를 곱하면 다음 식이 얻어진다.

$$\vec{\omega}_i^T \frac{d}{dt}\vec{x}(t) = \vec{\omega}_i^T \boldsymbol{A}\vec{x}(t) + \vec{\omega}_i^T \boldsymbol{B}\vec{u}(t)$$

그런데 $\vec{\omega}_i^T \boldsymbol{A} = \left(\boldsymbol{A}^T \vec{\omega}_i\right)^T = \left(\lambda_i \vec{\omega}_i\right)^T = \vec{\omega}_i^T \lambda_i$ 이므로 위 식은

$$\vec{\omega}_i^T \frac{d}{dt}\vec{x}(t) = \frac{d}{dt}\left(\vec{\omega}_i^T \vec{x}(t)\right) = \lambda_i \vec{\omega}_i^T \vec{x}(t) + \vec{\omega}_i^T \boldsymbol{B}\vec{u}(t)$$

로 된다. 따라서 만약 모드 λ_i가 불가제어이라면 [요점 4.14]에 의해 $\vec{\omega}_i^T \boldsymbol{B} = \vec{0}$ 로 되어

$$\frac{d}{dt}\left(\vec{\omega}_i^T \vec{x}(t)\right) = \lambda_i\left(\vec{\omega}_i^T \vec{x}(t)\right)$$

가 얻어진다. 위 미분방정식의 해는 $\vec{\omega}_i^T \vec{x}(t) = e^{\lambda_i t}\vec{\omega}_i^T \vec{x}(0)$로 되므로 입력 $\vec{u}(t)$ 에 의한 영향은 전혀 받지 않고 있음을 알 수 있다. 따라서 이 모드는 제어신호 $\vec{u}(t)$ 와는 관련이 없는, 즉 불가제어인 모드이다.

예제 4.9

[예제 3.9]가 불가제어임을 확인해보고 불가제어인 모드를 찾아보자.

해 $\boldsymbol{A}$ 와 $\boldsymbol{B}$ 행렬은 각각 다음으로 주어졌다.

13) 행렬 $\boldsymbol{A}^T$ 의 고유벡터는 $\boldsymbol{A}^T \vec{\omega} = \lambda\vec{\omega}$ 로 정의되므로, 양변을 전치하면 $\vec{\omega}^T \boldsymbol{A} = \lambda\vec{\omega}^T$ 로 되어, $\boldsymbol{A}^T$ 의 고유벡터 $\vec{\omega}$ 는 $\boldsymbol{A}$ 의 좌(왼쪽) 고유벡터라고 부르기도 한다.

$$A = \begin{bmatrix} -1.5 & 0.5 \\ 0.5 & -1.5 \end{bmatrix},\ B = \begin{bmatrix} 0.5 \\ 0.5 \end{bmatrix} \quad ①$$

여기서 $n=2$ 이므로 가제어성행렬은

$$W = [B\ ,\ AB\ ] = \begin{bmatrix} 0.5 & -0.5 \\ 0.5 & -0.5 \end{bmatrix} \quad ②$$

로 되고 이것은 $\det(W)=0$ 이므로 불가제어임을 알 수 가 있다. 이때 벡터 $\vec{\omega}_2 = \beta[1\ -1]^T$ 를 전치하여 ②의 왼쪽에서 곱하면

$$[\beta\ \ -\beta]\begin{bmatrix} 0.5 & -0.5 \\ 0.5 & -0.5 \end{bmatrix} = \begin{bmatrix} 0 \\ 0 \end{bmatrix} \quad ③$$

로 되어 $\vec{\omega}_2$ 는 불가제어인 상태임을 알 수 있다. 이것이 행렬 A^T 의 고유벡터로 되어야 하는데 이것은

$$A^T\begin{bmatrix} \beta \\ -\beta \end{bmatrix} = -2\begin{bmatrix} \beta \\ -\beta \end{bmatrix} \quad ④$$

로 되므로 쉽게 확인할 수 있다. 결국 $\lambda = -2$ 는 불가제어인 모드이다.

% [예제 4.9]

```
A=sym([-1.5 0.5;0.5 -1.5]);  % A, b를 symbolic 변수로 지정한다
b=sym([0.5 0.5]');
[T,D]=eig(A');               % 행렬 A의 좌 고유벡터를 계산한다
b'*T(:,1),  b'*T(:,2)        % B^T ω = 0 를 만족하는 고유벡터의 존재를 확인한다
```

가검출

앞에서 언급한 가제어성과 가관측성 사이에 존재하는 쌍대성에 주목하면, 가안정에 쌍대하는 개념으로서 가검출이 있다.

[예제 4.8]의 ③에 의하면 두 개의 상태변수 $z_1(t)$, $z_2(t)$는 관측이 가능, 즉 출력 $y(t)$에 나타나지만, $z_3(t)$ 는 C_2 가 영이기 때문에 출력에 나타나지 않는다. 따라서 $z_3(t)$ 의 정보가 부족하기 때문에, 유한개의 입출력데이터로서 시스템의 초기상태를 유일하게 결정할 수 없다. 즉 불가제어이다. 그러나 [예제 4.8]의 ③으로부터 $\frac{d}{dt}z_3(t) = -z_3(t)$ 이며,

해는 $z_3(t)=e^{-t}z_3(0)$ 로 된다. 따라서 초기값에 관계없이 $t\to\infty$ 에서 $z_3(t)\to 0$ 으로 되어 시간의 경과와 함께 영으로 수렴한다. 다시 말하면 상태변수 $z_3(t)$ 는 출력에 관측되지는 않지만 시간이 흘러감에 따라 영으로 수렴하기 때문에 출력에는 영향을 미치지 않는 것으로 볼 수 있다. 이것은 원래 불가관측인 시스템이지만, 불가관측인 상태변수가 영으로 수렴하기 때문에 이로 인해 출력이 영향을 받지 않는다는 것을 의미한다. 이러한 시스템을 '가검출(dectability)'이라고 한다.

요점 4.15 가검출의 정의

시스템 (4.33)의 영-입력응답은 $\vec{y}(t)=\boldsymbol{C}e^{\boldsymbol{A}t}\vec{x}_o$ 로 주어진다. 단 초기값 $\vec{x}_o\neq\vec{0}$ 이다. 이때 $\vec{y}(t)=\vec{0},\ (t\geq 0)$ 인 경우

$$\lim_{t\to\infty}\vec{x}(t)=\vec{0} \tag{4.38}$$

이 성립한다면 $(\boldsymbol{C},\boldsymbol{A})$는 가검출이라고 한다.

위 요점은 관측되지 않는 상태가 시간의 경과와 함께 영으로 수렴한다면 불가관측이지만 가검출로 된다는 것을 나타내고 있다. 이와 같이 불가관측인 상태변수가 식 (4.38)을 만족하는지의 여부는 주어진 시스템을 좌표변환에 의해 등가시스템 (4.35)를 구성함으로서 쉽게 파악할 수 있다. 그러나 일반적으로 식 (4.35)와 같은 변환은 간단한 작업이 아니기 때문에 이와 같은 변환을 수행하지 않고 가검출의 여부를 확인하는 방법이 필요하다.

요점 4.16 가검출의 조건

다음의 조건은 $(\boldsymbol{C},\boldsymbol{A})$가 가검출로 되기 위한 등가조건이다.

(i) 임의의 $s\in C$에 대하여

$$\text{rank}\begin{bmatrix} s\boldsymbol{I}-\boldsymbol{A} \\ \boldsymbol{C} \end{bmatrix}=n,\ (\text{Re}[s]\geq 0) \tag{4.39}$$

로 된다. 식 (4.19)의 랭크조건과 다른 점은 $\text{Re}[s]\geq 0$ 이다.

(ii) $(\boldsymbol{C},\boldsymbol{A})$를 식 (4.35)와 같이 변환했을 때 $(\boldsymbol{C}_1,\boldsymbol{A}_{11})$은 가관측이며 동시에 $\boldsymbol{A}_{22}$는 안정행렬이다.

마지막으로 행렬 $\boldsymbol{A}$ 의 고유벡터와 가관측성과의 관련에 대하여 알아보기로 한다. 이를 위해 먼저 [요점 4.5]를 이용하여 불가관측인 상태의 의미를 알아보자. [요점 4.5]에 의해 만약 $\text{rank}(\boldsymbol{M}) < n$ 이라면 시스템은 불가관측이며, 임의의 상태 $\vec{x}_o$ 가 불가관측이라면

$$\vec{y}(t) = \boldsymbol{C}\vec{x}(t) = \boldsymbol{C}e^{\boldsymbol{A}t}\vec{x}_o = \vec{0}, (t \geq 0) \tag{4.40}$$ [14]

로 되어야 한다. 위 식을 출력이 하나, 즉 $p=1, (\boldsymbol{C} \to \vec{c})$로 가정하고 좀 더 자세히 살펴보자. 이 경우 식 (4.40)은 $y(t) = \vec{c}\,\vec{x}(t) = \vec{c}\left\{e^{\boldsymbol{A}t}\vec{x}_o\right\} = 0$ 으로 되어 행벡터인 $\vec{c}$ 와 열벡터인 $\vec{x}(t)$ 와의 곱을 의미하는 것으로 해석할 수 있다. 따라서 초기값을 $\vec{x}_o = \vec{x}^*$ 로 두었을 때 $\vec{x}^*$ 가 불가관측이라는 사실은, 영-입력시스템의 해 $\vec{x}(t)$ 가 모든 시각 t 에서 행벡터 $\vec{c}$ 와 항상 직교하고 있다는 것을 의미하고 있다.

[예제 3.9]의 전기회로에서, $i_s = 0$ 이고 출력을 윗부분에 있는 두 개의 저항 R 에 걸리는 전압이라고 한다면 $y(t) = x_1(t) - x_2(t) = [1 \ \ -1]\vec{x}(t)$ 로 된다. [그림 4.5]에 나타낸 바와 같이 상태 $\vec{x}(t)$ 에 대한 출력 $y(t)$ 는 행벡터 $\vec{c} = [1 \ \ -1]$ 의 위로 벡터 $\vec{x}(t)$ 를 사영(projection)했을 때의 길이를 의미하고 있다. 따라서 $x_1(t) = x_2(t)$ 로 되는 상태 $\vec{x}(t)$ 에서의 출력은 항상 영으로 된다.

$p \geq 2$ 인 경우에는 다음과 해석할 수 있다. 즉 행렬 $\boldsymbol{C}$ 가 가지는 p 개의 행 전부와 수직으로 되는 상태 $\vec{x}(t)$ 가 존재한다면 시스템은 불가관측으로 될 것이다. 따라서 1개의 출력만을 가지는 시스템에 비해서 불가관측인 상태 $\vec{x}^*$ 가 존재할 가능성이 아주 낮아질 것이라는 것을 쉽게 이해할 수 있을 것이다.

행렬 $\boldsymbol{A}$ 의 고유벡터와 관련하여 [요점 4.14]에 대응하는 다음 요점이 있다.

요점 4.17 고유벡터를 이용한 불가관측의 판단

시스템 $(\boldsymbol{C}, \boldsymbol{A})$ 가 불가관측이라는 사실과 $\boldsymbol{C}\vec{v} = \vec{0}$ 로 하는 행렬 $\boldsymbol{A}$ 의 고유벡터 $\vec{v}$ 가 존재하는 것과는 등가이다.

위 요점도 선형대수학의 기본정리를 이용하면 어렵지 않게 확인할 수 있다. 고유벡터 $\vec{v}_i$ 가 $\boldsymbol{C}\vec{v}_i = \vec{0}$ 를 만족할 때 이 고유벡터에 관련되는 모드 λ_i 를 '불가관측모드'라고 부른다. 위 요점은 시스템이 불가관측하다면 적어도 하나 이상의 그러한 모드가 존재하고 있음을 의미하고 있다.

---

14) 가관측은 입력과는 무관하기 때문에 $\vec{u}(t) = \vec{0}$ 으로 두었다.

예제 4.10

[예제 3.9]에서 $y(t)=x_1(t)-x_2(t)$로 두고 회로의 불가관측인 모드를 확인해 보자.

해 주어진 시스템은 $n=2$이므로, 두 개의 모드 $(-1, -2)$를 가진다. 이때 모드 -1에 대응하는 고유벡터는 $\vec{v}_1=[1\ \ 1]^T$이며, 모드 -2에 대응하는 고유벡터는 $\vec{v}_2=[1\ \ -1]^T$로 됨을 쉽게 확인할 수 있다. 여기서 $y(t)=x_1(t)-x_2(t)$ $[1\ \ -1]\vec{x}(t)$이므로, $\vec{c}=[1\ \ -1]$이다. 따라서

$$[1\ \ -1]\begin{bmatrix}1\\1\end{bmatrix}=0,\quad [1\ \ -1]\begin{bmatrix}1\\-1\end{bmatrix}=2\neq 0$$

이므로 고유값 -1은 불가관측한 모드이다.

4.5 블록선도표현과 좌표변환

4.5.1 블록선도와 상태방정식

제어시스템은 종종 라플라스변환을 이용한 블록선도(block diagram)로서 주어지는 경우가 있다. 여기서는 블록선도로부터 상태방정식을 구하는 방법에 대해 설명한다. 이 과정의 반대인 상태방정식을 블록선도로 표현하는 과정에 대해서는 뒤에서 다룬다.

먼저 [그림 4.8(a)]의 시스템에서

$$e(s)=u(s)-K(s)y(s)$$

$$y(s)=H(s)e(s)$$

가 성립하기 때문에 오차 $e(s)$를 소거하면

$$y(s)=\frac{H(s)}{1+H(s)K(s)}u(s) \tag{4.41}$$

로 되어 [그림 4.8(b)]와 같이 나타낼 수 있다.

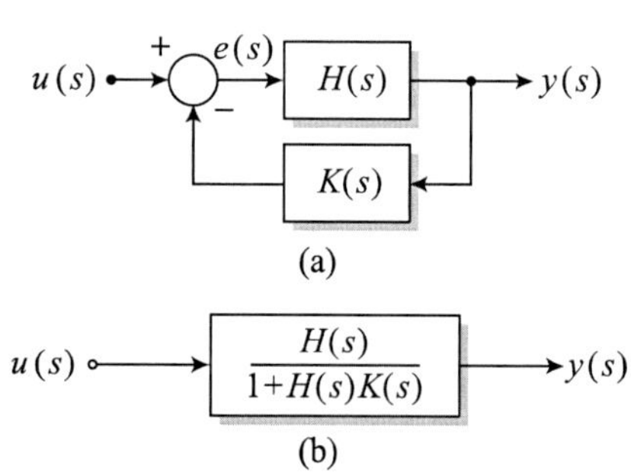

그림 4.8 블록선도의 등가변환

그런데 [그림 4.9(a)]와 같은 1차 지연요소(first order lag element)를 가지는 단일블록이 있다고 하자. 이 블록에 [그림 4.8]에서 나타낸 순서를 반대로 적용함으로써 [그림 4.9(b)]로

변환할 수 있다. 여기서 $1/s$는 적분작용을 하기 때문에 이것을 적분기로 바꾸어서 시간영역으로 변환하면 [그림 4.9(c)]로 된다. 이와 같은 선도는 '상태변수선도(state variable diagram)'로 불리고 있으며, 이때 적분기의 출력을 상태변수 $x(t)$로 취하면 이것의 입력측은 $\frac{d}{dt}x(t)$로 되어 신호의 흐름에 따라 이것을 정리하면

$$\frac{d}{dt}x(t) = -\lambda x(t) + bu(t)$$

인 상태방정식을 얻게 된다.

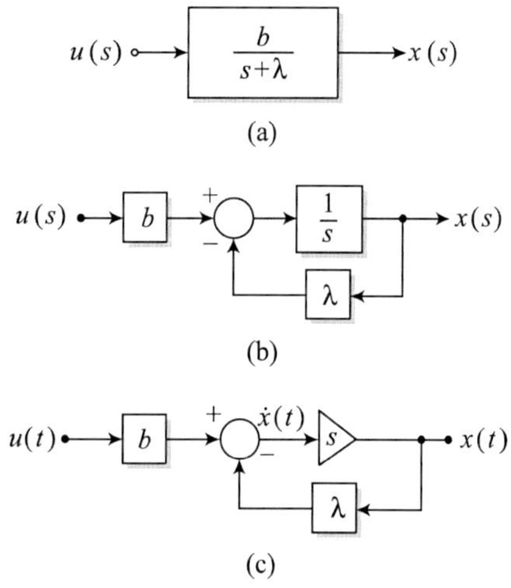

그림 4.9 상태변수 선도로의 변환

많은 블록이 존재할 경우에는 각각의 블록을 위에서 언급한 방법으로 시간영역으로 변환한 뒤 상태방정식으로 정리하면 된다. 따라서 적분기의 개수만큼의 상태변수가 존재하게 된다.

예제 4.11

[그림 4.10(a)]의 블록선도를 위에서 언급한 방법에 따라 분해하면 [그림 4.10(b)]와 같은 상태변수선도로 된다. 단 왼쪽 위의 블록은 분모와 분자의 차수가 동일하기 때문에

$$\frac{s+2}{s+1} = \frac{1}{s+1} + 1 \quad ①$$

로 변형한 뒤 변환을 수행했다. 이 그림에서와 같이 상태변수를 취하면 신호의 흐름에 주목한 상태방정식

$$\frac{d}{dt}\begin{bmatrix} x_1(t) \\ x_2(t) \\ x_3(t) \end{bmatrix} = \begin{bmatrix} 0 & 1 & -1 \\ 0 & -1 & -1 \\ 2 & 0 & -3 \end{bmatrix}\begin{bmatrix} x_1(t) \\ x_2(t) \\ x_3(t) \end{bmatrix} + \begin{bmatrix} 1 \\ 1 \\ 0 \end{bmatrix} u(t) \quad ②$$

을 얻는다. 출력 $y(t)$는 $x_1(t)$과 동일하기 때문에 출력방정식은 다음과 같이 된다.

$$y(t) = [1 \;\; 0 \;\; 0]\,\vec{x}(t) \quad ③$$

%[예제 4.11]

```
sys1=tf([1 2],[1 1]);sys2=tf([1],[1 0]);
sys3=tf([2],[1 3]);                     % 각 블록을 LTI object로 표현
sys_f=feedback(sys1*sys2,sys3);         % 입출력 사이의 전달함수를 계산
[num,den]=tfdata(sys_f,'v');            % 전달함수의 분자, 분모다항식의 계수 확인
[A,b,c,d]=tf2ss(num,den)                % 다항식으로부터 상태방정식의 계산
```

위 프로그램은 [그림 4.10(a)]로 주어진 시스템에 대한 상태방정식을 얻기 위한 하나의 방법이다. 실행결과 얻어진 방정식은 [예제 4.11]의 ②와는 다른 모양을 가지지만, 4.8절에서 설명하는 것처럼 두 시스템이 동일한 전달특성을 가진다는 의미에서 서로 등가시스템이다.

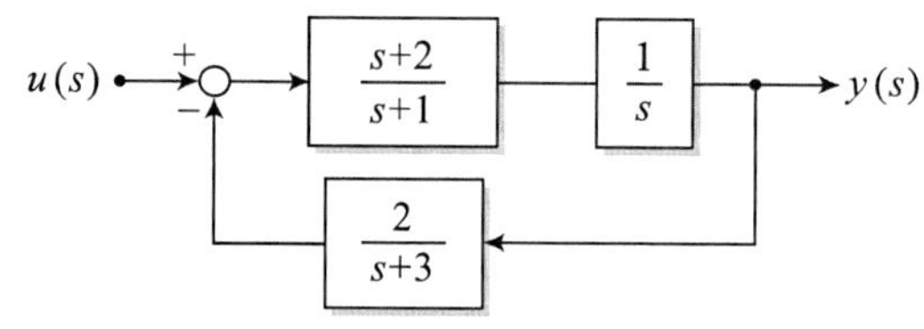

(a)

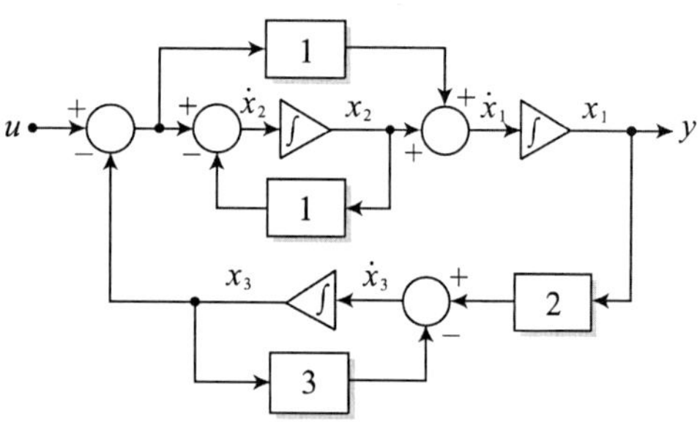

(b)

그림 4.10 [예제 4.11]

이상에서는 1차의 전달함수를 가지는 블록만을 취급했지만, 고차의 전달함수를 가지는 블록에 대해서는 다음 절에서 설명하는 가제어표준형식 등을 이용해서 각 블록을 부분적인 상태변수 선도로 치환하면 상태방정식의 표현을 구할 수 있다. 또 다른 방법으로는 블록선도 전체를 하나의 전달함수로서 정리한 다음 이것에 가제어표준형식을 적용해서 상태방정식을 구할 수도 있다. 그러나 이 경우에는 각 상태변수가 가지는 물리적인 의미는 상실될 수도 있다는 점에 유의해야 한다.

4.5.2 시스템의 좌표변환

이미 3.6절에서 상태방정식의 좌표변환에 대하여 언급하였다. 여기서는 좌표변환된 시스템의 가제어성 및 가관측성이 보존된다는 의미에서의 등가성에 대하여 설명한다.

상태방정식 (4.33)에 대하여 정칙인 행렬 $\boldsymbol{T}$에 의한 변환

$$\vec{x}(t) = \boldsymbol{T}\vec{z}(t) \tag{4.42}$$

을 수행하면

$$\frac{d}{dt}\vec{z}(t) = \tilde{\boldsymbol{A}}\vec{z}(t) + \tilde{\boldsymbol{B}}\vec{u}(t) \tag{4.43a}$$

$$\vec{y}(t) = \widetilde{\boldsymbol{C}}\,\vec{z}(t) \tag{4.43b}$$

로 된다는 것은 이미 3.6절에서 나타내었다. 단

$$\widetilde{A} = \boldsymbol{T}^{-1}\boldsymbol{A}\boldsymbol{T},\ \ \widetilde{B} = \boldsymbol{T}^{-1}\boldsymbol{B},\ \ \widetilde{C} = \boldsymbol{C}\boldsymbol{T} \tag{4.44}$$

이다. 또한 식 (4.42)를

$$\vec{z}(t) = \boldsymbol{S}\,\vec{x}(t) \tag{4.45}$$

로 두면

$$\widetilde{A} = \boldsymbol{S}\boldsymbol{A}\boldsymbol{S}^{-1},\quad \widetilde{B} = \boldsymbol{S}\boldsymbol{B},\ \widetilde{C} = \boldsymbol{C}\boldsymbol{S}^{-1} \tag{4.46}$$

으로 되지만 $\boldsymbol{T} = \boldsymbol{S}^{-1}$의 관계가 성립하기 때문에 식 (4.44)와 (4.46)은 대수적으로 등가이며 어느 쪽을 사용하여도 관계없다.

3.6절에서 시스템 (4.33)과 (4.43)은 영-상태와 영-입력시스템의 입장에서 등가라는 것을 이미 언급하였지만, 여기서는 이것을 좀 더 확장하여 가제어성과 가관측성이 보존된다는 의미에서도 등가라는 것에 대하여 설명한다.

상태변수변환(좌표변환)

요점 4.18 상태변수변환

시스템 (4.33)과 (4.43)은 다음과 같은 의미에서 서로 등가이다.

(i) $|s\boldsymbol{I} - \boldsymbol{A}| = |s\boldsymbol{I} - \widetilde{\boldsymbol{A}}|$ (4.47)

(ii) $\boldsymbol{C}(s\boldsymbol{I} - \boldsymbol{A})^{-1}\boldsymbol{B} = \widetilde{\boldsymbol{C}}(s\boldsymbol{I} - \widetilde{\boldsymbol{A}})^{-1}\widetilde{\boldsymbol{B}}$ (4.48)

(iii) $\widetilde{\boldsymbol{P}}(s) = \begin{bmatrix} \widetilde{\boldsymbol{A}} - s\boldsymbol{I} & \widetilde{\boldsymbol{B}} \\ \widetilde{\boldsymbol{C}} & 0 \end{bmatrix}$

로 두면 모든 s 에 대해서 다음이 성립한다.

$$\text{rank}\,[\boldsymbol{P}(s)] = \text{rank}\,[\widetilde{\boldsymbol{P}}(s)] \tag{4.49}$$

(iv) $\widetilde{\boldsymbol{W}} = [\widetilde{\boldsymbol{B}}, \widetilde{\boldsymbol{A}}\widetilde{\boldsymbol{B}}, \cdots, \widetilde{\boldsymbol{A}}^{n-1}\widetilde{\boldsymbol{B}}]$ (4.50a)

$$\widetilde{\boldsymbol{M}} = \begin{bmatrix} \widetilde{\boldsymbol{C}} \\ \widetilde{\boldsymbol{C}}\widetilde{\boldsymbol{A}} \\ \vdots \\ \widetilde{\boldsymbol{C}}\widetilde{\boldsymbol{A}}^{n-1} \end{bmatrix} \tag{4.50b}$$

로 두면 다음 식이 성립한다.

$$\mathrm{rank}[\boldsymbol{W}] = \mathrm{rank}[\widetilde{\boldsymbol{W}}], \quad \mathrm{rank}[\boldsymbol{M}] = \mathrm{rank}[\widetilde{\boldsymbol{M}}] \tag{4.51}$$

위 요점에서, (i)은 좌표변환 후의 시스템의 고유값은 원래 시스템의 고유값과 동일하다는 것을 나타내며, 이 경우 $\boldsymbol{A}$ 와 $\widetilde{\boldsymbol{A}}$ 는 서로 '상사(similar)'의 관계에 있다고 하며 그의 죠르단형식[15]까지도 동일하다. (ii)는 시스템의 전달함수행렬은 불변이라는 것을 의미하며, (iii)은 시스템의 불변영점은 좌표변환에 의해 변동하지 않는다는 것을 의미한다. 마지막으로 좌표변환은 시스템의 가제어성과 가관측성을 보존한다는 것을 (iv)에서 보여주고 있다.

위 요점은 식 (4.47)~(4.51)에 식 (4.44)의 관계를 직접 대입하여 전개하면 어렵지 않게 확인할 수 있다.

4.6 1입출력(SISO)시스템의 표준형식과 그 응용

여기서는 SISO시스템

$$\frac{d}{dt}\vec{x}(t) = \boldsymbol{A}\vec{x}(t) + \vec{b}\,u(t) \tag{4.52a}$$

$$y(t) = \vec{c}\,\vec{x}(t) \tag{4.52b}$$

에 대하여 적당한 변환행렬 $\boldsymbol{T}$를 선택해서 좌표변환하였을 경우 그 변환된 행렬 $\left(\widetilde{\boldsymbol{A}}, \vec{\tilde{b}}, \vec{\tilde{c}}\right)$로 이루어진 시스템

$$\frac{d}{dt}\vec{z}(t) = \widetilde{\boldsymbol{A}}\vec{z}(t) + \vec{\tilde{b}}\,u(t) \tag{4.53a}$$

$$y(t) = \vec{\tilde{c}}\,\vec{z}(t) \tag{4.53b}$$

가 원래의 시스템 (4.52)보다 조금이라도 사용하기 편리한 형식[16]으로 되었을 때 이것을 '표준형식(canonical form)'이라고 하며 시스템 (4.53)을 '표준시스템(canonical system)'이라고 한다. 앞으로는 사용목적에 따라서 몇 가지의 표준형식을 만들어 사용하지만, 특히 SISO 시스템에서는 다음 세 개의 표준형식이 자주 사용된다.

15) 죠르단형식으로의 변환에 대해서는 부록참조.
16) '편리하다'라고 하는 것은 시스템의 설계목적에 따라 다르게 정의되겠지만 각 행렬의 각 요소에 가능한 한 0(zero)이 많이 들어갈 수 있도록 할 수 있다면 여러 가지 수치계산상 유리할 것임은 명백하다.

4.5.1 대각표준형식과 그 응용

$\boldsymbol{A}$ 가 중복되는 고유값을 가지지 않을 경우 $\boldsymbol{A}$ 의 고유값을 $\{\lambda_1, \lambda_2, \cdots, \lambda_n\}$, 이에 상응하는 고유벡터를 $\{\vec{v}_1, \vec{v}_2, \cdots, \vec{v}_n\}$으로 각각 표기한다. 이때 고유벡터를 이용하여 다음과 같은 크기 $(n \times n)$ 인 행렬을 구성한다.

$$\boldsymbol{T} = [\vec{v}_1, \vec{v}_2, \cdots, \vec{v}_n] \tag{4.54}$$

이 경우 n 개의 고유벡터는 반드시 서로 선형독립이므로 식 (4.54)의 $\boldsymbol{T}$는 정칙이다. 이것을 이용한 좌표변환으로 새로운 상태벡터 $\vec{z}(t)$를 다음과 같이 정의한다.

$$\vec{x}(t) = \boldsymbol{T}\vec{z}(t) = z_1\vec{v}_1 + z_2\vec{v}_2 + \cdots + z_n\vec{v}_n \tag{4.55}$$

$\boldsymbol{T}$의 역행렬을 행벡터로서 다음과 같이 표시하기로 한다.

$$\boldsymbol{T}^{-1} = \begin{bmatrix} \vec{w}_1^T \\ \vec{w}_2^T \\ \vdots \\ \vec{w}_n^T \end{bmatrix}, \quad (\vec{w}_i \in R^n) \tag{4.56}$$

이 경우 $\boldsymbol{T}^{-1}\boldsymbol{T} = \boldsymbol{I}$의 관계식으로부터

$$\boldsymbol{T}^{-1}\boldsymbol{T} = \begin{bmatrix} \vec{w}_1^T\vec{v}_1 & \vec{w}_1^T\vec{v}_2 & \cdots & \vec{w}_1^T\vec{v}_n \\ \vec{w}_2^T\vec{v}_1 & \vec{w}_2^T\vec{v}_2 & \cdots & \vec{w}_2^T\vec{v}_n \\ \vdots & & \ddots & \vdots \\ \vec{w}_n^T\vec{v}_1 & \vec{w}_n^T\vec{v}_2 & \cdots & \vec{w}_n^T\vec{v}_n \end{bmatrix} = \boldsymbol{I} \tag{4.57}$$

을 얻는다. 이 식으로부터 두 개의 벡터 $\{\vec{w}_i, \vec{v}_j\}$사이에는 다음의 관계가 성립하고 있음을 알 수 있다.

$$\vec{w}_i^T\vec{v}_j = \begin{cases} 1, & \text{if } j = i \\ 0, & \text{if } j \neq i \end{cases} \tag{4.58}$$

[요점 4.10]에서 이미 언급한 바와 같이 벡터 $\vec{w}_i^T$는 행렬 $\boldsymbol{A}$ 의 고유값 λ_i 에 대응하는 좌고유벡터(즉 $\boldsymbol{A}^T$ 의 고유벡터)이다.

식 (4.53)의 계수행렬을 계산하기 위하여 필요한 $\boldsymbol{T}^{-1}\boldsymbol{A}\boldsymbol{T}$를 계산해보자. 즉

$$\boldsymbol{A}\,\boldsymbol{T}=\boldsymbol{A}\left[\vec{v}_1,\vec{v}_2,\cdots,\vec{v}_n\right]=\left[\boldsymbol{A}\vec{v}_1,\boldsymbol{A}\vec{v}_2,\cdots,\boldsymbol{A}\vec{v}_n\right] \quad (4.59)$$
$$=\left[\lambda_1\vec{v}_1,\lambda_2\vec{v}_2,\cdots,\lambda_n\vec{v}_n\right]$$

과 식 (4.56)을 이용하면

$$\boldsymbol{T}^{-1}\boldsymbol{A}\,\boldsymbol{T}=\begin{bmatrix}\vec{w}_1^T\\ \vec{w}_2^T\\ \vdots\\ \vec{w}_n^T\end{bmatrix}\left[\lambda_1\vec{v}_1,\lambda_2\vec{v}_2,\cdots,\lambda_n\vec{v}_n\right]=\begin{bmatrix}\lambda_1 & 0 & \cdots & 0\\ 0 & \lambda_2 & \cdots & 0\\ \vdots & & \ddots & \vdots\\ 0 & 0 & \cdots & \lambda_n\end{bmatrix} \quad (4.60)$$

로 된다. 변환된 $\boldsymbol{A}$ 행렬 (즉 $\widetilde{\boldsymbol{A}}$)은 대각행렬로 되며, 대각요소는 고유값으로 이루어져 있음을 알 수 있다. 식 (4.53)의 두 개의 벡터 $\vec{b}$ 와 $\vec{c}$ 는 역시 식 (4.44)를 이용하면 각각

$$\boldsymbol{T}^{-1}\vec{b}=\begin{bmatrix}\vec{w}_1^T\vec{b}\\ \vec{w}_2^T\vec{b}\\ \vdots\\ \vec{w}_n^T\vec{b}\end{bmatrix}=\begin{bmatrix}\tilde{b}_1\\ \tilde{b}_2\\ \vdots\\ \tilde{b}_n\end{bmatrix} \quad (4.61a)$$

$$\vec{c}\,\boldsymbol{T}=\left[\vec{c}\,\vec{v}_1,\vec{c}\,\vec{v}_2,\cdots,\vec{c}\,\vec{v}_n\right]=\left[\tilde{c}_1,\tilde{c}_2,\cdots,\tilde{c}_n\right] \quad (4.61b)$$

의 형태로 변환됨을 알 수 있다. 이러한 식들을 이용하여 식 (4.53)을 정리하면 다음 식이 얻어진다.

$$\begin{bmatrix}\frac{d}{dt}z_1(t)\\ \frac{d}{dt}z_2(t)\\ \vdots\\ \frac{d}{dt}z_n(t)\end{bmatrix}=\begin{bmatrix}\lambda_1 & 0 & \cdots & 0\\ 0 & \lambda_2 & \cdots & 0\\ \vdots & & \ddots & \vdots\\ 0 & 0 & \cdots & \lambda_n\end{bmatrix}\begin{bmatrix}z_1(t)\\ z_2(t)\\ \vdots\\ z_n(t)\end{bmatrix}+\begin{bmatrix}\tilde{b}_1\\ \tilde{b}_2\\ \vdots\\ \tilde{b}_n\end{bmatrix}u(t) \quad (4.62a)$$

$$y(t)=\left[\tilde{c}_1,\tilde{c}_2,\cdots,\tilde{c}_n\right]\left[z_1(t),z_2(t),\cdots,z_n(t)\right]^T \quad (4.62b)$$

식 (4.62)의 구조로부터, 식 (4.54)의 변환행렬에 의해 등가변환된 시스템은 다음과 같은 n 개의 독립된 시스템의 대수적인 합으로 생각할 수 있다. 즉

$$\frac{d}{dt}z_i(t)=\lambda_i z_i(t)+\tilde{b}_i u(t),\ (i=1,\cdots,n) \quad (4.63a)$$

$$y(t) = \tilde{c}_1 z_1(t) + \tilde{c}_2 z_2(t) + \cdots + \tilde{c}_n z_n(t) \tag{4.63b}$$

이다. 식 (4.62)의 양변을 라플라스변환하면 전달함수는

$$\begin{aligned} h(s) = \frac{y(s)}{u(s)} &= \vec{c}(s\boldsymbol{I} - \boldsymbol{A})^{-1}\vec{b} = \vec{\tilde{c}}(s\boldsymbol{I} - \tilde{\boldsymbol{A}})^{-1}\vec{\tilde{b}} \\ &= \sum_{i=1}^{n} \frac{\tilde{c}_i \tilde{b}_i}{s - \lambda_i} \end{aligned} \tag{4.64}$$

와 같이 쓸 수 있기 때문에 결국 1차 인자의 합으로서 표현 가능함을 알 수 있다[17]. 여기서 $\tilde{c}_i \tilde{b}_i$는 $h(s)$ 의 $s = \lambda_i$ 에 대한 유수(residue)이다.

식 (4.63)을 블록선도를 이용하여 나타내면 [그림 4.11]과 같이 된다. 그림으로부터 알 수 있는 바와 같이 각 상태변수 $z_i(t)$는 서로 아무런 관련을 가지지 않으며, 동시에 앞에서 언급한 모드에 대한 정확한 의미를 부여하고 있다. 이 그림을 이용하면 시스템이 가제어 및 가관측하다는 의미가 한결 뚜렷해진다. 즉 i 번째 모드 λ_i 에 대한 가제어성의 결여, 즉 $\vec{w}_i^T \vec{b} = 0$ 는 상태변수 $\vec{z}_i(t)$ 와 입력 $u(t)$ 와의 연결이 끊어짐을 의미하며, 또한 이 모드에 대한 가관측성의 결여, 즉 $\vec{c}\,\vec{v}_i = 0$ 는 $\vec{z}_i(t)$ 와 출력 $y(t)$ 사이의 연결 고리가 끊어져 제어 혹은 관측이 불가능하다는 것을 잘 보여주고 있다.

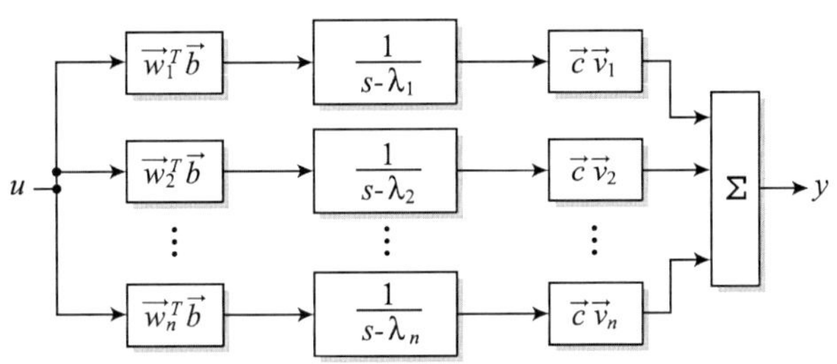

그림 4.11
대각표준형식인 시스템의 표현

이상을 정리하면 다음 요점을 얻는다.

요점 4.19 SISO시스템의 가제어·가관측

$\boldsymbol{A}$ 가 중복고유값을 가지지 않는 경우, 시스템 (4.53)(또는 시스템 (4.52))이 가제어로 되기 위한 필요충분조건은 $\tilde{b}_i \neq 0, (\forall i)$ 이다. 이것은 모든 모드가 u 에 의해 제어(변화)될 수 있다는 사실을 의미한다. 또한 가관측으로 되기 위한 필요충분조건은 $\tilde{c}_i \neq 0, (\forall i)$, 즉 모든 모드가 y 에 의해 관측(검출)가능하다는 것을 나타내고 있다.

17) 전달함수 $h(s)$를 부분분수전개한 것으로 볼 수 있다.

대각표준형식으로 변환된 시스템 (4.62)에서 $u(t)=0$ 인 경우를 생각해보자. 식 (4.63)으로부터

$$z_i(t)=e^{\lambda_i t}z_i(0),\ (i=1,\cdots,n) \tag{4.65}$$

로 되므로 식 (4.55)에 의해

$$\vec{x}(t)=\vec{v}_1 e^{\lambda_1 t}z_1(0)+\cdots+\vec{v}_n e^{\lambda_n t}z_n(0) \tag{4.66}$$

을 얻는다. 이것을 상태변수응답의 '모드전개(modal expansion)'라고 한다. 이때 초기값 $z_i(0)$는 $\vec{z}(0)=\boldsymbol{T}^{-1}\vec{x}(0)$을 이용하여 얻어진다. $\mathrm{Re}(\mu)<\mathrm{Re}(\lambda)<0$ 이면 $e^{\mu t}$가 $e^{\lambda t}$보다 더 빠르게 영으로 감소한다는 사실로부터, 모든 고유값이 복소평면[18]에서 허수축을 중심으로 보다 왼쪽에 존재하면 할수록 그만큼 빨리 $\vec{x}(t)\to\vec{0}$ 으로 됨을 알 수 있다. 이로 인해 출력은 고유값 중에서 허수축에 가까운 것에 의해 출력(즉 상태벡터)의 값이 좌우될 것으로 예상된다. 이와 같이 상대적으로 허수축에 가까워서 출력의 크기를 결정하는 고유값을 시스템의 '대표모드(dominant mode)'라고 한다.

예제 4.12

[그림 4.12]와 같이 두 개의 수조를 가지는 시스템에서 파라미터를 적절히 선정했을 경우 상태방정식이 다음과 같이 표현되었다고 하자.

$$\frac{d}{dt}\vec{x}(t)=\begin{bmatrix}-2 & 1\\ 1 & -2\end{bmatrix}\vec{x}(t)+\begin{bmatrix}1\\1\end{bmatrix}u(t) \qquad ①$$

단 출력 $y(t)$는 생략했다. $\boldsymbol{A}$ 의 고유값은 $\lambda_1=-1$, $\lambda_2=-3$ 으로 되며 각각에 대응하는 고유벡터를 구해서 대각변환행렬을 계산하면

$$\boldsymbol{T}=\begin{bmatrix}1 & -1\\ 1 & 1\end{bmatrix},\quad \boldsymbol{T}^{-1}=\frac{1}{2}\begin{bmatrix}1 & 1\\ -1 & 1\end{bmatrix} \qquad ②$$

로 된다. 따라서 $\vec{x}(t)=\boldsymbol{T}\vec{z}(t)$의 변환을 하면 ①은

$$\frac{d}{dt}\begin{bmatrix}z_1(t)\\ z_2(t)\end{bmatrix}=\begin{bmatrix}-1 & 0\\ 0 & -3\end{bmatrix}\begin{bmatrix}z_1(t)\\ z_2(t)\end{bmatrix}+\begin{bmatrix}1\\0\end{bmatrix}u(t) \qquad ③$$

인 대각표준시스템으로 된다. 이 경우 $\tilde{b}_2=0$ 이므로 모드 $z_2(t)$에는 입력이 인가되지 않으므로 시스템 ①은 불가제어이다. 이것을 물리적으로 해석해 보자.

18) 일반적으로 s평면이라고 한다. 이때 s는 라플라스변환에서 사용되는 것으로 $s=\sigma+j\omega$와 같이 복소수를 나타내므로, s평면은 복소평면이다.

먼저 $u(t)=0$ 의 경우에는 식 (4.64)의 모드전개를 이용하면

$$\vec{x}(t)=\begin{bmatrix}1\\1\end{bmatrix}e^{-t}z_1(0)+\begin{bmatrix}-1\\1\end{bmatrix}e^{-3t}z_2(0) \quad ④$$

로 되어 $\vec{x}(t)$는, 양쪽 수조가 1대 (−1)의 비율로 평형점을 향해서 감소하는 모드 $x_1(t)$과 1대 1의 비율로 평형점을 향해서 감소하는 모드인 $x_2(t)$ 인 두 개의 성분으로 구성되어 있음을 알 수 있다([그림 4.9] 참조).

그런데 $u(t)\neq 0$ 인 경우 입력 $u(t)$가 양쪽의 수조에 균등하게 들어가기 때문에 모드 $x_2(t)$ 분에 대해서는 그의 크기를 입력으로 자유로 제어할 수 있지만 $x_1(t)$ 분에 대해서는 제어가 불가능함을 알 수 있다. 따라서 이 시스템은 불가제어이다.

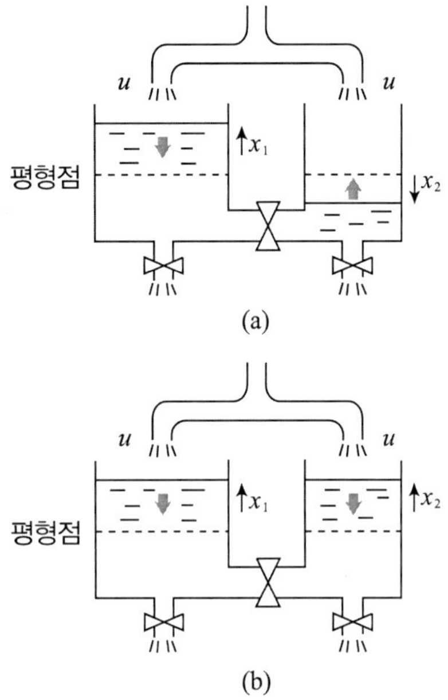

그림 4.12 수조의 수위변화와 두 개의 모드
(a) 모드 $x_1(t)$ 의 수위변화
(b) 모드 $x_2(t)$ 의 수위변화

% [예제 4.12]

```
syms t                                    % 시간 t를 symbolic으로 지정
xo=[10 5]';                               % 양쪽 수조의 초기값
A=sym([-2 1;1 -2]); b=sym([1 1]');        % 행렬 A, b를 symbolic으로 지정
[T,D]=eig(A);                             % 변환행렬의 계산
At=T\A*T, bt=T\b                          % ③의 확인
zo=T\xo;                                  % z(0) = T^-1 x(0) 에의한 초기값의 계산
x1=exp(-t)*zo(1)-exp(-3*t)*zo(2);
x2=exp(-t)*zo(1)+exp(-3*t)*zo(2);         % ④를 계산하여 그림을 표시
ezplot(x1,[0 2]); hold on, ezplot(x2,[0 2])
```

➲ 프로그램의 수행결과 입력이 없을 경우(즉 $u(t)\neq 0$), 두 수조의 수위는 초기값 10과 5에서 평형상태(즉 영-상태)로 감소해 가는 모습을 그래프로 볼 수 있다.

4.6.2 가제어표준형식과 그의 응용

식 (4.52)로 주어진 SISO시스템이 가제어라고 한다. 이때 $\boldsymbol{A}$ 의 특성다항식이

$$|s\boldsymbol{I}-\boldsymbol{A}| = s^n + a_n s^{n-1} + \cdots + a_2 s + a_1 \tag{4.67}$$

와 같이 주어질 때 식 (4.54)의 좌표변환행렬로서

$$\boldsymbol{T} = \boldsymbol{W}\boldsymbol{R} = \left[\vec{b}, \boldsymbol{A}\vec{b}, \cdots, \boldsymbol{A}^{n-1}\vec{b}\right]\begin{bmatrix} a_2 & a_3 & a_4 & \cdots & a_n & 1 \\ a_3 & a_4 & \cdots & a_n & 1 & 0 \\ a_4 & & \cdots & 1 & 0 & 0 \\ \vdots & & & & & \vdots \\ a_n & 1 & 0 & \cdots & \cdots & 0 \\ 1 & 0 & 0 & \cdots & \cdots & 0 \end{bmatrix} \tag{4.68}$$

로 두고 $\vec{x}(t) = \boldsymbol{T}\vec{z}(t)$의 변환을 수행한다. 이때 변환된 시스템 (4.53a)의 $\widetilde{\boldsymbol{A}}, \vec{\tilde{b}}$ 는 '가제어표준형식(controllable canonical form)'으로 불리는

$$\widetilde{\boldsymbol{A}} = \boldsymbol{T}^{-1}\boldsymbol{A}\boldsymbol{T} = \begin{bmatrix} 0 & 1 & 0 & \cdots & 0 \\ 0 & 0 & 1 & \cdots & 0 \\ \vdots & & & \ddots & \\ 0 & 0 & 0 & \cdots & 1 \\ -a_1 & -a_2 & -a_3 & \cdots & -a_n \end{bmatrix}, \quad \vec{\tilde{b}} = \boldsymbol{T}^{-1}\vec{b} = \begin{bmatrix} 0 \\ \vdots \\ 0 \\ 1 \end{bmatrix} \tag{4.69a}$$

와 같은 형식으로 된다. 또한 출력은

$$\vec{\tilde{c}} = \vec{c}\,\boldsymbol{T} = \left[\tilde{c}_1, \tilde{c}_2, \cdots, \tilde{c}_n\right] \tag{4.69b}$$

로 주어진다. 이상을 정리하면 다음의 요점이 얻어진다.

요점 4.20 SISO시스템의 가제어표준형식

식 (4.52)로 주어진 SISO시스템이 가제어라고 한다. 이 경우 식 (4.68)에 의한 좌표변환의 수행으로 다음과 같은 형식의 가제어표준시스템(controllable canonical system)을 얻을 수 있다.

$$\frac{d}{dt}\begin{bmatrix} z_1(t) \\ z_2(t) \\ \vdots \\ z_{n-1}(t) \\ z_n(t) \end{bmatrix} = \begin{bmatrix} 0 & 1 & 0 & \cdots & 0 \\ 0 & 0 & 1 & \cdots & 0 \\ \vdots & & & & \\ 0 & 0 & 0 & \cdots & 1 \\ -a_1 & -a_2 & -a_3 & \cdots & -a_n \end{bmatrix}\begin{bmatrix} z_1(t) \\ z_2(t) \\ \vdots \\ z_{n-1}(t) \\ z_n(t) \end{bmatrix} + \begin{bmatrix} 0 \\ 0 \\ \vdots \\ 0 \\ 1 \end{bmatrix} u(t) \tag{4.70a}$$

$$y(t) = \left[\tilde{c}_1, \tilde{c}_2, \cdots, \tilde{c}_n\right]\left[z_1(t), z_2(t), \cdots, z_n(t)\right]^T \tag{4.70b}$$

위 요점은 식 (4.68)의 변환행렬로부터

$$\widetilde{A} = T^{-1} A T = (WR)^{-1} A (WR) = R^{-1} (W^{-1} A W) R$$

의 관계를 이용하여 $(\bullet)$내의 계산을 먼저 수행한 후 바깥의 행렬을 직접 계산하면 식 (4.69)를 확인할 수 있다. $\vec{\tilde{b}}$ 와 $\vec{\tilde{c}}$ 에 대해서도 마찬가지이다.

식 (4.70)을 블록선도를 이용하면 [그림 4.13]과 같이 나타낼 수 있으며, 이로부터 전달함수를 계산하면

$$h(s) = \vec{c}(s\boldsymbol{I} - \boldsymbol{A})\vec{b} = \vec{\tilde{c}}(s\boldsymbol{I} - \widetilde{\boldsymbol{A}})^{-1}\vec{\tilde{b}} \tag{4.71}$$

$$= \frac{\tilde{c}_n s^{n-1} + \tilde{c}_{n-1} s^{n-2} + \cdots + \tilde{c}_2 s + \tilde{c}_1}{s^n + a_n s^{n-1} + \cdots + a_2 s + a_1}$$

로 된다. 이로부터 전달함수 다항식의 각 변수는 가제어표준형식의 계수행렬의 요소와 1대1 대응하고 있음을 알 수 있다.

특히 식 (4.69a)의 형식으로 주어지는 행렬 $\widetilde{\boldsymbol{A}}$ 는 '컴패니온행렬(companion matrix)'이라고 불리며 제 n 번째 행에 있는 요소의 부호를 반전시킨 것이 특성다항식의 계수로 된다. 이 성질은 이하에서도 자주 이용된다.

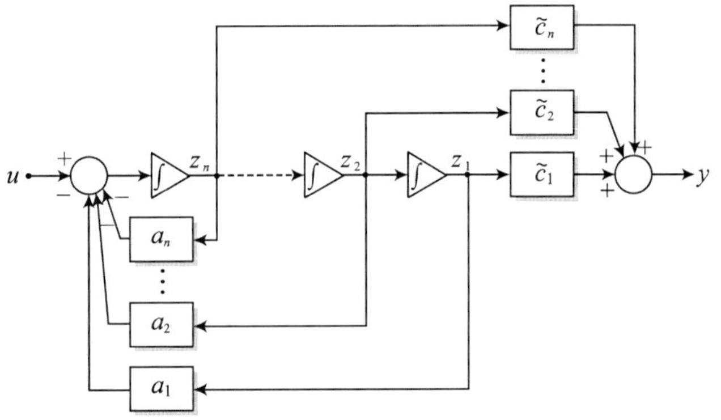

그림 4.13 가제어표준 시스템

예제 4.13

다음으로 주어진 SISO시스템을 가제어표준형으로 변환하여 보자.

$$\frac{d}{dt}\vec{x}(t) = \begin{bmatrix} -4 & 2 & 0 \\ 1 & -3 & 1 \\ 0 & 1 & -2 \end{bmatrix} \vec{x}(t) + \begin{bmatrix} 2 \\ 0 \\ 0 \end{bmatrix} u(t) \qquad ①$$

$$y(t) = [1 \quad 0 \quad 0]\vec{x}(t)$$

해 우선 특성다항식을 계산한다. 즉

$$|s\boldsymbol{I}-\boldsymbol{A}| = s^3+9s^2+23s+16 \qquad ②$$

로부터 $a_1=16, a_2=23, a_3=9$ 이므로, 가제어표준형식으로의 변환행렬 $\boldsymbol{T}$와 $\boldsymbol{T}^{-1}$은

$$\boldsymbol{T} = [\vec{b}, \boldsymbol{A}\vec{b}, \boldsymbol{A}^2\vec{b}]\begin{bmatrix} a_2 & a_3 & 1 \\ a_3 & 1 & 0 \\ 1 & 0 & 0 \end{bmatrix} \qquad ③$$

$$= \begin{bmatrix} 2 & -8 & 36 \\ 0 & 2 & -14 \\ 0 & 0 & 2 \end{bmatrix}\begin{bmatrix} 23 & 9 & 1 \\ 9 & 1 & 0 \\ 1 & 0 & 0 \end{bmatrix} = \begin{bmatrix} 10 & 10 & 2 \\ 4 & 2 & 0 \\ 2 & 0 & 0 \end{bmatrix}$$

$$\boldsymbol{T}^{-1} = \frac{1}{2}\begin{bmatrix} 0 & 0 & 1 \\ 0 & 1 & -2 \\ 1 & -5 & 5 \end{bmatrix} \qquad ④$$

로 된다($\boldsymbol{T}^{-1}$이 존재하기 때문에 가제어이다). $\widetilde{\boldsymbol{A}}, \vec{\tilde{b}}, \vec{\tilde{c}}$ 를 식 (4.69)와 같이 해서 구하면 가제어표준시스템 (4.70)은

$$\frac{d}{dt}\vec{z}(t) = \begin{bmatrix} 0 & 1 & 0 \\ 0 & 0 & 1 \\ -16 & -23 & -9 \end{bmatrix}\vec{z}(t) + \begin{bmatrix} 0 \\ 0 \\ 1 \end{bmatrix}u(t) \qquad ⑤$$

로 되어 [그림 4.14]와 같은 상태변수선도와 전달함수가 얻어진다. $(\widetilde{\boldsymbol{A}}, \vec{\tilde{b}})$의 형식을 알고 있기 때문에 표준형식을 구하는 것만이 목적이라면 $\boldsymbol{T}^{-1}$의 계산은 불필요하고 가제어성 행렬 $|\boldsymbol{W}| \neq 0$의 확인만으로 충분하다.

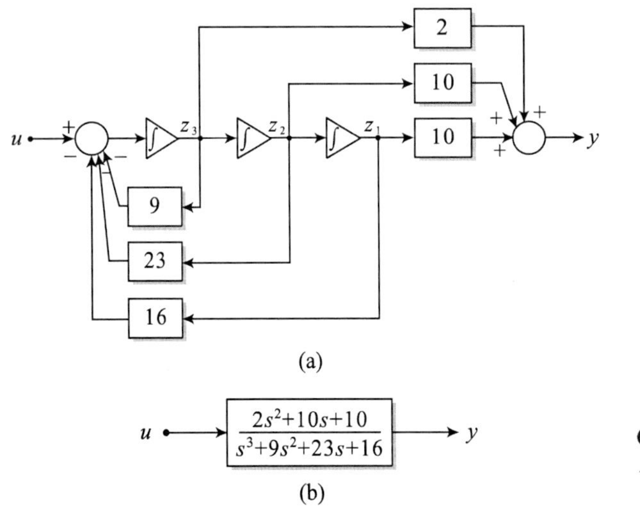

그림 4.14
상태변수선도와 전달함수

```
% [예제 4.13]
syms s                                   % 라플라스변수 s를 symbolic으로 지정
A=sym([-4 2 0;1 -3 1;0 1 -2]);           % 계수행렬을 symbolic 으로 지정
b=sym([2 0 0]');c=sym([1 0 0]);
poly(A)                                  % 특성다항식 |sI-A|의 계산
T=[b A*b A^2*b]*[23 9 1;9 1 0;1 0 0];    % ③의 계산
At=T\A*T, bt=T\b, ct=c*T;                % ⑤의 계산
[num,den]=numden(ct*((s*eye(3)-At)\bt))  % 전달함수 h(s)=c~(sI-A~)^-1 b~
```

➲ [그림 4.14(a)]로 얻어지는 가제어표준형인 시스템을 SIMULINK를 이용하여 작성한 다음, 이로부터 명령어 'linmod'를 사용하여 상태방정식 표현을 구할 수 있다. 즉 [A,B,C,D] = linmod('example_4_13')를 실행한다. 이때 'example_4_13'은 [그림 4.14(a)]의 SIMULINK 파일명이다. 상태방정식 표현에서 전달함수 표현으로의 변환은 '[num,den]=ss2tf(A,B,C,D)'를 실행하면 위의 프로그램과 동일한 결과를 얻는다. 여기서 사용한 명령어 'linmod'는 주로 SIMULINK로 구성한 블록선도의 선형화과정에 사용된다.

4.6.3 가관측표준형식

SISO시스템 (4.52)가 가관측이라고 한다. 이때 변환행렬로서

$$\boldsymbol{S}=\boldsymbol{R}\boldsymbol{M}=\begin{bmatrix} a_2 & a_3 & a_4 & \cdots & a_n & 1 \\ a_3 & a_4 & \cdots & a_n & 1 & 0 \\ a_4 & & \cdots & 1 & 0 & 0 \\ \vdots & & & & & \vdots \\ a_n & 1 & 0 & \cdots & \cdots & 0 \\ 1 & 0 & 0 & \cdots & \cdots & 0 \end{bmatrix}\begin{bmatrix} \vec{c} \\ \vec{c}\boldsymbol{A} \\ \vec{c}\boldsymbol{A}^2 \\ \vdots \\ \vdots \\ \vec{c}\boldsymbol{A}^{n-1} \end{bmatrix} \tag{4.72}$$

로 두고, $\vec{z}(t)=\boldsymbol{S}\vec{x}(t)$의 좌표변환에 의해 얻어진 $\left(\tilde{\vec{c}},\tilde{\boldsymbol{A}}\right)$가 '가관측표준형식(observable canonical form)'으로 불리는

$$\tilde{\boldsymbol{A}}=\boldsymbol{S}\boldsymbol{A}\boldsymbol{S}^{-1}=\begin{bmatrix} 0 & 0 & \cdots & 0 & -a_1 \\ 1 & 0 & \cdots & 0 & -a_2 \\ 0 & 1 & \cdots & 0 & -a_3 \\ \vdots & & \ddots & & \vdots \\ 0 & 0 & \cdots & 1 & -a_n \end{bmatrix} \tag{4.73a}$$

$$\tilde{\vec{c}}=\vec{c}\boldsymbol{S}^{-1}=[0\ 0\ \cdots\ 0\ 1]$$

인 형식으로 된다. 더욱이

$$\vec{\tilde{b}} = \boldsymbol{S}\vec{b} = \begin{bmatrix} \tilde{b}_1 \\ \tilde{b}_2 \\ \vdots \\ \tilde{b}_n \end{bmatrix} \tag{4.73b}$$

로 두었을 경우 가관측표준형식은 다음과 같다.

요점 4.21 SISO시스템의 가관측표준형식

식 (4.52)로 주어진 SISO시스템이 가관측이 경우, 식 (4.72)에 의한 좌표변환을 수행하면 다음과 같은 형식의 가관측 표준시스템(observable canonical system)이 얻어진다.

$$\frac{d}{dt}\begin{bmatrix} z_1(t) \\ z_2(t) \\ \vdots \\ z_{n-1}(t) \\ z_n(t) \end{bmatrix} = \begin{bmatrix} 0 & 0 & \cdots & 0 & -a_1 \\ 1 & 0 & \cdots & 0 & -a_2 \\ 0 & 1 & \cdots & 0 & -a_3 \\ \vdots & 0 & \ddots & \vdots & \vdots \\ 0 & 0 & \cdots & 1 & -a_n \end{bmatrix}\begin{bmatrix} z_1(t) \\ z_2(t) \\ \vdots \\ z_{n-1}(t) \\ z_n(t) \end{bmatrix} + \begin{bmatrix} \tilde{b}_1 \\ \tilde{b}_2 \\ \tilde{b}_3 \\ \vdots \\ \tilde{b}_n \end{bmatrix} u(t) \tag{4.74a}$$

$$y(t) = [0, \cdots, 0, 1][z_1(t), z_2(t), \cdots, z_n(t)]^T \tag{4.74b}$$

위의 상태방정식을 블록선도로 나타낸 것이 [그림 4.15]이다. 그림으로부터 전달함수는

$$\begin{aligned} h(s) &= \vec{c}(s\boldsymbol{I} - \boldsymbol{A})\vec{b} = \vec{\tilde{c}}(s\boldsymbol{I} - \widetilde{\boldsymbol{A}})^{-1}\vec{\tilde{b}} \\ &= \frac{\tilde{b}_n s^{n-1} + \tilde{b}_{n-1}s^{n-2} + \cdots + \tilde{b}_2 s + \tilde{b}_1}{s^n + a_n s^{n-1} + \cdots + a_2 s + a_1} \end{aligned} \tag{4.75}$$

로 되며 이 경우에도 전달함수의 분자 및 분모다항식의 각 계수와 표준시스템의 계수행렬의 요소는 1대 1의 대응관계가 성립한다. 이 형식은 관측기(observer)나 칼만필터(Kalman filter) 등의 설계에 자주 이용되지만, $(\widetilde{\boldsymbol{A}}, \vec{\tilde{c}}^T, \vec{\tilde{b}}^T, \boldsymbol{S}^T)$가 가제어표준시스템의 $(\widetilde{\boldsymbol{A}}, \vec{\tilde{b}}, \vec{\tilde{c}}, \boldsymbol{T})$에 대응하기 때문에 지금부터는 가관측 표준형식은 계산하지 않고 가제어 표준형식만을 이용해서 이들의 설계를 수행하기로 한다.

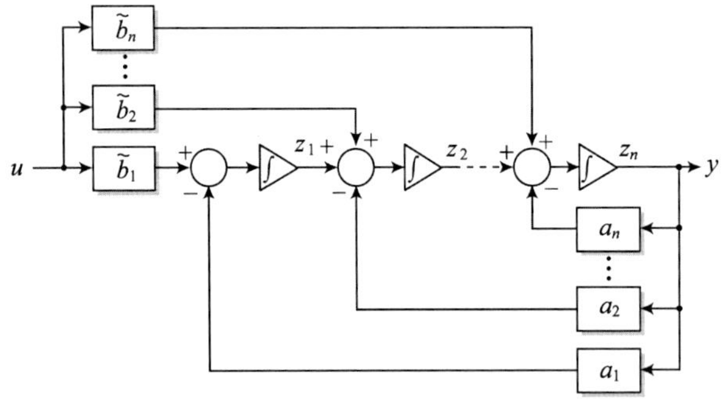

그림 4.15 가관측 표준시스템

4.7 다입출력(MIMO) 시스템의 전달함수

지금까지 SISO시스템에 대한 대각표준형식, 가제어표준형식 및 가관측표준형식으로의 변환 등에 관해 설명하였다. MIMO시스템인 경우에는 SISO와 동일한 형식으로의 변환은 불가능하지만 유사한 모양으로의 변환은 가능하다.

여기서 $\boldsymbol{T}$를 대각변환행렬인 식 (4.54)로 두었을 경우 식 (4.63)에 의해

$$\widetilde{\boldsymbol{B}} = \boldsymbol{T}^{-1}\boldsymbol{B} = \begin{bmatrix} \boldsymbol{\beta}^1 \\ \boldsymbol{\beta}^2 \\ \vdots \\ \boldsymbol{\beta}^n \end{bmatrix}, \quad \widetilde{\boldsymbol{C}} = \boldsymbol{C}\boldsymbol{T} = \left[\boldsymbol{\theta}^1,\ \boldsymbol{\theta}^2, \cdots,\ \boldsymbol{\theta}^n\right] \tag{4.76}$$

로 되었다고 하자. 단 $\boldsymbol{\beta}^i$와 $\boldsymbol{\theta}^i$는 벡터로서 각각 다음과 같이 주어진다.

$$\boldsymbol{\beta}^i = \left[\beta_1{}^i,\ \beta_2{}^i, \cdots,\ \beta_m{}^i\right], (1 \times m) \tag{4.77a}$$

$$\boldsymbol{\theta}^i = \begin{bmatrix} \theta_1^i \\ \vdots \\ \theta_p^i \end{bmatrix}, (p \times 1) \tag{4.77b}$$

$\widetilde{\boldsymbol{A}}$는 식 (4.60)과 동일하므로 $\vec{x}(t) = \boldsymbol{T}\vec{z}(t)$의 좌표변환에 의한 대각표준시스템은

$$\frac{d}{dt}z_i(t) = \lambda_i z_i(t) + \boldsymbol{\beta}^i \vec{u}(t), (i = 1, \cdots, n) \tag{4.78}$$

$$\vec{y}(t) = \boldsymbol{\theta}^1 z_1(t) + \cdots + \boldsymbol{\theta}^n z_n(t)$$

로 되며, 이 경우의 상태변수선도는 [그림 4.16]의 형식으로 된다.

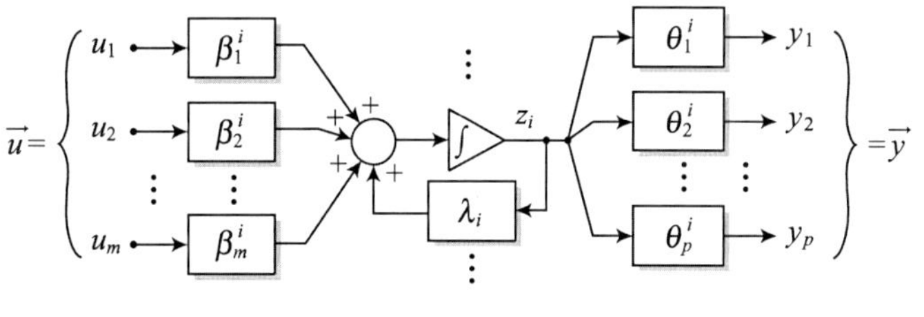

그림 4.16
MIMO시스템의 대각표준형식

이 경우 [요점 4.19]를 다음과 같이 바꾸어 표현할 수 있다.

요점 4.22 **MIMO시스템의 대각표준형식**

$\boldsymbol{A}$ 의 고유값에 중복하는 것이 없을 경우, 시스템 (4.33)이 가제어이기 위한 필요충분조건은 $\boldsymbol{\beta}^{i} \neq \vec{0}, (\forall i)$ 이며 가관측으로 되기 위한 필요충분조건은 $\boldsymbol{\theta}^{i} \neq \vec{0}, (\forall i)$ 이다.

이 요점은 시스템이 가지는 모든 모드가 여러 개의 입력(또는 출력) 중의 하나에 의해 제어(또는 관측)될 수 있다면 가제어(또는 가관측)이라는 사실을 나타내고 있다.

우선 여기서 시스템 (4.33)이 가제어나 가관측이 아니라고 가정해 보자. 이 경우 $\boldsymbol{\beta}^{i} = \vec{0}$ 나 $\boldsymbol{\theta}^{i} = \vec{0}$ 인 모드가 존재한다. 이 경우 전체시스템 (4.33)은 가제어 및 가관측의 입장에서 다음과 같이 네 개의 범주로 구분할 수 있다.

(1) 가제어 및 가관측한 모드의 집합 $(\boldsymbol{\beta}^{i} \neq \vec{0}, \boldsymbol{\theta}^{i} \neq \vec{0})$: S_1
(2) 가제어하나 불가관측한 모드의 집합 $(\boldsymbol{\beta}^{i} \neq \vec{0},\ \boldsymbol{\theta}^{i} = \vec{0})$: S_2
(3) 불가제어하나 가관측한 모드의 집합 $(\boldsymbol{\beta}^{i} = \vec{0},\ \boldsymbol{\theta}^{i} \neq \vec{0})$: S_3
(4) 불가제어 및 불가관측한 모드의 집합 $(\boldsymbol{\beta}^{i} = \vec{0},\ \boldsymbol{\theta}^{i} = \vec{0})$: S_4

이것을 블록선도를 사용해서 나타내면 [그림 4.17]과 같다. 이때 입출력 $\vec{u}$, $\vec{y}$ 사이의 전달함수행렬은

$$H(s) = \boldsymbol{C}(s\boldsymbol{I} - \boldsymbol{A})^{-1}\boldsymbol{B} = \widetilde{\boldsymbol{C}}(s\boldsymbol{I} - \widetilde{\boldsymbol{A}})^{-1}\widetilde{\boldsymbol{B}} \tag{4.79}$$
$$= \sum_{i=1}^{n} \frac{\boldsymbol{\theta}^{i}\boldsymbol{\beta}^{i}}{s - \lambda_i}$$
$$= \sum_{i \in I} \frac{\boldsymbol{\theta}^{i}\boldsymbol{\beta}^{i}}{s - \lambda_i},\ (\{\, I \mid \boldsymbol{\beta}^{i} \neq 0,\ \boldsymbol{\theta}^{i} \neq 0 \})$$

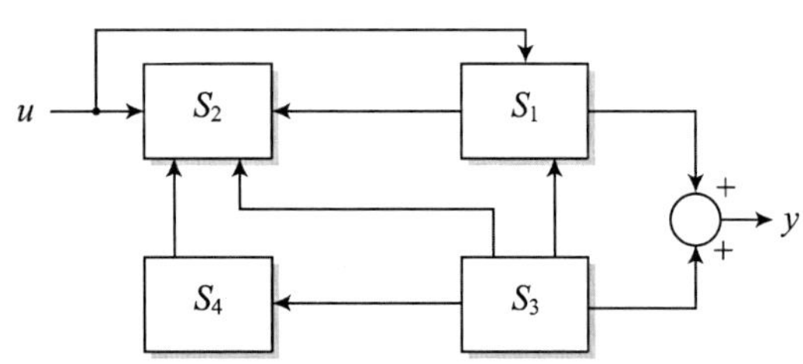

그림 4.17 시스템의 표준분해 (중복고유값이 존재하는 경우)

로 되어 부시스템(subsystem) S_2, S_3, S_4는 전달함수행렬의 구성에 전혀 기여를 하지 않고 있음을 알 수 있다. 즉 전체 시스템의 전달함수행렬을 계산하는 도중에 각 부시스템 S_2, S_3, S_4 의 극은 전달함수행렬의 분자다항식과 극-영점 소거(pole-zero cancellation)를 일으키므로 전체 전달함수행렬에는 S_1 의 전달함수행렬만이 남는다. 다시 말하면 가제어이

며 동시에 가관측인 부시스템만이 전달함수행렬에 유일하게 나타난다는 것이다. 이것이 전달함수법과 상태변수법의 주된 차이점이다[19].

예제 4.14

다음 시스템을 분해하여 전달함수를 구하여보자.

$$\frac{d}{dt}\vec{x}(t)=\begin{bmatrix}-1 & -3 & -5\\ 0 & -5 & -6\\ 0 & 3 & 4\end{bmatrix}\vec{x}(t)+\begin{bmatrix}4\\ 2\\ -1\end{bmatrix}u(t) \quad ①$$

$$y(t)=[2\ \ 1\ \ 4]\vec{x}(t)$$

해 위 시스템에 대한 가제어성행렬 $\boldsymbol{W}$와 가관측성행렬 $\boldsymbol{M}$를 구하여 랭크를 확인하여 보면 가제어도 가관측도 아님을 알 수 있다. 위 시스템의 극은 $\lambda_1=-1$, $\lambda_2=1$ 및 $\lambda_3=-2$로 되어 각각에 대한 고유벡터를 계산해서 대각변환행렬을 만들면

$$\boldsymbol{T}=[\vec{v}_1,\vec{v}_2,\vec{v}_3]=\begin{bmatrix}1 & -1 & -1\\ 0 & -1 & -2\\ 0 & 1 & 1\end{bmatrix},\quad \boldsymbol{T}^{-1}=\begin{bmatrix}1 & 0 & 1\\ 0 & 1 & 2\\ 0 & -1 & -1\end{bmatrix} \quad ②$$

로 되며 대각표준시스템은

$$\frac{d}{dt}\begin{bmatrix}z_1(t)\\ z_2(t)\\ z_3(t)\end{bmatrix}=\begin{bmatrix}-1 & 0 & 0\\ 0 & 1 & 0\\ 0 & 0 & -2\end{bmatrix}\begin{bmatrix}z_1(t)\\ z_2(t)\\ z_3(t)\end{bmatrix}+\begin{bmatrix}3\\ 0\\ -1\end{bmatrix}u(t) \quad ③$$

$$y(t)=[2\ \ 1\ \ 0]\vec{z}(t)$$

로 되어 [그림 4.18]과 같이 나타낼 수 있다.

시스템 ①의 전달함수를 계산해 보면

$$h(s)=\frac{6(s+2)(s-1)}{(s+1)(s+2)(s-1)}=\frac{6}{s+1} \quad ④$$

로 되며 $s=-2$, $s=1$에서 극-영점 소거가 발생하고 있음을 알 수 있다. 결국 전달함수만을 보면 이 시스템은 1차원인 시스템

$$\frac{d}{dt}x(t)=-x(t)+3u(t),\quad y(t)=2x(t) \quad ⑤$$

19) 실제로는 다입력 다출력시스템의 전달함수에 대한 극-영점소거이라고 하는 개념은 1입력1출력의 경우와는 틀리기 때문에 그의 취급은 상당히 어렵다.

와 동등하지만 양자는 동일한 것으로 간주할 수 없다. 왜냐하면 이것은 시스템 ①에서는 출력에 $e^t z_2(0)$ 에 의한 불안정모드가 존재해서, $z_2(0) \neq 0$ 인 아무리 작은 잡음에 대해서도 $y(t) \rightarrow \infty$, $(t \rightarrow \infty)$로 되어 버리기 때문이다. $\lambda_2 = 1$ 이 만약 $\lambda_2 = -1$ 로 되었다면 $e^{-t} z_2(0) \rightarrow 0$, $(t \rightarrow \infty)$로 되기 때문에 어느 정도 시간이 흐르면 양쪽의 응답은 일치하기 때문에 근사적으로는 동등한 것으로 간주되는 경우가 많다. 또한 만일 $\lambda_3 = -2$ 가 2 였다고 가정해보자. 그러면 $\tilde{c}_3 \left(= \theta_1^2\right) = 0$ 이므로 이 경우의 불안정모드 $z_3(t)$ 는 출력에 나타나지 않기 때문에 시스템의 안정성에는 문제가 없는 것처럼 보이지만, 만약 파라미터 등이 약간 변동하여 $\tilde{c}_3 \neq 0$ 로 되면 즉시 출력으로 나타나서 $y(t) \rightarrow \infty$ 로 되어 불안정하게 된다. 그러나 이 모드는 가제어이기 때문에 상태피드백(제5장 참조)에 의해 안정화가 가능하므로 모드 $z_2(t)$ 와는 그의 의미가 다소 다르다.

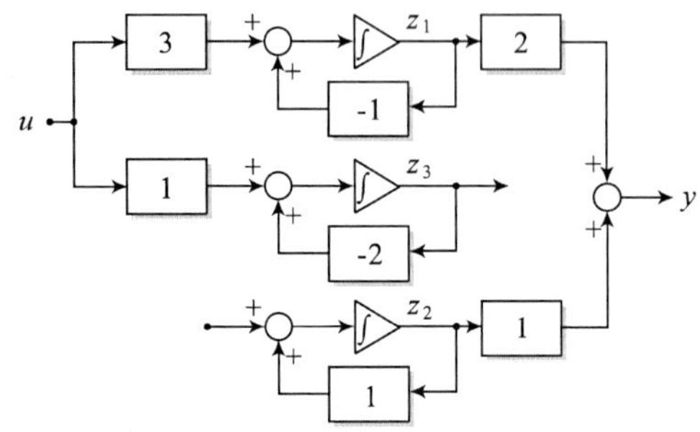

그림 4.18 모드 분할

일반적으로 모드 $z_2(t)$ 나 $z_3(t)$ 는 입력이나 출력에서 보이지 않기 때문에 숨겨진 모드(hidden mode)라고 불리며, 이들이 만약 불안정한 극을 가질 때에는 주의가 필요하다. 기생진동은 $z_2(t)$ 과 같은 모드를 말한다.

% [예제 4.14]

```
syms s                                    % 라플라스변수 s를 symbolic으로 지정
A=sym([-1 -3 -5;0 -5 -6;0 3 4]);          % 각 계수행렬을 symbolic으로 지정
b=sym([4 2 -1]');c=sym([2 1 4]);
[T,D]=eig(A)                              % 변환행렬 ②의 계산
At=T\A*T, bt=T\b, ct=c*T                  % 등가변환 후의 계수행렬 ③
[num,den]=numden(ct*((s*eye(3)-At)\bt))   % ④의 계산
```

4.8 내부표현의 최소성

4.6절에서 상태방정식(즉 내부표현법)으로 표현된 시스템이 만약 가제어 또는 가관측이 아니라면, 이를 이용한 전달함수행렬(즉 외부표현법)은 가제어하며 동시에 가관측한 부분으로 이

루어진 부시스템 S_1 만으로 구성된다는 것을 설명하였다. 즉 [예제 4.3]에서 내부표현인 상태방정식은 세 개의 상태변수로 이루어져 있지만, 이 시스템의 외부표현, 즉 전달함수의 분모다항식은 1차로 되어, 내부표현에서 가제어이며 가관측인 부분만이 전달함수에 기여함을 보여주고 있다. 예제의 ④로부터 알 수 있는 바와 같이 만약 분자다항식과 분모다항식의 공통인자를 소거하지 않는다면 외부표현과 내부표현은 동일한 크기의 차수를 가지게 된다.

전달함수가 $h(s)=1/(s+1)$ 로 주어진 시스템에 대하여 4.4절의 블록선도표현을 이용하여 상태방정식을 구하면

$$\begin{aligned} \frac{d}{dt}x_1(t) &= -x_1(t)+u(t) \\ y(t) &= x_1(t) \end{aligned} \tag{4.80}$$

으로 된다. 그러나 $h_1(s)=(s+2)/(s^2+3s+2)$ 에 대한 상태방정식 표현을 구하면

$$\begin{aligned} \frac{d}{dt}\vec{x}(t) &= \begin{bmatrix} -1 & 1 \\ 0 & -2 \end{bmatrix}\vec{x}(t)+\begin{bmatrix} 1 \\ 0 \end{bmatrix}u(t) \\ y(t) &= \begin{bmatrix} 1 & 1 \end{bmatrix}\vec{x}(t) \end{aligned} \tag{4.81}$$

로 된다. 그러나 식 (4.81)에서 상태변수 $x_2(t)$ 는 불가제어이므로 전달함수에는 나타나지 않아 식 (4.81)의 전달함수는 $h(s)$ 로 됨을 알 수 있다. 따라서 만약 주어진 외부표현식, 즉 전달함수가 기약[20]이라면 이로부터 반드시 가제어이며 가관측인 내부표현식, 즉 상태방정식이 반드시 존재한다는 것을 알 수 있다[21]. 식 (4.80)과 (4.81)은 동일한 전달함수 $1/(s+1)$ 를 내부표현식으로 나타낸 것이다. 이 경우 두 개의 상태변수를 이용한 식 (4.81)보다 하나의 상태변수로 이루어진 식 (4.80)이 앞으로의 설계 등에 있어서 당연히 편리할 것이다. 이러한 점에서 기약인 외부표현(즉 전달함수)으로부터 최소한 상태변수를 이용하여 얻어진 내부표현(즉 상태방정식)을 '최소실현(minimal realization)'이라고 부른다.

주어진 전달함수행렬에 대해서 가제어이며 동시에 가관측인 실현은 반드시 최소실현이며, 반대로 최소차원의 실현은 가제어이며 동시에 가관측하다. 따라서 동일한 전달함수행렬에 대하여 얻어진 두 개의 임의의 가제어이며 가관측한 실현은 한쪽에 대해 좌표변환을 수행하면 다른 한쪽이 얻어진다고 하는 등가의 관계에 있다. 그러므로 주어진 전달함수행렬에 대해서 가제어이며 동시에 가관측한 실현이 가장 작은 차수로 이루어진 실현이며, 동시에 좌표변환에 의한 내부변수의 표현방식의 차이를 별도로 한다면 최소실현은 실질적으로 단 하나 밖에 존재하지 않음을 알 수 있다.

20) 분모다항식과 분자다항식이 공통인자를 가지지 않는다는 것을 의미함.

21) 기약인 전달함수에 대응하여, 가제어이며 동시에 가관측인 내부표현이 반드시 존재한다는 것을 정확하게 나타내기 위해서는 좀 더 복잡한 과정이 필요하지만 생략한다.

연 습 문 제

4.1 다음 상태방정식의 가제어성과 가관측성을 확인해 보라.

(1) $$\frac{d}{dt}\begin{bmatrix} x_1(t) \\ x_2(t) \end{bmatrix} = \begin{bmatrix} 0 & 1 \\ 0 & t \end{bmatrix}\begin{bmatrix} x_1(t) \\ x_2(t) \end{bmatrix} + \begin{bmatrix} 0 \\ 1 \end{bmatrix} u(t)$$

$$y(t) = \begin{bmatrix} 0 & 1 \end{bmatrix}\begin{bmatrix} x_1(t) \\ x_2(t) \end{bmatrix}$$

(2) $$\frac{d}{dt}\begin{bmatrix} x_1(t) \\ x_2(t) \\ x_3(t) \end{bmatrix} = \begin{bmatrix} 0 & 1 & 0 \\ 0 & 0 & 1 \\ -2 & -4 & -3 \end{bmatrix}\begin{bmatrix} x_1(t) \\ x_2(t) \\ x_3(t) \end{bmatrix} + \begin{bmatrix} 1 & 0 \\ 0 & 1 \\ -1 & 1 \end{bmatrix}\begin{bmatrix} u_1(t) \\ u_2(t) \end{bmatrix}$$

$$\begin{bmatrix} y_1(t) \\ y_2(t) \end{bmatrix} = \begin{bmatrix} 0 & 1 & -1 \\ 1 & 2 & 1 \end{bmatrix}\begin{bmatrix} x_1(t) \\ x_2(t) \\ x_3(t) \end{bmatrix}$$

(3) $$\dot{\vec{x}}(t) = \begin{bmatrix} 0 & 4 & 3 \\ 0 & 20 & 16 \\ 0 & -25 & -20 \end{bmatrix}\vec{x}(t) + \begin{bmatrix} -1 \\ 3 \\ 0 \end{bmatrix} u(t)$$

$$y(t) = \begin{bmatrix} -1 & 3 & 0 \end{bmatrix}\vec{x}(t)$$

4.2 선형시불변(LTI)시스템이 다음과 같은 행렬 $\boldsymbol{A}$, $\boldsymbol{C}$를 가진다고 한다.

$$\boldsymbol{A} = \begin{bmatrix} 0 & 1 \\ 1 & 0 \end{bmatrix}, \quad \boldsymbol{C} = \begin{bmatrix} 1 & -1 \end{bmatrix}$$

아래의 각 물음에 답하라.

(a) $e^{\boldsymbol{A}t}$를 계산하고 모든 $t \geq 0$에 대해 $\boldsymbol{C}e^{\boldsymbol{A}t}\vec{x}^*(t) = \vec{0}$를 만족하는 벡터 $\vec{x}^*(t)$가 존재한다는 것을 증명하라.

(b) 가관측성행렬 $\boldsymbol{M}$는 $\boldsymbol{M}\vec{x}^*(t) = 0$를 항상 만족함을 보여라.

(c) $\vec{x}^*$는 행렬 $\boldsymbol{A}$의 고유벡터로 되며 $\boldsymbol{C}\vec{x}^* = \vec{0}$를 만족한다는 것을 증명하라.

4.3 임의의 2차시스템이 복소수의 고유치를 가진다고 한다(예를 들면, $\alpha \pm j\beta$, ($\beta \neq 0$) 이다). 이때 이 시스템이 불가관측으로 되기 위한 필요충분조건은 행렬 $\boldsymbol{C}$의 모든 요소가 영(0)으로 된다는 것이다. 이것을 증명하라.

4.4 선형시불변(LTI)시스템이 다음과 같은 행렬 $\boldsymbol{A}$, $\boldsymbol{B}$를 가진다고 한다.

$$\boldsymbol{A} = \begin{bmatrix} 0 & 1 \\ 1 & 0 \end{bmatrix}, \quad \boldsymbol{B} = \begin{bmatrix} 1 \\ -1 \end{bmatrix}$$

아래의 각 물음에 답하라.

(a) $e^{\boldsymbol{A}t}$를 계산하고 모든 $t \geq 0$에 대해 $\vec{x}^{*T}e^{\boldsymbol{A}t}\boldsymbol{B} = \vec{0}$를 만족하는 벡터 $\vec{x}^*$가 존재한다는 것을 증명하라.

(b) 가제어성행렬 $\boldsymbol{W}_c$는 $\vec{x}^{*T}\boldsymbol{W}_c = 0$를 항상 만족함을 보여라.

(c) $\vec{x}^*$는 행렬 $\boldsymbol{A}^T$의 고유벡터이며 $\vec{x}^{*T}\boldsymbol{B} = \vec{0}$를 만족한다는 것을 증명하라.

4.5 [그림 P4.5]는 두 개의 동일한 LTI인 부시스템 S로 구성되어 있으며 S는 다음과 같은 n 차의 상태방정식으로 주어져 있다.

$$\dot{\vec{x}}(t) = \boldsymbol{A}\vec{x}(t) + \boldsymbol{B}\vec{u}(t)$$

$$\vec{y}(t) = \boldsymbol{C}\vec{x}(t)$$

전체 시스템의 상태변수는 위쪽과 아래쪽의 부시스템의 상태변수 n 개가 차례로 나열되어 있는 것으로 한다. 이때 합성시스템은 가관측이 아님을 증명하고 불가관측한 상태를 특정화시켜 보아라. 단 부시스템 S는 가관측한 것으로 가정한다.

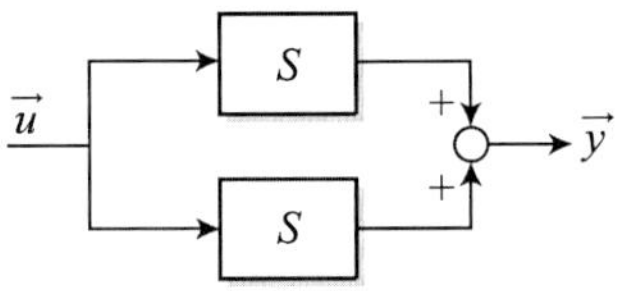

그림 P4.5

4.6 [문제 4.5]의 [그림 P4.5]는 불가제어하다는 것을 증명하고 불가제어한 상태를 특정화하라. 단 부시스템 S 자체는 가제어하다고 가정한다.

4.7 다음 식과 같은 전달함수로 주어진 시스템에 대한 가제어 및 가관측표준형을 각각 구해 보라.

(1) $H(s)=\dfrac{(s+1)}{(s^3+s^2+s+1)}$

(2) $H(s)=\dfrac{(2s+3)}{(s^3-2s^2+s+2)}$

4.8 아래와 같은 전달함수 $H_1(s), H_2(s)$를 가지는 두 개의 부시스템 S_1, S_2가 [그림 P4.8]과 같이 직렬 연결되어 있다. 다음 물음에 답하라.

$$H_1(s)=\frac{1}{(s-1)(s+1)},$$

$$H_2(s)=\frac{2(s-1)}{s^2+s+1}$$

(1) 부시스템 S_1, S_2를 각각 가제어표준형 식으로 실현해 보라.

(2) 만약 벡터 $\vec{x}_1(t), \vec{x}_2(t)$를 각각 부시스템 S_1, S_2의 상태벡터라고 한다. 이때 합성 시스템 S를 상태변수로서 $\vec{x}(t)=\begin{bmatrix}\vec{x}_1(t)\\ \vec{x}_2(t)\end{bmatrix}$를 사용하여 실현하라.

(3) 위의 (2)에서 유도한 합성시스템 S의 실현은 최소실현인가? 만약 최소실현이 아니라면 불가제어 혹은 불가관측한 모드를 구하라.

(4) 이 합성시스템 S는 내부안정(internally stable)인 시스템인가?, 또는 입출력안정(Input-Output stable)한 시스템인지의 여부를 설명하라(제3장 참조).

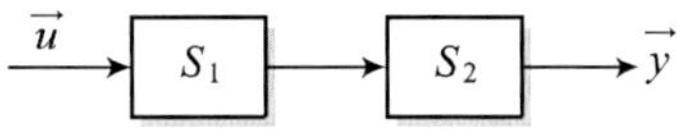

그림 P4.8

4.9 [그림 P4.8]에서 부시스템 S_1의 전달함수가 $H_2(s)$, S_2의 전달함수가 $H_1(s)$로 바뀌었다고 하고 위의 [문제 4.8]을 되풀이하라.

4.10 다음과 같은 상태방정식이 주어져 있다.

$$\dot{\vec{x}}(t)=\begin{bmatrix}0&1&0\\0&0&1\\1&0&0\end{bmatrix}\vec{x}(t)+\begin{bmatrix}1\\0\\-1\end{bmatrix}u(t)$$

$$y(t)=[1\ \ -0.5\ \ -1]\vec{x}(t)$$

(1) 이 시스템은 불가제어로 됨을 보이고 불가제어한 모드를 구하라. 또한 이 시스템은 내부안정인지의 여부를 확인하라.

(2) 입력 u와 출력 y 사이의 전달함수를 계산하고 이 시스템은 입출력 안정하다는 것을 증명하라.

(3) 이 시스템에 외란 w의 영향을 나타내는 항(아래 식)이 상태방정식의 오른쪽에 추가되었다고 가정한다. 이때 전달함수 $\dfrac{y}{w}$는 입출력 안정으로 되지 않음을 보여라.

$$\begin{bmatrix}0\\0\\1\end{bmatrix}w(t)$$

4.11 $(\boldsymbol{A},\boldsymbol{B})$ 가 가제어라는 사실과 모든 복소수(또는 $\boldsymbol{A}$ 의 모든 고유치) s 에 대해서 $\mathrm{rank}\{[\boldsymbol{A}-s\boldsymbol{I},\boldsymbol{B}]\}=n$ 으로 된다는 것은 서로 등가이다(요점 4.5). 또한 $(\boldsymbol{C},\boldsymbol{A})$ 가 가관측이라는 것과 모든 복소수 s 에 대해

$$\mathrm{rank}\{\begin{bmatrix}\boldsymbol{A}-s\boldsymbol{I}\\ \boldsymbol{C}\end{bmatrix}\}=n$$

으로 되는 것은 등가이다(요점 4.3). 이들의 조건은 $\boldsymbol{A},\boldsymbol{B},\boldsymbol{C}$가 블록행렬로서 주어졌을 때 가제어성 및 가관측성의 판정에 편리하다. 이들의 조건을 증명하라. (**힌트:** 간단히 행렬 $\boldsymbol{A}$ 가 중복되는 고유치를 가지지 않는다고 가정하고, $\boldsymbol{A},\boldsymbol{B},\boldsymbol{C}$의 대각표준형식을 사용해 볼 것)

4.12 가제어 및 가관측한 두 개의 시스템, $S_1:\ \dot{\vec{x}}_1(t)=\boldsymbol{A}_1\vec{x}_1(t)+\vec{b}_1u(t),\ y_1=\vec{c}_1\vec{x}_1(t)$ 및 $S_2:\ \dot{\vec{x}}_2(t)=\boldsymbol{A}_2\vec{x}_2(t)+\vec{b}_2u_2(t),\ y(t)=\vec{c}_2\vec{x}_2$을 직렬연결$(u_2=y_1)$했다고 한다. 이때 전체 시스템은 S_2 의 영점과 S_1 의 극점이 서로 상쇄된다면 불가관측으로 된다. 또한 만약 S_2 의 극점과 S_1 의 영점이 서로 상쇄된다면 불가제어로 된다. 이것을 증명하라.

4.13 $\boldsymbol{A}\vec{v}_i=\lambda_i\vec{v}_i,\ \boldsymbol{A}^T\vec{u}_i=\lambda_i\vec{u}_i$ 에서 $\vec{u}_i,\vec{v}_i$ 를 $\vec{u}_i^{\,T}\vec{v}_i=1$ 을 만족하도록 선정한다. 이때, $\lambda_i\neq\lambda_j,\ (\forall i,j)$ 이라면 $[\vec{v}_1,\vec{v}_2,\cdots,\vec{v}_n]^{-1}=[\vec{u}_1,\vec{u}_2,\cdots,\vec{u}_n]^T$로 됨을 증명하고 상태변수의 모드전개에 관한 표현식에서 $z_i(0)=\vec{u}_i^{\,T}\vec{x}(0)$ 로 되는 것을 보여라. (**힌트:** $\vec{u}_i^{\,T}\vec{v}_j=0\ (i\neq j)$로 됨을 보이면 된다)

4.14 다음 식이 성립되는 지의 여부를 확인하라.

$$\mathrm{rank}[\boldsymbol{B},\boldsymbol{AB},\cdots,\boldsymbol{A}^{n-1}\boldsymbol{B}]=$$
$$\mathrm{rank}[\boldsymbol{AB},\ \boldsymbol{A}^2\boldsymbol{B},\cdots,\boldsymbol{A}^n\boldsymbol{B}]$$

만약 성립하지 않는다면 어떤 조건 아래서 위 식이 만족되는가?

4.15 아래와 같은 죠르단형식의 상태방정식이 주어져 있다. 이 시스템이 가제어 및 가관측으로 될 수 있기 위한 b_{ij},c_{ij}값의 조합이 존재한다면 이를 구하라.

$$\dot{\vec{x}}=\begin{bmatrix}1&1&0&0&0\\0&1&0&0&0\\0&0&1&1&0\\0&0&0&1&0\\0&0&0&0&1\end{bmatrix}\vec{x}+\begin{bmatrix}b_{11}&b_{12}\\b_{21}&b_{22}\\b_{31}&b_{32}\\b_{41}&b_{42}\\b_{51}&b_{52}\end{bmatrix}\vec{u}$$

$$\vec{y}=\begin{bmatrix}c_{11}&c_{12}&c_{13}&c_{14}&c_{15}\\c_{21}&c_{22}&c_{23}&c_{24}&c_{25}\\c_{31}&c_{32}&c_{33}&c_{34}&c_{35}\end{bmatrix}\vec{x}$$

4.16 다음과 같은 LTI시스템이 주어져 있다.

$$\dot{\vec{x}}=\begin{bmatrix}-1&1&0\\0&-1&0\\0&0&-2\end{bmatrix}\vec{x}+\begin{bmatrix}0\\1\\1\end{bmatrix}u$$

$$y=[1\ \ 1\ \ 1]\vec{x}$$

시각 $t>0$ 에서 출력이 $y(t)=t\,e^{-t}$ 의 형태를 가질 수 있도록 위 시스템의 초기상태 $\vec{x}(0)$ 를 선정할 수가 있는가?

4.17 아래와 같은 LTI시스템이 있다. 이 시스템의 상태천이행렬 $e^{\boldsymbol{A}t}$ 의 모든 요소는 모드전개의 공식 등을 이용하면 $t^ie^{\lambda_it}$ 항의 조합으로 표시할 수가 있다(제3장 참조).

$$\dot{\vec{x}}=\boldsymbol{A}\vec{x}+\boldsymbol{B}\vec{u}$$

$$\vec{y}=\boldsymbol{C}\vec{x}$$

이때 만약 이 시스템이 가관측하다면 시스템이 가지고 있는 모든 모드가 출력 $y(t)$에 나타난다는 것을 증명하라. 또 반대로 모든 모드가 출력에 나타난다고 하는 것이 반드시 시스템의 가관측성으로 연결되는 것은 아니라는 것을 보여라.

4.18 다음과 같은 선형시불변시스템이 주어져 있다.

$$S: \begin{cases} \dot{\vec{x}} = \boldsymbol{A}\vec{x} + \boldsymbol{B}\vec{u} \\ \vec{y} = \boldsymbol{C}\vec{x} \end{cases}$$

이 시스템의 가제어성 행렬

$$\boldsymbol{W} = [\boldsymbol{B}, \boldsymbol{AB}, \cdots, \boldsymbol{A}^{n-1}\boldsymbol{B}]$$

의 랭크는 $n_1 (< n)$ 이라고 가정한다. 또 $\boldsymbol{Q}_1$ 은 가제어성행렬이 가지는 n_1 개의 선형독립인 열로서 구성되어 있는 크기가 $n \times n_1$ 인 행렬로 둔다. 동시에 $\boldsymbol{P}_1$ 은 $\boldsymbol{P}_1\boldsymbol{Q}_1 = \boldsymbol{I}_{n_1}$ 을 만족하는 크기 $n_1 \times n$인 행렬이다. 이때 아래의 n_1 차원인 상태방정식 S_1은 가제어하며, 이것의 영-상태응답은 동일하다는 것을 증명하라.

$$S_1: \begin{cases} \dot{\vec{x}}_1 = \boldsymbol{P}_1\boldsymbol{A}\boldsymbol{Q}_1\vec{x}_1 + \boldsymbol{P}_1\boldsymbol{B}\vec{u} \\ \vec{y}_1 = \boldsymbol{C}\boldsymbol{Q}_1\vec{x}_1 + \boldsymbol{D}\vec{u} \end{cases}$$

다시 말하면 시스템 S는 시스템 S_1 으로 되어 그 차원을 줄일 수 있음을 보여라.

제 5 장

상태피드백과 관측기

여기서는 제4장에서 취급한 선형시스템에 대한 지식을 기초로 하여 기본적인 제어시스템의 설계이론 중의 하나인 상태피드백과 이것의 실현을 위한 상태관측기에 대하여 설명한다.

상태피드백이란 이름 그대로 시스템의 내부상태를 입력 측으로 피드백(귀환)시킴으로써 전체 시스템의 특성(안정성 등)을 개선시키는 것으로 현대제어이론의 가장 중요한 성과 중의 하나이다. 이 방법은 시간영역에서 시스템응답에 대한 특성 향상에 그 주안점을 두고 있으며 이를 위한 수학적인 방법은 선형대수와 최적화이론 등으로부터 도입된 것이 대부분이었다. 따라서 많은 행렬계산을 필요로 했었기 때문에 디지털계산기가 도입되고 난 후인 70년대 말부터 적극적으로 이론의 발전과 함께 실용화가 행해지기 시작했다. 따라서 이 시기 동안에는 시간영역에서의 설계이론이 상당한 발전을 이루었으며 마이크로프로세서(μ-processor)의 등장과 함께 이론의 실용화에도 많은 진전이었다.

먼저 피드백제어시스템이 가지는 특성에 대하여 간단히 언급한 다음, 이것을 상태방정식 표현으로 주어진 시스템에 적용한다. 이와 같은 경우를 상태피드백이라고 하며, 이것의 실현을 위해 꼭 필요한 상태관측기의 설계법 등에 대해서 자세히 설명한다.

5.1 피드백제어시스템

제1장에서 설명한 피드백제어시스템을 구성요소인 제어대상, 검출부(출력센서 등), 조작부(액추에이터 등) 및 조절부(제어기)가 전부 선형 시불변시스템으로서 표현될 수 있다고 가정하고, 이것을 블록선도로 나타내면 [그림 5.1]과 같이 될 것이다. 여기서 $G_P(s), G_D(s)$, 및 $G_A(s)$ 는 각각 제어대상, 검출부 및 조작부의 전달함수이며, $G_C(s)$ 는 조절부의 전달함수, 다시 말하면 시스템에 사용되는 제어알고리즘을 의미한다.

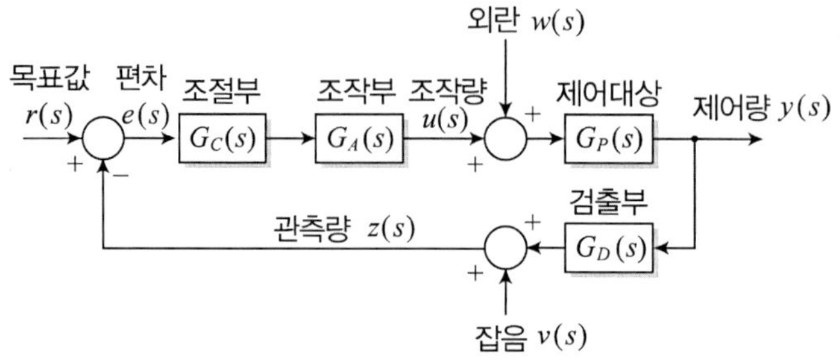

그림 5.1
피드백제어시스템

제1장에서 언급한 바와 같이, 검출부에는 측정잡음이 존재하지 않는다면 정확하게 제어량을 측정할 수 있는 센서 등이 사용되어야 할 것이다. 잡음이 없다면, 제어량 $y(s)$ 와 관측량 $z(s)$ 사이에는

$$z(s) = G_D(s)y(s)$$

의 관계가 성립한다. 이때 y 가 계단상으로 변화하였다면, z 역시 정상상태에서는 y 와 일치하여야 할 것이다. 다시 말하면 $y(s) = K/s$ 에 대하여

$$\lim_{t \to \infty} z(t) = \lim_{s \to 0} s z(s) = \lim_{s \to 0} s\, G_D(s)\frac{K}{s} = K$$

가 만족되어야 할 것이므로, 이로부터

$$G_D(0) = 1 \tag{5.1}$$

이 얻어지며 이는 검출부 전달함수 $G_D(s)$가 가져야 할 조건을 의미한다.

[그림 5.1]에서 피드백된 관측량 $z(s)$ 은 집합점(summing point)에 음(−)의 값으로 들어간다. 이 과정에 식 (5.1)이 관계를 적용하여 생각하여 보면, 만약 제어량에 변동이 발생하였다면, 이것을 억제하여 작게 하고자 하는 방향으로 조작량이 수정되어야 한다는 것을 알 수 있다. 이러한 사실은 자동제어의 목적으로부터 당연한 일이다. 이와 같은 피드백을 '음의 피드백(negative feedback)'이라고 하며, 이와 반대로, 예를 들어 공기 중에 불이 붙으면 이로 인해 상승기류가 발생하고, 이것이 다시 불길을 확대시키는 작용으로 되는 것과 같이 "변동조장형"의 피드백을 '양의 피드백(positive feedback)'이라고 한다. 이후 여기서는 음의 피드백만을 고찰의 대상으로 한다.

피드백시스템은 [그림 5.1]에서 알 수 있는 바와 같이 신호의 흐름이 루프(loop)를 형성하고 있다. [그림 5.2]에서처럼, 루프의 어딘가 한 곳을 절단하여, 절단부에 신호 $\xi(s)$를 인가하였을 때 절단부의 반대쪽에서 신호 $\eta(s)$가 얻어졌다고 하자. 이때 $\xi(s)$와 $\eta(s)$ 사이에는

$$\eta(s) = -G_D(s)G_P(s)G_A(s)G_C(s)\xi(s)$$

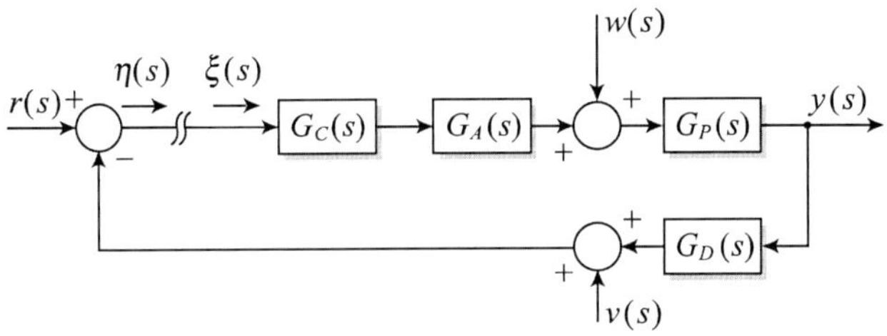

그림 5.2 피드백루프의 절단

의 관계가 있다. 위 식에서

$$G_o(s) = G_D(s)G_P(s)G_A(s)G_C(s) \tag{5.2}$$

를 개루프전달함수 또는 '일순전달함수(open-loop transfer function)'라고 부른다[1]. 정확하게 표현하면 일순전달함수는 $[-G_o(s)]$로 되어야 하지만, 관습상 $G_o(s)$로 나타낸다.

절단부에서의 입력 $\xi(s)$와 출력 $\eta(s)$ 사이의 차이에 주목하면

$$\xi(s) - \eta(s) = \{1 + G_o(s)\}\xi(s)$$

가 성립한다. 이때 오른쪽 항의 계수

$$T(s) = 1 + G_o(s) \tag{5.3}$$

을 '환송차(return difference)'라고 한다.

피드백을 수행하였을 경우 전체 시스템, 즉 목표값 $r(s)$와 제어량 $y(s)$ 사이의 전달함수를 '폐루프전달함수(closed-loop transfer function)'라고 한다. [그림 5.1]에서는

❶ 목표값에서 제어량: $$H(s) = \frac{G_P(s)G_A(s)G_C(s)}{1 + G_D(s)G_P(s)G_A(s)G_C(s)} \tag{5.4}$$

❷ 외란에서 제어량: $$H_d(s) = \frac{G_P(s)}{1 + G_D(s)G_P(s)G_A(s)G_C(s)} \tag{5.5}$$

❸ 관측잡음에서 제어량: $$H_n(s) = -H(s) \tag{5.6}$$

으로 된다.

하나의 입력, 예를 들어 목표값에만 주목한다면 [그림 5.1]은 [그림 5.3]과 같이 단순화할 수 있다. 여기서 $G_1(s)$를 '전향전달함수(forward transfer function)', $G_2(s)$를 '피드백전달함수(feedback transfer function)'라고 한다. 식 (5.4)의 목표값 입력과 제어량 출력의 경우에는

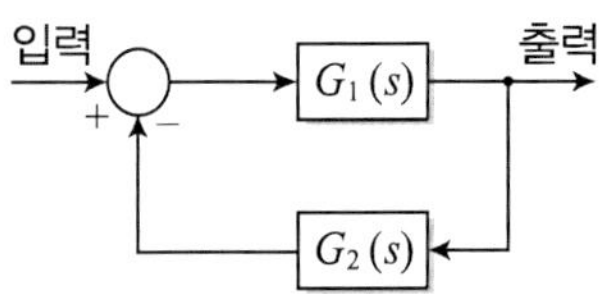

그림 5.3 피드백시스템의 기본형

1) "일순(一巡)"이란 루프의 내부를 한 바퀴 돌아서 제자리로 돌아왔다는 의미이다.

$$G_1(s) = G_P(s)G_A(s)G_C(s)$$
$$G_2(s) = G_D(s)$$

로 된다. 특히 $G_2(s) \equiv 1$ 인 경우를 '단위피드백(unity feedback)' 혹은 '직결피드백(direct feedback)'이라고 한다.

정확하게 말하자면 제어량과 관측량은 구별하여야 할 것이다. 예를 들어 제어량이 온도이고, 관측량은 열전대[2]로부터의 신호인 경우도 있을 것이다. 이 경우 열전대가 가지는 열용량으로 인해 관측량은 일반적으로 제어량 그대로가 아니라 지연되어 나타나는 것으로 생각할 수 있다. 그러나 이와 같은 지연이 비교적 작은 경우에는 간략화하여 관측향이 제어량이라고 간주할 수 있다. 이런 경우에는 목표값에서 제어량으로의 특성은

$$G_1(s) = [G_D(s)G_P(s)G_A(s)]\,G_C(s)$$

를 전향전달함수로 하는 단위피드백시스템으로 된다. 이 경우 위 식 오른쪽 [·] 안의 전달함수 $G_D(s)G_P(s)G_A(s)$ 는 검출부, 조작부를 포함하는 넓은 의미의 제어대상의 전달함수로 된다.

이하 피드백제어시스템에 대하여, 특히 [그림 5.3]에서 $G_2(s) = 1$ 인 단위피드백을 중심으로 하는 제어시스템의 설계법에 대하여 제3장의 상태방정식 모델을 사용하여 구체적으로 설명하기로 한다.

5.1.1 전달함수와 상태방정식의 비교

제어시스템을 설계한다는 것은 [그림 5.1]에서 원하는 출력을 얻기 위한 조절부, 즉 제어기 $G_c(s)$ 를 설계하는 것이다. 이와 같은 경우 제어량이 바람직한 성능을 나타낼 때까지 제어기의 전달함수를 변화시킨다는 고전제어이론의 보상기설계법을 적용할 수 있다. 다시 말하면 [그림 5.1]의 폐루프시스템이 가지는 극점을 제어기 $G_c(s)$ 에 의해 전부 원하는 곳으로 이동시킬 수 있는 지의 여부는 제어시스템설계에 있어 가장 중요한 요소가 된다. 다음 예제를 보자.

예제 5.1

[그림 5.1]의 시스템에서 $G_A(s) = G_D(s) = 1$ 이며

$$G_P(s) = \frac{(s+1)}{(s-1)(s+2)(s+3)} \qquad ①$$

로 주어졌다고 한다. 이때 제어량이 단위계단상의 목표값에 추종할 수 있도록 하는

2) 열전대(thermocouple)는 일종의 온도센서로 볼 수 있다.

제어기 $G_C(s)$를 설계하여 보자.

해 제어대상은 두 개의 안정한 극 $\{-2, -3\}$과 하나의 불안정극을 $s=1$에 가지며, 또한 원점에 극점을 가지지 않기 때문에 0형 시스템이다[3]. 따라서 계단상의 입력에 오차 없이 추종하기 위해서는 하나의 적분기를 추가해야 한다. 이러한 관점에서 [그림 5.1]의 제어기 $G_C(s)$를 설계하기 위해서는, 1) 폐루프시스템을 안정화시켜야 하며, 2) 계단상의 입력에 추종하기 위한 개루프시스템의 전달함수를 1형으로 만들어야 한다는 것이다. 이러한 두 가지 조건을 만족하는 간단한 제어기로서

$$G_C(s) = \frac{K(s-1)}{s} \qquad ②$$

를 생각할 수 있다. 이 경우 분자다항식의 $(s-1)$에 의해 제어대상이 가지는 불안정한 극점은 소거될 수 있고, 분모다항식의 s에 의해 개루프시스템의 형이 '1'형으로 될 수 있기 때문이다. 즉 개루프시스템의 전달함수는

$$G_P(s)G_C(s) = \frac{K(s+1)}{s(s+2)(s+3)} \qquad ③$$

이며, 폐루프시스템은

$$\frac{y(s)}{r(s)} = \frac{G_C(s)G_P(s)}{1+G_C(s)G_P(s)} = \frac{K(s+1)}{s(s+2)(s+3)+K(s+1)} \qquad ④$$

로 된다. ④에서 K의 변화에 따른 폐루프시스템의 극의 위치를 그려보면 [그림 5.4]로 된다.

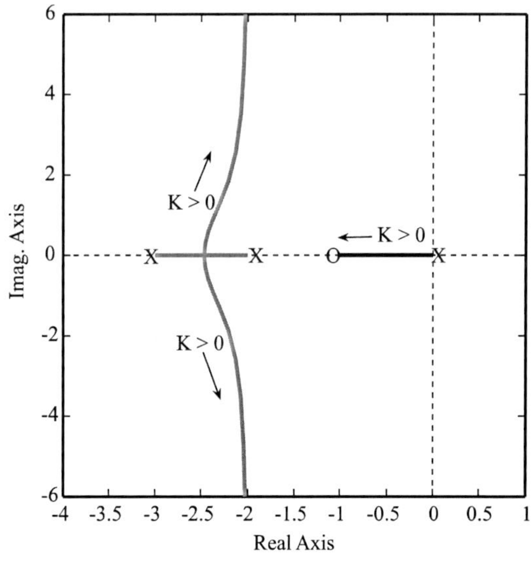

그림 5.4
[예제 5.1]의 근궤적 선도

3) 시스템의 형(type)에 대해서는 제7장 참조.

이로부터 ②의 제어기를 이용한 폐루프시스템은 $K > 0$ 이면 제어기의 이득 K 의 크기에 관계없이 항상 안정하다는 것을 알 수 있다. 그러나 ④로부터 폐루프시스템이 가지는 세 개의 극은 K 값에 의해 독립적으로 선정할 수 없기 때문에, 폐루프시스템이 원하는 성능을 가질 수 있도록 K 값, 즉 제어기를 설계한다는 것을 불가능하다[4]. 또한 제4장에서도 언급하였지만, 루프 내부에서 제어기의 영점과 제어대상의 불안정극 $(s = 1)$이 서로 상쇄되면 입력 $r(s)$ 와 출력 $y(s)$ 의 전달함수 ④에는 이것이 나타나지 않지만, 이 극은 폐루프시스템의 '숨겨진 모드'로서 작용하여 시스템이 가지는 약간의 변화에 대하여 출력은 발산하게 될 것이다[5].

%[예제 5.1]

```
num=[1 1];den=[1 5 6 0];                    % ③의 분자 및 분모다항식
[r]=rlocus(num,den);                        % 근궤적을 위한 계산
plot(r,'-');v=[-4 1 -6 6];axis(v);axis('square'),hold
x1=[-4 1];y1=[0 0];plot(x1,y1,':')          % [그림 5.4]에 x축을 표시
x2=[0 0];y2=[-6 6];plot(x2,y2,':')          % [그림 5.4]에 y축을 표시
xlabel('Real Axis '), ylabel('Imag. Axis')
K=1; sysc=tf([K -K], [1 0]);                % K=1인 경우 제어기 ②의 전달함수
den_p=conv([1 -1],conv([1 2],[1 3]));       % ①의 분자 및 분모다항식
sysp=tf([1 1],den_p);                       % ① LTI object로 표현
sys_f=feedback(series(sysc,sysp),1);        % 단위피드백 시스템의 LTI object 표현
pole(sys_f)                                 % 폐루프시스템의 극 확인
step(sys_f)                                 % 계단응답으로 폐루프의 발산을 확인
```

➲ 실제로 ②의 제어기를 [그림 5.1]에 적용하여 계단상의 입력에 대한 출력을 계산하면 발산한다는 것을 쉽게 확인할 수 있다.

예제 5.2

위 [예제 5.1]과 동일한 문제를 상태방정식의 입장에서 확인하여 보자. 즉 [예제 5.1]의 제어대상 $G_P(s)$ 와 제어기 $G_C(s)$ 를 4.5절을 참조하여 상태방정식으로 변환하면 다음으로 된다.

$$G_P(s) : \begin{cases} \dfrac{d}{dt}\vec{x}_p(t) = \boldsymbol{A}_P \vec{x}_p(t) + \boldsymbol{B}_P u(t) \\ y(t) = \boldsymbol{C}_P \vec{x}_p(t) \end{cases} \quad ①$$

4) 어떤 형식의 전달함수(즉 제어기)를 사용한다고 하더라도 폐루프시스템의 극점을 전부 원하는 곳으로 이동시킬 수 없다는 것은 이미 증명되어 있다.

5) Simulink file인 'example_5_1'을 참고.

$$\boldsymbol{A}_P = \begin{bmatrix} 1 & 0 & 0 \\ 0 & -2 & 0 \\ 0 & 0 & -3 \end{bmatrix},\ \boldsymbol{B}_P = \begin{bmatrix} 1/6 \\ 1/3 \\ 1/4 \end{bmatrix},\ \boldsymbol{C}_P = [\,1 \quad 1 \quad 1\,]$$

$$G_C(s): \begin{cases} \dfrac{d}{dt}\vec{x}_c(t) = \boldsymbol{A}_C\,\vec{x}_c(t) + \boldsymbol{B}_C\,e(t) \\ \quad u(t) = \boldsymbol{C}_C\,\vec{x}_c(t) + \boldsymbol{D}_C\,e(t) \end{cases} \qquad ②$$

$$\boldsymbol{A}_C = 0,\ \boldsymbol{B}_C = K,\ \boldsymbol{C}_C = -1,\ \boldsymbol{D}_C = K$$

다음, 폐루프시스템에 대한 상태방정식 표현을 구하여 보자. 이는 제4장의 [예제 4.10]을 이용하면 다음과 같이 됨을 확인할 수 있다. 즉

$$\frac{y(s)}{r(s)} \equiv G(s): \begin{cases} \dfrac{d}{dt}\vec{x}(t) = \boldsymbol{A}\,\vec{x}(t) + \boldsymbol{B}\,r(t) \\ \quad y(t) = \boldsymbol{C}\,\vec{x}(t) \end{cases} \qquad ③$$

$$\boldsymbol{A} = \begin{bmatrix} 1 & 0 & 0 & 0 \\ -K/3 & (-2-K/3) & -K/3 & -1/3 \\ K/2 & K/2 & (-3+K/2) & 1/2 \\ -K & -K & -K & 0 \end{bmatrix},\ \boldsymbol{B} = \begin{bmatrix} 0 \\ K/3 \\ -K/2 \\ K \end{bmatrix}$$

$$\boldsymbol{C} = [\,1 \quad 1 \quad 1 \quad 0\,]$$

이다. 예측한 바와 같이 폐루프시스템은 4차로 되며, ③의 극은 행렬 $\boldsymbol{A}$ 의 고유값으로서 $|\lambda \boldsymbol{I} - \boldsymbol{A}| = 0$ 에 의해 계산된다. 이를 계산하면 네 개의 극 중에서 $\lambda = 1$ 이 존재함을 확인할 수 있다. $\lambda = 1$ 은 제어대상 ①의 극으로 제어기 $G_C(s)$를 이용하여 피드백제어를 수행하였지만, $s = 1$ 의 불안정 극은 이동하지 않았다는 것을 알 수 있다. 따라서 이미 [문제 5.1]에서 언급한 바와 같이 제어기 $G_C(s)$ 를 사용하였을 경우 어떠한 K 값을 선정한다고 하더라고 위 시스템은 안정화될 수 없음을 보여주고 있다[6].

%[예제 5.2]

```
[Ap,Bp,Cp,Dp]=tf2ss([1 1],[1 4 1 -6]); % ①의 계수행렬
[Ac,Bc,Cc,Dc]=tf2ss([1 -1],[1 0]);     % K=1 % ②의 계수행렬
sysp=ss(Ap,Bp,Cp,Dp);
sysc=ss(Ac,Bc,Cc,Dc);
sys_f=feedback(series(sysp,sysc),1);   % 폐루프시스템의 상태방정식
pole(sys_f)                            % 폐루프시스템의 극을 확인
syms K                                 % K를 symbolic 변수로 지정
```

6) Simulink file인 'example_5_2'를 참고.

```
A=sym([1 0 0 0;-K/3 (-2-K/3) -K/3 -1/3;...
   K/2 K/2 (-3+K/2) 1/2;-K -K -K 0]);
eig(A)                                    % ③의 극 중에서 s=1이 존재함을 확인
```

5.1.2 가제어성과 가관측성

위 예제로부터 알 수 있는 바와 같이, 제어대상이 가지고 있는 어떤 특정한 극을 원하는 곳으로 이동시킬 수 있는 지의 여부는 전달함수 표현법으로는 알 수 없다. 이러한 의미에서 제4장에서 설명한 가제어성과 가관측성의 개념을 도입한 상태방정식 표현은 상당히 편리하다. 이것에 대하여 간단히 설명한다.

피드백시스템을 구성하는 각 부시스템이 모두 가제어이며 가관측하다고 한다. 이들을 결합하여 피드백제어시스템을 구성하였을 경우 전체 시스템으로서도 가제어 및 가관측하다면 문제가 발생하지 않지만, 만약 결합의 결과 전체 시스템으로서는 불가제어 혹은 불가관측으로 되었다면, 외부안정이지만 내부안정으로 된다고 단정할 수 없게 될 것이다. 따라서 전체 시스템으로서도 가제어 및 가관측성이 보존되기 위한 조건에 대하여 언급한다.

결론부터 말하면, 각 부시스템이 가제어 및 가관측인 경우, 피드백시스템 전체로서 가제어이며 동시에 가관측으로 되기 위한 필요충분조건은 일순전달함수 $G_o(s)$ 가 기약으로 되어야 한다는 것, 다시 말하면 식 (5.2)의 오른쪽의 어느 항, 예를 들어 $G_C(s)$ 의 극이 다른 항, 예를 들어 $G_P(s)$ 의 영점과 일치하여 소거되는 일이 없어야 한다는 것이다. 이것은 '극-영점 소거(pole-zero cancellation)'가 발생하지 않도록 하는 것이라고도 한다.

[예제 5.1]의 경우 제어대상 $G_P(s)$ 의 극 $s=1$이 제어기 $G_C(s)$ 의 영점과 일치하여 소거되었기 때문에 폐루프시스템, 즉 [예제 5.2]의 ③은 가제어 또는 가관측으로 되지 않는다. 특히 이 예제와 같이 불안정한 극을 영점으로 소거하는 경우는 더욱 문제를 심각하게 하기 때문에 절대로 허용되지 않는 제어기라고 할 수 있다.

5.2 상태피드백의 특징

5.1절에서 언급한 바와 같이 전달함수표현보다는 상태방정식표현을 이용하면, 시스템의 구조를 쉽게 파악할 수 있기 때문에 제어시스템의 설계에 편리하다. 지금부터 상태방정식

$$\frac{d}{dt}\vec{x}(t) = \boldsymbol{A}\vec{x}(t) + \boldsymbol{B}\vec{u}(t) \tag{5.7a}$$

$$\vec{y}(t) = \boldsymbol{C}\vec{x}(t) \tag{5.7b}$$

으로 주어진 제어대상에 대한 피드백시스템의 구성에 대하여 설명한다. 단 지금까지와 마찬가지로 $\vec{x}(t)$은 n 차원의 상태벡터, $\vec{u}(t)$는 m 차원의 입력벡터, 및 $\vec{y}(t)$는 p 차원의 출력벡터이다. 따라서 식 (5.7)의 각 계수행렬의 크기는 $\boldsymbol{A}: (n\times n)$, $\boldsymbol{B}: (n\times m)$, $\boldsymbol{C}: (p\times n)$ 으로 주어지며 모든 요소는 실수라고 한다.

여기서 [그림 5.5]와 같이 상태벡터 $\vec{x}(t)$가 이용 가능하다고 가정하고 제어법칙

$$\vec{u}(t) = -\boldsymbol{F}\vec{x}(t) + \vec{r}(t) \tag{5.8}$$

을 생각해 본다. 단 $\boldsymbol{F}$는 크기 $(m\times n)$인 실수행렬이며 $\vec{r}(t)$는 m 차원으로 외부에서 인가되는 신호이다. 식 (5.8)과 같은 제어법칙을 '선형상태피드백제어(linear state feedback control)'이라고 하며, $\boldsymbol{F}$를 '피드백행렬(feedback matrix)'이라고 한다. 제3장에서 이미 언급한 바와 같이, 상태벡터는 시스템의 미래 움직임을 예측하기 위해 필요 충분한 시스템의 과거 움직임(거동)을 저장하고 있는 변수라는 의미에서, 식 (5.8)과 같은 형태의 제어법칙은 가장 바람직한 것이라고 할 수 있다.

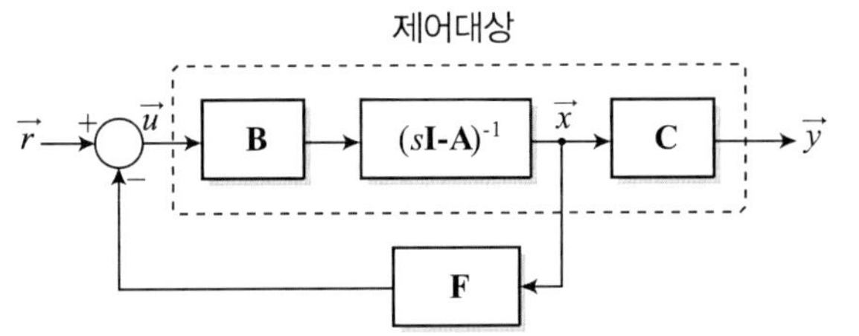

그림 5.5 피드백제어시스템

식 (5.8)을 식 (5.7a)에 대입하면 피드백제어시스템의 상태방정식은

$$\frac{d}{dt}\vec{x}(t) = (\boldsymbol{A}-\boldsymbol{B}\boldsymbol{F})\vec{x}(t) + \boldsymbol{B}\vec{r}(t) \tag{5.9}$$

로 된다. 이 경우 폐루프시스템의 블록선도를 [그림 5.5]에 나타내었다. 이때 외부신호 $\vec{r}(t)$에서 출력 $\vec{y}(t)$까지의 전달함수행렬은

$$\boldsymbol{T}_{yr}(s) = \boldsymbol{C}(s\boldsymbol{I}-\boldsymbol{A}+\boldsymbol{B}\boldsymbol{F})^{-1}\boldsymbol{B} \tag{5.10}$$

로 된다. 지금부터 표현을 간략히 하기 위하여 폐루프시스템의 $\boldsymbol{A}$ 행렬을 $\boldsymbol{A}_F \equiv \boldsymbol{A}-\boldsymbol{B}\boldsymbol{F}$로 표시하고 $\boldsymbol{A}_F$의 특성다항식을

$$\alpha_F(s) \equiv |s\boldsymbol{I}-\boldsymbol{A}+\boldsymbol{B}\boldsymbol{F}| \tag{5.11}$$

와 같이 정의한다. 폐루프시스템 $\boldsymbol{T}_{yr}(s)$ 의 극은 $\alpha_F(s)=0$ 의 근으로 된다. 상태피드백 제어법칙 식 (5.8)에 의해 제어대상 (5.7)을 안정화하는 문제, 즉 $\boldsymbol{A}_F$ 가 안정행렬로 될 수 있도록 하는 행렬 $\boldsymbol{F}$를 구하는 문제를 일반적으로 '레귤레이터문제(regulator problem)'라고 한다. 여기서 문제로 되는 것은 (5.7)의 상태방정식으로 주어진 시스템에 대하여 $\boldsymbol{A}_F$ 를 안정행렬로 할 수 있는 피드백행렬 $\boldsymbol{F}$가 항상 존재하는가 하는 것이다. 이 문제에 대하여 생각하여 보자. 문제의 설명을 간단히 하기 위하여 SISO인 경우, 즉 $m=p=1$ 로 둔다[7].

먼저 $(\boldsymbol{A}, \vec{b})$가 가제어이면 [요점 4.20]에 의해 식 (5.7a)의 상태방정식을 다음과 같은 가제어표준형식으로 변환할 수 있다. 즉

$$\frac{d}{dt}\begin{bmatrix} z_1(t) \\ z_2(t) \\ \vdots \\ z_{n-1}(t) \\ z_n(t) \end{bmatrix} = \begin{bmatrix} 0 & 1 & 0 & \cdots & 0 \\ 0 & 0 & 1 & \cdots & 0 \\ \vdots & & & & \\ 0 & 0 & 0 & \cdots & 1 \\ -a_1 & -a_2 & -a_3 & \cdots & -a_n \end{bmatrix}\begin{bmatrix} z_1(t) \\ z_2(t) \\ \vdots \\ z_{n-1}(t) \\ z_n(t) \end{bmatrix} + \begin{bmatrix} 0 \\ 0 \\ \vdots \\ 0 \\ 1 \end{bmatrix} u(t) \tag{5.12}$$

$$= \widetilde{\boldsymbol{A}}\,\vec{z}(t) + \vec{\widetilde{b}}\,u(t)$$

이다. 여기서 $\vec{f}=[f_1, f_2, \cdots, f_n]$ 으로 두고 식 (5.8)의 제어법칙 $u(t)=-\vec{f}\,\vec{z}(t)+r(t)$ 를 식 (5.12)에 적용하면

$$\frac{d}{dt}\vec{z}(t) = (\widetilde{\boldsymbol{A}} - \vec{b}\,\vec{f}\,)\vec{z}(t) + \vec{\widetilde{b}}\,r(t) \tag{5.13}$$

으로 된다. 이때

$$\widetilde{\boldsymbol{A}}_f = (\boldsymbol{A} - \vec{b}\,\vec{f}\,) = \begin{bmatrix} 0 & 1 & 0 & \cdots & 0 \\ 0 & 0 & 1 & \cdots & 0 \\ \vdots & & & \ddots & \\ 0 & 0 & 0 & \cdots & 1 \\ -(a_1+f_1), & -(a_2+f_2), & -(a_3+f_3), & \cdots, & -(a_n+f_n) \end{bmatrix} \tag{5.14}$$

이므로, 식 (5.7a)의 고유값을 임의의 곳으로 이동시키는 피드백벡터 $\vec{f}$ 는 항상 존재한다는 것을 알 수 있다. 다시 말하면 $\alpha(s) \equiv |s\boldsymbol{I} - \boldsymbol{A}| = 0$ 의 n 개의 근 $(\lambda_1, \cdots, \lambda_n)$ 이 임의값 $(\lambda_{1f}, \cdots, \lambda_{nf})$ 을 가질 수 있도록 하는 n 개의 피드백벡터의 요소 $(f_1, \cdots, f_n)$ 의 값을 구할 수 있다는 것을 의미한다[8].

다음, 주어진 상태방정식이 가제어가 아닌 가안정이라고 가정한다. 즉 식 (5.7a)의 가제어성행렬 $\boldsymbol{W}$의 랭크가 $\text{rank}(\boldsymbol{W}) = n_c < n$ 이라고 하면, [요점 4.10]에 의해 식 (5.7a)는

7) MIMO인 경우에도 동일한 방법으로 나타낼 수 있으나 첨자 등이 복잡해진다.
8) 이것은 n 개의 미지수에 대하여 n 개의 방정식이 존재하므로 항상 해가 존재한다.

$\vec{x}(t) = \boldsymbol{T}\vec{z}(t)$ 의 좌표변환을 이용하면

$$\frac{d}{dt}\vec{z}(t) = \begin{bmatrix} \boldsymbol{A}_{11} & \boldsymbol{A}_{12} \\ 0 & \boldsymbol{A}_{22} \end{bmatrix}\vec{z}(t) + \begin{bmatrix} \vec{b}_1 \\ \vec{0} \end{bmatrix} u(t) \qquad (5.15)$$

$$\equiv \widetilde{\boldsymbol{A}}\,\vec{z}(t) + \tilde{b}\,u(t)$$

와 같이 변환된다. 단 $\boldsymbol{A}_{11}$은 $(n_c \times n_c)$, $\boldsymbol{A}_{22}$는 $(n-n_c)\times(n-n_c)$, 및 $\vec{b}_1$은 $(n_c \times 1)$의 크기를 각각 가진다. 이때 $\tilde{f} = [\vec{f}_1, \vec{f}_2]$, (단 $\vec{f}_1$: $(1\times n_c)$, $\vec{f}_2$: $(1\times \overline{n-n_c})$이다)로 두고 식 (5.8)의 제어법칙 $u(t) = -\tilde{f}\,\vec{z}(t) + r(t)$ 을 식 (5.15)에 적용하면

$$\frac{d}{dt}\vec{z}(t) = \begin{bmatrix} \boldsymbol{A}_{11} - \vec{b}_1\vec{f}_1 & \boldsymbol{A}_{12} - \vec{b}_1\vec{f}_2 \\ 0 & \boldsymbol{A}_{22} \end{bmatrix}\vec{z}(t) + \begin{bmatrix} \vec{b}_1 \\ \vec{0} \end{bmatrix} r(t) \qquad (5.16)$$

$$= \widetilde{\boldsymbol{A}}_f\,\vec{z}(t) + \vec{\tilde{b}}\,r(t)$$

이 얻어진다. [요점 4.10]에 의하면 $(\boldsymbol{A}_{11}, \vec{b}_1)$은 가제어로 되기 때문에 식 (5.16)의 $(\boldsymbol{A}_{11} - \vec{b}_1\vec{f}_1)$로서 n_c 개의 고유값이 임의의 값을 가질 수 있도록 하는 크기 $(1\times n_c)$인 피드백벡터 $\vec{f}_1$ 이 항상 존재한다. 한편 주어진 시스템이 가안정이라고 하였기 때문에 [요점 4.13]에 의해 식 (5.16)의 $\boldsymbol{A}_{22}$는 안정행렬로 된다. 따라서 피드백의해 얻어진 $\widetilde{\boldsymbol{A}}_f$ 가 항상 안정행렬로 될 수 있다는 것을 알 수 있다. 이상을 정리하면 다음과 같다.

요점 5.1

> 식 (5.9)의 $\boldsymbol{A}_F \equiv \boldsymbol{A} - \boldsymbol{B}\boldsymbol{F}$가 항상 안정행렬로 될 수 있도록 하는 피드백행렬 $\boldsymbol{F}$가 존재하기 위한 필요충분조건은 $(\boldsymbol{A}, \boldsymbol{B})$가 가안정으로 되는 것이다.

위 요점으로부터, 주어진 시스템이 가안정하다면 상태피드백에 의해 폐루프시스템은 항상 안정화시킬 수 있다는 것을 알 수 있다.

현실의 피드백제어시스템, 예를 들어 고전제어에 있어서 지상 · 진상보상기나 PID제어기 등에서는 식 (5.8)과 같은 형식의 제어법칙이 이용되는 것은 아니다. 대부분 제어오차 $e(t)$ 를 제어기에 인가하여 제어신호 $u(t)$ 를 만들어내고, 이것을 제어대상에 입력하고 있다. 즉 제어법칙은

$$u(s) = K(s)e(s) \qquad (5.17)$$

의 형식으로 주어진다. 이것과 식 (5.8)의 제어법칙과의 관련성을 조사하여 보자.

식 (5.8)의 제어법칙을 적용하려면 상태벡터 $\vec{x}(t)$를 외부에서 얻을 수 있어야 한다. 그러나 제어대상의 외부에서 관측되는 것은 상태벡터가 아니고 출력 $\vec{y}(t)$ (즉 식 (5.7b))이다. 당연히 대부분의 경우 $\vec{y}(t) \neq \vec{x}(t)$ 이기 때문에 관측된 출력을 이용하여 인위적으로 상태벡터의 추정값 $\hat{\vec{x}}(t)$를 만들어야 한다. 이것이 5.5절에서 설명하는 관측기(observer)로서, 관측기의 식(예를 들어 식 (5.44))을 식 (5.8)에 적용하고 정리하면 식 (5.17)의 형식을 얻을 수 있다는 것을 확인할 수 있다. 따라서 전달함수를 이용한 표현식 (5.17)이나 상태방정식을 이용한 식 (5.8)은 결국은 동일한 내용의 제어기를 표현하고 있음을 알 수 있다. 이것을 조금 자세히 살펴보자.

고전제어이론에서 전달함수 식 (5.17)의 $K(s)$로 표현된 제어기를 상태방정식을 이용하여 일반적으로 표현하면 다음과 같다.

$$\frac{d}{dt}\vec{z}(t) = \boldsymbol{K}\vec{z}(t) + \boldsymbol{H}\vec{u}(t) + \boldsymbol{L}\vec{y}(t) \tag{5.18a}$$

$$\vec{u}(t) = \boldsymbol{F}_1\vec{z}(t) + \boldsymbol{F}_2\vec{y}(t) + \vec{r}(t) \tag{5.18b}$$

여기서 $\vec{z}(t)$는 크기 $(r \times 1)$인 제어기의 상태벡터이며, $\boldsymbol{K} \in R^{r \times r}, \boldsymbol{H} \in R^{r \times m}$, $\boldsymbol{L} \in R^{r \times p}$, $\boldsymbol{F}_1 \in R^{m \times r}$, $\boldsymbol{F}_2 \in R^{m \times p}$는 정수행렬이다. 이와 같은 형식의 제어기를 '동적보상기(dynamic compensator)'라고 한다. 위 식의 특별한 경우로서 $\boldsymbol{K} = \boldsymbol{A}$, $\boldsymbol{H} = -\boldsymbol{B}$, $\boldsymbol{L} = 0$ 및 $\boldsymbol{F}_2 = 0$로 두면 $\vec{u} = -\vec{\boldsymbol{F}}_1\vec{x} + \vec{r}$로 되어 식 (5.8)로 된다. 따라서 식 (5.18)은 모든 형태의 제어기를 포함하는 일반식으로 간주할 수 있다. 이것을 다음 예제를 이용하여 확인하여 보자.

예제 5.3

식 (5.18)의 동적보상기를 사용하여 폐루프시스템의 블록선도를 그려보자. 단 편의상 $m = p = 1$로 둔다. 이 경우 식 (5.18)에서 $\boldsymbol{H} = \vec{h}$, $\boldsymbol{L} = \vec{l}$, $\boldsymbol{F}_1 = \vec{f}_1$, $\boldsymbol{F}_2 = f_2$로 된다.

해 식 (5.18)을 라플라스변환하여 $z(s)$를 소거하면

$$u(s) = \vec{f}_1(s\boldsymbol{I} - \boldsymbol{K})^{-1}\vec{h}\,u(s) + \left[f_2 + \vec{f}_1(s\boldsymbol{I} - \boldsymbol{K})^{-1}\vec{l}\,\right]y(s) + r(s) \quad ①$$

로 된다. 여기서

$$q_1(s) = \vec{f}_1(s\boldsymbol{I} - \boldsymbol{K})^{-1}\vec{h}, \quad q_2(s) = f_2 + \vec{f}_1(s\boldsymbol{I} - \boldsymbol{K})^{-1}\vec{l} \quad ②$$

로 두면 [그림 5.6(a)]의 블록선도를 얻을 수 있다. 이 블록선도를 등가적으로 변환

하면 [그림 5.6(b)]와 같은 형식의 피드백제어시스템이 얻어진다. 그림에서 점선으로 둘러싼 부분의 전달함수는 $q_3(s) = (1 - q_1(s))^{-1}$ 로 되어 $u(s) = q_3(s)e(s)$, 즉 식 (5.17)로 표현됨을 알 수 있다. 따라서 식 (5.18)의 동적보상기를 이용한 제어시스템은 고전제어이론에서 사용하는 일반적인 보상기를 특별한 경우로서 포함하는 일반적인 형태의 보상기라는 것을 알 수 있다.

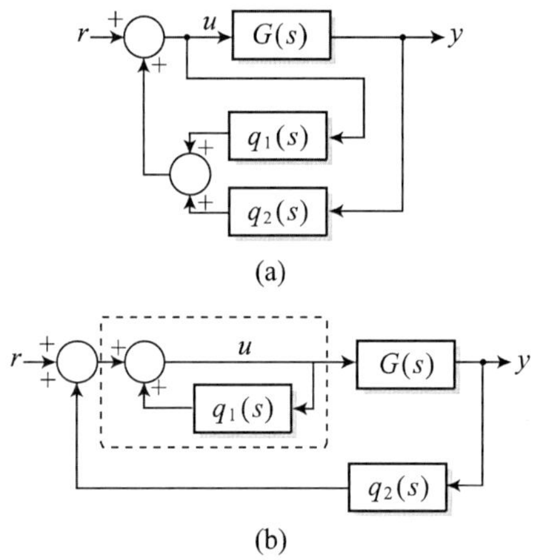

(a) 보상기 $q_1(s)$, $q_2(s)$ 를 가지는 피드백제어시스템
(b) 등가인 피드백제어시스템

그림 5.6 [예제 5.3]

[요점 5.1]에 의해 주어진 시스템이 가제어하다면 행렬 $\boldsymbol{A}_F$ 의 극(즉 폐루프시스템의 극)을 s 평면의 어느 곳이든지 이동시킬 수 있음을 알 수 있다[9]. 그러나 이것과는 대조적으로 시스템의 영점은 피드백에 의해 변화시킬 수 없다. 시스템의 영점의 이동과 관련하여 다음 요점이 알려져 있다.

요점 5.2

z 를 상태방정식 (5.7)로 주어진 시스템의 전달영점이라고 하고, 이 시스템에 상태피드백 (5.8), 즉 $\vec{u}(t) = -\boldsymbol{F}\vec{x}(t) + \vec{r}(t)$ 을 적용하여 폐루프를 구성하였다고 하자. 이 경우 z 는 폐루프시스템의 외부입력 $\vec{r}(t)$ 에서 출력 $\vec{y}(t)$ 까지의 전달함수의 전달영점으로도 된다.

위 요점으로부터 시스템의 영점은 피드백제어를 수행하여도 극과는 달리 이동하지 않는다는 것을 알 수 있다. 다시 말하면 전달영점은 어떠한 제어를 수행하여도 변경할 수 없다는 것이다. 이 사실을 확인하여 보자. 제3장의 [요점 3.3]에 의하여 전달영점 z 는 다음 식을 만족한다.

9) 가안정하다면 $n_c(<n)$개의 극만을 자유로이 이동시킬 수 있다.

$$\text{rank}\begin{bmatrix} \boldsymbol{A}-z\boldsymbol{I} & \boldsymbol{B} \\ \boldsymbol{C} & 0 \end{bmatrix} < n+\min(m,p) \tag{5.19}$$

위 식의 왼쪽 행렬은 조건 (5.19)에 의해 풀랭크(full rank)가 아니므로 다음 식을 만족하는 임의의 벡터 $\left[\ \vec{v}_1^T,\ \vec{v}_2^T\ \right]^T$ 가 반드시 존재한다[10].

$$\begin{bmatrix} \boldsymbol{A}-z\boldsymbol{I} & \boldsymbol{B} \\ \boldsymbol{C} & 0 \end{bmatrix}\begin{bmatrix} \vec{v}_1 \\ \vec{v}_2 \end{bmatrix} = \vec{0} \tag{5.20}$$

이때 식 (5.7)에 상태피드백 (5.8)을 수행하면 식 (5.9)로 되며, 이 폐루프시스템의 전달영점을 ξ 라고 가정하면 [요점 3.4]에 의해

$$\text{rank}\begin{bmatrix} \boldsymbol{A}-\xi\boldsymbol{I}-\boldsymbol{B}\boldsymbol{F} & \boldsymbol{B} \\ \boldsymbol{C} & 0 \end{bmatrix} < n+\min(m,p) \tag{5.21}$$

가 얻어진다. 위 식에서 $\xi = z$ 로 된다면 [요점 5.2]를 확인할 수 있을 것이다. 식 (5.19)와 (5.20)을 이용하여 식 (5.21)이 만족됨을 보인다. 즉

$$\begin{aligned} &\begin{bmatrix} \boldsymbol{A}-\xi\boldsymbol{I}-\boldsymbol{B}\boldsymbol{F} & \boldsymbol{B} \\ \boldsymbol{C} & 0 \end{bmatrix}\begin{bmatrix} \vec{v}_1 \\ \vec{v}_2+\boldsymbol{F}\vec{v}_1 \end{bmatrix} \\ &= \begin{bmatrix} (-\xi\boldsymbol{I}+\boldsymbol{A})\vec{v}_1+\boldsymbol{B}\vec{v}_2-\boldsymbol{B}\boldsymbol{F}\vec{v}_1+\boldsymbol{B}\boldsymbol{F}\vec{v}_1 \\ \boldsymbol{C}\vec{v}_1 \end{bmatrix} \\ &= \begin{bmatrix} (-\xi\boldsymbol{I}+\boldsymbol{A})\vec{v}_1+\boldsymbol{B}\vec{v}_2 \\ \boldsymbol{C}\vec{v}_1 \end{bmatrix} = \vec{0} \end{aligned} \tag{5.22}$$

로 되어 식 (5.21)의 왼쪽 행렬이 풀랭크로 되지 않음을 알 수 있으며, 동시에 식 (5.22)에서 $\xi = z$ 로 두면 식 (5.19)로 된다. 따라서 폐루프의 영점과 식 (5.7)의 영점이 동일함, 즉 이동하지 않는다는 사실이 확인되었다.

5.2.1 가제어성의 보존

식 (5.8)에 의한 상태피드백의 특징 중의 하나는 원래 시스템의 가제어성(따라서 가안정성)이 보존된다는 것이다. 즉 식 (5.7)의 시스템이 가제어하다고 가정한다. 그러면 [요점 4.4]에

10) 크기 $(n\times m)$인 행렬 $\boldsymbol{A}$가 풀랭크를 가지지 않는 경우 $\boldsymbol{A}\vec{x}=\vec{0}$ 을 만족하는 해 벡터 $\vec{x}, (\neq\vec{0})$ 가 반드시 존재한다.

의한 가제어성의 정의에 의해 초기값 $\vec{x}(0)$ 에서 임의시각 $t = T$ 에서의 상태 $\vec{x}(T) = \vec{x}_f$ 로 가져갈 수 있는 입력 $\vec{u}^*(t)$ 가 존재한다. 이때 만약 식 (5.8)의 제어로 구성되는 페루프시스템의 외부입력을 $\vec{r}(t) = \vec{u}^*(t) + \boldsymbol{F}\vec{x}(t)$ 로 한다면([그림 5.5] 참조), 제어대상에 인가되는 제어입력은 식 (5.8)에 의해 $\vec{u}(t) = \vec{u}^*(t)$ 로 된다. 따라서 가정에 의해 이 입력은 원래 시스템의 초기상태 $\vec{x}(0)$ 를 $\vec{x}(T) = \vec{x}_f$ 로 가져가기 때문에 페루프시스템은 가제어하다는 것을 알 수 있다.

반대로 식 (5.7)이 불가제어하다면 [요점 4.10]에 의해 불가제어한 부시스템(즉 $\boldsymbol{A}_{22}$ 부분)은 어떠한 제어입력을 인가하여도 초기상태 $\vec{x}(0)$ 에서 임의의 상태 $\vec{x}(T) = \vec{x}_f$ 로 만들 수 없다. 이러한 사실은 식 (5.8)의 상태피드백제어입력에 대해서도 마찬가지이므로 불가제어성은 상태피드백에 의해서 보존된다는 것을 확인할 수 있다. 이상으로 다음 요점을 얻는다.

요점 5.3

식 (5.8)의 제어법칙을 적용하여 페루프를 구성하였을 경우 외부입력 $\vec{r}(t)$ 에 대해서 페루프시스템이 가제어로 되기 위한 필요충분조건은 시스템 (5.7)이 가제어해야 한다는 것이다.

위 요점은 다음과 같이 해석할 수 있다. 즉 모드분해의 관점에서 불가제어한 모드는 상태피드백을 수행하여도 계속적으로 불가제어로 남게 된다는 것이다. 예를 들어 λ_i 가 불가제어한 모드라고 하자. 이때 [요점 4.14]에 의하면, 이것에 상응하는 시스템행렬 $\boldsymbol{A}$ 의 좌고유벡터 $\vec{\omega}_i^T$ 는 $\vec{\omega}_i^T \boldsymbol{B} = \vec{0}$ 을 만족한다. 이 경우에 상태피드백을 적용하면

$$\vec{\omega}_i^T(\boldsymbol{A} - \boldsymbol{B}\boldsymbol{F}) = \lambda_i \vec{\omega}_i^T - \vec{\omega}_i^T \boldsymbol{B}\boldsymbol{F} = \lambda_i \vec{\omega}_i^T$$

로 되어 λ_i 는 동일한 좌고유벡터를 가지는 페루프의 고유값으로도 된다. 페루프시스템의 $\boldsymbol{B}$ 행렬은 시스템 (5.7a)와 마찬가지로 $\boldsymbol{B}$ 이므로 $\vec{\omega}_i^T \boldsymbol{B} = \vec{0}$ 을 역시 만족한다. 다시 말하면 불가제어한 모드는 상태피드백뿐만 아니라 어떠한 종류의 입력 $\vec{u}(t)$ 에 의해서도 변화시킬 수 없다는 것이다.

상태방정식 (5.7)이 가제어 및 가관측한 경우 이것으로 이루어지는 전달함수행렬 $\boldsymbol{H}(s)$ (식 (3.67)참조)의 분자 · 분모 사이에는 공통인자를 가지지 않는다. 그러나 상태피드백에 의해 새롭게 분자 · 분모에 공통인자가 나타날 가능성이 있다는 사실에 유의해야 한다. 이 경우 페루프시스템의 전달함수행렬에는 극-영점 소거가 발생하기 때문에 $(\boldsymbol{C}, \boldsymbol{A} - \boldsymbol{B}\boldsymbol{F})$

는 가관측성을 잃게 된다[11]. 그러나 [요점 5.3]에 의해 가제어성은 피드백제어에 있어서 항상 보존된다.

예제 5.4

1입력1출력 시스템의 계수행렬을

$$\boldsymbol{A}=\begin{bmatrix}1 & 2\\ 3 & 1\end{bmatrix},\ \vec{b}=\begin{bmatrix}0\\ 1\end{bmatrix},\ \vec{c}=[\ 2\quad 1]\qquad ①$$

로 둔다. 이때 $(\vec{c}, \boldsymbol{A})$는 가관측하지만, 피드백제어 $u(t)=-[3, 4]\vec{x}(t)+r$을 적용하면

$$\boldsymbol{A}-\vec{b}\vec{f}=\begin{bmatrix}1 & 2\\ 0 & -3\end{bmatrix}\qquad ②$$

로 되어$(\vec{c}, \boldsymbol{A}-\vec{b}\vec{f})$는 가관측으로 되지 않는다. 그러나 $(\boldsymbol{A}, \vec{b})$가 가제어라면 $(\boldsymbol{A}-\vec{b}\vec{f}, \vec{b})$는 항상 가제어로 된다.

%[예제 5.4]

```
A=[1 2;3 1]; b=[0 1]'; c=[2 1];          % 시스템 ①의 입력
rank(obsv(A,c))                          % (A,c)의 가관측성의 확인
A_bf=[1 2;0 -3];
rank(obsv(A_bf,c))                       % (A-bf, c)의 가관측성의 확인
rank(ctrb(A,b)), rank(ctrb(A_bf,b))      % (A,b)와 (A-bf,b)의 가제어성의 확인
```

5.3 상태벡터를 사용한 극배치법

5.2절에서 설명한 바와 같이 상태피드백을 이용하여 제어대상의 고유값을 원하는 곳으로 이동시킴으로서 전체 시스템의 특성을 변동시킬 수 있다. 즉 식 (5.8)에 의해 폐루프의 특

11) 식 (3.47)로부터 영-입력의 경우 출력과 초기값 사이의 전달함수행렬은

$$\boldsymbol{H}(s)=\boldsymbol{C}(s\boldsymbol{I}-\boldsymbol{A}+\boldsymbol{BF})^{-1}=\frac{\boldsymbol{C}\mathrm{adj}\,(s\boldsymbol{I}-\boldsymbol{A}+\boldsymbol{BF})}{|s\boldsymbol{I}-\boldsymbol{A}+\boldsymbol{BF}|}$$

로 주어지므로 피드백에 의해 극-영점 소거가 발생할 가능성이 있다. 따라서 가관측성은 피드백에 의해 상실될 수도 있다.

성다항식 $\alpha_F(s) \equiv |s\boldsymbol{I} - \boldsymbol{A} + \boldsymbol{B}\boldsymbol{F}|$이 가지는 n 개의 근을 독립적으로 이동시키는 과정을 '극배치(pole placement)'라고 한다. n 개의 상태벡터 $\vec{x}(t)$ 에 대한 완전한 값을 얻을 수 있다면 다항식 α_F 의 n 개의 근을 자유로이 이동시킬 수 있다.

요점 5.4

상태피드백 제어에 의해 임의의 극배치가 실현될 수 있기 위한 필요충분조건은 상태방정식 (5.7a)가 가제어, 즉 $(\boldsymbol{A}, \boldsymbol{B})$가 가제어로 되는 것이다.

시스템 (5.7)에서 계수행렬의 모든 성분은 실수이기 때문에 $\boldsymbol{A}_F \equiv \boldsymbol{A} - \boldsymbol{B}\boldsymbol{F}$의 고유값은 반드시 복소공역의 형태로 존재한다. 따라서 지정하는 극의 집합 역시 실수축에 대해서 반드시 대칭으로 설정되어야 한다.

위 요점은 가제어성의 개념을 고려한다면 당연한 것으로 받아들일 수 있을 것이다. 다시 말하면, 만약 $(\boldsymbol{A}, \boldsymbol{B})$가 가제어가 아니라면 가제어성 행렬 $\boldsymbol{W}$는 $\mathrm{rank}(\boldsymbol{W}) = n_c < n$로 되며, [요점 4.10]에 의해 다음과 같이 좌표변환이 가능하다.

$$\frac{d}{dt}\vec{z}(t) = \begin{bmatrix} \boldsymbol{A}_{11} & \boldsymbol{A}_{12} \\ 0 & \boldsymbol{A}_{22} \end{bmatrix}\vec{z}(t) + \begin{bmatrix} \boldsymbol{B}_1 \\ \vec{0} \end{bmatrix}\vec{u}(t) \tag{5.23}$$

$$\equiv \widetilde{\boldsymbol{A}}\,\vec{z}(t) + \widetilde{\boldsymbol{B}}\,\vec{u}(t)$$

단 $\boldsymbol{A}_{11}$은 $(n_c \times n_c)$, $\boldsymbol{A}_{22}$는 $(n-n_c)\times(n-n_c)$의 크기를 가지며, 동시에 $(\boldsymbol{A}_{11}, \boldsymbol{B}_1)$은 가제어이다. 이때

$$\widetilde{\boldsymbol{F}} = [\boldsymbol{F}_1, \boldsymbol{F}_2] \tag{5.24}$$

로 두고 상태피드백 $\vec{u}(t) = -\boldsymbol{F}\vec{z}(t)$를 수행하면 폐루프시스템의 특성다항식은

$$|s\boldsymbol{I} - \widetilde{\boldsymbol{A}} + \widetilde{\boldsymbol{B}}\widetilde{\boldsymbol{F}}| = \begin{vmatrix} s\boldsymbol{I} - \boldsymbol{A}_{11} + \boldsymbol{B}_1\boldsymbol{F}_1 & -\boldsymbol{A}_{12} + \boldsymbol{B}_1\boldsymbol{F}_2 \\ 0 & s\boldsymbol{I} - A_{22} \end{vmatrix} \tag{5.25}$$

$$= |s\boldsymbol{I} - \boldsymbol{A}_{11} + \boldsymbol{B}_1\boldsymbol{F}_1| \cdot |s\boldsymbol{I} - \boldsymbol{A}_{22}| = 0$$

으로 된다. 위 식으로부터 $\boldsymbol{A}_{11}$ 의 n_c 개의 고유값은 상태피드백에 의해 자유로이 배치시킬 수 있지만, 불가제어 모드인 $\boldsymbol{A}_{22}$ 의 $(n-n_c)$ 개의 고유값은 피드백행렬 $\boldsymbol{F}$에 의해 변경불가능하다는 것을 알 수 있다[12]. 따라서 상태방정식 (5.7)이 가지는 n 개의 고유값을

12) [요점 4.18]에 의해 좌표변환(상태변수변환)을 수행한 시스템과 원래의 시스템은 서로 등가이므로 당연이 고유값도 동일하다. 식 (4.44)참조.

전부 독립적으로 이동시킬 수 있기 위해서는 [요점 5.4]에서 언급한 바와 같이 $(\boldsymbol{A}, \boldsymbol{B})$의 가제어성이 필요하다는 것이 확인되었다[13].

상태방정식 (5.7a)가 가제어라고 하고 폐루프시스템의 극을 원하는 곳에 배치할 수 있는 피드백행렬 $\boldsymbol{F}$를 구하는 방법에 대하여 생각하여 보자. 우선 간단한 예를 들어본다.

예제 5.5

다음 $(\boldsymbol{A}, \vec{b})$에 대하여 피드백을 적용하여 폐루프시스템의 극을 $\{-0.5 \pm j\}$로 이동시키는 피드백행렬을 구하여보자.

$$\boldsymbol{A} = \begin{bmatrix} 1 & 0 \\ 0 & -2 \end{bmatrix}, \vec{b} = \begin{bmatrix} 1 \\ -1 \end{bmatrix} \quad ①$$

해 SISO시스템이므로 피드백벡터를 $\vec{f} = [f_1, f_2]$로 두고 상태피드백을 수행하면 폐루프시스템의 $\boldsymbol{A}$ 행렬은

$$\boldsymbol{A}_F = \boldsymbol{A} - \vec{b}\vec{f} = \begin{bmatrix} (1-f_1) & -f_2 \\ f_1 & (-2+f_2) \end{bmatrix} \quad ②$$

로 된다. 따라서 $\boldsymbol{A}_F$의 특성다항식의 근이 $\{-0.5 \pm j\}$로 되어야 하므로

$$\begin{aligned} \alpha_F(s) = |s\boldsymbol{I} - \boldsymbol{A} + \vec{b}\vec{f}| &= (s-1+f_1)(s+2-f_2) + f_1 f_2 \quad ③ \\ &= (s+0.5+j)(s+0.5-j) \\ &= s^2 + s + \frac{5}{4} \end{aligned}$$

이 만족되어야 한다. ③을 두 개의 미지수 f_1, f_2를 가지는 연립방정식으로 풀면

$$f_1 = f_2 = \frac{13}{12}$$

를 얻는다. 즉 ①의 시스템은 피드백벡터 $\vec{f} = \left[\frac{13}{12}, \frac{13}{12}\right]$에 의해 극이 $s = 1, -2$에서 $-0.5 \pm j$로 이동된다는 것을 알 수 있다.

위 예제는 SISO이며 겨우 두 개의 고유값을 가지는 시스템인 경우에도 원하는 곳에 극을 배치하는 피드백행렬을 구한다는 것은 상당한 계산이 필요함을 보여준다. 이러한 과정

13) [요점 5.4]의 정밀한 확인을 위해서는 충분조건에 대한 확인도 필요하지만, 이는 뒤에서 실제의 극배치 방법을 이용하여 확인하기로 한다.

을 좀 더 효율적으로 수행할 수 있는 방법에 대하여 알아보자.

5.3.1 1입력시스템의 극배치법

하나의 입력을 가지는 시스템

$$\frac{d}{dt}\vec{x}(t) = \boldsymbol{A}\vec{x}(t) + \vec{b}\,u(t) \tag{5.26}$$

에 피드백제어를 수행하여 폐루프시스템의 $\boldsymbol{A}$ 행렬, 즉 $\boldsymbol{A}_f = \boldsymbol{A} - \vec{b}\vec{f}$ 의 고유값을 원하는 곳으로 가져가는 크기 $(1\times n)$인 (행)벡터 $\vec{f}$ 의 결정방법에 대하여 설명한다.

먼저 $(\boldsymbol{A}, \vec{b})$를 식 (4.68)의 좌표변환행렬 $\boldsymbol{T}$를 사용하여 식 (4.69a)와 같은 가제어표준형식으로 변환하면

$$\widetilde{\boldsymbol{A}} = \boldsymbol{T}^{-1}\boldsymbol{A}\,\boldsymbol{T} = \begin{bmatrix} 0 & 1 & 0 & \cdots & 0 \\ 0 & 0 & 1 & \cdots & 0 \\ \vdots & & & \ddots & \\ 0 & 0 & 0 & \cdots & 1 \\ -a_1 & -a_2 & -a_3 & \cdots & -a_n \end{bmatrix}, \quad \tilde{\vec{b}} = \boldsymbol{T}^{-1}\vec{b} = \begin{bmatrix} 0 \\ \vdots \\ 0 \\ 1 \end{bmatrix} \tag{5.27}$$

로 된다. 이 경우 행렬 $\widetilde{\boldsymbol{A}}$ 의 특성다항식은 식 (4.67)로부터

$$\alpha(s) = |s\boldsymbol{I} - \widetilde{\boldsymbol{A}}| = s^n + a_n s^{n-1} + \cdots + a_2 s + a_1 \tag{5.28}$$

으로 주어지며, 이 특성다항식은 [요점 4.18]의 (ii)에 의해 행렬 $\boldsymbol{A}$ 의 특성다항식과 동일하다는 점에 유의한다. 다음, n 개의 원하는 극의 집합을 $\Lambda = \{\lambda_1, \lambda_2, \cdots, \lambda_n\}$ 으로 한다. 앞에서 언급한 바와 같이 집합 Λ 의 각 요소는 실수축에 대하여 반드시 대칭(즉 $\lambda \in \Lambda \Leftrightarrow \bar{\lambda} \in \Lambda$ 이다)으로 되어야 한다. 이는 복소수로 주어지는 극은 반드시 공역으로 존재하여야 한다는 것을 의미한다.

극의 집합 $\{\lambda_1, \lambda_2, \cdots, \lambda_n\}$ 을 근으로 가지는 다항식을

$$\begin{aligned}\alpha_c &= (s-\lambda_1)(s-\lambda_2)\cdots(s-\lambda_n) \\ &= s^n + \beta_n s^{n-1} + \cdots + \beta_2 s + \beta_1\end{aligned} \tag{5.29}$$

로 두고, 피드백벡터를

$$\tilde{\vec{f}} = [\tilde{f}_1, \tilde{f}_2, \cdots, \tilde{f}_n] = [(\beta_1 - a_1), (\beta_2 - a_2), \cdots, (\beta_n - a_n)] \tag{5.30}$$

와 같이 정의하면, $\tilde{\vec{f}}$ 에 의한 폐루프시스템의 $\boldsymbol{A}$ 행렬은

$$\widetilde{\boldsymbol{A}}_F = \widetilde{\boldsymbol{A}} - \vec{\tilde{b}}\,\vec{\tilde{f}} = \begin{bmatrix} 0 & 1 & 0 & \cdots & 0 \\ 0 & 0 & 1 & \cdots & 0 \\ \vdots & & & \ddots & \\ 0 & 0 & 0 & \cdots & 1 \\ -\beta_1 & -\beta_2 & -\beta_3 & \cdots & -\beta_n \end{bmatrix} \tag{5.31}$$

로 된다. 이것은 가제어표준형인 식 (5.27)의 모양을 하고 있으므로, 식 (5.27)과 (5.28)의 관계를 생각하면 식 (5.31)의 특성다항식은 식 (5.29)로 됨을 알 수 있다. 따라서 식 (5.30)의 피드백벡터에 의한 폐루프시스템의 극은 $\{\lambda_1, \lambda_2, \cdots, \lambda_n\}$로 된다.

그런데 $\vec{\tilde{f}}$ 와 $\vec{f}$ 사이에는 $\vec{\tilde{f}} = \vec{f}\,\boldsymbol{T}$의 관계가 있으므로 이로부터

$$\vec{f} = \vec{\tilde{f}}\,\boldsymbol{T}^{-1} = [(\beta_1 - a_1), (\beta_2 - a_2), \cdots, (\beta_n - a_n)]\,\boldsymbol{T}^{-1} \tag{5.32}$$

을 이용하여 최종적인 피드백벡터를 얻는다. 이와 같이 시스템 $(\boldsymbol{A}, \vec{b})$의 가제어표준형식인 $(\widetilde{\boldsymbol{A}}, \vec{\tilde{b}})$를 사용하여 계산된 피드백벡터 $\vec{\tilde{f}}$ 로부터 식 (5.32)에 의해 최종적인 $\vec{f}$ 를 얻었다. 이것이 타당함을 확인하여 보자. 즉 식 (5.27)과 (5.32)로부터

$$\boldsymbol{A} = \boldsymbol{T}\widetilde{\boldsymbol{A}}\,\boldsymbol{T}^{-1}, \quad \vec{b} = \boldsymbol{T}\,\vec{\tilde{b}}, \quad \vec{f} = \vec{\tilde{f}}\,\boldsymbol{T}^{-1}$$

의 관계를 이용하면

$$\boldsymbol{A}_F = \boldsymbol{A} - \vec{b}\,\vec{f} = \boldsymbol{T}\left(\widetilde{\boldsymbol{A}} - \vec{\tilde{b}}\,\vec{\tilde{f}}\right)\boldsymbol{T}^{-1} \tag{5.33}$$

가 성립하므로 $(\boldsymbol{A} - \vec{b}\,\vec{f})$는 $(\widetilde{\boldsymbol{A}} - \vec{\tilde{b}}\,\vec{\tilde{f}})$와 등가행렬로 되어 동일한 고유값을 가진다는 사실로부터 위 과정의 정당성이 확인되었다.

이상의 사실을 정리하면 다음의 알고리즘을 얻는다.

극배치 알고리즘 (1입력시스템의 경우)

[단계 1] 시스템 $(\boldsymbol{A}, \vec{b})$에 대하여

$$\alpha(s) = |s\boldsymbol{I} - \boldsymbol{A}| = s^n + a_n s^{n-1} + \cdots + a_2 s + a_1$$

$$\boldsymbol{W} = [\vec{b}, \boldsymbol{A}\vec{b}, \cdots, \boldsymbol{A}^{n-1}\vec{b}]$$

을 계산한다. 여기서 만약 가제어성 행렬 $\boldsymbol{W}$가 정칙이 아니라면 임의의 극배치는 불가능하다.

[단계 2] 식 (4.68)로부터 좌표변환행렬 $\boldsymbol{T}$를 구성한다.

$$\boldsymbol{T}=\boldsymbol{W}\boldsymbol{R}=[\vec{b},\boldsymbol{A}\vec{b},\cdots,\boldsymbol{A}^{n-1}\vec{b}]\begin{bmatrix} a_2 & a_3 & a_4 & \cdots & a_n & 1 \\ a_3 & a_4 & \cdots & a_n & 1 & 0 \\ a_4 & & \cdots & 1 & 0 & 0 \\ \vdots & & & & & \vdots \\ a_n & 1 & 0 & \cdots & \cdots & 0 \\ 1 & 0 & 0 & \cdots & \cdots & 0 \end{bmatrix}$$

만약 $(\boldsymbol{A},\vec{b})$가 가제어표준형으로 주어져 있다면 $\boldsymbol{T}=\boldsymbol{I}_n$ 으로 되며 이 과정은 불필요하다.

[단계 3] 원하는 극의 집합 $\Lambda=\{\lambda_1,\lambda_2,\cdots,\lambda_n\}$ 로부터 식 (5.29)에 의해 다항식의 계수 $\{\beta_1,\beta_2,\cdots,\beta_n\}$을 계산한다.

[단계 4] 피드백벡터를 다음과 같이 계산한다.

$$\vec{f}=[(\beta_1-a_1),(\beta_2-a_2),\cdots,(\beta_n-a_n)]\boldsymbol{T}^{-1}$$

예제 5.6

아래와 같이 주어진 시스템에 대해 생각해 보자.

$$\frac{d}{dt}\vec{x}(t)=\begin{bmatrix} -4 & 2 & 0 \\ 1 & -3 & 1 \\ 0 & 1 & -2 \end{bmatrix}\vec{x}(t)+\begin{bmatrix} 2 \\ 0 \\ 0 \end{bmatrix}u(t) \qquad ①$$

먼저 시스템의 극을 계산해보면, $\lambda_1\cong-1.1$, $\lambda_2\cong-2.7$, $\lambda_3\cong-5.1$ 로 되어 안정한 시스템임을 알 수 있다. 그러나 응답의 속도를 더욱 빠르게 하기 위해 극을 $\mu_{1,2}=-5\pm j2$, $\mu_3=-6$ 에 설정하는 피드백벡터 $\vec{f}$ 를 위에서 설명한 단계를 따라 계산해 보자.

해

[단계 1] 이 시스템은 가제어이며 특성다항식으로부터 $a_1=16$, $a_2=23$, $a_3=9$ 이며, $\boldsymbol{W}$는 정칙행렬이다.

[단계 2] $\boldsymbol{T}$는 다음과 같이 된다.

$$\boldsymbol{T}=\begin{bmatrix} 10 & 10 & 2 \\ 4 & 2 & 0 \\ 2 & 0 & 0 \end{bmatrix} \qquad ②$$

[단계 3] 식 (5.29)로부터

$$(s+6)(s+5+j2)(s+5-j2)=s^3+16s^2+89s+174 \qquad ③$$

로부터 $\beta_1=174$, $\beta_2=89$, $\beta_3=16$ 이 얻어진다.

[단계 4] $\vec{f}$ 는

$$\vec{f} = [(\beta_1 - a_1), (\beta_2 - a_2), (\beta_3 - a_3)]\, \boldsymbol{T}^{-1} \qquad ④$$

$$= [\,158 \quad 66 \quad 7\,]\begin{bmatrix} 0 & 0 & 0.5 \\ 0 & 0.5 & -1 \\ 0.5 & -2.5 & 2.5 \end{bmatrix}$$

$$= [\,3.5 \quad 15.5 \quad 30.5\,]$$

로 된다.

여기서 피드백제어를 수행하기 전의 시스템의 응답 $e^{\boldsymbol{A}t} \cdot \vec{x}(0)$ 와 피드백제어를 수행한 후의 응답 $e^{(\boldsymbol{A} - \vec{b}\vec{f})t} \cdot \vec{x}(0)$ 를 초기값을 $\vec{x}(0) = [1,\ 1,\ 0]^T$ 로 두고 계산하여 그림으로 나타낸 것이 [그림 5.7]이다.

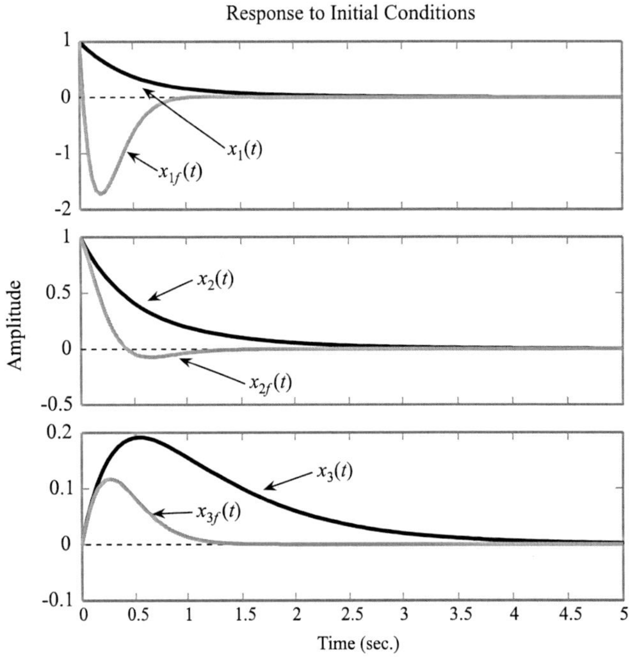

그림 5.7 상태변수의 비교 (예제 5.6)

%[예제 5.6]

```
A=[-4 2 0;1 -3 1;0 1 -2]; b=[2 0 0]';% 시스템 ①의 입력
c=eye(3);d=[0 0 0]';                  % ①에 출력방정식의 계수 C와 D를 지정한다
sysA=ss(A,b,c,d);                     % ①을 LTI object로 변환
pole(sysA)                            % ①의 극을 확인
poly([-6 -5+j*2 -5-j*2])              % ③의 계수를 확인
```

```
W=ctrb(A,b); R=[23 9 1;9 1 0;1 0 0]; % ①의 가제어성을 확인
T=W*R;                                % ②의 계산
f=[174-16, 89-23,16-9]/T              % ④의 계산
sysAbf=ss(A-b*f,b,c,d);               % 피드백을 수행한 시스템에 대한 ss 입력
xo=[1 1 0]';                          % 시뮬레이션을 위한 초기벡터 지정
initial(sysA,sysAbf,xo)               % 두 종류의 시스템에 대한 [그림 5.7] 작성
```

[그림 5.7]에서 $x_i(t), (i=1\sim3)$ 은 피드백을 수행하기 전의 상태이며, $x_{if}(t)$ 는 피드백을 수행한 뒤의 상태벡터를 각각 나타내고 있다. 그림으로부터 피드백제어를 수행한 후의 응답이 빠르게 0 으로 수렴하고 있는 것을 알 수 있다. 그러나 상태 $x_1(t)$ 의 경우 피드백제어에 의해 빠른 속도로 0 으로 수렴하고는 있지만, 이것의 초기진폭이 상당히 커져버린다는 바람직하지 않는 현상이 나타난다는 것을 볼 수 있다. 이러한 현상은 어떤 특정한 초기값 $\vec{x}(0)$ 과 상태변수 $x_i(t)$ 사이에서 발생하는 것으로, [예제 5.7]의 경우 상태피드백을 수행하여 폐루프시스템의 극을 전부 s 평면의 왼쪽으로 멀리 이동시킨다고 하더라도 시스템 ①이 가지는 세 개의 상태변수 전부를 빠른 속도로 영으로 수렴시킬 수는 없다는 것을 의미하고 있다. 이것은 주어진 시스템 ①은 하나의 입력과 세 개의 출력(즉 상태변수 $x_i(t), (i=1\sim3)$)을 가진 것으로 볼 수 있기 때문에[14], 하나의 입력으로 세 개의 출력변수를 동시에 제어할 수는 없다는 것을 나타내고 있는 예로 볼 수 있다.

➲ MATLAB가 제공하는 명령어인 'place'를 사용하여도 위와 동일한 피드백벡터 $\vec{f}$ 를 얻을 수 있다. 즉

% 명령어 place 의 사용

```
P=[-5+j*2, -5-j*2. -6]';         % 이동시키고자 하는 극의 위치를 벡터로 표시
f=place(A,b,P)                   % 명령어 place의 사용
```

를 수행하여도 [예제 5.7]의 ④의 피드백벡터를 얻을 수 있다.

Ackerman의 방법

마지막으로 1입력시스템에 대한 극배치 기법으로 많이 사용되는 '액커만(Ackerman)'의 공식에 대하여 증명 없이 간단하게 언급한다. 먼저 피드백벡터

$$\vec{f} = [f_1, f_2, \cdots, f_n]$$

로서 피드백제어 $u = -\vec{f} \cdot \vec{x}(t)$를 수행하여 얻어지는 폐루프시스템의 특성다항식

14) 상태방정식 ①에 의한 결과, 세 개의 상태변수 $x_i(t), (i=1\sim3)$ 의 움직임에 관심이 있으므로 출력으로 $\vec{y}(t) = \vec{x}(t)$ 로 둔다. 따라서 $\boldsymbol{C} = \mathrm{diag}[1,1,1]$ 로 되어 세 개의 출력변수를 가진다.

$$\alpha_c = s^n + \beta_n s^{n-1} + \cdots + \beta_2 s + \beta_1$$

으로 두었을 때 피드백벡터는 다음과 같이 계산가능하다.

$$\vec{f} = [0, 0, \cdots, 0, 1]\, \boldsymbol{W}^{-1} \alpha_c(\boldsymbol{A}) \tag{5.34}$$

단

$$\alpha_c(\boldsymbol{A}) = \boldsymbol{A}^n + \beta_n \boldsymbol{A}^{n-1} + \cdots + \beta_2 \boldsymbol{A} + \beta_1 \boldsymbol{I} \tag{5.35}$$

이며, $\boldsymbol{W}$는 가제어성 행렬을 나타낸다.

예제 5.7

다음과 같이 주어진 시스템에 피드백을 적용하여 폐루프의 극점을 $s = -1 \pm j$ 로 하는 피드백벡터를 계산하여 보자.

$$\frac{d}{dt}\vec{x}(t) = \begin{bmatrix} 0 & 1 \\ 0 & 0 \end{bmatrix} \vec{x}(t) + \begin{bmatrix} 0 \\ 1 \end{bmatrix} u(t) \qquad ①$$

해 폐루프시스템의 특성다항식은

$$\alpha_c = s^2 + 2s + 2 \qquad ②$$

로 되어 $\beta_1 = \beta_2 = 2$ 이다. 또 가제어성 행렬과 $\alpha_c(\boldsymbol{A})$는

$$\boldsymbol{W} = [\vec{b}, \boldsymbol{A}\vec{b}] = \begin{bmatrix} 0 & 1 \\ 1 & 0 \end{bmatrix}, \ \alpha_c(\boldsymbol{A}) = \begin{bmatrix} 2 & 2 \\ 0 & 2 \end{bmatrix} \qquad ③$$

이므로 피드백 벡터는 다음과 같이 쉽게 계산된다.

$$\vec{f} = [0, 1] \begin{bmatrix} 0 & 1 \\ 1 & 0 \end{bmatrix}^{-1} \alpha_c(\boldsymbol{A}) = [2, 2] \qquad ④$$

% [예제 5.7]

```
A=[0 1;0 0]; b=[0 1]';                  % ①의 입력
poly([-1+j, -1-j]), W=ctrb(A,b)         % ②와 가제어성행렬 W의 계산
f=[0 1]/W*(A^2+2*A+2*eye(2))            % ④에 의한 피드백벡터의 계산
P=[-1+j, -1-j]';                        % 원하는 극의 지정
f=acker(A,b,P)                          % MATLAB 명령어 acker 사용
```

예제 5.8

여기서는 제2장의 [예제 2.18]에서 취급한 도립진자 시스템에 대한 상태피드백 제어기를 설계하여 보자. [예제 2.18]의 ⑧, ⑨에 의하여 도립진자의 상태방정식의 각 계수행렬은 다음과 같이 주어진다.

$$\boldsymbol{A}=\begin{bmatrix} 0 & 1 & 0 & 0 \\ \left(\dfrac{M+m}{Ml}g\right) & 0 & 0 & 0 \\ 0 & 0 & 0 & 1 \\ -\dfrac{mg}{M} & 0 & 0 & 0 \end{bmatrix},\ \vec{b}=\begin{bmatrix} 0 \\ \left(-\dfrac{1}{Ml}\right) \\ 0 \\ \left(\dfrac{1}{M}\right) \end{bmatrix} \qquad ①$$

$$\vec{c}=[\ 0\ \ 0\ \ 1\ \ 0\ ],\ d=0 \qquad ②$$

해 여기서 도립진자가 가지는 각 변수의 물리적인 값은 다음과 같이 가정한다.

$$M=1\,[\mathrm{kg}],\ m=0.1\,[\mathrm{kg}],\ l=1\,[\mathrm{m}],\ g=9.8\,[\mathrm{m/s^2}]$$

먼저 위 시스템의 가제어 여부를 확인하여 보자. 즉 가제어성행렬 $\boldsymbol{W}$를 구성하여 랭크를 확인한다. 이 경우 $\boldsymbol{W}$의 랭크를 직접 계산하기보다는 행렬식 $|\boldsymbol{W}|$의 크기를 계산하면 $\det(\boldsymbol{W})=96.04$, 즉 $\det(\boldsymbol{W})\neq 0$이므로 가제어하다는 것을 알 수 있다. 이때 $|\boldsymbol{W}|$의 크기가 도립진자의 가제성 정도를 나타내는 것은 아니다. 다시 말해 $|\boldsymbol{W}|$가 큰 값을 가지는 시스템이 가제어성의 정도가 강(strong)하다는 것은 아니라는 것이다. 가제어성의 정도를 나타내는 양으로는 행렬 $\boldsymbol{W}$의 조건수(condition number)가 있다. 조건수가 영에 가까운 값을 가지면, 이 행렬은 약간의 변화에 의해 비정칙행렬, 즉 가제어성이 성립되지 않을 수 있다는 것을 의미한다. 이 도립진자의 경우 조건수가 12.0773 으로 되어 상당히 강한 가제어성[15]을 가진다는 것을 보여주고 있다.

제어하기 전의 도립진자는 원점과 s 평면의 오른쪽 영역에 극을 가지기 때문에 불안정한 시스템이다. 따라서 폐루프시스템의 극을 안정한 영역인 $s=-1\pm j$, $s=-5\pm j5$ 으로 이동시킬 수 있는 피드백벡터 $\vec{f}$를 상기의 방법을 계산하면 다음과 같다.

$$\vec{f}=[-10.2,\,-12.23,\,-92.98,\,-24.24\,]$$

로 된다.

15) 가제어성이 "강(strong)"할 수록 상태피드백 행렬 $\boldsymbol{F}$의 계산이 명확하다. 즉 주어진 곳에 정확하게 폐루프의 극을 가져가는 행렬 $\boldsymbol{F}$를 정확하게 계산할 수 있음을 의미한다.

% [예제 5.8]

```
M=1;m=0.1;l=1;g=9.8;                                % 각 변수의 입력
A=[0 1 0 0; (M+m)*g/(M*e) 0 0 0; 0 0 0 1; -m*g/M 0 0 0];  % 계수행렬
b=[0; -1/(M*e);0;1/M];c=[0 0 1 0]; d=0;
W=ctrb(A,b); det(W)                                 % 가제어성 행렬의 행렬식의 계산
cond(W), eig(A)                                     % 행렬 W의 조건수를 확인
P=[-1+j -1-j -5+5*j -5-5*j]';                      % 폐루프시스템의 극을 지정
f=place(A,b,P)                                      % 피드백벡터의 결정
```

5.3.2 다입력시스템의 극배치

$r, (\geq 1)$ 개의 입력을 가지는 시스템에 상태피드백 $\vec{u}(t) = -\boldsymbol{F}\,\vec{x}(t)$ 을 수행하는 경우의 피드백행렬 $\boldsymbol{F}$ 의 크기는 $(r \times n)$ 으로 된다. 여기서 n 은 상태변수의 개수이다. 따라서 행렬 $\boldsymbol{F}$ 를 결정하기 위해서는 $\boldsymbol{F}$ 가 가지는 $(r \times n)$ 개의 요소를 결정하여야 하므로, 이를 위해서는 당연히 $(r \times n)$ 개의 연립방정식이 필요할 것이다. 그런데 이동시키고자 하는 시스템의 극은 n 개이므로 단지 n 개의 방정식만이 얻어진다. 이와 같이 결정하여야 할 미지수의 개수가 방정식의 개수보다 많은 경우를 '과소결정계(under-determined case)'라고 하며, 이런 경우에는 일반적으로 무한개의 해가 존재한다.

다시 말하면 1입력의 경우에는 폐루프시스템의 극이 주어지면 이에 따라 단 하나의 피드백벡터 $\vec{f}$ 가 존재하였으나, 입력이 두 개 이상이면 동일한 곳에 폐루프시스템의 극을 배치하는 피드백행렬 $\boldsymbol{F}$ 는 무수히 존재한다는 것이다. 따라서 다입력시스템의 경우에는 1입력 시스템과 같이 $\vec{f}$ 를 결정하기 위한 일반적인 방법이 존재하지 않기 때문에, 실제의 계산에는 상당한 어려움이 따른다. 그러나 입력이 많다는 것은 그만큼 시스템의 제어성능을 향상시킬 수 있는 여유가 있다는 것을 의미하기 때문에, 막연히 시스템을 빨리 수렴시켜야 한다는 것 외의 부가적인 조건, 예를 들어 어떤 특정한 상태변수(또는 입력변수)에 제한이 있는 경우에도 1입력의 경우와는 달리 필요한 제어법칙을 계산할 수 있다.

여기서는 예제를 이용하여 다입력시스템에 있어서 피드백행렬 $\boldsymbol{F}$ 를 구하는 방법에 대하여 간략히 언급한다.

예제 5.9

[예제 5.9] [그림 2.28]의 2입력의 2관성시스템의 상태방정식은 $M_1 = 2, M_2 = 1$, $k = 2$ 및 $\mu = 2$ 로 주어졌을 경우 다음으로 주어진다[16].

16) [예제 2.20]의 식 (2.57)을 참조한다.

$$\dot{\vec{x}}(t) = \boldsymbol{A}\vec{x}(t) + \boldsymbol{B}\vec{u}(t) \qquad ①$$

$$= \begin{bmatrix} 0 & 1 & 0 & 0 \\ -1 & -1 & 1 & 1 \\ 0 & 0 & 0 & 1 \\ 2 & 2 & -2 & -2 \end{bmatrix} \vec{x}(t) + \begin{bmatrix} 0 & 0 \\ 1/2 & 0 \\ 0 & 0 \\ 0 & 1 \end{bmatrix} \vec{u}(t)$$

위 시스템에 대한 상태피드백을 수행하여 보자.

해 시스템 ①의 경우 두 개의 입력과 네 개의 상태를 가지므로 피드백행렬 $\boldsymbol{F}$는 (2×4)의 크기를 가지며, 이를 다음과 같이 둔다.

$$\vec{u}(t) = \boldsymbol{F}\vec{x}(t), \quad \boldsymbol{F} = \begin{bmatrix} f_{11} & f_{12} & f_{13} & f_{14} \\ f_{21} & f_{22} & f_{23} & f_{24} \end{bmatrix} \qquad ②$$

먼저 [요점 5.4]에 의해 ①의 가제어성을 확인한다. 즉

$$\boldsymbol{W} = [\boldsymbol{B},\ \boldsymbol{AB},\ \boldsymbol{A}^2\boldsymbol{B},\ \boldsymbol{A}^3\boldsymbol{B}] \rightarrow \text{rank}\,\boldsymbol{W} = 4 \quad \rightarrow \quad \text{가제어이다}$$

이 결과 위 시스템의 상태피드백에 의해 폐루프시스템의 극을 임의의 위치에 설정 가능하다는 것을 알 수 있다. 극배치를 실현하기 위해서는 폐루프시스템의 시스템 행렬

$$\boldsymbol{A}_F = \boldsymbol{A} - \boldsymbol{BF} = \begin{bmatrix} 0 & 1 & 0 & 0 \\ -1-\dfrac{f_{11}}{2} & -1-\dfrac{f_{12}}{2} & 1-\dfrac{f_{13}}{2} & 1-\dfrac{f_{14}}{2} \\ 0 & 0 & 0 & 1 \\ 2-f_{21} & 2-f_{22} & -2-f_{23} & -2-f_{24} \end{bmatrix} \qquad ③$$

가 가지는 네 개의 고유값을 복소평면 상의 바람직한 위치, 즉 p_1, p_2, p_3, p_4로 가져갈 수 있도록 피드백 행렬 $\boldsymbol{F}$를 결정하면 된다. 여기서는 이를 실현하기 위한 하나의 방법으로 가제어표준형식을 이용하여 $\boldsymbol{A}_F$를 다음과 같은 형식으로 만드는 피드백 행렬 $\boldsymbol{F}$를 결정하기로 한다.

$$\boldsymbol{A}_F = \left[\begin{array}{c|c} \boldsymbol{A}_{F11} & \boldsymbol{0}_{2\times2} \\ \hline \boldsymbol{0}_{2\times2} & \boldsymbol{A}_{F22} \end{array}\right] = \left[\begin{array}{cc|cc} 0 & 1 & 0 & 0 \\ -\delta_{11} & -\delta_{12} & 0 & 0 \\ \hline 0 & 0 & 0 & 1 \\ 0 & 0 & -\delta_{21} & -\delta_{22} \end{array}\right] \qquad ④$$

다시 말하면 ④의 관계식을 이용하면 $\boldsymbol{A}_F$의 특성다항식이

$$|s\boldsymbol{I}-\boldsymbol{A}_F|=(s^2+\delta_{12}s+\delta_{11})(s^2+\delta_{22}s+\delta_{21}) \quad ⑤$$

로 된다는 것을 이용하는 것이다. 여기서 식 ③과 ④를 비교하면 $\boldsymbol{F}$의 각 요소는 다음과 같이 되어야 한다는 것을 쉽게 확인할 수 있을 것이다.

$$\boldsymbol{F}=\begin{bmatrix} f_{11} & f_{12} & f_{13} & f_{14} \\ f_{21} & f_{22} & f_{23} & f_{24} \end{bmatrix}=\left[\begin{array}{cc:cc} 2(\delta_{11}-1) & 2(\delta_{12}-1) & 2 & 2 \\ \cdots\cdots & \cdots\cdots & \cdots\cdots & \cdots\cdots \\ 2 & 2 & \delta_{21}-2 & \delta_{22}-2 \end{array}\right] \quad ⑥$$

따라서 ⑤가

$$\Delta(s)=(s-p_1)(s-p_2)(s-p_3)(s-p_4) \quad ⑦$$

로 될 수 있도록 $\delta_{11}, \delta_{12}, \delta_{21}, \delta_{22}$을 선정한다면 $\boldsymbol{A}_F$의 네 개 고유값은 미리 설정된 값, 즉 p_1, p_2, p_3, p_4의 값을 가지게 될 것이다. 예를 들어 $p_1=p_2=-2, p_3=p_4=-4$로 두고 ⑦을 ⑤의 형식으로 나타낸다면 다음과 같은 세 종류의 표현이 가능할 것이다.

$$\Delta(s)=\overbrace{(s^2+4s+4)}^{(s+2)^2}\overbrace{(s^2+8s+16)}^{(s+4)^2}\cdots\cdots \quad ⓐ : \begin{cases}\delta_{12}=4\\ \delta_{11}=4\end{cases}, \begin{cases}\delta_{22}=8\\ \delta_{21}=16\end{cases}$$

$$=\overbrace{(s^2+8s+16)}^{(s+4)^2}\overbrace{(s^2+4s+4)}^{(s+2)^2}\cdots\cdots \quad ⓑ : \begin{cases}\delta_{12}=8\\ \delta_{11}=16\end{cases}, \begin{cases}\delta_{22}=4\\ \delta_{21}=4\end{cases}$$

$$=\overbrace{(s^2+6s+8)}^{(s+2)(s+4)}\overbrace{(s^2+6s+8)}^{(s+2)(s+4)}\cdots\cdots \quad ⓒ : \begin{cases}\delta_{12}=6\\ \delta_{11}=8\end{cases}, \begin{cases}\delta_{22}=6\\ \delta_{21}=8\end{cases}$$

여기에 ⑥을 적용하면 다음과 같은 세 종류의 $\boldsymbol{F}$가 얻어지며, 이 중 어느 것을 사용하여도 폐루프시스템의 극, 즉 $\boldsymbol{A}_F$의 고유값은 $-2,-2,-4,-4$ 로 된다.

(a) $\boldsymbol{F}_1=\begin{bmatrix} 6 & 6 & 2 & 2 \\ 2 & 2 & 14 & 6 \end{bmatrix}$, (b) $\boldsymbol{F}_2=\begin{bmatrix} 30 & 14 & 2 & 2 \\ 2 & 2 & 2 & 2 \end{bmatrix}$,

(c) $\boldsymbol{F}_3=\begin{bmatrix} 14 & 10 & 2 & 2 \\ 2 & 2 & 6 & 4 \end{bmatrix}$

세 종류의 피드백행렬을 이용한 폐루프시스템의 응답특성을 [그림 5.8]에 표시하였다. 이로부터 폐루프시스템의 극이 동일한 위치에 있음에도 불구하고 대차 1, 2의 시간응답 $z_1(t), z_2(t)$와 조작량 $f_1(t), f_2(t)$의 크기가 서로 다르다는 사실을 알 수 있다. 이들을 비교하여 보면 다음의 사실을 확인할 수 있다.

- ⓐ의 경우 : ⓑ, ⓒ와 비교하여 $z_1(t)$의 수렴이 늦으며, 동시에 과도한 조작량 $f_2(t)$를 필요로 한다.

- ⓑ의 경우 : ⓐ, ⓒ와 비교하여 $z_2(t)$의 수렴이 늦으며, 동시에 과도한 조작량 $f_1(t)$를 필요로 한다.

따라서 ⓐ ~ ⓒ 중에서 ⓒ가 가장 적절한 상태피드백 행렬이라고 판단할 수 있을 것이다.

지금까지의 계산 및 이에 대한 설명은 $\boldsymbol{A}_F$를 ④와 같은 블록으로 대각화하여 얻은 $\boldsymbol{F}$를 이용한 것이다. 이 경우 폐루프시스템은

$$\begin{cases} \dot{\vec{x}}_1 = \boldsymbol{A}_{F11}\vec{x}_1(t) \\ \dot{\vec{x}}_2 = \boldsymbol{A}_{F11}\vec{x}_2(t) \end{cases} \Rightarrow \begin{cases} \vec{x}_1 = e^{\boldsymbol{A}_{F11}t}\vec{x}_1(0) \\ \vec{x}_2 = e^{\boldsymbol{A}_{F22}t}\vec{x}_2(0) \end{cases} \quad ⑧$$

과 같이 분할되며, 이 결과에는 대차 1 (즉 $\vec{x}_1(t)$)의 움직임과, 대차 2 (즉 $\vec{x}_2(t)$)의 움직임은 서로 독립적인 것으로 되어 서로 간섭이 발생하지 않는다는 전제가 작용하고 있었다는 점에 유의한다.

만약 대차가 서로 간섭하는 일반적인 경우에는 $\boldsymbol{A}_F$를 식 (4.70a)의 가제어표준형 식으로 변환하여 $\boldsymbol{F}$를 구하는 경우를 생각하여 보자. 즉

$$\boldsymbol{A}_F = \boldsymbol{A} - \boldsymbol{BF} = \begin{bmatrix} 0 & 1 & 0 & 0 \\ 0 & 0 & 1 & 0 \\ 0 & 0 & 0 & 1 \\ -\delta_1 & -\delta_2 & -\delta_3 & -\delta_4 \end{bmatrix} \quad ⑨$$

로 주어진 경우 $\boldsymbol{A}_F$의 특성다항식은 다음의 식으로 된다.

$$|s\boldsymbol{I} - \boldsymbol{A}_F| = s^4 + \delta_4 s^3 + \delta_3 s^2 + \delta_2 s + \delta_1$$

이 경우 동일한 위치에 폐루프의 극을 배치하는 $\boldsymbol{F}$ 를 계산하기 위해서는 8개의 미지수를 가지는 네 개의 선형1차 연립방정식을 풀어야 한다. 선형대수학을 이론에 의하면 미지수의 개수가 식의 개수보다 많을 경우에는 일반적으로 무한개의 해를 가지게 되므로 해를 구하기가 쉽지 않다. 이 중의 하나로

$$\boldsymbol{F}_4 = \begin{bmatrix} -2 & -2 & 0 & 2 \\ 66 & 98 & 50 & 10 \end{bmatrix}$$

을 얻을 수 있으며 이 값을 사용한 시뮬레이션 결과를 [그림 5.8]에 표시하였다.

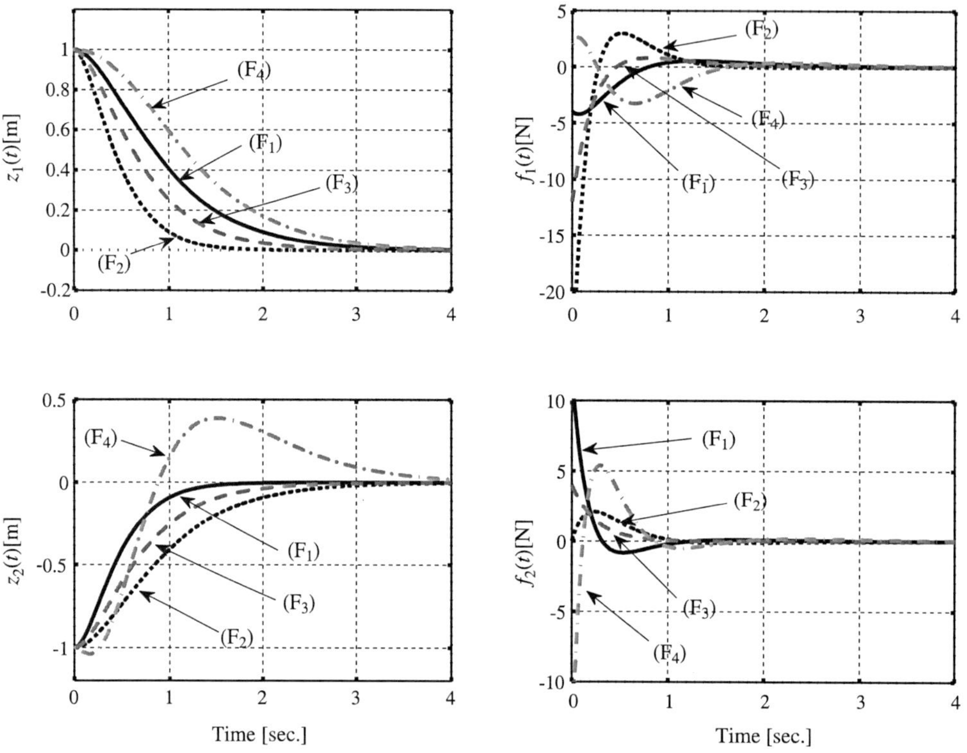

그림 5.8 [예제 5.9]의 출력 및 입력

다입력시스템의 극배치를 위한 피드백행렬 $\boldsymbol{F}$를 상기 [예제 5.9]와 같이 수작업으로 계산한다는 것은 상당한 어려움을 동반한다. 다음 예제를 보자.

예제 5.10 다입력시스템의 극배치

상태방정식의 계수행렬이 다음과 같이 주어진 2입력 2출력시스템에 상태피드백을 수행하여 폐루프시스템의 극을 $s=-1, -0.045\pm j0.5$로 하는 피드백행렬 $\boldsymbol{F}$를 계산하여 보자.

$$\boldsymbol{A}=\begin{bmatrix}0 & 0 & 0\\ 0 & 0.01 & 0\\ 0 & 0 & -0.1\end{bmatrix},\ \boldsymbol{B}=\begin{bmatrix}1 & 0\\ 0 & -1\\ 0 & -2\end{bmatrix},\ \boldsymbol{C}=\begin{bmatrix}1 & 0 & 0\\ 0 & 0 & 0\end{bmatrix} \quad ①$$

해 먼저 위 시스템의 가제어성행렬 $\boldsymbol{W}$의 랭크는 "3"으로 되어 가제어임을 알 수 있다. 즉 피드백행렬에 의해 원하는 곳에 폐루프시스템의 극을 가져갈 수 있음을 알 수 있다. 이를

$$\boldsymbol{F}=\begin{bmatrix}f_1 & f_2 & f_3\\ f_4 & f_5 & f_6\end{bmatrix} \quad ②$$

로 두면 폐루프시스템의 $\boldsymbol{A}$ 행렬은 다음으로 된다.

$$\boldsymbol{A}_F = \boldsymbol{A} - \boldsymbol{B}\boldsymbol{F} = \begin{bmatrix} -f_1 & -f_2 & -f_3 \\ f_4 & (0.01+f_5) & f_6 \\ 2f_4 & 2f_5 & (-0.1+2f_6) \end{bmatrix} \quad ③$$

이로부터 폐루프시스템의 극을 계산하기 위해서 $\boldsymbol{A}_F$ 의 특성다항식을 구한다. 즉

$$\begin{aligned} |s\boldsymbol{I} - \boldsymbol{A}_F| = &\ s^3 + (0.09 - f_5 - 2f_6 + f_1)s^2 \quad ④ \\ &+ (f_2f_4 + 2f_3f_4 + 0.09f_1 - 2f_1f_6 - f_1f_5 - 0.01 + 0.02f_6 - 0.1f_5)s \\ &+ 0.1f_2f_4 + 0.02f_1f_6 - 0.001f_1 - 0.1f_1f_5 - 0.02f_3f_4 \\ &= 0 \end{aligned}$$

이다. ④의 다항식이 근이 $s = -1, -0.045 \pm j0.5$ 로 될 수 있도록 ②가 가지는 6개의 미지수를 결정하여야 한다. 즉

$$(s+1)(s+0.045+j0.5)(s+0.045-j0.5) = s^3 + 1.09s^2 + 0.342s + 0.252 \quad ⑤$$

이므로 ④와 ⑤를 비교하면 다음 세 개의 방정식을 얻는다.

$$f_1 - f_5 - 2f_6 = 1 \quad ⑥$$

$$f_2f_4 + 2f_3f_4 + 0.09f_1 - 2f_1f_6 - f_1f_5 + 0.02f_6 - 0.1f_5 = 0.352$$

$$0.1f_2f_4 + 0.02f_1f_6 - 0.001f_1 - 0.1f_1f_5 - 0.02f_3f_4 = 0.252$$

위 방정식은 여섯 개의 미지수를 가지는 세 개의 비선형연립방정식으로서 이를 직접 손으로 계산한다는 것은 거의 불가능하다. 그러나 이러한 경우에도 MATLAB과 같은 소프트웨어의 도움을 받으면 어렵지 않게 해를 얻을 수 있다. 이와 같이 입력이 두 개 뿐인 간단한 시스템의 경우에도 피드백행렬을 계산하기 위해서는 계산기의 도움이 필요하다는 것을 알 수 있다.

% [예제 5.10]

```
syms s f1 f2 f3 f4 f5 f6                    % symbolic 변수의 지정
F=[f1 f2 f3;f4 f5 f6];                      % F를 symbolic으로 정의
A=sym([0 0 0;0 0.01 0; 0 0 -0.1]);D=sym(zeros(2));
B=sym([1 0;0 -1;0 -2]);C=sym([1 0 0;0 0 0]);
W=[B,A*B,A^2*B];rank(W)                     % 가제어성행렬을 symbolic으로 구하여
                                            % 랭크확인
```

```
charA=s*eye(3)-A+B*F;
simple(det(charA))                             % ④의 확인
P=[-1 -0.045+j*0.5, -0.045-j*0.5]';            % 폐루프시스템의 극을 지정
[F,prec]=place(double(A),double(B),P)          % 명령어 "place"를 사용하여 F의 결정
eig(double(A)-double(B)*F)                     % 폐루프시스템의 고유값을 확인
```

➲ 프로그램을 실행하면 피드백행렬은

$$\boldsymbol{F} = \begin{bmatrix} 1 & -0.0716 & 0.032 \\ -0.0062 & -2.2998 & 1.1499 \end{bmatrix}$$

로 된다. 물론 지정된 곳에 폐루프시스템의 극을 가져가는 피드백행렬은 위의 $\boldsymbol{F}$ 외에도 수없이 있을 것이다. 그러나 일반적으로 (1입력의 경우와 달리) 지정된 곳에 100% 정확하게 폐루프시스템의 극을 가져가는 피드백행렬이 존재하지 않을 가능성이 높기 때문에, 위의 프로그램에서처럼 '[F, prec]=place(....)'로 두면 'prec'에는 계산단위의 몇 번째 자리까지 극이 일치하고 있는 가를 나타내게 된다. 위 예제의 경우 'prec=15'이기 때문에, 주어진 극 $s=-1, -0.045 \pm j0.5$ 와 피드백에 의한 극인 'eig(A−BF)'과는 유효숫자의 15자리까지 일치하기 때문에 거의 동일한 것으로 볼 수 있을 것이다.

5.3.3 잡음을 동반하는 시스템의 극배치

지금까지의 극배치 과정에 있어서 일반적으로 시스템이 가질 수 있는 외란(disturbance), 또는 잡음(noise) 등을 무시하고 레귤레이터를 설계하였다. 이와 같이 잡음이 없는 시스템에 대하여 설계한 상태피드백 시스템을 실제로 잡음에 존재하는 시스템에 적용한다면 당연히 양호한 결과는 기대할 수 없을 것이다.

잡음은 두 가지 종류로 대별할 수 있다. 즉 1) 측정잡음(measurement noise)으로 이는 계측기의 결함이나 측정 중에 필요불가결하게 발생하는 것과, 2) 모델링과정에서 무시한 동특성 등에 의하여 발생하는 공정잡음(process noise) 등이 있다. 일반적으로 완벽한 계측기는 존재하지 않는다. 또한 모델링과정에 고차의 동특성은 무시하는 것이 보통이기 때문에 위에서 언급한 두 종류의 잡음은 모든 시스템에서 존재한다고 볼 수 있다. 그렇기 때문에 이에 대한 대책이 필요할 것이다. 여기서는 잡음벡터 $\vec{x}_n(t), (q\times 1)$를 가지는 상태방정식

$$\frac{d}{dt}\vec{x}(t) = \boldsymbol{A}\vec{x}(t) + \boldsymbol{B}\vec{u}(t) + \boldsymbol{G}\vec{x}_n(t) \tag{5.36a}$$

$$\vec{y}(t) = \boldsymbol{C}\vec{x}(t) + \boldsymbol{E}\vec{x}_n(t) \tag{5.36b}$$

에 대하여 생각한다. 여기서 $\boldsymbol{G}, (n\times q)$는 잡음계수(noise coefficient)행렬이다. 이 경우 잡음의 영향을 억제하면서 폐루프시스템의 극을 원하는 곳에 배치하기 위하여 다음과 같은

상태피드백 법칙을 적용하기로 한다.

$$\vec{u}(t) = -F\vec{x}(t) - F_n \vec{x}_n(t) \tag{5.37}$$

식 (5.37)을 식 (5.36)에 대입하면 다음과 같은 폐루프시스템을 얻을 수 있다.

$$\frac{d}{dt}\vec{x}(t) = (A - BF)\vec{x}(t) + (G - BF_n)\vec{x}_n(t) \tag{5.38}$$

위 식은 잡음벡터 $\vec{x}_n(t)$ 가, 폐루프시스템의 입력과 같은 역할을 하고 있음을 보여주고 있다. 식 (5.38)의 블록선도를 [그림 5.9]에 표시하였다.

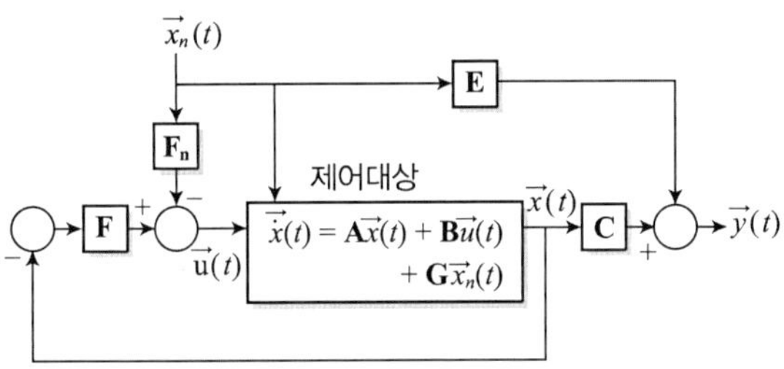

그림 5.9
잡음을 가지는 시스템의 상태피드백

피드백행렬 F 는 폐루프시스템의 극, 즉 $(A-BF)$ 의 고유값이 원하는 곳에 배치될 수 있도록 5.2절의 방법을 이용하여 설계한다. 그러나 일반적으로 잡음 $\vec{x}_n(t)$ 가 어떠한 과정을 거쳐 생성되는 지에 대한 정보가 없기 때문에, 실험 등을 이용하여 잡음계수행렬 G 를 선정한다. 이와 같이 일단 G 가 결정되었다면 이 잡음이 폐루프시스템에 미치는 영향을 최소화할 수 있도록 식 (5.37)의 잡음에 대한 레귤레이터 행렬 F_n, $(m \times q)$ 을 선정한다. 이 경우 이상적인 것은 $(G - BF_n) = 0$ 로 되어 잡음이 폐루프시스템에 전혀 영향을 미치지 않게 되는 것이다. 이를 위해서는 $(G - BF_n) = 0$ 를 구성하는 $(n \times q)$ 개의 연립방정식으로부터 미지수인 크기 $(m \times q)$ 인 행렬 F_n 의 계산이 가능하여야 한다. 그런데 일반적으로 입력의 개수 m 은 상태변수의 개수 n 보다 작기 때문에 (즉 $m < n$이다), $(G - BF_n) = 0$ 로부터 F_n 의 계산은 불가능하다[17]. 만약 $m = n$ 라면 행렬 B 가 정칙으로 되어 $F_n = -B^{-1}G$ 와 같이 계산가능하다. 반대로 아주 특별하게 $m > n$ 인 경우에는 미지수의 개수(즉 $m \times q$ 개)가 방정식의 개수(즉 $n \times q$ 개)보다 많은 과소결정계(under-determined case)의 연립방정식으로 되어, 이를 만족하는 해는 수없이 존재한다.

17) $A\vec{x} = \vec{b}$ 로 주어진 연립방정식에서 미지수의 개수(즉 $\vec{x}(t)$ 의 차수)가 방정식의 개수(즉 $\vec{b}$ 의 차수) 보다 작은 과잉결정계(overdetermined case)에 해당한다. 이와 같은 경우에는 $A\vec{x} = \vec{b}$ 의 등호를 만족하는 해 $\vec{x}(t)$ 는 존재하지 않는다.

예제 5.11

다음과 같은 상태방정식으로 주어지는 시스템에 대하여 생각하여 보자.

$$\frac{d}{dt}\vec{x}(t) = \boldsymbol{A}\,\vec{x}(t) + \boldsymbol{B}\,\vec{u}(t) + \boldsymbol{G}\,\vec{x}_n(t) \qquad ①$$

$$\vec{y}(t) = \boldsymbol{C}\vec{x}(t) + \boldsymbol{D}\,\vec{u}(t) + \boldsymbol{E}\,\vec{x}_n(t)$$

단

$$\boldsymbol{A} = \begin{bmatrix} -1.7 & 50 & 260 \\ 0.22 & -1.4 & -32 \\ 0 & 0 & -12 \end{bmatrix}, \boldsymbol{B} = \begin{bmatrix} -272 \\ 0 \\ 14 \end{bmatrix}, \boldsymbol{G} = \begin{bmatrix} 0.02 & 0.1 \\ -0.0035 & 0.004 \\ 0 & 0 \end{bmatrix} \qquad ②$$

$\boldsymbol{C} = \boldsymbol{I},\ \boldsymbol{D} = 0, \boldsymbol{E} = 0$

이다.

해 위 시스템은 극을 $\{1.770,\ -4.87,\ -12.0\}$ 에 가지는 불안정한 시스템이다. 이를 상태피드백에 의해 안정화, 즉 폐루프시스템의 극을 $\{-1,\ -1 \pm j\}$로 이동시켜보자. 이와 같은 작용을 하는 피드백행렬 $\boldsymbol{F}$(여기서는 사실상 벡터이지만)를 5.2절의 방법으로 계산하면

$$\boldsymbol{F} = [0.0006,\ -0.0244,\ -0.8519] \qquad ③$$

로 된다.

다음 잡음에 대한 피드백행렬을 $\boldsymbol{F}_n = [f_{n1}, f_{n2}]$ 로 두면

$$\boldsymbol{G} - \boldsymbol{B}\boldsymbol{F}_n = \begin{bmatrix} 0.02 + 272 f_{n1} & 0.1 + 272 f_{n2} \\ -0.0035 & 0.004 \\ -14 f_{n1} & -14 f_{n2} \end{bmatrix} \qquad ④$$

로 된다. 이 경우는 입력개수가 상태변수의 개수보다 작기 때문에 $(\boldsymbol{G} - \boldsymbol{B}\boldsymbol{F}_n) = 0$ 로 하는 $\boldsymbol{F}_n$ 을 구하는 것은 불가능하다. 따라서 $(\boldsymbol{G} - \boldsymbol{B}\boldsymbol{F}_n) = 0$ 에 가깝게 가기 위한 다음 단계로는 $(\boldsymbol{G} - \boldsymbol{B}\boldsymbol{F}_n)$가 가지는 가장 큰 요소를 영으로 만드는 것이다. 이것은 ④로부터 $f_{n1} = -0.02/272,\ f_{n2} = -0.1/272$ 로 두면 실현된다. 즉

$$\boldsymbol{G} - \boldsymbol{B}\boldsymbol{F}_n = \begin{bmatrix} 0 & 0 \\ -0.0035 & 0.004 \\ 0.00103 & 0.00515 \end{bmatrix} \qquad ⑤$$

로 된다. 이 결과 잡음이 출력에 (작은 양이긴 하지만) 영향을 미치게 될 것이다. ③과

⑤에 의하여 얻어진 폐루프시스템 식 (5.38)은 잡음 $\vec{x}_n(t)$를 입력으로 보았을 때 불가제어(즉 $\{(\boldsymbol{A}-\boldsymbol{B}\boldsymbol{F}),(\boldsymbol{G}-\boldsymbol{B}\boldsymbol{F}_n)\}$는 불가제어인 쌍이다)이므로, 외부에서 들어오는 잡음이 시스템의 모든 상태변수에 영향을 미치는 것은 아니라는 것을 알 수 있다. 여기서 $\vec{x}_n(t)=[1\times10^{-5},-2\times10^{-6}]^T\sin(100t)$로 두고 폐루프시스템의 응답을 계산하여 잡음이 상태변수에 어떤 영향을 미치는지 알아보자. [그림 5.10]에 세 개의 상태변수를 표시하였다. 그림으로부터 세 개의 상태변수는 아주 작은 값의 진폭을 가지면서 진동하면서 영으로 수렴하고 있기 때문에 바람직한 응답특성을 나타내고 있는 것으로 볼 수 있다.

이때 만약 폐루프시스템의 극을 위의 경우보다 훨씬 왼쪽으로, 즉 $\{-100,-100\pm j100\}$으로 가져가서 폐루프시스템을 과도하게 안정화(excessively stable)시켰을 경우의 응답을 [그림 5.11]에 나타내었다. 이로부터 세 개의 상태변수는 [그림 5.10]에 비하여 크기에 있어서 300배 정도 증가하였음을 볼 수 있다. 그러므로 잡음이 존재하는 시스템에서 폐루프시스템의 극을 너무 왼쪽으로 배치하게 되면, 잡음으로 인하여 진폭특성이 오히려 악화한다는 것을 알 수 있다. 이것은 너무 왼쪽에 극을 배치함으로서 얻어지는 큰 값의 피드백행렬(high gain feedback)에 의해 잡음에 증폭되어 발생하는 현상이다. 이러한 현상을 피하기 위해서는 잡음이 발생하는 대역에서 필터 등을 사용하여 잡음을 제거하는 것이 하나의 방법이다[18].

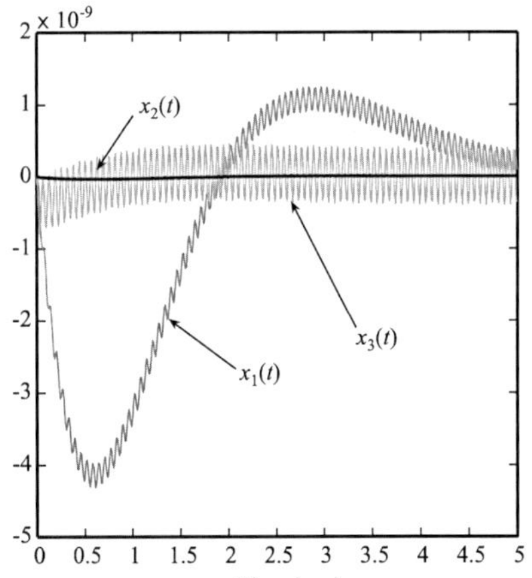

그림 5.10

극을 $\{-1,-1\pm j\}$에 배치한 폐루프시스템의 응답특성

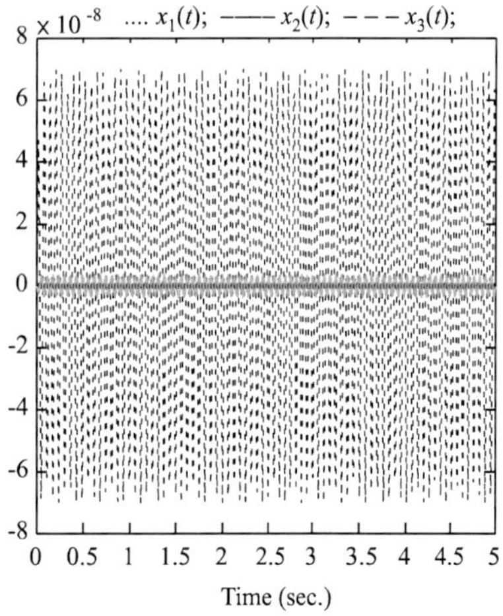

그림 5.14

극을 $\{-100,-100\pm j100\}$에 배치한 폐루프시스템의 응답특성

18) Simulink file인 'example_5_11'참조.

% [예제 5.10]

```
A=[-1.7 50 260;0.22 -1.4 -32;0 0 -12]; B=[-272 0 14]';
G=[0.02 0.1;-0.0035 0.004;0 0];C=eye(3);D=zeros(3,1);  % ①,②의 입력
eig(A),P=[-1; -1+j;-1-j];                    % 피드백행렬 F의 계산
F=acker(A,B,P)                               % acker의 방법에 의한 F의 계산
Fn=[-0.02/272 -0.1/272];
Bn=G-B*Fn                                    % ⑤의 확인
% simulation
t=0:0.01:5; xn=[1e-5 -2e-6]'*sin(100*t);  % 시간축과 잡음벡터의 입력
sysCL=ss(A-B*F,Bn,eye(3),zeros(3,2)); % 식 (5.38)을 LTI object로 지정
[y,t,x]=lsim(sysCL, xn, t');                 % 'lsim'을 이용한 출력의 계산
plot(t,x), xlabel(' Time (sec.) ')           % [그림 5.10]
P=[-100; -100+j*100;-100-j*100];             % 폐루프의 극을 {-100, -100±j100}
F100=acker(A,B,P);
sysCL=ss(A-B*F100,Bn,eye(3),zeros(3,2));
[y,t,x]=lsim(sysCL, xn, t');
plot(t,x), xlabel(' Time (sec.) ')           % [그림 5.11]
title('.... x_1(t);  ---- x_2(t); - - - x_3(t) ')
```

5.4 동일차원관측기

상태피드백 $\vec{u}(t) = -\boldsymbol{F}\vec{x}(t)$ 에 의해 폐루프시스템의 극을 원하는 곳에 가져가기 위해서는 시스템의 전 상태변수 $x_i(t), (i=1,\cdots,n)$ 가 항상 측정가능하다는 가정이 필요하다. 그러나 현실적으로 모든 상태변수 측정이 가능한 경우는 별로 없을 뿐 아니라, 그렇게 할 수 있다고 하더라도 많은 비용이 들고 또한 시스템의 구조가 더 복잡해질 뿐이다.

이렇게 보면 상태피드백이란 매우 제한된 시스템, 즉 상태벡터 $\vec{x}(t)$ 의 모든 요소가 측정이 가능한 시스템에 대해서만 적용이 가능할 것으로 생각된다. 그러나 다행스럽게도 시스템이 가관측이라면 시스템의 상태변수를 추정(estimate)할 수 있다. 이러한 추정작업은 '상태관측기(State Observer)'라고 불리는 동적시스템을 구성함으로서 해결된다. 이 상태관측기는 시스템과 동일한 입력을 가지며 원래 시스템의 추정된 상태변수 $\hat{x}_i(t), (i=1,\cdots,n)$ 를 출력으로 가진다. 따라서 관측기에 의한 추정된 상태 $\vec{\hat{x}}(t)$ 를 원래의 상태 $\vec{x}(t)$ 대신에 사용, 즉 $\vec{u}(t) = -\boldsymbol{F}\vec{\hat{x}}(t)$ 와 같이 함으로서 원래의 상태피드백이 가지는 많은 특성을 그대로 적용시킬 수 있게 된다.

이와 같은 작용을 하는 상태관측기가 구성되기 위해서는 [요점 4.3]에서 정의한 '가관측

성'의 개념이 필요하다. 다시 말하면 5.2절에서 언급한 상태피드백에 의한 극배치가 독립적으로 가능하기 위해서는 '가제어성'의 개념이 필요하였다. 즉 [요점 5.4]에 의해 시스템의 모든 극을 독립적으로 자유로이 배치하기 위해서는 모든 상태변수가 입력에 의한 영향을 받아야 한다는 것을 알았다. 이 개념의 쌍대로서 모든 상태변수가 출력에 영향을 미친다면 주어진 시스템은 가관측하다는 것을 [요점 4.3]은 나타내고 있다. 따라서 만약 출력에 영향을 미치지 않는 상태변수가 존재한다면 이 시스템은 불가관측으로 되어 상태관측기의 구성이 불가능하게 된다. 이를 다음 예제로서 확인하여 보자.

예제 5.12

다음과 같은 상태방정식이 주어져 있다.

$$\frac{d}{dt}\vec{x}(t) = \begin{bmatrix} 2 & 0 & 0 \\ 0 & -2 & 0 \\ 0 & 0 & 5 \end{bmatrix}\vec{x}(t) + \begin{bmatrix} 3 \\ 0 \\ -1 \end{bmatrix}u(t) \qquad ①$$

$$\vec{y}(t) = \begin{bmatrix} 1 & 0 & 0 \\ 1 & 2 & 0 \end{bmatrix}\vec{x}(t) + \begin{bmatrix} 0 \\ 1 \end{bmatrix}u(t)$$

위 식으로부터 상태변수 $x_3(t)$는 다른 상태변수와는 분리되어 있으며, 동시에 이것은 두 개의 출력 $y_1(t)$와 $y_2(t)$에 전혀 영향을 미치지 않는다. 따라서 출력벡터 $\vec{y}(t)$를 센서 등을 이용하여 측정하여도 여기에는 $x_3(t)$의 성분이 들어있지 않으므로 시스템 ①은 불가관측이라는 것을 알 수 있다.

다음에 설명하는 상태관측기를 구성하기 전에 반드시 [요점 4.5]를 이용하여 주어진 시스템이 가관측인지의 여부를 미리 확인하여야 한다.

5.4.1 관측기의 원리

여기서는 먼저 주어진 제어대상과 동일한 상태방정식을 가지는 시스템에 제어대상과 동일한 입력을 인가한다면, 이 시스템으로부터 제어대상의 상태벡터 $\vec{x}(t)$를 추정할 수 있다는 것을 확인하여 보자. 즉 제어대상의 상태방정식이 식 (5.7)로 주어졌다고 하고, 이와 동일한 계수행렬을 가지는 시스템

$$\frac{d}{dt}\vec{\hat{x}}(t) = \boldsymbol{A}\,\vec{\hat{x}}(t) + \boldsymbol{B}\,\vec{u}(t) \qquad (5.39)$$

을 정의한다. 이때 위 식의 벡터 $\vec{\hat{x}}(t)$는 제어대상 (5.7)의 상태 $\vec{x}(t)$의 값을 추정하는

것으로 가정하여 다음과 같이 상태의 추정오차 $\vec{e}(t)$ 을 정의한다.

$$\vec{e}(t) = \vec{\hat{x}}(t) - \vec{x}(t) \tag{5.40}$$

위 식의 양변을 미분하면

$$\begin{aligned} \frac{d}{dt}\vec{e}(t) &= \frac{d}{dt}\vec{\hat{x}}(t) - \frac{d}{dt}\vec{x}(t) \\ &= \boldsymbol{A}\vec{\hat{x}}(t) + \boldsymbol{B}\vec{u}(t) - \boldsymbol{A}\vec{x}(t) - \boldsymbol{B}\vec{u}(t) \\ &= \boldsymbol{A}\left(\vec{\hat{x}}(t) - \vec{x}(t)\right) \end{aligned} \tag{5.41}$$

또는

$$\frac{d}{dt}\vec{e}(t) = \boldsymbol{A}\vec{e}(t) \tag{5.42}$$

가 얻어진다. 식 (5.42)의 해는 3.2절의 결과를 이용하면 다음으로 된다.

$$\vec{e}(t) = e^{\boldsymbol{A}t} \cdot \vec{e}(0) \tag{5.43}$$

따라서 만약 원래 제어대상이 안정하다면, 즉 $\boldsymbol{A}$ 가 안정행렬이라면 $\vec{e}(t) \to \vec{0}$, $(t \to \infty)$ 로 되어 추정상태 $\vec{\hat{x}}(t)$ 는 원래의 상태 $\vec{x}(t)$ 와 시간이 흐름에 따라 일치하게 된다. 그러나 제어대상이 불안정하다면 특별한 경우를 제외하고는 오차 $\vec{e}(t)$ 는 일반적으로 영으로 수렴하지 않기 때문에 상태를 추정할 수 없다.

한편 제어대상이 안정한 시스템이라고 하더라도 이러한 형식의 관측기(즉 식 (5.39))를 상태피드백 등에 사용하기에는 불충분한 요소가 많다. 하나의 예로서 오차시스템(식 (5.42))에 대해서는 외부에서 제어가 불가능하기 때문에 오차시스템의 극점을 임의의 위치에 배치할 수 없다[19]. 또한 일반적으로 물리시스템을 모델링하여 얻어진 제어대상의 상태방정식 (5.7)은 물리시스템을 100% 정확하게 반영하고 있다고 볼 수 없다. 따라서 만약 $t \to \infty$ 에서 $\vec{e}(t)$ 가 영으로 수렴하여 $\vec{\hat{x}}(t) \to \vec{x}(t)$ 로 된다고 하더라도, $\vec{\hat{x}}(t)$ 가 (식 (5.7)의 상태 $\vec{x}(t)$ 가 아니라) 실제 물리시스템의 상태벡터와 일치하게 될 것이라고는 장담할 수 없을 것이다.

5.4.2 동일차원관측기의 설계

식 (5.39)로 주어진 관측기로서는 제어대상의 내부 상태를 추정해야 한다는 기본적인 목

---

19) 오차는 가능하면 빠른 속도로 영으로 수렴하는 것이 바람직하다. 그러나 식 (5.43)의 경우에는 행렬 $\boldsymbol{A}$ 가 가지는 고유값에 따라 수렴속도가 결정되기 때문에 외부에서 조정할 수 없다.

적을 달성하기 어렵다. 특히 관측기의 극을 바람직한 곳에 자유로이 배치할 수 있는 관측기의 설계법이 요망된다. 이것에 대해 알아보자.

식 (5.7b)의 관측출력

$$\vec{y}(t) = \boldsymbol{C}\vec{x}(t),\ (\boldsymbol{C}: p\times n)$$

에서 p 개의 출력은 서로 독립이라고 가정한다. 다시 말하면 행렬 $\boldsymbol{C}$가 행 풀랭크(row full rank), 즉 $\mathrm{rank}(\boldsymbol{C}) = p$ 이다. 또한 관측기의 설계가 가능하기 위해서는 당연히 $(\boldsymbol{C}, \boldsymbol{A})$는 가관측하다는 조건이 필요할 것이다.

제어대상 (5.7)에 대해 이것과 동일한 차원 n 을 가지는 시스템

$$\frac{d}{dt}\vec{\hat{x}}(t) = (\boldsymbol{A} - \boldsymbol{K}\boldsymbol{C})\vec{\hat{x}}(t) + \boldsymbol{K}\vec{y}(t) + \boldsymbol{B}\vec{u}(t) \tag{5.44}$$

을 전자회로 등을 사용하여 조립한 뒤 [그림 5.12]와 같이 제어대상에 접속시켜 보자.

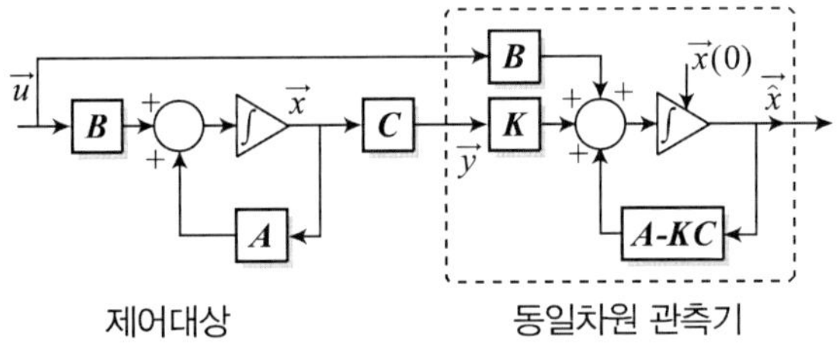

그림 5.12 동일차원 관측기

여기서 $\boldsymbol{K}, (n\times p)$ 은 '관측기의 이득행렬'이라고 불리며, 특히 1출력 $(p=1)$이면 $\boldsymbol{C} = \vec{c}, (1\times n)$ 으로 되어 $\boldsymbol{K}$ 는 열벡터 $\vec{k}, (n\times 1)$ 로 되므로 이를 '이득벡터'라고도 한다.

그런데 제어대상의 상태를 나타내는 실제값 $\vec{x}(t)$ 와 식 (5.44)에 의한 추정값 $\vec{\hat{x}}(t)$ 와의 오차벡터를 식 (5.40)과 같이 두고 식 (5.7)과 (5.44)를 적용하면

$$\begin{aligned}\frac{d}{dt}\vec{e}(t) &= \frac{d}{dt}\vec{\hat{x}}(t) - \frac{d}{dt}\vec{x}(t) \\ &= (\boldsymbol{A} - \boldsymbol{KC})\vec{\hat{x}}(t) + \boldsymbol{KC}\vec{x}(t) + \boldsymbol{B}\vec{u}(t) - \boldsymbol{A}\vec{x}(t) - \boldsymbol{B}\vec{u}(t) \\ &= (\boldsymbol{A} - \boldsymbol{KC})\left(\vec{\hat{x}}(t) - \vec{x}(t)\right)\end{aligned} \tag{5.45}$$

로 되어 이로부터

$$\frac{d}{dt}\vec{e}(t) = (\boldsymbol{A} - \boldsymbol{K}\boldsymbol{C})\vec{e}(t) \tag{5.46}$$

을 얻을 수 있다. 단 오차의 초기값은

$$\vec{e}(0) = \vec{\hat{x}}(0) - \vec{x}(0) \tag{5.47}$$

이다. 미분방정식 (5.46)의 해는

$$\vec{e}(t) = e^{(\boldsymbol{A}-\boldsymbol{KC})t} \cdot \vec{e}(0) \tag{5.48}$$

로 된다. 따라서 만약 $(\boldsymbol{A}-\boldsymbol{KC})$가 안정행렬로 된다면 어떠한 초기추정오차(initial estimating error) $\vec{e}(0)$에 대해서도[20] $t \to \infty$에서 $\vec{e}(t) \to \vec{0}$, 즉 $\vec{x}(t) \to \vec{\hat{x}}(t)$로 되어 $\vec{\hat{x}}(t)$는 $\vec{x}(t)$의 점근적인 추정값으로 사용될 수 있다([그림 5.13] 참조). 이때 제어대상 (5.7)과 시스템 (5.44)의 차원이 동일하기 때문에 시스템 (5.44)를 '동일차원관측기(identity observer 혹은 full-order observer)'라고 한다. 더욱이 $(\boldsymbol{A}-\boldsymbol{KC})$의 고유값을 동일차원관측기의 극이라고 하며 이것을 복소평면(즉 s 평면)의 왼쪽 반면에서 보다 왼쪽으로 설정한다면 보다 빨리 $\vec{x}(t) \to \vec{\hat{x}}(t)$로 수렴시킬 수 있을 것이다.

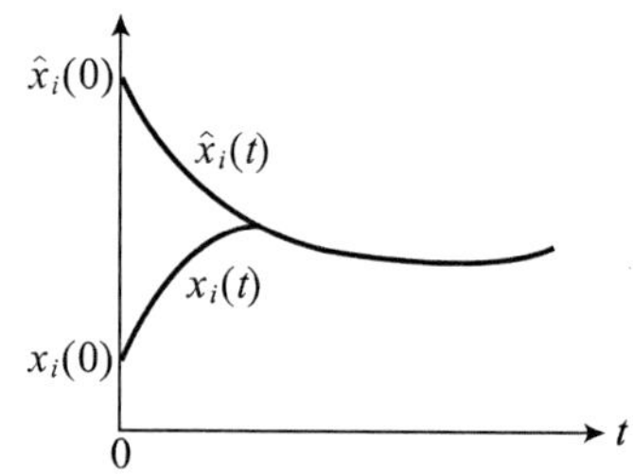

그림 5.13 실제값과 추정값

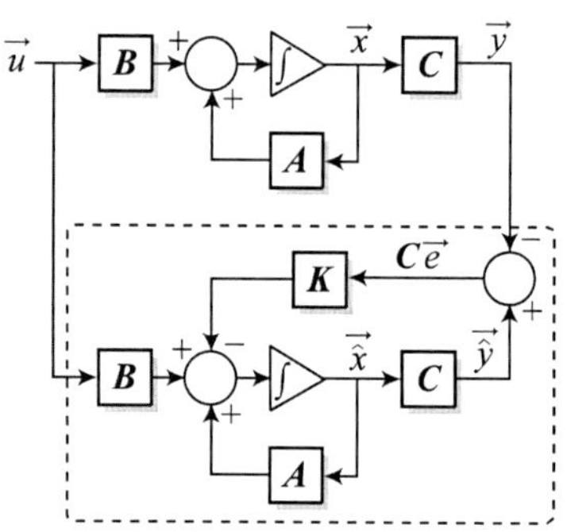

그림 5.14 동일차원 관측기

또한 식 (5.44)은

$$\frac{d}{dt}\vec{\hat{x}}(t) = \boldsymbol{A}\vec{\hat{x}}(t) + \boldsymbol{B}\vec{u}(t) - \boldsymbol{K}\boldsymbol{C}\vec{e}(t) \tag{5.49}$$

으로도 쓸 수 있으므로, 이것에 따라 [그림 5.12]를 [그림 5.14]와 같이 새로이 표시하여보면 관측기는 제어대상을 그대로 재현한 모델로 간주할 수 있다. 다시 말하면 양자(즉 제어대상과 관측기)는 같은 입력을 가지기 때문에 $\vec{\hat{x}}(0) = \vec{x}(0)$의 경우에는 당연히 $\vec{\hat{x}}(t) = \vec{x}(t), (t \geq 0)$로 되며, 그렇지 않을 경우에는 $\vec{e}(t) \neq \vec{0}$로 되므로 이 값으로 모델의 내부 상태 값을 수정하여 제어대상과 동일한 동특성을 가지도록 만든 것이다.

따라서 관측기의 설계에 있어 문제로 되는 것은 오차 $\vec{e}(t)$가 빨리 영으로 수렴될 수 있도록, $(\boldsymbol{A}-\boldsymbol{KC})$의 고유값을 자유로이 설정할 수 있는 이득행렬 $\boldsymbol{K}$가 존재하는가 하는 것이다. 이와 관련하여 다음 요점이 있다.

20) 제어대상의 초기값 $\vec{x}(0)$은 일반적으로 알려져 있지 않기 때문에, 관측기의 초기값 $\vec{\hat{x}}(0)$을 $\vec{x}(0)$에 맞추어 설정할 수 없다. 따라서 보통 $\vec{e}(0)$ 불확정한 벡터로 된다.

요점 5.5

식 (5.7)의 $(\boldsymbol{A}\,,\,\boldsymbol{C})$가 가관측하다고 한다. 이때 점근적으로 $\vec{x}(t) \to \hat{\vec{x}}(t)$ 로 만드는 관측기의 이득행렬 $\boldsymbol{K}$가 항상 존재한다.

위 요점으로부터 주어진 제어대상이 가관측한 시스템이라면 식 (5.44)로 주어지는 관측기를 항상 설계할 수 있다는 것을 알 수 있다. 이것을 간단히 확인하여 보자.

4.2절에서 취급한 쌍대시스템의 정의에 의해 $(\boldsymbol{A}\,,\,\boldsymbol{C})$가 가관측하다는 것은 $(\boldsymbol{A}^T,\ \boldsymbol{C}^T)$가 가제어하다는 것과 서로 쌍대이므로, 상태방정식

$$\frac{d}{dt}\vec{z}(t) = \boldsymbol{A}^T\,\vec{z}(t) + \boldsymbol{C}^T\,\vec{u}(t) \tag{5.50}$$

은 가제어하다. 따라서 [요점 5.4]에 의해 $(\boldsymbol{A}^T - \boldsymbol{C}^T\boldsymbol{K}^T)$의 극을 임의로 지정하는 피드백행렬 $\boldsymbol{K}^T$가 존재한다. 이때 $(\boldsymbol{A}^T - \boldsymbol{C}^T\boldsymbol{K}^T)^T = (\boldsymbol{A} - \boldsymbol{K}\boldsymbol{C})$이므로, 결국 $(\boldsymbol{A} - \boldsymbol{KC})$의 고유값을 임의로 지정할 수 있는 $\boldsymbol{K}$가 존재하여 [요점 5.5]가 성립한다는 것을 확인할 수 있다[21].

이제 $(\boldsymbol{A} - \boldsymbol{KC})$의 고유값을 지정된 곳에 가져가는 행렬 $\boldsymbol{K}$를 구하는 방법에 대하여 알아보자. 이 과정은 위에서 언급한 바와 같이 식 (5.7)의 쌍대시스템 (5.50)에 대한 피드백행렬 $\boldsymbol{F}$를 구하는 방법을 적용하면 간단히 얻을 수 있다. 여기서도 상태피드백의 경우와 마찬가지로 1출력시스템, 즉 $p=1$ 로 한정하여 관측기의 이득벡터 $\vec{k}, (n \times 1)$를 구하는 방법에 대하여 설명한다.

$(\vec{c}, \boldsymbol{A})$가 가관측이라면 [요점 4.21]을 이용하여 이를 가관측표준형으로 변환할 수 있다. 즉 식 (4.74)로부터

$$\tilde{\vec{c}} = [\,0, 0, \cdots, 0, 1\,], \quad \tilde{\boldsymbol{A}} = \begin{bmatrix} 0 & 0 & \cdots & 0 & -a_1 \\ 1 & 0 & \cdots & 0 & -a_2 \\ 0 & 1 & \cdots & 0 & -a_3 \\ \vdots & & \ddots & \vdots & \vdots \\ 0 & 0 & \cdots & 1 & -a_n \end{bmatrix} \tag{5.51}$$

의 가관측표준형이 얻어진다. 여기서 $a_i, (i=1,\cdots,n)$는 행렬 $\boldsymbol{A}$의 특성다항식 (5.28)의 계수이다. 이때 관측기가 가져야 하는 바람직한 극 $\{\lambda_1, \lambda_2, \cdots, \lambda_n\}$을 근으로 가지는 다항식을

$$\begin{aligned} \alpha_c &= (s-\lambda_1)(s-\lambda_2)\cdots(s-\lambda_n) \\ &= s^n + \gamma_n s^{n-1} + \cdots + \gamma_2 s + \gamma_1 \end{aligned} \tag{5.52}$$

21) 행렬 $\boldsymbol{A}$의 고유값과 그의 전치행렬 $\boldsymbol{A}^T$의 고유값은 동일하다.

로 둔다. 여기서

$$\vec{\tilde{k}} = \begin{bmatrix} \gamma_1 - a_1 \\ \vdots \\ \gamma_n - a_n \end{bmatrix} \tag{5.53}$$

으로 두면

$$\tilde{\boldsymbol{A}} - \vec{\tilde{k}}\,\vec{\tilde{c}} = \begin{bmatrix} 0 & 0 & \cdots & 0 & -\gamma_1 \\ 1 & 0 & \cdots & 0 & -\gamma_2 \\ \vdots & & \ddots & & \vdots \\ 0 & 0 & \cdots & 1 & -\gamma_n \end{bmatrix} \tag{5.54}$$

로 된다. $(\vec{c}, \boldsymbol{A})$를 가관측표준형 $(\vec{\tilde{c}}, \tilde{\boldsymbol{A}})$로의 변환은 식 (4.72)의 행렬 $\boldsymbol{S}$에 의해

$$\boldsymbol{A} = \boldsymbol{S}^{-1}\tilde{\boldsymbol{A}}\,\boldsymbol{S} \tag{5.55a}$$

$$\vec{c} = \vec{\tilde{c}}\,\boldsymbol{S} \tag{5.55b}$$

의 관계가 있으므로 $\vec{k} = \boldsymbol{S}^{-1}\vec{\tilde{k}}$ 로 두면

$$\boldsymbol{A}_k = \boldsymbol{A} - \vec{k}\,\vec{c} = \boldsymbol{S}^{-1}\left(\tilde{\boldsymbol{A}} - \vec{\tilde{k}}\,\vec{\tilde{c}}\right)\boldsymbol{S} \tag{5.56}$$

로 됨을 알 수 있다. 이상을 정리하면 다음과 같은 관측기의 설계법을 얻을 수 있다.

관측기의 설계법 - 1출력시스템

[단계 1] 주어진 $(\vec{c}, \boldsymbol{A})$에 대하여

$$\alpha(s) = |s\boldsymbol{I} - \boldsymbol{A}| = s^n + a_n s^{n-1} + \cdots + a_2 s + a_1$$

및 가관측성행렬 $\boldsymbol{M}, (n \times n)$을 계산한다.

[단계 2] 가관측표준형식으로의 변환행렬

$$\boldsymbol{S} = \begin{bmatrix} a_2 & a_3 & a_4 & \cdots & a_n & 1 \\ a_3 & a_4 & \cdots & a_n & 1 & 0 \\ a_4 & & \cdots & 1 & 0 & 0 \\ \vdots & & & & & \vdots \\ a_n & 1 & 0 & \cdots & \cdots & 0 \\ 1 & 0 & 0 & \cdots & \cdots & 0 \end{bmatrix} \boldsymbol{M} \tag{5.57}$$

을 계산한다. 만약 $(\vec{c}, \boldsymbol{A})$가 이미 가관측표준형으로 되어 있다면 $\boldsymbol{S} = \boldsymbol{I}_n$ 으로 될 것이다.

[단계 3] 바람직한 관측기의 극 $\{\lambda_1, \lambda_2, \cdots, \lambda_n\}$을 근으로 가지는 다항식

$$\alpha_o = (s-\lambda_1)(s-\lambda_2)\cdots(s-\lambda_n) \tag{5.58}$$
$$= s^n + \gamma_n s^{n-1} + \cdots + \gamma_2 s + \gamma_1$$

을 계산한다.

[단계 4] 관측기의 이득벡터는 다음으로 계산된다.

$$\vec{k} = \boldsymbol{S}^{-1}\begin{bmatrix}\gamma_1 - a_1 \\ \vdots \\ \gamma_n - a_n\end{bmatrix}, (n\times 1) \tag{5.59}$$

이때 $(\boldsymbol{A} - \vec{k}\,\vec{c})$의 특성다항식은 α_o, 즉 식 (5.58)로 된다.

예제 5.13

다음으로 주어지는 2차 진동시스템에 대한 관측기를 구성하여 보자.

$$\frac{d}{dt}\vec{x}(t) = \begin{bmatrix}0 & 1 \\ -1 & 0\end{bmatrix}\vec{x}(t) + \begin{bmatrix}0 \\ 1\end{bmatrix}u(t) \quad ①$$
$$y(t) = [\,1 \quad 0\,]\,\vec{x}(t)$$

해

[단계 1] $(\vec{c}, \boldsymbol{A})$에 의해 $\boldsymbol{M} = \boldsymbol{I}$와

$$\alpha(s) = |s\boldsymbol{I} - \boldsymbol{A}| = s^2 + 1 \quad \rightarrow \quad a_1 = 1, a_2 = 0$$

을 얻는다.

[단계 2] 위 식으로부터

$$\boldsymbol{S} = \begin{bmatrix}0 & 1 \\ 1 & 0\end{bmatrix}$$

로 된다.

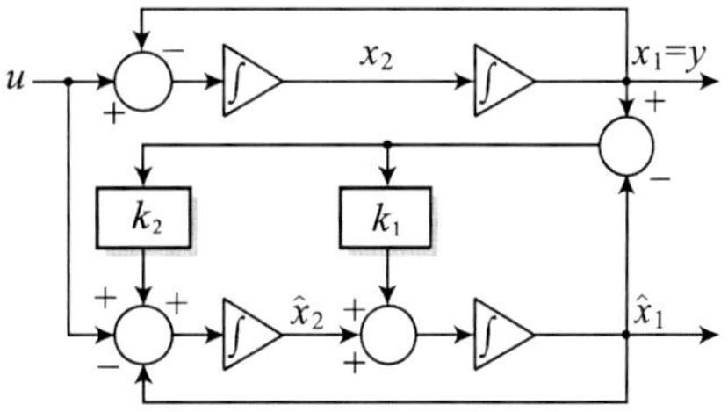

그림 5.15 2차 진동시스템에 대한 관측기

[단계 3] 관측기가 가져야 할 극을 $-\sigma \pm j\mu$, $(\sigma, \mu > 0)$로 가정하면

$$\alpha_o(s) = s^2 + 2\sigma s + \sigma^2 + \mu^2$$

로 되어, $\gamma_1 = \sigma^2 + \mu^2$, $\gamma_2 = 2\sigma$를 각각 얻는다.

[단계 4] 식 (5.59)로부터

$$\vec{k} = \begin{bmatrix} k_1 \\ k_2 \end{bmatrix} = \begin{bmatrix} 0 & 1 \\ 1 & 0 \end{bmatrix}^{-1} \begin{bmatrix} \gamma_1 - a_1 \\ \gamma_2 - a_2 \end{bmatrix} \quad ②$$

로 되기 때문에 $k_1 = 2\sigma,\ k_2 = \sigma^2 + \mu^2 - 1$ 을 얻는다. 따라서 동일차원관측기는 식 (5.44)로부터

$$\frac{d}{dt}\begin{bmatrix} \hat{x}_1(t) \\ \hat{x}_2(t) \end{bmatrix} = \begin{bmatrix} -2\sigma & 1 \\ -\sigma^2 - \mu^2 & 0 \end{bmatrix} \begin{bmatrix} \hat{x}_1(t) \\ \hat{x}_2(t) \end{bmatrix} + \begin{bmatrix} 0 \\ 1 \end{bmatrix} u(t) + \begin{bmatrix} 2\sigma \\ \sigma^2 + \mu^2 - 1 \end{bmatrix} y(t) \quad ③$$

으로 주어진다(그림 5.15).

위 관측기의 추정오차 식 (5.46)은

$$\frac{d}{dt}\begin{bmatrix} e_1(t) \\ e_2(t) \end{bmatrix} = \begin{bmatrix} -2\sigma & 1 \\ -\sigma^2 - \mu^2 & 0 \end{bmatrix} \begin{bmatrix} e_1(t) \\ e_2(t) \end{bmatrix},\quad \begin{bmatrix} e_1(0) \\ e_2(0) \end{bmatrix} = \begin{bmatrix} e_{1o} \\ e_{2o} \end{bmatrix} \quad ④$$

로 되며, 위 미분방정식의 해를 계산하면

$$\begin{bmatrix} e_1(t) \\ e_2(t) \end{bmatrix} = e^{-\sigma t} \begin{bmatrix} \left(\cos\mu t - \dfrac{\sigma}{\mu}\sin\mu t\right) & \dfrac{1}{\mu}\sin\mu t \\ -\dfrac{\sigma^2 + \mu^2}{\mu}\sin\mu t & \left(\cos\mu t + \dfrac{\sigma}{\mu}\sin\mu t\right) \end{bmatrix} \begin{bmatrix} e_{1o} \\ e_{2o} \end{bmatrix}$$

로 된다. 따라서 예를 들어, $\sigma = \mu = 5,\ e_{1o} = 0.2,\ e_{2o} = 0$ 으로 두었다면 오차는

$$e_1(t) = 0.2e^{-5t}(\cos 5t - \sin 5t),\quad e_2(t) = -2e^{-5t}\sin 5t \quad ⑤$$

로 됨을 알 수 있다(그림 5.16). 여기서 σ를 크게 하면 오차는 더 빨리 감소하지만, $e_2(t)$에 과도적으로 커다란 피크가 발생하여 바람직하지 않다[22].

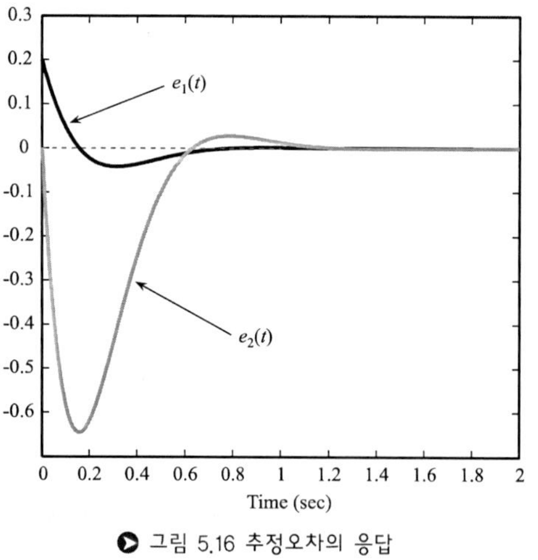

그림 5.16 추정오차의 응답

22) Simulink file 'example_5_13'참조

상태방정식 ③으로부터, 관측기의 입력항 $y(t)$에서 출력항 $\hat{x}_1(t)$ 및 $\hat{x}_2(t)$ 까지의 전달함수를 계산하여 보자. 즉 $u(t)=0$ 으로 두고 ③의 양변을 라플라스변환하여 정리하면

$$\begin{bmatrix} \hat{x}_1(s) \\ \hat{x}_2(s) \end{bmatrix} = \begin{bmatrix} s+2\sigma & -1 \\ \sigma^2+\mu^2 & s \end{bmatrix}^{-1} \begin{bmatrix} 2\sigma \\ \sigma^2+\mu^2-1 \end{bmatrix} y(s) \qquad ⑥$$

으로 되어

$$h_1(s) = \frac{\hat{x}_1(s)}{y(s)} = \frac{2\sigma s+\sigma^2+\mu^2-1}{s^2+2\sigma s+(\sigma^2+\mu^2)} \qquad ⑦$$

$$h_2(s) = \frac{\hat{x}_2(s)}{y(s)} = \frac{(\sigma^2+\mu^2-1)s-2\sigma}{s^2+2\mu s+(\sigma^2+\mu^2)} \qquad ⑧$$

을 얻는다. $\sigma=\mu=5$ 인 경우의 두 전달함수 $h_1(s)$와 $h_2(s)$의 나이퀴스트선도를 [그림 5.17]에 나타내었다.

그림으로부터 저주파 영역(즉 $\omega \approx 0$ 근처)에서 $h_1(j\omega)$는 일정한 값을 가지며, $h_2(j\omega)$는 미분특성을 보이고 있는 것을 알 수 있다. 실제로 ⑦, ⑧에서 s 를 일정하게 하고 $(\sigma^2+\mu^2-1) \to \infty$로 가져간다면 $h_1(s) \to 1$, $h_2(s) \to s$ 로 된다는 것

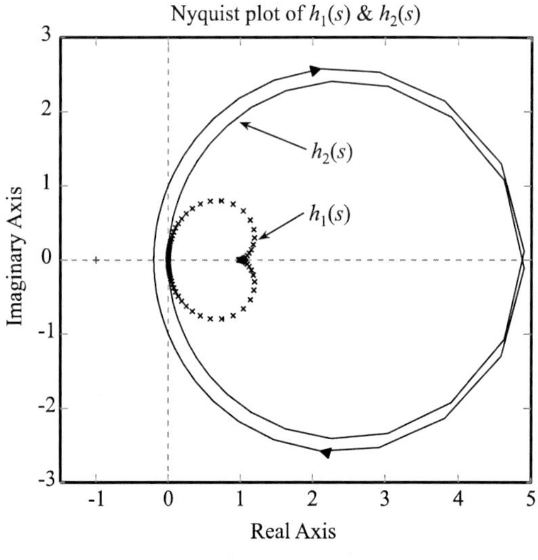

그림 5.17
$h_1(s)$ 와 $h_2(s)$ 의 나이퀴스트선도

을 쉽게 확인할 수 있을 것이다. 즉 $\hat{x}_1(s) \to y(s)$ 및 $\hat{x}_2(s) \to s\,y(s)$ 로 되며, 이 결과는 원래의 2차 진동시스템의 상태방정식 ①과 일치한다는 것으로부터 명백하다.

또한 만약 관측기에 잡음이 들어간다면 추정값 $\vec{\hat{x}}(t)$ 는 이것의 영향을 많이 받기 때문에 실용상 관측기의 극점, 즉 σ, μ 를 너무 크게 취하여서는 안 될 것이다.

% [예제 5.13]

```
syms s sigma mu e1o e2o t                     % Symbolic 변수의 지정
A=sym([0 1;-1 0]);b=sym([0 1]');c=sym([1 0]);% ①을 symbolic으로 지정
M=[c;c*A]                                     % [단계 1]의 확인
det(s*eye(2)-A)                               % 특성다항식의 계수확인
S=[0 1;1 0]*M                                 % [단계 2]의 확인
k1=2*sigma;k2=sigma^2+mu^2-1;
eig(A-[k1;k2]*c)                              % (A-kc)의 극, 즉 관측기의 극 확인
% ④의 미분방정식의 해를 계산 한다
Sol=dsolve('De1=-2*sigma*e1+e2','De2=(-sigma^2-mu^2)*e1',…
'e1(0)=e1o,e2(0)=e2o')
e1=simple(Sol.e1)                             % ⑤의 확인
e2=simple(Sol.e2)
sigma=5;mu=5;e1o=0.2;e2o=0;                   % σ=μ=5, e1o=0.2, e2o=0를 입력
e1t=subs(e1),e2t=subs(e2)
ezplot(e1t,[0 2]),hold on                     % [그림 5.16]을 확인
ezplot(e2t,[0 2])
axis([0 2 -0.7 0.3]),hold off
%
h1s=tf([2*sigma (sigma^2+mu^2-1)],[1 2*sigma (sigma^2+mu^2)]);
% 전달함수 ⑦
h2s=tf([(sigma^2+mu^2-1) -2*sigma],[1 2*mu (sigma^2+mu^2)]);
% 전달함수 ⑧
nyquist(h1s, h2s)                             % [그림 5.17]의 확인
```

➲ 프로그램은 MATLAB가 제공하는 Symbolic Math Toolbox의 명령어를 이용하여, 관측기 설계 과정의 여러 변수를 확인하고 최종적으로 응답특성 [그림 5.16]을 얻기 위한 것이다. 이와 같이 Symbolic Math Toolbox를 사용하면 주어진 식의 모양을 유지하면서 각종 해를 확인할 수 있기 때문에 상당히 편리하다.

5.4.3 동일차원관측기에 의한 상태피드백

동일차원관측기의 출력으로 주어지는 추정상태 $\vec{\hat{x}}(t)$ 가 실제의 상태 $\vec{x}(t)$ 로 점근적으로 수렴한다면, [요점 5.4]에 의해 상태피드백 제어에 의해 임의의 극배치를 실현할 수 있을 것으로 생각된다. 다시 말하면 식 (5.8)의 제어법칙에서 실제로 관측이 불가능한 실제상

태 $\vec{x}(t)$ 대신에 추정상태 $\vec{\hat{x}}(t)$ 를 사용하여

$$\vec{u}(t) = -\boldsymbol{F}\vec{\hat{x}}(t) + \vec{r}(t) \tag{5.60}$$

로 상태피드백을 실현한다는 것이다. 이 경우 [그림 5.5]에서 외부입력 $\vec{r}(t) = \vec{0}$ 로 두고 폐루프시스템의 극을 상태피드백 $\vec{u}(t) = -\boldsymbol{F}\vec{\hat{x}}(t)$ 로 안정화하면 $t \to \infty$ 에서 $\vec{x}(t) \to \vec{0}$, 즉 $\vec{y}(t) \to \vec{0}$ 으로 될 것이다. 이와 같이 상태피드백에 의해 시스템의 출력을 항상 영 상태(zero state)로 유지하는 시스템을 '레귤레이터(regulator)'라고 하며 [그림 5.18]에 표시하였다. 여기서는 관측기를 이용한 레귤레이터문제에 대하여 알아보기로 한다.

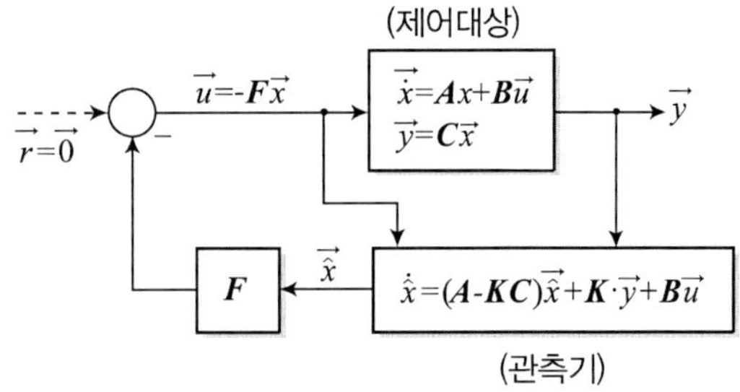

그림 5.18 동일차원관측기에 의한 상태피드백시스템

먼저 폐루프시스템의 극을 $\mu_i, (i = 1, \cdots, n)$ 으로 가져가는 피드백행렬을 $\boldsymbol{F}$ 라 하고 $\vec{u}(t) = -\boldsymbol{F}\vec{\hat{x}}(t)$ 을 식 (5.7a)에 대입하고 $\vec{r}(t) = \vec{0}$ 로 두면

$$\frac{d}{dt}\vec{x}(t) = \boldsymbol{A}\vec{x}(t) - \boldsymbol{BF}\vec{\hat{x}}(x) \tag{5.61}$$

로 된다. 또한 관측기의 극을 $\gamma_i, (i = 1, \cdots, n)$ 로 가져가는 이득행렬을 $\boldsymbol{K}$ 라 하고, 관측기의 식 (5.44)의 $\vec{u}(t)$ 에 역시 $\vec{u}(t) = -\boldsymbol{F}\vec{\hat{x}}(t)$ 을 대입하고, 식 (5.61)과 함께 나타내면 다음으로 된다.

$$\frac{d}{dt}\begin{bmatrix} \vec{x}(t) \\ \vec{\hat{x}}(t) \end{bmatrix} = \begin{bmatrix} \boldsymbol{A} & -\boldsymbol{BF} \\ 0 & \boldsymbol{A} - \boldsymbol{KC} - \boldsymbol{BF} \end{bmatrix}\begin{bmatrix} \vec{x}(t) \\ \vec{\hat{x}}(t) \end{bmatrix} + \begin{bmatrix} 0 \\ \boldsymbol{K} \end{bmatrix}\vec{y}(t) \tag{5.62}$$

$$= \begin{bmatrix} \boldsymbol{A} & -\boldsymbol{BF} \\ \boldsymbol{KC} & \boldsymbol{A} - \boldsymbol{KC} - \boldsymbol{BF} \end{bmatrix}\begin{bmatrix} \vec{x}(t) \\ \vec{\hat{x}}(t) \end{bmatrix}$$

이때 관측기에 의한 추정상태의 오차는 $\vec{e}(t) = \vec{\hat{x}}(t) - \vec{x}(t)$ 로 정의되므로, 이로부터 다음과 같은 상태변수변환(즉 좌표변환)의 관계식을 얻는다.

$$\begin{bmatrix} \vec{x}(t) \\ \vec{e}(t) \end{bmatrix} = \begin{bmatrix} \boldsymbol{I} & 0 \\ -\boldsymbol{I} & \boldsymbol{I} \end{bmatrix}\begin{bmatrix} \vec{x}(t) \\ \vec{\hat{x}}(t) \end{bmatrix} \tag{5.63}$$

위 변환을 식 (5.62)에 적용하여 상태변수를 변환하면

$$\frac{d}{dt}\begin{bmatrix}\vec{x}(t)\\ \vec{e}(t)\end{bmatrix}=\begin{bmatrix}\boldsymbol{A}-\boldsymbol{BF} & -\boldsymbol{BF}\\ 0 & \boldsymbol{A}-\boldsymbol{KC}\end{bmatrix}\begin{bmatrix}\vec{x}(t)\\ \vec{e}(t)\end{bmatrix} \tag{5.64a}$$

$$\vec{y}(t)=[\,\boldsymbol{C}\ \ 0\,]\begin{bmatrix}\vec{x}(t)\\ \vec{e}(t)\end{bmatrix} \tag{5.64b}$$

로 된다. 이로부터 관측기의 출력 $\hat{\vec{x}}(t)$ 를 이용하여 상태피드백을 실행한 전체 폐루프시스템의 $\boldsymbol{A}$ 행렬의 고유값은 식 (5.64a)로부터

$$\begin{vmatrix}s\boldsymbol{I}-\boldsymbol{A}+\boldsymbol{BF} & \boldsymbol{BF}\\ 0 & s\boldsymbol{I}-\boldsymbol{A}+\boldsymbol{KC}\end{vmatrix}=|s\boldsymbol{I}-\boldsymbol{A}+\boldsymbol{BF}|\cdot|s\boldsymbol{I}-\boldsymbol{A}+\boldsymbol{KC}|=0 \tag{5.65}$$

되어, 상태피드백에 의한 고유값 부분(μ_i , 즉 $|s\boldsymbol{I}-\boldsymbol{A}+\boldsymbol{BF}|=0$ 의 근)과 관측기에 의한 고유값 부분(γ_i , 즉 $|s\boldsymbol{I}-\boldsymbol{A}+\boldsymbol{KC}|=0$ 의 근)으로 이루지고 있음을 알 수 있다. 따라서 관측기는 폐루프시스템의 극을 $\{\mu_i\}$ 와 $\{\gamma_i\}$ 에 설정하는 하나의 보상기 역할을 하고 있다고 볼 수 있다. 이때 관측기는 제어대상을 모델로 하여 만들어지는 시스템이기 때문에, 제어대상의 입력 $\vec{u}(t)$ 로부터 불가제어로 된다. 따라서 [그림 5.18]의 출력 $\vec{y}(t)$ 로 폐루프시스템을 구성하여도 관측기의 극은 이동하지 않는 특별한 보상기라고 할 수 있다.

이것을 [그림 5.18]의 외부입력 $\vec{r}(t)$ 에서[23] 출력 $\vec{y}(t)$ 까지의 전달함수를 계산하여 확인하여 보자. $\vec{r}(t)$ 로 인해 식 (5.62)는

$$\frac{d}{dt}\begin{bmatrix}\vec{x}(t)\\ \hat{\vec{x}}(t)\end{bmatrix}=\begin{bmatrix}\boldsymbol{A} & -\boldsymbol{BF}\\ \boldsymbol{KC} & \boldsymbol{A}-\boldsymbol{KC}-\boldsymbol{BF}\end{bmatrix}\begin{bmatrix}\vec{x}(t)\\ \hat{\vec{x}}(t)\end{bmatrix}+\begin{bmatrix}\boldsymbol{B}\\ 0\end{bmatrix}\vec{r}(t)$$

로 되며 여기에 식 (5.64b)를 적용하여 전달함수행렬을 구하면

$$\vec{y}(s)=[\,\boldsymbol{C}\ \ 0\,]\begin{bmatrix}s\boldsymbol{I}-\boldsymbol{A}+\boldsymbol{BF} & -\boldsymbol{BF}\\ 0 & s\boldsymbol{I}-\boldsymbol{A}+\boldsymbol{KC}\end{bmatrix}^{-1}\begin{bmatrix}\boldsymbol{B}\\ 0\end{bmatrix}\vec{r}(s) \tag{5.66}$$

$$=\boldsymbol{C}(s\boldsymbol{I}-\boldsymbol{A}+\boldsymbol{BF})^{-1}\boldsymbol{B}\vec{r}(s)$$

로 되어 불가제인 부분은 전달함수에 반영되지 않음을 확인할 수 있다. 다시 말하면 외부입력에서 출력까지의 전달함수행렬은 상태가 직접 관측 가능한 경우, 즉 관측기를 사용하지 않는 경우의 전달함수행렬 $\boldsymbol{T}_{yr}(s)$ 인 식 (5.10)과 일치한다는 것을 알 수 있다.

---

23) 외부입력 $\vec{r}(t)=\vec{0}$ 으로 두었지만, 전달함수의 계산을 위해 임시적으로 영이 아닌 것으로 간주한다. 그러나 만약 이 가정에서와 같이 $\vec{r}(t)\neq\vec{0}$ 으로 둔다면 [그림 5.18]에서 관측기는 실제로 관측기의 역할을 할 수 없게 되며 (즉 $t\to\infty$ 에서 $\hat{\vec{x}}(t)\to\vec{x}(t)$ 로 되지 않는다) 순수 보상기로서의 역할만을 하게 될 것이다(제7장 참조).

예제 5.14

[예제 5.13]에서 고찰한 시스템

$$\frac{d}{dt}\vec{x}(t)=\begin{bmatrix}0 & 1\\ -1 & 0\end{bmatrix}\vec{x}(t)+\begin{bmatrix}0\\ 1\end{bmatrix}u(t) \qquad ①$$

$$y(t)=[\,1 \quad 0\,]\,\vec{x}(t)$$

에 대해서 동일차원관측기 이용하여 상태피드백을 수행하여 보자. 이때 관측기의 이득을 이득 $\vec{k}=[k_1 \ \ k_2]$로 한다. 이 경우 피드백제어법칙을

$$u(t)=-[\,f_1 \ \ f_2\,]\begin{bmatrix}\hat{x}_1(t)\\ \hat{x}_2(t)\end{bmatrix}+r(t) \qquad ②$$

로 하면, 식 (5.64)에 대응하여

$$\frac{d}{dt}\begin{bmatrix}x_1(t)\\ x_2(t)\\ e_1(t)\\ e_2(t)\end{bmatrix}=\left[\begin{array}{cc|cc}0 & 1 & 0 & 0\\ -1-f_1 & -f_2 & f_1 & f_2\\ \hline 0 & 0 & -k_1 & 1\\ 0 & 0 & -1-k_2 & 0\end{array}\right]\begin{bmatrix}x_1(t)\\ x_2(t)\\ e_1(t)\\ e_2(t)\end{bmatrix}+\begin{bmatrix}0\\ 1\\ 0\\ 0\end{bmatrix}r(t) \qquad ③$$

$$=\boldsymbol{A}_{fo}\vec{x}(t)+\vec{b}_{fo}r(t)$$

$$y(t)=[1 \ \ 0 \,|\, 0 \ \ 0]\begin{bmatrix}x_1(t)\\ x_2(t)\\ e_1(t)\\ e_2(t)\end{bmatrix}=\vec{c}_{fo}\,\vec{x}(t) \qquad ④$$

을 얻는다. 따라서 전달함수 $T_{yr}(s)=y(s)/r(s)$ 는 식 (3.27)로부터

$$T_{yr}(s)=\frac{\vec{c}_{fo}\ \mathrm{adj}(s\boldsymbol{I}-\boldsymbol{A}_{fo})\,\vec{b}_{fo}}{|s\boldsymbol{I}-\boldsymbol{A}_{fo}|} \qquad ⑤$$

$$=\frac{s^2+k_1s+k_2+1}{(s^2+f_2s+f_1+1)(s^2+k_1s+k_2+1)}=\frac{1}{s^2+f_2s+f_1+1}$$

로 된다. 이로부터 관측기의 극이 전체 폐루프시스템에서 제외되어 있음을 확인할 수 있다.

% [예제 5.14]

```
syms k1 k2 f1 f2 s                              % symbolic 변수의 지정
A=[0 1 0 0;-1-f1 -f2 f1 f2;0 0 -k1 1;0 0 -1-k2 0]; % A, b, c, d 행렬의
                                                % 입력
b=sym([0 1 0 0]');c=sym([1 0 0 0]);d=sym([0]);
Tyr=c*(inv(s*eye(4)-A))*b                       % ⑤의 계산
```

요점 5.6 관측기를 이용한 상태피드백 시스템

관측기를 이용한 상태피드백에 대해서 다음의 결과가 성립한다.

(i) 관측기의 설계(즉 $\boldsymbol{K}$의 계산)와 피드백제어기의 설계(즉 $\boldsymbol{F}$의 계산)를 각각 독립으로 수행할 수 있다[24].

(ii) 폐루프시스템의 전달함수행렬 $\boldsymbol{T}_{yr}(s)$는 관측기의 특성과는 관계없이 피드백특성에 의하여 결정된다.

제어기-관측기에 대한 전달함수 표현식

여기서는 관측기를 이용한 상태피드백시스템, 즉 [그림 5.18]을 고전제어이론에서의 전형적인 블록선도인 [그림 5.1]의 형식으로 변환하여, 상태피드백행렬 $\boldsymbol{F}$와 관측기의 이득행렬 $\boldsymbol{K}$를 이용한 제어기-관측기의 전달함수 표현식([그림 5.1]의 $G_c(s)$ 에 해당)을 구하여 보자.

전달함수 표현을 간단히 나타내기 위하여 $m = p = 1$, 즉 SISO시스템으로 한정한다. 이 경우 각각 $\boldsymbol{F} \rightarrow \vec{f}$ (행벡터) 및 $\boldsymbol{K} \rightarrow \vec{k}$ (열벡터)로 된다. 이때 시스템

$$\begin{aligned}\frac{d}{dt}\vec{x}(t) &= \boldsymbol{A}\vec{x}(t) + \vec{b}u(t) \\ y(t) &= \vec{c}\vec{x}(t)\end{aligned} \tag{5.67}$$

에 대하여 관측기를 이용한 피드백

$$u(t) = -\vec{f}\,\vec{\hat{x}}(t) \tag{5.68}$$

를 실행한다. 이때 관측기는 식 (5.44)에 의해

$$\frac{d}{dt}\vec{\hat{x}}(t) = (\boldsymbol{A} - \vec{k}\,\vec{c})\vec{\hat{x}}(t) + \vec{k}\,y(t) + \vec{b}\,u(t) \tag{5.69}$$

24) 이를 관측기를 이용한 '레귤레이터 설계의 분리정리'라고 한다.

로 주어진다. 우선 식 (5.68)과 (5.69)의 양변을 라플라스변환 하면

$$u(s) = -\vec{f}\,\vec{\hat{x}}(s) \tag{5.70a}$$

$$s\,\vec{\hat{x}}(s) = (\boldsymbol{A} - \vec{k}\,\vec{c}\,)\vec{\hat{x}}(s) + \vec{b}\,u(s) + \vec{k}\,y(s) \tag{5.70b}$$

가 얻어진다. 위 식에서 초기값 $\vec{\hat{x}}(0) = \vec{0}$ 로 가정하였다. 식 (5.70a)를 (5.70b)에 대입하고 정리하면 다음으로 된다.

$$\vec{\hat{x}}(s) = (s\boldsymbol{I} - \boldsymbol{A} + \vec{k}\,\vec{c} + \vec{b}\,\vec{f}\,)^{-1}\vec{k}\,y(s) \tag{5.71}$$

이것을 다시 식 (5.70a)에 대입하면 다음과 같은 입력 $u(s)$와 출력 $y(s)$에 관한 식을 얻을 수 있다.

$$u(s) = -\vec{f}\,(s\boldsymbol{I} - \boldsymbol{A} + \vec{k}\,\vec{c} + \vec{b}\,\vec{f}\,)^{-1}\vec{k}\,y(s) \tag{5.72}$$

[그림 5.19]에 위 식의 관계를 나타내었다[25]. 그림으로부터 전달함수

$$\vec{f}\,(s\boldsymbol{I} - \boldsymbol{A} + \vec{k}\,\vec{c} + \vec{b}\,\vec{f}\,)^{-1}\vec{k}$$

는 주어진 시스템 (5.67)에 대한 (고전제어이론의 관점에서) 제어기의 역할을 하고 있는 것으로 볼 수 있다. 따라서 다음 전달함수

$$\frac{u(s)}{-y(s)} = \vec{f}\,(s\boldsymbol{I} - \boldsymbol{A} + \vec{k}\,\vec{c} + \vec{b}\,\vec{f}\,)^{-1}\vec{k} \tag{5.73}$$

은 '제어기+관측기'의 전달함수로 된다.

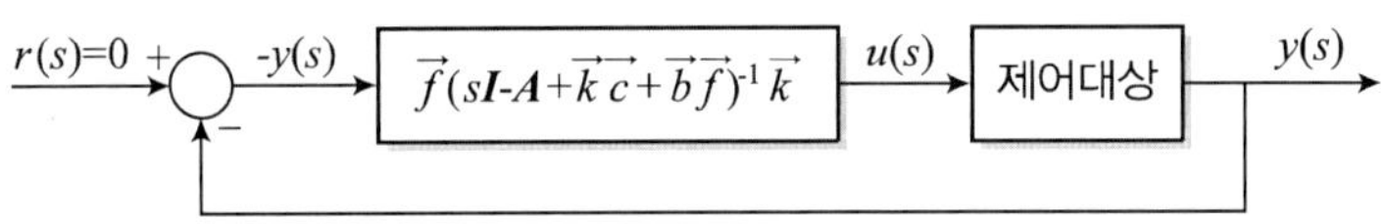

그림 5.19 제어기-관측기의 블록선도 표현

관측기를 이용한 레귤레이터를 설계하고자 하는 경우, 다시 말하면 시스템의 출력 $\vec{y}(t) = \boldsymbol{C}\vec{x}(t)$를 영으로 수렴시키고자 한다면, 시스템의 상태 $\vec{x}(t)$가 $\vec{0}$ 으로 수렴하기 전에 관측기에 의하여 추정된 상태 $\vec{\hat{x}}(t)$가 원래의 상태 $\vec{x}(t)$에 먼저 수렴하는 것이 타당할 것이다. 따라서 일반적으로 복소평면(즉 s 평면) 상에서 관측기의 극 $\{\mathrm{eig}(\boldsymbol{A} - \boldsymbol{KC})\}$을 상태피드백에 의한 극 $\{\mathrm{eig}(\boldsymbol{A} - \boldsymbol{BF})\}$보다 더 왼쪽에 설정해야 할 필요성이 있음을 알 수 있다([그림 5.20] 참조).

25) [그림 5.19]와 [그림 5.18]은 외부입력 $r(t)$의 입장에서는 동일한 시스템이 아니다. 여기서는 현대제어이론에 의한 '관측기+상태피드백'을 고전제어이론의 '제어기' 부분과의 연결성을 나타내기 위한 것이다.

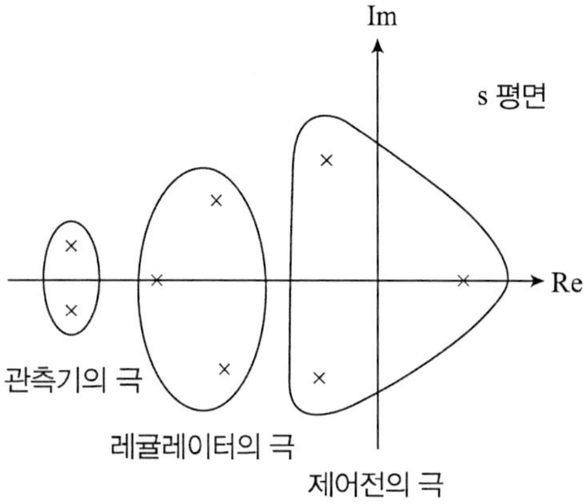

그림 5.20
관측기와 상태피드백 시스템의 극 배치

예제 5.15

다음으로 주어진 시스템에 대하여 관측기를 이용하여 폐루프시스템의 극을 $s_{1,2} = -1.8 \pm j2.4$에 가져가는 상태피드백제어기를 설계하여 보자.

$$\frac{d}{dt}\vec{x}(t) = \boldsymbol{A}\vec{x}(t) + \vec{b}\,u(t),\ y(t) = \vec{c}\,\vec{x}(t) \qquad ①$$

단

$$\boldsymbol{A} = \begin{bmatrix} 0 & 1 \\ 20.6 & 0 \end{bmatrix},\ \vec{b} = \begin{bmatrix} 0 \\ 1 \end{bmatrix},\ \vec{c} = [1 \quad 0]$$

이다.

해 우선 폐루프시스템의 극을 $s_{1,2} = -1.8 \pm j2.4$로 가져가는 피드백제어기 $\vec{f}$를 5.3절의 방법을 이용하여 구하면 다음으로 된다.

$$\vec{f} = [29.6 \quad 3.6] \qquad ②$$

다음 위 시스템에 대한 관측기를 설계하여 보자. 이때 관측기가 가지는 두 개의 극을 $s_{3,4} = -8$에 배치하는 관측기의 이득은 5.4절의 방법에 의하여

$$\vec{k} = \begin{bmatrix} 16 \\ 84.6 \end{bmatrix} \qquad ③$$

으로 됨을 확인할 수 있다. 따라서 관측기는 식 (5.44)에 $u(t) = -\vec{f} \cdot \hat{\vec{x}}(t)$를 대입하여 정리하면

$$\frac{d}{dt}\hat{\vec{x}}(t) = (\boldsymbol{A} - \vec{k}\,\vec{c}\,)\hat{\vec{x}}(t) + \vec{k}\,y(t) + \vec{b}\,u(t) \qquad ④$$

$$= (\boldsymbol{A} - \vec{k}\,\vec{c} - \vec{b}\,\vec{f}\,)\hat{\vec{x}}(t) + \vec{k}\,y(t)$$

$$= \begin{bmatrix} -16 & 1 \\ -93.6 & -3.6 \end{bmatrix}\hat{\vec{x}}(t) + \begin{bmatrix} 16 \\ 84.6 \end{bmatrix} y(t)$$

가 얻어진다. [그림 5.21]의 블록선도에 ①과 ④를 표시하였다[26].

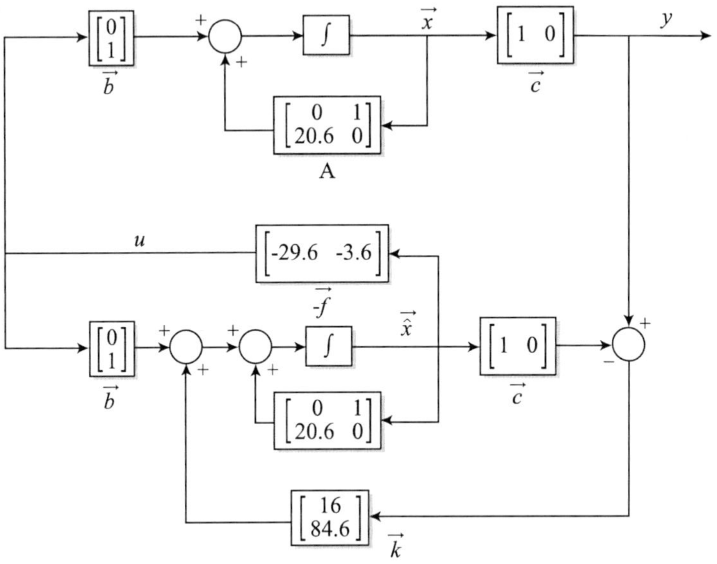

그림 5.21

관측기를 이용한 상태피드백 시스템 (예제 5.14)

여기서 식 (5.73)을 참조하여 제어기+관측기의 전달함수를 계산하여 보자. 즉

$$\frac{u(s)}{-y(s)} = \vec{f}\,(s\boldsymbol{I} - \boldsymbol{A} + \vec{k}\,\vec{c} + \vec{b}\,\vec{f}\,)^{-1}\vec{k} \qquad ⑤$$

$$= [29.6\ 3.6]\begin{bmatrix} s+16 & -1 \\ 93.6 & s+3.6 \end{bmatrix}^{-1}\begin{bmatrix} 16 \\ 84.6 \end{bmatrix}$$

$$= \frac{778.16s + 3690.72}{s^2 + 19.6s + 151.2}$$

으로 되며 [그림 5.22]에 블록선도를 나타내었다. 또한 식 (5.65)에 의하여 전체 시스템의 특성다항식은

$$|s\boldsymbol{I} - \boldsymbol{A} + \vec{b}\,\vec{f}\,| \cdot |s\boldsymbol{I} - \boldsymbol{A} + \vec{k}\,\vec{c}\,| = (s^2 + 3.6s + 9)(s^2 + 16s + 64) \qquad ⑥$$

$$= s^4 + 19.6s^3 + 130.6s^2 + 374.4s + 576 = 0$$

26) Simulink file ‘example_5_15’참조

으로 된다.

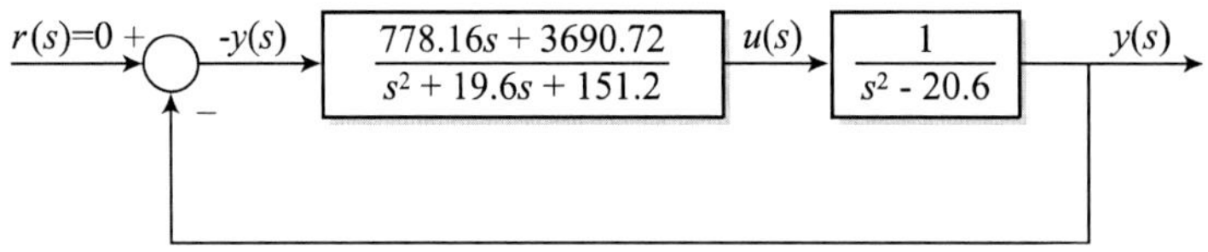

그림 5.22 [예제 5.14]의 블록선도 표현

위 특성다항식 ⑥은 [그림 5.22]로부터 계산할 수 있다. 그림으로부터 Mason의 정리에 의하면

$$\frac{y(s)}{r(s)} = \frac{778.16s + 3690.72}{(s^2 + 19.6s + 151.2)(s^2 - 20.6) + 778.16s + 3690.72} \qquad ⑦$$

로 되며, 따라서 특성다항식은 다음으로 된다.

$$(s^2 + 19.6s + 151.2)(s^2 - 20.6) + 778.16s + 3690.72 \qquad ⑧$$

$$= s^4 + 19.6s^3 + 130.6s^2 + 374.4s + 576 = 0$$

특성다항식은 전달함수나 상태방정식 표현에 있어서도 동일하다는 것은 말할 필요도 없을 것이다.

% [예제 5.15]

```
A=[0 1;20.6 0]; b=[0 1]'; c=[1 0]; d=0;  % ①의 입력
P=[-1.8+j*2.4, -1.8-j*2.4]';             % 페루프시스템의 극
f=acker(A,b,P)                           % 피드백 벡터의 계산
% observer
poly(A)                                  % 행렬 A의 특성다항식
M=obsv(A,c)                              % 가관측성 행렬의 계산
S=[0 1;1 0]*M                            % [단계 2]에 의한 S 행렬의 계산
conv([1 8], [1 8])                       % [단계 3]
k=S*[64+20.6;16-0]                       % 관측기의 이득 벡터 k
```

5.5 최소차원관측기

5.4절에서 설명한 관측기는 제어대상이 가지고 있는 전 상태변수를 추정할 수 있도록 구

성되었다. 그러나 실제의 경우, n 개의 상태변수 중 몇 개는 관측기를 이용하지 않고서도 정확하게 측정될 수 있기 때문에, 이들을 굳이 관측기를 이용하여 추정할 필요가 없을 것이다. 이와 같이 제어대상이 가지는 상태변수의 개수보다 적은 개수의 변수를 추정하는 관측기를 '최소차원관측기(minimal-order observer)'[27]라고 한다.

지금까지와 마찬가지로 제어대상이 n 차원이고, 출력 $\vec{y}(t)$가 p 차원이라고 가정한다. 즉 출력과 상태벡터 사이에는 $\vec{y}(t) = \boldsymbol{C}\vec{x}(t)$의 관계가 성립하므로, p 개의 출력 $y_i(t), (i=1,\cdots,p)$는 n 개의 상태변수 $x_i, (i=1,\cdots,n)$의 선형결합으로 구성되어 있기 때문에, 출력으로부터 p 개의 상태변수는 충분히 얻을 수 있다(즉 관측가능하다). 따라서 $n-p$ 개의 상태변수만을 추정할 수 있는 관측기, 즉 $(n-p)$ 차의 관측기를 구성하면 전 상태변수를 얻을 수 있게 된다. 이와 같은 개념을 [그림 5.23]에 표시하였다.

여기서 한 가지 유의하여야 할 점은, 출력의 측정에 있어 잡음이 많이 포함되거나, 혹은 정확하지 않는 경우 등에는 최소차원관측기를 사용하기 보다는 동일차원관측기를 이용하는 것이 제어기의 성능을 향상 시킬 수 있다는 것이다.

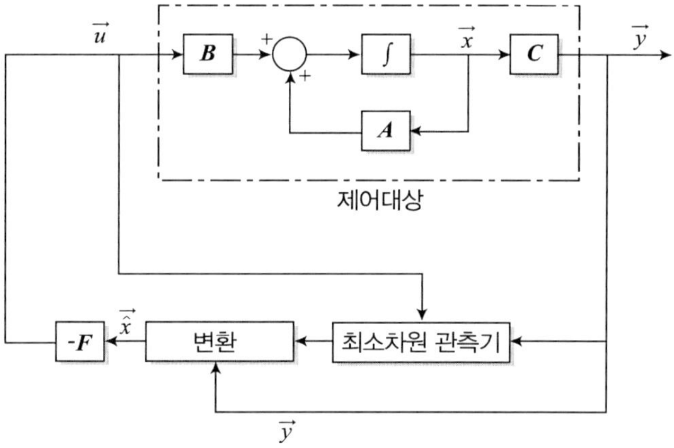

그림 5.23 최소차원관측기를 이용한 상태피드백 시스템

이와 같은 최소차원관측기를 설계하기 전에 루엔버거(Luenberger)가 처음으로 제안한 동적시스템이 관측기로 작동하기 위한 일반적인 구성요건에 대하여 먼저 설명한다.

5.5.1 루엔버거 관측기의 구성조건

여기서 시스템 (5.7)에 대해 적당한 차원을 가지는 시스템

$$\frac{d}{dt}\vec{\omega}(t) = \hat{\boldsymbol{A}}\vec{\omega}(t) + \boldsymbol{K}\vec{y}(t) + \hat{\boldsymbol{B}}\vec{u}(t) \tag{5.74a}$$

27) 줄어든 상태변수의 개수가 최소가 아닌 경우에는 보통 'minimal-order observer'라고도 하지만, 일반적으로 최소차원인 관측기를 상정하여 최소차원관측기라고 부르기로 한다.

$$\vec{\hat{x}}(t) = \boldsymbol{D}\,\vec{\omega}(t) + \boldsymbol{H}\,\vec{y}(t) \tag{5.74b}$$

을 [그림 5.24]와 같이 접속해보자. 여기서 계수행렬에 다음과 같은 두 가지의 관계가 성립되면 $\vec{\hat{x}}(t) \to \vec{x}(t), (t \to \infty)$로 되며, 이 경우 시스템 (5.74)를 '루엔버거 관측기 (Luenberger observer)'라고 한다.

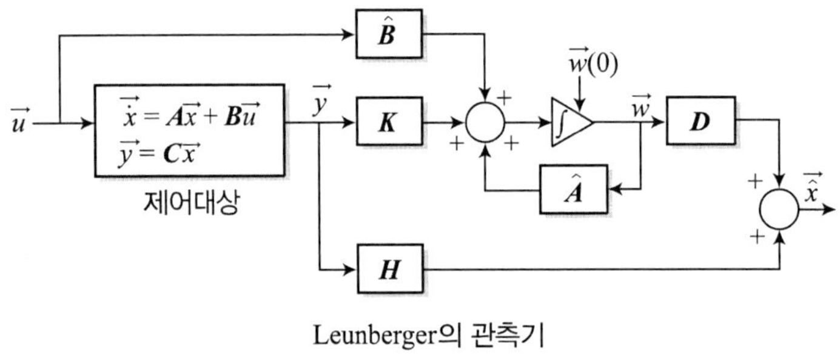

그림 5.24 일반적인 관측기의 구성도

요점 5.7 루엔버거 관측기의 조건

(i) 어떤 행렬 $\boldsymbol{M}$이 존재하여

$$\hat{\boldsymbol{A}}\boldsymbol{M} = \boldsymbol{M}\boldsymbol{A} - \boldsymbol{K}\boldsymbol{C} \tag{5.75}$$

$$\boldsymbol{I}_n = \boldsymbol{D}\boldsymbol{M} + \boldsymbol{H}\boldsymbol{C} \tag{5.76}$$

을 만족한다. $\hat{\boldsymbol{B}}$는 $\boldsymbol{M}$이 정해졌다면

$$\hat{\boldsymbol{B}} = \boldsymbol{M}\boldsymbol{B} \tag{5.77}$$

로 주어진다.

(ii) $\hat{\boldsymbol{A}}$는 안정행렬이다.

위 요점을 확인하여 보자. 이는 식 (5.75)~(5.77)이 성립한다면 식 (5.74)가 관측기의 역할을 하는지를 검증하는 것이다.

먼저 관측기 (5.74)에서 $\vec{\omega}(t)$는 $\boldsymbol{M}\vec{x}(t)$의 추정값 $\boldsymbol{M}\vec{\hat{x}}(t)$을 나타내고 있으며, 식 (5.74b)는 $\vec{\omega}(t)$와 $\vec{y}(t)$로 상태변수 $\vec{x}(t)$을 재현하고 있다는 것을 지적해 둔다. 따라서 오차벡터를

$$\vec{e}(t) = \vec{\omega}(t) - \boldsymbol{M}\vec{x}(t) \tag{5.78}$$

로 두고 식 (5.7), (5.74a), (5.77)을 사용하면

$$\frac{d}{dt}\vec{e}(t) = \hat{\boldsymbol{A}}\vec{\omega}(t) + \boldsymbol{K}\boldsymbol{C}\vec{x}(t) + \boldsymbol{M}\boldsymbol{B}\vec{u}(t) - \boldsymbol{M}\left(\boldsymbol{A}\vec{x}(t) + \boldsymbol{B}\vec{u}(t)\right) \qquad (5.79)$$
$$= \hat{\boldsymbol{A}}\vec{\omega}(t) - (\boldsymbol{M}\boldsymbol{A} - \boldsymbol{K}\boldsymbol{C})\vec{x}(t)$$

로 되며 더욱이 식 (5.75)로부터 위 식은

$$\frac{d}{dt}\vec{e}(t) = \hat{\boldsymbol{A}}\vec{\omega}(t) - \hat{\boldsymbol{A}}\boldsymbol{M}\vec{x}(t) = \hat{\boldsymbol{A}}\vec{e}(t) \qquad (5.80)$$

로 된다. 다음에

$$\vec{\eta}(t) = \vec{\hat{x}}(t) - \vec{x}(t) \qquad (5.81)$$

로 두면 식 (5.7), (5.74b) 및 (5.76)으로부터

$$\boldsymbol{\eta}(t) = \boldsymbol{D}\vec{\omega}(t) + \boldsymbol{H}\boldsymbol{C}\vec{x}(t) - \vec{x}(t) = \boldsymbol{D}\vec{\omega}(t) - \left(\boldsymbol{I}_n - \boldsymbol{H}\boldsymbol{C}\right)\vec{x}(t) \qquad (5.82)$$
$$= \boldsymbol{D}\vec{\omega}(t) - \boldsymbol{D}\boldsymbol{M}\vec{x}(t) = \boldsymbol{D}\vec{e}(t)$$

가 얻어지며, 식 (5.80)과 (5.82)에 의해

$$\vec{\eta}(t) = \boldsymbol{D}\, e^{\hat{\boldsymbol{A}}t}\,\vec{e}(0) \qquad (5.83)$$

을 얻는다. [요점 5.7]의 조건 (ii)로부터 $\hat{\boldsymbol{A}}$ 는 반드시 안정행렬로 되어야 하므로 어떠한 초기값 $\vec{e}(0)$ 에 대해서도 $\vec{\eta}(t) \to \vec{0}$, 즉 $\vec{\hat{x}}(t) \to \vec{x}(t)$, $(t \to \infty)$로 됨을 확인할 수 있다.

식 (5.74)에서 $\vec{\omega}(t)$ 의 차원을 관측기의 차원, $\hat{\boldsymbol{A}}$ 의 고유값을 관측기의 극이라고 한다. 행렬 $\boldsymbol{M}$을 여러 가지로 선택함으로서 차원이 서로 다른 여러 형태의 관측기를 설계할 수 있다[28]. 동일차원관측기는 식 (5.74)에서 $\boldsymbol{M} = \boldsymbol{D} = \boldsymbol{I}_n$, $\boldsymbol{H} = 0$, $\hat{\boldsymbol{A}} = \boldsymbol{A} - \boldsymbol{K}\boldsymbol{C}$로 두었을 경우의 루엔버거 관측기이다. 따라서 $\vec{\omega}(t) = \vec{\hat{x}}(t)$로 되어 관측기의 차원이 시스템과 동일한 n 으로 된다.

5.5.2 최소차원 관측기의 설계법

결국 최소차원관측기의 설계를 위해서는 [요점 5.7]의 조건을 만족시키면서 $\hat{\boldsymbol{A}}$ 의 차원을 최소인 $(n-p)$로 만드는 $\hat{\boldsymbol{A}}, \boldsymbol{K}, \hat{\boldsymbol{B}}, \boldsymbol{D}, \boldsymbol{H}$ 및 $\boldsymbol{M}$의 조합을 구하는 것으로 귀착된다. 그러나 식 (5.75)~(5.77)로부터 직접 이를 얻는다는 것은 간단하지가 않기 때문에 보통 고피나스(Gopinath)의 표준형식이라고 하는 것을 사용해서 설계를 행하는 경우가 많다. 이하 극을 $\{\gamma_1, \gamma_2, \cdots, \gamma_{n-p}\}$에 설정하는 최소차원의 관측기의 설계법에 대해서 정리해 둔다.

28) 시스템 (5.74)은 일반적으로 상태변수의 수보다도, 출력의 수가 많은 시스템으로 된다.

최소차원관측기의 설계법:

[단계 1] 먼저

$$S=\begin{bmatrix} C \\ W \end{bmatrix},\ (n\times n) \tag{5.84}$$

로 두고 $|S|\neq 0$ 이 만족되도록 적당한 행렬 $W, (\overline{n-p}\times n)$을 결정한다.

[단계 2]

$$SAS^{-1}=\begin{bmatrix} A_{11} & A_{12} \\ A_{21} & A_{22} \end{bmatrix},\ SB=\begin{bmatrix} B_1 \\ B_2 \end{bmatrix} \tag{5.85a}$$

$$A_{11}, (p\times p),\ A_{12}, (p\times \overline{n-p}),\ A_{21}, (\overline{n-p}\times p),\ A_{22}, (\overline{n-p}\times \overline{n-p}) \tag{5.85b}$$

을 계산한다.

[단계 3] 행렬 $L, (\overline{n-p}\times p)$을 설계 파라미터로 간주하여

$$\hat{A} = A_{22}-LA_{12},\ (\overline{n-p}\times \overline{n-p}) \tag{5.86}$$

의 고유치를 $\{\gamma_1, \gamma_2, \cdots, \gamma_{n-p}\}$로 만드는 행렬 L을 결정한다.

[단계 4] L이 결정되었다면 $K, \hat{B}, D, H$를

$$K=\hat{A}L+A_{21}-LA_{11},\ (\overline{n-p}\times p) \tag{5.87a}$$

$$\hat{B} = -LB_1+B_2,\ (\overline{n-p}\times m) \tag{5.87b}$$

$$D=S^{-1}\begin{bmatrix} 0 \\ I_{n-p} \end{bmatrix},\ (n\times \overline{n-p}) \tag{5.87c}$$

$$H=S^{-1}\begin{bmatrix} I_p \\ L \end{bmatrix},\ (n\times p) \tag{5.87d}$$

둔다.

이들의 계수행렬로서 설계된 시스템 (5.74)는

$$M=[-L,\ I_{n-p}]\,S,\ (\overline{n-p}\times n) \tag{5.87e}$$

로 두었을 때 관측기의 구성조건인 [요점 5.7]의 (i)을 만족한다. 또한 (C, A)가 가관측이라는 것과 (A_{12}, A_{22})가 가관측이라는 것은 서로 등가라는 사실이 알려져 있기 때문

에 $\hat{\boldsymbol{A}} = \boldsymbol{A}_{22} - \boldsymbol{L}\boldsymbol{A}_{12}$ 의 고유값을 임의의 값인 $\{\gamma_1, \gamma_2, \cdots, \gamma_{n-p}\}$에 설정할 수 있는 행렬 $\boldsymbol{L}$이 존재한다. 따라서 $\hat{\boldsymbol{A}}$를 안정행렬로 만드는 것은 가능하므로 [요점 5.7]의 조건 (ii)도 성립한다. 이때 극을 설정하는 행렬 $\boldsymbol{L}$을 얻는 방법은 $\boldsymbol{A}_{22}, \boldsymbol{A}_{12}, \boldsymbol{L}$을 각각 $\boldsymbol{A}, \boldsymbol{C}, \boldsymbol{K}$로 간주하여 행렬 $(\boldsymbol{A} - \boldsymbol{K}\boldsymbol{C})$의 극 설정법을 이용하면 편리하다. 특히 1출력 시스템인 경우는 $\boldsymbol{L}$이 벡터로 되기 때문에 5.4절에서 설명한 방법을 이용할 수도 있다.

다음 두 예제를 이용하여 최소차원관측기의 특성과 설계법을 확인하여 보자.

예제 5.16

다음으로 주어진 시스템에 대하여 최소차원관측기를 이용한 상태피드백시스템을 구성하여 보자.

$$\frac{d}{dt}\vec{x}(t) = \boldsymbol{A}\vec{x}(t) + \vec{b}\,u(t),\ y(t) = \vec{c}\,\vec{x}(t)$$

$$\boldsymbol{A} = \begin{bmatrix} 0 & 1 & 0 \\ 0 & 0 & 1 \\ -6 & -11 & -6 \end{bmatrix},\ \vec{b} = \begin{bmatrix} 0 \\ 0 \\ 1 \end{bmatrix},\ \vec{c} = \begin{bmatrix} 1 & 0 & 0 \end{bmatrix} \qquad ①$$

해 위 식으로부터 상태변수 $x_1(t)$는 출력 $y(t)$로부터 관측이 가능하기 때문에 나머지 두 개의 상태를 관측할 수 있는 최소차원관측기를 식 (5.84)~(5.87)을 이용하여 설계한다. 이때 관측기의 극은 $\{\gamma_1, \gamma_2\} = \{-2 + j3.464,\ -2 - j3.464\}$에 설정한다.

[단계 1] $\boldsymbol{S} = \begin{bmatrix} \boldsymbol{C} \\ \boldsymbol{W} \end{bmatrix} = \begin{bmatrix} 1 & 0 & 0 \\ 0 & 1 & 0 \\ 0 & 0 & 1 \end{bmatrix} \qquad ②$

와 같이 되도록 행렬 $\boldsymbol{W}$를 선정하면 $|\boldsymbol{S}| \neq 0$으로 되어 조건이 만족된다.

[단계 2] $\boldsymbol{S} = \boldsymbol{I}_3$ 이므로 식 (5.85)로부터

$$\boldsymbol{A}_{11} = 0,\ \boldsymbol{A}_{12} = \begin{bmatrix} 1 & 0 \end{bmatrix},\ \boldsymbol{A}_{21} = \begin{bmatrix} 0 \\ -6 \end{bmatrix},\ \boldsymbol{A}_{22} = \begin{bmatrix} 0 & 1 \\ -11 & -6 \end{bmatrix} \qquad ③$$

$$\boldsymbol{B}_1 = 0,\ \boldsymbol{B}_2 = \begin{bmatrix} 0 \\ 1 \end{bmatrix}$$

로 된다.

[단계 3] $\boldsymbol{A}_{22}$와 $(\boldsymbol{A}_{22}, \boldsymbol{A}_{12})$의 극을 $\{\gamma_1, \gamma_2\} = \{-2 + j3.464,\ -2 - j3.464\}$에 이동시키는 벡터 $\boldsymbol{L}$을 전 절의 방법으로 계산하면 다음으로 된다.

$$\boldsymbol{L} = \begin{bmatrix} -2 \\ 17 \end{bmatrix} \qquad ④$$

[단계 4] 식 (5.87)에 의하여 각 행렬을 결정하면 다음과 같다.

$$\hat{\boldsymbol{A}} = \boldsymbol{A}_{22} - \boldsymbol{L}\boldsymbol{A}_{12} = \begin{bmatrix} 2 & 1 \\ -28 & -6 \end{bmatrix},\ \boldsymbol{K} = \begin{bmatrix} 13 \\ -52 \end{bmatrix}$$

$$\hat{\boldsymbol{B}} = \begin{bmatrix} 0 \\ 1 \end{bmatrix},\ \boldsymbol{D} = \begin{bmatrix} 0 & 0 \\ 1 & 0 \\ 0 & 1 \end{bmatrix},\ \boldsymbol{H} = \begin{bmatrix} 1 \\ -2 \\ 17 \end{bmatrix} \qquad ⑤$$

위의 각 행렬을 식 (5.74)의 관측기에 대입하여 정리하면 다음으로 된다.

$$\frac{d}{dt}\begin{bmatrix} \omega_1(t) \\ \omega_2(t) \end{bmatrix} = \begin{bmatrix} 2 & 1 \\ -28 & -6 \end{bmatrix}\begin{bmatrix} \omega_1(t) \\ \omega_2(t) \end{bmatrix} + \begin{bmatrix} 13 \\ -52 \end{bmatrix} y(t) + \begin{bmatrix} 0 \\ 1 \end{bmatrix} u(t) \qquad ⑥$$

이때 관측기의 상태 $\vec{\omega}(t)$는 $\boldsymbol{M}\vec{x}(t)$의 추정값 $\boldsymbol{M}\vec{\hat{x}}(t)$을 나타내고 있기 때문에, 식 (5.87e)과 $y(t) = x_1(t)$에 의하여 다음과 같이 쓸 수 있다.

$$\begin{bmatrix} \omega_1(t) \\ \omega_2(t) \end{bmatrix} = -\boldsymbol{L}\, y(t) + \begin{bmatrix} \hat{x}_2(t) \\ \hat{x}_3(t) \end{bmatrix} = -\boldsymbol{L}\, x_1(t) + \begin{bmatrix} \hat{x}_2(t) \\ \hat{x}_3(t) \end{bmatrix} \qquad ⑦$$

즉

$$\begin{bmatrix} \hat{x}_2(t) \\ \hat{x}_3(t) \end{bmatrix} = \begin{bmatrix} \omega_1(t) \\ \omega_2(t) \end{bmatrix} + L\, y(t) \qquad ⑧$$

로 되어 두 개의 상태변수 $x_2(t)$와 $x_3(t)$를 추정하고 있음을 알 수 있다. 따라서 관측기에 의한 상태피드백은

$$u(t) = -\boldsymbol{F}\vec{\hat{x}}(t) = -\boldsymbol{F}\begin{bmatrix} x_1(t) \\ \hat{x}_2(t) \\ \hat{x}_3(t) \end{bmatrix} \qquad ⑨$$

에 의하여 실현되고 있음을 알 수 있다. 최소차원관측기 ⑥을 [그림 5.23]과 같은 형식의 블록선도로 나타낸 것이 [그림 5.25]이다.[29]

29) Simulink file인 'example_5_16' 참조

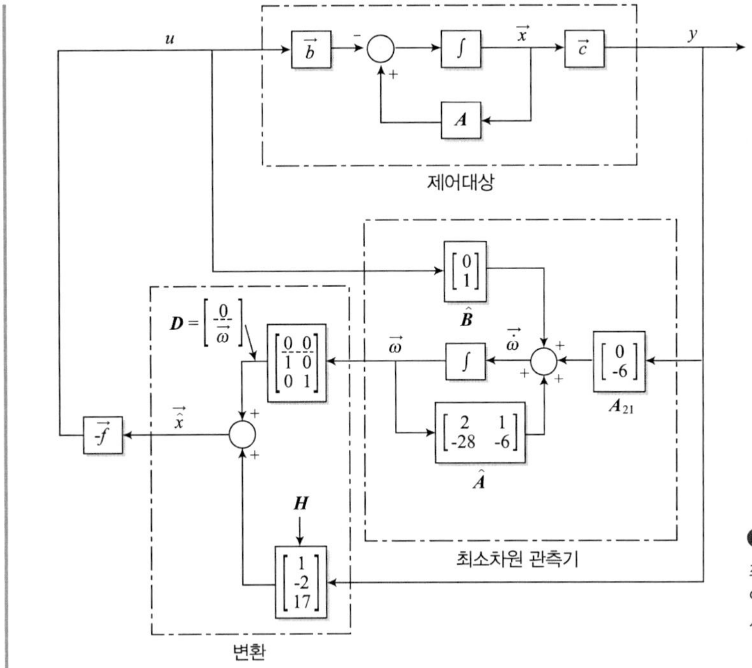

▶ 그림 5.25 최소차원관측기를 이용한 상태피드백 시스템

% [예제 5.16]

```
A=[0 1 0;0 0 1;-6 -11 -6];B=[0 0 1]';
C=[1 0 0];DD=0;
A_hat=[2 1;-28 -6];A21=[0 -6]';
B_hat=[0 1]';H=[1 -2 17]';
D=[0 0;1 0;0 1];
F=acker(A,B,[-5 -6 -7]);
xo=[1 -1 1]';
```

예제 5.17

[예제 5.6]의 시스템

$$\frac{d}{dt}\vec{x}(t)=\begin{bmatrix}-4 & 2 & 0\\ 1 & -3 & 1\\ 0 & 1 & -2\end{bmatrix}\vec{x}(t)+\begin{bmatrix}2\\0\\0\end{bmatrix}u(t) \qquad ①$$

에서 출력으로

$$y(t)=x_3(t)=[0\ \ 0\ \ 1]\,\vec{x}(t) \qquad ②$$

가 주어졌다고 가정한다. 이때 최소차원관측기에 의한 상태피드백을 실현하여 보자.

해 $p=1$이므로 관측기의 차원은 $n-p=3-1=2$로 된다. 이때 관측기의 극을 $\{-7, -8\}$로 하는 최소관측기를 설계한다.

[단계 1] 행렬 $\boldsymbol{W}$의 하나의 예로서

$$\boldsymbol{S}=\begin{bmatrix}\boldsymbol{C}\\ \boldsymbol{W}\end{bmatrix}=\begin{bmatrix}0&0&1\\ \hline 0&1&0\\ 1&0&0\end{bmatrix} \quad ③$$

로 되도록 선택하면 $|\boldsymbol{S}|\neq 0$으로 되어 조건을 만족한다.

[단계 2] 따라서

$$\boldsymbol{S}\boldsymbol{A}\boldsymbol{S}^{-1}=\left[\begin{array}{c|cc}-2&1&0\\ \hline 1&-3&1\\ 0&2&-4\end{array}\right]=\begin{bmatrix}\boldsymbol{A}_{11}&\boldsymbol{A}_{12}\\ \boldsymbol{A}_{21}&\boldsymbol{A}_{22}\end{bmatrix} \quad ④$$

$$\boldsymbol{S}\boldsymbol{B}=\begin{bmatrix}0\\ \hline 0\\ 2\end{bmatrix}=\begin{bmatrix}\boldsymbol{B}_1\\ \boldsymbol{B}_2\end{bmatrix} \quad ⑤$$

로 된다.

[단계 3]

$$\hat{\boldsymbol{A}}=\boldsymbol{A}_{22}-\boldsymbol{L}\boldsymbol{A}_{12}=\begin{bmatrix}-3&1\\ 2&-4\end{bmatrix}-\begin{bmatrix}L_1\\ L_2\end{bmatrix}[1\ \ 0] \quad ⑥$$

의 고유값을 $(-7, -8)$로 하는 $\boldsymbol{L}$을 적당한 방법으로 구하면 다음으로 된다.

$$\boldsymbol{L}=\begin{bmatrix}8\\ 14\end{bmatrix},\ \hat{\boldsymbol{A}}=\begin{bmatrix}-11&1\\ -12&-4\end{bmatrix} \quad ⑦$$

[단계 4] 식 (5.87)로부터 각 행렬을 계산하면

$$\boldsymbol{K}=\begin{bmatrix}-57\\ -124\end{bmatrix},\ \hat{\boldsymbol{B}}=\begin{bmatrix}0\\ 2\end{bmatrix},\ \boldsymbol{D}=\begin{bmatrix}0&1\\ 1&0\\ 0&0\end{bmatrix},\ \boldsymbol{H}=\begin{bmatrix}14\\ 8\\ 1\end{bmatrix} \quad ⑧$$

로 됨을 쉽게 확인할 수 있다. ⑧을 루엔버거 관측기 (5.74)에 대입하면

$$\frac{d}{dt}\begin{bmatrix}\omega_1(t)\\ \omega_2(t)\end{bmatrix}=\begin{bmatrix}-11&1\\ -12&-4\end{bmatrix}\begin{bmatrix}\omega_1(t)\\ \omega_2(t)\end{bmatrix}-\begin{bmatrix}57\\ 124\end{bmatrix}y(t)+\begin{bmatrix}0\\ 2\end{bmatrix}u(t) \quad ⑨$$

$$\vec{\hat{x}}(t)=\begin{bmatrix}0&1\\ 1&0\\ 0&0\end{bmatrix}\begin{bmatrix}\omega_1(t)\\ \omega_2(t)\end{bmatrix}+\begin{bmatrix}14\\ 8\\ 1\end{bmatrix}y(t) \quad ⑩$$

인 최소차원관측기를 얻는다.

여기서 시스템과 이것의 최소차원관측기를 하나의 상태방정식으로 정리하면, 즉 시스템의 상태 $\vec{x}(t)$와 관측기의 상태 $\vec{\omega}(t)$를 묶어서 표현하면 다음으로 된다.

$$\frac{d}{dt}\begin{bmatrix} x_1(t) \\ x_2(t) \\ x_3(t) \\ \omega_1(t) \\ \omega_2(t) \end{bmatrix} = \begin{bmatrix} -4 & 2 & 0 & 0 & 0 \\ 1 & -3 & 1 & 0 & 0 \\ 0 & 1 & -2 & 0 & 0 \\ 0 & 0 & -57 & -11 & 1 \\ 0 & 0 & -124 & -12 & -4 \end{bmatrix} \begin{bmatrix} x_1(t) \\ x_2(t) \\ x_3(t) \\ \omega_1(t) \\ \omega_2(t) \end{bmatrix} + \begin{bmatrix} 2 \\ 0 \\ 0 \\ 0 \\ 2 \end{bmatrix} u(t) \qquad ⑪$$

$$\equiv \boldsymbol{A}_R \vec{x}_\omega(t) + \boldsymbol{B}_R u(t)$$

$$\begin{bmatrix} \hat{x}_1(t) \\ \hat{x}_2(t) \end{bmatrix} = \begin{bmatrix} 0 & 0 & 14 & 0 & 1 \\ 0 & 0 & 8 & 1 & 0 \end{bmatrix} \begin{bmatrix} \vec{x}(t) \\ \vec{\omega}(t) \end{bmatrix} \equiv \boldsymbol{C}_R \vec{x}_\omega(t) \qquad ⑫$$

위와 같이 관측기를 이용하여 상태피드백을 수행하였을 경우, 관측기의 출력, 즉 $\hat{x}_1(t)$과 $\hat{x}_2(t)$를 나타낸 것이 [그림 5.26(a)]이다. 이때 크기가 5 인 계단입력, 즉 $u(t) = 5, (t \geq 0)$이 인가되었으며, 동시에 초기값으로 $\vec{x}(0) = [1, 1, 0]^T$ 및 $\vec{\omega}(0) = \vec{0}$ 로 두었다. 만약 초기값으로 $\vec{x}(0) = [1, 1, 1]^T$ 이 주어졌다면 관측기에 의한 초기오차가 크게 된다는 사실을 [그림 5.26(b)]로부터 확인할 수 있다. 이로부터 관측기의 극을 전부 $-\infty$ 로 가져가면 관측기의 출력이 빠르게 원래의 상태에 수렴할 것 같이 생각되지만 위 결과로부터 알 수 있는 바와 같이, 모든 추정값 $\hat{x}_i(t)$ 에 대하여 $t \to 0$ 근방에서의 추정값의 오차를 크게 하는 초기값 $\vec{x}(0)$ 가 항

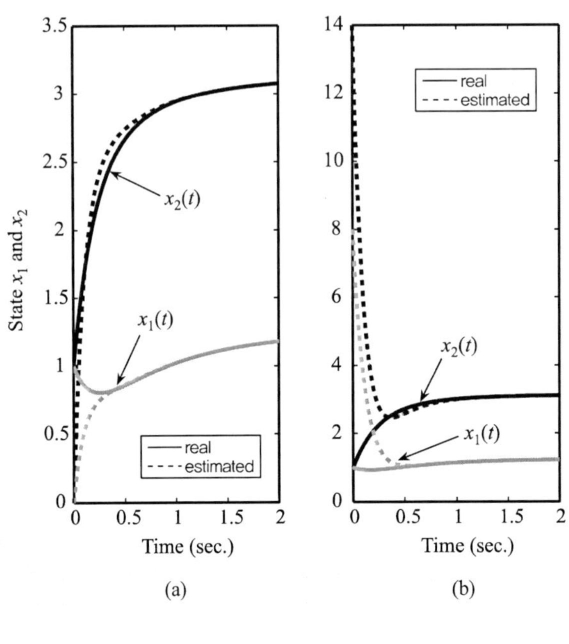

그림 5.26
실제값과 추정값과의 비교

상 존재한다. 따라서 관측기의 극의 절대값을 너무 크게 해서는 안 된다. 이러한 사실은 관측기는 본질적으로 미분기에 가까운 작용을 하고 있다는 것을 시사하고 있다.

또한 [예제 5.6]에서 폐루프의 극을 $\{-5 \pm j2\}$와 $\{-6\}$에 설정하는 피드백벡터가 $\vec{f} = [3.5,\ 15.5,\ 30.5\,]$로 이미 계산되어 있으므로 관측기에 의한 상태피드백은 ⑩에 의해

$$\begin{aligned} u(t) &= -\vec{f}\,\hat{\vec{x}}(t) = -\vec{f}\left(\boldsymbol{D}\vec{\omega}(t) + \boldsymbol{H}\vec{y}(t)\right) \\ &= -\vec{f}\left(\boldsymbol{D}\vec{\omega}(t) + \boldsymbol{H}\vec{c}\,\vec{x}(t)\right) \\ &= -\left[\vec{f}\boldsymbol{H}\vec{c},\ \vec{f}\boldsymbol{D}\right]\begin{bmatrix}\vec{x}(t) \\ \vec{\omega}(t)\end{bmatrix} \equiv -\vec{f}_R\,\vec{x}_\omega(t) \end{aligned} \qquad ⑬$$

로 된다. 여기에 각 계수행렬의 값을 대입하면 실제의 입력은 다음과 같이 표현되며, 이 경우의 제어시스템 구성도를 [그림 5.27]에 나타내었다.

$$u(t) = -15.5\,\omega_1(t) - 3.5\omega_2(t) - 203.5\,y(t)$$

따라서 ⑪, ⑫의 상태방정식에 ⑬의 피드백을 적용하여 얻어진 폐루프시스템은

$$\frac{d}{dt}\begin{bmatrix}\vec{x}(t) \\ \vec{\omega}(t)\end{bmatrix} = \begin{bmatrix} -4 & 2 & -407 & -31 & -7 \\ 1 & -3 & 1 & 0 & 0 \\ 0 & 1 & -2 & 0 & 0 \\ 0 & 0 & -57 & -11 & 1 \\ 0 & 0 & -531 & -43 & -11 \end{bmatrix}\begin{bmatrix}\vec{x}(t) \\ \vec{\omega}(t)\end{bmatrix} \qquad ⑭$$

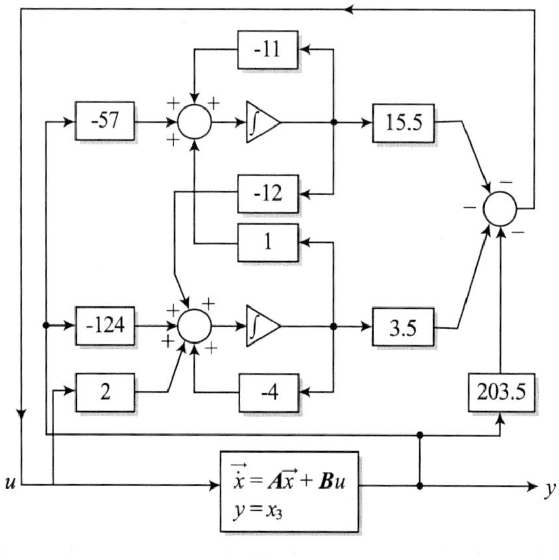

그림 5.27
제어시스템의 구성도

로 된다. 여기서 다시 초기값으로 $\vec{x}(0) = [1,1,0]^T$ 및 $\vec{\omega}(0) = \vec{0}$ 로 두고 관측기에 의한 피드백시스템의 상태 $\vec{x}(t)$ 는 [그림 5.28]로 된다. 이 결과를 전 상태가 관측이 가능한 경우와 비교하여 보면 전체적으로 응답은 약간 늦어지지만 레귤레이터로서의 목적은 충분히 달성되고 있음을 알 수 있다. 단 위에서 언급한 바와 같이 초기값이 $\vec{x}(0) = [1,1,1]^T$ 로 주어진 경우에는 관측기에 의한 상태의 초기오차가 크게 되기 때문에 출력상태인 $x_1(t)$ 와 $x_2(t)$ 의 진폭이 증가하므로, 전 상태가 관측이 가능한 경우에 비하여 제어효과는 악화된다.[30]

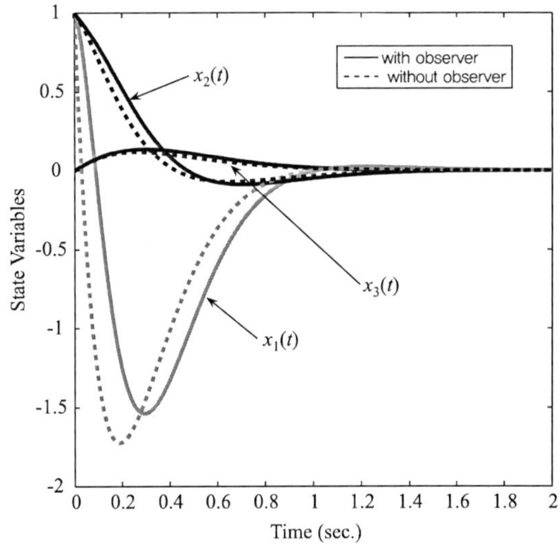

그림 5.28 응답의 비교

```
% [예제 5.17] - part I
A=[-4 2 0;1 -3 1;0 1 -2];b=[2 0 0]';c=[0 0 1];d=0;  % ①, ②의 입력
W=[0 1 0;1 0 0];S=[c;W];At=S*A/S; Bt=S*b;          % ③, ④, ⑤의 계산
P=[-7 -8];L=acker(At(2:3,2:3)',At(1,2:3)',P);L=L' % ⑥, ⑦의 계산
Ah=At(2:3,2:3)-L*At(1,2:3), K=Ah*L+At(2:3,1)-L*At(1,1) % ⑧의 각 행렬계산
Bh=-L*Bt(1,1)+Bt(2:3,1), D=S\[0 0;1 0;0 1];H=S\[1;L]
```

```
% [예제 5.17] - part II  (관측기를 이용한 상태피드백)
AR=[-4 2 0 0 0; 1 -3 1 0 0; 0 1 -2 0 0; 0 0 -57 -11 1; 0 0 -124 -12 -4];
BR=[2 0 0 0 2]';CR=[0 0 14 0 1; 0 0 8 1 0];DR=[0 0]'; % ⑪,⑫의 입력
sysR=ss(AR, BR, CR, DR);                  % ⑪,⑫의 LTI object로 표현
t_axis=0:0.01:2;                          % [그림 5.26]을 위한 시간축(x-축)의 지정
```

30) Simulink file인 'example_5_17' 참조

```
t_number=max(size(t_axis));
input_u=ones(t_number,1)*5;              % 크기가 5인 계단입력함수의 생성
xwo=[1 1 0 0 0]';                        % 초기값 x_w(0)의 인가
[y,t_axis,x]=lsim(sysR,input_u,t_axis,xwo); % 명령어 'lsim'을 이용한 출력
                                            % 계산
subplot(1,2,1)
plot(t_axis,x(:,1),'-',t_axis,y(:,1),':') % 화면을 분할하여 [그림 5.26(a)],
                                          % 즉 x_1(t)
xlabel('Time (sec.)'), ylabel('State x_1 and x_2')
legend('실제값','추정된 값',4)             % 기호의 설명표를 입력한다.
hold on, plot(t_axis,x(:,1:2),'-',t_axis,y,':'), hold off  % [그림 5.26(a)],
                                                            % 즉 x_2(t)
```

% [예제 5.17] – part III : 초기값 $\vec{x}_w(0) = [1\ \ 1\ 1\ 0\ 0]^T$ =[1 1 1]인 경우

```
xwo=[1 1 1 0 0]';
[y,t_axis,x]=lsim(sysR,input_u,t_axis,xwo); % 명령어 'lsim'을 이용한 출력
                                            % 계산
subplot(1,2,2)
plot(t_axis,x(:,1),'-',t_axis,y(:,1),':')       % [그림 5.26(b)], 즉 x_1(t)
xlabel('Time (sec.)'), ylabel('State x_1 and x_2 ')
legend('실제값','추정된 값', 1)
hold on, plot(t_axis,x(:,1:2),'-',t_axis,y,':')  % [그림 5.26(b)], 즉 x_2(t)
hold off, subplot
% 관측기를 이용한 레귤레이터
fR=[f*H*c f*D];f=[3.5 15.5 30.5];      % ⑬과 상태피드백 f의 입력
% ⑪에 ⑬을 이용한 피드백의 적용하여 ⑭의 행렬표시 계산
ARf=AR-BR*fR, CRf=[eye(3) zeros(3,2)];
sys_obsv=ss(ARf,[],CRf,[]); % ⑭에서 행렬 B, D는 필요하지 않기 때문에 []로 표시
t_axis=0:0.01:2;
xo_obsv=[1 1 0 0 0]';                  % 초기값의 입력
% 입력이 zero인 경우의 초기값에 의한 출력의 계산 –명령어 'initial' 사용
[y_obsv,t_axis,x_obsv]=initial(sys_obsv,xo_obsv,t_axis);
% 관측기를 사용하지 않은 레귤레이터
C=[1 0 0; 0 1 0; 0 0 1];               % y(t)=x(t)로 두기 위해 C=I_3 으로 둔다
sys=ss(A-b*f, [], C, []);              % 관측기를 사용하지 않는 상태피드백
xo=[1 1 0]';                           % 초기값
[y,t_axis,x]=initial(sys,xo,t_axis);
plot(t_axis,y_obsv(:,1),'-',t_axis,y(:,1),':') % [그림 5.28]의 작성
xlabel('Time (sec.)'), ylabel('State Variables')
```

```
legend('관측기의 사용 ',' 관측기 사용 않음', 0)
hold on, plot(t_axis,y_obsv,'-',t_axis,y,':'),hold off
```

동일차원관측기와 최소차원관측기의 출력을 이용한 상태피드백을 각각 실현하여 두 시스템 사이의 차이점을 확인하여 보자.

예제 5.18

[그림 5.29]의 블록선도로 주어진 시스템에서 '관측기+제어기 (observer controller)'부분을 두 개의 관측기, 즉 동일차원관측기 및 최소차원관측기로 실현하여 보자. 단 폐루프의 극이 $s_{1,2}=-2\pm j2\sqrt{3}$ 으로 되도록 상태피드백 이득을 설정한다.

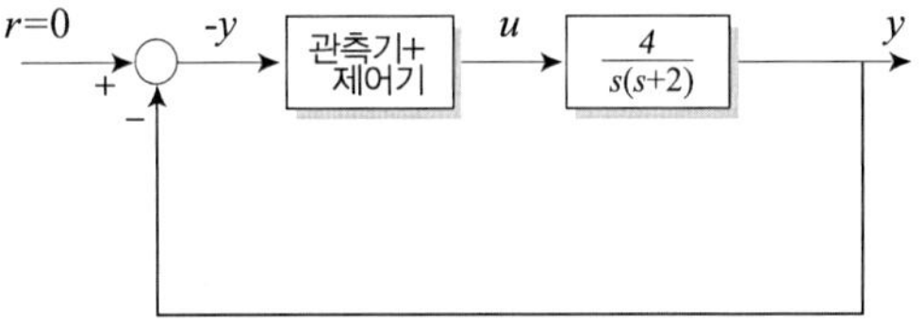

그림 5.29 레귤레이터의 구성

해 먼저 두 종류의 관측기의 극은 각각 (a) 동일차원관측기의 경우 $s=-8,-8$, (b) 최소차원관측기의 경우 $s=-8$ 이 되도록 관측기를 각각 설계한다. 이때 (a) 동일차원관측기의 경우 초기값을 $\hat{x}_1(0)=1, \hat{x}_2(0)=0$, (b) 최소차원관측기의 경우 초기값을 $\hat{x}_1(0)=1$로 두고 시뮬레이션을 실행하여 그 결과를 비교한다.

먼저 전달함수로 주어진 시스템을 상태방정식 표현으로 전환한다. 이 경우 상태변수로서

$$x_1=y, x_2=\dot{y}$$

로 정의하면 제어대상의 상태방정식은

$$\dot{\vec{x}}(t)=\begin{bmatrix}0 & 1\\ 0 & -2\end{bmatrix}\vec{x}(t)+\begin{bmatrix}0\\ 4\end{bmatrix}u(t),\ y(t)=[1\quad 0]\,\vec{x}(t) \qquad ①$$

로 된다. 이 경우 폐루프의 극이 $s_{1,2}=-2\pm j2\sqrt{3}$ 로 되기 위한 상태피드백 이득은(MATLAB 프로그램 참조) 다음으로 된다.

$$\vec{f}=[4\quad 0.5]$$

다음으로 동일차원관측기의 극을 $s=-8,-8$ 로 가져가는 관측기의 이득은

$$\vec{k}_f=\begin{bmatrix}14\\ 36\end{bmatrix}$$

로 주어진다. 초기값에 대한 시뮬레이션을 수행하기 위하여 식 (5.64a)를 참고하여 동일차원관측기를 사용한 상태피드백을 실현하면 다음 식을 얻는다.

$$\frac{d}{dt}\begin{bmatrix}\vec{x}(t)\\ \vec{e}(t)\end{bmatrix}=\begin{bmatrix}\boldsymbol{A}-\vec{b}\vec{f} & -\vec{b}\vec{f}\\ 0 & \boldsymbol{A}-\vec{k}_f\vec{c}\end{bmatrix}\begin{bmatrix}\vec{x}(t)\\ \vec{e}(t)\end{bmatrix} \quad ②$$

이에 대한 결과를 [그림 5.30]에 나타내었다. 다음 식 (5.73)을 이용하여 '제어기+관측기'의 전달함수를 구하면

$$\vec{f}\left(s\boldsymbol{I}-\boldsymbol{A}+\vec{k}_f\vec{c}+\vec{b}\vec{f}\right)^{-1}\vec{k}_c=\frac{74s+256}{s^2+18s+108} \quad ③$$

$$=\frac{74(s+3.4595)}{(s+9+j5.1962)(s+9-j5.1962)}$$

로 된다.

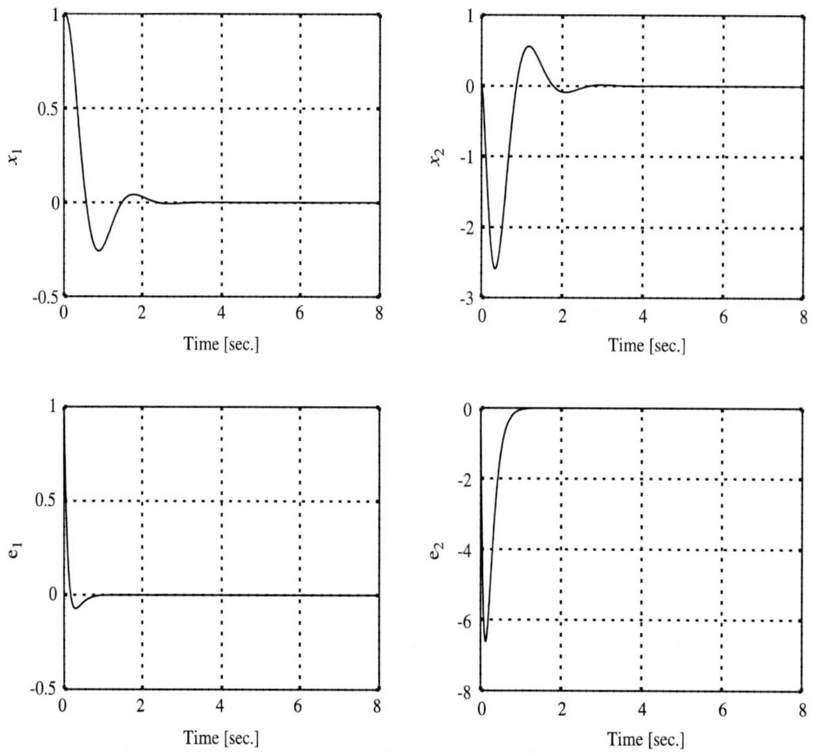

그림 5.30 동일차원관측기를 이용한 결과

(b) 다음 최소차원 관측기를 사용한 경우 관측기의 이득을 5.5.2절의 최소차원관측기 설계법을 이용하여 계산하여 보자. 이 경우 $\vec{c}=[1\ \ 0]$ 이므로 $W=[0\ \ 1]$로 두면 식 (5.84)의 행렬 $\boldsymbol{S}$는 단위행렬로 되어 계산이 간단해진다. 즉 식 (5.86)으로부터 L을 계산하면 관측기의 이득은

$$\hat{\boldsymbol{A}}=A_{22}-LA_{12}=-2-L\cdot 1=-8 \rightarrow L=6$$

으로 된다. 또한 식 (5.87)로부터

$$K=-48, \hat{B}=4, D=\begin{bmatrix}0\\1\end{bmatrix}, H=\begin{bmatrix}1\\6\end{bmatrix} \qquad ④$$

를 각각 얻는다. 다음 $u(t)=-\vec{f}\,\hat{\vec{x}}(t)$를 ①에 대입하면

$$\begin{aligned}\dot{\vec{x}}(t)&=\boldsymbol{A}\vec{x}(t)-\vec{b}\vec{f}\hat{\vec{x}}(t)=\boldsymbol{A}\vec{x}(t)-\vec{b}\vec{f}\vec{x}(t)+\vec{b}\vec{f}\{\vec{x}(t)-\hat{\vec{x}}(t)\} \qquad ⑤\\&=(\boldsymbol{A}-\vec{b}\vec{f})\vec{x}(t)+\vec{b}\,[f_1\ \ f_2]\begin{bmatrix}0\\e(t)\end{bmatrix}\\&=(\boldsymbol{A}-\vec{b}\vec{f})\vec{x}(t)+\vec{b}f_2e(t)\end{aligned}$$

가 얻어진다. 상기 시스템의 경우 두 개의 상태 중에서 $x_1(t)$은 출력으로부터 바로 얻어지므로 최소차원관측기로는 $x_2(t)$의 추정값 $\hat{x}_2(t)$을 계산한다. 따라서 관측오차는

$$e(t)=x_1(t)-\hat{x}_1(t)$$

로 된다. 이때 관측오차에 관한 식은 식 (5.80)으로부터

$$\dot{e}(t)=\hat{A}\,e(t) \qquad ⑥$$

으로 된다. ⑤와 ⑥을 하나의 식으로 나타내면 다음과 같다.

$$\frac{d}{dt}\begin{bmatrix}\vec{x}(t)\\\vec{e}(t)\end{bmatrix}=\begin{bmatrix}\boldsymbol{A}-\vec{b}\vec{f} & \vec{b}f_2\\0 & \hat{A}\end{bmatrix}\begin{bmatrix}\vec{x}(t)\\\vec{e}(t)\end{bmatrix} \qquad ⑦$$

⑦을 기준하여 주어진 초기값에 대한 시뮬레이션을 수행한 결과가 [그림 5.31]이다[31].

31) Simulink file 'example_5_18' 참조.

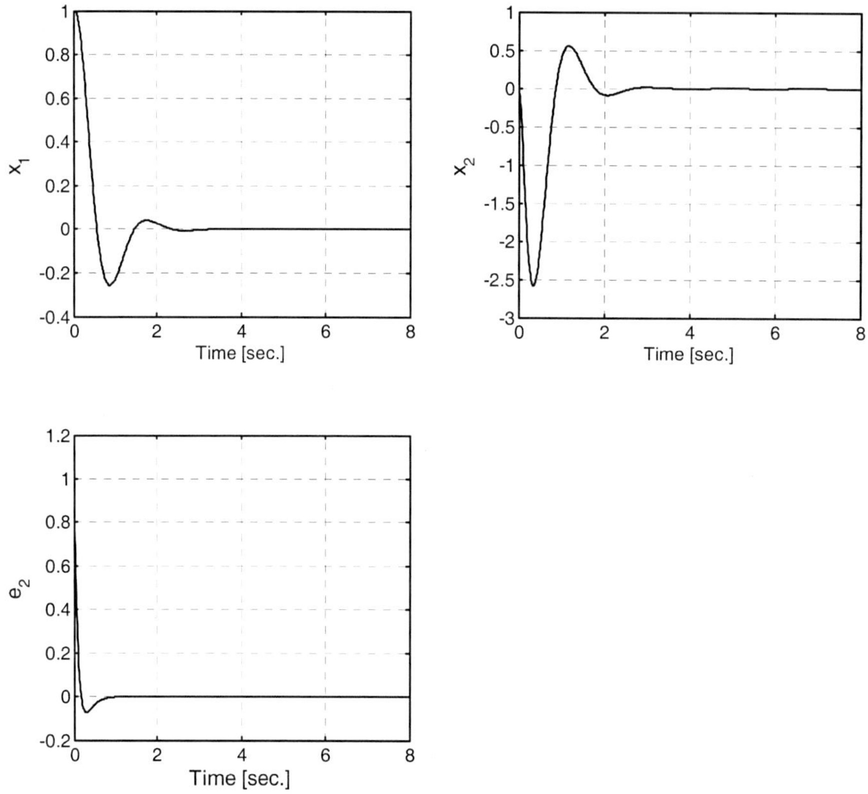

그림 5.31 최소차원관측기를 이용한 결과

다음 최소차원관측기를 사용한 경우의 '제어기+관측기'의 전달함수는 식 (5.74)와 $u(t)= -\vec{f}\,\vec{\hat{x}}(t)$ 로부터 $-u(s)/y(s)$를 유도하면 된다. 이를 위해 먼저 식 (5.74a, b)를 라플라스 변환하여 중간변수인 $\omega(t)$와 $\hat{x}(t)$를 소거한다. 즉 식 (5.74a)로부터

$$\omega(s)= \left(s-\hat{A}\right)^{-1}Ky(s)+\left(s-\hat{A}\right)^{-1}\hat{B}u(s) \qquad ⑧$$

$$\hat{x}(t)= D\omega(s)+Hy(s) \qquad ⑨$$

이다. 여기서 $\mathcal{L}\left[\omega(t)\right]\equiv\omega(s)$, $\mathcal{L}\left[y(t)\right]\equiv y(s)$, $\mathcal{L}\left[u(t)\right]\equiv u(s)$로 두었다. ⑧의 경우 $\omega(t)$가 스칼라이라는 점에 유의한다. ⑧, ⑨를 $u(s)= -\vec{f}\,\vec{\hat{x}}(s)$ 에 대입하여 정리한다. 즉

$$u(s)= -\vec{f}\left\{D\left(s-\hat{A}\right)^{-1}Ky(s)+H\right\}y(s)-\vec{f}\,D\left(s-\hat{A}\right)^{-1}\hat{B}u(s) \qquad ⑩$$

$$\rightarrow \frac{u(s)}{y(s)}= -\frac{\vec{f}\left\{D\left(s-\hat{A}\right)^{-1}Ky(s)+H\right\}}{1+\vec{f}\,D\left(s-\hat{A}\right)^{-1}\hat{B}}$$

$$= -\frac{(7s+32)}{(s+10)} = -\frac{7(s+4.5714)}{s+10}$$

가 얻어진다. ⑩으로부터 '제어기+관측기'는 진상보상기의 역할을 하고 있는 것을 알 수 있다.

동일차원관측기를 사용한 시스템1과 최소차원관측기를 사용하여 피드백을 수행한 시스템2의 보드선도를 [그림 5.32]에 나타내었다. 그림으로부터 시스템2의 대역폭이 시스템1의 그것보다 너 넓으며, 시스템1은 시스템2보다 고주파영역에서 잡음제거 특성이 양호하다는 사실 등을 확인할 수 있다. 시스템1과 2의 전달함수는 각각 다음과 같다.

$$G_1(s) = \frac{(296s+1024)}{(s^4+20s^3+144s^2+512s+1024)}$$

$$G_2(s) = \frac{(28s+128)}{(s^3+12s^2+48s+128)}$$

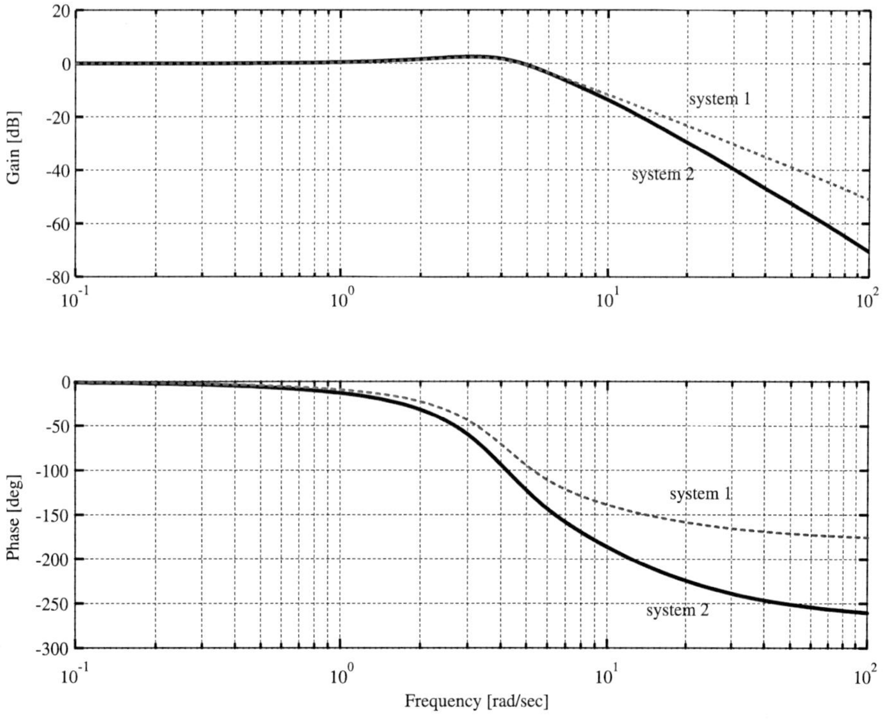

그림 5.32 시스템1과 시스템2의 보드선도

% [예제 5.18] – [그림 5.30]

```
A=[0 1;0 -2];B=[0 4]';C=[1 0];D=0;
p=[-2+j*2*sqrt(3) -2-j*2*sqrt(3)];
po=[-8 -8];
f=acker(A,B,p)                                  % 레귤레이터의 피드백이득
kf=acker(A',C',po)'                             % 동일차원관측기의 이득
% response to initial condition - full-order observer
AA=[A-B*f B*f;zeros(2,2) A-kf*C];
sys=ss(AA,eye(4),eye(4),eye(4));
t=0:0.01:8;
x=initial(sys,[1 0 1 0]',t);
x1=[1 0 0 0]*x';
x2=[0 1 0 0]*x';
x3=[0 0 1 0]*x';
x4=[0 0 0 4]*x';

subplot(221),plot(t,x1);grid
xlabel('Time [sec.]'),ylabel(' x_1 ')
subplot(222),plot(t,x2);grid
xlabel('Time [sec.]'),ylabel(' x_2 ')
subplot(223),plot(t,x3);grid
xlabel('Time [sec.]'),ylabel(' x_3 ')
subplot(224),plot(t,x4);grid
xlabel('Time [sec.]'),ylabel(' x_4 ')
% determination of transfer function of observer-controller
% - full-order
[num1,den1]=ss2tf(A-kf*C-B*f,kf,f,0)
```

% [예제 5.18] – [그림 5.31]

```
% 최소차원관측기의 이득
A12=A(1,2);A22=A(2,2);A11=A(1,1);A21=A(2,1);Ahat=-8;
L=acker(A22',A12',-8) % L=6의 확인
f1=f(1);f2=f(2);
AA=[A-B*f B*f2;zeros(1,2) A22-L*A12];
sys=ss(AA,eye(3),eye(3),eye(3));
x=initial(sys,[1 0 1]',t);

subplot(221),plot(t,x1);grid
xlabel('Time [sec.]'),ylabel(' x_1 ')
```

```
subplot(222),plot(t,x2);grid
xlabel('Time [sec.]'),ylabel(' x_2 ')
subplot(223),plot(t,x3);grid
xlabel('Time [sec.]'),ylabel(' x_3 ')

% Determination of transfer function of observer-controller
% - minimum-order
B1=B(1);B2=B(2);
Ahat=A22-L*A12;
Bhat=Ahat*L+A21-L*A11;
Fhat=B2-L*B1;
Atilde=Ahat-Fhat*f2;
Btilde=Bhat-Fhat*(f1+f2*L);
Ctilde=-f2;
Dtilde=-(f1+f2*L);
[num,den]=ss2tf(Atilde,Btilde,Ctilde,Dtilde)
```

% [예제 5.18] – [그림 5.32]

```
sys1=tf([296 1024],[1 20 144 512 1024]);
sys2=tf([28 128],[1 12 48 128]);
w=logspace(-1,2,100);
[mag1,phase1,w]=bode([296 1024],[1 20 144 512 1024],w);
[mag2,phase2,w]=bode([28 128],[1 12 48 128],w);
mag1dB=20*log10(mag1);
mag2dB=20*log10(mag2);
subplot(211),semilogx(w,mag1dB,w,mag2dB,'.-'),grid
ylabel(' Gain [dB]')
subplot(212),semilogx(w,phase1,w,phase2,'.-'),grid
xlabel(' Frequency [rad/sec]')
ylabel(' Phase [deg]')
```

마지막으로 5.3.3절에서 언급한 바와 같이 시스템에 잡음이 존재하는 경우에 관측기를 이용한 상태피드백을 시스템을 구성하여보자. 이와 같은 경우, 말할 필요도 없이 관측기에 의한 추정값 $\vec{\hat{x}}(t)$ 는 잡음의 영향으로 인하여 실제값 $\vec{x}(t)$ 에 수렴하지 못하게 될 것이다(즉 오차 $\vec{e}(t)=\vec{\hat{x}}(t)-\vec{x}(t)$ 가 존재한다). 이 결과 $\vec{u}(t)=-\boldsymbol{F}\vec{\hat{x}}(t)$ 의 상태피드백에 의해 원래의 제어목적을 만족시키지 못하는 경우가 발생할 수 있다. 이것을 아래의 예제로서 확인해 보자.

예제 5.19

식 (5.36)과 같이 잡음을 동반하는 시스템을 다음과 같이 정의한다.

$$\frac{d}{dt}\vec{x}(t) = \boldsymbol{A}\vec{x}(t) + \vec{b}\,u(t) + \vec{g}\,v(t) \qquad ①$$

$$y(t) = \vec{c}\,\vec{x}(t) + w(t) \qquad ②$$

$$\boldsymbol{A} = \begin{bmatrix} 0 & 1 & 0 \\ 0 & 0 & 4.438 \\ 0 & -12 & -24 \end{bmatrix},\ \vec{b} = \begin{bmatrix} 0 \\ 0 \\ 20 \end{bmatrix},\ \vec{g} = \begin{bmatrix} 0 \\ -7.396 \\ 0 \end{bmatrix},\ \vec{c} = [1\ 0\ 0]$$

위 식에서 v 는 일정한 크기의 시스템 외란이며, w 는 측정잡음이라고 한다. 이 시스템에 대하여 관측기를 이용한 상태피드백제어를 생각해 보자.

해 먼저 ①로 주어진 제어대상을 안정화하는 피드백행렬 $\vec{f}$ 를 적당한 방법으로 설계하여 다음과 같이 둔다.

$$\vec{f} = [2.7490,\ 0.5379,\ -0.5] \qquad ③$$

여기서 관측기의 이득행렬을 역시 전 절의 방법으로 계산하여

$$\vec{k} = \begin{bmatrix} -7 \\ 259.7 \\ -1224.9 \end{bmatrix} \qquad ④$$

로 둔다. 이에 대해 관측잡음 w 와 외란 v 의 크기를 적당히 변화시켜 시뮬레이션을 수행한 결과가 [그림 5.33]이다. 그림에서 보는 바와 같이 관측잡음만이 시스템에 존재할 경우에는 그 크기에 관계없이 제어대상 자체가 가지고 있는 적분특성으로 인하여 $\hat{\vec{x}}(t)$ 와 $\vec{x}(t)$ 사이에 차이가 존재함에도 불구하고 시간이 경과함에 따라 출력은 영으로 수렴하고 있다. 그러나 제어대상의 입력단에 외란이 인가되면 출력은 영으로 수렴하지 못하고 일정한 크기의 오차를 남기는 것을 알 수 있다. 이와 같이 외란이나 잡음과 같은 외부신호가 출력에 미치는 영향은 그 외부신호가 시스템에 인가되는 위치에 따라서 커다란 차이가 있음을 알 수 있다.[32)]

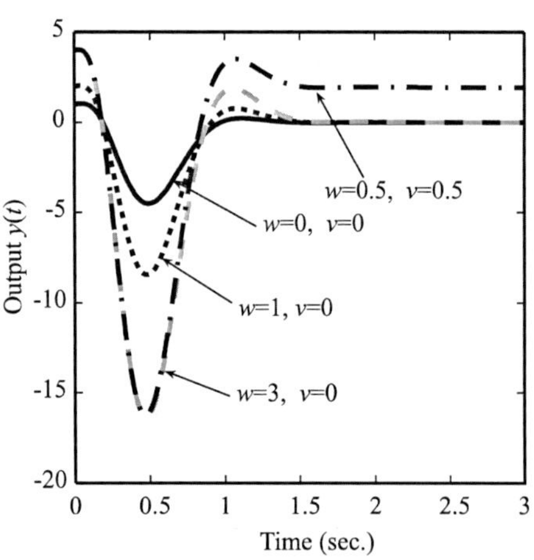

그림 5.33 [예제 5.17]의 출력 $y(t)$

위 예제에 대한 MATLAB 프로그램은 다음과 같이 작성한다. 즉 제어대상 ①, ②와 동일차원관측기의 식

$$\frac{d}{dt}\hat{\vec{x}}(t) = (\boldsymbol{A} - \vec{k}\,\vec{c}\,)\hat{\vec{x}}(t) + \vec{k}\,y(t) + \vec{b}\,u(t) \qquad ⑤$$

에서 $\vec{u}(t) = -\vec{f}\,\hat{\vec{x}}(t)$를 대입하여 전개하여 얻어진 확대상태방정식

$$\frac{d}{dt}\begin{bmatrix}\vec{x}(t)\\ \hat{\vec{x}}(t)\end{bmatrix} = \begin{bmatrix}\boldsymbol{A} & -\vec{b}\vec{f}\\ \vec{k}\vec{c} & \boldsymbol{A}-\vec{k}\vec{c}-\vec{b}\vec{f}\end{bmatrix}\begin{bmatrix}\vec{x}(t)\\ \hat{\vec{x}}(t)\end{bmatrix} + \begin{bmatrix}\vec{g} & 0\\ 0 & \vec{k}\end{bmatrix}\begin{bmatrix}v\\ w\end{bmatrix} \qquad ⑥$$

$$y(t) = [\,\vec{c}\,,\ \vec{0}\,]\begin{bmatrix}\vec{x}(t)\\ \hat{\vec{x}}(t)\end{bmatrix} + [\,0, 1\,]\begin{bmatrix}v\\ w\end{bmatrix} \qquad ⑦$$

에 대하여 시뮬레이션을 수행하여 출력 $y(t)$를 나타낸 것이 [그림 5.33]이다.

% [예제 5.17]

```
A=[0 1 0; 0 0 4.438; 0 -12 -24]; b=[0 0 20]';
g=[0 -7.396 0]';c=[1 0 0];d=0;               % ①,②의 입력
P1=[-4 -5+j*6 -5-j*6]';                      % 페루프의 극점을 지정
f=place(A,b,P1);                             % 피드백 벡터의 결정
P2=[-5 -6+j*7 -6-j*7]';                      % 동일차원관측기의 극점
k=place(A',c',P2); k=k';                     % 관측기의 이득결정
% 확대방정식
A_aug=[A,-b*f; k*c,A-k*c-b*f];               % ⑥의 입력
B_aug=[g zeros(3,1); zeros(3,1) k];
C_aug=[c zeros(1,3)]; D_aug=[0 1];           % ⑦의 입력
sys_aug=ss(A_aug, B_aug, C_aug, D_aug);
t_axis=0:0.01:3; t_num=max(size(t_axis)); % 시간축의 결정
xo=[1 1 0 0 0 0]';                           % 시스템의 초기값
% 잡음과 외란이 없을 경우의 출력계산
input_u=zeros(t_num,2);                      % ⑥의 입력 [v,w]^T 의 결정
[y,t_axis,x]=lsim(sys_aug,input_u,t_axis,xo);
% 일정크기의 외란과 잡음이 있을 경우
input_u(:,2)=ones(t_num,1)*1;                % 잡음의 크기 w=1 인 경우
[y_nos1,t_axis,x_nos]=lsim(sys_aug,input_u,t_axis,xo);
input_u(:,2)=ones(t_num,1)*3;                % 잡음의 크기 w=3 인 경우
[y_nos2,t_axis,x_nos]=lsim(sys_aug,input_u,t_axis,xo);
```

32) Simulink file인 'example_5_19' 참조.

```
input_u(:,1)=ones(t_num,1)*0.5;                  % v와 w가 동시에 존재하는 경우
[y_all,t_axis,x_all]=lsim(sys_aug,input_u,t_axis,xo);
plot(t_axis,y,'-',t_axis,y_nos1,':',t_axis,y_nos2,'--',t_axis,y_all,'-.')
xlabel(' Time (sec.) '),ylabel(' Output y(t) ') % [그림 5.33]
```

상기 예제와 같이 관측잡음이나 외란이 존재하는 경우의 관측기 설계법으로 칼만필터가 알려져 있다.

연 습 문 제

5.1 SISO시스템의 전달함수가 다음과 같이 주어져 있다.

$$G(s)=\frac{4}{s(0.2s+1)(0.05s+1)}$$

(a) 상태방정식의 형태로 고쳐라.
(b) 폐루프의 극점을 $\{-1,-2\pm j4\}$로 이동시킬 수 있는 상태피드백이득벡터 $\vec{f}$ 를 계산하라.

5.2 다음과 같은 시스템이 주어져 있다. 각 물음에 답하라.

$$\dot{\vec{x}}=\begin{bmatrix}0 & 1\\ -1 & -1\end{bmatrix}\vec{x}+\begin{bmatrix}0\\ 1\end{bmatrix}u$$

$$y=[\,1\quad 1\,]\vec{x}$$

(a) 전달함수 y/u 를 계산하라.
(b) 외부입력으로서 u_{ex} 를 인가하여 제어입력으로서 $u=-[f_1\quad f_2]\vec{x}+u_{ex}$ 를 사용하였을 경우, 위 시스템에 대한 상태방정식을 구하라.
(c) 전달함수 y/u_{ex} 를 계산하고 이 전달함수의 영점은 위 (a)번에서 구한 전달함수의 영점과 일치함을 보여라.

5.3 다음과 같이 주어진 시스템에 대해 위 [문제 5.1]을 되풀이하라.

$$\dot{\vec{x}}=\begin{bmatrix}0 & 1\\ 0 & 0\end{bmatrix}\vec{x}+\begin{bmatrix}1\\ -1\end{bmatrix}u$$

$$y=[\,1\quad 0\,]\vec{x}$$

5.4 [문제 5.1]의 시스템이 가제어하다는 것을 보이고 이 가제어성은 [문제 5.1(b)]에서 어떤 f_1 과 f_2 값을 이용한 피드백제어 입력 u 에 의해서도 그대로 유지된다는 것을 증명하라.

5.5 [문제 5.3]을 [문제 5.2]의 시스템에 대해서 반복하라.

5.6 시스템이 다음과 같이 주어져 있다.

$$\dot{\vec{x}}=\begin{bmatrix}0 & 1\\ 0 & -1\end{bmatrix}\vec{x}+\begin{bmatrix}-1\\ 1\end{bmatrix}u$$

(a) 이 시스템은 불가제어하다는 것을 보이고 불가제어한 모드를 계산하라.
(b) 제어입력으로서 $u=-[f_1\quad f_2]\vec{x}+u_{ex}$ 를 사용하였을 경우의 상태방정식을 구하라. 단 여기서 u_{ex} 는 외부입력이다.
(c) 피드백을 수행한 시스템 (b)이 f_1 과 f_2 의 값에 관계없이 항상 불가제어하고 동시에 불가제어모드는 원래의 시스템과 동일하다는 것을 증명하라.
(d) 출력으로 $y=[c_1\quad c_2]\vec{x}$ 로 두었을 경우 전달함수 y/u_{ex} 를 계산하고 이때 어떤 c_1, c_2, f_1 및 f_2 를 사용한다고 하더라도 전달함수의 계산과정에서 극-영점소거가 반드시 발생한다는 것을 보여라.

5.7 위 [문제 5.1]에서 피드백에 의한 폐루프 시스템의 극점을 $\{s=-1,-1\}$ 로 이동시키고자 한다. 이를 위한 피드백계수를 아래의 두 가지 방식으로 계산해 보라.
(a) [문제 5.1]의 전달함수 $G(s)$를 이용한다. 즉 원하는 폐루프의 극점을 얻을 수 있도록 전달함수의 분모를 조정하

여 변수 f_1 과 f_2 를 구한다.

(b) 본문 5.2절에서 사용한 방식을 이용한다.

5.8 다음의 시스템

$$\dot{\vec{x}} = \begin{bmatrix} 0 & 1 & 0 \\ 0 & -1 & 1 \\ 0 & -1 & 2 \end{bmatrix} \vec{x} + \begin{bmatrix} 0 \\ 0 \\ 1 \end{bmatrix} u$$

에 대하여

(a) 가제어성의 여부를 확인하라.

(b) 세 개의 극점을 $\{-2, -1 \pm j\}$ 로 이동시키는 상태피드백계수를 적당한 방법으로 구하라.

5.9 다음과 같이 주어진 2개의 입력을 가지는 시스템에 대해서, 먼저 이 시스템의 가제어표준형식을 구한 뒤 극점을 $\{-10, -10, -10 \pm j10\}$ 으로 설정하는 피드백이득행렬 $\boldsymbol{F}$ 를 하나 구해 보라.

$$\dot{\vec{x}} = \begin{bmatrix} -4 & 2 & 0 & 0 \\ 1 & -3 & 1 & 0 \\ 0 & 1 & -3 & 1 \\ 0 & 0 & 1 & -2 \end{bmatrix} \vec{x} + \begin{bmatrix} 1 & 0 \\ 0 & 1 \\ 0 & 0 \\ 0 & 0 \end{bmatrix} \vec{u}$$

5.10 $(\boldsymbol{A}, \boldsymbol{B})$ 가 가제어(또는 $(\boldsymbol{C}, \boldsymbol{A})$ 가 가관측)일 때 어떠한 $\boldsymbol{F}$(혹은 $\boldsymbol{K}$)에 대해서도 $(\boldsymbol{A}-\boldsymbol{BF}, \boldsymbol{B})$ 가 가제어(또는 $(\boldsymbol{C}, \boldsymbol{A}-\boldsymbol{KC})$ 가 가관측)로 됨을 증명하라. 이것은 피드백에 의해서도 원래 시스템의 가제어성은 불변이라는 것을 나타내고 있다.

5.11 모든 s 에 대해 시스템행렬 $P(s)$ 와

$$\boldsymbol{P}'(s) = \begin{bmatrix} \boldsymbol{A}-\boldsymbol{BF}-s\boldsymbol{I}, & \boldsymbol{B} \\ \boldsymbol{C}, & \boldsymbol{0} \end{bmatrix}$$

의 랭크가 같음을 증명하라. 이것은 본문(제3장)에서 이미 언급한 바와 같이 피드백에 의해서 불변영점이 변화되지 않음을 증명하기 위한 또 하나의 방법이다.
(**힌트**: $\boldsymbol{P}'(s)$ 를 두 개 행렬의 곱으로 분해할 것)

5.12 [그림 P5.12]와 같이 주어진 상태피드백과 출력피드백에 대해 생각해 보자. 임의로 주어진 행렬 $\boldsymbol{H}$ 에 대해서 식 $\boldsymbol{F}\vec{x} = \boldsymbol{HC}\vec{x}$ 를 만족하는 행렬 $\boldsymbol{F}$ 가 항상 존재한다는 것을 보여라. 또한 행렬 $\boldsymbol{C}$ 에 관해 어떠한 조건이 부과되면 임의로 주어진 행렬 $\boldsymbol{F}$ 에 대해 $\boldsymbol{F} = \boldsymbol{HC}$ 를 성립시키는 행렬 $\boldsymbol{H}$ 가 항상 존재하는가. 단 각 행렬의 크기는 $\boldsymbol{C}$: $(p \times n)$, $\boldsymbol{F}$: $(m \times n)$, $\boldsymbol{H}$: $(m \times p)$ 로 주어지며, 일반적으로 $n \geq p$ 이다.

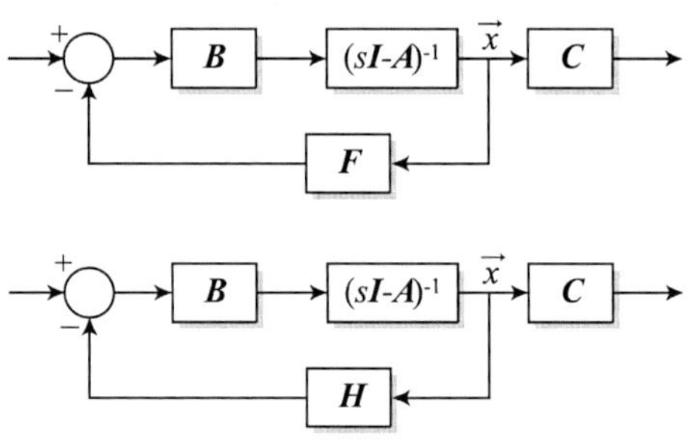

그림 P5.12

5.13 죠르단 표준형식으로 주어진 시스템

$$\dot{\vec{x}} = \mathrm{diag}[J_2(-2), J_3(1)] + \vec{b}u$$

단

$$J_2(-2) = \begin{bmatrix} -2 & 1 \\ 0 & -2 \end{bmatrix},$$

$$J_3(1) = \begin{bmatrix} 1 & 1 & 0 \\ 0 & 1 & 1 \\ 0 & 0 & 1 \end{bmatrix}$$

$$b^T = [1 \;\; 0 \;\; 0 \;\; 1 \;\; 1]$$

은 불안정한 고유값 1 을 하나 가진다. 이 시스템은 가제어가 아니지만 불안정한 고

유값에 관련된 모드는 제어 가능하다(안정화 가능). 이 경우 상태피드백에 의해 위 시스템을 안정화시킬 수가 있는가? 만약 가능하다면 폐루프시스템의 고유값을 $\{-1,-1,-2,-2\}$ 및 $\{-2\}$에 이동시키는 피드백이득행렬 $\vec{f}$ 를 구하라.

5.14 다음과 같은 불가제어한 시스템이 있다.

$$\dot{\vec{x}} = \begin{bmatrix} -2 & 1 & 0 & 0 \\ 0 & 2 & 0 & 0 \\ 0 & 0 & -1 & 0 \\ 0 & 0 & 0 & -1 \end{bmatrix} \vec{x} + \begin{bmatrix} 0 \\ 1 \\ 1 \\ 1 \end{bmatrix} u$$

이 시스템을 상태피드백 $u = \vec{f}\vec{x} + v$ 로서 제어한다고 할 때 폐루프의 극점을 $\{-2,-2,-1,-1\}$로 이동시킬 수 있는 피드백이득벡터 $\vec{f}$ 가 존재하는가? 또는 폐루프의 극점을 $\{-2,-2,-2,-1\}$ 나 $\{-2,-2,-2,-2\}$로 하는 것은 가능한지 어떤지의 여부를 확인해 보라.

5.15 다음과 같이 전달함수의 형태로 주어진 시스템이 있다.

$$\frac{(s-1)(s+2)}{(s+2)(s-2)(s+3)}$$

이 전달함수를 상태피드백에 의해

$$\frac{s+1}{(s+2)(s+3)}$$

와 같은 전달함수로 바꿀 수가 있는가? 만약 가능하다면 그 과정을 설명하라.

5.16 [문제 5.14]에서 만약 시스템의 상태변수를 직접 측정할 수 없을 경우에도 여전히 [문제 5.14]를 해결할 수 있는가? 여기서 미지의 상태를 얻기 위해 극점을 $\{-1, -1\}$에 가지는 최소차원관측기를 설계하여 시스템에 부가하여 [문제 5.14]를 수행했다면 최종적인 폐루프시스템의 완전한 전달함수는 어떻게 되는가?

5.17 [그림 P5.17]에서 $G_1 = 1/s$, $G_2 = 4/(s+4)$ 로 한다. 이때 다음의 각 물음에 답하라.

(a) 폐루프의 극점을 $\{-4 \pm j4\}$로 가져갈 수 있도록 G_c 와 f_1 값을 결정하라. 단 상태변수의 개념을 사용하지 않고 Mason정리를 이용하여 계산하라.

(b) 위 시스템을 상태피드백을 이용한 상태공간모델(즉 상태방정식)로 변환하여 문제 (a)의 해를 구하라. 이 경우 c_1 이 측정 가능한 출력이지만 c_2 도 이용 가능한 것으로 한다.

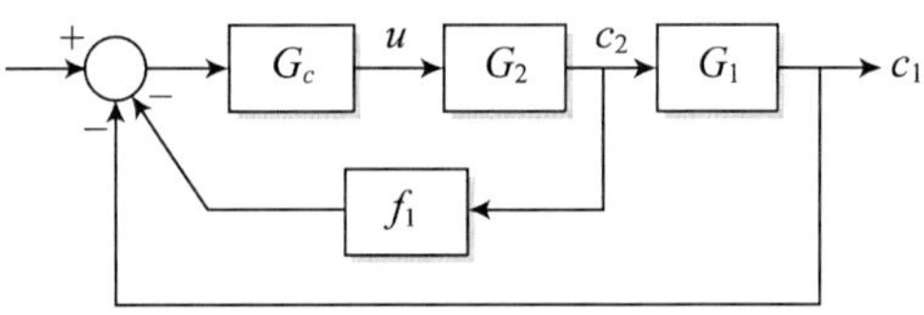

그림 P5.17

5.18 시스템

$$\dot{\vec{x}} = \begin{bmatrix} -3 & 1 \\ 3 & -5 \end{bmatrix} \vec{x} + \begin{bmatrix} 1 \\ 0 \end{bmatrix} u$$

은 지속적인 외란을 받고 있다고 가정한다. 이때, 상태피드백에 의한 폐루프시스템의 극점이 $\{-1\}$의 오른쪽에 나타나지 않으며 동시에 출력(x_2 로 간주)에 외란의 영향이 미치지 않도록 하는 '적분기+상태피드백' 제어기를 설계하라.

5.19 다음의 시스템에 대한 동일차원관측기를 설계하라. 단 관측기의 극점은 $\{-10 \pm j10\}$에 두기로 한다.

$$\dot{\vec{x}} = \begin{bmatrix} -1 & 1 \\ 0 & -4 \end{bmatrix}\vec{x} + \begin{bmatrix} 0 \\ 4 \end{bmatrix}u,\ y = [\,1\ \ 0\,]\vec{x}$$

5.20 다음의 시스템에 대한 최소차원관측기를 설계하라. 단 관측기의 극점은 $\{-10\}$에 전부 두기로 한다.

$$\dot{\vec{x}} = \begin{bmatrix} -1 & 1 & 0 \\ 0 & -3 & 1 \\ 0 & 0 & -5 \end{bmatrix}\vec{x} + \begin{bmatrix} 0 \\ 0 \\ 4 \end{bmatrix}u,\ y = [\,1\ \ 0\ \ 0\,]\vec{x}$$

5.21 [문제 5.20]에서 출력이 $y = [0\ \ 1\ \ 0]\vec{x}$ 으로 바뀌었다고 한다. 이때 최소차원관측기를 설계하라. 이 경우 [문제 5.20]과 다른 어려운 점은 무엇이며 그 이유는 무엇 때문으로 생각되는가.

5.22 어떤 시스템의 전달함수가 다음과 같이 주어져 있다.

$$\frac{y(s)}{u(s)} = \frac{10}{(s+1)(s+2)(s+3)}$$

여기서 상태변수를

$$x_1 = y,\ x_2 = \dot{x}_1,\ x_3 = \dot{x}_2$$

와 같이 정의했다. 이때 상태피드백 $u = -\vec{f}\,\vec{x}$ 에 의해 폐루프시스템의 극점을

$$s_{1,2} = -2 \pm j3.464,\ s_3 = -10$$

로 하고자 한다. 상태피드백이득벡터 $\vec{f}$ 를 결정하라.

5.23 아래의 상태방정식은 DC모터의 속도제어를 위한 모델을 나타내고 있다.

$$\dot{\vec{x}} = \begin{bmatrix} 0 & 1 \\ -2 & -3 \end{bmatrix}\vec{x} + \begin{bmatrix} 0 \\ 2 \end{bmatrix}u + \begin{bmatrix} -1 \\ 0 \end{bmatrix}d,$$

$$y = [1\ \ 0]\vec{x}$$

단 x_1 은 모터의 속도, x_2 는 아마추어전류, u 는 아마추어전압 및 d 는 모터에 인가된 부하를 각각 의미하고 있다. 이 시스템에 대해 적분기를 추가하여 페루프를 구성하고자 한다. 이때 전체시스템의 극이 $\{-1, -1\}$ 및 -2 로 될 수 있도록 상태피드백벡터 및 추가한 적분기의 계수값을 결정하라.

제 6 장 최적제어

6.1 극의 위치와 제어성능

제5장에서 폐루프시스템의 극을 복소평면(s 평면)상의 임의의 안정한 영역에 설정할 수 있는 피드백행렬 $\boldsymbol{F}$ 또는 피드백벡터 $\vec{f}$ 의 결정방법에 대해 구체적으로 설명했다. 이 과정에서 폐루프시스템의 극을 허수축에서 가능하면 왼쪽으로 멀리 설정하면 할수록 시스템을 평형상태(즉 $\vec{x}(\infty)=\vec{0}$)로 빠르게 수렴시킬 수 있었지만, 이 결과 어떤 특정한 초기값 $\vec{x}(0)$에 대해서는 그 응답의 초기진폭이 상당히 커져버린다든지 또는 과도한 크기의 입력을 요구하여 입력이 포화상태로 되어버린다는 등의 결점이 있었다. 특히 다입력시스템의 경우(즉 $m \geq 2$)에는 동일한 위치에 폐루프시스템의 극을 설정하는 $\boldsymbol{F}$가 무수히 존재하므로 어느 것이 가장 좋은 제어를 수행할 수 있는지는 알 수 없었다.

먼저 [예제 5.8]을 사용하여 폐루프시스템의 극의 위치와 제어성능과의 관련성을 확인하여보자.

예제 6.1

아래 상태방정식은 [예제 2.18]에서 유도한 도립진자의 모델에서 상태변수의 순서를 약간 변경한 것이다. 이 시스템에 대하여 상태피드백을 이용한 레귤레이터를 설계하여 본다. 이 경우 설계의 목적은 적절한 크기의 입력으로 가능한 빠른 시간 내에 변수 $\theta(t)$와 $x(t)$를 영으로 수렴시키고자 하는 것이다.

$$\frac{d}{dt}\vec{x}(t)=\begin{bmatrix}0&1&0&0\\0&0&-0.98&0\\0&0&0&1\\0&0&10.78&0\end{bmatrix}\vec{x}(t)+\begin{bmatrix}0\\1\\0\\-1\end{bmatrix}u(t) \qquad ①$$

$$y(t)=\begin{bmatrix}1&0&0&0\\0&0&1&0\end{bmatrix}\vec{x}(t)$$

단 시스템 ①의 각 상태변수는

$$\vec{x}(t) = \left[x(t),\ \frac{d}{dt}x(t), \theta(t),\ \frac{d}{dt}\theta(t) \right]^T \qquad ②$$

로 주어진다. 이때 $\theta(t)$ 는 도립진자의 수직선으로부터 기울어진 각도이며, $x(t)$ 는 대차의 이동거리를 각각 나타낸다.

해 위 시스템에 다음 두 종류의 피드백제어를 실행한다.

[A] 허수축 근처에 폐루프시스템의 극을 배치:

폐루프시스템의 극을 $\{-1 \pm j, -5 \pm j5\}$에 설정하는 피드백벡터는 [예제 5.8]로부터

$$\vec{f}_A = [-10.2, -12.23, -92.98, -24.24]$$

로 되며, 이 경우 초기값 $\vec{x}(0) = [0, 0, 0.01, 0]^T$ 으로 두고 시뮬레이션을 수행한 결과 [그림 6.1]을 얻었다. 그림으로부터

(a) 진자의 각도 $\theta(t)$ 와 대차의 위치 $x(t)$ 는 큰 오버슈터(overshoot)를 나타내지 않고 영으로 수렴하고 있다.

(b) 정정시간(settling time)이 약 6초로 되어 상당히 크게 되었다.

(c) 입력 $u(t)$ 의 크기는 적절하다.

의 결론을 얻었다.

[B] 허수축에서 왼쪽으로 멀리 떨어진 곳에 극을 배치:

폐루프시스템의 극을 $\{-7.5 \pm j7.5, -10 \pm j10\}$에 설정하는 피드백벡터는

$$\vec{f}_B = [-2295.9, -535.7, -2929.2, -570.7]$$

로 되며, 이에 대한 시뮬레이션 결과는 [그림 6.2]로 되었다.

(a) 진자의 각도와 대차의 위치에 커다란 오버슈터 현상이 발생하였다.

(b) 정정시간은 상당히 빨라졌다.

(c) 과도한 크기의 입력이 필요하다.

이와 같이 폐루프시스템의 극의 위치와 응답특성 사이에는 밀접한 관련이 있으나, 이를 구체적으로 나타내기는 어렵다는 사실을 알 수 있다.

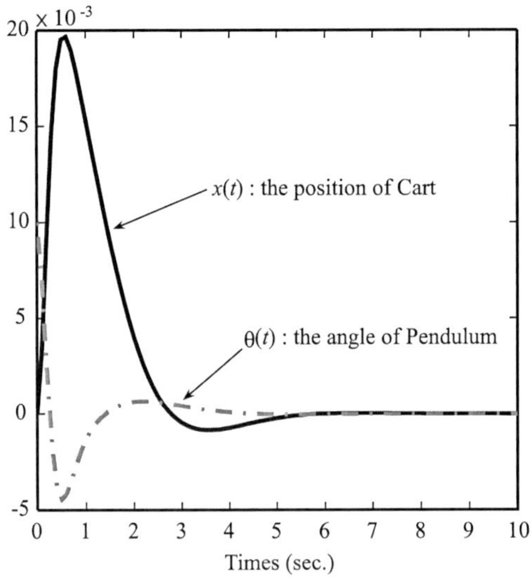

그림 6.1
$\vec{f}_A = [-10.2, -12.23, -92.98, -24.24]$
인 경우의 응답

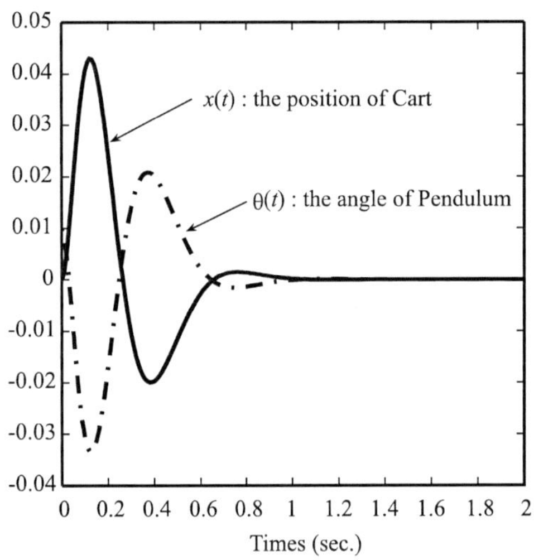

그림 6.2(a)
$\vec{f}_B = [-2295.9, -535.7, -2929.2, -570.7]$
인 경우의 응답

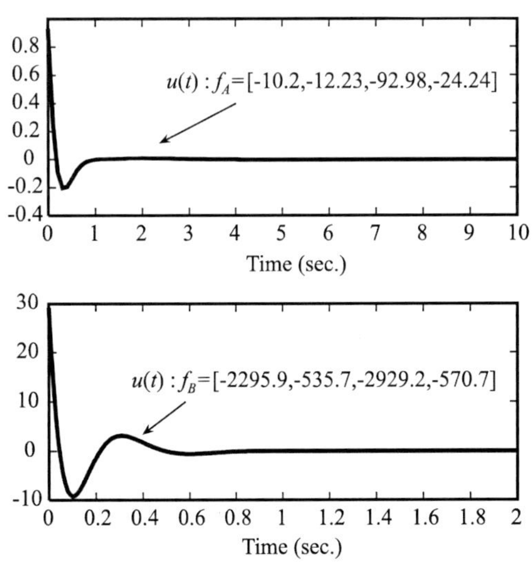

그림 6.2(b)
피드백벡터가 각각 f_A, f_B인 경우의
입력의 크기

%[예제 6.1]

```
M=1;m=0.1;l=1;g=9.8;
A=[0 1 0 0;0 0 (-m*g/M) 0;0 0 0 1;0 0 (M+m)*g/M/l 0];
b=[0; 1/M;0;-1/M/l];c=[1 0 0 0;0 0 1 0];d=[0;0];        % ①의 입력
PA=[-1+j -1-j -5+5*j -5-5*j]';              % [A]에 대한 피드백벡터의 계산
fA=place(A,b,PA)
PB=[-7.5+j*7.5 -7.5-j*7.5 -10+10*j -10-10*j]';
fB=place(A,b,PB)                            % [B]에 대한 피드백벡터의 계산
tA=0:0.1:10;xo=[0 0 0.01 0]';               % 시간축과 초기값 설정
sysCLA=ss(A-b*fA,zeros(4,1),c,d);
[yA,tA,xA]=initial(sysCLA,xo,tA);           % 초기값에 대한 출력계산
uA=-fA*xA';                                 % 피드백에 의한 입력[그림 6.2(b)]
plot(tA,yA(:,1),'-',tA,yA(:,2),':') % [그림 6.1]
xlabel(' Times (sec.)')
%
tB=0:0.01:2;
sysCLB=ss(A-b*fB,zeros(4,1),c,d);
[yB,tB,xB]=initial(sysCLB,xo,tB);
uB=-fB*xB';
plot(tB,yB(:,1),'-',tB,yB(:,2),':') % [그림 6.2(a)]
xlabel(' Times (sec.)')
subplot(211), plot(tA,uA                    % [그림 6.2(a)]
subplot(212), plot(tB,uB)                   % [그림 6.2(b)]
xlabel(' Time (sec.) '), ylabel('input u(t)')
```

위 예제로부터 폐루프시스템의 극의 위치와 시스템의 성능 사이에 존재하는 대략적인 관계를 알 수 있을 것이다. 그러나 둘 사이의 관련성을 명확하게 수식 등으로 표현할 수 없기 때문에, 예를 들어 출력의 오버슈터를 10% 이내로 제한하는 피드백이득을 구하기 위해서는 수많은 시행착오(try-and-error)를 되풀이 하여야 할 것이다. 간단히 말하면 이것이 지금까지의 설계방법이었다. 위 예제에서도 언급하였지만, 폐루프시스템의 극을 복소평면에서 좀 더 왼쪽으로 가져가면 출력의 수렴속도는 개선되지만 이에 대한 대가로 큰 입력이 요구된다. 이로 인해 입력의 제한폭을 넘어서게 되어 경우에 따라서는 시스템 전체에 큰 타격을 줄 수도 있을 것이다.

따라서 만약 폐루프시스템의 극의 위치와 시스템의 성능 사이의 관련성, 예를 들어 입력의 크기를 최소로 하면서 가장 빨리 출력을 수렴시키기 위한 어떤 법칙(또는 방법)이 존재한다면 제어기설계의 효율성의 면에서 상당한 도움이 될 것이다. 이와 관련하여 고전제어이론에서는 폐루프시스템의 극을 소위 '버터월스형식(Butterworth pattern)'으로 배치하는 방법이 알려져 있다. 버터월스형식이란, 극을 원점을 중심으로 하는 반지름이 R 인 원 상에 규칙

적으로 배치하는 방법을 말하며, 이는 다음 다항식의 해로부터 얻어진다.

$$(s/R)^{2n} = (-1)^{n+1} \tag{6.1}$$

여기서 n은 s 평면의 왼쪽에 존재하는 극의 개수, 다시 말하면 시스템의 차원이다[1]. 만약 $n=2$ 인 경우 식 (6.1)의 해는 $(s/R)^2 + (s/R)\sqrt{2} + 1 = 0$를 만족하는 두 개의 근이다. 이것의 몇 가지 예를 [그림 6.3]에 나타내었다. 이로부터 만약 n을 증가시키면, 허수축에 가장 가까운 두 개의 버터월스 극의 실수부의 크기는 감소한다(즉 허수축에 가까워진다). 따라서 큰 값의 n을 가지는 시스템에서는 폐루프시스템의 응답특성을 개선시키기 위해 허수축에 가까운 두 개의 극을 더욱 왼쪽으로 옮겨야 할 필요가 있을 것이다.

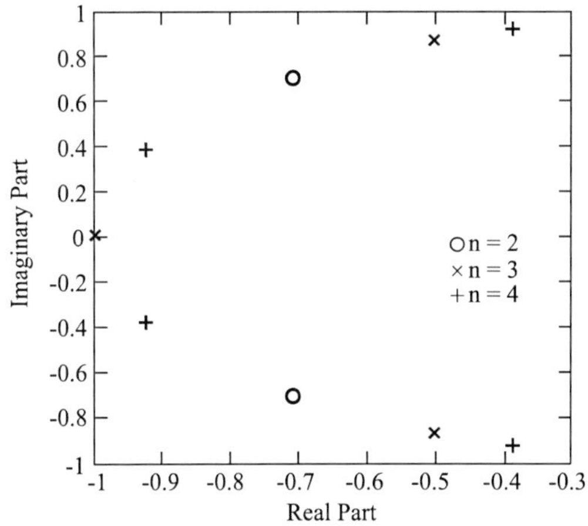

그림 6.3 $n=2, 3$, 및 4 인 경우의 버터월스 극의 배치

예제 6.2

[예제 6.1]에서 사용한 시스템을 이용하여, 폐루프의 극을 버터월스형식으로 배치하였을 때의 초기상태에 의한 출력응답을 조사하여 보자.

해 $n=4$ 이므로 식 (6.1)이 가지는 8 개의 해를 MATLAB를 이용하여 구하면

$$-0.9239 \pm j3827,\ -0.3827 \pm j9239,\ 0.3827 \pm j9239,\ 0.9239 \pm j3827 \quad ①$$

로 된다. 이 중 처음 네 개, 즉 $s/R = -0.9239 \pm j0.3827$ 과 $s/R = -0.3827 \pm j0.9239$ 가 폐루프시스템의 원하는 극으로 된다. [예제 6.1]과 같은 정도의 응답특성, 즉 5% 이하의 오버슈터와 1초 이내의 정정시간을 가지는 특성을 얻기 위해서 $R=15$ 로 선정하여 피드백을 실행한 폐루프시스템의 특성다항식은 다음과 같다.

1) 식 (6.1)의 $2n$ 개의 해는 식으로부터 알 수 있는 바와 같이 허수축을 중심으로 대칭으로 주어진다. 따라서 허수축의 왼쪽에 있는 n 개가 폐루프시스템의 해로 된다. (6.3절 참조)

$$s^4 + 39.197s^3 + 768.2s^2 + 8819.3s + 50625 = 0 \qquad ②$$

따라서 ②의 특성방정식을 가지는 피드백벡터 $\vec{f}$ 를 5.3.1절의 극배치법을 이용하여 구하면 다음으로 됨을 쉽게 확인할 수 있을 것이다.

$$\vec{f} = [-5165.8,\ -899.9,\ -5944.8,\ -939.1] \qquad ③$$

이때 폐루프시스템의 극은 $\mathrm{eig}(\boldsymbol{A} - \vec{b}\,\vec{f}\,)$에 의해

$$-5.74 \pm j13.85,\ -13.85 \pm j5.74 \qquad ④$$

로 됨을 확인할 수 있다. ③을 이용한 폐루프시스템의 출력응답을 [그림 6.4], 입력을 [그림 6.5(a)]에 각각 나타내었다. 이 결과 전반적인 시스템의 응답이 상당

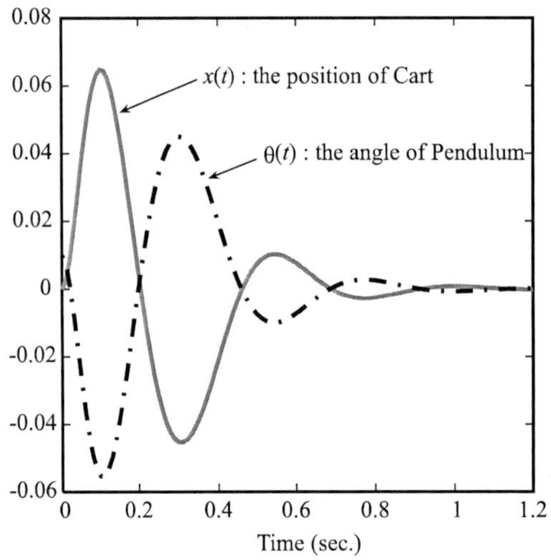

그림 6.4
버터월스 극배치를 이용한 출력

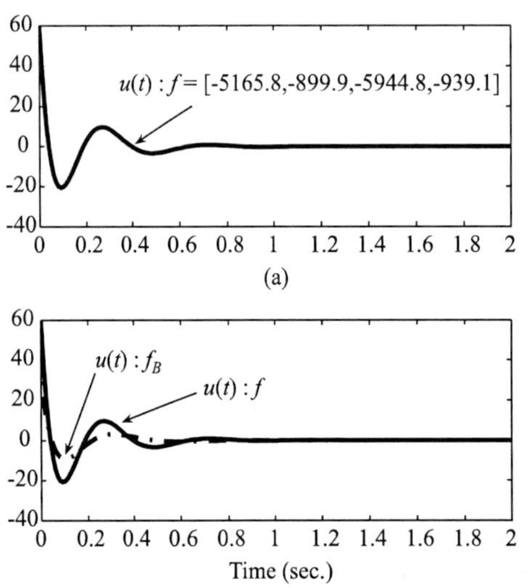

그림 6.5
(a) $f = [-5165.8, -899.9, -5944.8, -939.1]$ 에 의한 입력
(b) f_B 와 f 에 의한 입력의 비교

히 늦어지고 있음을 볼 수 있는데, 이는 페루프시스템의 우세극의 실수부인 -5.74로 인한 것으로 볼 수 있다. 따라서 만약 좀 더 빠른 수렴속도를 원한다면 R의 값을 증가시켜 우세극의 실수부를 복소평면에서 왼쪽으로 좀 더 이동시키면 가능하다. 그러나 이로 인해 입력의 크기가 커지는 것은 피할 수 없을 것이다.

[예제 6.1]의 [B]에 의한 극의 배치, 즉 허수축에서 멀리 떨어진 곳에 페루프의 극을 배치하여 피드백벡터를 얻은 경우의 입력과의 비교를 [그림 6.5(b)]에 나타내었다. 이로부터 버터월스 극배치를 이용한 결과는 [예제 6.1]의 [B]에 비하여 큰 입력이 필요하지만, 출력응답의 특성에는 큰 차이가 없다는 점을 알 수 있다.

%[예제 6.2] – [예제 6.1]의 프로그램에서 연속됨

```
ch=poly(A);W=ctrb(A,b);
R=[ch(4),ch(3),ch(2),1;ch(3),ch(2),1,0;ch(2),1,0,0;1 0 0 0];
T=W*R;                                   % 5.3.1절에 따른 피드백벡터의 계산
z=roots([1 0 0 0 0 0 0 0 1])             % n=4인 경우의 식 (6.1)의 해 계산
i=find(real(z)<0);p=poly(15*z(i));       % 8개의 극중 안정한 극을 선정
%5.3.1절에 따른 f⃗ 의 계산
f=[p(5)-ch(5),p(4)-ch(4),p(3)-ch(3),p(2)-ch(2)]/T
eig(A-b*f)                               % ④의 확인
t=0:0.01:1.2;sysCL=ss(A-b*f,zeros(4,1),c,d);
[y,t,x]=initial(sysCL,[0 0 0.01 0]',t); % 초기값에 의한 출력의 계산
plot(t,y(:,1),'-',t,y(:,2),':')          % [그림 6.4]
axis([0 1.2 -0.06 0.08])
xlabel(' Time (sec.) ')
u=-f*x';
subplot(211), plot(t,u)                  % [그림 6.5(a)]
xlabel(' Time (sec.) '), ylabel('input u(t)')
subplot(212), plot(t,u,t,uB,':')         % [그림 6.5(b)]
xlabel(' Time (sec.) ')
```

위에서 언급한 두 예제의 결과로부터, 페루프시스템의 극을 복소평면에서 왼쪽으로 설정하면 할수록 빠른 응답특성을 보여주기는 하지만, 큰 입력을 필요로 한다는 사실을 알았다. 다시 말하면 입력신호의 크기와 응답의 수렴속도 사이에는 상반된 요구조건이 존재한다. 이를 해결하기 위한 하나의 방법은 두 조건사이의 타협점을 발견하는 것이다. 다시 말하면 입력벡터 $\vec{u}(t)$와 출력벡터 $\vec{y}(t)$의 각 성분의 절대값의 합을 시간적분한 양으로 주어지는 평가함수(식 (6.3) 참조)를 만들어서, 이 값을 최소로 할 수 있는 피드백이득을 결정한다는 것이다. 이는 주어진 제약조건(예를 들어 입력의 최대값을 제한하거나 출력의 수

렴속도에 대한 제약 등) 아래서 가장 최적인 제어법칙을 만들어 내고자 하는 의도를 식으로 표현한 것으로 볼 수 있다. 이것이 여기서 설명하고자 하는 '최적피드백제어(optimal feedback control)'이며 이것에 의해 설계된 레귤레이터를 '최적레귤레이터(optimal Regulator)'라고 한다.

6.2 최적레귤레이터

6.2.1 최적의 개념

위에서 이미 언급한 것처럼 '최적(optimal)'의 의미는 어떠한 상황에 있어서도 최고(최적)인 제어법칙을 설계할 수 있다는 것이 아니라, 미리 정해둔 어떤 평가기준을 최소로 할 수 있다는 뜻에서 최적이란 단어를 사용한 것으로 생각된다. 일반적으로 평가기준은 선형의 2차 형식으로 주어지는 것이 보통인데, 이로 인해 최적레귤레이터를 'LQR(linear-quadratic regulator)'이라고도 한다. LQR은 아마도 현대제어이론의 가장 중요한 성과 중의 하나이며 실제로 많은 현실적인 문제가 LQR이론의 틀 속에서 형성되어졌으며, 이와 동시에 이러한 문제의 해결을 위한 여러 가지의 다양한 수학적 알고리즘이 개발되어 왔다. 그러나 행렬전개를 주로 이용하는 제어법칙을 실시간으로 처리하기 위해서는 짧은 시간에 많은 계산을 필요로 하였기 때문에 1970년대 후반 마이크로프로세서의 등장 이후 이론의 실용화가 가능해 졌다.

여기서는 다음과 같은 상태방정식으로 표현되는 제어대상에 대하여 최적제어문제를 생각하여 본다.

$$\frac{d}{dt}\vec{x}(t) = \boldsymbol{A}\,\vec{x}(t) + \boldsymbol{B}\,\vec{u}(t) \tag{6.2}$$

지금까지와 마찬가지로 $\vec{x}(t)$ 는 n 차원의 상태벡터, $\vec{u}(t)$ 는 m 차원의 입력벡터로서, $\boldsymbol{A}$ 와 $\boldsymbol{B}$ 는 각각 적당한 크기를 가지는 행렬이다. LQR에서 성능은 '평가함수(Performance Index)'라고 불리는 다음과 같은 스칼라함수에 의해 평가된다.

$$J = \int_0^\infty \left[\vec{x}^T(t)\,\boldsymbol{Q}\,\vec{x}(t) + \vec{u}^T(t)\,\boldsymbol{R}\,\vec{u}(t)\right]dt \tag{6.3}$$

여기서 $\boldsymbol{Q}$ 와 $\boldsymbol{R}$ 은 대칭행렬로서 각각 준정정($\boldsymbol{Q} \geq 0$) 및 정정행렬($\boldsymbol{R} > 0$)이다[2].

---

2) 대칭인 행렬 $\boldsymbol{A}$,$(n\times n)$가 영이 아닌 임의의 벡터 $\vec{x}$,$(n\times 1)$에 대하여 $\vec{x}^T\boldsymbol{A}\,\vec{x} \geq 0$을 만족한다면, 행렬 $\boldsymbol{A}$를 준정정행렬이라고 하며 $\boldsymbol{A} \geq 0$과 같이 표현하며, $\vec{x}^T\boldsymbol{A}\,\vec{x} > 0$ 이면, 정정행렬로서 $\boldsymbol{A} > 0$으로 나타낸다. 자세한 내용은 부록참조.

$\vec{x}^T(t)\,\boldsymbol{Q}\,\vec{x}(t)$와 $\vec{u}^T(t)\,\boldsymbol{R}\,\vec{u}(t)$는 각각 2차 형식으로 전개가 가능한 데 이것을 다음과 같이 표현한다면 2차 형식(quadratic)이라는 의미가 좀 더 확실해 질 것이다. 즉

$$\boldsymbol{Q}=\begin{bmatrix} q_{11} & q_{12} & \cdots & q_{1n} \\ q_{12} & q_{22} & \cdots & q_{2n} \\ \vdots & & \ddots & \vdots \\ q_{1n} & q_{2n} & \cdots & q_{nn} \end{bmatrix}$$

으로 두면 2차 형식은

$$\begin{aligned}\vec{x}^T(t)\,\boldsymbol{Q}\,\vec{x}(t)= \quad & q_{11}x_1^2(t)+2q_{12}x_1(t)x_2(t)+\cdots+2q_{1n}x_1(t)x_n(t) \\ & +q_{22}x_2^2(t)+2q_{23}x_2(t)x_3(t)+\cdots+2q_{2n}x_2(t)x_n(t) \\ & +q_{33}x_3^2(t)+ \qquad \cdots \qquad +2q_{3n}x_3(t)x_n(t) \\ & \qquad\qquad \cdots \qquad\qquad \cdots \\ & +q_{nn}x_n^2(t)\end{aligned} \tag{6.4}$$

로 주어진다. 이때 $\boldsymbol{Q}$가 준정정이라면 어떤 $\vec{x}(t)$값에 대해서도 $\vec{x}^T(t)\,\boldsymbol{Q}\,\vec{x}(t)\geq 0$로 되며, 또는 $\boldsymbol{Q}$가 정정이라면 모든 $\vec{x}(t),(\neq\vec{0})$에 대해 $\vec{x}^T(t)\,\boldsymbol{Q}\,\vec{x}(t)>0$으로 된다는 것을 쉽게 확인할 수 있다.

식 (6.3)으로 주어진 평가함수를 이용해서 해결해야 할 문제의 하나로, 어떤 이유로 인해 평형상태[3]에서 벗어난 시스템을 원래의 상태, 즉 평형상태로 다시 복귀시키는 레귤레이션문제(regulation problem)에 국한시켜서 이에 대한 해법을 생각해 보기로 한다.

식 (6.3)의 $\{\vec{x}^T(t)\,\boldsymbol{Q}\,\vec{x}(t)\}$항은 평형상태에서 벗어난 상태 $\vec{x}(t)$의 궤적(즉 평형상태로부터의 오차)에 페널티(penalty)를 부과하고 있다. 이 페널티는 2차식의 형태로 주어지므로 오차가 크면 클수록 더 많은 페널티가 부과된다. 예를 들어 $q_{11}\cdot(0.1)^2=0.01\cdot q_{11}$이며 반면에 $q_{11}\cdot(10)^2=100\cdot q_{11}$으로 된다. 또 식 (6.3)은 $\{\vec{x}^T(t)\,\boldsymbol{Q}\,\vec{x}(t)\}$를 시간적으로 적분하고 있기 때문에 $\vec{x}(0),(\neq\vec{0})$에서 출발한 상태 $\vec{x}(t)$가 $\vec{x}(t)=\vec{0}$으로의 수렴속도가 늦으면 늦을수록 이것에 부과되는 페널티가 커지게 된다. 따라서 $\int_0^\infty[\vec{x}^T(t)\,\boldsymbol{Q}\,\vec{x}(t)]dt$가 작은 값을 가진다는 것은 $\vec{x}(t)$가 상대적으로 빨리 영-상태(즉 평형상태)로 수렴하고 있다는 것을 의미하고 있다.

[예제 6.1]의 결과로부터 짐작할 수 있는 바와 같이, $\int_0^\infty[\vec{x}^T(t)\,\boldsymbol{Q}\,\vec{x}(t)]dt$ 항을 최소

---

3) 평형상태란 일반적으로 시스템이 일정한 값을 유지하는 경우, 즉 $\vec{x}(0)=\vec{a}$를 의미하지만, 편의상 $\vec{a}=\vec{0}$로 두는 경우가 많다.

로 하기 위한 피드백행렬 $\boldsymbol{F}$를 설계하여 폐루프를 구성한다면 입력 $\vec{u}(t) = -\boldsymbol{F}\vec{x}(t)$ 는 틀림없이 상당한 크기의 값을 가져야 할 것이다. 왜냐하면 커다란 입력(예를 들어 임펄스 등)은 상태의 급격한 변동을 일으키므로 다른 적절한 크기의 입력보다 더 빠르게 $\vec{x}(t)$ 를 영으로 수렴시킬 수 있기 때문이다. $\left\{\int_0^\infty [\vec{u}^T(t)\boldsymbol{R}\vec{u}(t)]dt\right\}$ 항이 식 (6.3)에 포함되어 있는 이유는 입력의 크기를 적절하게 유지하기 위함이다. 다시 말하면 커다란 입력을 사용하여 빨리 평형상태로 복귀시키고자 한다면, 큰 입력에 의해 식 (6.3)의 오른쪽의 두 번째 항의 적분값이 커지게 된다. 그 대신 상태 $\vec{x}(t)$ 가 비교적 빨리 영으로 수렴하게 되어 식 (6.3)의 첫 번째 항의 적분값은 작아지게 될 것이다.

이와 같이 평가함수의 J값을 최소로 하기 위한 설계를 수행한다는 것은, 비교적 작은 크기의 입력으로 가능하면 빠르게 영으로 수렴시키고자 하는 두 개의 상반되는 요구에 대한 타협을 나타내고 있는 것으로 볼 수 있다. 이때 식 (6.3)의 계산결과 얻어지는 J의 값은 일반적으로 별 의미가 없다. 왜냐하면 전체 제어시스템에 대한 평가는 상당히 복잡하여 하나의 숫자로서 시스템의 좋고 나쁨을 따질 수는 없기 때문이다. 여기서 J를 최소로 하는 제어시스템의 설계를 최적화문제의 하나로서 다루는 것은 단순히 J를 최소로 하기 위한 목적으로 하는 것이 아니라, 이와 같은 형식의 최적화문제는 다루기가 쉬울 뿐만 아니라 상당히 바람직한 특성을 가지고 있기 때문이다. 예를 들면

$$J = \int_0^\infty \left[q_{11}x_1^2(t) + r_{11}u_1^2(t)\right]dt$$

를 최소로 하는 문제의 해는 과도한 크기의 $u_1(t)$을 요구한다. 이런 경우 r_{11}을 증가시켜 $u_1(t)$에 대한 페널티를 크게 하면, J값을 최소로 유지하기 위해서는 입력의 크기를 이전보다 당연히 줄여야 할 것이다. 그러나 이 경우 상태 $x_1(t)$의 크기는 이전에 비해 다소 크게 된다. 반대로 q_{11}을 크게 한다면 $x_1(t)$이 빨리 영으로 수렴하는 것이 J를 최소화하는 방법이 될 것이다. 물론 이 경우, 입력 $u_1(t)$는 이전에 비해 큰 값을 가지게 된다. 이와 같이 주어진 설계사양이 만족될 때까지 상태변수의 수렴속도와 입력의 크기와의 타협을 통하여 바람직한 제어기의 설계를 수행할 수 있게 된다.

이상의 사실을 간단한 예를 통하여 확인하여 보자.

예제 6.3

[예제 2.16]의 [그림 2.15]로 주어진 1관성시스템에서 $M=1, K=10$, 및 $D=1$로 두면 상태방정식은 다음으로 된다.

$$\dot{\vec{x}}(t) = \boldsymbol{A}\vec{x}(t) + \vec{b}\,u(t),\ \boldsymbol{A} = \begin{bmatrix} 0 & 1 \\ -10 & -1 \end{bmatrix}, \vec{b} = \begin{bmatrix} 0 \\ 1 \end{bmatrix} \quad ①$$

①의 상태방정식에 대하여 제어법칙

$$u(t) = -\vec{f}\,\vec{x}(t),\ \vec{f} = [-5 \quad 1] \qquad ②$$

을 적용하여 레귤레이터를 실현하는 것을 생각하여 보자. ①의 초기값을 $\vec{x}_o = [1 \quad 0]^T$로 두었을 경우 상태변수 $x_1(t), x_2(t)$, 및 조작량 $u(t)$와 이들의 2승 적분 값

$$J(x_1) = \int_0^\infty x_1^2(t)dt > 0,\ J(x_2) = \int_0^\infty x_2^2(t)dt > 0,\ J(u) = \int_0^\infty u^2(t)dt > 0 \quad ③$$

과의 관계를 [그림 6.6]에 나타내었다. 이로부터 상태변수 $x_i(t), (i = 1,2)$ 중 어느 것이 더 빠른 속도로 영으로 수렴하고 있는가를 정량적으로 나타내기 위해서는 $J(x_i)$의 크기를 평가한다면 충분할 것이다. 한편 일반적으로 상태 $x_i(t)$의 수렴속도를 향상시키기 위해서는 커다란 입력 $u(t)$를 필요로 하지만, 통상적으로 시스템에 인가 가능한 입력의 크기에는 제한이 있으므로 무작정 크게 취할 수는 없다. 따라서 $J(u)$의 크기 또한 평가에 반영시켜야 할 필요가 있다.

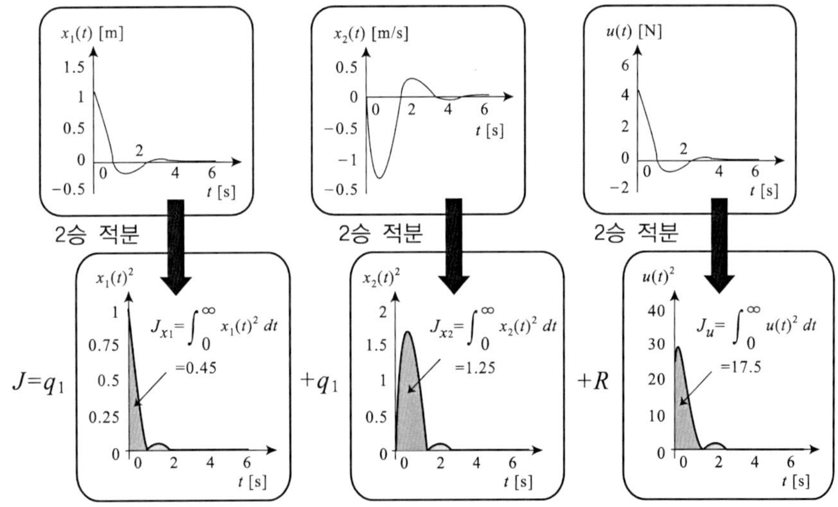

그림 6.6 $x_1(t), x_2(t), u(t)$의 2승 적분과 평가함수 J와의 관계

이러한 사실로부터

(1) 상태 $x_i(t)$의 0으로의 수렴속도를 $J(x_i)$로 평가한다. 즉 $J(x_i)$가 작은 값을 가질수록 $x_i(t)$의 영으로의 수렴속도가 빠르다.

(2) 입력 $u(t)$의 크기는 $J(u)$로 평가한다. 즉 $J(u)$가 작은 값을 가질수록 입력의 크기가 작다.

라고 하는 설계방침을 생각할 수 있을 것이다. 그러나 [그림 6.6]으로부터 $\vec{x}(0)=\vec{x}_0$ 인 경우 2승 적분은

$$J(x_1)=0.45,\ J(x_2)=1.25,\ J(u)=17.5$$

와 같이 $J(x_i)$, $J(u)$의 크기에 차이가 있으며, 이 경우에는 $J(x_1)< J(x_2) \ll J(u)$이다. 따라서 단순히 이들의 합만을 생각한다면 $J(x_1)+J(x_2)+J(u) \fallingdotseq J(u)$로 되어 $J(x_1)$과 $J(x_2)$의 크기는 거의 반영되지 않고 대부분 $J(u)$에 의해서만 결정될 것이다. 이로 인해 세 개의 2승적분 값 $J(x_1)$, $J(x_2)$, $J(u)$의 중요도를 고려한 가중값을 붙여 평가하기로 한다. 즉

$$\begin{aligned} J &= q_1 J(x_1) + q_2 J(x_2) + r J(u) \\ &= \int_0^\infty \left(q_1 x_1^2(t) + q_2 x_2^2(t) + r u(t)\right) dt \end{aligned} \qquad ④$$

를 평가함수로 사용하기로 한다. 이 경우 가중값 $q_i \geq 0$, $r>0$ 의 크기에 따라 아래와 같이 시스템에 대한 평가가 변한다.

- $q_1=1000, q_2=0, r=1$로 두었을 경우:
  ④의 평가함수 값은

  $$J=1000\times 0.45+0\times 1.25+1\times 17.5=467.5$$

  로 되어, 주로 "상태 $x_1(t)$의 영으로의 수렴속도"를 평가하는 $J(x_1)$을 고려하면서, 부수적으로 "입력 $u(t)$의 크기"를 평가하는 $J(u)$도 고려하고 있는 것으로 볼 수 있다.

- $q_1=0.1, q_2=0, r=1$로 두었을 경우:
  ④의 평가함수 값은

  $$J=0.1\times 0.45+0\times 1.25+1\times 17.5=17.545$$

  로 되어, 주로 "$u(t)$의 크기"를 평가하는 $J(u)$를 고려하면서, 부수적으로 "$x_1(t)$의 영으로의 수렴속도"를 평가하는 $J(x_1)$도 고려하고 있는 것으로 볼 수 있다.

6.2.2 리아푸노프방정식(Lyapunov equation)

시스템 (6.2)를 상태피드백 $\vec{u}(t)=-\boldsymbol{F}\vec{x}(t)$로 제어한다면 폐루프시스템은

$$\frac{d}{dt}\vec{x}(t) = (\boldsymbol{A} - \boldsymbol{B}\boldsymbol{F})\vec{x}(t) \tag{6.5}$$

로 되며, 이를 식 (6.3)의 평가함수에 대입하면 다음과 같다.

$$\begin{aligned} J &= \int_0^\infty [\vec{x}^T(t)\boldsymbol{Q}\vec{x}(t) + \vec{u}^T(t)\boldsymbol{R}\vec{u}(t)]dt \\ &= \int_0^\infty [\vec{x}^T(t)\boldsymbol{Q}\vec{x}(t) + \vec{x}^T(t)\boldsymbol{F}^T\boldsymbol{R}\boldsymbol{F}\vec{x}(t)]dt \\ &= \int_0^\infty \vec{x}^T(t)[\boldsymbol{Q} + \boldsymbol{F}^T\boldsymbol{R}\boldsymbol{F}]\vec{x}(t)dt \end{aligned} \tag{6.6}$$

시스템 (6.5)와 이에 대한 평가함수인 식 (6.6)을 식 (6.2)의 시스템에 대한 평가함수인 식 (6.3)에 적용시키면 다음과 같은 일반적인 표현식을 얻을 수 있다. 즉

$$\frac{d}{dt}\vec{x}(t) = \boldsymbol{A}\,\vec{x}(t) \tag{6.7}$$

와 같은 안정한 자유시스템(즉 $\vec{u}(t) = \vec{0}$)의 출력으로 주어지는 상태변수 $\vec{x}(t)$로 구성된 평가함수

$$J = \int_0^\infty \vec{x}^T(t)\boldsymbol{S}\,\vec{x}(t)\,dt \tag{6.8}$$

를 계산하는 것이다. 여기서 $\boldsymbol{S}$는 대칭이며 준정정 혹은 정정행렬이다. 따라서 이러한 문제의 해를 구할 수 있다면 단순히 행렬 $\boldsymbol{A}$ 대신에 $(\boldsymbol{A} - \boldsymbol{B}\boldsymbol{F})$, $\boldsymbol{S}$ 대신에 $(\boldsymbol{Q} + \boldsymbol{F}^T\boldsymbol{R}\boldsymbol{F})$를 대입함으로서 시스템 (6.5)와 평가함수 (6.6)의 값을 구하는 문제를 해결할 수 있게 된다. 이러한 문제의 해를 구하는 과정을 살펴보자.

먼저 초기값을 $\vec{x}(0) = \vec{x}_o$로 두면 식 (6.7)의 해는 3.2.1절의 결과에 의해 $\vec{x}(t) = e^{\boldsymbol{A}t}\vec{x}_o$이므로, 이것을 식 (6.8)에 대입하면

$$\begin{aligned} J &= \int_0^\infty \{e^{\boldsymbol{A}t}\vec{x}_o\}^T\boldsymbol{S}\{e^{\boldsymbol{A}t}\vec{x}_o\}dt \\ &= \vec{x}_o^T\left[\int_0^\infty e^{\boldsymbol{A}^Tt}\boldsymbol{S}\,e^{\boldsymbol{A}t}dt\right]\vec{x}_o \\ &= \vec{x}_o^T\boldsymbol{P}\,\vec{x}_o \end{aligned} \tag{6.9}$$

가 얻어진다. 여기서 $\boldsymbol{P}$는

$$\boldsymbol{P} = \int_0^\infty e^{\boldsymbol{A}^Tt}\boldsymbol{S}\,e^{\boldsymbol{A}t}dt \tag{6.10}$$

으로 두었다. 이때 $\boldsymbol{A}$는 안정행렬로 가정하였기 때문에 $\boldsymbol{A}$의 고유값의 실수부는 항상 음

의 값을 가진다. 따라서 상태천이행렬 $e^{\boldsymbol{A}t}$는 시간 t에 대하여 수렴하기 때문에 식 (6.10)의 적분은 항상 계산 가능하다. 한편 식 (6.10)의 모양으로부터 $\boldsymbol{P}$는 대칭행렬이며, 동시에

$$\vec{x}_o^T \boldsymbol{P} \vec{x}_o = J = \int_0^\infty \vec{x}^T(t) \boldsymbol{S} \vec{x}(t)\, dt \geq 0 \tag{6.11}$$

이 만족하므로 $\boldsymbol{P}$는 준정정 또는 정정행렬로 됨을 알 수 있다.

한편 식 (6.10)으로 정의되는 행렬 $\boldsymbol{P}$에 대해 행렬방정식 $\boldsymbol{A}^T\boldsymbol{P}+\boldsymbol{P}\boldsymbol{A}$,즉

$$\boldsymbol{A}^T\boldsymbol{P}+\boldsymbol{P}\boldsymbol{A} = \int_0^\infty \left[\boldsymbol{A}^T e^{\boldsymbol{A}^T t} \boldsymbol{S} e^{\boldsymbol{A}t} + e^{\boldsymbol{A}^T t} \boldsymbol{S} e^{\boldsymbol{A}t} \boldsymbol{A}\right] dt \tag{6.12}$$

을 계산하여 보자. 여기서 상태천이행렬의 가환성([표 3.1] 참조)을 이용하면

$$\frac{d}{dt}\left[e^{\boldsymbol{A}^T t} \boldsymbol{S} e^{\boldsymbol{A}t}\right] = \boldsymbol{A}^T e^{\boldsymbol{A}^T t} \boldsymbol{S} e^{\boldsymbol{A}t} + e^{\boldsymbol{A}^T t} \boldsymbol{S} e^{\boldsymbol{A}t} \boldsymbol{A} \tag{6.13}$$

가 성립함을 알 수 있다. 따라서 식 (6.13)을 식 (6.12)에 적용하면

$$\begin{aligned} \boldsymbol{A}^T\boldsymbol{P}+\boldsymbol{P}\boldsymbol{A} &= \int_0^\infty \left[\frac{d}{dt}\left(e^{\boldsymbol{A}^T t} \boldsymbol{S} e^{\boldsymbol{A}t}\right)\right] dt \\ &= e^{\boldsymbol{A}^T t} \boldsymbol{S} e^{\boldsymbol{A}t}\Big|_0^\infty = -\boldsymbol{S} \end{aligned} \tag{6.14}$$

로 되어 $\boldsymbol{P}$는 $\boldsymbol{A}^T\boldsymbol{P}+\boldsymbol{P}\boldsymbol{A} = -\boldsymbol{S}$를 만족하고 있음을 확인 할 수 있다. 이상을 정리하면 다음 요점을 얻는다.

요점 6.1

식 (6.7), (6.8)에서 $\boldsymbol{A}$는 안정행렬, $\boldsymbol{S}$는 대칭이며 정정 혹은 준정정행렬이라고 가정한다[4]. 이때 식 (6.7)의 초기값을 $\vec{x}(0) = \vec{x}_o$로 두면

$$J = \int_0^\infty \vec{x}^T(t) \boldsymbol{S} \vec{x}(t)\, dt = \vec{x}_o^T \boldsymbol{P} \vec{x}_o \tag{6.15}$$

로 된다. 여기서 $\boldsymbol{P}$는 다음으로 주어지는 '리아프노프방정식(Lyapunov equation)'을 만족하는 대칭이며 정정 혹은 준정정인 행렬이다.

$$\boldsymbol{A}^T\boldsymbol{P}+\boldsymbol{P}\boldsymbol{A} = -\boldsymbol{S} \tag{6.16}$$

4) 정방행렬이 정정 혹은 준정정으로 되기 위해서는 반드시 대칭으로 되어야 하기 때문에 사실상 '대칭'이라는 표현은 필요하지 않다.

예제 6.4

다음 시스템

$$\frac{d}{dt}\vec{x}(t)=\begin{bmatrix}0 & 1\\ 0 & -1\end{bmatrix}\vec{x}(t)+\begin{bmatrix}0\\ 1\end{bmatrix}u(t) \qquad ①$$

을 상태피드백 $u(t)=-f_1 \cdot x_1(t)$으로 제어한다고 할 때, 아래 평가함수의 값을 계산하여 보자. 단 $\vec{x}(0)=\vec{x}_o$, $\boldsymbol{Q}=\boldsymbol{I}$이다.

$$J=\int_0^{\infty}[\vec{x}^T(t)\boldsymbol{Q}\vec{x}(t)+ru^2(t)]dt \qquad ②$$

해 식 (6.5)와 (6.6)에서 $\boldsymbol{F}=[f_1,\ 0]$로 두면

$$\frac{d}{dt}\vec{x}(t)=\left(\begin{bmatrix}0 & 1\\ 0 & -1\end{bmatrix}+\begin{bmatrix}0\\ 1\end{bmatrix}[-f_1\ \ 0]\right)\vec{x}(t) \qquad ③$$

$$=\begin{bmatrix}0 & 1\\ -f_1 & -1\end{bmatrix}\vec{x}(t)$$

로 되며, ②로 부터

$$J=\int_0^{\infty}\vec{x}^T(t)\left\{\begin{bmatrix}1 & 0\\ 0 & 1\end{bmatrix}+\begin{bmatrix}f_1\\ 0\end{bmatrix}r[f_1\ \ 0]\right\}\vec{x}(t)dt \qquad ④$$

$$=\int_0^{\infty}\vec{x}^T(t)\begin{bmatrix}(1+rf_1^2) & 0\\ 0 & 1\end{bmatrix}\vec{x}(t)dt$$

를 얻는다. 여기에 리아푸노프방정식을 적용하면

$$\begin{bmatrix}0 & -f_1\\ 1 & -1\end{bmatrix}\begin{bmatrix}p_{11} & p_{12}\\ p_{21} & p_{22}\end{bmatrix}+\begin{bmatrix}p_{11} & p_{12}\\ p_{21} & p_{22}\end{bmatrix}\begin{bmatrix}0 & 1\\ -f_1 & -1\end{bmatrix}=\begin{bmatrix}-(1+rf_1^2) & 0\\ 0 & -1\end{bmatrix} \qquad ⑤$$

로 된다. 이것을 행렬의 각 성분에 대하여 전개하면 다음과 같은 세 개의 미지수를 가지는 세 개의 방정식을 얻는다.

$$\begin{cases} 2f_1p_{12}=1+rf_1^2\\ p_{11}-p_{12}-f_1p_{22}=0\\ 2p_{12}-2p_{22}=-1\end{cases} \qquad ⑥$$

이것을 풀어 해를 구하면

$$p_{11}=\frac{1}{2f_1}+\frac{1}{2}+(r+1)\frac{f_1}{2}+\frac{rf_1^2}{2} \quad ⑦$$
$$p_{12}=p_{21}=\frac{1}{2f_1}+\frac{rf_1}{2}$$
$$p_{22}=\frac{1}{2f_1}+\frac{1}{2}+\frac{rf_1}{2}$$

로 되며, 이로부터 평가함수 ④는 식 (6.15)에 의해

$$J=p_{11}x_1^2(0)+2p_{12}x_1(0)x_2(0)+p_{22}x_2^2(0) \quad ⑧$$

이 얻어진다. [그림 6.7]에 $\vec{x}(0)=[1,0]^T$ 과 $r=0,\ 1,\ 2$ 로 두었을 경우 피드백이득 f_1 의 변화에 따른 J의 값을 나타내었다. 이 그림으로부터 J값을 고정, 예를 들어 5 로 두고 입력에 대한 페널티인 r 의 값을 증가시키면, 피드백이득 f_1 의 크기는 감소한다는 사실을 알 수 있다. 이것은 r 의 증가에 따른 J의 증가를 방지하기 위하여 제어입력 $u(t)=-f_1x_1(t)$ 의 크기를 줄이고 있다는 것을 의미한다.

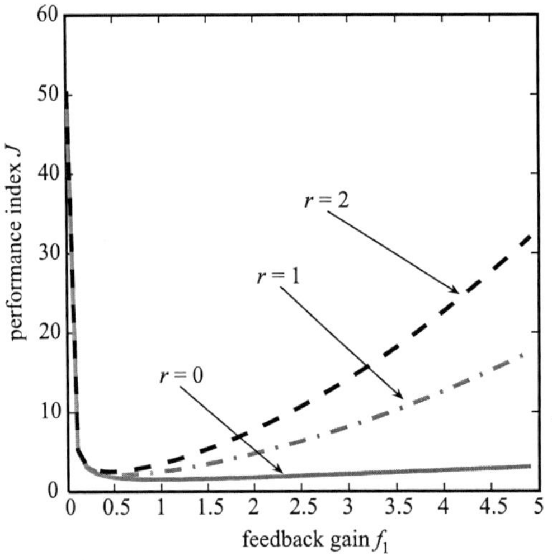

그림 6.7
이득 f_1 의 증감에 따른 평가함수 J의 변화

[그림 6.8]에서는 $r=1$ 로 고정하고 시스템의 초기값을 변화시켰을 경우, 이득 f_1 의 변화에 따른 J값의 보여주고 있다. 이 그림으로부터 평가함수의 크기를 최소화시키는 이득 f_1 은 시스템의 초기값이 달라지면 이득 역시 달라진다는 것을 알 수 있다. 다시 말하면 모든 초기값에 대해 최적으로 되는 이득은 존재하지 않는다는 사실에 유의해야 한다[5].

5) 시스템의 초기값은 임의로 주어지는 것이 아니라 그 시스템 자체의 특성에 의하여 결정되는 것이다. 따라서 초기값에 따라 이득 f_1의 값이 달라진다는 사실은 최적이득 f_1이 시스템 특성(즉 상태방정식)의 함수라는 것을 의미한다(식 (6.28) 참조).

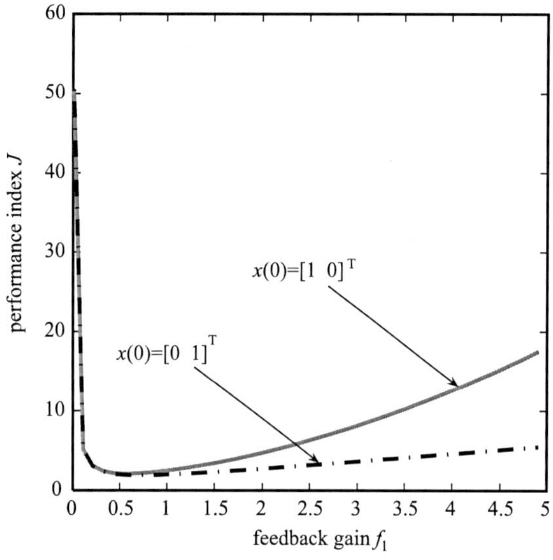

그림 6.8
시스템의 초기값의 변화에 따른 J 값의 변화

%[예제 6.4]

```
xo=[1 0]';f_axis=0.01:0.1:5;                     % 초기값과 [그림 6.7]의 x축 설정
f_num=max(size(f_axis));
J=zeros(f_num,3);                                % 변수 J를 위한 공간의 확보
for r=0:1:2
  for i=1:f_num
    A=[0 -f_axis(i); 1 -1]; Q=[1+r*f_axis(i)^2 0; 0 1];
    P=lyap(A,Q);                                 % ⑤의 계산
    J(i,r+1)=xo'*P*xo;                           % 평가함수 ⑧의 계산
  end
end
plot(f_axis, J(:,1),'-',f_axis,J(:,2),':',f_axis,J(:,3),'--') % [그림 6.7]
xlabel(' 피드백이득  f ')
ylabel(' 평가함수 J의  값 ')
% r=1 로 고정하고 xo를 변화
xo=[0 1]';
for i=1:f_num
  A=[0 -f_axis(i); 1 -1]; Q=[1+r*f_axis(i)^2 0; 0 1];
  P=lyap(A,Q);
  J(i,1)=xo'*P*xo;
end
plot(f_axis, J(:,2),'-',f_axis,J(:,1),':') % [그림 6.8]
xlabel(' 피드백이득  f ')
ylabel(' 평가함수 J 의 값 ')
```

➲ 프로그램에서 식 (6.16)의 형태로 주어지는 리아푸노프방정식의 해를 계산하는 MATLAB 명령어로 'lyap'가 있다. 이것은

```
>> P=lyap(A,Q)
```

의 형식으로 사용되며, 제어공학의 많은 분야에서 가장 빈번하게 사용되는 명령어의 하나이다.

예제 6.5

[그림 6.9]로 주어진 시스템에 단위계단 입력이 인가되었을 때 다음으로 주어진 평가함수 J가 최소로 되기 위한 감쇠비 ζ 값을 결정하여보자.

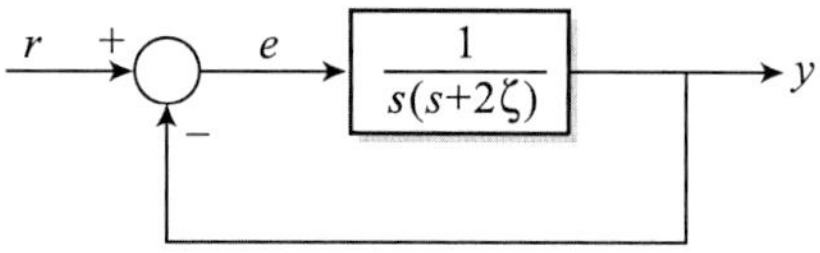

➤ 그림 6.9 [예제 6.4]

$$J=\int_0^{\infty}\left[e^2(t)+r\left(\frac{d}{dt}e(t)\right)^2\right]dt\ ,\ (r>0) \quad ①$$

단 $e(t)$ 는 오차신호로 $e(t)=r(t)-y(t)$ 로 주어진다.

해 [그림 6.9]의 시스템에 대한 상태방정식을 유도한다. 먼저 전달함수는

$$\frac{y(s)}{r(s)}=\frac{1}{s^2+2\zeta s+1} \quad ②$$

로 주어지며, 이를 미분방정식의 형태로 변환하면

$$\frac{d^2}{dt^2}y(t)+2\zeta\frac{d}{dt}y(t)+y(t)=r(t) \quad ③$$

으로 된다. 이것을 오차신호 $e(t)$로 변환하면[6)]

$$\frac{d^2}{dt^2}e(t)+2\zeta\frac{d}{dt}e(t)+e(t)=\frac{d^2}{dt^2}r(t)+2\zeta\frac{d}{dt}r(t) \quad ④$$

로 됨을 쉽게 확인할 수 있을 것이다. 단위계단상의 입력이 인가되었기 때문에 $\dot{r}(0)=0,\ \ddot{r}(0)=0$ 이므로 구간 $t\geq 0$ 에서 ④의 미분방정식은

$$\frac{d^2}{dt^2}e(t)+2\zeta\frac{d}{dt}e(t)+e(t)=0,\ e(0)=1,\ \frac{d}{dt}e(0)=0 \quad ⑤$$

로 된다. 따라서 상태변수를

$$x_1(t)=e(t)$$

6) $y(t)=r(t)-e(t)$를 ③에 대입한다.

$$x_2(t) = \frac{d}{dt} e(t)$$

로 두면 ⑤에 대한 상태방정식 표현을 얻을 수 있다. 즉

$$\begin{aligned} \frac{d}{dt}\vec{x}(t) &= \boldsymbol{A}\,\vec{x}(t) \\ &= \begin{bmatrix} 0 & 1 \\ -1 & -2\zeta \end{bmatrix} \vec{x}(t) \end{aligned} \quad ⑥$$

이다. ①의 평가함수를 상태변수로 나타내면

$$\begin{aligned} J &= \int_0^\infty \left[e^2(t) + r\left(\frac{d}{dt}e(t)\right)^2 \right] dt = \int_0^\infty \left(x_1^2(t) + r x_2^2(t) \right) dt \\ &= \int_0^\infty \left[x_1(t) \;\; x_2(t) \right] \begin{bmatrix} 1 & 0 \\ 0 & r \end{bmatrix} \begin{bmatrix} x_1(t) \\ x_2(t) \end{bmatrix} dt \\ &= \int_0^\infty \vec{x}^{\,T}(t)\, \boldsymbol{Q}\, \vec{x}(t) dt \end{aligned} \quad ⑦$$

로 된다. 그런데 $\boldsymbol{A}$ 는 안정행렬이고 식 (6.15)로 주어지는 J를 계산하기 위해서는 행렬 $\boldsymbol{P}$가 필요하다. 따라서 식 (6.16)의 리아푸노프방정식

$$\begin{bmatrix} 0 & -1 \\ 1 & -2\zeta \end{bmatrix}^T \begin{bmatrix} p_{11} & p_{12} \\ p_{12} & p_{22} \end{bmatrix} + \begin{bmatrix} p_{11} & p_{12} \\ p_{12} & p_{22} \end{bmatrix} \begin{bmatrix} 0 & -1 \\ 1 & -2\zeta \end{bmatrix} = \begin{bmatrix} -1 & 0 \\ 0 & -r \end{bmatrix} \quad ⑧$$

를 전개하면 다음과 같은 연립방정식을 얻는다.

$$\begin{cases} -2p_{12} = -1 \\ p_{11} - 2\zeta p_{12} - p_{22} = 0 \\ 2p_{12} - 4\zeta p_{22} = -r \end{cases} \quad ⑨$$

로 되며 이것의 해는 다음으로 됨을 쉽게 확인할 수 있다.

$$\boldsymbol{P} = \begin{bmatrix} p_{11} & p_{12} \\ p_{12} & p_{22} \end{bmatrix} = \begin{bmatrix} \zeta + \dfrac{1+r}{4\zeta} & \dfrac{1}{2} \\ \dfrac{1}{2} & \dfrac{1+r}{4\zeta} \end{bmatrix} \quad ⑩$$

따라서 ⑩을 식 (6.15)에 대입하면

$$\begin{aligned} J &= \vec{x}^{\,T}(0)\, \boldsymbol{P}\, \vec{x}(0) \\ &= \left(\zeta + \frac{1+r}{4\zeta} \right) x_1^2(0) + x_1(0) x_2(0) + \frac{1+r}{4\zeta} x_2^2(0) \end{aligned} \quad ⑪$$

로 된다. 만약 초기값으로 $x_1(0)=1$, $x_2(0)=0$ 이 주어졌다면 ⑪은

$$J=\zeta+\frac{1+r}{4\zeta} \tag{⑫}$$

로 된다. 이것을 감쇠비 ζ에 대하여 최소화하기 위해서 $\partial J/\partial\zeta=0$를 계산하면

$$\frac{\partial J}{\partial\zeta}=1-\frac{1+r}{4\zeta^2}=0 \quad\rightarrow\quad \zeta=\frac{\sqrt{1+r}}{2} \tag{⑬}$$

로 된다. 이로부터 ζ의 최적값(optimal value)은 $\sqrt{1+r}/2$로 된다는 것을 확인할 수 있다. 만약 $r=1$이라면 감쇠비의 최적값은 $\sqrt{2}/2=0.707$로 된다.

%[예제 6.5]

```
% ⑩의 계산
syms p11 p12 p22 zeta r
S=solve('-2*p12+1','p11-2*zeta*p12-p22','2*p12-4*zeta*p22+r','p11',
'p12','p22')
J=zeta+(1+r)/4/zeta;                    % ⑫의 입력
dJ=diff(J,zeta);                        % ⑫를 ζ에 대하여 미분
solve(dJ)                               % ⑬의 확인
```

➲ 계산결과 변수 'S'에는 p11, p12 및 p22가 들어있다. 이것은 'S.p11'을 입력하면 p11의 값을 확인할 수 있다. 또한 'solve(dJ)'를 실행하면 '+'와 '−'의 해가 나타나지만, 감쇠비는 항상 양의 값을 가지므로 $\sqrt{1+r}/2$가 해로 된다.

%[예제 6.5] – r의 변화에 따른 단위계단입력에 대한 [그림 6.9]의 출력파형[7)]

```
for r=0.1:0.5:3
   zeta=sqrt(1+r)/2;
   [t,x,y]=sim('example_6_5',[0 15]);
   plot(t,y),hold on
end
```

6.2.3 최적 LQ 레귤레이터

최적 선형 2차 레귤레이터(optimal linear quadratic regulator)문제는 다음과 같이 주어진다.

7) Simulink file인 'example_6_5' 참조.

요점 6.2 최적 레귤레이터 문제

반드시 안정하다고는 할 수 없는 선형시스템

$$\frac{d}{dt}\vec{x}(t)=\boldsymbol{A}\,\vec{x}(t)+\boldsymbol{B}\,\vec{u}(t) \tag{6.17}$$

이 평형상태에서 벗어나 임의의 상태 $\vec{x}(0),\ (\neq \vec{0})$ 에 머물러 있다고 한다(즉 시스템의 초기상태가 $\vec{x}(0)$ 이다). 이 시스템에 상태피드백 $\vec{u}(t)=-\boldsymbol{F}\vec{x}(t)$ 를 수행하여 원래의 상태(즉 평형상태 $\vec{x}(\infty)=\vec{0}$)로 가능한 한 빠르게 되돌리기 위한 최적제어법칙을 계산하라.

이때 피드백행렬 $\boldsymbol{F}$의 결정방법으로서 다음의 두 가지를 우선적으로 고려해야 한다.

(i) 폐루프시스템의 안정성

(ii) 평형상태로의 수렴속도와 입력 크기와의 타협

따라서 폐루프시스템을 안정화시키면서 동시에 입력의 크기와 출력의 수렴속도에 대한 상반된 요구를 만족시키기 위해서는 위의 두 가지 조건이 다 포함되어 있는 어떤 평가의 기준이 필요하다. 이미 앞에서 언급한 바와 같이 식 (6.3)으로 주어지는 평가함수를 최소로 할 수 있는 피드백행렬 $\boldsymbol{F}$를 구할 수 있다면 위에서 언급한 최적레귤레이터의 두 가지 조건을 동시에 만족시킬 수 있을 것이다.

$$J=\int_0^\infty \left[\vec{x}^T(t)\,\boldsymbol{Q}\,\vec{x}(t)+\vec{u}^T(t)\,\boldsymbol{R}\,\vec{u}(t)\right]dt \tag{6.18}$$

여기서 $\boldsymbol{Q}$와 $\boldsymbol{R}$은 대칭행렬로서 $\boldsymbol{Q}\geq 0,\ \boldsymbol{R}>0$로 주어지며, 각각 상태와 입력의 크기에 대한 가중치를 나타내고 있다.

이러한 최적제어문제가 실제적인 의미를 가지기 위해서는 상태피드백으로 구성되는 폐루프시스템의 내부안정성이 먼저 확보되어야 한다. 이를 위해 주어진 시스템은 안정화가능, 즉 불안정한 모드는 반드시 가제어로 되어야 한다는 것이 최적제어를 위한 필요조건이다.

식 (6.18)을 최소화하면서 동시에 시스템의 안정성에 관한 조건을 만족시킬 수 있는 이득행렬 $\boldsymbol{F}$를 유도하여 보자.

입력 $\vec{u}(t)=-\boldsymbol{F}\vec{x}(t)$를 식 (6.17)에 대입하면 식 (6.5)와 (6.6), 즉

$$\frac{d}{dt}\vec{x}(t)=(\boldsymbol{A}-\boldsymbol{B}\boldsymbol{F})\vec{x}(t) \tag{6.19a}$$

$$J=\int_0^\infty \vec{x}^T(t)\left[\boldsymbol{Q}+\boldsymbol{F}^T\boldsymbol{R}\boldsymbol{F}\right]\vec{x}(t)dt \tag{6.19b}$$

가 얻어진다. 이때 식 (6.19a)의 $(\boldsymbol{A}-\boldsymbol{B}\boldsymbol{F})$는 반드시 안정행렬로 되었다고 가정한다. 따라서 식 (6.19a)은 안정으로 되어 $\vec{x}(\infty)=\vec{0}$ 로 된다. 이 관계를 이용하면 식 (6.9)를

$$J=\vec{x}_o^{\,T}\boldsymbol{P}\vec{x}_o=\int_0^{\infty}\left\{-\frac{d}{dt}\left[\vec{x}^{\,T}(t)\boldsymbol{P}\vec{x}(t)\right]\right\}dt \tag{6.20}$$

과 같이 표현할 수 있다. 식 (6.19b)와 (6.20)의 오른쪽 항의 피적분함수를 비교하면

$$\vec{x}^{\,T}(t)\left(\boldsymbol{Q}+\boldsymbol{F}^T\boldsymbol{R}\boldsymbol{F}\right)\vec{x}(t)=-\frac{d}{dt}\left(\vec{x}^{\,T}(t)\boldsymbol{P}\vec{x}(t)\right) \tag{6.21}$$

을 얻는다. 위 식의 오른쪽 항의 미분을 수행하고 $\frac{d}{dt}\vec{x}(t)$ 에 식 (6.19a)를 대입하면

$$\begin{aligned}\vec{x}^{\,T}(t)\left(\boldsymbol{Q}+\boldsymbol{F}^T\boldsymbol{R}\boldsymbol{F}\right)\vec{x}(t)&=-\left(\frac{d}{dt}\vec{x}^{\,T}(t)\right)\boldsymbol{P}\vec{x}(t)-\vec{x}^{\,T}(t)\boldsymbol{P}\left(\frac{d}{dt}\vec{x}(t)\right)\\&=-\vec{x}^{\,T}(t)\left[(\boldsymbol{A}-\boldsymbol{B}\boldsymbol{F})^T\boldsymbol{P}+\boldsymbol{P}(\boldsymbol{A}-\boldsymbol{B}\boldsymbol{F})\right]\vec{x}(t)\end{aligned} \tag{6.22}$$

로 된다. 따라서 위 식의 등호가 성립하기 위해서는 임의 벡터 $\vec{x}(t)$ 에 대하여

$$(\boldsymbol{A}-\boldsymbol{B}\boldsymbol{F})^T\boldsymbol{P}+\boldsymbol{P}(\boldsymbol{A}-\boldsymbol{B}\boldsymbol{F})=-\left(\boldsymbol{Q}+\boldsymbol{F}^T\boldsymbol{R}\boldsymbol{F}\right) \tag{6.23}$$

이 만족되어야 한다는 것을 알 수 있다. 식 (6.23)은 식 (6.16)으로 주어진 리아푸노프방정식과 동일한 모양을 하고 있으므로, [요점 6.1]에 의하여 $(\boldsymbol{A}-\boldsymbol{B}\boldsymbol{F})$가 안정행렬이고 $\left(\boldsymbol{Q}+\boldsymbol{F}^T\boldsymbol{R}\boldsymbol{F}\right)$가 정정 혹은 준정정이라면 식 (6.23)을 만족하는 대칭인 행렬 $\boldsymbol{P}$가 반드시 존재한다. 이 결과 식 (6.19a)의 시스템에 대한 평가함수 식 (6.19b)는 역시 [요점 6.1]에 의해

$$J=\vec{x}^{\,T}(0)\boldsymbol{P}\vec{x}(0) \tag{6.24}$$

로 주어진다.

이상의 사실을 이용하여 식 (6.17)의 시스템에 대한 평가함수 식 (6.18)를 최소로 하는 피드백행렬 $\boldsymbol{F}$를 구하는 방법에 대하여 알아보자. 우선 행렬 $\boldsymbol{R}$을 정정인 실수행렬로 가정하면 이를 다음과 같이 정칙인 행렬의 곱으로 분해할 수 있다. 즉

$$\boldsymbol{R}=\boldsymbol{T}^T\boldsymbol{T} \tag{6.25}$$ [8]

위 식을 이용하여 식 (6.23)을 다시 쓰면

$$\left(\boldsymbol{A}^T-\boldsymbol{F}^T\boldsymbol{B}^T\right)\boldsymbol{P}+\boldsymbol{P}(\boldsymbol{A}-\boldsymbol{B}\boldsymbol{F})+\boldsymbol{Q}+\boldsymbol{F}^T\boldsymbol{T}^T\boldsymbol{T}\boldsymbol{F}=0$$

8) Gram–Schmidt의 직교화법 등을 이용하면 어렵지 않게 행렬의 분해를 수행할 수 있다.

로 되며 이것은 다시

$$A^TP+PA + \left[TF-(T^T)^{-1}B^TP\right]^T\left[TF-(T^T)^{-1}B^TP\right]-PBR^{-1}B^TP+Q=0 \tag{6.26}$$

로 전개할 수 있다. 따라서 피드백행렬 F에 대하여 평가함수 J(즉 식 (6.20))를 최소화하기 위해서는 임의의 벡터 $\vec{x}(t)$ 에 대하여 식 (6.20)의 피적분함수인 식 (6.23)을 최소화하여야 한다. 이것은 결국 식 (6.26)에서

$$\vec{x}^T(t)\left[TF-(T^T)^{-1}B^TP\right]^T\left[TF-(T^T)^{-1}B^TP\right]\vec{x}(t) \tag{6.27}$$

를 F에 대하여 최소화하는 것이 필요하게 된다[9]. 그런데 식 (6.27)은 준정정의 모양을 하고 있으므로, 이를 최소화하기 위한 F는

$$TF=(T^T)^{-1}B^TP$$

로 주어진다. 따라서 최적인 피드백행렬은

$$F=T^{-1}(T^T)^{-1}BP=R^{-1}B^TP$$

로 된다. 이상을 정리하면 다음 요점을 얻는다.

요점 6.3 최적 레귤레이터 문제의 해

임의의 초기값 $\vec{x}(0)$에 대하여 평가함수 (6.18)을 최소로 하는 안정화 이득행렬 F는 다음으로 주어진다.

$$F=R^{-1}B^TP \tag{6.28}$$

여기서 P는 다음과 같은 '대수리카티방정식(ARE: Algebraic Riccatia Equation)'을 만족하는 정정행렬이다.

$$A^TP+PA-PBR^{-1}B^TP+Q=0 \tag{6.29}$$

이상으로부터 최적피드백행렬을 구하는 과정은 다음과 같이 정리할 수 있다.

(i) 식 (6.29)의 리카티방정식의 해 P를 구한다.

(ii) P를 식 (6.28)에 대입하여, $\vec{u}(t)=-F\vec{x}(t)=-R^{-1}B^TP\vec{x}(t)$로서 폐루프 시스템을 구성한다.

---

9) 식 (6.26)에서 식 (6.27)을 제외한 나머지 부분, 즉 $(A^TP+PA-PBR^{-1}B^TP+Q)$는 F와는 관련이 없는 고정된 값으로 된다.

$(\boldsymbol{A}-\boldsymbol{B}\boldsymbol{F})$의 안정성문제

[요점 6.3]은 평가함수 J를 최소화할 수 있는 제어법칙 $\vec{u}(t)=-\boldsymbol{F}\vec{x}(t)$를 제공하고 있지만, $\lim_{t\to\infty}\vec{x}(t)=\vec{0}$로 된다고 하는 보증, 즉 피드백행렬 $\boldsymbol{F}$에 의한 상태피드백의 결과로 얻어진 행렬 $(\boldsymbol{A}-\boldsymbol{B}\boldsymbol{F})$가 안정으로 된다는 보증은 하지 않고 있다. 이에 대해 다음의 요점이 주어져 있다.

요점 6.4 행렬 $(\boldsymbol{A}-\boldsymbol{B}\boldsymbol{F})$의 안정성 여부

> 식 (6.28)과 (6.29)로 얻어진 행렬 $\boldsymbol{F}$에 의한 상태피드백 $\vec{u}(t)=-\boldsymbol{F}\vec{u}(t)$을 수행하여 얻어진 폐루프시스템
>
> $$\frac{d}{dt}\vec{x}(t)=(\boldsymbol{A}-\boldsymbol{B}\boldsymbol{F})\vec{x}(t) \tag{6.30}$$
>
> 이 안정으로 되기 위한 필요충분조건은 $(\boldsymbol{A},\boldsymbol{B})$가 가제어, $(\boldsymbol{Q}^{1/2},\boldsymbol{A})$가 가관측으로 되는 것이다.

위 요점은 대수방정식 (6.29)를 적절히 변형하면 확인할 수 있으나 여기서는 생략한다. $(\boldsymbol{A}-\boldsymbol{B}\boldsymbol{F})$를 안정으로 하는 ARE의 해 $\boldsymbol{P}$를 '안정화 해(stabilization solution)'라고 한다. [요점 6.4]에서 이를 위한 조건으로 $(\boldsymbol{A},\boldsymbol{B})$의 가제어성, $(\boldsymbol{Q}^{1/2},\boldsymbol{A})$의 가관측성의 만족 여부를 들었으나, 실제로는 $(\boldsymbol{A},\boldsymbol{B})$가 가안정, $(\boldsymbol{Q}^{1/2},\boldsymbol{A})$가 가검출인 경우에도 안정화 해가 존재한다.

마지막으로 평가함수의 피적분함수에 상태벡터 대신 출력벡터가 사용된 경우에 대하여 살펴보자. 즉 평가함수가

$$J=\int_0^\infty[\vec{y}^T(t)\boldsymbol{Q}\vec{y}(t)+\vec{u}^T(t)\boldsymbol{R}\vec{u}(t)]dt \tag{6.31}$$

로 주어졌다면 이는

$$J=\int_0^\infty[\vec{x}^T(t)\boldsymbol{C}^TQ\boldsymbol{C}\vec{x}(t)+\vec{u}^T(t)\boldsymbol{R}\vec{u}(t)]dt \tag{6.32}$$

로 되어 $\boldsymbol{Q}$를 $\boldsymbol{C}^T\boldsymbol{Q}\boldsymbol{C}$로 변경하면 지금까지의 내용을 그대로 적용할 수 있다.

[요점 6.4]에서 언급한 바와 같이, $(\boldsymbol{A},\boldsymbol{B})$가 가제어성(또는 가안정성), $(\boldsymbol{Q}^{1/2},\boldsymbol{A})$가 가관측성(또는 가검출성)을 가진다는 것은, 대수리카티방정식이 유일한 준정정인 해 $\boldsymbol{P}$를 가지며, 동시에 $\boldsymbol{P}$가 안정화 해로 되기 위한 필요조건이다. 만약 $(\boldsymbol{Q}^{1/2},\boldsymbol{A})$이 가검출이 아니라면 리카티방정식을 만족하는 복수개의 준정정인 해가 존재한다는 것을 예제로 확인하여 보자.

예제 6.6

[예제 6.3]의 ①과 같이 1관성시스템의 상태방정식

$$\dot{\vec{x}}(t)=\boldsymbol{A}\vec{x}(t)+\vec{b}\,u(t),\ \boldsymbol{A}=\begin{bmatrix}0 & 1\\ -10 & -1\end{bmatrix},\vec{b}=\begin{bmatrix}0\\ 1\end{bmatrix} \quad ①$$

이 주어져 있다고 한다. 이때 평가함수

$$J=\int_0^\infty(\vec{x}^T(t)\boldsymbol{Q}\vec{x}(t)+ru^2(t))dt \quad ②$$

가중행렬 $\boldsymbol{Q}, r$로서 다음의 값을 지정하고 상기 J를 최소화하는 것을 생각하여 본다.

$$(1)\ \boldsymbol{Q}=\begin{bmatrix}300 & 0\\ 0 & 60\end{bmatrix}>0,\ r=1>1$$

$$(2)\ \boldsymbol{Q}=\begin{bmatrix}q_1 & 0\\ 0 & 0\end{bmatrix}>0,(q_1>0),\ r=1>1 \quad ③$$

[요점 6.3]에 의해 먼저 식 (6.29)의 리키티방정식을 만족하는 정정이며 대칭인 해 $\boldsymbol{P}$를 구하여 식 (6.28)의 이득행렬에 의해 ②의 평가함수를 최소화하기로 한다. 먼저 리키티방정식은

$$\boldsymbol{PA}+\boldsymbol{A}^T\boldsymbol{P}-\frac{1}{r}\boldsymbol{P}\vec{b}\vec{b}^T\boldsymbol{P}+\boldsymbol{Q}=0,\ \boldsymbol{P}=\boldsymbol{P}^T=\begin{bmatrix}p_{11} & p_{12}\\ p_{12} & p_{22}\end{bmatrix} \quad ④$$

로 되며 여기에 ①과 ③의 값을 대입하여 전개하여 얻어진 값으로 식 (6.28)에 의한 상태피드백

$$u(t)=-\frac{1}{r}\vec{b}^T\boldsymbol{P}$$

을 ①에 적용하여 최적제어를 수행하여 본다.

(1)의 경우:

$$\begin{bmatrix}p_{11} & p_{12}\\ p_{12} & p_{22}\end{bmatrix}\begin{bmatrix}0 & 1\\ -10 & -1\end{bmatrix}+\begin{bmatrix}0 & -10\\ 1 & -1\end{bmatrix}\begin{bmatrix}p_{11} & p_{12}\\ p_{12} & p_{22}\end{bmatrix} \quad ⑤$$

$$-\frac{1}{r}\begin{bmatrix}p_{11} & p_{12}\\ p_{12} & p_{22}\end{bmatrix}\begin{bmatrix}0\\ 1\end{bmatrix}\begin{bmatrix}p_{11} & p_{12}\\ p_{12} & p_{22}\end{bmatrix}+\begin{bmatrix}300 & 0\\ 0 & 60\end{bmatrix}=\begin{bmatrix}0 & 0\\ 0 & 0\end{bmatrix}$$

$$\Rightarrow\begin{cases}-p_{12}^2-20p_{12}+300=0\ \cdots\cdots\ (\alpha)\\ -p_{12}p_{22}+p_{11}-p_{12}-10p_{22}=0\ \cdots\cdots\ (\beta)\\ -p_{22}^2+2p_{12}-2p_{22}+60=0\ \cdots\cdots\ (\gamma)\end{cases}$$

로 되어 ④의 해 $\boldsymbol{P}$를 구하기 위해서는 비선형연립방정식을 풀어야 한다. 먼저 2차 방정식인 (a)의 해는 $p_{12} = -30, 10$ 을 얻는다. 이로부터

(i) $p_{12} = -30$ 의 경우; ⑤의 (c)로부터

$$p_{22}^2 + 2p_{22} = 0 \rightarrow p_{22} = 0, -2 \qquad ⑥$$

으로 되며, 다시 ⑤의 (b)로부터 $p_{22} = 0 \rightarrow p_{11} = -30$, $p_{22} = -2 \rightarrow p_{11} = 10$ 을 각각 얻는다. 따라서 ⑤를 만족하는 $\boldsymbol{P}$는 다음 두 종류로 됨을 알 수 있다.

$$\boldsymbol{P}_1 = \begin{bmatrix} -30 & -30 \\ -30 & 0 \end{bmatrix}, \boldsymbol{P}_2 = \begin{bmatrix} 10 & -30 \\ -30 & 2 \end{bmatrix} \qquad ⑦$$

(ii) $p_{12} = 10$의 경우: 위와 동일한 과정을 되풀이하면 다음 두 개의 값을 얻을 수 있다.

$$\boldsymbol{P}_3 = \begin{bmatrix} 170 & 10 \\ 10 & 8 \end{bmatrix}, \boldsymbol{P}_4 = \begin{bmatrix} -190 & 10 \\ 10 & -10 \end{bmatrix} \qquad ⑧$$

이상으로부터, 리카티방정식 ⑤는 네 개의 실수대칭인 해 $\boldsymbol{P}_1, \boldsymbol{P}_2, \boldsymbol{P}_3, \boldsymbol{P}_4$를 가지지만 부록의 실베스트 판정조건 등을 이용하면 이 중 $\boldsymbol{P}_3$만이 정정행렬이라는 사실을 확인할 수 있다(즉 $\boldsymbol{P} = \boldsymbol{P}_3$ 가 ⑤의 유일한 정정대칭인 해이다). 따라서 식 (6.18)의 평가함수를 최소화하는 피드백이득행렬은

$$\vec{f} = \frac{1}{r}\vec{b}^T \boldsymbol{P}_3 = [0 \;\; 1]\begin{bmatrix} 170 & 10 \\ 10 & 8 \end{bmatrix} = [10 \;\; 8] \qquad ⑨$$

로 되며 이때 최적레귤레이터의 극, 즉 $\boldsymbol{A}_f = \boldsymbol{A} - \vec{b}\vec{f}$ 의 고유값은 $-5, -4$로 된다. [그림 6.10]에 피드백벡터로서 (a) $\vec{f}_1 = [10 \;\; 8]$, 및 (b) [예제 6.3]의 $\vec{f}_2 = [-5 \;\; 1]$ 을 사용했을 경우에 대한 시뮬레이션 결과를 나타내었다.

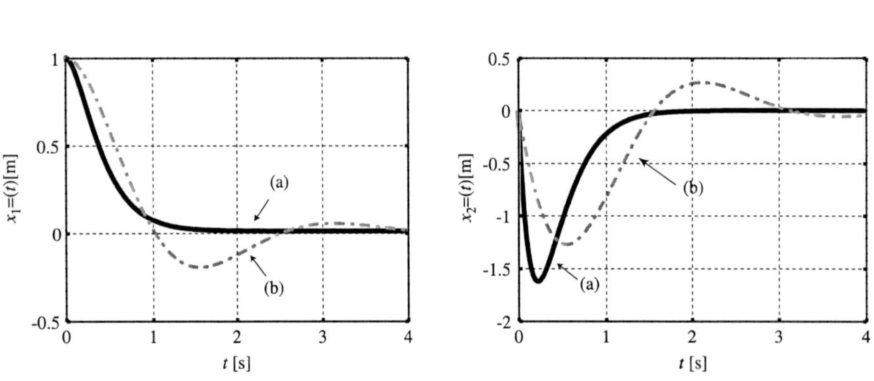

(a) $x_1(t) = z(t)$ [m], (b) $x_2(t) = \dot{z}(t)$ [m/s],

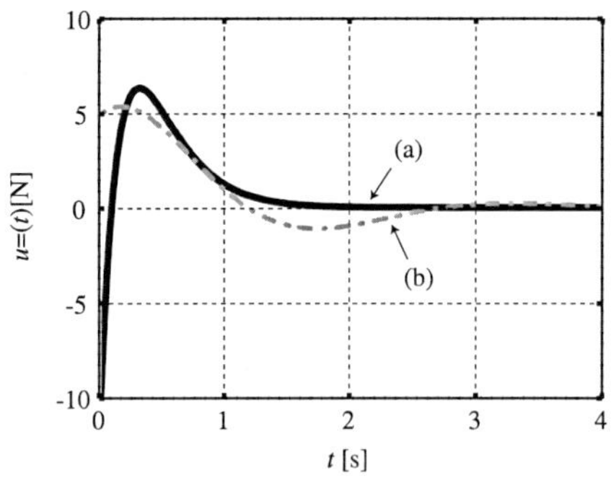

(c) $u(t)=f(t)$ [N]

그림 6.10 시뮬레이션 결과

(a)의 경우는 $J(x_1)$의 가중값 q_1을 $J(x_2)$의 가중값 q_2나 $J(u)$의 가중값 r보다 크게 설정하고 있다. 이 결과 $x_1(t)$의 수렴 성능을 적극적으로 고려하고 있지 않는 (b)에 비하여, (a)는 큰 입력을 필요로 하지만 $x_1(t)$을 빠르게 영으로 수렴시키고 있음을 볼 수 있다.

또한 (a)의 경우 초기값을 $x_0=[1\ \ 0]^T$로 두고 $x_1(t), x_2(t)$, 및 $u(t)$의 2승 적분을 계산해 하여 더하면

$$J(x_1)\approx 0.28,\ J(x_2)\approx 1.11,\ J(u)\approx 19.166 \rightarrow J=J(x_1)+J(x_2)+J(u)=170$$

으로 된다. 이는 식 (6.24)의 결과와 동일하다. 즉

$$J=\vec{x}_0^T\boldsymbol{P}\vec{x}_0=[1\ \ 0]\begin{bmatrix}170 & 10\\ 10 & 8\end{bmatrix}\begin{bmatrix}1\\0\end{bmatrix}=170$$

이다.

(2)의 경우:

먼저 $\vec{f}$에 의한 폐루프가 안정으로 될 수 있는지의 여부를 [요점 6.4]를 이용하여 확인한다. 행렬이론에 의하면 대칭행렬 $\boldsymbol{Q}$는 다음과 같이 분리가능하다[10].

$$\boldsymbol{Q}_0=\left[\sqrt{q_1}\ \ 0\right] \ \rightarrow\ \boldsymbol{Q}=\boldsymbol{Q}_0^T\boldsymbol{Q}_0\geq 0$$

여기서 $\boldsymbol{Q}_0$에 대한 가관측성 행렬 $\boldsymbol{M}_0$는

$$\boldsymbol{M}_0=\begin{bmatrix}\boldsymbol{Q}_0\\ \boldsymbol{Q}_o\boldsymbol{A}\end{bmatrix}=\begin{bmatrix}\sqrt{q_1} & 0\\ 0 & \sqrt{q_1}\end{bmatrix} \ \rightarrow |\boldsymbol{M}_0|=q_1\neq 0$$

로부터 정칙으로 되어 $(\boldsymbol{Q}_0, \boldsymbol{A})$의 가관측성을 확인할 수 있다. 이 결과 $u(t)=-\vec{f}\vec{x}(t)$에 의한 상태피드백으로 얻어진 폐루프시스템의 극, 즉 $(\boldsymbol{A}-\vec{b}\vec{f})$의 고유

10) 준정정행렬, 즉 $\boldsymbol{Q}\geq 0$인 경우 이와 같은 행렬의 분해가 가능하다.

값을 안정화 하는 피드백이득 $\vec{f}$가 존재한다는 것을 알 수 있다. 이는 (1)과 동일한 방법으로 계산가능하다.

먼저 위의 ⑤와 동일한 과정으로부터 다음의 비선형연립방정식을 얻는다.

$$\begin{cases} -p_{12}^2 - 20p_{12} + q_1 = 0 \cdots\cdots (a) \\ -p_{12}p_{22} + p_{11} - p_{12} - 10p_{22} = 0 \cdots\cdots (b) \\ -p_{22}^2 + 2p_{12} - 2p_{22} + 60 = 0 \cdots\cdots (c) \end{cases} \qquad ⑩$$

여기서 $\alpha \equiv \sqrt{100+q_1} > 10$ 으로 두면 ⑩의 (a)를 만족하는 해는 $p_{12} = -10 \pm \alpha$로 된다. 이로부터 다음의 전개가 가능하다.

(i) $p_{12} = -10 - \alpha$ 인 경우: ⑩의 (c)로부터

$$p_{22}^2 + 2p_{22} + 2(\alpha+10) = 0 \;\rightarrow\; p_{22} = -1 \pm j\sqrt{2\alpha+19}$$

이므로 p_{22}는 복소수로 되어 리카티방정식의 해로 될 수 없다,

(i) $p_{12} = -10 + \alpha$ 인 경우: ⑩의 (c)로부터

$$p_{22}^2 + 2p_{22} - 2(\alpha-10) = 0 \;\rightarrow\; p_{22} = -1 \pm \sqrt{\beta},\ (\beta \equiv 2\alpha - 19) \qquad ⑪$$

이다. 여기서 $\alpha > 10$이므로 $\sqrt{\beta} = \sqrt{2\alpha-19} > 1$ 로 되어 해 p_{22}는 양의 실수 $-1+\sqrt{\beta}$와 음의 실수 $-1-\sqrt{\beta}$의 값으로 됨을 확인할 수 있다. 이 경우 ⑩의 (b)로부터

$$p_{11} = p_{12}p_{22} + p_{12} + 10p_{22} = -10 \pm \alpha\sqrt{\beta} \qquad ⑫$$

로 되어 역시 실수 값을 갖는다. 이로부터 리카티방정식 (6.29)는 다음과 같은 두 개의 해를 가짐을 알 수 있다.

$$\boldsymbol{P}_1 = \begin{bmatrix} \alpha\sqrt{\beta} - 10 & \alpha - 10 \\ \alpha - 10 & \sqrt{\beta} - 1 \end{bmatrix},\ \boldsymbol{P}_2 = \begin{bmatrix} -\alpha\sqrt{\beta} - 10 & \alpha - 10 \\ \alpha - 10 & -\sqrt{\beta} - 1 \end{bmatrix}, \qquad ⑬$$

위 두 해 중에서 $\boldsymbol{P}_1$만이 정정행렬이므로 평가함수 ②를 최소로 하는 최적피드백 이득은

$$\vec{f} = -\frac{1}{r}b^T P_1 = -[0 \quad 1]\begin{bmatrix} \alpha\sqrt{\beta} - 10 & \alpha - 10 \\ \alpha - 10 & \sqrt{\beta} - 1 \end{bmatrix} \qquad ⑭$$

$$= [10-\alpha \quad 1-\sqrt{\beta}],\ \left(\alpha \equiv \sqrt{100+q_1},\ \beta \equiv 2\alpha - 19\right)$$

로 되며 이 경우의 최적극(즉 폐루프의 극)은

$$\lambda_{1,2} = -\frac{\sqrt{2\alpha-19}}{2} \pm j\frac{\sqrt{2\alpha+19}}{2} \quad ⑮$$

이다. 따라서 $q_1 = 10,\ 100,\ 1000$으로 두었을 경우

(a) $q_1 = 10$이면 $\vec{f} = [0.4881,\ 0.4058]$, $\lambda_{1,2} = -0.7029 \pm j3.1613$

(b) $q_2 = 100$이면 $\vec{f} = [4.1421,\ 2.0470]$, $\lambda_{1,2} = -1.52359 \pm j3.4382$

(c) $q_3 = 1000$이면 $\vec{f} = [23.1662,\ 5.8799]$, $\lambda_{1,2} = -3.4399 \pm j4.6188$

로 된다. [그림 6.11]에 초기값 $\vec{x}_0 = [1\ 0]^T$로 두고 상기 피드백이득을 이용한 시뮬레이션 결과를 나타내었다. q_1을 크게 함에 따라서 최적극 λ의 실수부가 음의 방향으로 점점 크게 되기 때문에 $x_1(t)$의 수렴속도는 빨라진다. 그러나 $\vec{f}$의 각 요소 역시 큰 값으로 되기 때문에 입력 $u(t)$가 크게 된다는 점에 유의한다.

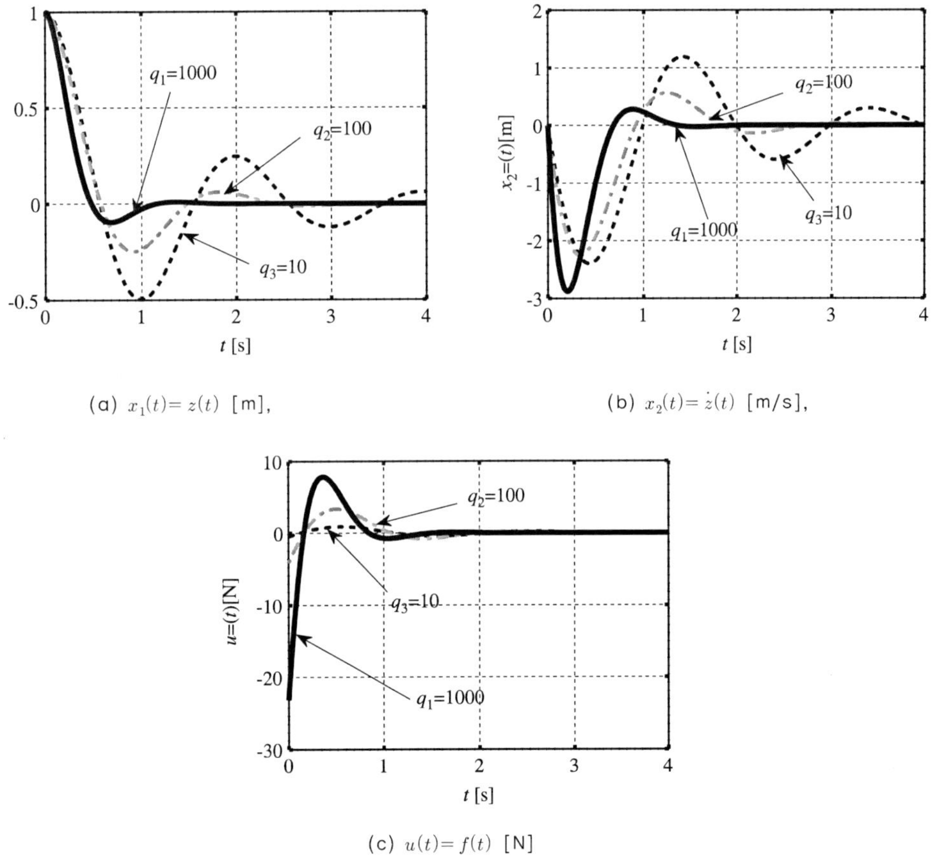

(a) $x_1(t) = z(t)$ [m], (b) $x_2(t) = \dot{z}(t)$ [m/s], (c) $u(t) = f(t)$ [N]

그림 6.11 시뮬레이션 결과 ($\vec{x}_0 = [1\ \ 0]$, $\boldsymbol{Q} = \mathrm{diag}[q_1\ \ 0]$, $r = 1$)

% [예제 6.6] – [그림 6.10]

```
A=[0 1;-10 -1];B=[0 1]';C=[1 0;0 1];D=[0 0]';
f1=[10 8];f2=[-5 1];
sysf1=ss(A-B*f1,zeros(2,1),C,D);
sysf2=ss(A-B*f2,zeros(2,1),C,D);
taxis=0:0.01:4;
[y1,t,x1]=initial(sysf1,[1 0]',taxis);u1=-f1*x1';
[y2,t,x2]=initial(sysf2,[1 0]',taxis);u2=-f2*x2';
subplot(221)
plot(taxis,y1(:,1),taxis,y2(:,1),'r:'),grid
xlabel(' t [s] '),ylabel(' x_1(t) [m] ')
subplot(222)
plot(taxis,y1(:,2),taxis,y2(:,2),'r:'),grid
xlabel(' t [s] '),ylabel(' x_2(t) [m] ')
subplot(223)
plot(taxis,u1,taxis,u2,'r:'),grid
xlabel(' t [s] '),ylabel(' u(t) [N] ')
```

% [예제 6.6] – [그림 6.11]

```
f1=[0.4881 0.4058];f2=[4.1421 2.0470]; f3=[23.1662 5.8799];
sysf1=ss(A-B*f1,zeros(2,1),C,D);
sysf2=ss(A-B*f2,zeros(2,1),C,D);
sysf3=ss(A-B*f3,zeros(2,1),C,D);
[y1,t,x1]=initial(sysf1,[1 0]',taxis);u1=-f1*x1';
[y2,t,x2]=initial(sysf2,[1 0]',taxis);u2=-f2*x2';
[y3,t,x3]=initial(sysf3,[1 0]',taxis);u3=-f3*x3';
subplot(221)
plot(taxis,y1(:,1),taxis,y2(:,1),'r:',taxis,y3(:,1)),grid
xlabel(' t [s] '),ylabel(' x_1(t) [m] ')
subplot(222)
plot(taxis,y1(:,2),taxis,y2(:,2),'r:',taxis,y3(:,2)),grid
xlabel(' t [s] '),ylabel(' x_2(t) [m] ')
subplot(223)
plot(taxis,u1,taxis,u2,'r:',taxis,u3),grid
xlabel(' t [s] '),ylabel(' u(t) [N] ')
```

예제 6.7

아래 시스템에 대한 최적제어를 수행하여 보자.

$$\frac{d}{dt}\vec{x}(t) = \boldsymbol{A}\,\vec{x}(t) + \boldsymbol{B}\,u(t),\quad \boldsymbol{A} = \begin{bmatrix} 0 & 1 \\ 0 & 0 \end{bmatrix},\ \boldsymbol{B} = \begin{bmatrix} 0 \\ 1 \end{bmatrix} \quad ①$$

$$J = \int_0^{\infty} \left[x_1^2(t) + r\,u^2(t) \right] dt,\ r > 0$$

해 평가함수로부터 $\boldsymbol{Q}$와 $\boldsymbol{R}$이

$$\boldsymbol{Q} = \begin{bmatrix} 1 & 0 \\ 0 & 0 \end{bmatrix},\ \boldsymbol{R} = r \quad ②$$

으로 됨을 쉽게 알 수 있다. 또한 $(\boldsymbol{A},\ \boldsymbol{Q}^{1/2})$이 가관측하기 때문에 ARE 식 (6.29)는 안정화 해를 가진다. 여기서

$$\boldsymbol{P} = \begin{bmatrix} p_{11} & p_{12} \\ p_{12} & p_{22} \end{bmatrix} \quad ③$$

으로 두고 각 행렬을 리카티방정식에 대입하여 정리하면, 세 개의 미지수를 가지는 연립방정식을 얻는다.

$$\begin{cases} -\dfrac{1}{r}p_{12}^2 + 1 = 0 \\ p_{11} - \dfrac{1}{r}p_{12}p_{22} = 0 \\ 2p_{12} - \dfrac{1}{r}p_{22}^2 = 0 \end{cases} \quad ④$$

위 식으로부터

$$p_{12} = \pm\, r^{1/2},\ p_{22} = \pm\sqrt{2\,r\,p_{12}} \quad ⑤$$

를 얻는다. 여기서 p_{22} 는 반드시 실수로 되어야 하므로 ⑤로부터 p_{12} 는 양의 값을 가져야 한다는 것을 알 수 있다. 또 $\boldsymbol{P}$가 정정행렬, 즉 $\boldsymbol{P} > 0$ 으로 되기 위해서는 p_{22} 가 양의 값을 가져야 하므로

$$p_{12} = r^{1/2},\ p_{22} = \sqrt{2}\ r^{3/4} \quad ⑥$$

으로 된다. 마지막으로 p_{11} 은

$$p_{11} = \frac{1}{r}p_{12}\,p_{22} = \sqrt{2}\ r^{1/4} \quad ⑦$$

로 되어, 리카티방정식의 해는

$$\boldsymbol{P}=\begin{bmatrix} \sqrt{2}\,r^{1/4} & \sqrt{r} \\ \sqrt{r} & \sqrt{2}\,r^{3/4} \end{bmatrix} \quad ⑧$$

로 된다. 여기서 구한 $\boldsymbol{P}$가 정정행렬로 된다는 것은 다음과 같이 실베스트 판정조건[11]을 이용함으로써 쉽게 확인해 볼 수 있다.

$$p_{11}=\sqrt{2}\,r^{1/4}>0,\ \det(\boldsymbol{P})=r>0 \quad ⑨$$

식 (6.28)으로부터 피드백행렬은

$$\boldsymbol{F}=\boldsymbol{R}^{-1}\boldsymbol{B}^{T}\boldsymbol{P} \quad ⑩$$

$$=\frac{1}{r}[\,0\ \ 1\,]\begin{bmatrix} \sqrt{2}\,r^{1/4} & \sqrt{r} \\ \sqrt{r} & \sqrt{2}\,r^{3/4} \end{bmatrix}$$

$$=\begin{bmatrix} \frac{1}{\sqrt{r}} & \frac{\sqrt{2}}{r^{1/4}} \end{bmatrix}$$

으로 된다.

여기서 위에서 구한 최적이득행렬에서 '최적'의 의미를 고전제어의 관점에서 확인하여 보자. 먼저 $\boldsymbol{F}=[f_1,\ f_2]$로 두고 위 식 ①에 $u(t)=-\boldsymbol{F}\vec{x}(t)$로서 피드백을 수행하였을 경우의 블록선도로 나타내면 [그림 6.12(a)]와 같이 된다. 여기서 점선 안을 하나의 식으로 바꾸고 가상적인 입력 v를 이용하면 [그림 6.12(a)]는 [그림 6.12(b)]로 바뀐다. [그림 6.12(b)]에서 가상적인 입력 v와 출력 y 사이의 전달함수를 구하여 표준 2차 시스템의 전달함수와 비교하여 본다. 즉

$$\frac{y(s)}{v(s)}=\frac{f_1}{s^2+f_2 s+f_1}=\frac{\omega_n^2}{s^2+2\zeta\omega_n s+\omega_n^2} \quad ⑪$$

이로부터

$$f_1=\omega_n^2,\ f_2=2\zeta\omega_n$$

이 얻어지므로 여기에 식 ⑩의 값을 대입하여 비교하여 보면

$$\zeta=\frac{\sqrt{2}}{2},\ \omega_n=\frac{1}{r^{1/4}} \quad ⑫$$

로 됨을 확인할 수 있다. 이는 ①의 시스템에 최적제어를 수행하였을 경우 폐루프 시스템의 감쇠율은 r 값에 관계없이 항상 $\sqrt{2}/2=0.707$로 된다는 것을 의미하고 있다. 고전제어이론에 의하면 표준 2차 시스템에서 감쇠율이 0.707로 된다는 것은 출력(즉 $y(t)$)의 수렴속도와 오버슈터 사이의 가장 바람직한 것으로 알려져 있다.

11) 정정행렬임을 확인하기 위한 판정조건의 하나이다(부록 참조).

따라서 ①의 평가함수인 J를 최소로 하는 가장 최적인 제어는 고전제어의 결론과 일치한다는 것을 알 수 있다. 한편 대역폭(BW: bandwidth) ω_B는 ω_n, 다시 말하면 r에 의존하므로[12] r의 값이 크면 클수록(즉 입력에 대한 페널티가 커지므로 인가되는 입력이 작아져서) 대역폭은 좁아지고 따라서 출력의 응답속도가 늦어지게 된다.

%[예제 6.7]

```
syms p11 p12 p22 r
% ④의 계산
S=solve('-1/r*p12^2+1','p11-1/r*p12*p22','2*p12-1/r*p22^2','p11','p12','p22')
```

계산을 실행하면 ④를 만족하는 각각 네 개의 p_{11}, p_{12} 및 p_{22}가 얻어지는데, 이 값 중에서 위에서 언급한 각 조건(예를 들어 p_{12}는 양의 값을 가져야 한다 등)을 만족하는 것을 선정하면 된다.

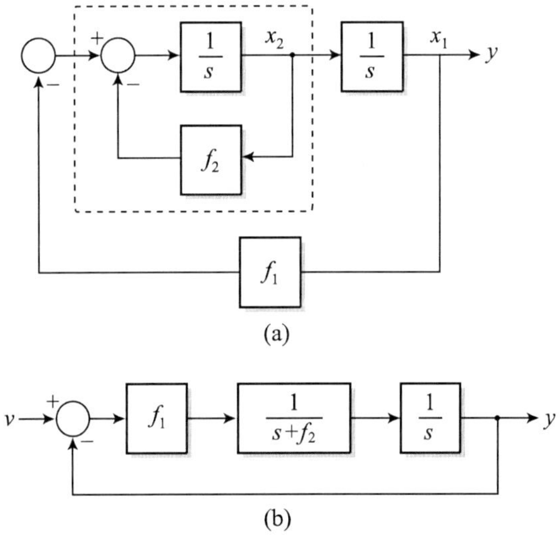

그림 6.12 [예제 6.7]

6.2.4 피드백행렬의 계산

대수리카티방정식 (6.29)의 해를 이용하여 $\boldsymbol{F}=\boldsymbol{R}^{-1}\boldsymbol{B}^T\boldsymbol{P}$로 주어지는 최적피드백행렬을 계산하는 방법에 대하여 알아보자. 식 (6.29)로부터 $\boldsymbol{P}$를 구하기 위한 일반적인 방법은 다음과 같다.

12) 표준 2차 시스템에서 대역폭은 대략의 다음 관계식이 성립한다.

$$\frac{\omega_B}{\omega_n} \approx -1.199\zeta + 1.85$$

먼저 해밀토니언(Hamiltonian)행렬 $\boldsymbol{M}$을 다음과 같이 정의한다.

$$\boldsymbol{M} = \begin{bmatrix} \boldsymbol{A} & \vdots & -\boldsymbol{B}\boldsymbol{R}^{-1}\boldsymbol{B}^T \\ \cdots\cdots & \cdots & \cdots\cdots\cdots\cdots \\ -\boldsymbol{Q} & \vdots & -\boldsymbol{A}^T \end{bmatrix}, \ (2n \times 2n) \tag{6.33}$$

이때 행렬 $\boldsymbol{M}$의 고유값과 관련하여 다음 요점이 주어진다.

요점 6.5 행렬 $\boldsymbol{M}$의 고유값

해밀토니언 시스템의 극(즉 행렬 $\boldsymbol{M}$의 고유값)은 허수축을 중심으로 하여 대칭으로 배치되며

$$|s\boldsymbol{I}_{2n} - \boldsymbol{M}| = |s\boldsymbol{I} - \boldsymbol{A}_F| \cdot |-s\boldsymbol{I} - \boldsymbol{A}_F| \tag{6.34}$$

이 성립한다. 단 $\boldsymbol{A}_F = \boldsymbol{A} - \boldsymbol{B}\boldsymbol{F}$이다.

위 요점에 의해 $\boldsymbol{M}$의 고유값은 복소평면에서 허수축을 대칭축으로 하여 오른쪽 반면과 왼쪽 반면에 대칭으로 배치되며, 왼쪽평면에 배치되는 n 개의 고유값 $\mu_1^o, \mu_2^o, \cdots, \mu_n^o$이 $\boldsymbol{A}_F$의 고유값, 즉 최적고유값으로 된다[13]([그림 6.13] 참조).

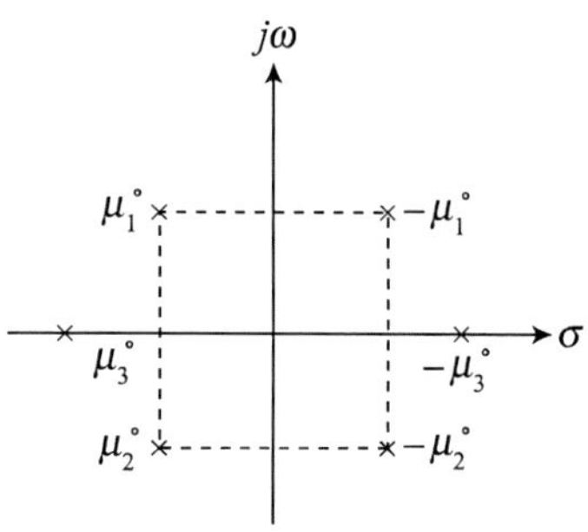

그림 6.13 $\boldsymbol{M}$의 고유값과 최적극과의 관계

해밀토니언행렬 M의 고유값과 고유벡터를 이용하면 대수리카티방정식의 해를 다음과 같이 계산 가능하다.

요점 6.6 대수리카티방정식의 해

행렬 $\boldsymbol{M}$의 고유값 $\mu_i^o, (i = 1 \sim n)$이 구해지면, μ_i^o에 대한 $2n$차원의 고유벡터를 두 부분으로 나누어서

$$\boldsymbol{M}\begin{bmatrix} \vec{u}_i \\ \vec{v}_i \end{bmatrix} = \mu_i^o \begin{bmatrix} \vec{u}_i \\ \vec{v}_i \end{bmatrix}, \ \left\{\vec{u}_i : (n \times 1), \ \vec{v}_i : (n \times 1)\right\} \tag{6.35}$$

으로 둔다. 이때 고유값 $\mu_i^o, (i = 1 \sim n)$에 중복하는 것이 없다면 대수리카티방정식 (6.29)의 해는

13) 최적제어에 의하여 얻어진 폐루프시스템의 극, 즉 $\mathrm{eig}(\boldsymbol{A} - \boldsymbol{B}\boldsymbol{F})$를 '최적극(optimal pole)'이라고도 한다.

$$\boldsymbol{P} = \left[\vec{v}_1, \vec{v}_2, \cdots, \vec{v}_n\right] \cdot \left[\vec{u}_1, \vec{u}_2, \cdots, \vec{u}_n\right]^{-1} \tag{6.36}$$

로 주어진다.

위 요점의 확인이나 $\boldsymbol{M}$의 고유값에 중복하는 것이 존재하는 경우 등에 대해서는 참고문헌을 참조하기 바란다. 위 방법에 대하여 간단한 예를 들어본다.

예제 6.8

다음과 같은 시스템에 대한 최적피드백행렬을 계산하여 보자.

$$\boldsymbol{A} = \begin{bmatrix} 0 & 0 \\ 0 & 1 \end{bmatrix}, \boldsymbol{B} = \begin{bmatrix} 1 & 1 \\ 0 & 1 \end{bmatrix}, \boldsymbol{Q} = \boldsymbol{R} = \boldsymbol{I}_2 \qquad ①$$

해 먼저 해밀토니언행렬의 고유값을 계산한다. 즉

$$|s\boldsymbol{I} - \boldsymbol{M}| = \begin{vmatrix} s\boldsymbol{I} - \boldsymbol{A} & \boldsymbol{B}\boldsymbol{R}^{-1}\boldsymbol{B}^T \\ \boldsymbol{Q} & s\boldsymbol{I} + \boldsymbol{A}^T \end{vmatrix} = \begin{vmatrix} s & 0 & 2 & 1 \\ 0 & s-1 & 1 & 1 \\ 1 & 0 & s & 0 \\ 0 & 1 & 0 & s+1 \end{vmatrix} \qquad ②$$

$$= \begin{vmatrix} s & 0 \\ 0 & s-1 \end{vmatrix} \left| \begin{bmatrix} s & 0 \\ 0 & s+1 \end{bmatrix} - \begin{bmatrix} 1/s & 0 \\ 0 & 1/(s-1) \end{bmatrix} \begin{bmatrix} 2 & 1 \\ 1 & 1 \end{bmatrix} \right|$$

$$= s^4 - 4s^2 + 3 = (s^2 - 1)(s^2 - 3) = 0$$

으로부터 $\boldsymbol{M}$의 근은 $s = \pm 1, s = \pm\sqrt{3}$ 이므로, 최적극은 $\mu_1^o = -1, \mu_2^o = -\sqrt{3}$ 으로 된다. 따라서 식 (6.35)로부터

$$\left(\mu_1^o - \boldsymbol{M}\right) \begin{bmatrix} \vec{u}_1 \\ \vec{v}_1 \end{bmatrix} = \begin{bmatrix} -1 & 0 & 2 & 1 \\ 0 & -2 & 1 & 1 \\ 1 & 0 & -1 & 0 \\ 0 & 1 & 0 & 0 \end{bmatrix} \begin{bmatrix} 1 \\ 0 \\ 1 \\ -1 \end{bmatrix} = \vec{0} \qquad ③$$

$$\left(\mu_2^o - \boldsymbol{M}\right) \begin{bmatrix} \vec{u}_2 \\ \vec{v}_2 \end{bmatrix} = \begin{bmatrix} -\sqrt{3} & 0 & 2 & 1 \\ 0 & -\sqrt{3}-1 & 1 & 1 \\ 1 & 0 & -\sqrt{3} & 0 \\ 0 & 1 & 0 & -\sqrt{3}+1 \end{bmatrix} \begin{bmatrix} \sqrt{3} \\ \sqrt{3}-1 \\ 1 \\ 1 \end{bmatrix} = \vec{0} \qquad ④$$

가 성립하기 때문에 각각의 벡터를 계산하면

$$\boldsymbol{P} = \left[\vec{v}_1, \vec{v}_2\right]\left[\vec{u}_1, \vec{u}_2\right]^{-1} = \begin{bmatrix} 1 & 1 \\ -1 & 1 \end{bmatrix} \begin{bmatrix} 1 & \sqrt{3} \\ 0 & \sqrt{3}-1 \end{bmatrix}^{-1} = \begin{bmatrix} 1 & -1 \\ -1 & \sqrt{3}+2 \end{bmatrix} \qquad ⑤$$

로 된다. 따라서 최적피드백행렬은

$$F^o = R^{-1}B^T P = \begin{bmatrix} 1 & -1 \\ 0 & \sqrt{3}+1 \end{bmatrix} \qquad ⑥$$

으로 됨을 알 수 있다.

%[예제 6.8]

```
A=[0 0;0 1];B=[1 1;0 1];Q=eye(2);R=eye(2); % ①의 입력
M=[A,-B/R*B';-Q,-A']                         % M행렬 식 (6.33)의 입력
Ms=sym(M);                                   % M행렬을 symbolic으로 지정
eig(Ms)                                      % 최적극 ②의 계산
[V1,D1]=eig(-eye(4)-Ms)                      % ③에 의한 벡터 u1,v1의 계산
uv1=V1(:,1)
[V2,D2]=eig(-sqrt(3)*eye(4)-Ms)              % ④에 의한 벡터 u2, v2의 계산
uv2=V2(:,4)
P=[uv1(3:4),uv2(3:4)]/[uv1(1:2),uv2(1:2)]   % ⑤의 계산
Fo=R\B'*P                                    % ⑥의 계산
[Pr,L,Fr]=care(A,B,Q,R)                      % 리카티방정식 (6.29)를 직접 계산
```

➲ 프로그램에서 명령어 'care'는 식 (6.29)로 주어지는 대수리카티방정식의 해를 계산하기 위한 명령어로서 그 사용법은

〉〉[P,L,F] = care(A,B,Q,R)

로 주어진다. 이 결과 'P'에는 식 (6.29)의 해 P, 'L'에는 폐루프의 고유값, 및 'F'에는 최적피드백행렬이 각각 들어가게 된다. 앞에서 언급한 바와 같이 주어진 시스템이 가안정 및 가검출하다면 유일한 해가 항상 존재하므로, 명령어 'care'를 사용하여 간단히 해를 구할 수 있다.

6.2.5 가중행렬 Q와 R의 선정법과 관련한 예제

이미 여러 번 언급한 바와 같이 최적레귤레이터 문제란 식 (6.18)로 주어진 평가함수를 최소화하는 피드백행렬 F를 구하는 것이다. 이 과정에서 문제로 되는 것은 시스템에 대한 설계사양, 예를 들어 출력의 오버슈터를 10% 이내로 억제하고자 하는 사양을 어떻게 평가함수의 가중행렬과 연결시킬 것인가 하는 것이다. 이것에 대한 좀 더 상세한 설명은 다음 절로 미루고 우선 고전제어의 관점에서 주어진 설계사양과 가중행렬 Q와 R과의 관련성을 예제를 이용하여 알아보자.

예제 6.9

아래 상태방정식은 전투기를 간략히 모델링한 것이다.

$$\frac{d}{dt}\vec{x}(t) = \boldsymbol{A}\vec{x}(t) + \boldsymbol{B}u(t), \quad \vec{y}(t) = \boldsymbol{C}\vec{x}(t) \qquad ①$$

$$\boldsymbol{A} = \begin{bmatrix} 0.4158 & 1.025 & -0.00267 & -0.0001106 & -0.08021 & 0 \\ -5.5 & -0.8302 & -0.06549 & -0.0039 & -5.115 & 0.809 \\ 0 & 0 & 0 & 1.0 & 0 & 0 \\ -1040 & -78.35 & -34.83 & -0.6214 & -865.6 & -631 \\ 0 & 0 & 0 & 0 & -75 & 0 \\ 0 & 0 & 0 & 0 & 0 & -100 \end{bmatrix}$$

$$\boldsymbol{B} = \begin{bmatrix} 0 & 0 \\ 0 & 0 \\ 0 & 0 \\ 0 & 0 \\ 75 & 0 \\ 0 & 100 \end{bmatrix}, \ \boldsymbol{C} = \begin{bmatrix} -1491 & -146.43 & -40.2 & -0.9412 & -1285 & -564.66 \\ 0 & 1 & 0 & 0 & 0 & 0 \end{bmatrix}$$

이때 두 개의 입력과 두 개의 출력은 각각 다음을 나타내고 있다.

$u_1(t)$: desired elevator deflection (rad), $u_2(t)$: desired canard deflection (rad)

$y_1(t)$: normal acceleration $(\mathrm{m/s^2})$, $y_2(t)$: pitch rate (rad/s)

위 시스템에 대하여 다음 설계사양을 만족하는 최적레귤레이터를 설계하여 보자.

S1) $y_1(t)$가 $\pm 2\,[\mathrm{m/s^2}]$이내의 최대오버슈터를 가진다.

S2) $y_2(t)$가 $\pm 0.03\,[\mathrm{rad/s}]$ 이내의 최대오버슈터를 가진다.

S3) 초기값 $\vec{x}_o = [0, 0.1, 0, 0, 0, 0]^T$에서 정정시간을 5초 이내로 설정한다. 단 두 입력은 모두 $\pm 0.01\,[\mathrm{rad}]$를 초과하지 않도록 한다.

해 여기서의 문제는 주어진 설계사양을 만족할 수 있도록 평가함수의 가중행렬 $\boldsymbol{Q}$와 $\boldsymbol{R}$을 어떻게 설정하는가이다. 우선 출력 $y_1(t)$에는 여섯 개의 상태변수가 전부 관련되어 있으며, $y_2(t)$는 $x_2(t)$와 동일하므로, 사양 S1과 S2를 만족시키기 위해 전 상태변수에 가중치를 부가하여야 할 수 있도록 $\boldsymbol{Q}$를 적절히 설정하여야 할 것이다. 또한 입력에 대한 조건으로부터 $\boldsymbol{R}$을 선정하여야 하며, 정정시간에 대한 조건 역시 가중행렬 $\boldsymbol{Q}$와 $\boldsymbol{R}$의 선정과 밀접한 관련이 있다. 그러나 행렬 $\boldsymbol{Q}$와 $\boldsymbol{R}$의 각 요소의 크기가 위에서 언급된 설계사양에 어떤 영향을 미치는지는 알 수 없으므로 몇 번의 시행착오(try and error)과정이 필요할 것이다.

먼저 모든 상태변수와 입력변수가 '동등하게' 시스템에 영향을 주는 것으로 생각하여 가중함수 $\boldsymbol{Q}$ 와 $\boldsymbol{R}$ 을 단위행렬로 지정한다. 이 경우 [요점 6.4]에서 언급한 조건을 모두 만족하기 때문에 최적피드백행렬이 존재하며, 폐루프시스템의 극(즉 최적극)은

$$-221.49 \pm j203.38\,,\ -1.8483 \pm j1.3383\,,\ -125.61\,,\ -1.0011 \qquad ②$$

로 된다. 두 번째로 상태변수에 대한 가중치를 입력의 1/100로 줄여서 최적레귤레이터를 설계한다. 다시 말하면 입력에 상태변수에 비해 100배의 가중치를 두었기 때문에 입력의 크기가 억제되지만, 상태변수(즉 출력)은 조금 느린 속도로 수렴할 것으로 예상된다. 이 경우의 최적극은 다음으로 주어진다.

$$-78.748 \pm j50.625\,,\ -1.1602 \pm j1.7328\,,\ -91.803\,,\ -1.0560 \qquad ③$$

두 경우를 비교하면, ①의 경우가 ②에 비해 복소평면의 허수축에서 왼쪽의 먼 곳에 극이 배치되어 있음을 알 수 있다. 이것은 ②의 경우, 상태변수에 대한 가중치가 입력에 비해 1/100이므로 상태변수의 수렴속도가 ①에 비해 훨씬 느려진다는 것을 의미한다. 그 대신 입력의 크기에 대한 제한으로 인해 ②의 경우는 ①에 비해 작은 크기의 입력이 인가될 것이다. [그림 6.14]에 두 가지의 설계결과에 대한 응답특성과 입력특성을 나타내었다.

두 종류의 가중행렬에 대한 결과를 나타낸 그림으로부터 다음 결론을 얻는다.

1) [그림 6.14(a)]로부터 $\boldsymbol{Q} = \boldsymbol{I}_6\,, \boldsymbol{R} = \boldsymbol{I}_2$ 인 경우의 최적레귤레이터는 $y_2(t)$, $u_1(t)$ 및 $u_2(t)$ 에 대해서는 주어진 설계사양을 만족하고 있으나, $y_1(t)$ 은 최대오버슈터가 12 $[\mathrm{m/s^2}]$ 을 넘고 있어 사양을 만족시키지 못한다. 정정시간은 약 3초로서 사양의 범위 내이다. 또한 [그림 6.14(b)]로부터 입력 $u_1(t)$ 의 최대 크기가 0.045 [rad] , $u_2(t)$ 에 대한 최대 크기는 -0.1 [rad] 로서 둘 다 사양의 범위를 초과한다.
2) $\boldsymbol{Q} = 0.01 \cdot \boldsymbol{I}_6\,, \boldsymbol{R} = \boldsymbol{I}_2$ 에서의 정정시간은 5초 이상으로 사양을 약간 초과하고 있으나, 출력 $y_1(t)$ 과 $y_2(t)$ 에 대한 오버슈터는 사양을 만족시키고 있다. [그림 6.14(b)]로부터 입력 $u_1(t)$ 의 최대 크기는 0.02 [rad] 이하이며, $u_2(t)$ 의 최대 크기는 -0.04 [rad] 로서 둘 다 주어진 조건의 범위를 만족한다.

이상의 결과로서 가중행렬로서 $\boldsymbol{Q} = 0.01 \cdot \boldsymbol{I}_6\,, \boldsymbol{R} = \boldsymbol{I}_2$ 로 두고 최적레귤레이터의 설계를 수행하면 거의 대부분의 설계사양을 만족하는 최적피드백행렬을 얻을 수 있다.[14)]

14) Simulink file인 'example_6_9' 참조.

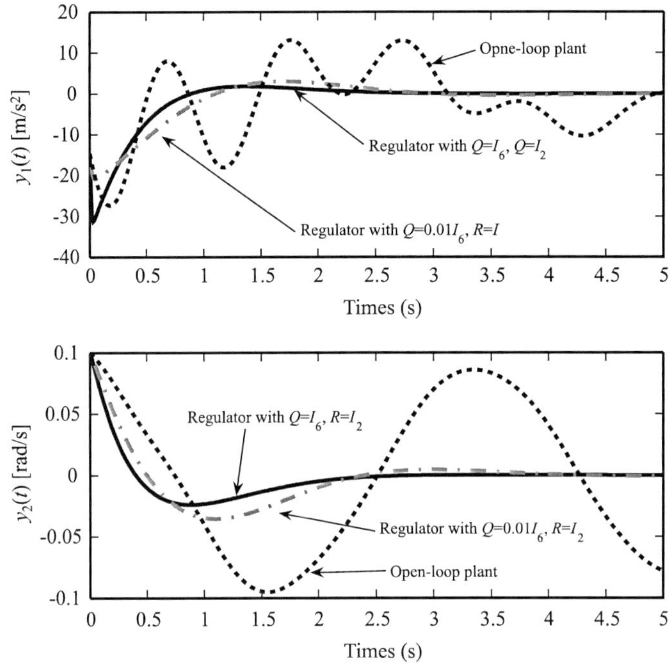

(a)

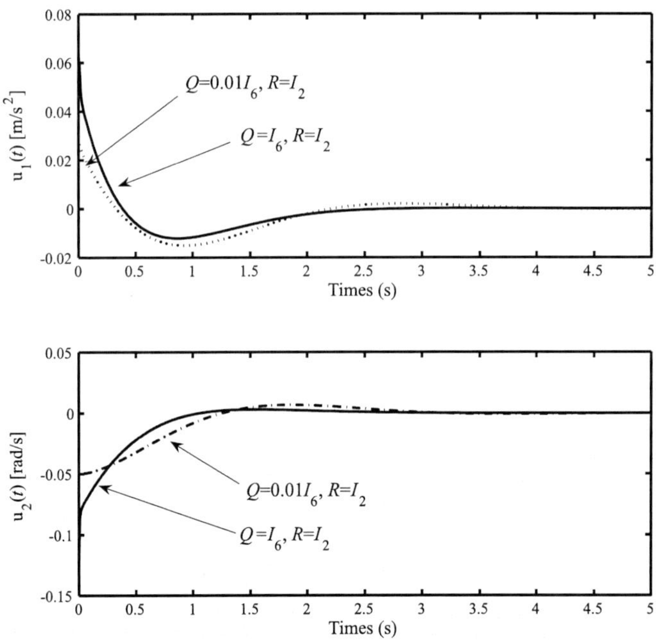

(b)

그림 6.14
[예제 6.9]의 입출력특성

%[예제 6.9]

```
A=[4.158e-1 1.025 -2.67e-3 -1.106e-4 -8.021e-2 0;
   -5.5 -8.302e-1 -6.549e-2 -3.9e-3 -5.115 8.09e-1;
   0 0 0 1.0 0 0;
   -1.04e+3 -7.835e+1 -3.483e+1 -6.214e-1 -8.656e+2 -6.31e+2;
   0 0 0 0 -7.5e+1 0;0 0 0 0 0 -1e+2];
B=[0 0;0 0;0 0;0 0;75 0;0 100];
C=[-1491 -146.43 -40.2 -0.9412 -1285 -564.66;
   0 1.0 0 0 0 0];
D=[0 0;0 0];                    % 제어대상 ①의 입력 (A,B,C,D)
xo=[0 0.1 zeros(1,4)]';         % 시뮬레이션을 위한 시스템의 초기값
taxis=0:0.01:5;                 % 시간축의 설정(5초간 0.01초 간격으로 설정)
sys=ss(A,B,C,D);
[y,t,x]=initial(sys,xo,taxis); % open-loop 시스템(피드백 없음)에 대한 출력의 계산
% Q=I_6, R=I_2
[Fo,AF, Mu]=lqr(A,B,eye(6),eye(2)); % Q=I_6,R=I_2 인 경우의 최적제어
sys1=ss(A-B*Fo,zeros(6,2),C,zeros(2,2));
[y1,t,x1]=initial(sys1,xo,taxis);
u1=-Fo*x1';
% Q=0.01XI_6, R=I_2
[Fo,AF, Mu]=lqr(A,B,0.01*eye(6),eye(2)); % Q=0.01 • I_6,R=I_2 의 최적제어
sys2=ss(A-B*Fo,zeros(6,2),C,zeros(2,2));
[y2,t,x2]=initial(sys2,xo,taxis);
u2=-Fo*x2';
subplot(211),
plot(taxis,y1(:,1),'-',taxis,y2(:,1),'-.',taxis,y(:,1),':') % [그림 6.14(a)]
xlabel(' Times (s) ')
ylabel(' y_1(t) [m/s^2] ')
subplot(212),
plot(taxis,y1(:,2),'-',taxis,y2(:,2),'-.',taxis,y(:,2),':')
xlabel(' Times (s) ')
ylabel(' y_2(t) [rad/s] ')
subplot(211),
plot(taxis,u1(1,:),'-',taxis,u2(1,:),':')     % [그림 6.14(b)]
xlabel(' Times (s) ')
ylabel(' u_1(t) [m/s^2] ')
subplot(212),
plot(taxis,u1(2,:),'-',taxis,u2(2,:),'-.')
xlabel(' Times (s) ')
ylabel(' u_2(t) [rad/s] ')
```

➲ 예제에서 제어대상 ①에 대한 평가함수의 가중행렬 $\boldsymbol{Q}, \boldsymbol{R}$ 에 대하여 최적인 피드백행렬 $\boldsymbol{F}$와 최적극 등을 동시에 얻을 수 있는 MATLAB 명령어로서 'lqr'이 있다. 이것은

〉〉 [F,P,Af] = lqr(A,B,Q,R)

의 형식으로 사용되며, 'F'에는 식 (6.28)로 주어지는 피드백행렬, 'P'에는 식 (6.29)의 대수리카티방정식의 해, 및 'Af'에는 최적극인 eig$(\boldsymbol{A}-\boldsymbol{B}\boldsymbol{F})$가 각각 들어가게 된다.

% [예제 6.9] – Simulink file 'example_6_9'를 이용한 시뮬레이션

```
A=[4.158e-1 1.025 -2.67e-3 -1.106e-4 -8.021e-2 0;
   -5.5 -8.302e-1 -6.549e-2 -3.9e-3 -5.115 8.09e-1;
   0 0 0 1.0 0 0
   -1.04e+3 -7.835e+1 -3.483e+1 -6.214e-1 -8.656e+2 -6.31e+2
   0 0 0 0 -7.5e+1 0;0 0 0 0 0 -1e+2];
B=[0 0;0 0;0 0;0 0;75 0;0 100];
C=[-1491 -146.43 -40.2 -0.9412 -1285 -564.66;
   0 1.0 0 0 0 0];
D=[0 0;0 0];
xo=[0 0.1 zeros(1,4)]';
% Q=I_6, R=I_2
[F,AF, Mu]=lqr(A,B,eye(6),eye(2));
[t,x,y]=sim('example_6_9',[0 5]);
subplot(211),plot(t,y(:,1))
ylabel(' y_1(t) '),xlabel(' Time(s)'),hold on
subplot(212),plot(t,y(:,2))
ylabel(' y_2(t) '),xlabel(' Time(s)'),hold on
% Q=0.01xI_6, R=I_2
[F,AF, Mu]=lqr(A,B,0.01*eye(6),eye(2));
[t,x,y]=sim('example_6_9',[0 5]);
subplot(211),plot(t,y(:,1),'r--')
ylabel(' y_1(t) '),xlabel(' Time(s)')
subplot(212),plot(t,y(:,2),'r--')
ylabel(' y_2(t) '),xlabel(' Time(s)')
% Open-loop
F=zeros(size(F));
[t,x,y]=sim('example_6_9',[0 5]);
subplot(211),plot(t,y(:,1),'b:')
ylabel(' y_1(t) '),xlabel(' Time(s)')
subplot(212),plot(t,y(:,2),'b:')
ylabel(' y_2(t) '),xlabel(' Time(s)')
```

고전제어이론의 설계법에 의하면, 정정시간에 대한 설계사양을 만족시키고자 한다면 최대오버슈터양이 증가하는 것을 피할 수 없다. 다시 말하면, 정정시간의 감소는 필연적으로 최대오버슈터의 증가를 가져온다는 것이다. 따라서 [예제 6.9]의 경우, 출력 $y_1(t)$은 모든 상태변수와 연결되어 있기 때문에, 이것의 오버슈터를 감소시키기 위해서는 전 상태변수의 정정시간이 길어지는 것을 허용할 수밖에 없다. 이로 인해 평가함수에서 상태변수에 대한 가중치를 입력에 비해 1/100 로 만들어 가중행렬을 $\boldsymbol{Q} = 0.01 \cdot \boldsymbol{I}_6, \boldsymbol{R} = \boldsymbol{I}_2$로 하여 최적제어를 수행하였을 경우 설계사양의 대부분을 만족시킬 수 있었다. 그러나 이와 같은 최적제어의 결과를 측정잡음이 존재하는 실시스템에 적용하였을 경우 어떤 현상이 발생하는지 확인하여 보자. [그림 6.15(a)]와 같이 시스템을 구성하고, 출력단에 크기 10^{-4}의 크기를 가지는 백색잡음(white noise)이 인가되었을 경우의 출력응답을 나타낸 것이 [그림 6.15(b)]이다.[15]

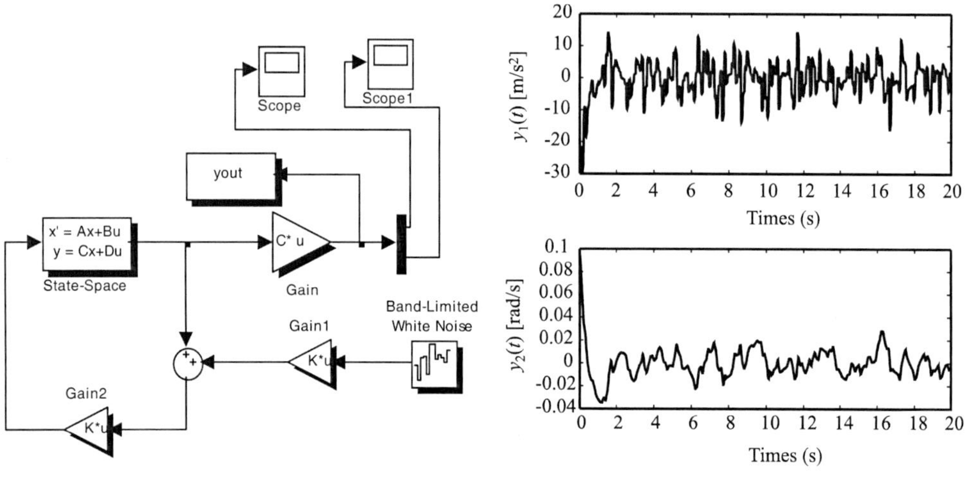

(a) SIMULINK의 블록선도 (b) 출력응답

▶ 그림 6.15 관측 잡음이 존재하는 경우의 [예제 6.8]의 simulation 결과

그림으로부터 출력 $y_1(t)$과 $y_2(t)$에 상당한 크기의 요동(fluctuation)이 존재하고 있음을 볼 수 있다. 특히 $y_1(t)$에 존재하는 $\pm 10\ [\mathrm{m/s^2}]$의 크기를 가지는 지속적인 요동에 의해 비행기의 승무원은 상당한 불편을 느끼게 될 것이다. 이와 같은 현상은 아주 작은 크기의 잡음이 피드백에 의해 증폭되어 출력에 반영되기 때문이다. 위에서 이미 언급한 바와 같이 최적제어란 주어진 평가함수를 최소로 하는 제어법칙이기 때문에, 위의 경우와 같이 예측 불가능한 잡음이 존재하는 경우에는 최적성을 잃어버리는 것은 물론 경우에 따라서 안정성을 상실하기도 한다. 이와 같은 경우에 대처하기 위한 제어기법은 뒤에서 다시 언급한다.

15) Simulink file인 'fig_6_15' 참조.

6.3 1입력시스템에서의 최적극 및 등가영점

[예제 6.9]에서 알 수 있는 바와 같이, 최적레귤레이터에 의한 응답특성은 평가함수의 가중행렬 $\boldsymbol{Q}$와 $\boldsymbol{R}$의 선정에 크게 의존한다. 여기서는 시스템이 하나의 입력을 가지는 경우(즉 $m=1$ 이므로 $\boldsymbol{B}=\vec{b}$ 로 된다)로 한정하여 가중행렬 $\boldsymbol{Q}$와 $\boldsymbol{R}=r$ 의 변동이 최적극 $\{\text{eig}(\boldsymbol{A}-\vec{b}\vec{f})\}$에 미치는 영향을 살펴보기로 한다.
식 (6.34)를 적절한 행렬변환 등을 통하여 전개하면 다음 표현을 얻을 수 있다.

$$|s\boldsymbol{I}_{2n}-\boldsymbol{M}|=|s\boldsymbol{I}-\boldsymbol{A}_F|\cdot|-s\boldsymbol{I}-\boldsymbol{A}_F| \tag{6.37}$$

$$=|s\boldsymbol{I}-\boldsymbol{A}|\cdot|-s\boldsymbol{I}-\boldsymbol{A}^T|\cdot\left|\boldsymbol{I}_m+\boldsymbol{R}^{-1/2}\boldsymbol{B}^T(-s\boldsymbol{I}-\boldsymbol{A}^T)^{-1}\boldsymbol{Q}(s\boldsymbol{I}-\boldsymbol{A})^{-1}\boldsymbol{B}\boldsymbol{R}^{-1/2}\right|$$

이때 얻어진 식 (6.37)을 '칼만 관계식(Kalman equation)'이라고 한다.

여기서는 1입력의 경우를 생각하고 있으므로 식 (6.37)에서 $m=1$로 두면식 (6.33)의 해밀토니언행렬 $\boldsymbol{M}$의 특성다항식은 식 (6.37)로부터 칼만방정식으로 불리는 간단한 방정식으로 되기 때문에, 1) 행렬리카티방정식의 해 $\boldsymbol{P}$를 계산하지 않고서도 최적피드백벡터 $\vec{f}^o$ 를 얻을 수 있으며, 2) $\boldsymbol{Q}$와 $\boldsymbol{R}=r$ 의 변동이 최적극에 미치는 영향에 대해서도 자세히 확인할 수 있으므로 대단히 유용하다. 여기서는 이들의 사항에 대하여 설명한다.

6.3.1 칼만방정식과 최적극

1입력시스템에서는 식 (6.37)로 주어지는 행렬 $\boldsymbol{M}$의 특성다항식을 행렬식의 전개에 관한 다음의 관계식을 이용하여 전개한다. 즉

$$|-s\boldsymbol{I}-\boldsymbol{A}^T|=|-s\boldsymbol{I}-\boldsymbol{A}|,\quad \text{adj}(s\boldsymbol{I}-\boldsymbol{A}^T)=[\text{adj}(s\boldsymbol{I}-\boldsymbol{A})]^T \tag{6.38}$$

를 이용하여 식 (6.37)을 전개하면

$$|s\boldsymbol{I}-\boldsymbol{A}|\cdot|-s\boldsymbol{I}-\boldsymbol{A}^T|\cdot\left[1+\frac{1}{r}\vec{b}^T(-s\boldsymbol{I}-\boldsymbol{A}^T)^{-1}\boldsymbol{Q}(s\boldsymbol{I}-\boldsymbol{A})^{-1}\vec{b}\right] \tag{6.39}$$

$$=|s\boldsymbol{I}-\boldsymbol{A}|\cdot|-s\boldsymbol{I}-\boldsymbol{A}^T|+\frac{1}{r}\vec{b}^T[\text{adj}(-s\boldsymbol{I}-\boldsymbol{A})]^T\boldsymbol{Q}[\text{adj}(s\boldsymbol{I}-\boldsymbol{A})]\vec{b}$$

$$=0$$

이 얻어진다. 이 식은 '칼만방정식(Kalman equation)'으로 불리는 것으로, 이것을 전개하면 s의 홀수의 멱급수 항을 가지지 않는 $2n$차의 다항식으로 된다. 이것의 근은 $\boldsymbol{M}$의 고유값으로 되기 때문에, $2n$개의 근 중에서 실수부가 음의 값을 가지는 n개의 근이 최적극

$\mu_i^o, (i = 1, \cdots, n)$ 으로 된다.

1입력시스템에 한해서 폐루프시스템의 극과 최적피드백벡터 사이에 1대1의 대응관계가 성립하기 때문에 최적피드백벡터 $\vec{f}^{\,o}, (= r^{-1}\vec{b}^{\,T}\boldsymbol{P})$는, μ_i^o가 식 (6.39)로부터 계산되었다면

$$|s\boldsymbol{I} - \boldsymbol{A} + \vec{b}\,\vec{f}^{\,o}| = \left(s - \mu_1^o\right)\left(s - \mu_2^o\right)\cdots\left(s - \mu_n^o\right) \tag{6.40}$$

으로 주어지는 극 설정문제를 해결함으로써 유일하게 계산할 수 있다. 그러나 대수리카티 방정식의 해 $\boldsymbol{P}$를 이 방법으로 구할 수는 없다. $(\boldsymbol{A}, \vec{b})$가 가제어표준형식으로 주어졌다면 식 (6.39)를 이용하여 $\vec{f}^{\,o}$를 구하는 과정은 아래와 같이 간략화된다.

최적피드백벡터 $\vec{f}^{\,o}$ 의 계산법:

[단계 1] $\boldsymbol{A}$ 의 특성다항식

$$|s\boldsymbol{I} - \boldsymbol{A}| = s^n + a_n s^{n-1} + \cdots + a_2 s + a_1 \tag{6.41}$$

과 식 (4.68)로 주어지는 가제어표준형식으로의 변환행렬 $\boldsymbol{T}$를 계산한다.

[단계 2] $\widetilde{\boldsymbol{Q}} = \boldsymbol{T}^T\boldsymbol{Q}\boldsymbol{T}$로 두고 변형된 칼만 방정식

$$\left[s^n + a_n s^{n-1} + \cdots + a_2 s + a_1\right] \cdot \left[(-s)^n + a_n(-s)^{n-1} + \cdots + a_2(-s) + a_1\right] \tag{6.42}$$

$$+ \frac{1}{r}\left[1, -s, \cdots, (-s)^{n-2}, (-s)^{n-1}\right]\widetilde{\boldsymbol{Q}}\begin{bmatrix} 1 \\ s \\ \vdots \\ s^{n-2} \\ s^{n-1} \end{bmatrix} = 0$$

를 풀어서 실수부가 음인 근을 구해서 $\mu_i^o, (i = 1, \cdots, n)$로 둔다.

[단계 3]

$$\left(s - \mu_1^o\right)\left(s - \mu_2^o\right)\cdots\left(s - \mu_n^o\right) = s^n + \beta_n s^{n-1} + \cdots + \beta_2 s + \beta_1$$

으로부터 $\beta_1 \sim \beta_n$을 계산한다.

[단계 4] $\vec{f}^{\,o}$는 다음과 같이 얻어진다.

$$\vec{f}^{\,o} = \left[\beta_1 - a_1, \beta_2 - a_2, \cdots, \beta_n - a_n\right]\boldsymbol{T}^{-1} \tag{6.43}$$

위의 과정에서 변형된 칼만방정식 (6.42)가 식 (6.39)와 동일한 지의 여부는 다음과 같이 간단히 확인할 수 있다. 즉 가제어표준형식으로 주어진 행렬 $\widetilde{\boldsymbol{A}}$와 $\vec{b}$ (식 (4.69) 참조)

에 대하여

$$\mathrm{adj}\left(s\boldsymbol{I}-\widetilde{\boldsymbol{A}}\right)\vec{\tilde{b}}=\begin{bmatrix}1\\ s\\ \vdots\\ s^{n-1}\end{bmatrix} \tag{6.44}$$

로 된다는 사실을 이용하면

$$\begin{aligned}\mathrm{adj}\left(s\boldsymbol{I}-\boldsymbol{A}\right)\vec{b} &= \boldsymbol{T}\mathrm{adj}\left(s\boldsymbol{I}-\boldsymbol{T}^{-1}\boldsymbol{A}\boldsymbol{T}\right)\boldsymbol{T}^{-1}\vec{b} \\ &= \boldsymbol{T}\,\mathrm{adj}\left(s\boldsymbol{I}-\widetilde{\boldsymbol{A}}\right)\vec{\tilde{b}}=\boldsymbol{T}\begin{bmatrix}1\\ s\\ \vdots\\ s^{n-1}\end{bmatrix}\end{aligned} \tag{6.45}$$

을 얻는다. 이것을 식 (6.39)에 식 (6.41)과 위 식을 대입하여 정리하면 식 (6.42)로 됨을 확인할 수 있다.

6.3.2 최적극의 궤적과 등가영점

우선 $\boldsymbol{Q}$는 각 상태변수 사이의 상대적인 가중의 정도만을 나타내는 양으로서 일정한 크기를 가지는 것으로 간주하고, 입력에 대한 가중값 r의 역수인 $1/r$을 0 에서 ∞ 까지 변화시켰을 경우 최적극의 움직임에 대하여 알아본다. 다시 말하면, $1/r \to 0$ (즉 $r \to \infty$) 인 경우에는 입력에 커다란 가중치가 붙게 되므로, 만약 원래의 시스템이 점근안정한 상태라면 제어하지 않는 것(즉 $\vec{f}=\vec{0}$)이 평가함수 J를 최소화시킬 수 있는 방법이다. 반대로 $1/r \to \infty$ (즉 $r \to 0$)로 된다면, 절대값이 큰 입력의 인가가 가능하므로 대부분의 최적극은 s 평면의 허수축에서 왼쪽 먼 곳으로 이동하여 특별한 경우를 제외하고는 레귤레이터의 응답은 빠르게 영으로 수렴하게 될 것이다. 여기서는 이와 같이 r의 증감에 대한 최적극의 변화를 알아보기로 한다.

식 (6.39)로부터 다음의 식을 정의한다.

$$\begin{aligned}Z(s^2) &= \vec{b}^{\,T}\left[\mathrm{adj}\left(-s\boldsymbol{I}-\boldsymbol{A}\right)\right]^T\boldsymbol{Q}\left[\mathrm{adj}\left(s\boldsymbol{I}-\boldsymbol{A}\right)\right]\vec{b} \\ &= \left[1,\ -s,\ \cdots,\ (-s)^{n-1}\right]\widetilde{\boldsymbol{Q}}\begin{bmatrix}1\\ s\\ \vdots\\ s^{n-1}\end{bmatrix}=0\end{aligned} \tag{6.46}$$

여기서 $Z(s^2)$가 $2p$ 차의 다항식으로 되었다고 가정하고[16], 위 다항식의 근 z_i 중에서 실수부가 영보다 작은 것, 즉 $\mathrm{Re}\left(z_i\right)\le 0$ 인 것 $z_1^o, z_2^o, \cdots, z_p^o$을 '등가영점(equivalent zero)'

16) 만약 $\widetilde{\boldsymbol{Q}}$의 랭크가 n이면 $p=n$으로 될 것이다.

으로 부르기로 한다. 이렇게 두면 $1/r$ 의 변화에 대한 최적극의 움직임을 s 평면상에 그림으로 나타내기가 쉽다. 이것과 관련하여 다음의 사실이 알려져 있다.

요점 6.7 최적극의 궤적

(A) $1/r \to 0$ (즉 $r \to \infty$)인 경우:
행렬 $\boldsymbol{A}$ 의 고유값 중에서 실수부가 영보다 작은 것(즉 $\mathrm{Re}(\lambda_i) < 0$)을 $\{\lambda_1, \cdots, \lambda_k\}$로, 반대로 영보다 같거나 큰 것(즉 $\mathrm{Re}(\lambda_i) \geq 0$)을 $\{\lambda_{k+1}, \cdots, \lambda_n\}$으로 둔다면, 최적극 $\mu_i^o, (i=1,\cdots,n)$은 $\{\lambda_1, \cdots, \lambda_k, -\lambda_{k+1}, \cdots, -\lambda_n\}$에 접근하게 된다. 만약 시스템이 원래부터 점근안정이라면 제어하지 않은 것(즉 $\vec{f}^o = \vec{0}$)으로 된다.

(B) $1/r \to \infty$ (즉 $r \to 0$)인 경우:
(i) p 개의 최적극은 등가영점에 접근한다.
(ii) $(n-p)$개의 최적극은 무한대의 반지름을 가지는 $(n-p)$차의 버터월스패턴(Butterworth pattern)을 따라 무한히 (음의 방향으로) 커진다.

여기서 k 차의 버터월스패턴이라고 하는 것은[17], s 평면에서 정해진 각도를 이루는 직선상에 배치된 [그림 6.16]을 의미하며, 폐루프시스템의 극이 이 직선상에 배치되었을 경우 그의 과도상태응답 특성이 가장 좋은 것으로 알려져 있다. 하나의 예로서 $n=3, p=1$ 으로 $\lambda_1=0, \lambda_2=-2, \lambda_3=-3$ 및 $z_1^o=-5$ 인 경우를 생각해보면 [그림 6.17]과 같은 최적극의 궤적을 얻을 수 있다. 즉 [그림 6.17]은 $r \to 0$ 으로 함에 따라 -3 에 존재하는 극은 등가영점인 $z_1^o=-5$ 에 접근하고, 또한 $(0, -2)$에 있는 두 개의 극은 2차의 버터월스패턴을 따라 허수축에서 왼쪽으로 무한히 멀어지게 된다는 것을 나타내고 있다.

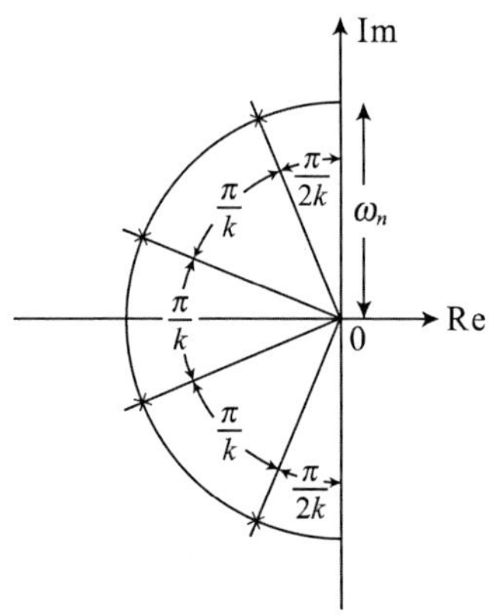

그림 6.16 최적극의 예시

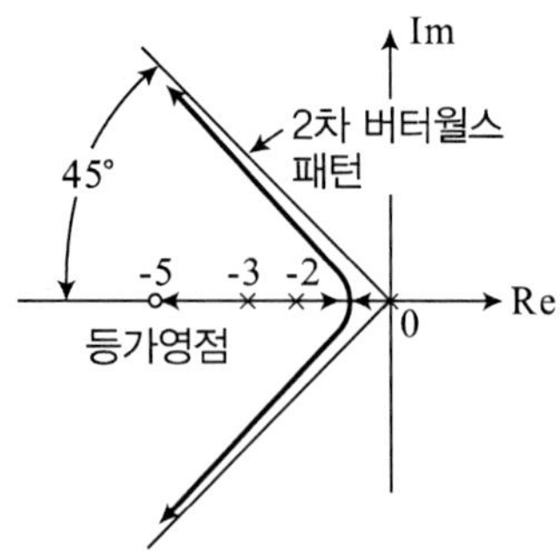

그림 6.17 k 차의 버터월스 패턴

[그림 6.17]의 최적극의 궤적은 고전제어이론에서 제어기의 설계 시에 자주 사용되는 근궤적선도(root locus)와 동일하다. 즉 근궤적이란 개루프전달함수

17) 식 (6.1)에서 $n=k$이면 k차의 버터월스패턴이다.

$$G(s) = \frac{(s+5)}{s(s+2)(s+3)}$$

와 크기가 $1/r$ 인 비례제어기를 이용하여 폐루프시스템을 구성한 뒤 비례기의 이득을 0 에서 무한대로 변화시켰을 경우, 폐루프시스템의 극의 변화를 나타낸 것이다. 상기의 $G(s)$ 를 식 (6.39)로 주어지는 칼만방정식으로 표현하면 다음과 같이 된다[18].

$$|s\boldsymbol{I} - \boldsymbol{M}| = s^2(s+2)(s+3)(s-2)(s-3) + \frac{1}{r}(s+5)(s-5)$$

따라서 r 의 변화에 따른 최적극의 궤적은 고전제어이론에서의 근궤적선도의 기법을 이용하면 쉽게 얻을 수 있을 것이다.

위 요점에서 사용된 등가영점의 위치와 개수 p 은 평가함수 J 에서 상태변수에 대한 가중을 나타내는 행렬 $\boldsymbol{Q}$ 를 어떻게 설정하는 가에 따라 결정된다. 이것을 확인하여 보자. 먼저 식 (6.17)로 주어진 상태방정식에서 i 번째의 상태변수 $x_i(t)$ 와 입력 $u(t)$ 사이의 전달함수는

$$\frac{x_i(s)}{u(s)} = \vec{e}_i (s\boldsymbol{I} - \boldsymbol{A})^{-1} \vec{b} \tag{6.47a}$$

$$\vec{e}_i = [0 \cdots 0\,1\,0 \cdots 0] \tag{6.47b}$$ [19]

로 되므로, 여기서

$$\boldsymbol{Q} = \mathrm{daig}\,[q_1, q_2, \cdots, q_n] = \sum_{i=1}^{n} q_i \vec{e}_i^{\,T} \vec{e}_i$$

로 둔다면 식 (6.46)은

$$Z(s^2) = \sum_{i=1}^{n} q_i \vec{b}^{\,T} [\mathrm{adj}(-s\boldsymbol{I} - \boldsymbol{A})]^T \vec{e}_i^{\,T} \cdot \vec{e}_i [\mathrm{adj}(s\boldsymbol{I} - \boldsymbol{A})] \vec{b} \tag{6.48}$$

$$= \sum_{i=1}^{n} q_i N_i(-s) N_i(s) = 0$$

으로 둘 수 있다. $N_i(s)$ 는 식 (6.47a)의 전달함수에서 분자다항식을 나타내는 것으로서

$$N_i(s) = \vec{e}_i [\mathrm{adj}(s\boldsymbol{I} - \boldsymbol{A})] \vec{b} \tag{6.49}$$

를 의미한다. 이 사실로부터, 예를 들어 $q_1 > 0$, $q_2 = \cdots = q_n = 0$ 으로 취하면 등가영점은

---

18) 먼저 $G(s)$ 를 상태방정식 표현으로 변환하고(단 이때 두 개의 상태변수를 출력으로 취하기 위하여 $\vec{c}$ 를 $\boldsymbol{I}_2$ (즉 2×2 인 단위행렬)로 둔다), 이것을 칼만방정식에 대입하면 얻어진다. 이때 $\boldsymbol{Q} = \boldsymbol{I}_2$ 로 된다.

19) 벡터 $\vec{e}_i$ 는 $1\times n$ 의 크기를 가지는 단위벡터로서 i 번째의 열의 요소만이 1 을 가지며 나머지는 전부 0이다.

s 평면의 안정영역에 존재하는 $u(t) \leftrightarrow x_1(t)$ 사이의 영점과, 만약 불안정영역에도 영점이 존재한다면 이것의 허수축에 대한 대칭인 점으로 이루어진다. 또한 $q_1 \gg q_2, \cdots, q_n$ 인 경우에도 등가영점은 이것과 가까운 값을 가질 것으로 기대된다. 따라서 등가영점은 각 상태변수의 영점에 적당한 가중치를 붙여서 계산된 값이라고 할 수 있다[20].

$1/r \to \infty$ 에서 최적극의 일부가 등가영점을 소거한다는 사실은 다음과 같이 생각할 수 있다. 즉 만약 최적제어에 의해 모든 폐루프의 극을 $-\infty$ 로 가져간다면, 영점을 가지는 상태변수의 진폭이 무한히 크게 되므로[21] 이를 방지하기 위해 유한영점을 극점으로 소거시키는 것으로서 해석할 수 있다. 단 등가영점이 상태변수 $x_i(t)$의 영점(즉 $x_i(t) \leftrightarrow u(t)$사이의 영점)과 완전히 일치하지 않고 더욱이 허수축에 가까우면 등가영점 근처에 위치하는 최적극의 모드는 버터월스 극의 모드에 비해서 늦은 우세모드로서 응답 중에 남게 되어 당연히 출력 응답의 수렴속도는 늦어지게 될 것이다(제5장 참조).

이것과 관련한 예제를 살펴보자.

예제 6.10

$$\frac{d}{dt}\vec{x}(t) = \begin{bmatrix} 1 & -1 \\ 3 & -4 \end{bmatrix}\vec{x}(t) + \begin{bmatrix} 1 \\ 0 \end{bmatrix}u(t), \quad y(t) = \begin{bmatrix} 1 & 0 \end{bmatrix}\vec{x}(t) \qquad ①$$

위 시스템에 대하여 등가영점을 확인하여 보자.

해 위 시스템을 전달함수의 형식으로 변환하면

$$G(s) = \frac{(s+4)}{(s+3.3)(s-0.3)} \qquad ②$$

로 된다. 이에 대해 다음으로 주어지는 평가함수를 최소로 하는 최적제어문제를 생각하여 보자. 즉

$$J = \int_0^\infty \left(y^2(t) + ru^2(t)\right)dt = \int_0^\infty \left(\vec{x}^T(t)\begin{bmatrix} 1 & 0 \\ 0 & 0 \end{bmatrix}\vec{x}(t) + ru^2(t)\right)dt \qquad ③$$

이다. 이때 ①의 시스템에 대한 칼만방정식을 식 (6.39)에 따라 계산하면 다음으로 된다.

$$|s\boldsymbol{I} - \boldsymbol{M}| = (s+3.3)(s-0.3)(s-3.3)(s+0.3) + \frac{1}{r}(s+4)(s-4) \qquad ④$$

20) 영점이 없는 출력에 대해서는 $-\infty$ 에 영점이 있다고 생각할 수가 있다. 또 각 출력의 영점 개수의 차이, 예를 들어 $x_1(t)$ 이 $(-1, -2)$, $x_2(t)$가 -3 에 영점을 가질 때에는 $x_2(t)$는 $(-3, -\infty)$ 에 영점을 가진다고 할 수가 있다.

21) 고전제어이론의 라플라스역변환 등의 공식에서 나타나는 유수정리(Residue Theorem)에 의해 유한영점을 가지는 시스템에서 극이 $-\infty$ 로 가면 유수가 커진다.

따라서 등가영점을 나타내는 식 (6.48)은

$$Z(s^2)=N_1(s)N_1(-s)=(s-4)(s+4) \quad ⑤$$

로 된다. 여기서 $N_1(s)$는 입력 $u(s)$와 출력 $y(t)$, 즉 상태 $x_1(t)$ 사이의 전달함수의 분자 다항식을 나타내고 있다. 따라서 등가영점은 $x_1(t) \leftrightarrow u(t)$ 사이의 영점으로 된다. 이때 변수 r 값의 변화에 따른 최적극의 궤적을 나타낸 것이 [그림 6.18(a)]이다. 그림에서 보다시피 r을 작게 하면 폐루프의 극점은 개루프에서의 안정한 극점인 -3.3과 불안정한 극점의 허수축에 대칭인 점 -0.3으로 접근하고 있는 것을 볼 수 있다. 반대로 r을 크게 하면 최적극 중의 하나는 등가영점인 -4로 접근하고, 나머지 하나는 $-\infty$ (1차의 버터월스패턴)를 향해 가는 것을 확인할 수 있다.

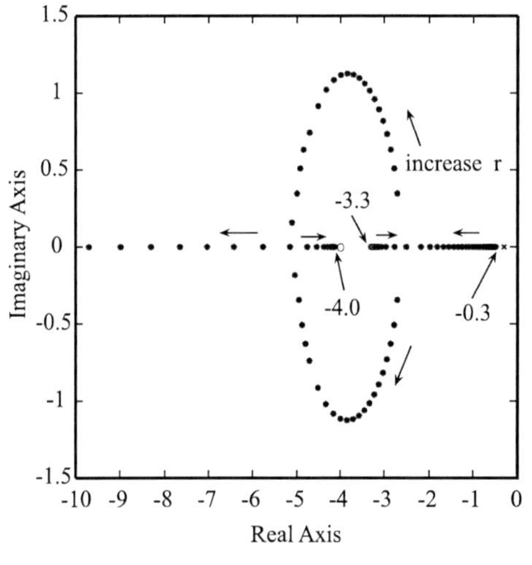

(a) r 의 변화에 따른 최적극의 움직임

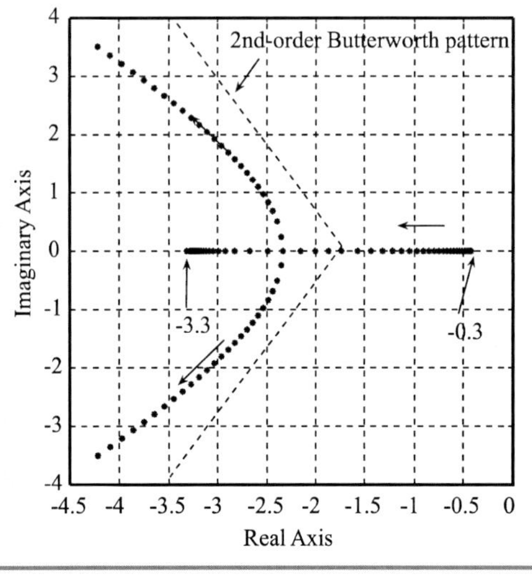

(b) $y(t)=x_2(t)$인 경우의 최적극의 궤적

그림 6.18
[예제 6.10]의 근궤적선도

%[예제 6.10]

```
A=[1 -1;3 -4]; B=[1 0]';
C=[1 0];                                   % C=[0 1]로 두면 [그림 6.18(b)]가 얻어진다.
%
[nu,de]=ss2tf(A,B,C,0);
zeros=roots(nu), poles=roots(de)           % ②의 분자, 분모의 근을 계산
Q=C'*C; Rvec=logspace(-2,1,50);            % ③ 에서 r의 값을 0.01~10 까지 변화
%
for i=1:50
  [F,S,E]=lqr(A,B,Q,Rvec(i));              % 각각의 r값에 대해 LQR을 수행
   pole_f(i,:)=E';                         % 각 최적극을 변수 pole_f에 대입
end
%.
plot(real(pole_f),imag(pole_f),'*')        % [그림 6.18(a)]
xlabel('Real axis')
ylabel('Imaginary axis')
```

위의 예제에서 출력을 $y(t)=[\,0 \;\; 1\,]\vec{x}(t)$로 한다면 $\boldsymbol{Q}=\begin{bmatrix}0 & 0\\0 & 1\end{bmatrix}$로 되어 칼만방정식은 다음과 같이 될 것이다.

$$|s\boldsymbol{I}-\boldsymbol{M}|=(s+3.3)(s-0.3)(s-3.3)(s+0.3)+\frac{1}{r}\cdot 3\times 3$$

따라서 입력 $u(t)$와 출력 $y(t)=x_2(t)$사이의 (유한)영점은 존재하지 않게 되어 r 의 감소에 따른 두 개의 최적극의 궤적은 2차의 버터월스패턴을 따라 무한대로 가게 되는 것을 알 수 있다([그림 6.18(b)] 참조).

예제 6.11

시스템

$$\frac{d}{dt}\vec{x}(t)=\begin{bmatrix}-7 & 10\\-3 & 4\end{bmatrix}\vec{x}(t)+\begin{bmatrix}1\\1\end{bmatrix}u(t) \qquad ①$$

에 있어서 평가함수

$$J=\int_0^\infty\left(\vec{x}^{\,T}(t)\begin{bmatrix}q_1 & 0\\0 & q_2\end{bmatrix}\vec{x}(t)+ru^2(t)\right)dt \qquad ②$$

를 최소로 하는 최적제어문제를 생각해 보자.

해 $|sI-A|=s^2+3s+2$ 로부터 $a_1=2, a_2=3$ 을 얻는다. 또한 가제어표준형식으로의 변환행렬은 식 (4.68)에 의해

$$T=[\vec{b}\ \ A\vec{b}]\begin{bmatrix} a_2 & 1 \\ 1 & 0 \end{bmatrix}=\begin{bmatrix} 1 & 3 \\ 1 & 1 \end{bmatrix}\begin{bmatrix} 3 & 1 \\ 1 & 0 \end{bmatrix}=\begin{bmatrix} 6 & 1 \\ 4 & 1 \end{bmatrix} \quad ③$$

을 되어

$$\tilde{Q}=T^TQT=\begin{bmatrix} 6 & 4 \\ 1 & 1 \end{bmatrix}\begin{bmatrix} q_1 & 0 \\ 0 & q_2 \end{bmatrix}\begin{bmatrix} 6 & 1 \\ 4 & 1 \end{bmatrix}=\begin{bmatrix} 36q_1+16q_2 & 6q_1+4q_2 \\ 6q_1+4q_2 & q_1+q_2 \end{bmatrix} \quad ④$$

로 된다. 이하

$$\alpha=36q_1+16q_2,\ \ \beta=q_1+q_2,\ \ \gamma=6q_1+4q_2 \quad ⑤$$

로 두기로 한다. 이 경우 칼만방정식 (6.39)는

$$(s^2+a_2s+a_1)(s^2-a_2s+a_1)+\frac{1}{r}[1\ \ -s]\ \tilde{Q}\begin{bmatrix} 1 \\ s \end{bmatrix} \quad ⑥$$

$$=(s^2+3s+2)(s^2-3s+2)+\frac{1}{r}[1\ \ -s]\begin{bmatrix} \alpha & \gamma \\ \gamma & \beta \end{bmatrix}\begin{bmatrix} 1 \\ s \end{bmatrix}$$
$$=s^4-5s^2+4+\frac{1}{r}(\alpha-\beta s^2)$$

으로 되어 최적극의 제곱은

$$s^2=\frac{1}{2}\left\{5+\frac{\beta}{r}\pm\sqrt{\frac{\beta^2}{r^2}+\frac{1}{r}(10\beta-4\alpha)+9}\right\} \quad ⑦$$

로 된다. 또한 등가영점인 식 (6.46)은

$$Z(s^2)=\alpha-\beta s^2=0 \quad ⑧$$

로 되어 $p=1$ 로 됨을 알 수 있다. 따라서 등가영점을 $z_e(=z_1^o)$ 으로 두면

$$z_e=-\sqrt{\alpha/\beta} \quad ⑨$$

로 된다.

그런데 ⑦로부터 $1/r\to 0\ (r\to\infty)$일 때는 $s^2=1, 4$ 로 되어 최적극은 제어하기 전의 시스템의 극인 $(-1, -2)$와 일치하게 된다. 한편 $1/r\to\infty\ (r\to 0)$인 경우에는 두 개의 최적극 중 하나는 s 평면상에서 왼쪽으로 무한히 먼 곳으로 가게 된다. 이 경우 ⑦에서 $1/r^2\gg 1/r$ 로 가정하면 ⑦은

$$s^2\approx\frac{1}{2}\left\{\beta/r+\sqrt{\beta^2/r^2}\right\}=\beta/r \text{ 이므로 } s\to-\sqrt{\beta/r}$$

로 되어 최적극은 $r \to 0$ 에서 실수축(즉 1차의 버터월스패턴)을 따라서 무한히 왼쪽으로 가게 된다. 나머지 하나는 등가영점 z_e 로 접근한다.

그런데 등가영점은 ④, ⑤로부터

$$-6 < z_e = -\sqrt{\frac{36q_1 + 16q_2}{q_1 + q_2}} < -4 \qquad ⑩$$

의 관계가 성립하므로, 만약 q_1 을 q_2 에 비해 크게 선정한다면 -4 에 접근하게 된다. 여기서 식 (6.49)로부터

$$N_1(s) = [\,1\ \ 0\,]\,[\mathrm{adj}\,(s\boldsymbol{I} - \boldsymbol{A})\,]\,\vec{b} = s + 6$$
$$N_2(s) = [\,0\ \ 1\,]\,[\mathrm{adj}\,(s\boldsymbol{I} - \boldsymbol{A})\,]\,\vec{b} = s + 4 \qquad ⑪$$

로부터 -6 은 $x_1(t) \leftrightarrow u(s)$ 사이의 영점이며, -4 는 $x_2(t) \leftrightarrow u(s)$ 사이의 영점이다.

이러한 사실을 기초로 해서 q_1 과 q_2 를 적당한 값으로 고정하고 $1/r$ 의 변화에 대한 최적극의 궤적을 그리면 [그림 6.19]와 같이 된다. 이 경우 $q_1 = 10$, $q_2 = 1$ 으로 두어서 $x_2(t)$ 에 비하여 $x_1(t)$ 에 더욱 많은 가중치를 인가하면 등가영점은 -6 에 가까운 $z_e = -5.85$ 로 된다.

더욱이 시스템이 큰 입력을 허용한다고 가정하고 $1/r = 30$ (즉 $r = 1/30$)으로 두고 ⑦을 풀면 최적극은

$$\mu_1^o = -6.16\,,\ \mu_2^o = -17.23 \qquad ⑫$$

로 된다. 반대로 $q_1 = 1$, $q_2 = 10$ 으로 두면 $z_e = -4.22$ 로 되며, 이 경우의 최적극은

$$\mu_1^o = -4.31\,,\ \mu_2^o = -17.79 \qquad ⑬$$

로 됨을 알 수 있다(r 은 ⑫와 동일).
이들 최적극으로부터 식 (6.42), (6.43)를 이용하여 최적피드백벡터를 계산하면 각각

$$\vec{f}^{\,o} = [11.317\quad 9.08],\quad \vec{f}^{\,o} = [-0.846\quad 19.946] \qquad ⑭$$

이 얻어진다. 이들 피드백벡터로 최적레귤레이터를 구성하고 초기값을 $\vec{x}(0) = [1\ \ -1]^T$ 로 두고 각 응답을 비교한 것이 [그림 6.20]이다.

이 그림으로부터 q_1 이 크게 되면 $x_1(t)$가, q_2 가 크게 되면 $x_2(t)$가 보다 바람직한 응답으로 된다는 사실을 알 수 있다. 이것은, 예를 들면 q_1 이 클 때에는 등가영점으로 수렴하는 최적극이 $x_1(t)$의 영점으로 가까워져서 이 극의 늦은 모드가 $x_1(t)$으로부터 근사적으로 불가관측으로 되어 -17.23 에 있는 빠른 모드가 지배적인 모드로 되기 때문이다.

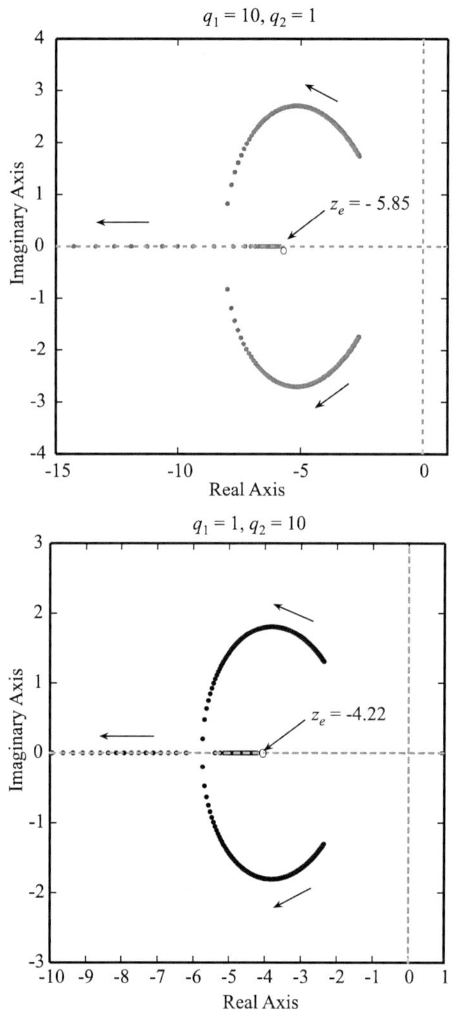

(a) $q_1 = 10, q_2 = 1$ 의 경우

(b) $q_1 = 1, q_2 = 10$ 의 경우

그림 6.19

r 의 변화에 따른 최적극의 궤적

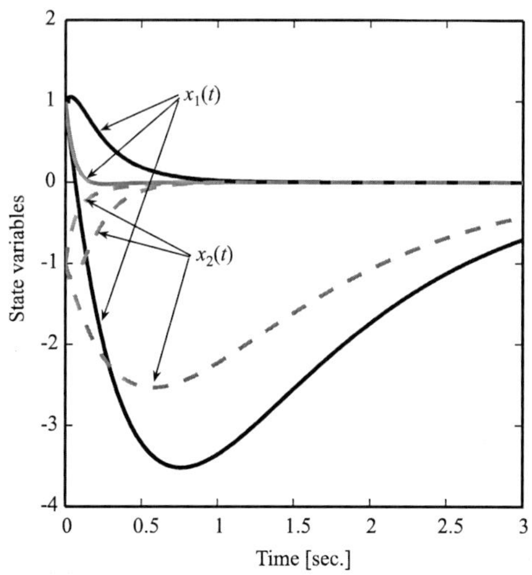

그림 6.20

최적제어를 수행한 후의 응답비교

%[예제 6.11]-part A

```
A=[-7 10;-3 4]; b=[1 1]';                    % ①, ②의 입력
Q1=[10 0;0 1];
r_value=0.001:0.005:4;                       % r 값의 범위 지정
R_num=max(size(r_value));
real_pole=zeros(R_num,2);
imag_pole=zeros(R_num,2);
%
for i=1:R_num
        [P,L,G,rr]=care(A,b,Q1,r_value(i));  % 리카티방정식의 해 P의 계산
        real_pole(i,1)=real(L(1)); real_pole(i,2)=real(L(2));
        imag_pole(i,1)=imag(L(1)); imag_pole(i,2)=imag(L(2));
end
% [그림 6.19](a)
plot([real_pole(:,1);real_pole(:,2)],…
[imag_pole(:,1);imag_pole(:,2)],'.')
axis([-15 1 -4 4]),hold on
X1=[-15 1];Y1=[0 0];plot(X1,Y1,':')  % [그림 6.19(a)]의 x 축
X2=[0 0];Y2=[-4 4];plot(X2,Y2,':')   % [그림 6.19(a)]의 y 축
xlabel(' Real Axis '),ylabel(' Imaginary Axis ')
gtext('O'), hold off                 % [그림 6.19(a)]에 등가영점의 표시
title(' q_1=10, q_2=1 ')
% [그림 6.19](b)
Q2=[1 0; 0 10];
for i=1:R_num
          [P,L,G,rr]=care(A,b,Q2,r_value(i));
          real_pole(i,1)=real(L(1)); real_pole(i,2)=real(L(2));
          imag_pole(i,1)=imag(L(1)); imag_pole(i,2)=imag(L(2));
end
plot([real_pole(:,1);real_pole(:,2)],…
[imag_pole(:,1);imag_pole(:,2)],'.')
axis([-10 1 -3 3]),hold on
X1=[-10 1];Y1=[0 0];plot(X1,Y1,':')  % [그림 6.19(b)]의 x 축
X2=[0 0];Y2=[-3 3];plot(X2,Y2,':')   % [그림 6.19(b)]의 y 축
xlabel(' Real Axis '), ylabel(' Imaginary Axis ')
gtext('O')                           % [그림 6.19(b)]에 등가영점의 표시
title(' q_1=1, q_2=10 ')
```

%[예제 6.11]-part B (그림 6.20)

```
time=0:0.01:3; xo=[1 -1]';
[f1,S,E]=lqr(A,b,Q1,1/30);
```

```
[f2,S,E]=lqr(A,b,Q2,1/30);
sys_no=ss(A,b,eye(2),[0 0]');
sys_f1=ss((A-b*f1),b,eye(2),[0 0]');
sys_f2=ss((A-b*f2),b,eye(2),[0 0]');
[y_no,time,x_no]=initial(sys_no,xo,time);
[y_f1,time,x_f1]=initial(sys_f1,xo,time);
[y_f2,time,x_f2]=initial(sys_f2,xo,time);
plot(time,x_no(:,1),time,x_f1(:,1),time, x_f2(:,1))
hold on
plot(time,x_no(:,2),':',time,x_f1(:,2),':',time, x_f2(:,2),':')
xlabel(' Time [sec.] ')
ylabel(' State variables ')
```

6.4 최적레귤레이터(LQR)의 주파수특성

지금까지 살펴본 LQR시스템은 많은 바람직한 특성을 가지고 있다. 여기서는 LQR의 결과 얻어지는 높은 안정여유와 감도특성에 대해 알아보기로 한다.

다음과 같은 SISO시스템의 상태방정식이 가지는 원조건에 대하여 생각하여 보자. 즉

$$\frac{d}{dt}\vec{x}(t) = \boldsymbol{A}\,\vec{x}(t) + \vec{b}\,u(t) \tag{6.50}$$

위 시스템에 대하여 $\boldsymbol{Q} = \vec{c}^{\,T} \cdot \vec{c}$ 및 $R = r = 1$ 로 두고 최적제어를 수행하여 얻어진 이득 $\vec{f}$ 를 이용하여 [그림 6.21]과 같이 구성하였다고 한다.

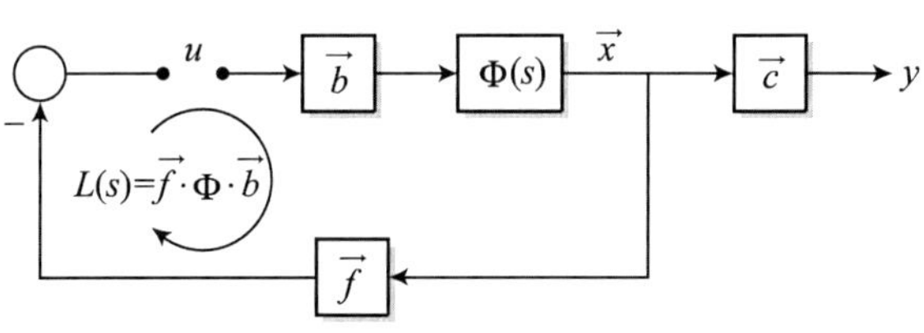

그림 6.21
LQR 시스템의 블록선도

이 관계를 이용하여 원조건을 유도하여 보자. 즉 식 (6.29)의 대수리카티방정식의 왼쪽 항에 $(s\boldsymbol{P} - s\boldsymbol{P})$를 더하고 정리하면

$$\boldsymbol{P}(s\boldsymbol{I} - \boldsymbol{A}) - (s\boldsymbol{I} - \boldsymbol{A}^T)\boldsymbol{P} + \vec{f}^{\,T}\vec{f} = \boldsymbol{Q} \tag{6.51}$$

이 얻어진다. 여기서 다시 양변에 오른쪽에서 $\Phi(s)\vec{b}$ 를, 왼쪽에서 $\vec{b}^{\,T}\Phi(-s)^T$ 를 각각

곱하고 식 (6.29)를 이용하면[22)]

$$\vec{b}^T \Phi(-s)^T \vec{f} + \vec{f}\,\Phi(s)\vec{b} + \vec{b}^T \Phi(-s)^T \vec{f}^T \vec{f}\,\Phi(s)\vec{b} = \vec{b}^T \Phi(-s)^T \boldsymbol{Q}\,\Phi(s)\vec{b} \tag{6.52}$$

을 얻는다. 다시 양변에 $1(=r)$을 더하여 정리하면

$$[1+\vec{f}\Phi(-s)\vec{b}]^T \cdot [1+\vec{f}\Phi(s)\vec{b}] = 1+\vec{b}^T\Phi(-s)^T \boldsymbol{Q}\Phi(s)\vec{b} \tag{6.53}$$

로 된다. 여기서

$$k(s) = 1+\vec{f}\,\Phi(s)\vec{b} = 1+\vec{f}\,(s\boldsymbol{I}-\boldsymbol{A})^{-1}\vec{b} \tag{6.54}$$

으로 정의하고, 식 (6.53)의 오른쪽 항은 s 에 관계없이 항상 1보다 큰 양의 값을 가진다는 사실에 유의하면 다음 관계식을 얻는다.

$$k(-s)\,k(s) \geq 1,\ (=r) \tag{6.55}$$

이와 같은 $k(s)$를 환송차(return difference)라고 한다[23)]. 여기서 $L(s)=\vec{f}\,\Phi(s)\vec{b}$ 로 두면 식 (6.55)로부터 다음 관계식이 얻어진다.

$$|1+\vec{f}\,\Phi(s)\vec{b}| = |1+L(s)| \geq 1,\ (\forall\ s)$$

위 식에서 $s=j\omega$ 로 두면 최적레귤레이터의 주파수특성에 관한 다음과 같은 중요한 식이 유도된다.

$$|1+L(j\omega)| \geq 1,\ (\forall\ \omega) \tag{6.56}$$

위 식으로부터 $L(j\omega)$ 의 극좌표를, ω 를 0 에서 ∞ 까지 변화시키면서 복소평면 상에 나타내면 [그림 6.22]로 됨을 알 수 있다[24)]. 다시 말하면, $k(j\omega)$ 의 나이퀴스트선도는 복소평면상의 점 $(-1, j0)$를 중심으로 하는 반지름이 1 인 원 내에 존재하지 못한다는 것이다.

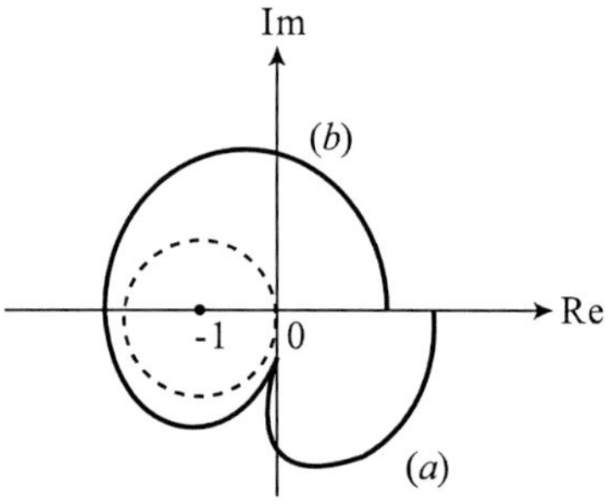

(a) $L(s)$ 가 안정한 경우, (b) $L(s)$ 가 불안정한 극점을 하나 가지는 경우

그림 6.22 SISO시스템에서의 원조건

22) 식 표현을 간략히 하기 위하여 $\Phi(s)=(s\boldsymbol{I}-\boldsymbol{A})^{-1}$ 로 두었다.

23) 식 (5.3) 참조.

24) [그림 6.22]의 평면을 $k(s)$ 평면이라고 하며, x 축은 $k(j\omega)$ 의 실수부, y 축은 $k(j\omega)$ 의 허수부로 이루어져 있다. 이와 같은 그림을 고전제어이론에서는 '나이퀴스트(Nyquist) 선도'라고 부른다.

요점 6.8 **원조건**

SISO시스템에서 최적제어이론을 적용한 레귤레이터의 개루프전달함수 $L(s)$ 의 나이퀴스트선도는 복소평면 내의 점 $(-1, j0)$ 을 중심으로 하는 단위원 내에는 존재하지 않는다. 이것을 '원조건(circle condition)'이라고 한다.

SISO시스템에서 원조건에 의하여 얻어지는 특성은 다음과 같다.

❶ 최적제어를 수행한 시스템의 이득여유(gain margin)는 무한대이며, 위상여유(phase margin) 는 60° 이상이다[25].

❷ $L(s)$ 의 $\omega \to \infty$ 에서의 위상지연은 90° 이다.

❸ 최적제어를 수행한 시스템의 감도는 모든 주파수에서 1 이하이다[26].

예제 6.12

다음으로 주어진 SISO 시스템

$$\frac{d}{dt}\vec{x}(t)=\begin{bmatrix} 0 & 1 \\ -1 & 1 \end{bmatrix}\vec{x}(t)+\begin{bmatrix} 0 \\ 1 \end{bmatrix}u(t),\ y(t)=\begin{bmatrix} 1 & 0 \end{bmatrix}\vec{x}(t) \quad ①$$

에 대해 평가함수

$$J=\int_0^{\infty}\left(3y^2(t)+u^2(t)\right)dt \quad ②$$

를 최소로 하는 문제를 생각하여 보자.

해 $\boldsymbol{P}=\begin{bmatrix} \alpha & \beta \\ \beta & \gamma \end{bmatrix}$ 로 두고 대수리카티방정식을 풀면 다음과 같은 세 개의 연립방정식을 얻는다.

$$\beta^2+2\beta-3=0,\ -\gamma+\alpha+\beta-\beta r=0,\ 2\beta+2\gamma-\gamma^2=0$$

이로부터 $\boldsymbol{P}\geq 0$ 인 해와 피드백이득은

$$\boldsymbol{P}=\begin{bmatrix} 2\sqrt{3}+1 & 1 \\ 1 & \sqrt{3}+1 \end{bmatrix} \to \vec{f}=\begin{bmatrix} 1 & \sqrt{3}+1 \end{bmatrix} \quad ③$$

25) 이득여유와 위상여유는 고전제어이론에 의한 설계 시에 중요한 역할을 하는 개념으로 자세한 내용은 관련서적 참조바람.

26) 감도함수는 $S(s)=1/k(s)$ 로 주어지므로, 식 (6.56)으로부터 $|S(j\omega)|\leq 1,\ \forall\omega$가 얻어진다.

을 얻는다. 따라서

$$L(s) = \frac{(\sqrt{3}+1)s+1}{s^2-s+1} \qquad ④$$

로 됨을 확인할 수 있다. [그림 6.23]에 $L(j\omega)$의 나이퀴스트선도를 표시하였다.

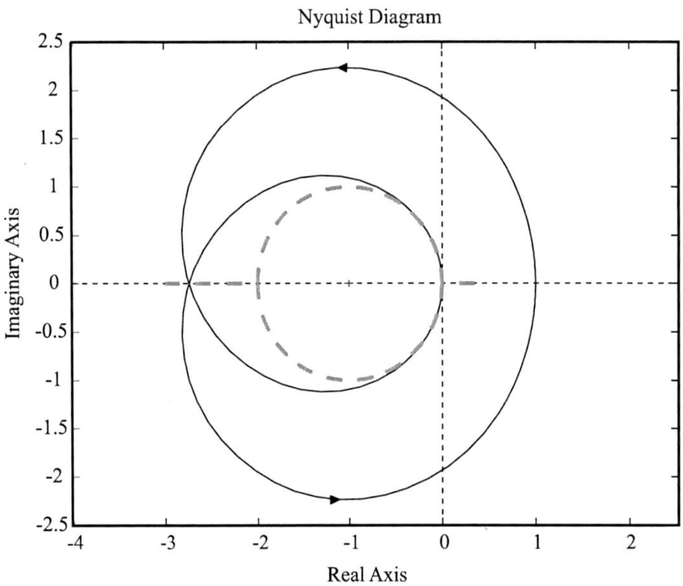

그림 6.23
$L(j\omega)$ 의 나이퀴스트선도

%[예제 6.12]

```
A=[0 1;-1 1];B=[0 1]';C=[1 0];D=0;
Q=[3 0;0 0];R=1;
[F,P,E]=lqr(A,B,Q,R);                          % ③의 계산
[num,den]=ss2tf(A,B,F,D);                      % ④의 계산
sys=tf(num,den);
nyquist(sys)                                   % ④의 나이퀴스트선도
%
x=-3:0.01:0.5; y=x;                            % [그림 6.23]의 단위원 표시
for i=1:length(x)
    y(i)=1-(x(i)+1)^2;
end
yu=sqrt(y);yl=-sqrt(y);
hold, plot(x,yu,':',x,yl,':'),axis equal
```

연 습 문 제

6.1 시스템

$$\dot{\vec{x}} = \boldsymbol{A}\vec{x} + \boldsymbol{B}\vec{u}$$

에 대해서 다음 식으로 주어지는 평가함수 J를 피드백제어 $\vec{u} = -\boldsymbol{F}\vec{x}$ 로서 최소화하는 문제를 생각한다.

$$J = \int_0^\infty \vec{x}^T \boldsymbol{Q} \vec{x}\, dt$$

이때 $\boldsymbol{A}-\boldsymbol{BF}$가 안정행렬로 되어야 한다는 조건은 다음 행렬의 랭크가 n 으로 되어야 한다는 것과 같음을 증명해 보라.

$$\begin{bmatrix} \boldsymbol{Q}^{1/2} \\ \boldsymbol{Q}^{1/2}\boldsymbol{A} \\ \vdots \\ \boldsymbol{Q}^{1/2}\boldsymbol{A}^{n-1} \end{bmatrix}$$

6.2 다음과 같이 주어진 시스템이 있다.

$$\dot{\vec{x}} = \boldsymbol{A}\vec{x}$$

단,

$$\boldsymbol{A} = \begin{bmatrix} 0 & 1 & 0 \\ 0 & 0 & 1 \\ -1 & -2 & -a \end{bmatrix}, \quad a > 0$$

이다. 이때 아래의 평가함수를 최소로 할 수 있도록 변수 a 를 결정하라.

$$J = \int_0^\infty \vec{x}^T \vec{x}\, dt$$

단 상기시스템의 초기값은

$$\vec{x}(0) = \begin{bmatrix} c_1 \\ 0 \\ 0 \end{bmatrix}$$

로 가정한다.

6.3 [그림 P6.3]과 같이 주어진 시스템이 있다. 폐루프의 감쇠정수 ζ가 0.5 로 될 수 있도록 이득 K의 값을 결정하고 이 경우의 비감쇠고유 진동수 ω_n 을 구하라. 이때 $e(0)=1$ 및 $\dot{e}(0)=0$ 로 가정하고 아래 적분을 계산하라.

$$J = \int_0^\infty e^2(t)\, dt$$

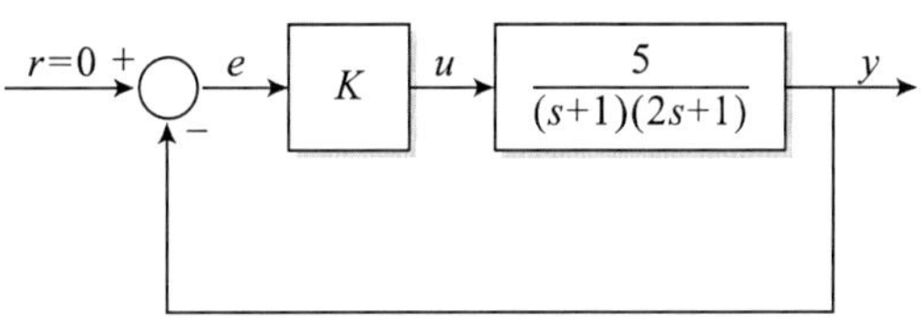

그림 P6.3

6.4 단일 입력을 가지는 제어대상

$$\dot{\vec{x}} = \begin{bmatrix} -2 & 1 \\ 1 & -1 \end{bmatrix}\vec{x} + \begin{bmatrix} 1 \\ 0 \end{bmatrix}u$$

에 있어서

$$J = \int_0^\infty \left(\vec{x}^T \begin{bmatrix} q & 0 \\ 0 & 1 \end{bmatrix} \vec{x} + ru^2 \right) dt \rightarrow \min$$

으로 하는 레귤레이터를 $q=0,\ 1/r=100$ 및 $q=1,\ 1/r=100$ 인 각각의 경우에 대하여 구성하라. 또 이때 $1/r \rightarrow \infty$ 으로 될 때 최적극의 패턴을 그려보고, 이때의 제어효과에 대하여 설명해 보라.

6.5 두 개의 입력을 가지는 제어대상

$$\dot{\vec{x}} = \begin{bmatrix} -2 & 1 \\ 1 & -1 \end{bmatrix} \vec{x} + \begin{bmatrix} 1 & 0 \\ 0 & 1 \end{bmatrix} \vec{u}$$

에 대해

$$J = \int_0^\infty \left(\vec{x}^T \begin{bmatrix} 1 & 0 \\ 0 & 1 \end{bmatrix} \vec{x} + \vec{u}^T \begin{bmatrix} r & 0 \\ 0 & r \end{bmatrix} \vec{u} \right) dt \to \text{최소}$$

으로 만드는 레귤레이터를 구성하고, 이것이 $1/r \to \infty$ 로 될 때의 최적극의 궤적을 구하고, [문제 6.4]에서 $q=1$ 의 경우와 비교하면 제어성능이 향상된다는 것을 보여라.

6.6 다음과 같은 시스템이 주어져 있다. 단 $u=0$ 로 가정한다.

$$\dot{\vec{x}} = \begin{bmatrix} 0 & 1 \\ -1 & -1 \end{bmatrix} \vec{x} + \begin{bmatrix} 0 \\ 1 \end{bmatrix} u, \quad y = [1 \ \ 1] \vec{x}$$

이때

$$J = \int_0^\infty y^2(t)\, dt$$

을 계산하기 위한 리아푸노프방정식을 세우고 이것의 해를 구해 보라. 단 초기값은 $\vec{x}(0) = \vec{x}_o$ 로 둔다. 이와 같은 리아푸노프방정식의 해로부터 상기 시스템은 안정하다는 것을 증명하라.

6.7 다음과 같은 시스템이 주어져 있다.

$$\dot{\vec{x}} = \begin{bmatrix} 0 & 1 \\ 0 & 0 \end{bmatrix} \vec{x} + \begin{bmatrix} 1 \\ -1 \end{bmatrix} u, \quad y = [1 \ \ 0] \vec{x}$$

이것을 출력피드백 $u = -fy$ 로서 제어하고자 한다.

(a) 폐루프의 상태방정식을 구하라.

(b) f 의 함수로서 $J = \int_0^\infty y^2(t)\, dt$ 를 계산하기 위한 리아푸노프방정식을 세우고 해를 구하라.

(c) f 에 대한 $J(f)$ 의 값의 변화를 그림으로 나타내고, $\vec{x}(0) = \begin{bmatrix} 1 \\ 0 \end{bmatrix}$와 $\vec{x}(0) = \begin{bmatrix} 0 \\ 1 \end{bmatrix}$ 인 경우의 최소값을 구하라. 이때 $J(f)$ 를 최소화하는f 값에 대해 폐루프시스템은 초기값에 관계없이 항상 안정으로 된다는 것을 리아푸노프방정식의 해로부터 확인해 보라.

6.8 평가함수가

$$J = \int_0^\infty [\rho \vec{y}^T \vec{y} + \vec{u}^T \vec{u}]\, dt, \ \rho = 1$$

으로 주어졌을 때 제어대상

$$\dot{\vec{x}} = \boldsymbol{A} \vec{x} + \boldsymbol{B} \vec{u}, \ \vec{y} = \boldsymbol{C} \vec{x}$$

$$\boldsymbol{A} = \begin{bmatrix} -1 & 0 & 0 \\ 0 & -1 & 0 \\ 0 & 0 & -4 \end{bmatrix}, \boldsymbol{B} = \begin{bmatrix} 1 & 0 \\ 0 & 1 \\ 0 & 1 \end{bmatrix},$$

$$\boldsymbol{C} = \begin{bmatrix} 1 & 0 & 0 \\ 1 & 1 & 2 \end{bmatrix}$$

에 대한 최적레귤레이터를 설계하라.

6.9 [문제 6.8]에서 (a) $\rho = 1$, (b) $\rho = 10$,(c) $\rho = 50$ 의 세 가지 경우에 대해 각각 최적레귤레이터를 설계하고, 초기값 $\vec{x}(0) = [1 \ \ 0 \ \ 0]^T$ 에 대한 응답$x_1(t)$, $x_2(t)$, $x_3(t)$를 그려 보라.

6.10 간단한 도립진자시스템

$$\dot{\vec{x}} = \begin{bmatrix} 0 & 1 \\ 1 & 0 \end{bmatrix} \vec{x} + \begin{bmatrix} 0 \\ 1 \end{bmatrix} u$$

을 안정화하는 최적레귤레이터를 최적극의 궤적을 이용하여 설계하라. 단 최소화해야 하는 평가함수는 다음과 같다.

$$J=\int_0^\infty [\rho\, \vec{x}^T \vec{x}+u^2]\, dt\,,\ (\rho=1, 10, 100)$$

6.11 [문제 6.10]에서 $\rho \to \infty$ 로 될 때 최적레귤레이터의 극은 어디에 배치되는가?

6.12 제어대상

$$\dot{\vec{x}}=\begin{bmatrix} 0 & 1 \\ 0 & 0 \end{bmatrix}\vec{x}+\begin{bmatrix} 0 \\ 1 \end{bmatrix}u$$

에 대해 다음의 평가함수를 최소로 하는 최적레귤레이터를 설계하고, q_1, q_2, q_3 와 레귤레이터의 극의 배치와의 대응관계를 자세히 설명하라.

$$J=\int_0^\infty [\,\vec{x}^T \boldsymbol{Q}\, \vec{x}+u^2]\, dt\,,\ \boldsymbol{Q}=\begin{bmatrix} q_1 & q_2 \\ q_3 & q_4 \end{bmatrix}$$

6.13 전달함수

$$\frac{y(s)}{u(s)}=\frac{s-(1+\epsilon)}{s^2-1},\ \ (\epsilon=0.01, 0.1, 0.5)$$

가 주어져 있다. 이 시스템을 가제어표준형을 가지는 상태방정식으로 표현해서 평가함수

$$J=\int_0^\infty [y^2+u^2]\, dt$$

을 최소로 하는 최적레귤레이터를 설계하라. 이때 ϵ 의 변화에 대한 시스템의 특성 변화를 검토해 보라.

6.14 [문제 6.13]에서 전달함수를 가관측표준형의 상태방정식으로 표현하고 동일한 평가함수를 이용하여 최적레귤레이터를 설계하고 [문제 6.13]의 결과와 비교해 보라.

제 7 장 서보시스템의 설계

제어대상의 출력을 정해진 목표신호, 예를 들면 계단함수, 램프함수 혹은 정현파함수 등에 추종시키는 제어시스템을 '서보시스템(servo system)'이라고 부른다. 추종특성으로서는 시간의 경과에 따라서 제어출력 $y(t)$과 목표신호 $r(t)$와의 차가 충분히 작게 되어 정상상태에서는 일치해야 한다는 것이 요구된다. 이러한 특성은 제어대상이 모델링에 의해 정확하게 수식으로 표현되어 있으며 동시에 외란이 존재하지 않는다고 하는 이상적인 상황에서는 피드포워드(feedforward)제어로서 실현할 수 있다. 그러나 실제의 제어시스템 설계에 있어서는 이와 같은 이상적인 상황을 전제로 할 수 있는 경우는 거의 없다고 하여도 과언이 아니다. 이러한 이유로서 서보시스템의 설계 시에는 제어대상의 수식모델에 존재하는(혹은 파라미터의 변동에 의해 생길 수도 있는) 표현오차(modeling error)나 외란(혹은 관측 잡음) 등이 존재할 경우에도 주어진 목표신호에 추종할 수 있는 강인한(robust) 서보제어기의 설계법이 요망된다.

7.1 서보문제(Servo problem)

7.1.1 서보시스템의 의미

제6장에서는 시스템의 출력을 항상 평형상태(즉 $\lim_{t \to \infty} \vec{x}(t) = \vec{0}$)로 유지하는 레귤레이터의 설계에 대하여 설명하였다. 그러나 로봇 매니플레이터(manipulator) 등의 제어에 있어서는 단순히 출력을 평형상태로 유지하고자 하는 제어 만으로서는 불충분하다. 예를 들어, 로봇 매니플레이터의 위치나 자세 등을 주어진 목표값에 빠르고 정확하게 추종시키고자 하는 경우에는 출력의 상태는 평형상태가 아니고 항상 변동하게 되므로 레귤레이터와는 다른 형태의 제어기법이 필요할 것으로 생각된다. 또한 계단함수로 주어지는 외란, 주기적인 외란 등과 같은 지속적인 외란에 대해서도 정상오차가 생기지 않도록 하는 것이 바람직하다. 이와 같은 제어시스템을 통상 서보기구(servo-mechanism) 혹은 서보시스템(servo system)으로 부르고 있으며 일반적으로 다음의 조건을 요구된다.

요점 7.1 서보시스템의 조건 I

(1) 목표입력이나 외란입력이 존재하지 않을 경우에는 제어시스템이 점근안정이다.
(2) 지속적인 외란입력이 존재하여도 출력 $y(t)$가 주어진 목표신호 $r(t)$에 정상오차 없이 추종한다.

(1)은 내부안정성(internal stability)의 조건, (2)는 출력레귤레이션(output regulation)의 조건으로 불리고 있다. 한편 주어진 물리모델(제어대상)의 수식모델에 기초하여 제어시스템의 설계를 수행하는 경우, ①모델의 파라미터 오차, ②모델의 선형화, ③모델의 간략화·저차원화, ④포화·마찰 등 비선형요소의 영향, ⑤동작조건의 변화, 등의 이유에 의해 그 모델의 파라미터가 항상 일정하다고 할 수 있는 경우는 적다. 특히 로봇 매니퓰레이터 등은 비선형성이 강하기 때문에 선형화모델로서 설계를 수행하는 경우에는 파라미터의 변동을 고려해야 할 필요가 있다. 따라서 이하에 설명하는 강인성(robustness)으로 불리는 또 하나의 조건이 요구된다.

요점 7.2 서보시스템의 조건 II

(3) 제어대상이 가지는 미지의 파라미터변동에 대해서도, 조건 (1), (2)가 만족된다.

그런데 만약 제어시스템이 안정하다면 파라미터가 기준값에서 다소 변동하더라도 시스템은 안정성을 유지하기 때문에, 조건 (2)가 파라미터변동에 관계없이 성립한다는 것은 조건 (3)과 등가로 된다. 이와 같은 서보시스템은 강인한 서보시스템(robust servo system)으로 불리고 있다.

이상의 사실로부터 (강인한) 서보시스템의 설계라고 하는 것은 (1) 내부안정성, (2) 출력레귤레이션, (3) 강인성 등의 각 조건을 만족하면서, 동시에 바람직한 응답파형(과도응답)을 가지는 제어시스템을 설계하는 것이다. 이하 서보시스템의 설계문제에 대하여 알아본다.

7.1.2 시스템의 형(type)

먼저 조건 (2)의 출력레귤레이션에 대해서 생각해 보자.

[그림 7.1]에 표시한 단위피드백을 가지는 SISO시스템에서 목표입력 $r(t)$에서 오차 $e(t)$까지의 전달함수는 $1/\{1+G(s)\}$로 주어진다. 따라서 이 폐루프시스템이 안정하다고 가정하면 단위계단 상의 목표입력에 대한 정

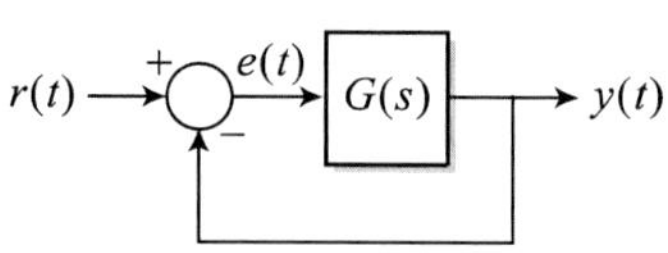

그림 7.1 SISO시스템에서의 단위피드백

상오차는 라플라스변환의 최종값 정리를 이용함으로서

$$\lim_{t \to \infty} e(t) = \lim_{t \to \infty} \left\{ s \left[\frac{1}{1+G(s)} \right] \frac{1}{s} \right\} = \frac{1}{1+G(0)} \tag{7.1}$$

로서 계산된다. 이 식으로부터 $G(0)$ (개루프전달함수의 직류이득)를 크게 하면 정상오차가 작아진다는 것을 알 수 있다. 그러나 $G(0)$가 유한한 크기를 가지는 경우에는 $e(\infty)$를 0으로 만들 수 없지만, 만약 $G(0)=\infty$라면 $e(\infty)=0$, 즉 정상오차를 없앨 수 있다. 이 조건을 만족하는 전달함수로서, 예를 들어[1)]

$$G(s) = \frac{b(s)}{s \cdot a(s)} \tag{7.2}$$

와 같이 $1/s$ (적분기)를 포함하는 형식을 하고 있다면 [그림 7.1]의 제어시스템은 계단상의 목표입력에 대하여 정상오차가 0으로 될 것이다. 자주 이용되는 PID제어기의 I (적분) 동작은 정상오차를 제거하는 역할을 하고 있다. 따라서 식 (7.2)와 같은 모양의 전달요소, 즉 하나의 적분기를 가지는 단위피드백시스템은 1형의 제어시스템으로 불리고 있다.

그러나 1형의 시스템에 램프상의 입력[2)]이 인가되었을 경우의 오차는 역시 라플라스의 최종값 정리로부터

$$\lim_{t \to \infty} e(t) = \lim_{s \to 0} \left\{ s \left[\frac{s\,a(s)}{s\,a(s)+b(s)} \right] \frac{1}{s^2} \right\} = \frac{a(0)}{b(0)} \neq 0 \tag{7.3}$$

으로 되어 대해서는 정상오차가 항상 존재한다는 것을 알 수 있다.

이상의 사실을 일반화하면, 시간 t의 다항식으로 주어지는 목표입력[3)]에 대한 정상오차의 존재와 깊은 관련을 가지는 시스템의 형(type)에 대한 개념을 파악할 수 있다. 즉 개루프 전달함수 $G(s)$가

$$G(s) = \frac{b(s)}{s^l \cdot a(s)},\ (l = 0, 1, \cdots) \tag{7.4}$$

로 주어지는 안정한 단위피드백시스템은 l형의 제어시스템으로 불려진다. 이하 이 제어시스템 (7.4)가 시간 t의 다항식으로 표현되는 함수

$$r(t) = r_o + \frac{1}{2!} r_1 t + \cdots + \frac{1}{k!} r_{k-1} t^{k-1},\ (r_{k-1} \neq 0) \tag{7.5}$$

를 라플라스변환하여 얻어지는 입력

1) 단 $a(s), b(s)$는 서로 공통인자를 가지지 않으며 $a(0) \neq 0,\ b(0) \neq 0$를 만족하는 s의 다항식이다.
2) 램프함수란 $r(t) = At$의 형식으로 주어지는 함수이다.
3) $r(t) = 1 + 2t + 3t^2$과 같은 형식으로 주어지는 다항식을 의미한다.

$$R(s) = \mathcal{L}\,[r(t)] = \frac{r_o}{s} + \frac{r_1}{s^2} + \cdots + \frac{r_{k-1}}{s^k},\ (r_{k-1} \neq 0) \tag{7.6}$$

에 정상오차 없이 추종할 수 있는 지의 여부를 확인해 보자.

❶ $k = l$ 일 때

$$\lim_{t \to \infty} e(t) = \lim_{s \to 0}\left\{ s \left[\frac{1}{1 + G(s)} \right] \left[\frac{r_o}{s} + \cdots + \frac{r_{l-1}}{s^l} \right] \right\} \tag{7.7a}$$

$$= \lim_{s \to 0}\left\{ s \left[\frac{a(s)}{s^l a(s) + b(s)} \right] \left[r_o s^{l-1} + \cdots + r_{l-1} \right] \right\}$$

$$= \lim_{s \to 0}\left\{ s \left[\frac{a(0)}{b(0)} r_{l-1} \right] \right\} = 0$$

❷ $k = l + 1$ 일 때

$$\lim_{t \to \infty} e(t) = \lim_{s \to 0}\left\{ s \left[\frac{1}{1 + G(s)} \right] \left[\frac{r_o}{s} + \cdots + \frac{r_l}{s^{l+1}} \right] \right\} \tag{7.7b}$$

$$= \lim_{s \to 0}\left\{ \frac{a(s)}{s^l a(s) + b(s)} \left[r_o s^l + \cdots + r_l \right] \right\}$$

$$= \lim_{s \to 0}\left\{ \frac{a(s)}{b(s)} r_l \right\} = \frac{a(0)}{b(0)} r_l \neq 0$$

위 관계로부터 다음 성질이 성립함을 알 수 있다. 즉 l 형의 제어시스템은 시간 t의 $(l-1)$차까지의 다항식함수로서 표현된 목표입력에는 정상오차 없이 추종할 수 있지만, l차 이상의 목표입력에 대해서는 정상오차를 발생시킨다. 이러한 성질을 다른 각도에서는 다음과 같이 표현할 수 있다.

요점 7.3 내부모델의 원리

목표입력의 라플라스변환이 $1/s^l$의 항을 포함하고 있을 때, 안정한 단위피드백시스템이 정상오차를 발생시키지 않기 위해서는 그의 개루프전달함수가 $1/s^l$을 포함할 것, 즉 제어시스템이 l형으로 되는 것이 필요하다.

이러한 성질은 '내부모델의 원리(internal model principle)'로 불리는 것으로 서보시스템 설계의 중요한 원리이다.

예제 7.1

직류서보모터를 이용해서 모터의 회전각(즉 위치)을 목표입력에 추종시킬 수 있는 제어시스템(그림 7.2)을 생각해 보자. 여기서 $G_p(s)$는 모터와 부하를 병합시킨 시스템의 전달함수, K_c는 보상기의 이득으로 $G_p(s) = 1/s(s+2)$ 및 $K_c = 2$로 한다. 이때 개루프전달함수는 $G(s) = 2/s(s+2)$로 되어 1형 시스템으로 된다. 따라서 계단입력상의 목표입력에 대해서는 정상오차가 0이지만, 램프상의 목표입력에 대해서는 정상오차를 발생시킨다(그림 7.3).

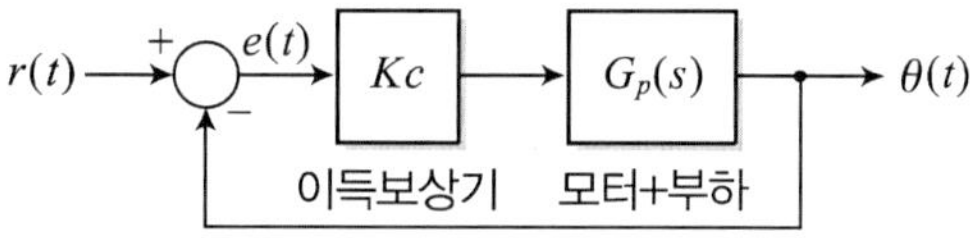

그림 7.2 위치제어시스템의 블록선도

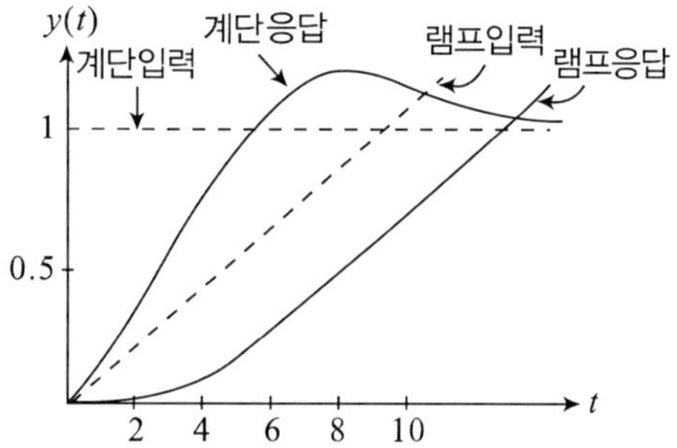

그림 7.3 [예제 7.1]에 대한 단위계단응답과 램프응답

7.1.3 내부모델의 원리

상태방정식으로 주어진 제어대상에 서보시스템을 구성하는 것을 생각하여 보자.

$$\frac{d}{dt}\vec{x}(t) = \boldsymbol{A}\,\vec{x}(t) + \boldsymbol{B}\,\vec{u}(t) \tag{7.8}$$

$$\vec{y}(t) = \boldsymbol{C}\vec{x}(t)$$

지금까지와 마찬가지로 n 개의 상태변수, m 개의 입력 및 p 개의 출력을 가지는 것으로 한다[4]. 이때 식 (7.8)은 안정이며, 또한 그의 수식표현(즉 $\boldsymbol{A}, \boldsymbol{B}, \boldsymbol{C}$ 등)이 대상의 물리적 특성을 완전하게 나타내고 있으며 동시에 외란이 존재하지 않는다는 이상적인 상황 아래서는 제어대상의 출력 $\vec{y}(t)$를 목표신호 $\vec{r}(t)$에 추종시킬 수 있도록 하는 제어입력 $\vec{u}(t)$를 수학적으로 계산할 수 있다. 그러나 현실적으로 물리시스템을 완벽하게 나타내는 수식모델은 존재하지 않으며, 측정할 수 없는 외란 등이 인가되는 시스템의 경우에는 실제의 출력과 목표신호와의 오차신호 $\vec{e}(t)$를 이용하여 이러한 어려움을 극복하여야 한다. 이러한 관점에서 서보시스템의 기본적인 구성도는 [그림 7.4]와 같은 형식을 가진다.

[그림 7.4]의 구조에 의해 안정한 서보시스템이 구성되어서 현재 정상상태에 있는 것으

4) 즉 $\vec{x}(t) \in R^n$, $\vec{u}(t) \in R^m$, 및 $\vec{y}(t) \in R^p$ 이다.

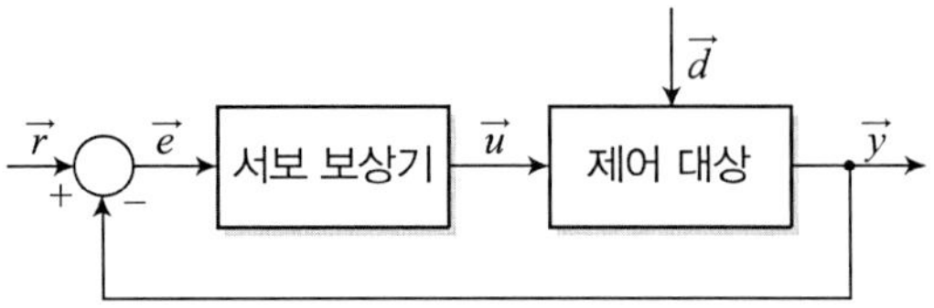

그림 7.4 서보시스템의 기본구성

로 가정한다. 다시 말하면 관측출력 $\vec{y}(t)$가 목표신호 $\vec{r}(t)$에 일치하고 있다는 것이다. 이 경우 입력 $\vec{u}(t)$는 외란 $\vec{d}$의 영향을 억제(또는 제거)하는 역할과 관측출력을 $\vec{r}(t)$로 만드는 두 가지 역할을 동시에 수행하고 있는 것으로 볼 수 있다. 이와 같은 역할을 수행하기 위해서는, 선형시스템의 특성으로 인해 $\vec{u}(t)$가 $\vec{r}(t)$이나 $\vec{d}$에 포함되어 있는 시간성분을 가지고 있지 않으면 안 된다[5]. 그런데 시스템이 정상상태에 있을 경우에는 제어오차 $\vec{e}(t)$가 $\vec{0}$이기 때문에 이와 같은 시간성분은 보상기의 내부에서 발생되어야 할 것이다[6]. 예를 들어 목표신호가 램프함수인 't', 외란이 정현파신호인 '$\sin t$'인 경우에는, 보상기가 t와 $\sin t$의 모드를 발생시켜야 한다는 것이다. 다시 말하면, [그림 7.4]와 같은 서보시스템을 구성한다면 목표신호와 외란을 발생하는 기구(즉 모델)와 동일한 시스템을 보상기의 내부에 가져야 한다는 것이다. 또한 만약 목표신호가 q개 있다면[7], 이것에 대응하기 위해서는 제어입력도 동일한 정도의 크기를 가져야 하므로 보상기에 q개의 모델이 필요하게 된다. 이러한 사항은 [요점 7.3]에서 언급한 내부모델의 원리로 해석할 수 있다.

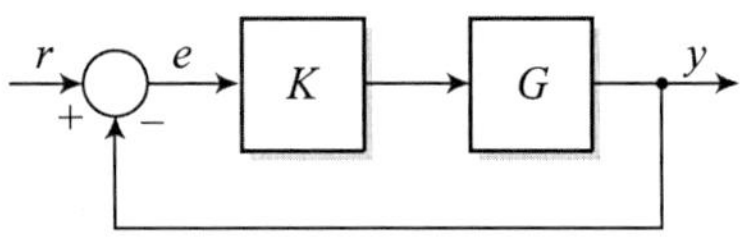

그림 7.5 피드백시스템

1입출력 시스템으로 가정하고 내부모델의 작동원리를 간단히 살펴본다.

[그림 7.5]의 피드백시스템에서 목표신호 $r(t)$의 라플라스변환을

$$R(s) = \frac{d(s)}{c(s)} \tag{7.9}$$

로 나타낸다면, 목표신호에 포함되어 있는 모드의 수식표현은 $R(s)$의 분모 $c(s)$에 반드시 포함되어야 한다[8]. 따라서 [그림 7.5]가 서보시스템으로 작용하기 위해서는 내부모델의 원리에 의해 루프이득은

$$G(s)K(s) = \frac{b(s)}{a(s)c(s)} \tag{7.10}$$

의 모양으로 되어야 한다. 단 위 식에서 $b(s)$는 $c(s)$와 공통인자를 가지지 않는 것으로 한다. 이때 $R(s)$가 오차 $E(s)$에 미치는 영향은

---

5) 예를 들어 크기 d인 외란을 소거하려면 제어입력에 반드시 $-d$의 항이 포함되어 있어야 할 것이다.
6) 이러한 의미에서 [그림 7.4] 등에서 '제어기(controller)'란 용어 대신에 '보상기(compensator)'를 사용하고 있다. 즉 서보의 역할을 위해 필요한 '것'을 내부에서 공급한다는 의미이다.
7) 즉 목표신호벡터 $\vec{r}(t)$의 크기는 $q\times 1$임을 의미하며, 이를 신호의 자유도라고 부른다.
8) 예를 들어 $r(t)=t^2$ (포물선)이라면 $R(s)=2/s^3$ 이므로, $1/c(s)=1/s^3$은 포물선 신호를 생성하는 하나의 방법이 된다.

$$E(s)=\frac{R(s)}{1+K(s)G(s)}=\frac{a(s)c(s)}{a(s)c(s)+b(s)}\times\frac{d(s)}{c(s)} \tag{7.11}$$

로 표현된다. 따라서 목표값의 모드, 즉 다항식 $c(s)=0$의 근은 페루프전달함수의 분자에 포함되는 $c(s)$와 소거되기 때문에 오차의 모드로서 나타나지 않는다(식 (7.11)참조). 이 때문에 만약 $R(s)$의 모드를 미리 알고 있으며, 동시에 변동하지 않는다고 한다면, 제어대상 $G(s)$의 특성에 변동이 발생하더라도 정상오차를 영으로 할 수 있다는 사실을 알 수 있다. 단 식 (7.11)에서 $a(s)c(s)+b(s)=0$의 근의 실수부가 음의 값을 가지도록 $K(s)$가 선정되어 있다고 가정한다.

한편 위에서 언급한 바와 같이, 만약 자유도가 q인 목표신호를 추종하는 서보시스템을 구성하기 위해서는 제어입력 $\vec{u}(t)$의 차원 m[9]은 q보다 작아서는 안 될 것이다. 다시 말하면

$$m \geq q \tag{7.12}$$

가 서보시스템을 구성하기 위한 필요조건으로 된다는 것이다. 또한 예를 들어 보상기가 목표신호 또는 외란을 구성하는 시간성분을 발생시킨다고 하더라도, 그 성분이 제어입력에서 출력까지의 전달영점에 의해 저지(즉 blocking)된다면[10] 서보시스템의 목적을 달성할 수 없을 것이다. 이러한 사실을 수학적으로 표현하여 보자.

먼저 목표신호와 외란을 발생하는 시스템을

$$\frac{d}{dt}\vec{x}_r(t)=\boldsymbol{A}_r\vec{x}_r(t) \tag{7.13}$$ [11]

으로 나타내기로 한다. 예를 들어 목표신호 $\vec{r}(t)$와 외란 $\vec{d}$에 포함되어 있는 시간성분이 $\{1,\, t,\, \sin(2t)\}$라고 한다면 식 (7.13)은 다음과 같이 될 것이다.

$$\frac{d}{dt}\vec{x}_r(t)=\left[\begin{array}{cc:cc} 0 & 1 & 0 & 0 \\ 0 & 0 & 0 & 0 \\ \hdashline 0 & 0 & 0 & -2 \\ 0 & 0 & 2 & 0 \end{array}\right]\vec{x}_r(t) \tag{7.14}$$

행렬 $\boldsymbol{A}_r$의 왼쪽 위 블록이 시간성분 1과 t를 발생하고, 오른쪽 아래 블록으로부터 $\sin(2t)$가 생성된다. 이를 위해서는 $\boldsymbol{A}_r$의 특성다항식에, 세 개의 시간성분 $\{1,\, t,\, \sin(2t)\}$의 라플라스변환 $\{1/s,\, 1/s^2,\, 2/(s^2+4)\}$의 분모의 최소공배다항식인

9) 입력벡터 $\vec{u}(t)$는 크기가 $(m\times 1)$임을 의미한다.

10) 보상기의 극점이 제어대상이 가지는 영점에 의해 소거된다면 보상기가 시간성분을 발생시키는 모델을 가지지 않고 있는 것과 마찬가지로 된다는 것을 의미한다.

11) 이 경우 식 (7.9)의 $c(s)$는 $c(s)=|s\boldsymbol{I}-\boldsymbol{A}_r|$로 주어진다.

$s^2(s^2+4)$을 포함하고 있어야 한다. 한편 식 (7.14)로부터 $\boldsymbol{A}_r$ 의 특성다항식은

$$|s\boldsymbol{I}-\boldsymbol{A}_r| = s^4+4s^2 = s^2(s^2+4)$$

로 되어 식 (7.14)는 주어진 초기값 $\vec{x}_r(0)$ 에 의해 세 개의 시간성분을 발생시킨다는 것을 알 수 있다.

식 (7.13)의 미분방정식에 의해 목표신호와 외란신호가 발생될 때, 행렬 $\boldsymbol{A}_r$ 의 모든 고유값 λ 에 대하여

$$\text{rank}\begin{bmatrix} \boldsymbol{A}-\lambda\boldsymbol{I} & \boldsymbol{B} \\ \boldsymbol{C} & 0 \end{bmatrix} = n+q \tag{7.15}$$

가 성립한다면, 시스템의 전달영점에 의해 보상기에 존재하는 내부모델의 성분이 소거(즉 블로킹)되는 현상은 발생하지 않는다. 이상의 사실을 정리하면 다음과 같다.

요점 7.4 서보시스템의 구성요건

(1) $(\boldsymbol{A}, \boldsymbol{B})$는 가안정으로 되어야 한다.
(2) $(\boldsymbol{C}, \boldsymbol{A})$가 가검출로 되어야 한다.
(3) m (입력의 개수) $\geq$ q (제어출력의 개수)[12]
(4) 목표신호 $\vec{r}(t)$과 외란 $\vec{d}$ 를 발생하는 식 (7.13)의 행렬 $\boldsymbol{A}_r$ 의 고유값 λ 에 대하여

$$\text{rank}\begin{bmatrix} \boldsymbol{A}-\lambda\boldsymbol{I} & \boldsymbol{B} \\ \boldsymbol{C} & 0 \end{bmatrix} = n+q$$

가 성립되어야 한다.

7.2 SISO시스템에서의 서보문제

7.1절에서 언급한 내부모델의 원리를 이해하기 위하여 제어대상을 SISO로 한정한다. 먼저 계단함수(즉 식 (7.5)에서 $k=1$ 인 경우)로 주어진 목표신호에 오차 없이 추종하는 [그림 7.4]와 같은 서보시스템의 구성문제를 생각하여 보자. 계단상으로 주어진 신호의

12) 제어출력의 개수(즉 $\vec{x}_r(t)$ 의 차원) q 는 출력 $\vec{y}(t)$의 개수 p 와 동일한 값을 가지는 경우가 대부분이다. 따라서 식 (7.9)와 식 (7.12)에서 q를 p 로 두는 것이 서보시스템의 구성을 위한 일반적인 조건으로 된다.

라플라스변환은 $1/s$ 이므로 식 (7.13)의 행렬 $\boldsymbol{A}_r$ 의 고유값은 '$\lambda=0$'으로 되어 식 (7.15)에 의해

$$\operatorname{rank}\begin{bmatrix}\boldsymbol{A}, & \vec{b} \\ \vec{c}, & 0\end{bmatrix}=n+1 \tag{7.16}$$

을 만족하여야 한다. 이 조건은 다시 말하면, 제어대상이 원점에 영점을 가져서는 안 된다는 것을 의미하고 있다[13]. 이상의 사실은 목표신호가 식 (7.5)와 같이 시간 t 의 $(k-1)$ 차의 다항식으로 구성되어 있는 경우에도 마찬가지로 적용된다. 이로부터 다음 사실을 확인할 수 있다.

요점 7.5 SISO시스템의 서보시스템의 구성

가제어 및 가관측인 SISO의 제어대상이 주어졌을 때, 임의의 정수 $k,(k>0)$ 에 대해 k 형(k -type)인 제어시스템을 구성하기 위한 필요충분조건은 제어대상이 원점에 영점을 가지지 않는 것이다.

제어대상이 원점에 영점을 가지지 않는다는 조건은 다음과 같이 가제어표준형을 이용하여 간단히 나타낼 수 있다. 즉 제어대상의 전달함수가

$$G(s)=\vec{c}(s\boldsymbol{I}-\boldsymbol{A})^{-1}\vec{b}=\frac{\tilde{c}_n s^{n-1}+\cdots+\tilde{c}_2 s+\tilde{c}_1}{s^n+a_n s^{n-1}+\cdots+a_2 s+a_1} \tag{7.17}$$

로 되었다면 이 시스템의 가제어표준형은 식 (4.70)에 의해

$$\widetilde{\boldsymbol{A}}=\begin{bmatrix}0 & 1 & 0 & \cdots & 0 \\ 0 & 0 & 1 & \cdots & 0 \\ \vdots & & & & \\ 0 & 0 & 0 & \cdots & 1 \\ -a_1 & -a_2 & -a_3 & \cdots & -a_n\end{bmatrix},\ \vec{\tilde{b}}=\begin{bmatrix}0 \\ 0 \\ \vdots \\ 0 \\ 1\end{bmatrix} \tag{7.18}$$

$$\vec{\tilde{c}}=\left[\tilde{c}_1, \tilde{c}_2, \cdots, \tilde{c}_n\right]$$

로 주어진다. 이로부터 원점에 영점을 가지지 않을 조건은 $\tilde{c}_1\neq 0$ 이라는 것을 알 수 있다.

13) [요점 3.4] 참조.

예제 7.2

[그림 7.6]에 표시한 SISO인 단위피드백시스템이 계단상의 목표신호에 정상오차 없이 추종할 수 있는지의 여부를 조사해보자. 이 시스템은 파라미터 고정(즉 변화가 없는, $\epsilon=0$)인 경우는 $1/s$ 을 포함하기 때문에 1형의 시스템으로 되어, 적절한 이득보상기 $G_c(s)=K$ 에 의해 정상오차를 제거할 수 있다. 그러나 파라미터 변동이 발생하여(즉 $\epsilon \neq 0$), $1/s$ 가 $1/(s+\epsilon)$ 로 변화하여 0형의 시스템으로 되기 때문에 정상오차가 발생하게 된다. 이것은 $G_c(s)=1$ 로 두었을 경우의 응답(그림 7.7)로부터 이 사실을 확인할 수 있다. 따라서 이러한 경우에는 적분기를 포함하는 보상기가 필요할 것이다.

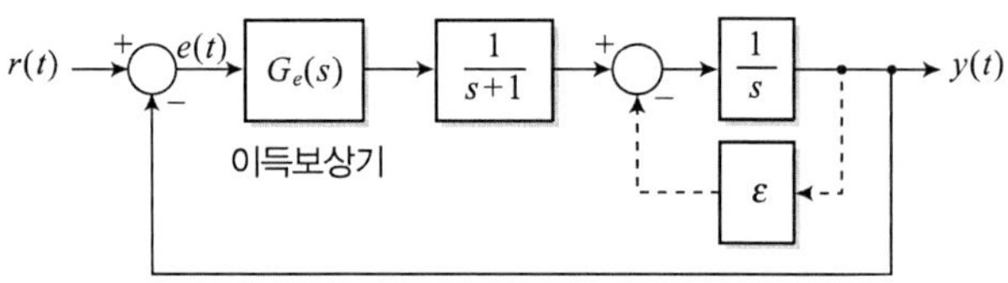

그림 7.6
[예제 7.2]의 블록선도

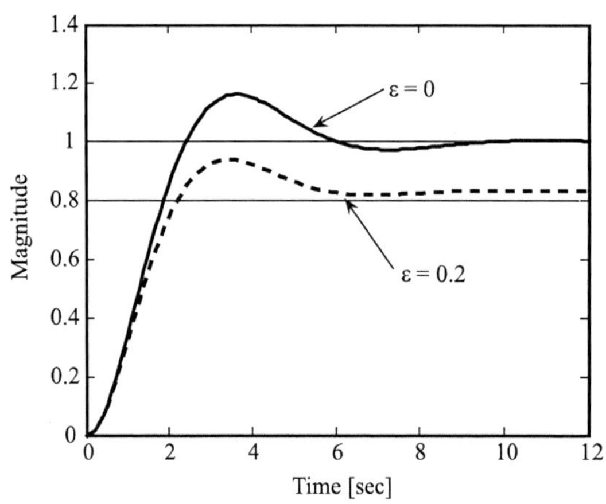

그림 7.7
[예제 7.2]의 단위계단응답

% [예제 7.2]

```
%e=0                                  % ϵ=0인 경우의 계단응답
sys_Gp=tf([1],[1 1 0]);               % 제어대상의 전달함수 1/s(s+1)
sys_Gc=tf([1],[1]);                   % 보상기 G_c(s)=1의 전달함수
sys_fd=feedback(sys_Gp,sys_Gc);       % 입력 r(t)에서 출력 y(t)까지의 전달함수
T=0:0.1:12;
[y,t]=step(sys_fd,T);                 % 단위계단응답의 계산
%e=0.2
sys_Gp2=tf([1],[1 1.2 0.2]);          % ϵ≠0인 경우의 전달함수 1/{s^2+(ϵ+1)s+ϵ}
```

```
sys_fd2=feedback(sys_Gp2,sys_Gc);
T=0:0.1:12;
[y2,t]=step(sys_fd2,T);
plot(t,y,t,y2,':')
xlabel('Time [sec]'), ylabel('Magnitude')
```

예제 7.3

[그림 7.8]에 표시된 두 개의 입출력을 가지는 제어대상에 있어서 목표입력 $r_1(t)$가 램프함수이며, $r_2(t)$가 계단상의 함수로서 주어져 있는 경우를 생각해보자. 파라미터 고정(즉 $\epsilon_1=\epsilon_2=0$)의 경우에는 SISO인 두 개의 시스템이 병렬로 놓여 있는 것으로 생각할 수 있기 때문에, $r_1(t)$에 대해서는 2형의 시스템, $r_2(t)$에 대해서는 1형의 시스템으로 각각 되어야 하기 때문에 보상기는

$$G_{c1}(s)=\frac{b_{c1}(s)}{s^2 \cdot a_{c1}(s)},\quad G_{c2}(s)=\frac{b_{c2}(s)}{s \cdot a_{c2}(s)}$$

로 두고서 각 폐루프가 안정화된다면 정상오차가 0 으로 될 것이다.

다음에 $\epsilon_2=0$ 이며 ϵ_1 만이 변화하는 경우(즉 $\epsilon_1 \neq 0$)에 대하여 검토해 보자. 이 경우는 제1루프의 입력단에 크기 $\epsilon_1 y_2(t)$ 인 계단상의 외란을 인가하는 것과 등가이다. 이 외란은 $1/s^2$ 을 포함하는 보상기 $G_{c1}(s)$를 가지는 제1루프의 정상오차에는 영향을 미치지 않기 때문에, 각 루프의 출력 $y_1(t), y_2(t)$ 도 정상오차 없이 각각 목표입력 $r_1(t), r_2(t)$ 에 추종한다. 그러나 ϵ_2 가 변화(즉 $\epsilon_2 \neq 0$)하는 경우에는 제2루프의 입력단에 크기 $\epsilon_2 y_1(t)$ 인 램프상의 외란이 들어가는 것과 같은 결과를 나타내기 때문에, $1/s$ 만을 가지는 보상기 $G_{c2}(s)$로서는 제2루프에 정상오차가 발생한다.

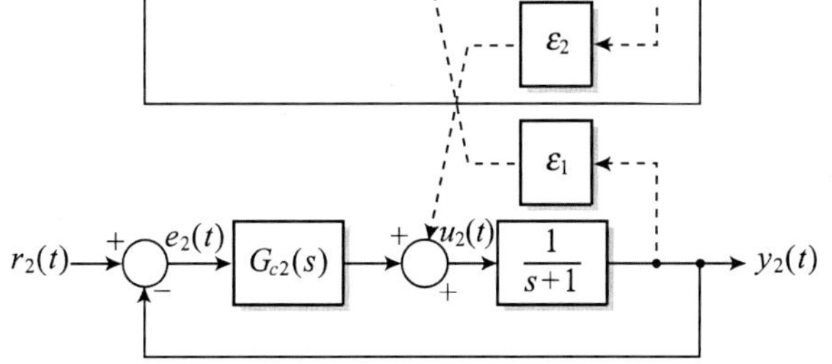

그림 7.8
[예제 7.3]의 블록선도

위 두 예제로부터 제어대상의 파라미터가 고정인(즉 변동이 없는) 경우와 파라미터에 변동이 있는 경우에 있어서, 서보시스템의 구성을 위한 내부모델의 정리를 정리하면 다음과 같다.

❶ 파라미터 고정인 경우에는 제어대상이 가지고 있는 내부모델(적분기)을 적극 활용할 수 있지만, 제어대상의 파라미터에 변동이 존재하는 경우에는 필요한 내부모델을 모두 보상기로서 공급하지 않으면 안 된다.

❷ 두 개 이상의 출력을 가지는 시스템에 있어서는 다음 사항을 유의해야 한다. 즉 파라미터 고정인 경우에는 보상기가 내부모델로서 단순히 목표입력의 모델을 가지고 있는 것으로 충분하지만, 제어대상의 파라미터에 변동이 존재하는 경우에는 각 출력에 대한 보상기가 목표입력의 추종을 위한 최대모델(즉 시간 t 의 다항식으로 표시된 복수개의 목표입력 중에서 최고차수가 $(l_{\max}-1)$로 되었다면 적어도 $\frac{1}{s^{l_{\max}}}$)을 포함하고 있어야 한다. 따라서 출력의 개수가 p 인 경우 $(p\times l_{\max})$개의 적분기가 필요하다.

7.3 서보시스템의 설계법

7.2절에서 설명한 것처럼 서보시스템을 구성하기 위해서는 루프내부에 목표입력이나 외란발생기구의 모델(즉 내부모델)을 포함하고 있지 않으면 안 된다. 따라서 서보시스템은 [그림 7.9(a)] 혹은 (b)와 같은 구성으로 될 것이다. 일반적으로 파라미터 고정의 경우와 부분적인 파라미터 변동을 고려하는 경우에는 제어대상 자체가 가지고 있는 내부모델을 활용하기 위한 [그림 7.9(a)]와 같은 구성이 이용되고, 제어대상 전체의 파라미터 변동을 생각하는 경우에는 [그림 7.9(b)]의 구성이 채용된다.

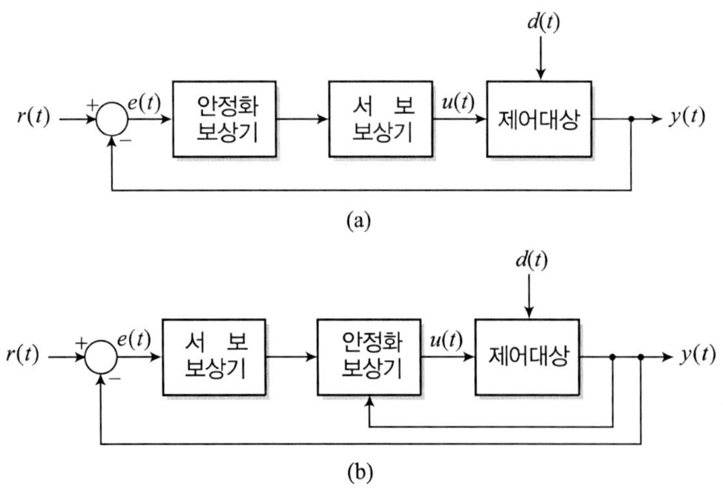

그림 7.9 서보시스템의 구성

여기서는 제어대상의 모든 파라미터 변동에 대하여 강인한 두 종류의 서보시스템 설계법을 설명한다. 즉 제어대상이

$$\dot{\vec{x}}(t) = \boldsymbol{A}\vec{x}(t) + \boldsymbol{B}\vec{u}(t) + \vec{d}(t), \ \vec{x}(0) = \vec{x}_0 \tag{7.19a}$$

$$\vec{y}(t) = \boldsymbol{C}\vec{x}(t) \tag{7.19b}$$

로 기술되어 있다고 한다. 이 경우 강인한 서보시스템의 설계목적은 다음과 같다.

❶ 서보시스템은 점근안정으로 되어야 한다.
❷ 계단상의 외란 $\vec{d}(t) = \vec{d}$ 가 존재하여도 출력 $\vec{y}(t)$가 계단상의 목표입력 $\vec{r}(t) = \vec{r}$ 에 정상오차 없이 추종한다.
❸ 파라미터 $\boldsymbol{A}, \boldsymbol{B}$ 에 미소변동이 발생하더라도 조건 2)가 성립한다.

이러한 목적을 달성시키기 위해서는 [요점 7.4]로부터

$$\text{rank}\begin{bmatrix} \boldsymbol{A} & \boldsymbol{B} \\ \boldsymbol{C} & 0 \end{bmatrix} = n + p \tag{7.20}$$

이 필요하다. 또한 $m > p$ 인 경우에는 크기 $(m \times p)$인 적당한 행렬 $\boldsymbol{G}$ 를 선정해서 $(\boldsymbol{A}, \boldsymbol{BG})$가 가제어로 되며, 동시에

$$\text{rank}\begin{bmatrix} \boldsymbol{A} & \boldsymbol{BG} \\ \boldsymbol{C} & 0 \end{bmatrix} = n + p$$

를 만족하도록 할 수 있으므로 이하 $m = p$ 인 경우에 대한 설계법을 제시한다.

7.3.1 최적이며 강인한 서보시스템의 설계법

여기서는 제6장에서 사용한 평가함수 식 (6.18)

$$J = \int_0^\infty [\vec{x}^T(t)\boldsymbol{Q}\vec{x}(t) + \vec{u}^T(t)\boldsymbol{R}\vec{u}(t)]dt \tag{7.21}$$

을 사용하여 이 값을 최소로 할 수 있다는 의미에서 최적(optimal)으로 되는 서보시스템의 설계를 입력이 계단함수와 램프함수인 경우로 나누어 생각해 본다.

입력이 계단함수로 주어지는 경우

$\vec{y}(t)$가 $t \to \infty$ 에서 계단상의 목표값 $\vec{r}, (\neq \vec{0})$에 일치하고 있다면 $\vec{u}(t)$도 $t \to \infty$ 에서 비영(non-zero)으로 되어야 할 것이다. 이 경우 식 (7.21)의 J은 무한대의 값을 가지게 되어

평가함수로 이용할 수 없게 된다. 그런데 $\vec{u}(t)$는 $t\to\infty$ 에서 일정한 값으로 되기 때문에,

$$\lim_{t\to\infty}\dot{\vec{u}}(t)=\vec{0}$$

으로 된다. 이 관계를 이용하여 $\vec{v}(t)=\dot{\vec{u}}(t)$를 제어입력으로 간주하여 식 (7.19)을 다시 써보면

$$\dot{\vec{x}}_e(t)=\boldsymbol{A}_e\vec{x}_e(t)+\boldsymbol{B}_e\vec{v}(t)+\boldsymbol{D}_e\vec{d}(t) \tag{7.22a}$$

$$\vec{y}_e(t)=\boldsymbol{C}_e\vec{x}_e(t) \tag{7.22b}$$

로 된다. 단

$$\vec{x}_e(t)=\begin{bmatrix}\vec{x}(t)\\ \vec{u}(t)\end{bmatrix},\ \boldsymbol{A}_e=\begin{bmatrix}\boldsymbol{A} & \boldsymbol{B}\\ \boldsymbol{C} & 0\end{bmatrix},\ \boldsymbol{B}_e=\begin{bmatrix}0\\ \boldsymbol{I}_m\end{bmatrix} \tag{7.23}$$

$$\boldsymbol{D}_e=\begin{bmatrix}\boldsymbol{I}_n\\ 0\end{bmatrix},\ \boldsymbol{C}_e=[\boldsymbol{C}\ \ 0]$$

이다. 한편 주어진 시스템에 적당한 제어를 수행하여 출력이 목표입력에 추종하게 되었다면, 이는 $\vec{x}(t)$와 $\vec{u}(t)$가 $t\to\infty$ 에서 일정한 값 $\vec{x}_s$와 $\vec{u}_s$을 가진다는 것을 의미한다. 이 값은, 만약 제어대상 (7.19)가 안정하다면 다음과 같이 계산가능하다. 즉 $t\to\infty$ (정상상태)에서 식 (7.19)는

$$\begin{bmatrix}\vec{0}\\ \vec{r}\end{bmatrix}=\begin{bmatrix}\boldsymbol{A} & \boldsymbol{B}\\ \boldsymbol{C} & 0\end{bmatrix}\begin{bmatrix}\vec{x}_s\\ \vec{u}_s\end{bmatrix}+\begin{bmatrix}\vec{d}\\ 0\end{bmatrix} \tag{7.24}$$

로 되므로, 이로부터 정상상태 값은 다음과 같이 얻을 수 있다.

$$\begin{bmatrix}\vec{x}_s\\ \vec{u}_s\end{bmatrix}=\begin{bmatrix}\boldsymbol{A} & \boldsymbol{B}\\ \boldsymbol{C} & 0\end{bmatrix}^{-1}\begin{bmatrix}-\vec{d}\\ \vec{r}\end{bmatrix}\equiv\boldsymbol{Z}^{-1}\begin{bmatrix}-\vec{d}\\ \vec{r}\end{bmatrix} \tag{7.25}$$

여기서 정상상태 값으로부터의 변동분 $\Delta\vec{x}(t),\Delta\vec{u}(t)$를

$$\Delta\vec{x}(t)=\vec{x}(t)-\vec{x}_s \tag{7.26a}$$

$$\Delta\vec{u}(t)=\vec{u}(t)-\vec{u}_s \tag{7.26b}$$

로 정의하고, 다시 $\Delta\vec{x}_e(t)=[\Delta\vec{x}^T(t),\Delta\vec{u}^T(t)]^T$로 두면 식 (7.22)은

$$\Delta \dot{\vec{x}}_e(t) = \boldsymbol{A}_e \Delta \vec{x}_e(t) + \boldsymbol{B}_e \vec{v}(t) \tag{7.27a}$$

$$\vec{e}(t) \equiv \vec{y}(t) - \vec{r} = \boldsymbol{C}_e \Delta \vec{x}_e(t) \tag{7.27b}$$

와 같이 고쳐 쓸 수 있다. 따라서 이 시스템에서 $\Delta \vec{x}_e(t) \to \vec{0}$ 로 하는 제어를 수행할 수 있다면 $\vec{y}(t) \to \vec{r}$ 가 달성된다는 것을 알 수 있다. 그런데 이 시스템의 가제어성행렬 $\boldsymbol{W}_e$, 가관측성행렬 $\boldsymbol{M}_e$ 은 각각

$$\boldsymbol{W}_e = \begin{bmatrix} 0 & \boldsymbol{B} & \boldsymbol{AB} & \cdots & \boldsymbol{A}^{n+m-1}\boldsymbol{B} \\ \boldsymbol{I} & 0 & 0 & \cdots & 0 \end{bmatrix} \tag{7.28a}$$

$$\boldsymbol{M}_e^T = \begin{bmatrix} \boldsymbol{C} & 0 \\ \boldsymbol{CA} & \boldsymbol{CB} \\ \vdots & \vdots \\ \boldsymbol{CA}^{n+m-1} & \boldsymbol{CA}^{n+m-1}\boldsymbol{B} \end{bmatrix} = \begin{bmatrix} \boldsymbol{I} & 0 \\ 0 & \boldsymbol{C} \\ 0 & \boldsymbol{CA} \\ \vdots & \vdots \\ 0 & \boldsymbol{CA}^{n+m-1} \end{bmatrix} \begin{bmatrix} \boldsymbol{C} & 0 \\ \boldsymbol{A} & \boldsymbol{B} \end{bmatrix} \tag{7.28b}$$

과 같이 쓸 수 있기 때문에, $(\boldsymbol{A}, \boldsymbol{B})$가 가제어라면 $(\boldsymbol{A}_e, \boldsymbol{B}_e)$도 가제어로 된다. 또한 $(\boldsymbol{C}, \boldsymbol{A})$가 가관측으로서 $\operatorname{rank} \boldsymbol{Z} = n+m$ 을 만족한다면 $(\boldsymbol{C}_e, \boldsymbol{A}_e)$도 가관측으로 된다. 이러한 사실을 이용하면, 식 (7.27)의 상태방정식에서 $\Delta \vec{x}_e(t) \to \vec{0}$ 로 하는 제어법칙은 제6장의 최적레귤레이터이론을 이용하면 실현할 수 있다. 다시 말하면 평가함수를

$$J_e = \int_0^\infty \left(\| \Delta \vec{x}_e(t) \|_{\boldsymbol{Q}_e}^2 + \| \vec{v}(t) \|_{\boldsymbol{R}_e}^2 \right) dt \tag{7.29}$$

$\boldsymbol{Q}_e \in R^{(n+m)\times(n+m)}$ 인 준정정행렬, $\boldsymbol{R}_e \in R^{(m\times m)}$ 인 정정행렬

로 두고, 이것을 최소화하는 최적레귤레이터 문제를 풀면 된다. 또한 $\boldsymbol{Q}_e = \boldsymbol{C}_e^T \boldsymbol{C}_e$로 두면 평가함수 (7.29)는

$$J_e = \int_0^\infty \left(\| \vec{e}(t) \|^2 + \| \vec{v}(t) \|_{\boldsymbol{R}_e}^2 \right) dt \tag{7.30}$$

으로 쓸 수 있기 때문에 오차와 제어입력의 미분값에 가중값을 두는 평가함수로 된다.

식 (7.29)를 최소로 하는 최적레귤레이터의 해는

$$\vec{v}(t) = -\boldsymbol{F}_e \Delta \vec{x}_e(t) \tag{7.31}$$

$$\boldsymbol{F}_e = \boldsymbol{R}_e^{-1} \boldsymbol{B}_e^T \boldsymbol{P}_e \tag{7.32}$$

로 주어진다(식 (6.28) 참조). 여기서 크기 $(n+m)\times(n+m)$인 정정행렬 $\boldsymbol{P}_e$는 리카티 행렬방정식

$$\boldsymbol{A}_e^T\boldsymbol{P}_e+\boldsymbol{P}_e\boldsymbol{A}_e+\boldsymbol{Q}_e-\boldsymbol{P}_e\boldsymbol{B}_e\boldsymbol{R}_e^{-1}\boldsymbol{B}_e^T\boldsymbol{P}_e=0 \tag{7.33}$$

를 만족하는 해이다. 이 결과 얻어진 최저피드백 입력 (7.31)은 $\Delta\vec{x}(t)$와 $\Delta\vec{u}(t)$의 피드백으로 표현되기 때문에 이대로는 사용할 수 없다[14]. 이것을 제어대상의 상태 $\vec{x}(t)$와 오차 $\vec{e}(t)=\vec{r}-\vec{y}(t)$를 이용한 피드백형식으로 변환해 보자. 식 (7.31)에 식 (7.26)을 대입하면

$$\vec{v}(t)=-\boldsymbol{F}_e\begin{bmatrix}\vec{x}(t)\\ \vec{u}(t)\end{bmatrix}+\boldsymbol{F}_e\begin{bmatrix}\vec{x}_s\\ \vec{u}_s\end{bmatrix} \tag{7.34}$$

로 된다. 한편 식 (7.22)로부터

$$\begin{bmatrix}\dot{\vec{x}}(t)\\ \vec{y}(t)\end{bmatrix}=\boldsymbol{Z}\begin{bmatrix}\vec{x}(t)\\ \vec{u}(t)\end{bmatrix}+\begin{bmatrix}\vec{d}\\ \vec{0}\end{bmatrix} \tag{7.35}$$

로 되기 때문에, 위 식과 식 (7.25)를 이용하면 식 (7.34)는

$$\begin{aligned}\vec{v}(t)&=-\boldsymbol{F}_e\boldsymbol{Z}^{-1}\begin{bmatrix}\dot{\vec{x}}(t)-\vec{d}\\ \vec{y}(t)\end{bmatrix}+\boldsymbol{F}_e\boldsymbol{Z}^{-1}\begin{bmatrix}-\vec{d}\\ \vec{r}\end{bmatrix}\\ &=-\boldsymbol{F}_e\boldsymbol{Z}^{-1}\begin{bmatrix}\dot{\vec{x}}(t)\\ \vec{e}(t)\end{bmatrix}\end{aligned} \tag{7.36}$$

로 고쳐 쓸 수 있다. 여기서

$$\boldsymbol{F}_e\boldsymbol{Z}^{-1}=[\boldsymbol{K}_1,\boldsymbol{K}_2] \tag{7.37}$$

과 같이 분해하고, 식 (7.36)을 0에서 t까지 적분하면

$$\vec{u}(t)=-\boldsymbol{K}_1\vec{x}(t)+\boldsymbol{K}_2\int_0^t\vec{e}(\tau)d\tau+\boldsymbol{K}_1\vec{x}(0) \tag{7.38}$$

과 같은 제어법칙이 얻어진다. 따라서 초기상태 $\vec{x}(0)=\vec{0}$일 때, [그림 7.10]에 나타낸 제어시스템은 최적서보시스템으로 되며 이 시스템의 상태방정식과 출력방정식은

14) 실제로 피드백되는 양은 식 (7.26)으로 정의되는 오차가 아니라 실제의 출력인 $\vec{y}(t)$이다.

$$\frac{d}{dt}\begin{bmatrix} \vec{x}(t) \\ \vec{u}(t) \end{bmatrix} = \begin{bmatrix} \boldsymbol{A}-\boldsymbol{BK}_1 & \boldsymbol{BK}_2 \\ -\boldsymbol{C} & 0 \end{bmatrix}\begin{bmatrix} \vec{x}(t) \\ \vec{u}(t) \end{bmatrix} + \begin{bmatrix} \vec{d} \\ \vec{r}(t) \end{bmatrix} \tag{7.39a}$$

$$\vec{y}(t) = [\,\boldsymbol{C} \;\; 0\,]\begin{bmatrix} \vec{x}(t) \\ \vec{u}(t) \end{bmatrix} \tag{7.39b}$$

로 나타낼 수 있다. 이상을 정리하면 다음과 같은 최적서보시스템의 설계법을 얻는다.

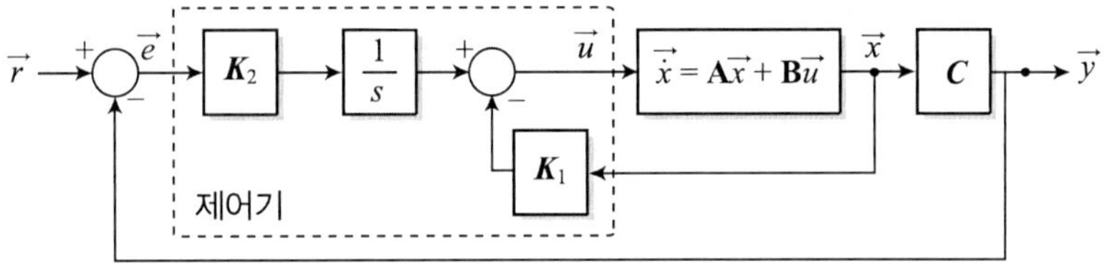

그림 7.10 최적이며 강인한 서보시스템

최적이며 강인한 서보시스템의 설계법

[단계 1] 확장시스템 (7.22)을 구성하고, 식 (7.29)로 주어지는 평가함수에서 가중행렬 $\boldsymbol{Q}_e$, $\boldsymbol{R}_e$ 를 결정한다.

[단계 2] 식 (7.33)의 대수리카티방정식의 해 $\boldsymbol{P}_e$를 계산하여 식 (7.32)에 의해 최적이득 $\boldsymbol{F}_e$를 계산한다.

[단계 3] 식 (7.37)에 의해 이득 $\boldsymbol{K}_1, \boldsymbol{K}_2$를 계산하고, 제어법칙을 식 (7.38)로 정하여 [그림 7.10]과 같이 제어시스템을 구성한다.

예제 7.4

SISO 시스템

$$\dot{\vec{x}}(t) = \begin{bmatrix} 0 & 1 \\ 0 & -10 \end{bmatrix}\vec{x}(t) + \begin{bmatrix} 0 \\ 12.7 \end{bmatrix}u(t) + \begin{bmatrix} 1 \\ 0 \end{bmatrix}d \qquad ①$$

$$y(t) = [\,1 \;\; 0\,]\,\vec{x}(t)$$

대하여 다음의 평가함수

$$J_e = \int_0^\infty \{[y(t)-r]^2 + \dot{u}(t)^2\}dt \qquad ②$$

을 최소로 하는 최적이며 강인한 시스템을 설계해 보자.

해 주어진 시스템이 서보시스템으로 구성될 수 있는 지의 여부를 확인한다. 먼저 식 (7.25)에 의한 행렬 $\boldsymbol{Z}$의 정칙성을 확인한다. 즉

$$\boldsymbol{Z}=\left[\begin{array}{cc:c} 0 & 1 & 0 \\ 0 & -10 & 12.7 \\ \hdashline 1 & 0 & 0 \end{array}\right] \tag{③}$$

는 정칙이다. 또

$$\boldsymbol{A}_e=\left[\begin{array}{cc:c} 0 & 1 & 0 \\ 0 & -10 & 12.7 \\ \hdashline 0 & 0 & 0 \end{array}\right],\ \boldsymbol{B}_e=\left[\begin{array}{c} 0 \\ 0 \\ \hdashline 1 \end{array}\right]$$

$$\boldsymbol{C}_e=\left[\begin{array}{cc:c} 1 & 0 & 0 \end{array}\right] \tag{④}$$

이며

$$\boldsymbol{Q}_e=\boldsymbol{C}_e^T\boldsymbol{C}_e=\begin{bmatrix} 1 & 0 & 0 \\ 0 & 0 & 0 \\ 0 & 0 & 0 \end{bmatrix},\ \boldsymbol{R}_e=1 \tag{⑤}$$

이다. 따라서 최적피드백이득은 리카티행렬방정식으로부터

$$\boldsymbol{F}_e=\left[\begin{array}{cc:c} 1.0 & 0.01 & 1.0 \end{array}\right] \tag{⑥}$$

로 되며, 따라서 이득 $\boldsymbol{K}_1$, $\boldsymbol{K}_2$는

$$[\,\boldsymbol{K}_1 \quad \boldsymbol{K}_2\,]=\boldsymbol{F}_e\boldsymbol{Z}^{-1}=\left[\begin{array}{cc:c} 1.35 & 0.125 & 1.0 \end{array}\right] \tag{⑦}$$

로 주어진다. 계단상의 목표입력 및 외란입력에 대한 응답을 [그림 7.11]에 나타내었다. 파라미터의 변동(여기서는 $\boldsymbol{A}$의 (2,2) 요소가 -10에서 -5로 변동하였다)이 존재하더라도 정상오차가 생기지 않으므로 강인한 서보시스템으로 되어 있음을 확인할 수 있다[15].

15) Simulink file인 'example_7_4' 참조.

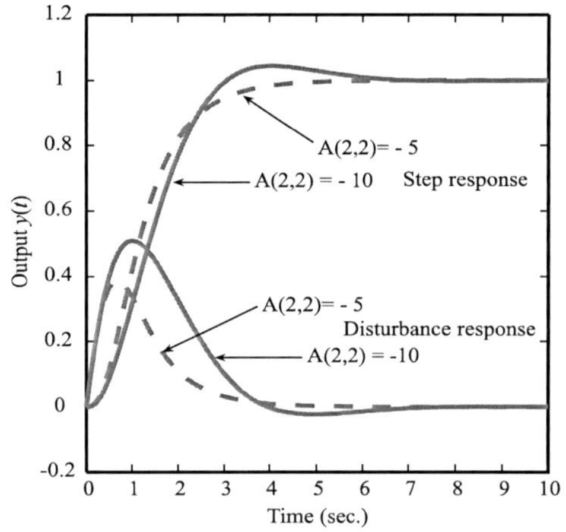

그림 7.11
최적이며 강인한 서보시스템의 계단응답

% [예제 7.4]

```
A=[0 1;0 -10]; B=[0 12.7]';C=[1 0]; D=0;
Z=[A B;C 0]; rank(Z)                     % ③의 정칙성 확인
Ae=[A B;zeros(1,3)];                     % n=2, m=p=1인 경우이다
Be=[0 0 1]';Ce=[C 0];De=[eye(2);zeros(1,2)];
Qe=Ce'*Ce;Re=1;
[Pe,L,Fe]=care(Ae,Be,Qe,Re);             % ⑥의 계산
K=Fe/Z; K1=K(1,1:2); K2=K(1,3);          % ⑦의 확인
% Simulation
Af=[A-B*K1,B*K2;-C,0]; Bf=[0 0 1]';      % d=0인 경우(즉 입력응답)
Cf=[C 0];Df=0;
sysF=ss(Af,Bf,Cf,Df);
Av=A;Av(2,2)=-5;                         % A(2,2)를 -5로 변경한 모델
Afv=[Av-B*K1,B*K2;-C,0];
sysFv=ss(Afv,Bf,Cf,Df);
t=0:0.1:10;
[y,t]=step(sysF,t);
[yv,t]=step(sysFv,t);
plot(t,y,t,yv,':'),hold                  % [그림 7.11]
%
Bfd=[1 1 0]';                            % r=0인 경우(즉 외란응답)
sysFd=ss(Af,Bfd,Cf,Df);
sysFdv=ss(Afv,Bfd,Cf,Df);
[yd,t]=step(sysFd,t);
[ydv,t]=step(sysFdv,t);
plot(t,yd,t,ydv,':'), hold off           % [그림 7.11]
xlabel(' Time (sec.) '), ylabel(' Output y(t) ')
```

➲ 만약 외란과 입력이 동시에 인가되는 경우에 대한 simulation을 수행하고자 한다면 [그림 7.12]와 같이 MATLAB의 SIMULINK를 이용하면 편리할 것이다.

입력이 램프함수로 주어지는 경우

램프상으로 주어지는 입력 $\vec{r}(t)=\vec{k}\,t,\ (t\geq 0)$을 오차 없이 추종하는 서보시스템의 설계법에 대하여 간략히 언급한다. 여기서 $\vec{k}$은 램프함수의 크기(즉 기울기)를 나타내는 벡터이다.

램프함수를 추종하고자 하는 경우에는 $t\to\infty$ 에서 계단함수의 경우와는 달리 $\dot{\vec{x}}(t)$와 $\dot{\vec{u}}(t)$가 일정한 값을 가져야 할 것이다. 따라서 식 (7.24)로부터

$$\begin{bmatrix}\vec{0}\\ \vec{k}\end{bmatrix}=\begin{bmatrix}\boldsymbol{A} & \boldsymbol{B}\\ \boldsymbol{C} & 0\end{bmatrix}\begin{bmatrix}\dot{\vec{x}}_s\\ \dot{\vec{u}}_s\end{bmatrix}$$

이므로 식 (7.25)를 이용하면 $\dot{\vec{x}}(t)$와 $\dot{\vec{u}}(t)$의 정상상태 값을 계산할 수 있다. 그러나 여기에 식 (7.24)~(7.27)을 적용한다면 설계가 상당히 복잡하게 되므로 여기서는 다음과 같은 방법을 이용한다.

먼저 추종오차 $\vec{e}(t)=\vec{y}(t)-\vec{r}(t)$를 두 번 미분한다. 즉

$$\ddot{\vec{e}}(t)=\ddot{\vec{y}}(t)=\boldsymbol{C}\ddot{\vec{x}}(t) \tag{7.40}$$ [16]

에서 새로운 상태변수를 다음과 같이 정의한다.

$$\vec{z}(t)=\ddot{\vec{x}}(t),\ \vec{w}(t)=\ddot{\vec{u}}(t) \tag{7.41}$$

이를 이용하여 주어진 시스템에 대한 확대방정식을 구축한다.

$$\begin{bmatrix}\dot{\vec{e}}(t)\\ \ddot{\vec{e}}(t)\\ \dot{\vec{z}}(t)\end{bmatrix}=\begin{bmatrix}0 & \boldsymbol{I} & 0\\ 0 & 0 & \boldsymbol{C}\\ 0 & 0 & \boldsymbol{A}\end{bmatrix}\begin{bmatrix}\vec{e}(t)\\ \dot{\vec{e}}(t)\\ \vec{z}(t)\end{bmatrix}+\begin{bmatrix}0\\ 0\\ \boldsymbol{B}\end{bmatrix}\vec{w}(t)=\widetilde{\boldsymbol{A}}\vec{x}_e(t)+\widetilde{\boldsymbol{B}}\vec{w}(t) \tag{7.42a}$$

$$\vec{e}(t)=[\boldsymbol{I}\ \ 0\ \ 0]\begin{bmatrix}\vec{e}(t)\\ \dot{\vec{e}}(t)\\ \vec{z}(t)\end{bmatrix}=\widetilde{\boldsymbol{C}}\vec{x}_e(t) \tag{7.42b}$$

여기서 확대방정식 $(\widetilde{\boldsymbol{A}},\widetilde{\boldsymbol{B}},\widetilde{\boldsymbol{C}})$에 대하여 다음의 평가함수를 최소로 하는 최적레귤레이

16) 입력은 램프함수이므로 두 번 미분하면 영으로 된다.

터 문제를 적용한다.

$$J_e = \int_0^\infty \left(\| \vec{e}(t) \|^2 + \| \vec{w}(t) \|^2_{\boldsymbol{R}_e} \right) dt \tag{7.43}$$

이 경우 식 (7.33)의 대수리카티방정식에서 $\boldsymbol{A}_e = \widetilde{\boldsymbol{A}}$, $\boldsymbol{B}_e = \widetilde{\boldsymbol{B}}$, $\boldsymbol{Q}_e = \widetilde{\boldsymbol{C}}^T \widetilde{\boldsymbol{C}}$, $\boldsymbol{R}_e = 1$ 로 두고 $\boldsymbol{P}_e$ 를 계산하면 최적입력은

$$\vec{w}(t) = -\boldsymbol{R}_e^{-1} \boldsymbol{B}_e^T \boldsymbol{P}_e \vec{x}_e(t) = -\begin{bmatrix} \boldsymbol{K}_3 & \boldsymbol{K}_2 & \boldsymbol{K}_1 \end{bmatrix} \begin{bmatrix} \vec{e}(t) \\ \dot{\vec{e}}(t) \\ \vec{z}(t) \end{bmatrix} \tag{7.44}$$

로 된다. 식 (7.44)를 식 (7.42)에 적용하면 폐루프는 안정으로 되므로 추종오차 $\vec{e}(t)$는 $t \to \infty$ 로 됨에 따라 영으로 수렴할 것이다. 제어입력 $\vec{u}(t)$는 식 (7.44)를 두 번 적분함으로써 얻을 수 있다. [그림 7.12]에 식 (7.44)의 제어법칙을 블록선도로 표시하였다. 그림으로부터 알 수 있는 바와 같이 제어기는 '내부모델의 원리'에 의해 두 개의 적분기를 가지고 있음을 볼 수 있다.

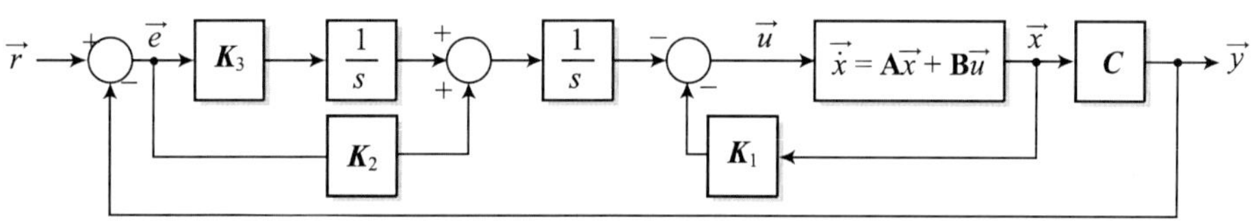

그림 7.12 램프입력을 추종하는 서보시스템

예제 7.5

시스템

$$\dot{\vec{x}}(t) = \begin{bmatrix} 0 & 1 \\ -2 & -2 \end{bmatrix} \vec{x}(t) + \begin{bmatrix} 1 \\ 0 \end{bmatrix} u(t), \ y(t) = \begin{bmatrix} 1 & 0 \end{bmatrix} \vec{x}(t) \qquad ①$$

에 대하여 램프입력에 오차 없이 추종하는 서보시스템을 설계하여 보자.

해 먼저 식 (7.42)의 계수행렬을 계산하면 다음과 같다.

$$\widetilde{\boldsymbol{A}} = \begin{bmatrix} 0 & 1 & 0 & 0 \\ 0 & 0 & 1 & 0 \\ 0 & 0 & 0 & 1 \\ 0 & 0 & -2 & -2 \end{bmatrix}, \widetilde{\boldsymbol{B}} = \begin{bmatrix} 0 \\ 0 \\ 1 \\ 0 \end{bmatrix}, \widetilde{\boldsymbol{C}} = \begin{bmatrix} 1 & 0 & 0 & 0 \end{bmatrix} \qquad ②$$

여기서 $Q_e = \tilde{C}^T \tilde{C}$, $R_e = 1$ 로 두고 최적레귤레이터의 해를 구하면 다음의 값을 얻는다.

$$K_1 = [1.3994,\ 0.4880],\ K_2 = 1.9552,\ K_3 = 1 \quad ③$$

이 값으로 [그림 7.12]와 동일한 블록선도를 구성한 뒤 시뮬레이션을 수행하면 [그림 7.13]을 얻는다. 여기서는 설계된 제어기의 강인성을 확인하기 위하여 ①의 A(2,2) = −2를 −1 로 변경하여 시뮬레이션을 수행하였다.

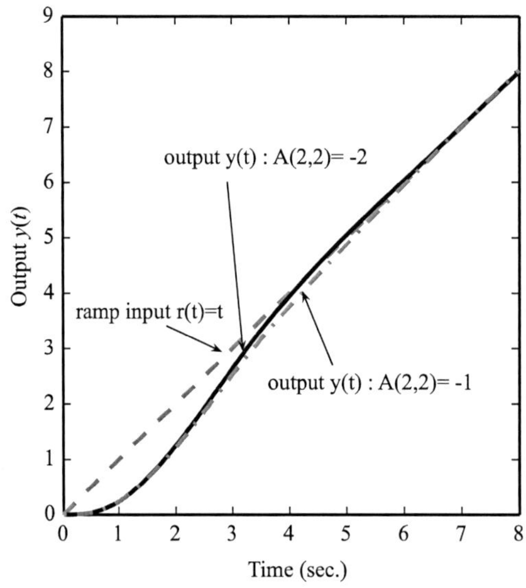

그림 7.13 [예제 7.5]의 결과

% [예제 7.5]

```
A=[0 1;-2 -2]; B=[1 0]'; C=[1 0];D=0;
At=[0 1 0 0;0 0 C;zeros(2,2) A];                    % 확대방정식의 구성
Bt=[0;0;B];Ct=[1 0 0 0];Dt=0;
Qt=Ct'*Ct; Rt=1;
[Pt,L,Ft]=care(At,Bt,Qt,Rt);                        % 최적해의 계산
K1=Ft(1,3:4); K2=Ft(1,2); K3=Ft(1,1);
% Simulation
As=[A-B*K1,-B,zeros(2,1);K2*C,0,1;K3*C,0,0];        % ⑧의 행렬 구성
Bs=[zeros(1,2) -K2 -K3]';Cs=[C 0 0];Ds=0;
Av=A;Av(2,2)=-1;                                    % 파라미터의 변동
AsV=[Av-B*K1,-B,zeros(2,1);K2*C,0,1;K3*C,0,0];      % A(2,2) = -1로 변동
Servo=ss(As,Bs,Cs,Ds);                              % 실제모델
ServoV=ss(AsV,Bs,Cs,Ds);                            % 변동된 모델
r=0:0.1:8;                                          % 램프함수의 생성
```

```
[y,t,x]=lsim(Servo,r,r);                        % 램프입력에 대한 출력 y(t)의 계산
[yV,t,x]=lsim(ServoV,r,r);
plot(t,r,':',t,y,t,yV,'--')
xlabel(' Time (sec.)')
ylabel(' Output y(t) ')
```

➲ [예제 7.5]의 시뮬레이션을 위해서는 약간의 변형이 필요하다. 즉 [그림 7.13]에서 각 적분기의 출력을 상태변수 x_3, x_4 로 취하면 페루프시스템의 상태방정식은 다음과 같다.

$$\dot{\vec{g}} = \boldsymbol{A}\vec{g} + \boldsymbol{B}u,\ y = \boldsymbol{C}\vec{g},\quad \vec{g} \equiv [x_1\, x_2] \tag{4}$$

$$\dot{x}_3 = x_4 - K_2(r-y) = x_4 - K_2 r + K_2 C\vec{g} \tag{5}$$

$$\dot{x}_4 = -K_3(r-y) = -K_3 r + K_3 C\vec{g} \tag{6}$$

에 있어서

$$y = C\vec{g} \tag{7}$$

를 대입하여 정리하면 다음과 같은 페루프시스템의 상태방정식이 얻어진다.

$$\frac{d}{dt}\begin{bmatrix}\vec{g}\\ x_3\\ x_4\end{bmatrix} = \begin{bmatrix}\boldsymbol{A}-\boldsymbol{B}\boldsymbol{K}_1 & -\boldsymbol{B} & 0\\ \boldsymbol{K}_2\boldsymbol{C} & 0 & 1\\ \boldsymbol{K}_3 & 0 & 0\end{bmatrix}\begin{bmatrix}\vec{g}\\ x_3\\ x_4\end{bmatrix} + \begin{bmatrix}0\\ -\boldsymbol{K}_2\\ -\boldsymbol{K}_3\end{bmatrix} r \tag{8}$$

$$y = [\boldsymbol{C}\ \ 0\ \ 0]\begin{bmatrix}\vec{g}\\ x_3\\ x_4\end{bmatrix}$$

⑧의 상태방정식에 대하여 시뮬레이션을 수행하면 [그림 7.13]을 얻는다. [그림 7.12]를 MATLAB의 SIMULINK를 이용하여 블록선도를 작성하면, 램프입력 뿐만 아니라 여러 종류의 입력에 대한 시뮬레이션을 간단히 수행할 수 있다[17).

이로부터 상기의 설계법은 제어대상의 파라미터변동에 강인한 서보시스템을 구성하는 하나의 방법을 제시하고 있음을 보여주고 있다.

7.3.2 모델추종형 서보시스템의 설계법

제어시스템을 설계하는 경우 계단상의 목표입력에 대한 바람직한 응답, 예를 들어 상승시간, 오버슈터의 양 등은 미리 정해져 있는 경우가 많다. 7.3.1절에서의 설계법은 설계과정에서 이러한 사양을 반영할 수 없었다. 이 결과 설계된 서보시스템의 출력응답파형이

---

17) Simulink file인 'example_7_5' 참조.

정해진 사양을 만족시키지 못한다면 설계과정의 파라미터(예를 들어 평가함수에서 사용된 가중행렬 Q_e, R_e 등)를 변경하여 재차 설계를 수행하여야 할 필요가 있었다. 여기서는 서보시스템의 출력을 (설계사양에 의해) 미리 계산된 목표값 발생모델의 계단응답에 근접시키도록 하는 서보시스템의 설계법에 대하여 설명한다.

먼저 계단상의 입력에 의해 구동되는 목표값 발생모델을 다음과 같이 정의한다.

$$\dot{\vec{x}}_r(t) = \boldsymbol{A}_r \vec{x}_r(t) + \boldsymbol{B}_r \vec{u}_r(t) \tag{7.45a}$$

$$\vec{r}(t) = \boldsymbol{C}_r \vec{x}_r(t) \tag{7.45b}$$

단 $\vec{x}_r(t) \in R^n, \vec{u}_r(t) \in R^m$ 이며, $\vec{u}_r(t)$은 계단함수이다. 또한 $(\boldsymbol{A}_r, \boldsymbol{B}_r)$은 가제어, $(\boldsymbol{C}_r, \boldsymbol{A}_r)$은 가관측이며, $\boldsymbol{A}_r$은 안정행렬로 가정한다.

위 모델은 예를 들어

$$\dot{\vec{x}}_r(t) = \begin{bmatrix} 0 & 1 \\ -\omega_n^2 & -2\zeta\omega_n \end{bmatrix} \vec{x}_r(t) + \begin{bmatrix} 0 \\ 1 \end{bmatrix} u_r(t) \tag{7.46a}$$

$$r(t) = \begin{bmatrix} \omega_n^2 & 0 \end{bmatrix} \vec{x}_r(t) \tag{7.46b}$$

로 두면, 전달함수는

$$G_r(s) = \frac{\omega_n^2}{s^2 + 2\zeta\omega_n s + \omega_n^2} \tag{7.47}$$

로 되어 표준적인 2차 시스템을 나타내고 있다. 다시 말하면 이 모델을 이용하면 여러 형태의 설계사양에 부응하는 응답파형을 규정할 수 있다. $\vec{u}_r(t)$ 및 $\vec{d}(t)$는 $t \geq 0$에서 일정한 값을 가지기 때문에 이를 미분하면 0 으로 된다. 따라서 목표입력과의 오차를

$$\vec{e}(t) = \vec{r}(t) - \vec{y}(t) \tag{7.48}$$

로 정의해서 식 (7.19a), (7.48), (7.45a)를 미분하여 벡터형식으로 정리하면

$$\frac{d}{dt}\begin{bmatrix} \dot{\vec{x}}(t) \\ \vec{e}(t) \\ \dot{\vec{x}}_r(t) \end{bmatrix} = \begin{bmatrix} \boldsymbol{A} & 0 & 0 \\ -\boldsymbol{C} & 0 & \boldsymbol{C}_r \\ 0 & 0 & \boldsymbol{A}_r \end{bmatrix} \begin{bmatrix} \dot{\vec{x}}(t) \\ \vec{e}(t) \\ \dot{\vec{x}}_r(t) \end{bmatrix} + \begin{bmatrix} \boldsymbol{B} \\ 0 \\ 0 \end{bmatrix} \dot{\vec{u}}(t) \tag{7.49}$$

로 된다. 여기서 $\boldsymbol{A}_r$은 안정행렬로 가정했기 때문에 위 시스템은 가안정이다. 따라서 평가함수

$$J_M = \int_0^\infty \left(\| \vec{e}(t) \|^2 + \| \dot{\vec{u}}(t) \|_{R_M}^2 \right) dt \tag{7.50}$$

을 최소로 하는 최적제어법칙을 계산할 수 있으며, 이때의 최적입력은

$$\dot{\vec{u}}(t) = -\boldsymbol{K}_1 \dot{\vec{x}}(t) - \boldsymbol{K}_2 \vec{e}(t) - \boldsymbol{K}_3 \dot{\vec{x}}_r(t) \tag{7.51}$$

의 형식으로 주어진다. 이 식을 $\vec{x}(0) = \vec{0}$, $\vec{x}_r(0) = \vec{0}$ 의 조건 아래서 적분하면

$$\vec{u}(t) = -\boldsymbol{K}_1 \vec{x}(t) - \boldsymbol{K}_2 \int_0^t \vec{e}(t)dt - \boldsymbol{K}_3 \vec{x}_r(t) \tag{7.52}$$

로 되어 최종적인 입력이 결정된다. 식 (7.52)를 블록선도로 나타낸 [그림 7.14]가 '모델추종형 서보시스템(model following servo system)'으로 된다. 최적이득행렬 $\boldsymbol{K}_1$, $\boldsymbol{K}_2$, $\boldsymbol{K}_3$은 시스템 (7.49)에 대한 최적레귤레이터문제를 해결함으로서 얻어지며, 위 시스템의 내부안정성에 대한 조건은 만족된다. 또한 오차 $\vec{e}(t)$의 오른쪽에 적분기가 삽입되어 있기 때문에 출력레귤레이션의 조건은 파라미터변동이 있다고 하더라도 유지되는 강인한 서보시스템으로 되어 있음을 알 수 있다. 이하 설계법을 정리해 둔다.

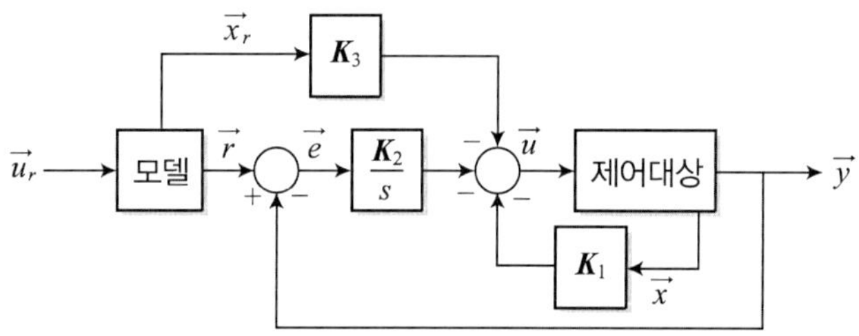

그림 7.14
모델추종형 서보시스템

모델추종형 서보시스템의 설계법

[단계 1] 추종해야 하는 모델의 상태방정식 (7.45)를 구하여 제어대상과 모델을 병합한 확대시스템 (7.49)를 만든다.

[단계 2] 2차 형식의 평가함수 (7.50)을 정하고, 시스템 (7.49)에 대한 최적레귤레이터문제를 풀어서 최적이득 $\boldsymbol{K}_1$, $\boldsymbol{K}_2$, $\boldsymbol{K}_3$을 구한다.

[단계 3] 최적이득 $\boldsymbol{K}_1$, $\boldsymbol{K}_2$, $\boldsymbol{K}_3$을 이용해서 [그림 7.14]와 같은 서보시스템을 구성한다.

예제 7.6

$$\dot{\vec{x}}(t) = \begin{bmatrix} 0 & 1 \\ -0.5 & -0.7 \end{bmatrix} \vec{x}(t) + \begin{bmatrix} 0 \\ 1 \end{bmatrix} u(t)$$

로 표현된 1입출력 시스템이 $\omega_n = 2.0$, $\zeta = 0.75$를 가지는 표준 2차 시스템으로 주어지는 목표값 발생모델에 추종하는 서보시스템을 설계해 보자.

해 먼저 확대시스템 (7.49)를 만든다. 식 (7.50)의 평가함수에서 가중행렬(여기서는 $m=1$ 이므로 스칼라이다)을 각각 $R_M = 10^{-2}, 10^{-3}, 10^{-4}$ 로 두고 최적이득 $\boldsymbol{K}_1, \boldsymbol{K}_2, \boldsymbol{K}_3$ 을 계산하여 계단응답을 구한다(그림 7.15). R_M 이 작아짐에 따라 제어대상의 출력이 모델의 출력에 빠르게 접근하고 있음을 알 수 있다.

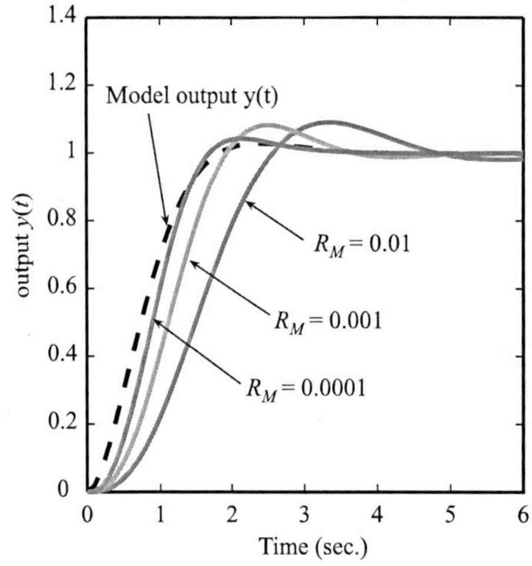

그림 7.15 모델추종형 서보시스템의 계단응답

% [예제 7.6]

```
A=[0 1;-0.5 -0.7]; B=[0 1]'; C=[1 0];D=0;
Ar=[0 1;-4 -3];Br=[0 1]';Cr=[4 0];Dr=0;    % 목표값 발생모델
Ae=[A,zeros(2,3);-C 0 Cr;zeros(2,3) Ar];  % 확대방정식 식 (7.49)
Be=[B;0; zeros(2,1)];
Qe=zeros(5,5);Qe(3,3)=1;
Rm1=10e-2;
[P1,L,Fe1]=care(Ae,Be,Qe,Rm1);                % 최적해의 계산
K1=Fe1(1:2);K2=Fe1(3);K3=Fe1(4:5);
% Simulation
As=[A-B*K1 -B*K2 -B*K3;-C 0 Cr;zeros(2,3),Ar];
Bs=[zeros(3,1);Br];Cs=[C zeros(1,3)];Ds=0;
sysFollow=ss(As,Bs,Cs,Ds);                    % 시뮬레이션 모델
sysModel=ss(Ar,Br,Cr,Dr);                     % 목표모델
t=0:0.1:6;
[y1,t]=step(sysFollow,t);                     % 계단응답의 계산
[yM,t]=step(sysModel,t);                      % 모델의 계단응답
% Rm2=10e-3 및 Rm3=10e-4 의 경우에 대해서도 위와 동일한 과정을 반복하여 계단응
% 답 y2 및 y3를 얻는다
plot(t,yM,':',t,[y1 y2 y3])                   % [그림 7.15]
```

```
xlabel('Time (sec.) ')
ylabel(' output y(t) ')
```

위 문제에서 [그림 7.14]에 대한 시뮬레이션을 실행하는 방법은 [예제 7.5]에서도 언급한 바와 같이 SIMULINK를 이용하는 방법과 다음과 같이 [그림 7.14]에 대한 상태방정식을 만들어서 실행하는 방법이 있다. 즉 [그림 7.14]에서 적분기의 출력을 상태변수 x_3로 취하면

$$\frac{d}{dt}\begin{bmatrix} \vec{x} \\ x_3 \\ \vec{x}_r \end{bmatrix} = \begin{bmatrix} (\boldsymbol{A}-\boldsymbol{B}\boldsymbol{K}_1) & -\boldsymbol{B}\boldsymbol{K}_2 & -\boldsymbol{B}\boldsymbol{K}_3 \\ -\boldsymbol{C} & 0 & \boldsymbol{C}_r \\ 0_{2\times 2} & 0_{2\times 1} & \boldsymbol{A}_r \end{bmatrix}\begin{bmatrix} \vec{x} \\ x_3 \\ \vec{x}_r \end{bmatrix} + \begin{bmatrix} 0_{2\times 1} \\ 0 \\ \boldsymbol{B}_r \end{bmatrix} u_r(t)$$

$$y(t) = \begin{bmatrix} \boldsymbol{C} & 0 & 0_{1\times 2} \end{bmatrix}\begin{bmatrix} \vec{x}(t) \\ x_3(t) \\ \vec{x}_r(t) \end{bmatrix}$$

를 얻는다. 위 시스템에 대한 계단응답을 계산하면 [그림 7.15]를 얻을 수 있다[18].

이상 소개한 두 가지 설계법에는 모두 $\boldsymbol{K}_1 \vec{x}(t)$라고 하는 상태피드백이 포함되어 있다. 일반적으로 $\vec{x}(t)$는 직접 측정할 수 없는 경우가 많지만, 이와 같은 경우에는 관측기를 이용함으로서 서보시스템을 실현할 수 있다.

7.3.3 피드포워드를 이용한 서보시스템 설계법

여기서는 외란이나 시스템의 특성에 변화가 존재하지 않는다고 하는 이상적인 상황을 가정하고 입력단에서의 피드포워드를 적용한 서보시스템의 설계법을 알아본다. 제어대상은 식 (7.19)에서 외란을 제거하고 다음과 같이 주어졌다고 한다.

$$\dot{\vec{x}}(t) = \boldsymbol{A}\vec{x}(t) + \boldsymbol{B}\vec{u}(t),\ \vec{x}(0) = \vec{x}_0 \tag{7.53}$$

$$\vec{y}(t) = \boldsymbol{C}\vec{x}(t)$$

이와 같은 이상적인 상황 아래에서는 다음과 같은 제어법칙에 의해 일정한 크기의 값을 가지는 목표값 $\vec{r}(t)$를 추종하는 서보시스템의 설계가 가능하다([그림 7.16] 참조).

$$\vec{u}(t) = \boldsymbol{K}\vec{x}(t) + \boldsymbol{H}\vec{r}(t) \tag{7.54}$$

식 (7.54)의 제어법칙은 2.2절에서 설명한 바와 같이 고전제어 등에서 사용되는 P-D제

18) Simulink file인 'example_7_6'참고. 단 m file인 [예제 7.6]을 먼저 실행하여 변수 K_1, K_2, K_3을 확보한다.

어기를 확장한 것으로 생각할 수 있다.

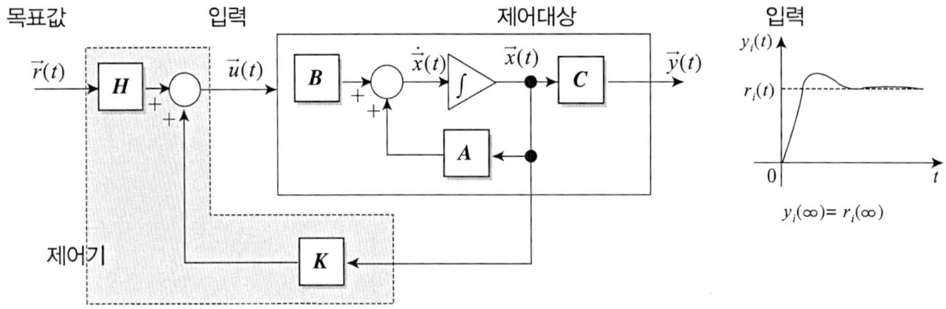

그림 7.16 피드포워드를 이용한 서보시스템

설계법 등 자세한 내용은 전문서적에 유보하고 여기서는 간단한 예제를 이용하여 이 방법의 유효성을 알아보자.

예제 7.7

2장에서 유도한 바와 같이 [그림 2.22]로 주어진 2관성시스템의 상태공간표현은, $M_1 = 0.5, M_2 = 1, k = 2, \mu = 1$로 두었을 경우 다음 식으로 주어진다.

$$\begin{cases} \dot{\vec{x}}(t) = \boldsymbol{A}\vec{x}(t) + \vec{b}\,u(t) \\ y(t) = \vec{c}\,\vec{x}(t) \end{cases} \quad ①$$

$$\vec{x}(t) = \begin{bmatrix} x_1(t) \\ x_2(t) \\ x_3(t) \\ x_4(t) \end{bmatrix} = \begin{bmatrix} z_1(t) \\ \dot{z}_1(t) \\ z_2(t) \\ \dot{z}_2(t) \end{bmatrix},\ u(t) = f_1(t)$$

$$\boldsymbol{A} = \begin{bmatrix} 0 & 1 & 0 & 0 \\ -4 & -2 & 4 & 2 \\ 0 & 0 & 0 & 1 \\ 2 & 1 & -2 & -1 \end{bmatrix},\ \vec{b} = \begin{bmatrix} 0 \\ 2 \\ 0 \\ 0 \end{bmatrix},\ \vec{c} = [\ 0\ \ 0\ \ 1\ \ 0]$$

위 문제에서는 제어량 $y(t) = z_2(t)$를 계단상의 목표값

$$r(t) = \begin{cases} 0 & (t < 0) \\ y_c^{ref} & (t \geq 0) \end{cases} \quad ②$$

에 추종시키기 위해 다음과 같은 형식의 제어법칙을 이용하기로 한다.

$$u(t) = \vec{k}\,\vec{x}(t) + hr(t) \quad ③$$

먼저 제어량이 $y(t)=y_c^{ref}$로 되는 (즉 M_2가 y_c^{ref}에서 정지한다) 상태 $\vec{x}(t)$와 입력 $u(t)$의 정상상태 값 $\vec{x}(\infty)\equiv\vec{x}_s=\left[x_{1s}\ x_{2s}\ x_{3s}\ x_{4s}\right]^T$, $u(\infty)=u_s$이 존재하는지의 여부를 조사한다. 이는 식 (7.24), (7.25)의 관계로부터 쉽게 확인가능하다. 다시 말하면

$$\begin{bmatrix} \boldsymbol{A} & \vec{b} \\ \vec{c} & 0 \end{bmatrix}\begin{bmatrix} \vec{x}_s \\ u_s \end{bmatrix}=\begin{bmatrix} \boldsymbol{0} \\ 1 \end{bmatrix}y_c^{ref} \qquad ④$$

를 만족하는 $\vec{x}_s, u_s$가 존재하는 지의 여부를 조사하면 된다. 이 경우

$$|\boldsymbol{M}_0|=\begin{vmatrix} \boldsymbol{A} & \vec{b} \\ \vec{c} & 0 \end{vmatrix}=4\neq 0 \ \rightarrow\ \boldsymbol{M}_0=\begin{bmatrix} \boldsymbol{A} & \vec{b} \\ \vec{c} & 0 \end{bmatrix}: \qquad \text{정칙}$$

이므로 ④를 만족하는 정상상태 값은 다음과 같이 계산가능하다.

$$\begin{bmatrix} \vec{x}_s \\ u_s \end{bmatrix}=\begin{bmatrix} \boldsymbol{A} & \vec{b} \\ \vec{c} & 0 \end{bmatrix}^{-1}\begin{bmatrix} 0 \\ 1 \end{bmatrix}y_c^{ref} \qquad ⑤$$

$$\Rightarrow \begin{bmatrix} x_{1s} \\ x_{2s} \\ x_{3s} \\ x_{4s} \\ u_s \end{bmatrix}=\frac{1}{4}\begin{bmatrix} -2 & 0 & 2 & 2 & 4 \\ 4 & 0 & 0 & 0 & 0 \\ 0 & 0 & 0 & 0 & 4 \\ 0 & 0 & 4 & 0 & 0 \\ 0 & 2 & 0 & 4 & 0 \end{bmatrix}\begin{bmatrix} 0 \\ 0 \\ 0 \\ 0 \\ 1 \end{bmatrix}y_c^{ref}=\begin{bmatrix} y_c^{ref} \\ 0 \\ y_c^{ref} \\ 0 \\ 0 \end{bmatrix}$$

위식은 M_2가 y_c^{ref}에 정지하고 있을 때 $(x_{3s}=y_c^{ref})$, M_1에는 입력이 인가되지 않고 있으며 $(u_s=0)$, 더욱이 M_1도 y_c^{ref}에 정지하고 있다(즉 $x_{1s}=y_c^{ref}$)는 것을 의미하고 있다.

다음으로 제어법칙 ③을 사용하면, 제어량 $y(t)$를 목표값 $r(t)=y_c^{ref}$에 추종시킬 수 있다는 사실을 확인하여 보자. 정상상태 값 $\vec{x}_s, u_s$로부터의 변동을 각각 $\Delta\vec{x}(t)=\vec{x}(t)-\vec{x}_s$, $\Delta u(t)=u(t)-u_s$로 정의한다. 이 경우 ①과 ④으로부터

$$\begin{aligned}\Delta\dot{\vec{x}}(t)=\dot{\vec{x}}(t)&=\boldsymbol{A}\vec{x}(t)+\vec{b}u(t)=\boldsymbol{A}\left(\Delta\vec{x}(t)+\vec{x}_s\right)+\vec{b}\left(\Delta u(t)+u_s\right)\\ &=\boldsymbol{A}\Delta\vec{x}(t)+\vec{b}\Delta u(t)+\left\{\boldsymbol{A}\vec{x}_s+\vec{b}u_s\right\}=\boldsymbol{A}\Delta\vec{x}(t)+\vec{b}\Delta u(t)\end{aligned}$$

$$\begin{aligned}e(t)&=y_c^{ref}-\vec{c}\,\vec{x}(t)=y_c^{ref}-\vec{c}\left(\Delta\vec{x}(t)+\vec{x}_s\right)\\ &=-\vec{c}\Delta\vec{x}(t)+\left\{y_c^{ref}-\vec{c}\,\vec{x}_s\right\}=-\vec{c}\Delta\vec{x}(t)\end{aligned}$$

$$\Rightarrow \begin{cases} \Delta \dot{\vec{x}}(t) = \boldsymbol{A}\Delta \vec{x}(t) + \vec{b}\Delta u(t) \\ e(t) = -\vec{c}\Delta \vec{x}(t) \end{cases} \qquad ⑥$$

가 얻어진다. 따라서 정상상태 값 $\vec{x}_s, u_s$로부터의 변동분인 $\Delta \vec{x}(t)$, $\Delta u(t)$로 이루어진 상태방정식 ⑥에 대하여 행렬 $\boldsymbol{A}_F = \boldsymbol{A} - \vec{b}\vec{f}$의 고유값의 실수부가 전부 음의 값을 가지도록 하는 피드백 벡터 $\vec{f}$를 결정하면 된다. 다시 말하면 제어법칙

$$\Delta u(t) = \vec{f}\Delta \vec{x}(t) \qquad ⑦$$

에 의해 ⑥은 $t \to \infty$에서 $\Delta \vec{x}(t) = e^{\boldsymbol{A}_F t}\Delta \vec{x}(0) \to \vec{0}$로 되어

$$e(t) = y_c^{ref} - y(t) = -\vec{c}\Delta \vec{x}(t) \to 0$$

로 될 수 있다. 즉 일정한 크기 y_c^{ref}으로의 추종제어가 실현가능하다는 것을 알 수 있다. 또한 ⑦을 전개하여 $\Delta \vec{x}$, Δu를 제거하고, 여기에 ⑤를 적용하면

$$u(t) = -\vec{f}\left(\vec{x}(t) - \vec{x}_s\right) + u_s = -\vec{f}\vec{x}(t) + \begin{bmatrix} \vec{f} & 1 \end{bmatrix}\begin{bmatrix} \vec{x}_s \\ u_s \end{bmatrix} \qquad ⑧$$

$$= -\vec{f}\vec{x}(t) + hy_c^{ref}, \quad h = \begin{bmatrix} \vec{f} & 1 \end{bmatrix}\begin{bmatrix} \boldsymbol{A} & \vec{b} \\ \vec{c} & 0 \end{bmatrix}^{-1}\begin{bmatrix} \vec{0} \\ 1 \end{bmatrix}$$

가 얻어진다. 위식에서 $r(t) = y_c^{ref}$ 로 두면 ③의 제어법칙으로 됨을 확인할 수 있다.

마지막으로 실제의 설계 예를 제시한다. 5.3절의 극배치법을 적용하여 $\boldsymbol{A}_F = \boldsymbol{A} - \vec{b}\vec{f}$의 극을 $-2 \pm j2, -2 \pm j$에 배치하는 $\vec{f}$를 계산한 후 ⑧에 의해 피드포워드 h를 결정한다. 이 경우 $\vec{f}$와 h는 각각 다음으로 된다.

$$\vec{f} = [3.5 \quad 2.5 \quad 6.5 \quad 5.5], \; h = 10$$

여기서 목표값을 $y_c^{ref} = 1$로 두었을 경우의 시뮬레이션 결과를 [그림 7.17]에 나타내었다. 이로부터 M_2의 위치는 목표값에 추종하고 있음을 알 수 있다[19].

19) Simulink file인 'example_7_7' 참조.

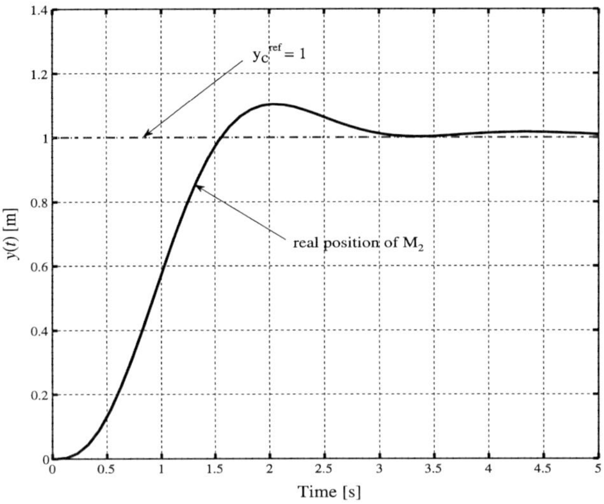

그림 7.17
피드포워드를 이용한
서보시스템의 설계

위 예제의 결과를 입력과 출력의 개수가 동일한, 즉 $m = p$인 제어대상의 경우에 확장하면 다음의 요점을 얻는다.

요점 7.6

가제어인 제어대상 (7.8)의 입력과 출력의 개수가 동일(즉 $m = p$)한 것으로 가정한다. 이때, 일정한 크기의 목표값을 추종하는 서보시스템을 피드포워드를 이용하여 설계하는 경우, [요점 7.4]에 의해 서보시스템의 구성요건

$$\operatorname{rank}\begin{bmatrix} \boldsymbol{A} & \boldsymbol{B} \\ \boldsymbol{C} & 0 \end{bmatrix} = n + m \tag{7.55}$$

을 만족한다고 하면[20], $\boldsymbol{A}_F = \boldsymbol{A} - \boldsymbol{BF}$ 의 모든 고유값의 실수부가 음의 값을 가지도록 하는 $\boldsymbol{F}$의 선정이 가능하다. 이경우 목표값으로부터의 피드포워드를 부가한 상태 피드백 형식의 제어법칙

$$\vec{u}(t) = -\boldsymbol{F}\vec{x}(t) + \boldsymbol{H}\vec{r}(t),\ \boldsymbol{H} = [\ \boldsymbol{F} \quad \boldsymbol{I}\ ]\begin{bmatrix} \boldsymbol{A} & \boldsymbol{B} \\ \boldsymbol{C} & 0 \end{bmatrix}^{-1}\begin{bmatrix} 0 \\ \boldsymbol{I} \end{bmatrix} \tag{7.56}$$

에 의해 일정한 값의 목표값 즉 $\vec{r}(t) = \vec{y}_c^{\,ref}$을 정상편차 없이 (즉 $\lim_{t \to \infty} \vec{y}(t) = \vec{y}_c^{\,ref}$) 추종하는 서보시스템의 설계가 가능하다.

20) 이 경우 일정한 크기를 가지는 목표값에 추종하므로 식 (7.13)의 $\boldsymbol{A}_r$이 가지는 고유값은 0, 즉 $\lambda = 0$으로 된다.

관측기와 피드포워드를 이용한 서보시스템의 구성

식 (7.56)의 제어법칙을 실제로 실현을 하기 위해서는 상태변수 $\vec{x}(t)$가 필요하다. 여기서는 관측기를 사용한 상태 추정한 값 $\hat{\vec{x}}(t)$를 사용하는 경우 서보시스템의 추종특성이 어느 정도 악화하는 지를 [예제 7.7]을 이용하여 확인하여 보기로 한다.

예제 7.8

위의 [예제 7.7]의 결과로부터 $\boldsymbol{A}-\vec{b}\vec{f}$ 의 고유값을 $-2\pm j2, -2\pm j$ 로 배치하는 피드백이득벡터 $\vec{f}$와 피드포워드 h는 다음과 같다.

$$\vec{f}=[3.5 \quad 2.5 \quad 6.5 \quad 5.5],\ h=10 \qquad ①$$

다음 관측기의 $\boldsymbol{A}-\vec{k}\vec{c}$ 의 고유값을 $-4\pm j4, -4\pm j2$ 로 가져가는 관측기 이득벡터 $\vec{k}$를 적당한 방법으로 계산하면 다음을 얻는다.

$$\vec{k}=[22 \quad 178 \quad 13 \quad 71]^T \qquad ②$$

이와 같이 동일차원관측기와 피드포워드를 이용한 서보시스템의 전체 구성을 [그림 7.18]에 나타내었다.

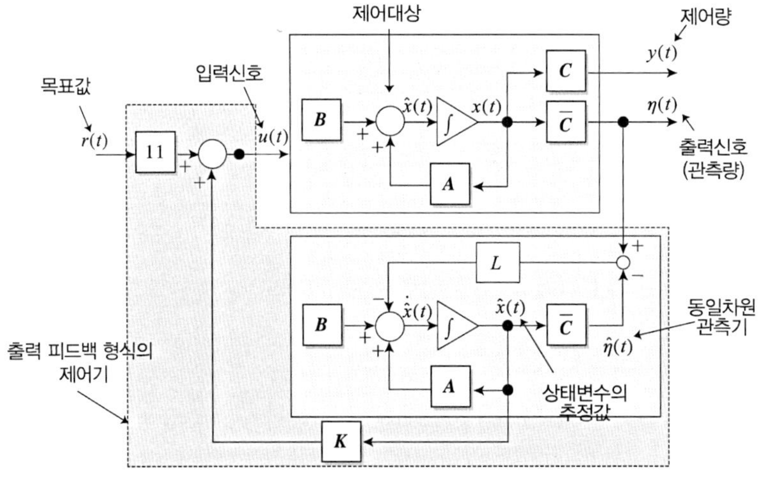

그림 7.18 피드포워드를 이용한 서보시스템의 설계 동일차원관측기와 피드포워드를 이용한 서보시스템의 구성도

목표값 $r(t)=y_c^{ref}$를 1과 0의 사이를 5초 간격을 가지는 구형파형식으로 하고, 시스템의 초기값을 $\vec{x}(0)=[-0.5 \quad 0 \quad 0.5 \quad 0]^T$, 관측기의 초기값을 $\hat{\vec{x}}(0)=\vec{0}$ 로 각각 두고 시뮬레이션을 수행한 결과를 [그림 7.19]에 나타내었다. 그림으로부터 관측기에 의한 상태추정은 충분히 빠른 속도로 수행되어 대략 2초 이내에 추정오차가

영으로 되었음을 확인할 수 있다. 또한 [그림 7.20]에 표시한 바와 같이 피드포워드를 이용한 제어법칙

$$u(t) = -\vec{f}\,\hat{\vec{x}}(t) + hr(t)$$

에 의한 추종특성은 상태피드백에 비해서는 성능이 악화하였지만 대략 3초 이후에는 동등한 추종성능을 발휘하고 있음을 볼 수 있다.
한편 관측기에 의한 상태추정은 제어대상의 수식모델을 정확히 파악하고 있다는 전제 아래 성립하고 있는 것이다. 따라서 제어대상의 파라미터 변동에 의해 실제의 질량 $M_1{}', M_2{}'$이 공칭값(즉 설계에 사용한 값) $M_1 = 0.5, M_2 = 1$ 보다 25% 더 크다고 하였을 경우, 즉

$$M_1{}' = 1.25 \times M_1 = 0.625,\ M_2{}' = 1.25 \times 1 = 1.25$$

인 경우에 [그림 7.21]에 나타낸 바와 같이 상태피드백을 사용한 경우에 비하여 그 제어성능이 상당히 악화된다는 점에 유의가 필요하다[21].

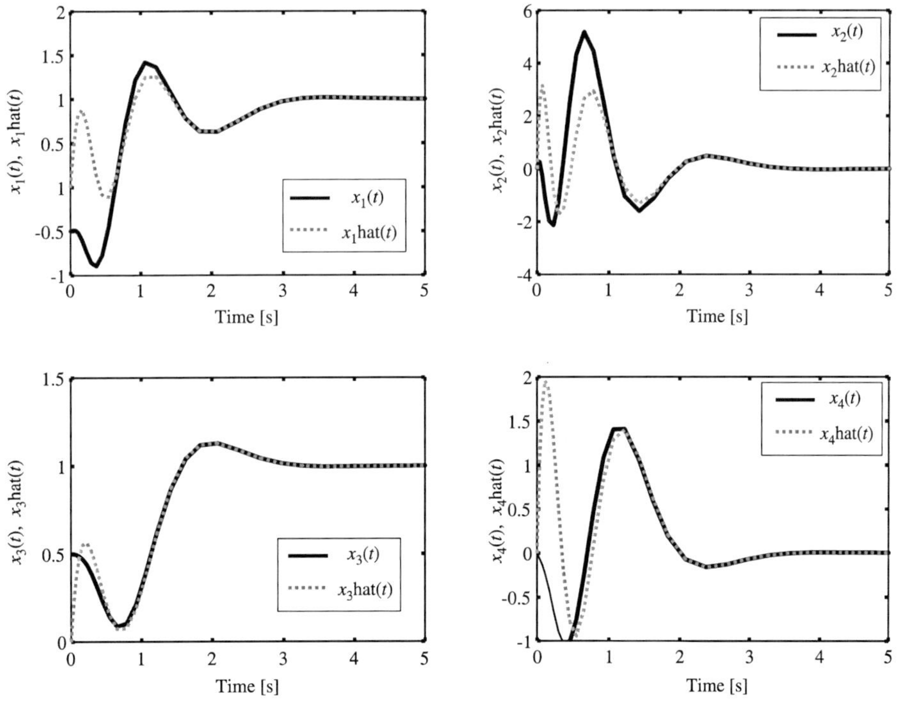

그림 7.19 $\vec{x}(0) = [-0.5\ \ 0\ \ 0.5\ \ 0]^T, \hat{\vec{x}}(t) = [0\ \ 0\ \ 0\ \ 0]^T$로 두었을 경우의 추정상태변수와 실제 값과의 비교

21) Simulink file인 'example_7_8'을 참조.

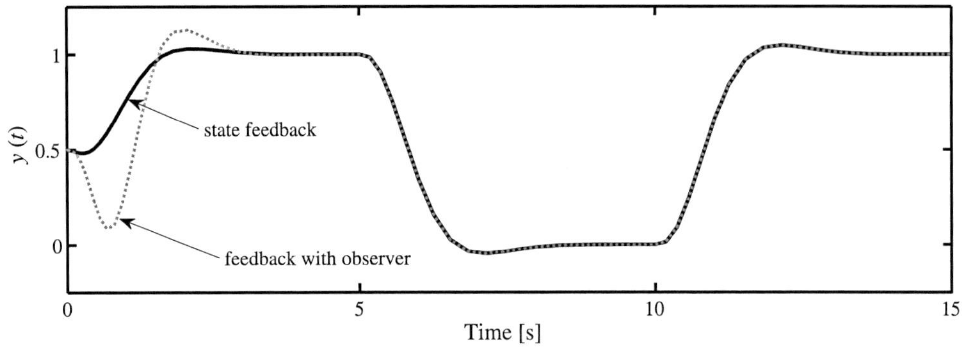

그림 7.20 관측기를 이용한 피드백과 상태피드백과의 성능비교

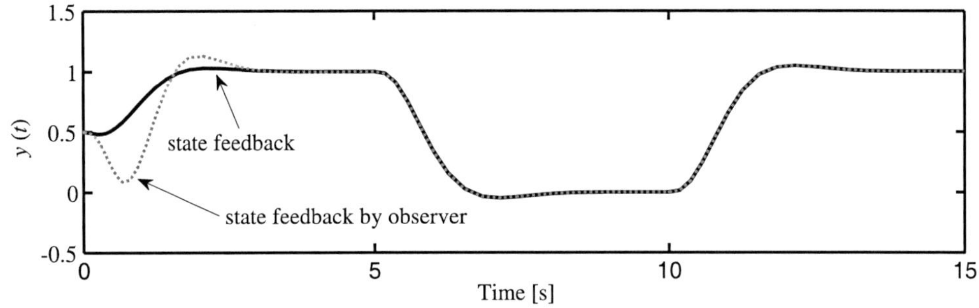

그림 7.21 $M_1 = 0.625$, $M_2 = 1.25$ 로 변동하였을 경우의 응답특성

7.4 1입출력시스템에서의 서보시스템 설계법

지금까지는 서보시스템의 설계를 '내부모델의 원리'에 따라서 전개해 왔다. 즉 시스템 내부에 외부신호(목표신호, 외란 등)의 발생시키는 모델을 추가함으로써, 정상오차 $\vec{e}(\infty) = \vec{r}(\infty) - \vec{y}(\infty)$을 영으로 만드는 것과 동시에 폐루프시스템의 안정성을 도모하고자 하는 것이었다. 이 방법은 출력에 존재할 수 있는 정상오차나 폐루프의 안정성 등에 대한 대책을 별도로 세우는 것이 아니라, 먼저 내부모델의 원리에 의해 목표값 발생모델을 폐루프 내부에 배치한 다음 폐루프의 내부안정성을 위한 피드백이득을 극배치이론 등과 같은 방법을 이용하여 설계한다는 것이었다. 특히 시스템이 다입력다출력(MIMO)인 경우에 편리하게 보상기를 설계할 수 있다는 이점이 있었다.

이것과는 반대로 제어대상이 1입력1출력(SISO)인 경우는 시스템의 단순성으로 인해 서보시스템의 설계 시에 [그림 7.9(a)]와 같이 안정화보상기와 정상오차보상기(또는 서보보상기, 즉 정상오차의 제거를 위한 보상기)를 분리하여 별도로 고려함으로서 좀 더 체계적인 서보시스템의 설계방법을 유도할 수 있으며, 동시에 정상오차와 시스템의 안정성 사이의 관련성에 대한 해석을 용이하게 할 수 있다 이하 제어대상이 SISO라고 가정하고 이론을 전개한다.

여기서 가제어 및 가관측인 1입력1출력 시스템

$$\dot{\vec{x}}(t)= \boldsymbol{A}\vec{x}(t)+\vec{b}u(t) \tag{7.57a}$$

$$y(t)=\vec{c}\vec{x}(t) \tag{7.57b}$$

에 대하여 서보시스템의 설계법, 즉 (7.57)의 출력 $y(t)$를 목표입력 $r(t)$에 추종시키고자 하는 문제에 대하여 설명한다. 일반적으로 서보시스템의 설계사양은 폐루프시스템이 점근안정하면서 정상오차가 영 혹은 어떤 일정값 이하로 되도록 주어진다.

이와 같은 사양을 만족시키기 위해서는 오차신호 $e(t)$를 직접 제어신호 $u(t)$에 더해 주는 것으로는 불충분하여 이 경우 정상오차가 발생하거나 혹은 폐루프의 안정성을 확보하지 못할 수도 있다. 따라서 위에서 언급한 것처럼 두 가지 종류의 보상기, 즉 정상오차를 적게 하기 위한 '정상오차보상기(적분보상기, 지상보상기 등이 여기에 해당)'와 폐루프시스템을 점근안정으로 하기 위한 '안정화보상기(미분보상기, 진상보상기 등이 여기에 해당)'를 폐루프 내에 삽입하는 경우를 생각하기로 한다. 이 경우 안정화보상기로는 때때로 제어대상과 병렬로 놓이는 경우도 있다.

특히 위의 [그림 7.9(a)]의 특별한 경우로서 만약 목표입력을 영, 즉 $r\equiv 0$ 로 둔다면 제5장에서 다룬 레귤레이터의 설계문제로 된다. 제5장에서 관측기를 이용한 레귤레이터의 설계문제인 [그림 5.18]에 주목하여 보자. 이 경우 폐루프시스템이 항상 안정하도록 피드백 및 관측기 이득행렬 $\vec{f}$, $\vec{k}$ 를 설계하였기 때문에 임의의 초기값 $\vec{x}(0)$ 에 대하여 정상상태 값은 $\vec{x}(\infty)=\vec{0}$ 로 되기 때문에 $y(\infty)=0$ 로 되어 정상오차보상기는 필요 없게 된다. [그림 5.18]을 [그림 7.9(a)]의 형식으로 변형한 것이 [그림 7.22]이다. 이 그림으로부터 알 수 있는 바와 같이 [그림 5.18]의 관측기는 서보시스템의 관점에서 보면 안정화보상기로서 작동하고 있음을 알 수 있다. 이 말은 결국 안정화보상기로서 관측기와 같은 구조를 가진 시스템을 사용할 수 있다는 것을 의미한다.

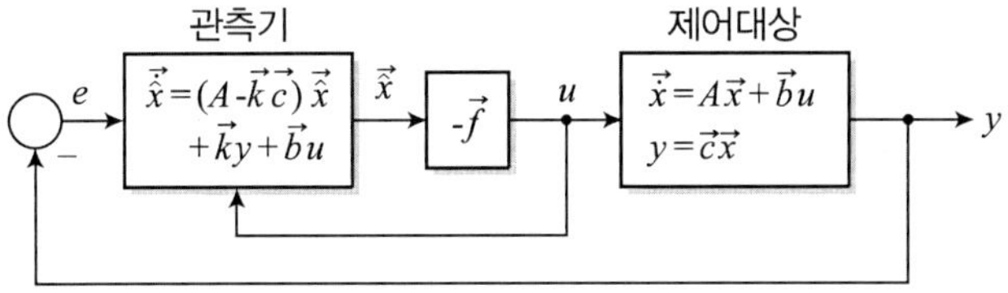

그림 7.22
관측기를 이용한 병합시스템

그런데 선형시스템에서는 초기값에 대한 응답과 입력에 대한 응답에는 식 (3.48a)와 같이 중첩의 원리가 성립하기 때문에 점근안정한 서보시스템에 있어서 시스템의 초기값은 정상오차에 영향을 미치지 않는다[22]. 이러한 사실을 이용해서 이하에서는 부분적으로 전달함수를 사용해서 이론을 전개하기로 한다. 그러나 불안정한 숨겨진 모드(hidden mode)가 있는 경우는 전달함수표현법으로는 다룰 수 없기 때문에 시스템 (7.57)은 가제어이며 가관측이라고 가정해 둔다. 더욱이 서보시스템 구성을 위한 필요조건으로서 전달함수

$$G(s) = \vec{c}(s\boldsymbol{I} - \boldsymbol{A})^{-1}\vec{b} \tag{7.58}$$

는 원점 $s=0$ 에 영점을 가지고 있지 않는 것으로 한다. 여기서 안정화보상기와 정상오차 보상기의 전달함수를 각각 $G_d(s), G_s(s)$ 로 두면 [그림 7.9(a)]는 [그림 7.23]과 같이 나타낼 수 있다.

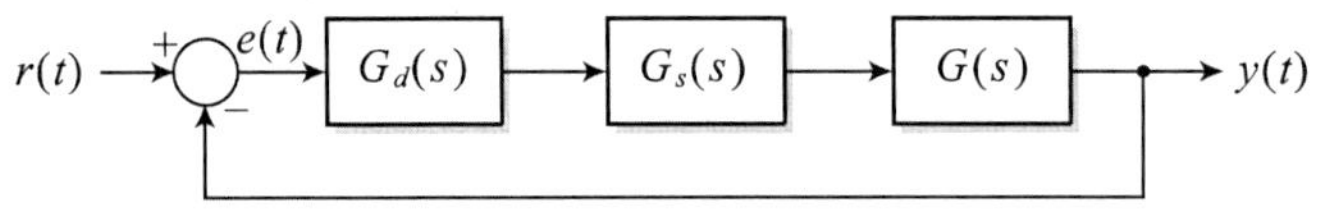

그림 7.23 서보시스템의 전달함수표현

여기서는 주어진 목표신호에 정상오차 없이 추종하는 서보시스템을 안정화보상기로서 관측기를 이용하여 설계하는 두 가지 방법에 대하여 설명한다.

서보시스템 설계법 Ⅰ:

[단계 1] 원점($s=0$)에 존재하는 제어대상의 행렬 $\boldsymbol{A}$ 의 고유값(또는 $G(s)$의 극)의 개수를 구하여 이를 g 로 둔다. 이때 목표입력에 정상오차 없이 추종하기 위해서 필요한 형의 수를 p 로 두고, 만약 $g < p$ 라면 [그림 7.24]와 같이 $(p-g)$개의 적분기를 직렬로 부가한다. 다시 말하면 $G_s(s) = 1/s^{p-g}$ 로 둔다. 단 $g \geq p$ 라면 적분기는 필요 없기 때문에 $G_s(s) = 1$ 로 된다.

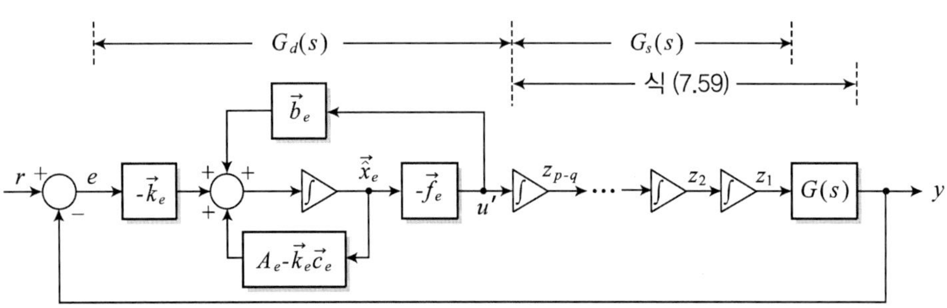

그림 7.24 설계법 I에 의한 p형의 서보시스템의 구성도

22) 다시 말하면 라플라스변환을 이용한 전달함수표현식이 사용이 가능하다.

[단계 2] $\eta = n + (p-g)$ 로 두고 $\{G(s)G_s(s)\}$ 에 대한 η 차원의 상태방정식을 다음과 같이 구성한다.

$$\frac{d}{dt}\begin{bmatrix} \vec{x} \\ z_1 \\ \vdots \\ \vdots \\ z_{p-g} \end{bmatrix} = \begin{bmatrix} \boldsymbol{A} & \vec{b} & 0 & \cdots & \cdots & 0 \\ \mathbf{0} & 0 & 1 & 0 & \cdots & 0 \\ \mathbf{0} & 0 & 0 & 1 & \cdots & 0 \\ \vdots & & & & \ddots & \\ \vdots & & & & & 1 \\ \mathbf{0} & 0 & 0 & 0 & \cdots & 0 \end{bmatrix}\begin{bmatrix} \vec{x} \\ z_1 \\ \vdots \\ \vdots \\ z_{p-g} \end{bmatrix} + \begin{bmatrix} 0 \\ 0 \\ \vdots \\ \vdots \\ 0 \\ 1 \end{bmatrix} u' \tag{7.59a}$$

$$y = \begin{bmatrix} \vec{c} & 0 & 0 & \cdots & 0 \end{bmatrix}\begin{bmatrix} \vec{x} \\ z_1 \\ \vdots \\ \vdots \\ z_{p-g} \end{bmatrix} \tag{7.59b}$$

위 시스템을

$$\vec{x}_e(t) = \boldsymbol{A}_e \vec{x}_e(t) + \vec{b}_e u'(t), \quad y = \vec{c}_e \vec{x}_e(t) \tag{7.60}$$

와 같이 둔다. 만약 $g \geq p$ 라면 식 (7.60)은 식 (7.57)과 일치하므로 $\boldsymbol{A}_e = \boldsymbol{A}$, $\vec{b}_e = \vec{b}$, $\vec{c}_e = \vec{c}$, $u' = u, \eta = n$ 으로 될 것이다.

[단계 3] $(\boldsymbol{A}_e - \vec{b}_e \vec{f}_e)$의 고유값을 $\{\mu_1, \mu_2, \cdots, \mu_\eta\}$ (단 $\mathrm{Re}(\mu_i) < 0$ 이라 한다)에 설정하는 벡터 $\vec{f}_e$와 식 (7.59)의 출력 y와 입력 u'을 이용해서 극을 $\{\gamma_1, \gamma_2, \cdots, \gamma_{\eta-1}\}$ (단 $\mathrm{Re}(\gamma_i) < 0$ 으로 한다)에 가지는 관측기를 설계해서 [그림 7.24]와 같은 서보시스템을 구성한다.

그런데 [단계 1]에서 $G(s)G_s(s)$가 p 형이므로 $H(s) = G(s)G_s(s)G_d(s)$는 적어도 p 형으로 될 수 있다[23]. 또한 $G(s)$는 원점에 영점을 가지지 않는다고 했기 때문에 $G(s)G_s(s)$는 극-영점의 소거가 생기지 않는다. 따라서 시스템 (7.59)는 가제어이며 가관측이다. 이 사실로부터 $r \equiv 0$ 일 때 폐루프시스템 [그림 7.24] ($G(s)G_s(s)$를 하나의 제어대상으로 간주한다)은 병합시스템으로 되며, 그의 극은 $\{\mu_i\}, \{\gamma_i\}$ 에 배치되어 있으므로 점근안정 하게 된다. $r \neq 0$ 로 된다고 하더라도 폐루프의 극은 변화하지 않기 때문에 이것에 의해 정상오차가 없는 서보시스템이 구성된 것으로 볼 수 있다. 단 $r \neq 0$ 일 때에는 관측기는 단순히 폐루프시스템의 극을 $\{\mu_i\}, \{\gamma_i\}$ 에 설정하는 하나의 보상기에 지나지 않으

23) $\{\mu_i\}, \{\gamma_i\}$ 를 좌반면에 설정하면 $G_d(s)$의 영점은 원점 상에 존재하지 않는다는 것을 증명할 수가 있다. 그러나 $G_d(s)$는 원점 상에 극을 가지는 경우가 있기 때문에 적어도 p 형으로 된다.

므로 관측기의 출력 $\hat{\vec{x}}_e(t)$는 $\vec{x}_e(t)$를 재현한 값으로는 되지 않는다는 사실에 주의해야 한다. 또 이 설계법에서는 $G_d(s)$를 직접 설계하지는 않았지만 [그림 7.24]로부터 $G_d(s)$를 계산하면

$$G_d(s)=\frac{\vec{f}_e(s\boldsymbol{I}-\boldsymbol{A}_e)^{-1}\vec{k}_e}{1+\vec{f}_e(s\boldsymbol{I}-\boldsymbol{A}_e)^{-1}\vec{b}_e} \tag{7.61}$$

로 됨을 확인할 수 있다.

예제 7.9

제어대상을

$$\dot{\vec{x}}(t)=\begin{bmatrix}0 & 1\\0 & -1\end{bmatrix}\vec{x}(t)+\begin{bmatrix}0\\1\end{bmatrix}u(t),\ y(t)=[1\ \ 0]\vec{x}(t) \qquad ①$$

로 하면 다음 식으로부터 1형임을 알 수 있다.

$$G(s)=\frac{1}{s(s+1)} \qquad ②$$

램프입력까지 정상오차 없이 추종시킬 수 있는 서보시스템을 고려한다면 적분기를 하나 더 추가하여 2 형으로 만들 필요가 있다. 즉

$$G_s(s)=\frac{1}{s} \qquad ③$$

두고 $G(s)G_s(s)$의 상태방정식을 실현하면 식 (7.59)는 다음과 같이 된다(그림 7.25).

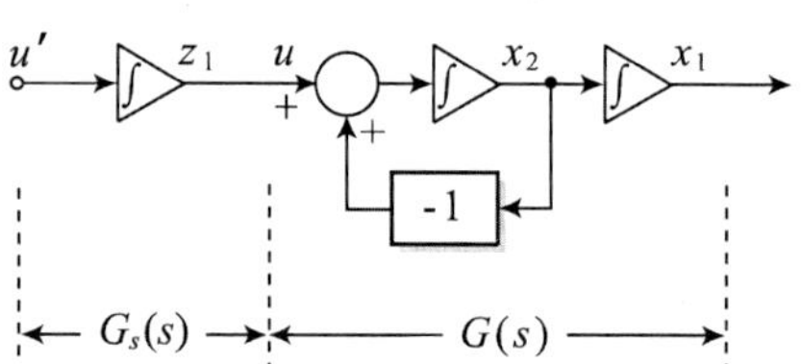

그림 7.25 정상오차보상기의 설계

$$\frac{d}{dt}\begin{bmatrix}x_1\\x_2\\z_1\end{bmatrix}=\begin{bmatrix}0 & 1 & 0\\0 & -1 & 1\\0 & 0 & 0\end{bmatrix}\begin{bmatrix}x_1\\x_2\\z_1\end{bmatrix}+\begin{bmatrix}0\\0\\1\end{bmatrix}u' \qquad ④$$

$$\equiv \boldsymbol{A}_e\vec{x}_e+\vec{b}_e u'$$

$$y=[1\ \ 0\ \ 0]\left[x_1\ \ x_2\ \ z_1\right]^T\equiv\vec{c}_e\vec{x}_e$$

$(\boldsymbol{A}_e-\vec{b}_e\vec{f}_e)$의 고유값을 $\{-3,\ -2\pm j2\}$로 하는 $\vec{f}_e$는 5.3절의 방법을 이용하면

$$\vec{f}_e=[24\ \ 14\ \ 6] \qquad ⑤$$

로 된다. 다음 상태방정식 ④에 대하여 관측기의 극을 $\{-5, -4 \pm j4\}$로 하는 동일차원관측기를 5.4절의 방법을 적용하여 계산하면

$$\vec{k}_e = [12 \quad 60 \quad 160]^T \qquad ⑥$$

로 된다. 위에서 설계한 서보시스템을 블록선도로 나타내면 [그림 7.26]처럼 된다. 폐루프시스템에 대한 계단상과 램프상의 입력에 대한 응답을 [그림 7.27]에 나타냈다.

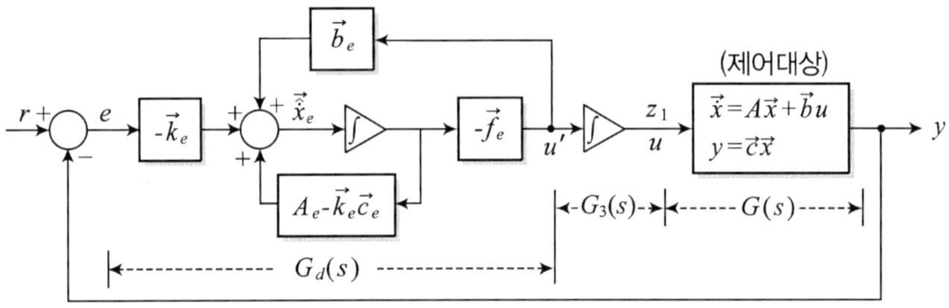

그림 7.26 설계법 Ⅰ에 의한 서보시스템의 구성 예

또한 식 (7.61)로부터 $G_d(s)$를 계산하면

$$G_d(s) = \frac{2088s^2 + 4928s + 3840}{s^3 + 7s^2 + 20s + 24} \qquad ⑦$$

로 되어 $G_d(s)$는 극을 $\{-3, -2 \pm j2\}$, 영점을 $\{-1.18 \pm j0.67\}$을 가지는 진상보상기로 되어 있음을 알 수 있다.

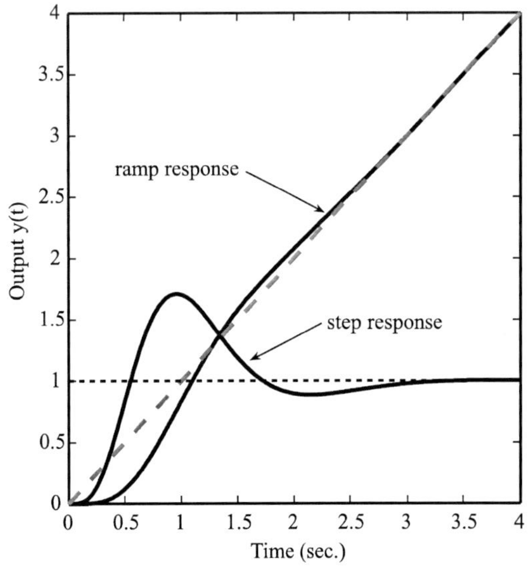

그림 7.27 목표입력과 출력응답

% [예제 7.9]

```
Ae=[0 1 0;0 -1 1;0 0 0];be=[0 0 1]';ce=[1 0 0];de=0;  % ④의 입력
pe=[-3, -2+2*j, -2-2*j]';
fe=place(Ae,be,pe);                     % ⑤의 계산
% 관측기
po=[-5,-4+4*j,-4-4*j]';
ke=place(Ae',ce',po); ke=ke';           % ④에 대한 동일차원 관측기의 이득 계산
% simulation
As=[Ae,-be*fe;ke*ce,Ae-ke*ce-be*fe];% 아래 설명 참조
bs=[zeros(3,1);-ke];cs=[ce,zeros(1,3)];ds=0;
sysServo=ss(As,bs,cs,ds);
t=0:0.01:4;
[y_Step,t]=step(sysServo,t);            % 계단응답의 계산
[y_Ramp,t]=lsim(sysServo,t,t);          % 기울기가 1인 램프신호의 응답의 계산
plot(t, y_Step, t, y_Ramp),hold on
X1=[0 4];Y1=[1 1];plot(X1,Y1,':')      % 계단입력의 표시
plot(t,t,':')                           % 램프입력의 표시
xlabel(' Time (sec.) ')
ylabel(' Output y(t) ')
```

➲ 시뮬레이션을 실행하기 위하여 입력을 r, 출력을 y로 하는 페루프시스템 [그림 7.26]의 상태방정식을 유도하면 다음과 같다. 먼저 ④로부터 $\dot{\vec{x}}_e = \boldsymbol{A}_e \vec{x}_e + \vec{b}_e u'$ 이므로 여기에 $u' = -\vec{f}_e \hat{\vec{x}}_e$ 를 대입하여 정리하면

$$\dot{\vec{x}}_e = \boldsymbol{A}_e \vec{x}_e - \vec{b}_e \vec{f}_e \hat{\vec{x}}_e \qquad ⑧$$

가 얻어지며, 다음에 관측기의 부분을 정리하면 다음이 얻어진다.

$$\dot{\hat{\vec{x}}}_e = \vec{k}_e \vec{c}_e \vec{x}_e + \left(\boldsymbol{A}_e - \vec{k}_e \vec{c}_e - \vec{b}_e \vec{f}_e\right)\hat{\vec{x}}_e - \vec{k}_e r \qquad ⑨$$

⑧, ⑨를 벡터형식으로 정리하여 시뮬레이션을 수행한다(위 프로그램). 물론 [그림 7.26]을 MATLAB의 SIMULINK를 이용하여 구성한 뒤 시뮬레이션을 수행할 수도 있다[24].

이상과 같이 설명한 설계법에 의하면, 보상기 $G_d(s)$의 영점 중에는 허수축에 가까운 것이나 우반평면에 존재하는 것이 나타나서 $y(t)$에 오버슈트(overshoot)나 역진동 등을 발생시키는 원인으로 되는 경우가 있다. 이것에 대한 완전한 대책은 현재로서는 아직 알려져 있지 않기 때문에 $\{\mu_i\}, \{\gamma_i\}$의 선정에는 주의하여야 할 필요가 있다.

24) Simulink file인 'example_7_9'를 참조.

그런데 지금까지의 설계법은 「제어대상 내의 적분특성 (즉 시스템의 형)은 파라미터 변동이 있어도 변화하지 않는(즉 외계로부터 영향을 받지 않는25))다고 가정하고 제어대상 내의 적분특성을 적극적으로 이용한다」라고 하는 입장에서 설계를 수행했다. 이에 대해 제어대상 내의 적분특성이 변화하는 경우 「적분특성은 전부 $G_s(s)$를 이용하여 외부에서 제공한다」라는 입장의 설계법도 있다. 이 경우 정상오차보상기의 차수는 높아지지만 측정할 수 있는 모든 출력을 피드백에 이용할 수 있기 때문에 안정화보상기의 차수는 설계법 I 과 비교해서 상당히 낮게 할 수가 있게 된다. 단 안정화보상기는 제어대상과 병렬로 놓여진다. 이하 이 방법에 대해서 정리해 둔다. 설계알고리즘으로서는 이 방법이 간단하다.

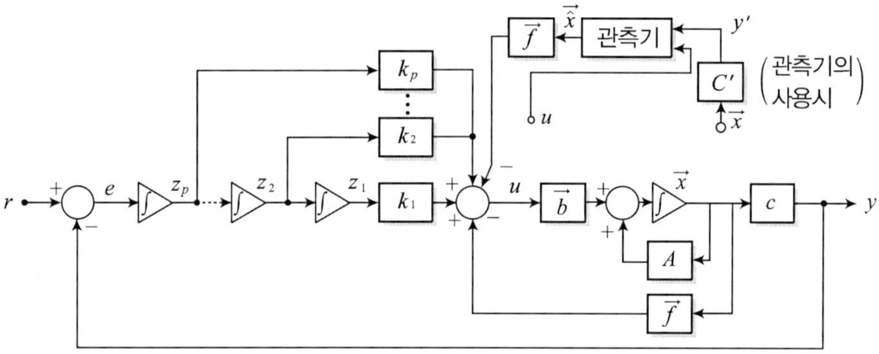

그림 7.28 설계법 II에 의한 p 형인 서보시스템의 구성도

서보시스템의 설계법 II:

[단계 1] 목표입력에 정상오차 없이 추종하기 위해서 필요한 형의 수를 p 로하고, [그림 7.28]과 같이 제어대상의 앞부분에 p 개의 적분기를 직렬로 연결한다.

[단계 2] 이들의 적분기로부터의 전향이득을 각각 $k_1, k_2, \cdots, k_p$ 로 두고, 또한 제어대상의 상태변수 $\vec{x}(t)$로부터의 피드백이득벡터를 $\vec{f}, (1\times n)$ 으로 하여

$$u(t) = -\vec{f}\,\vec{x}(t) + k_1 z_1 + k_2 z_2 + \cdots + k_p z_p \tag{7.62}$$

을 제어입력으로 하는 [그림 7.28]과 같은 폐루프시스템을 구성한다. 이 경우 시스템의 상태방정식은 추가한 적분기의 상태변수를 $z_i, (i = 1, \cdots, p)$ 로 한다면

---

25) 예를 들면, 서보모터의 적분특성은 $\theta(t) = \int_0^t \dot{\theta}(\tau)d\tau$ 이며 외부의 영향을 받지 않는다. 이와 같은 적분은 자연적분이라고 불린다.

$$\frac{d}{dt}\begin{bmatrix} \vec{x}(t) \\ z_1(t) \\ z_2(t) \\ \vdots \\ \vdots \\ z_p(t) \end{bmatrix} = \begin{bmatrix} \boldsymbol{A} & 0 & 0 & 0 & \cdots & 0 \\ 0 & 0 & 1 & 0 & \cdots & 0 \\ 0 & 0 & 0 & 1 & \cdots & 0 \\ \vdots & & & & \ddots & \vdots \\ 0 & 0 & 0 & 0 & \cdots & 1 \\ -\vec{c} & 0 & 0 & 0 & \cdots & 0 \end{bmatrix} \begin{bmatrix} \vec{x}(t) \\ z_1(t) \\ z_2(t) \\ \vdots \\ \vdots \\ z_p(t) \end{bmatrix} + \begin{bmatrix} \vec{b} \\ 0 \\ 0 \\ \vdots \\ \vdots \\ 0 \end{bmatrix} u(t) \tag{7.63}$$

로 됨을 쉽게 확인할 수 있다. 이때 목표입력 $r \equiv 0$로 두면, 폐루프시스템은 이 식 (7.62)와 (7.63)으로 이루어진 $\eta = n + p$ 차원의 시스템으로 나타낼 수 있다. 이것을

$$\dot{\vec{x}}_e(t) = \boldsymbol{A}_e \vec{x}_e(t) + \vec{b}_e u(t), \ u = -\vec{f}_e \vec{x}_e(t) \tag{7.64}$$

로 두고, $(\boldsymbol{A}_e - \vec{b}_e \vec{f}_e)$의 고유값을 $\{\mu_1, \mu_2, \cdots, \mu_\eta\}$(단 $\mathrm{Re}(\mu_i) < 0$)로 하는 $\vec{f}_e$, $(1 \times \eta)$를 구해서

$$[\vec{f} \ \ -k_1 \ \ -k_2 \ \ \cdots \ \ -k_p] = \vec{f}_e \tag{7.65}$$

로부터 $\vec{f}, k_i$를 결정한다.

[단계 3] 제어대상의 상태변수가 직접 측정되지 않고 $y' = \vec{c}'\vec{x}$, $\{\vec{c}' : (1 \times n)\}$인 출력만 이 측정되는 경우에는 y'과 u를 사용한 시스템

$$\dot{\vec{x}}(t) = \boldsymbol{A}\vec{x}(t) + \vec{b}u, \ y'(t) = \vec{c}'\vec{x}(t) \tag{7.66}$$

에 대하여 n차원의 관측기를 구성해서 식 (7.62)의 $\vec{x}$ 대신에 재현값 $\hat{\vec{x}}$를 사용한다.

이 설계법에서는 개루프시스템에 정상오차보상기로서

$$G_s(s) = \frac{k_p s^{p-1} + \cdots + k_2 s + k_1}{s^p} \tag{7.67}$$

가 직렬로 삽입되어 있기 때문에[26] 제어대상의 형(즉 제어대상이 가지는 적분기의 개수)에 관계없이 개루프시스템은 적어도 p 형으로 된다. 또한 $(\boldsymbol{A}, \vec{b})$가 가제어이며 동시에 제어대상의 원점에 영점이 존재하지 않는다면 $(\boldsymbol{A}_e, \vec{b}_e)$도 가제어로 된다는 사실이 알려져 있으므로 폐루프시스템은 식 (7.62)에 의해 안정화될 수 있다. 이 경우에는 제어대상과 병렬로 놓

26) 폐루프시스템이 점근안정일 때에는 $k_1 \neq 0$으로 되어 $G_s(s)$는 p 형이다.

인 관측기가 안정화보상기의 역할을 한다. 관측기의 취급방법이 설계법 I 과는 틀리기 때문에 주의하기 바란다. 이 경우 $\hat{\vec{x}}(t)$는 $\vec{x}(t)$의 재현값으로 된다.

예제 7.10

제어대상을

$$\dot{\vec{x}}(t) = \begin{bmatrix} 0 & 1 \\ -1 & -2 \end{bmatrix}\vec{x}(t) + \begin{bmatrix} 0 \\ 1 \end{bmatrix}u(t), \quad y(t) = [1 \quad 0]\vec{x}(t) \qquad ①$$

로 두고 상태변수 x_1, x_2가 직접 측정 가능하다고 가정한다. 계단상의 입력에 정상오차 없이 추종하는 서보시스템(설계법 Ⅱ)을 사용해서 구성해 보자.

해 개루프시스템은 반드시 1형이어야 하므로 [그림 7.29]와 같은 서보시스템으로 된다. 폐루프시스템은 $r \equiv 0$ 으로 두면

$$\frac{d}{dt}\begin{bmatrix} x_1 \\ x_2 \\ z_1 \end{bmatrix} = \begin{bmatrix} 0 & 1 & 0 \\ -1 & -2 & 0 \\ -1 & 0 & 0 \end{bmatrix}\begin{bmatrix} x_1 \\ x_2 \\ z_1 \end{bmatrix} + \begin{bmatrix} 0 \\ 1 \\ 0 \end{bmatrix}u \qquad ②$$

$$u = -[f_1 \quad f_2 \quad -k_1]\begin{bmatrix} x_1 \\ x_2 \\ z_1 \end{bmatrix}$$

로 되며, 이것의 극을 $\{-2, -3, -4\}$로 하는 경우를 예로 들면, $f_1 = 25, f_2 = 7, k_1 = 24$로 된다([그림 7.29] 참조)[27].

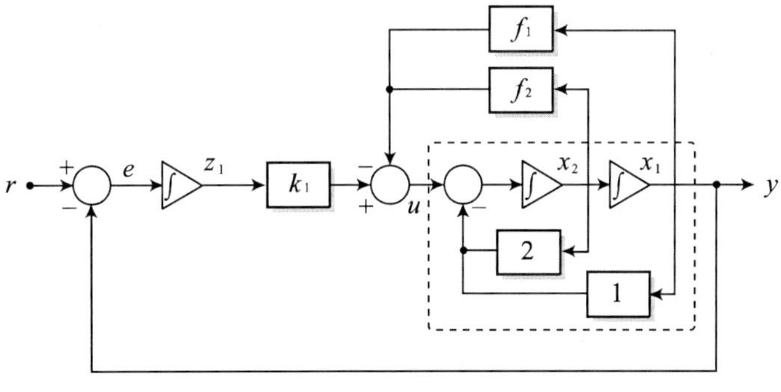

그림 7.29 설계법 II에 의한 서보시스템의 구성 예

27) Simulink file인 'example_7_10' 참조.

연 습 문 제

7.1 (a) 시스템

$$\dot{\vec{x}}=\begin{bmatrix}-3 & 1\\ 1 & 0\end{bmatrix}\vec{x}+\begin{bmatrix}0\\1\end{bmatrix}u,\quad y=[1\ 1]\vec{x}$$

에 대해 설계법 I과 II를 사용해서 1형의 서보시스템을 설계하고 설계에 소요되는 보상기의 차수를 비교해 보라. 단 측정 가능한 출력은 y 뿐인 것으로 한다.

(b) [예제 7.3]에서 출력 y 만이 측정 가능한 것으로 하고, 위의 (a)와 같이 두 가지의 서보시스템을 설계하여 각각 필요한 보상기의 차수를 비교해 보라.

7.2 다음의 시스템에 대해서 7.2절의 방법에 의해 계단상의 목표입력에 추종하는 서보시스템을 구성하라.

$$\dot{\vec{x}}=\begin{bmatrix}-3 & 1\\ 3 & -5\end{bmatrix}\vec{x}+\begin{bmatrix}1\\0\end{bmatrix}u+\begin{bmatrix}1\\2\end{bmatrix}d,$$

$$y=[1\quad 0]\vec{x}$$

단 d 는 일정한 크기의 외란이다.

7.3 다음 시스템은 증류탑을 모델링한 것이다.

$$\dot{\vec{x}}=\begin{bmatrix}-0.8 & 0.1\\ -0.1 & -1.2\end{bmatrix}\vec{x}+\begin{bmatrix}-1 & -0.7\\ 0.2 & 0.3\end{bmatrix}\vec{u}+\begin{bmatrix}2\\0.5\end{bmatrix}d$$

$$\vec{y}=\begin{bmatrix}1 & 0\\ 0 & 1\end{bmatrix}\vec{x}$$

이 시스템에 대해 계단상의 목표입력에 오차 없이 추종할 수 있는 서보시스템을 적당한 방법을 동원하여 설계하라.

7.4 어떤 제어대상의 전달함수가 다음과 같이 주어져 있다. 이때 이 시스템에 대해 목표신호가 계단입력인 경우에 오차 없이 추종하며 동시에 폐루프시스템의 극점이 $\{-2\pm j3.464, -10\}$으로 되도록 하는 서보시스템을 적당한 방법으로 설계하라. 단 제어대상의 전 상태는 관측 가능한 것으로 한다.

$$\frac{Y(s)}{U(s)}=\frac{1}{s(s+1)(s+2)}$$

7.5 1입출력시스템

$$\dot{\vec{x}}(t)=\begin{bmatrix}0 & 1\\ -4 & -5\end{bmatrix}\vec{x}(t)+\begin{bmatrix}0\\2\end{bmatrix}u(t),$$

$$y(t)=[1\quad 0]\vec{x}(t)$$

에 대하여, (i) 최적이며 강인한 서보시스템의 설계법, (ii) 모델추종형 서보시스템의 설계법을 각각 적용하여 강인한 서보시스템을 설계하라.

7.6 다음과 같은 가제어한 시스템이 주어져 있다.

$$\dot{\vec{x}}=\boldsymbol{A}\vec{x}+\vec{b}u,\ y=\vec{c}\,\vec{x}$$

여기서 다음과 같은 크기가 $(n+1)\times(n+1)$인 행렬

$$\begin{bmatrix}\boldsymbol{A} & \vec{b}\\ -\vec{c} & 0\end{bmatrix}$$

의 랭크가 $(n+1)$로 된다고 한다. 이때 다음 식으로 정의되는 상태방정식

$$\dot{\vec{e}}=\tilde{\boldsymbol{A}}\vec{e}+\tilde{\vec{b}}u_e$$

$$\tilde{\boldsymbol{A}}=\begin{bmatrix}\boldsymbol{A} & \vec{0}\\ -\vec{c} & 0\end{bmatrix},\quad \tilde{\vec{b}}=\begin{bmatrix}\vec{b}\\0\end{bmatrix},\ u_e=u(t)-u(\infty)$$

이 가제어로 된다는 것을 증명하라.

제 8 장 디지털제어

현재 대부분의 시스템에서 보상기로서 컴퓨터(또는 μ-프로세서)를 사용하고 있다. 이미 알고 있는 바와 같이 컴퓨터는 이산신호(discrete-signal)만을 받아들이며 동시에 이산신호를 출력하는 장치이다. 따라서 일반적인 연속시간의 제어대상에 이산시간만을 취급하는 컴퓨터를 연결하고자 하는 경우에는 [그림 8.1]과 같은 구조를 가져야 할 것이다. 단 컴퓨터 입출력의 샘플링주기(sampling period) T는 동기하고 있는 것으로 가정한다.

여기서 먼저 연속시간신호와 이산시간신호의 표현법에 대하여 간단히 설명한다. 지금까지와 마찬가지로 $\vec{x}(t)$는 연속시간신호이며, 이를 일정한 간격 T로 샘플링한 신호 $\vec{x}(kT)$는 이산시간신호이다. 연속시간 신호와 구별하기 위해 이산시간 신호는

$$\vec{x}[k] = x(kT),\ k = 0, 1, 2, \cdots \tag{8.1}$$

를 사용하기로 한다. [그림 8.1]에서 신호의 흐름을 간단히 설명하면 다음과 같다[1].

❶ 연속시간신호인 출력 $\vec{y}(t)$를 주기 T로 샘플링된 신호 $\vec{y}[k]$는 A/D변환기에 의해 컴퓨터에서 사용될 수 있는 디지털신호로 변환된다.

❷ 컴퓨터는 이 신호를 제어알고리즘에 따라 처리하여 제어용의(2진수인) 디지털신호를 발생한다.

❸ 이 신호는 D/A 변환기를 거쳐 이산시간신호 $\vec{u}[k]$로 변환되고, 이는 홀드(Hold)회로를 거쳐 다시 연속시간신호 $\vec{u}_d(k)$로 변환되어 제어대상에 입력된다[2].

---

1) T시간마다 샘플링된 신호 $\vec{y}[k]$는 이산신호(discrete-time signal)이지만 사실상 아날로그 양이다. 이 신호가 A/D변환기 거쳐 2진수로 이루어진 디지털신호(digital signal)로 되어 컴퓨터에 들어가게 된다. 마찬가지로 컴퓨터에서 출력되는 신호는 디지털신호이며 이것이 D/A변환기(즉 홀드회로)를 거쳐 연속시간신호인 $\vec{u}_d(k)$로 되어 제어대상에 들어가게 된다. 따라서 이산시간신호와 디지털신호는 다른 종류의 신호이다.

2) D/A 변환기에 홀드회로를 포함하고 있는 것이 대부분이나 여기서는 각 신호간의 차이를 나타내기 위하여 분리하였다.

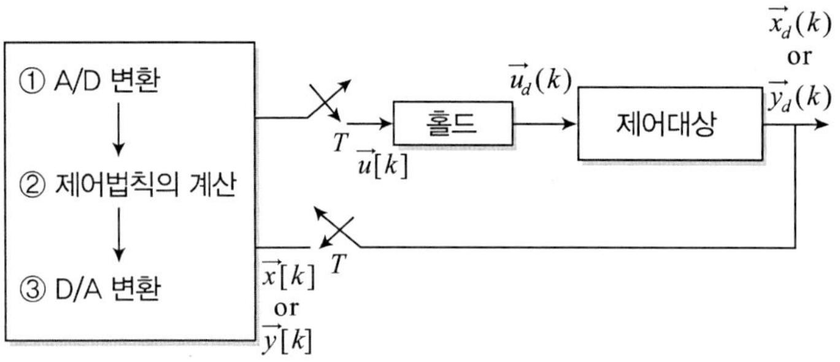

그림 8.1
디지털 제어를 정식화하기 위한 개념도

이상이 디지털제어를 위한 기본적인 과정이지만 이것의 실현방법은 [그림 8.1]과 다를 수도 있다는 점에 유의한다. 여기서 [그림 8.1]에서 사용된 각 신호들의 차이점을 다시 한 번 정리한다. 먼저 $\vec{y}(t)$는 물론 연속시간신호이며, 이를 주기 T로서 샘플링한 신호 $\vec{y}[k]$는 이산시간신호로서

$$\vec{y}[k] = \vec{y}(kT),\ k = 0, 1, 2, \cdots$$

의 관계에 있다. $\vec{y}[k]$가 홀드회로를 거쳐 나온 신호 $\vec{y}_d(k)$는 연속시간이지만 구간 $kT \le t < (k+1)T$에서 일정한 값을 가진다는 점이 $\vec{y}(t)$와 다른 점이다.

8.1 디지털시스템

8.1.1 샘플링과 홀드

위에서 언급한 바와 같이 컴퓨터에 입출력되는 모든 신호는 반드시 샘플링주기로 불리는 시간 T 간격으로 샘플링되어야 한다. 따라서 [그림 8.1]의 신호, 예를 들어 $\vec{y}[k]$, $\vec{x}[k]$, $(k = 0, 1, 2, \cdots)$ 등은 이산시간(discrete-time)신호이다.

요점 8.1 샘플링

연속시간신호 $\vec{y}(t)$, $\vec{x}(t)$를 균일한 시간간격, 즉 $t = kT, (k = 0, 1, 2, \cdots)$로 두었을 때 얻어지는 $\vec{y}[k]$, $\vec{x}[k]$를 '이산시간신호(discrete-time signal)'이라고 하며, 이러한 과정을 '샘플링(sampling)'이라고 한다[3].

3) 각주 1)번 참조.

주기 T를 가지는 이상적인 샘플러(sampler)를 이용하여 연속시간신호 $r(t)$로부터 이산시간신호 $r[k]$를 얻는 과정은 일반적으로 [그림 8.2]와 같이 나타낸다. 이때 $r[k]$는 $k=0$에서 시작하여 크기 $r(kT)$를 가지는 연속적인 임펄스의 열로 된다. 예를 들어 [그림 8.3(a)]로 주어진 연속시간신호 $r(t)$를 주기 T로 샘플링하면 [그림 8.3(b)]로 됨을 쉽게 이해할 수 있을 것이다.

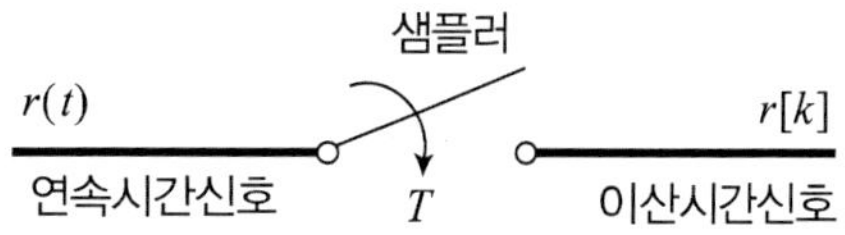

그림 8.2 이상적인 샘플러

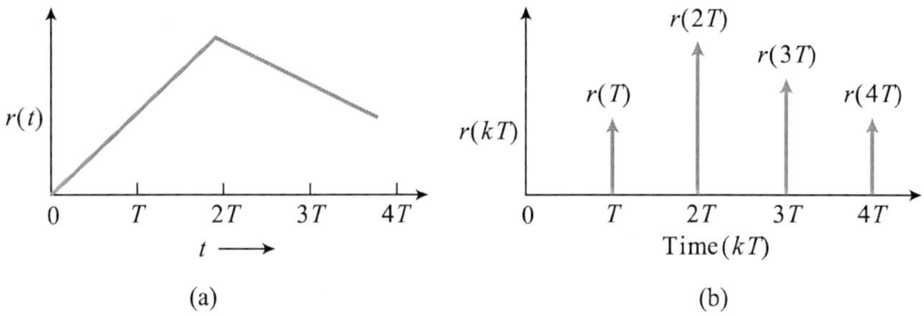

그림 8.3
(a) 연속시간신호 $r(t)$
(b) 이산시간신호 $r[k]$

연속시간신호를 샘플링하는 과정을 수식으로 표현하여 보자. 즉 임의의 시각 $t=kT$에서 샘플링된 연속시간신호는 다음과 같이 임펄스신호 $\delta(t)$를 이용하여 나타낼 수 있다. 즉 T 간격으로 배치된 임펄스신호는

$$\delta_T(t)=\delta(t)+\delta(t-T)+\delta(t-2T)+\cdots=\sum_{k=0}^{\infty}\delta(t-kT) \tag{8.2}$$

로 주어지며, 이를 이용하여 [그림 8.3(a)]와 같이 $r(t)$를 샘플링한다. 이 경우 시각 $t=kT$에서 샘플링된 신호는 시각 $t=kT$, $(k=0,1,2,\cdots)$에서만 값을 가지기 때문에 식 (8.1)의 표현식을 따르면 $r[k]$로 나타낼 수 있다. 즉

$$\begin{aligned} r[k] &= r(t)\delta_T(t) \\ &= r(t)\delta(t)+r(t)\delta(t-T)+r(t)\delta(t-2T)+\cdots \\ &= r(0)\delta(t)+r(T)\delta(t-T)+r(2T)\delta(t-2T)+\cdots \\ &= \sum_{k=0}^{\infty} r(kT)\delta(t-kT) \end{aligned} \tag{8.3}$$

로 된다. 간단한 예제를 이용하여 이 과정을 살펴보자.

예제 8.1

연속시간신호

$$r_1(t)=2e^{-t}+te^{-t},\ t\geq 0$$

$$r_2(t) = \sin(2\pi t) + 0.5\cos(4\pi t + 45^o),\ t \geq 0$$

를 샘플링 주파수 10 Hz로 샘플링하고 이를 그림으로 나타내어보자.

해 샘플링 주파수와 주기 사이에는 $T = 1/f$ 의 관계가 있으므로, 주기는 $T = 1/10 = 0.1\,[s]$ 로 된다. $r_i[k]$ 를 표현하기 위한 MATLAB 프로그램은 다음과 같다.

% [예제 8.1]

```
Ts=0.1
t=[0:0.02:2]';                                    % 시뮬레이션 시간의 설정
kT=[0:Ts:2]';                                     % 샘플링 간격의 설정(10 Hz)
%----- signals e_1(t) and e_1(k*Ts) -----------
r_1t=2*exp(-t)+t.*exp(-t);                        % 연속시간 신호 r_1(t)
r_1k=2*exp(-kT)+kT.*exp(-kT);                     % 이산시간 신호 r_1(k*T)
stem(kT,r_1k),grid,hold on                        % 이산시간 신호의 그림
plot(t,r_1t,'--'),hold off                        % 연속시간 신호의 그림
%----- signals e_2(t) and e_2(k*Ts) -----------
r_2t=sin(2*pi*t)+0.5*cos(4*pi*t+45/180*pi);       % 연속시간 신호 r_2(t)
r_2k=sin(2*pi*kT)+0.5*cos(4*pi*kT+45/180*pi);     % 이산시간 신호 r_2(k*T)
stem(kT,r_2k),grid,hold on                        % 이산시간 신호의 그림
plot(t,r_2t,'--'),hold off                        % 연속시간 신호의 그림
```

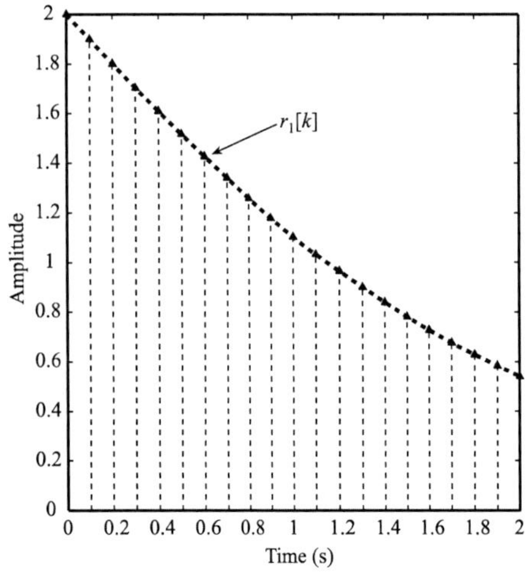

(a) $r_1[k]$

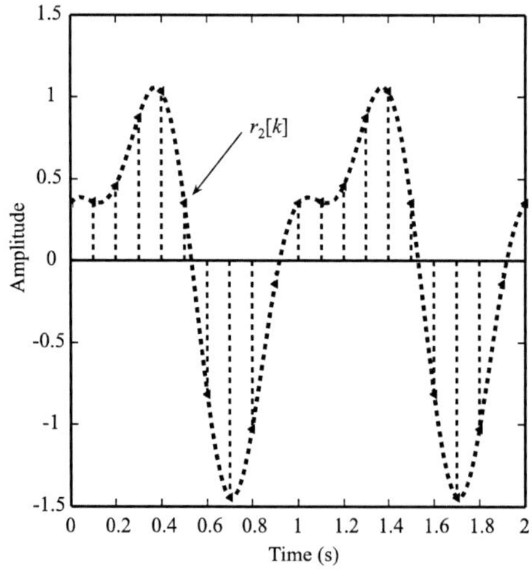

(b) $r_2[k]$

그림 8.4 [예제 8.1]의 결과

이산시간신호 $r[k]$는 D/A변환기의 일종인 '홀드(hold)'회로를 거쳐 연속시간신호 $r_d(k)$로 변환된다(그림 8.5). 여기서 사용되는 홀드회로에는 0차 홀드, 1차 홀드(first-order hold) 등이 있는데, 0차 홀드는 홀드에 입력된 $r(kT)$의 값을 한 주기, 즉 $kT \le t < (k+1)T$ 동안 그대로 유지하는 작용을 한다. 따라서 [그림 8.5]의 회로에 램프신호를 인가하였다면 출력 $r_d(k)$는 [그림 8.6]과 같이 될 것이다. 이 그림으로부터 만약 샘플링주기 T를 영으로 수렴시킨다면[4] $r_d(k)$는 입력인 $r(t)$에 수렴할 것이라는 것을 알 수 있다. 그러나 이산시간신호의 정확도(precision)는 샘플링주기 뿐만 아니라 사용된 A/D 또는 D/A변환기의 능력에도 크게 의존하지만, 여기서는 더 이상 언급하지 않는다.

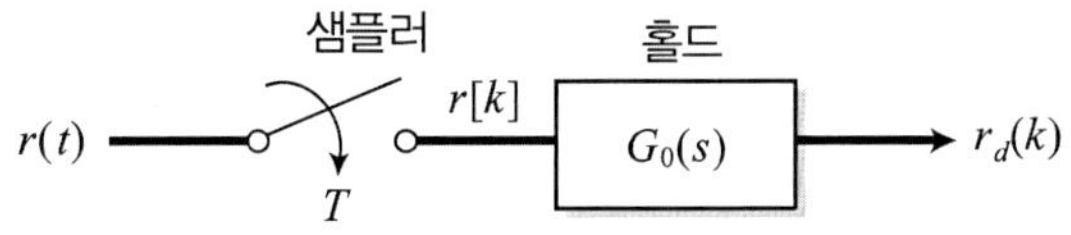

그림 8.5 샘플러와 홀드회로

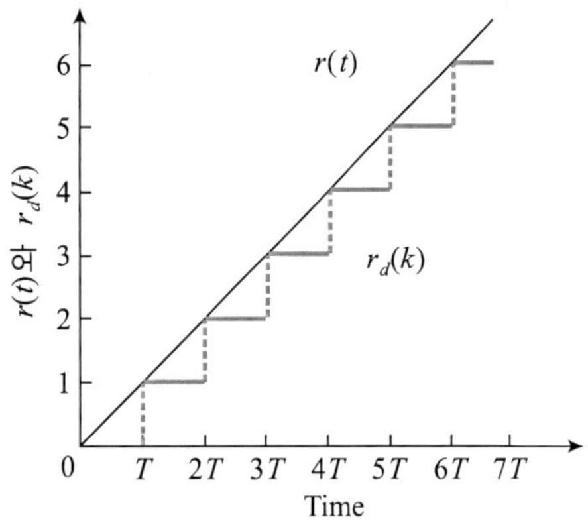

그림 8.6 $r(t)=t$ 인 경우의 [그림 8.5]회로의 출력

요점 8.2 0차 홀드

입력된 이산시간신호 $r[k]$를 한 주기, 즉 $kT \le t < (k+1)T$ 동안 그대로 유지하는 작용을 '0차 홀드(ZOH: zero-order hold)'라고 한다.

이상적인 홀드회로에 임펄스를 인가하면 [그림 8.7]과 같이 된다. 이러한 관계를 이용하면 ZOH회로의 전달함수는[5]

$$G_0(s) = \frac{1}{s} - \frac{1}{s}e^{-sT} = \frac{(1-e^{-sT})}{s} \tag{8.4}$$

로 됨을 확인할 수 있다.

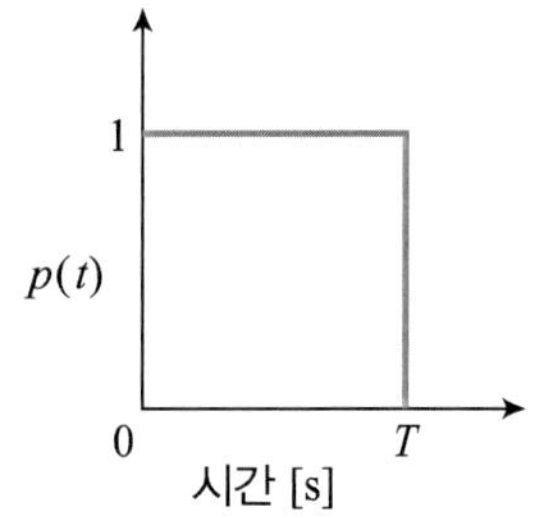

그림 8.7 ZOH회로의 임펄스응답

4) 샘플링을 아주 짧은 간격으로 수행한다는 것을 의미한다.
5) 시스템의 전달함수는 그 시스템의 임펄스응답을 라플라스변환한 것이다.

예제 8.2

1 [Hz]의 주기를 가지는 연속시간신호 $r(t)=\sin(2\pi t)$를 주기 $T=0.1$로 샘플링하여 얻어진 이산시간신호가 ZOH회로를 통과하였을 경우 출력파형을 그려보자[6].

해 프로그램을 참조한다.

% [예제 8.2]

```
fs=10,Ts = 1/fs;                    % 샘플링 주기와 주파수의 설정
t=[0:Ts:1]';                        % 시뮬레이션 구간의 설정
r=sin(2*pi*t);                      % 1-Hz 신호
stem(t,r),hold on                   % 이산시간 신호
stairs(t,r)                         % ZOH의 출력
tt=[0:0.01:1]';                     % tt를 연속시간 축으로 설정
rc=sin(2*pi*tt);                    % 1-Hz 신호
plot(tt,rc,'--'), hold off
xlabel('Time (s)')
ylabel('Amplitude')
```

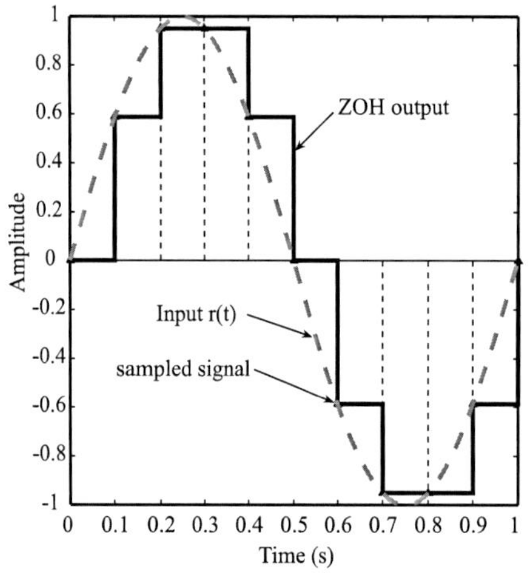

그림 8.8 [예제 8.2]의 결과

8.1.2 에일리아징 효과

연속시간신호를 샘플링하는 경우, 연속하는 샘플링 점 사이에 존재하는 원래 신호의 정보는 사라져 버린다. 다시 말하면 이산시간신호에는 샘플링 점간에 존재하는 정보는 들어있지 않다는 것이다. 이로 인해 다른 종류의 연속시간신호를 샘플링하여도 동일한 이산시간신호가 얻어질 수 있다는 것이다. 예를 들어 고주파와 저주파의 연속시간신호를 샘플링하

6) Simulink file인 'example_8_2' 참조.

면 동일한 모양의 이산시간신호를 생성할 수 있다. 이러한 현상을 '에일리아징(aliasing)'이라고 한다. 이러한 에일리아징 현상을 방지하기 위해서는 연속시간신호에 포함되어 있는 가장 높은 주파수보다 적어도 두 배 이상의 샘플링주파수를 가져야 한다. 이러한 주파수를 '나이퀴스트주파수(Nyquist frequency)'라고 한다.

요점 8.3 샘플링정리

연속시간신호에 포함되어 있는 최고 주파수 성분의 주기 T_0 보다 $1/2$ 이하의 샘플링 주기를 선정한다면 에일리아징 현상은 발생하지 않는다. 다시 말하면 주기 T 는

$$\omega = \frac{2\pi}{T} > 2\omega_0 = \frac{4\pi}{T_o} \tag{8.5}$$

을 만족하도록 선정되어야 한다. 이것을 '샘플링정리(sampling theorem)'라고 한다.

예제 8.3

다음 세 개의 연속시간신호는 각각 1, 9, 11 [Hz] 의 주파수를 가진다.

$$r_1(t) = \sin(2\pi t),\ r_2(t) = \sin(18\pi t + 180^o),\ r_3(t) = \sin(22\pi t)$$

각각 신호를 10 [Hz] 로 샘플링하여 $r_i[k], (i = 1,2,3)$를 구하여 그림으로 나타내어 원래 신호 $r_i(t)$와 비교하여 보자.

해 [그림 8.9(a)]와 같이 세 개의 이산신호 $r_i[k]$는 모두 동일한 모양을 하고 있다. 즉 9 [Hz]나 11 [Hz]는 모두 에일리아징으로 인해 1 [Hz] 신호와 동일한 모양의 이산시간신호로 되어 원래의 신호가 가지는 주파수를 분별할 수 없다는 것을 알 수 있다[7].

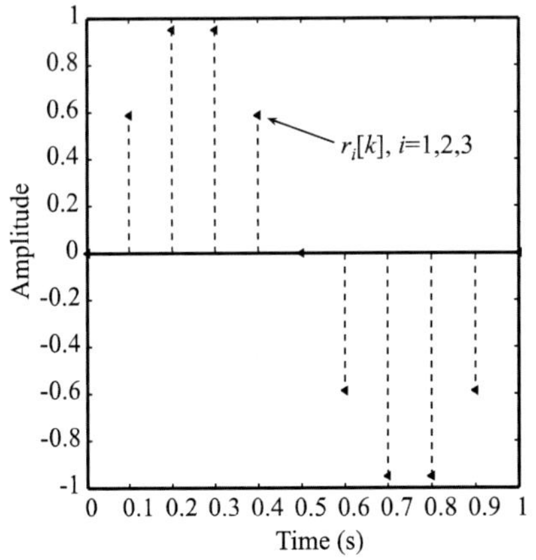

(a) 샘플링된 신호 $r_i[k], i = 1,2,3$

7) Simulink file인 'example_8_3' 참조.

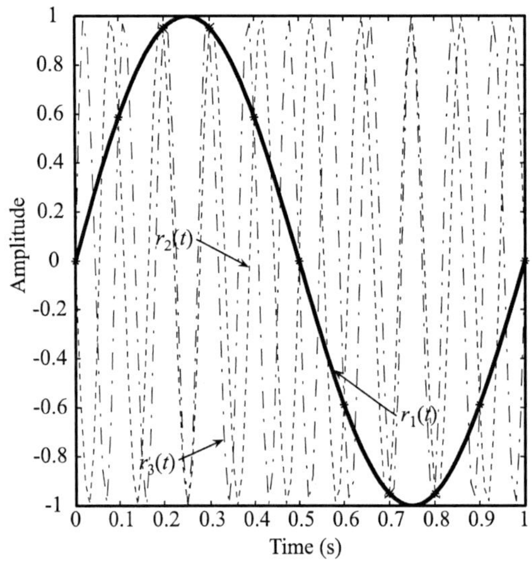

(b) 연속시간신호 $r_i(t), i=1,2,3$

그림 8.9 [예제 8.3]의 결과

% [예제 8.3]

```
fs=10,Ts=1/fs                                % 샘플링 주파수 10 Hz
t=[0:Ts:1]';                                 % 0 ~ 1초 사이를 균등하게 나눔
r_1=sin(2*pi*t);                             % 주파수 1 Hz 신호
r_2=sin(18*pi*t+pi);                         % 주파수 9 Hz 신호
r_3=sin(22*pi*t);                            % 주파수 11 Hz 신호
%--------------- 이산시간 신호의 그림 ---------
stem(t,r_1);hold on                          % 이산화된 Hz 신호의 그림
stem(t,r_2)                                  % 9 Hz 신호의 그림
stem(t,r_3),hold off                         % 11 Hz 신호의 그림
xlabel('Time (s)')
ylabel('Amplitude')
%--------------- 연속시간 신호의 그림 ---------
tt=[0:0.01:1]';                              % tt를 연속시간의 시간축
plot(tt,sin(2*pi*tt),'-');hold on
plot(tt,sin(18*pi*tt+pi),'--')
plot(tt,sin(22*pi*tt),'-.')
plot(t,e_1,'*'),hold off
xlabel('Time (s)')
ylabel('Amplitude')
```

8.1.3 상태방정식의 이산화

연속시간으로 주어진 상태방정식

$$\dot{\vec{x}}(t) = \boldsymbol{A}\vec{x}(t) + \boldsymbol{B}\vec{u}(t) \tag{8.6a}$$

$$\vec{y}(t) = \boldsymbol{C}\vec{x}(t) \tag{8.6b}$$

을 [그림 8.10]과 같이 구성하였을 경우에 대하여 알아보자. 그림에서 신호 $\vec{u}_d(k)$는 이산시간신호 $\vec{u}[k]$가 0차 홀드회로를 거쳐 나온 연속시간신호이지만 원래의 신호 $\vec{u}(t)$와는 달리 구간 $kT \le t < (k+1)T$에서 일정한 값을 가진다. 따라서 이를 구별하기 위하여 연속시간과는 다른 표현식을 사용하였다.

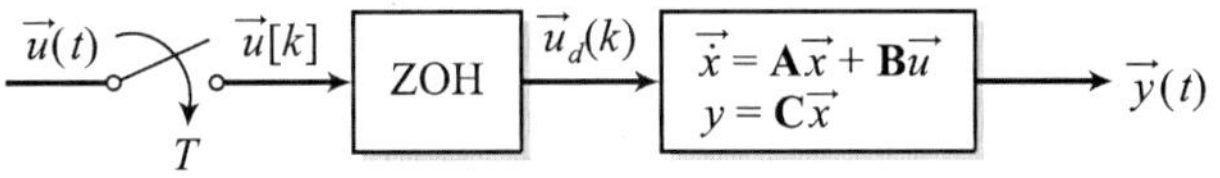

그림 8.10 이산시간의 상태방정식 표현을 위한 샘플링과 홀드

[그림 8.10]의 샘플링과 홀드의 작용에 의하여, 연속시간인 입력 $\vec{u}(t)$를 샘플링 주기 T로 시각 $t = kT, (k = 0, 1, 2, \cdots)$에서 샘플링한 신호 $\vec{u}[k]$에 다시 0차 홀드를 적용하여 얻어진 $\vec{u}_d(k)$가 상태방정식 (8.6)의 입력으로 인가된다. 이때 $\vec{u}_d(k)$는 구간 $kT \le t < (k+1)T$에서 일정한 값을 가지므로, 미분방정식 (8.6a)의 해 $\vec{x}(t)$(즉 식 (3.31a)) 역시 구간 $kT \le t < (k+1)T$ 일정한 값을 가지게 된다. 즉 $\vec{x}(t) = \vec{x}_d(k)$, $kT \le t \le (k+1)T$로 된다([그림 8.11] 참조). 이와 같이 입력이 구간 $kT \le t < (k+1)T$에서 일정한 값을 가지는 경우의 구간별 상태방정식, 즉 입력 $\vec{u}_d(k)$와 출력 $\vec{y}_d(k)$의 관계식을 유도하여 보자.

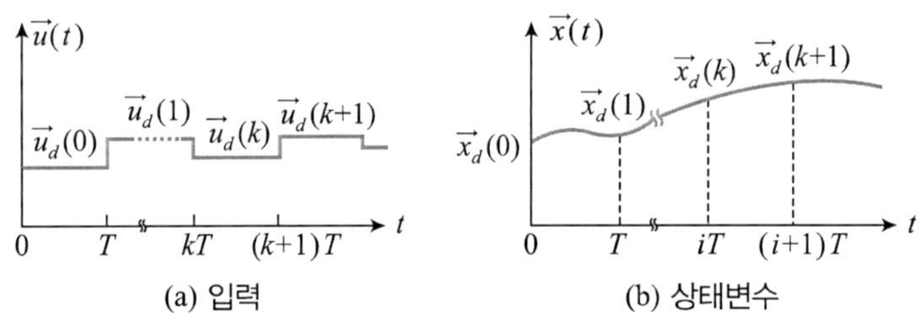

그림 8.11 ZOH회로에 의한 입력과 상태변수의 정의

입력 $\vec{u}(t)$가 구간 $kT \le t < (k+1)T$에서 일정한 값, 즉 $u(t) = \vec{u}_d(k)$를 가지므로 식 (3.31a)로부터

$$\begin{aligned} \vec{x}[k+1] &= \vec{x}(\overline{k+1}\,T) \\ &= e^{\boldsymbol{A}T}\vec{x}(kT) + \int_{kT}^{(k+1)T} e^{\boldsymbol{A}[(k+1)T-\tau]}\boldsymbol{B}\vec{u}(\tau)\,d\tau \\ &= e^{\boldsymbol{A}T}\vec{x}(kT) + \int_{0}^{T} e^{\boldsymbol{A}\tau}d\tau\boldsymbol{B}\vec{u}_d(k) \end{aligned} \tag{8.7a}$$

$$\vec{y}[k] = \boldsymbol{C}\vec{x}[k] \tag{8.7b}$$

로 된다. 위 관계식으로부터 이산시간의 상태방정식

$$\vec{x}[k+1] = \boldsymbol{A}_d\vec{x}[k] + \boldsymbol{B}_d\vec{u}[k],\ \vec{x}[0] = \vec{x}(0) \tag{8.8a}$$ [8)]

$$\vec{y}[k] = \boldsymbol{C}_d\vec{x}[k] \tag{8.8b}$$

이 얻어진다. 단

$$\boldsymbol{A}_d = e^{\boldsymbol{A}T},\ \boldsymbol{B}_d = \int_0^T e^{\boldsymbol{A}\tau}d\tau\boldsymbol{B},\ \boldsymbol{C}_d = \boldsymbol{C} \tag{8.9}$$

의 관계가 성립한다. 만약 $|\boldsymbol{A}| \neq 0$ 이라면 식 (3.56)에 의하여 $\boldsymbol{B}_d$는

$$\boldsymbol{B}_d = \left(e^{\boldsymbol{A}T} - \boldsymbol{I}\right)\boldsymbol{A}^{-1}\boldsymbol{B} \tag{8.10}$$

을 이용하여 계산할 수 있다.

여기서 이산시간상태방정식 (8.8)을 [그림 8.12]와 같은 이산시간의 상태변수선도로 나타내고 이것의 출력 $\vec{y}[k]$를 구하는 방법에 대하여 알아보자.

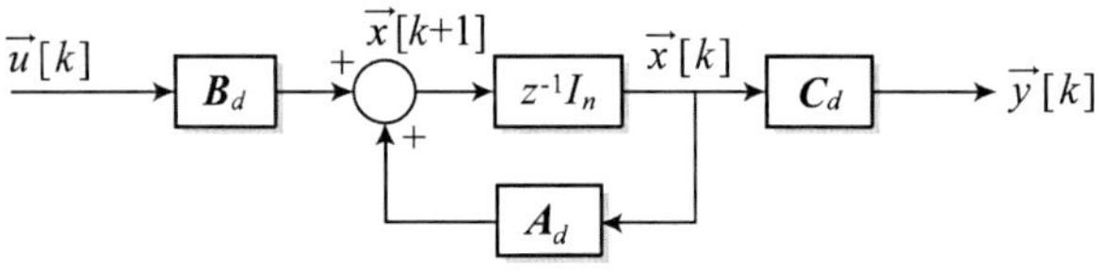

그림 8.12
이산시간의 상태변수선도

시스템 (8.8a)에 초기값 $\vec{x}[k] = \vec{x}_0$와 ZOH회로에 의해 시간 $kT \le t < (k+1)T$ 에서 일정한 값을 가지는 입력 $\vec{u}_d(k)$가 주어졌다면 $\vec{x}[k]$는 다음과 같은 점화식으로 나타낼 수 있다. 즉

$$\begin{aligned}
\vec{x}[1] &= \boldsymbol{A}_d\vec{x}[0] + \boldsymbol{B}_d\vec{u}[0] \\
\vec{x}[2] &= \boldsymbol{A}_d\vec{x}[1] + \boldsymbol{B}_d\vec{u}[1] = \boldsymbol{A}_d^2\vec{x}[0] + \boldsymbol{A}_d\boldsymbol{B}_d\vec{u}[0] + \boldsymbol{B}_d\vec{u}[1] \\
&\ \ \vdots \\
\vec{x}[k] &= \boldsymbol{A}_d^k\vec{x}[0] + \boldsymbol{A}_d^{k-1}\boldsymbol{B}_d\vec{u}[0] + \cdots + \boldsymbol{A}_d\boldsymbol{B}_d\vec{u}[k-2] + \boldsymbol{B}_d\vec{u}[k-1] \\
&= \boldsymbol{A}_d^k\vec{x}[0] + \sum_{j=0}^{k-1}\boldsymbol{A}_d^{k-j-1}\boldsymbol{B}_d\vec{u}[j]
\end{aligned} \tag{8.11}$$

8) 이산시간에서만 값을 가지는 상태방정식을 의미한다. 즉 시각 $t = kT, (k = 0, 1, 2, \cdots)$에서 상태변수의 값 $\vec{x}[k]$의 값을 계산하는 방정식이다.

로서 계산되며, 식 (8.8b)는

$$\vec{y}[k] = \boldsymbol{C}_d \boldsymbol{A}_d^k \vec{x}[0] + \sum_{j=0}^{k-1} \boldsymbol{C}_d \boldsymbol{A}_d^{k-j-1} \boldsymbol{B}_d \vec{u}[0] \tag{8.12}$$

로 계산된다.

예제 8.4

연속시간의 상태방정식을 샘플링주기 $T=1$을 이용하여 이산화 하여보자. 이 경우 입력 $u_d(k)$는 [그림 8.13]과 같이 주어지는 것으로 한다.

$$\dot{\vec{x}}(t) = \begin{bmatrix} 0 & 1 \\ 0 & -1 \end{bmatrix} \vec{x}(t) + \begin{bmatrix} 0 \\ 1 \end{bmatrix} u(t) \qquad ①$$

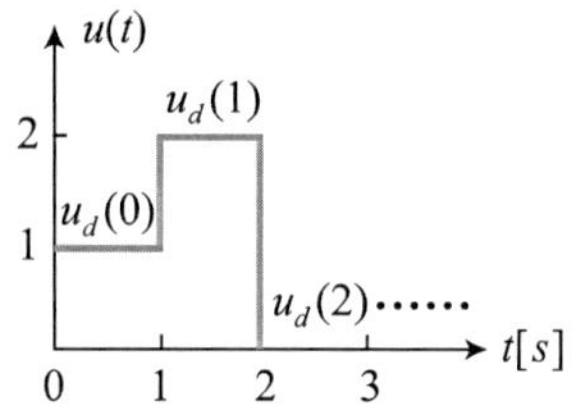

그림 8.13 [예제 8.4]의 입력

해 식 (3.30)에 의해 $e^{\boldsymbol{A}t} = \mathcal{L}^{-1}\{(s\boldsymbol{I}-\boldsymbol{A})^{-1}\}$의 관계가 성립하므로

$$e^{\boldsymbol{A}T} = \mathcal{L}^{-1}\{(s\boldsymbol{I}-\boldsymbol{A})^{-1}\} = \mathcal{L}^{-1}\begin{bmatrix} s & -1 \\ 0 & s+1 \end{bmatrix}^{-1} = \begin{bmatrix} \frac{1}{s}, & \frac{1}{s} - \frac{1}{s+1} \\ 0 & \frac{1}{s+1} \end{bmatrix}$$

$$= \begin{bmatrix} 1, & 1-e^{-T} \\ 0 & e^{-T} \end{bmatrix}$$

가 얻어진다. 따라서 $T=1$에 의해

$$\boldsymbol{A}_d = e^{\boldsymbol{A}T} = \begin{bmatrix} 1, & 1-e^{-1} \\ 0 & e^{-1} \end{bmatrix} \qquad ②$$

로 된다. 또한

$$\boldsymbol{B}_d = \int_0^T e^{\boldsymbol{A}\tau} d\tau \, \vec{b} = \begin{bmatrix} T, & T-1+e^{-T} \\ 0, & 1-e^{-T} \end{bmatrix} \begin{bmatrix} 0 \\ 1 \end{bmatrix} = \begin{bmatrix} T-1+e^{-T} \\ 1-e^{-T} \end{bmatrix}$$

이므로 $T=1$로 두면

$$\vec{b}_d = \begin{bmatrix} e^{-1} \\ 1-e^{-1} \end{bmatrix} \qquad ③$$

가 얻어진다. 따라서 이산시간의 상태방정식은

$$\vec{x}[k+1] = \begin{bmatrix} 1, & 1-e^{-1} \\ 0, & e^{-1} \end{bmatrix} \vec{x}[k] + \begin{bmatrix} e^{-1} \\ 1-e^{-1} \end{bmatrix} u[k]$$

로 되며, $\vec{x}[0]=\vec{x}(0)=\vec{0}$ 와 [그림 8.13]의 입력에 의해

$$\vec{x}[0]=\begin{bmatrix}0\\0\end{bmatrix},\ \vec{x}[1]=\begin{bmatrix}e^{-1}\\1-e^{-1}\end{bmatrix},\ \vec{x}[2]=\begin{bmatrix}1+e^{-1}+e^{-2}\\2-e^{-1}-e^{-2}\end{bmatrix},\cdots$$

$$\vec{x}[\infty]=\begin{bmatrix}3\\0\end{bmatrix}$$

가 얻어진다.

% [예제 8.4]

```
A=[0 1;0 -1];b=[0 1]';c=[1 0];d=0;     % 연속시간 상태방정식 ①
sys=ss(A,b,c,d);                       % 상태방정식의 MATLAB 표현(object)
T=1;                                   % 샘플링 주기
sys_d=c2d(sys,T,'zoh');                % 0차 홀드에 의한 이산화
[Ad,bd,cd,dd]=ssdata(sys_d)            % ②, ③의 내용 확인
```

8.2 z 변환

이상적인 샘플러의 출력 $\vec{r}[k]$은 식 (8.3)과 같이 크기 $\vec{r}(kT)$를 가지는 연속적인 임펄스의 열로 구성되어 있다. 즉

$$r[k]=\sum_{k=0}^{\infty}r(kT)\delta(t-kT),\ (t>0) \tag{8.13}$$

이다. 위 식의 양변을 라플라스변환하면

$$\mathcal{L}\{r[k]\}=\sum_{k=0}^{\infty}r(kT)e^{-kTs} \tag{8.14}$$

이 얻어지며, 이로부터 $\vec{r}[k]$의 라플라스변환은 지수 e^{sT}를 가지는 멱급수로 주어진다는 것을 알 수 있다. 여기서 새로운 변수로서

$$z=e^{sT} \tag{8.15}$$

을 정의하여 식 (8.14)에 대입하면 $\mathcal{L}\{r[k]\}$는 새로운 변수 z의 멱급수로 변환되며, 이러한 변환을 z 변환이라고 한다. 즉 z 변환은

$$\mathcal{Z}\{r(t)\} = \mathcal{Z}\{r[k]\} = \sum_{k=0}^{\infty} r(kT) z^{-k} \tag{8.16}$$

로 정의되는 무한급수이다. 예를 들어 단위 계단함수 $1(t)$는 $1(kT) = 1,\ k \geq 0$ 이므로 식 (8.16)으로부터

$$\mathcal{Z}\{1(t)\} = \sum_{k=0}^{\infty} 1(kT) z^{-k} = \sum_{k=0}^{\infty} z^{-k} \tag{8.17}$$

로 된다. 이때 만약 $|z| < 1$ 이면 식 (8.17)은 수렴하므로

$$1(z) = \frac{1}{1 - z^{-1}} = \frac{z}{z - 1}$$

로 된다.

요점 8.4 **z 변환**

연속시간으로 주어지는 함수 $f(t)$의 z 변환은

$$\mathcal{Z}\{f(t)\} = F(z) = \sum_{k=0}^{\infty} f(kT) z^{-k} \tag{8.18}$$

로 정의된다.

예제 8.5

자수함수 $f(t) = e^{-at},\ t \geq 0$ 의 z 변환을 계산하여 보자.

해 식 (8.18)에 의해

$$\mathcal{Z}\{e^{-at}\} = F(z) = \sum_{k=0}^{\infty} e^{-akT} z^{-k} = \sum_{k=0}^{\infty} \left(ze^{aT}\right)^{-k} \quad ①$$

로 된다. 이 경우 $|ze^{aT}| < 1$ 의 조건을 만족한다면 ①은 수렴하기 때문에

$$F(z) = \frac{1}{1 - \left(ze^{aT}\right)^{-1}} = \frac{z}{z - e^{-aT}} \quad ②$$

가 얻어진다. 일반적으로 지수함수의 z 변환과 관련하여 다음 공식이 성립함을 쉽게 증명할 수 있다.

$$\mathcal{Z}\{e^{-aT}f(t)\}=F(e^{aT}z)$$

예제 8.6

sine함수 $f(t)=\sin\omega t, t\geq 0$의 z 변환을 계산하여 보자.

해 먼저 오일러 공식에 의하여

$$\sin\omega t=\frac{e^{j\omega t}-e^{-j\omega t}}{2j}$$

이므로 이를 z 변환한다. 즉

$$\mathcal{Z}\{\sin\omega t\}=Z\left\{\frac{e^{j\omega t}}{2j}-\frac{e^{-j\omega t}}{2j}\right\}=\frac{1}{2j}\left(\frac{z}{z-e^{j\omega T}}-\frac{z}{z-e^{-j\omega T}}\right)$$

$$=\frac{1}{2j}\left(\frac{z\left(e^{j\omega T}-e^{-j\omega T}\right)}{z^2-2z\cos\omega T+1}\right)$$

$$=\frac{z\sin\omega T}{z^2-2z\cos\omega T+1}$$

로 된다.

% [예제 8.5], [8.6]

```
syms a k w                              % symbolic 변수의 설정
ft=exp(-a*k); Fz=ztrans(ft);            % e^{-ak}, k=0,1,2,… 의 z 변환
simple(Fz)                              % 계산결과를 보기 쉬운 형태로 변형
fsin=sin(w*k); Fzsin=ztrans(fsin);      % sinωk, k=0,1,2,… 의 z 변환
```

➲ MATLAB의 Toolbox 중의 하나인 Symbolic Math Toolbox를 이용하여 직접 주어진 함수의 z 변환을 실행할 수 있다.

[표 8.1]에 자주 사용되는 함수의 z 변환을 나타내었다. 이들은 정의식 (8.16)을 이용하면 어렵지 않게 유도할 수 있다.

[표 8.1] z 변환표

$f(t)$	$F(z)$
$\delta(t)$	1
$\delta(t-kT)$	z^{-k}
$1(t)$	$\frac{z}{z-1}$
t	$\frac{Tz}{(z-1)^2}$
e^{-at}	$\frac{z}{z-e^{-aT}}$
$1-e^{-at}$	$\frac{(1-e^{-aT})z}{(z-1)(z-e^{-aT})}$
$\sin\omega t$	$\frac{z\sin\omega T}{z^2-2z\cos\omega T+1}$
$\cos\omega t$	$\frac{z(z-\cos\omega T)}{z^2-2z\cos\omega T+1}$
$e^{-at}\sin\omega t$	$\frac{(ze^{-aT}\sin\omega T)}{z^2-2ze^{-aT}\cos\omega T+e^{-2aT}}$
$e^{-at}\cos\omega t$	$\frac{z^2-ze^{-aT}\cos\omega T}{z^2-2ze^{-aT}\cos\omega T+e^{-2aT}}$

8.2.1 s 영역과 z 영역 사이의 관련성

연속시간시스템에서의 안정성은 폐루프시스템의 극이 복소평면(즉 s 평면)의 왼쪽 반면에 존재해야 한다는 것이다(제3장 참조). 그러나 이산시간시스템의 경우에 사용되는 변수인 z (즉 z 평면)는 식 (8.15)에 의해 연속시간의 변수 s (즉 s 평면)와 연결되어 있다. 이러한 사실로부터 연속시간 시스템을 식 (8.15)에 의해 이산시간으로 변경하였을 경우 시스템의 안정성을 어떻게 정의할 것인가에 대하여 알아보기로 한다.

먼저 s 평면의 허수축, 즉 $s=j\omega, (-\infty<\omega<\infty)$는

$$z=e^{j\omega T}=1\angle\omega T \tag{8.19}$$

이므로, z 평면에서 크기는 1 이며 위상이 ωT를 가진다는 것을 알 수 있다. 다시 말하면

s 평면의 허수축은 z 평면에서 반지름이 1 인 원주를 형성한다[9].

이미 언급한 바와 같이 s 영역에서의 안정성은 (s 영역의) 왼쪽 반면(left-half plane)에 시스템의 극이 존재하는 것이었다. 예를 들어 $\mathrm{Re}(s) = -\alpha < 0$ 인 s 영역[그림 8.14(a)]은 식 (8.15)에 의해

$$z = e^{(-\alpha + j\omega)T} = e^{-\alpha T} e^{j\omega T} \tag{8.20}$$

으로 되어 z 영역에서 반지름 $R = e^{-\alpha T}$, (<1)를 가지는 원의 내부로 사상(mapping)된다 [그림 8.14(b)]. 이로부터 s 영역의 왼쪽 반면은 z 영역의 단위원 내부로 되어 다음 요점을 얻는다.

요점 8.5 이산시간시스템의 안정성 I

이산시간시스템이 안정하기 위한 필요충분조건은 이산시간시스템의 극이 z 평면의 단위원 내부에 존재하는 것이다.

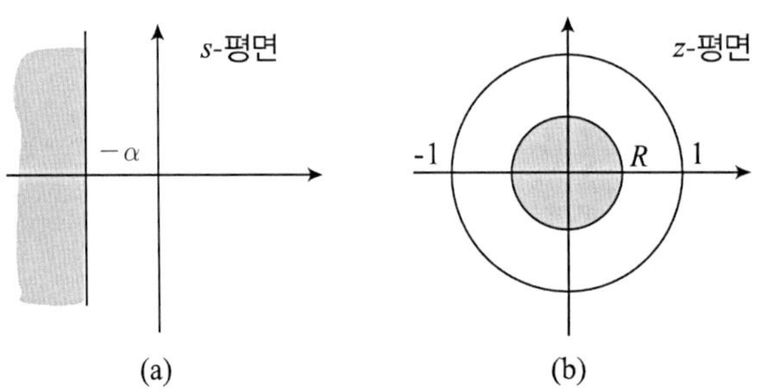

그림 8.14
s 영역을 z 영역으로 사상

제어기설계에 있어서 중요한 요소는 T_s (정정시간), ζ (감쇠율) 및 ω_n (고유진동수)이다. 예를 들어 [그림 8.14(a)]의 빗금친 부분이 s 영역에서 주어진 정정시간의 사양이라면[10], 이것을 만족하는 z 영역은 [그림 8.14(b)]로 되어야 할 것이다.

s 영역에서 정정시간의 사양이 실수축의 고정된 값으로 주어진다면, 즉

$$s = -\sigma + j\omega, \ (T_s \approx 5/\sigma)$$

이라면 이에 대응하는 z 영역에서는

$$z = e^{-\sigma T} e^{j\omega T} = R\, e^{j\omega T}$$

로 되어, 이것은 반지름이 R 인 원을 나타내고 있다. 따라서 R 이 감소한다면 정정시간

9) ω가 0에서 $2\pi/T$로 변동하면 반지름이 1인 원을 한 바퀴 회전하며, $2\pi/T$에서 $4\pi/T$이면 다시 동일한 곳을 회전하게 된다. 따라서 s 평면에서 가 $-\infty$에서 ∞로 있으면 z 평면의 단위원 상에 항상 존재한다.
10) $\alpha = T_s$인 경우를 의미한다.

도 짧아지게 될 것이다.

[그림 8.15]는 주어진 감쇠비의 사양을 만족시킬 수 있는 s 평면과 z 평면에서의 영역을 보여주고 있다. 두 영역을 연결시킬 수 있는 어떤 방정식은 존재하지 않지만, s 평면에서의 극을 z 평면으로 변환하는 과정에 적용함으로서 어느 정도의 관련성을 유도할 수 있다. 즉 표준 2차 시스템의 극은 s 평면에서 $s_{1,2} = -\zeta\omega_n \pm j\sqrt{1-\zeta^2}$ 로 주어지며[11], 이에 대응하는 z 평면에서의 값은

$$z_{1,2} = e^{-\zeta\omega_n T} e^{\pm j\sqrt{1-\zeta^2}\omega_n T} \tag{8.21}$$

로 된다. 따라서 만약 감쇠비 ζ를 고정하고 고유진동수 ω_n을 0에서 π/T까지 변동시킨다면, z의 크기는 지수 함수적으로 감소하는 반면에 위상은 선형적으로 증가한다는 사실을 알 수 있다.

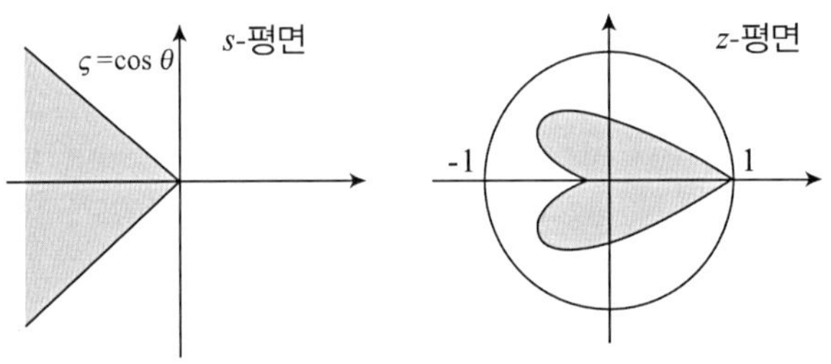

그림 8.15
감쇠비의 사양을 만족하는 s 평면과 z 평면에서의 영역

반면에 ω_n을 고정시키고 ζ를 변동시키는 경우는 좀 더 복잡하다. 왜냐하면 식 (8.21)로부터 z의 크기는 여전히 지수 함수적으로 감소하지만, 위상은 ζ와 선형적으로 연결되어 있지 않기 때문이다. 단지 $\zeta=0$와 $\zeta=1$인 경우에는 z 영역의 크기를 선형적으로 결정할 수 있을 뿐이다. [그림 8.16]에 ω_n의 조건을 만족시키는 s 영역을 식 (8.21)에 의해 z 영역으로 변환한 것을 표시하였으며, [그림 8.17]에는 정정시간 T_s와 고유진동수 ω_n의 사양을 동시에 만족하는 s 평면과 z 평면에서의 영역을 나타내었다.

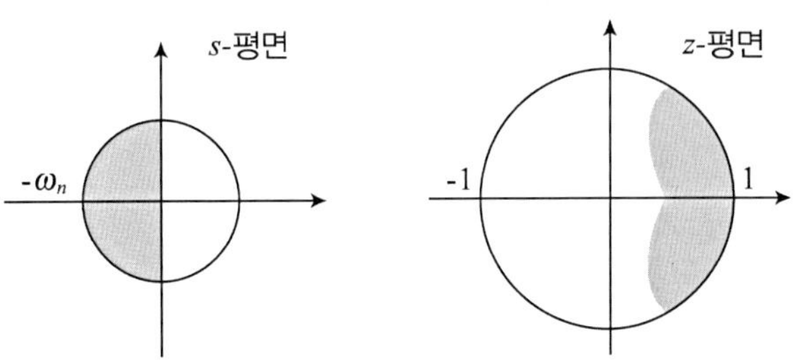

그림 8.16
고유진동수의 사양을 만족하는 s 와 z 평면에서의 영역

11) 연속시간 시스템의 제어기 설계 시에 사용되는 표준 2차 시스템의 전달함수는 다음과 같다.

$$G(s) = \frac{\omega_n^2}{s^2 + 2\zeta\omega_n s + \omega_n^2}$$

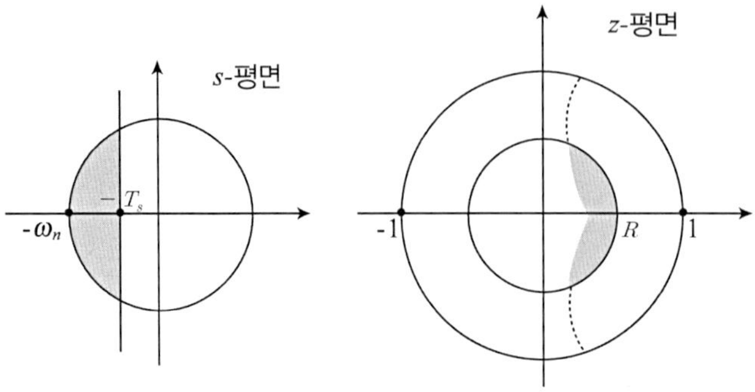

그림 8.17
정정시간과 고유진동수의 사양을 동시에 만족하는 s와 z 평면에서의 영역(단 $R=e^{-T_s T}$, T는 샘플링 주기)

8.2.2 ZOH회로의 주파수특성

연속시간으로 주어진 시스템 $G(s)$을 이상적인 샘플러와 ZOH회로를 이용하여 [그림 8.18]과 구성하였을 경우에 대하여 생각하여 보자. 이 경우 연속시간으로 주어진 입력 $r(t)$가 시스템 $G(s)$에는 $r(kT)$, $kT \le t < (k+1)T$의 형태로 인가된다. 이로 인해 연속시간 만으로 구성되었을 경우의 출력과는 달라질 수 있을 것이다. 여기서는 간단한 예를 통하여 연속시간과 이산시간에 있어서의 출력의 차이점에 대하여 알아본다.

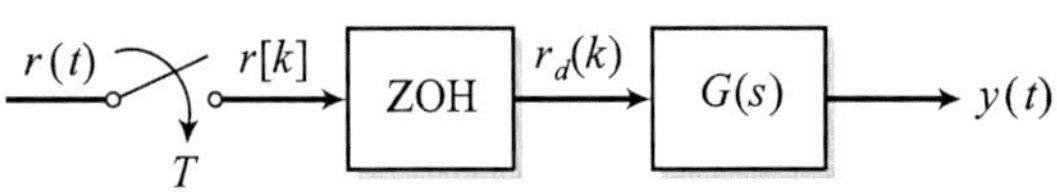

그림 8.18
연속시간과 이산시간의 출력 비교

먼저 ZOH회로의 주파수특성을 조사하여 본다. 즉 식 (8.4)의 s에 $j\omega$를 대입하면

$$G_0(j\omega)=\frac{1-e^{-j\omega T}}{j\omega} \tag{8.22}$$

로 되며, 여기서 주파수 $\omega=2\pi f$를 변화시키면 주파수특성을 알 수 있다. 이와 같은 주파수특성은 시스템(즉 ZOH회로)에 sine함수를 인가하고 입력주파수를 변동시킴으로서 얻을 수도 있다. 이를 확인하여 보자.

예제 8.7

ZOH회로에 입력으로 $\sin 2\pi ft$를 인가하고 주파수를 0에서 30 Hz까지 변동시켰을 경우의 출력을 그림으로 나타내어 보자. 단 샘플링주기는 $T=10$ [Hz]로 한다.

해 [그림 8.19]로부터 ZOH회로는 기본적으로 '저역통과회로'의 특성을 나타내고 있음을 알 수 있다.

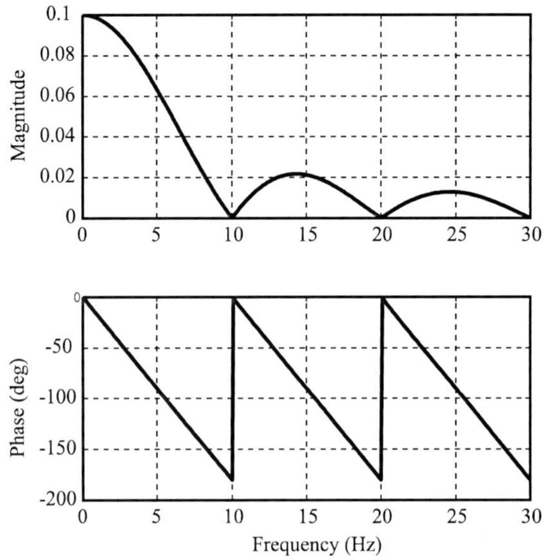

그림 8.19
ZOH의 주파수응답 곡선

% [예제 8.7]

```
f = 10; T = 1/f;                              % 샘플링 주기
fp = [0:0.1:30]';                             % 주파수의 변동폭 지정
G0 = (1-exp(-j*T*2*pi*fp))./(j*2*pi*fp);      % './' 는 element-wise divide
G0(1) = T;                                    % 직류(DC) 이득을 별도 지정
subplot(2,1,1)
plot(fp,abs(G0)),grid                         % 크기 그림
ylabel('Magnitude')
subplot(2,1,2),
plot(fp,angle(G0)*180/pi),grid                % 위상 그림
ylabel('Phase (deg)')
xlabel('Frequency (Hz)')
```

ZOH회로를 이용하여 연속시간시스템을 이산화하는 경우 샘플링시간이 중요한 역할을 한다. 이것을 예제를 이용하여 간단히 살펴보기로 한다.

예제 8.8

[그림 8.18]에서 $G(s) = 10/(s+1)$로 두고 전체 시스템의 주파수응답을 샘플링 주기가 각각 $T = 1/f = 1, 0.5, 0.1$ [sec]인 경우에 대하여 확인하여 보자.

해 [그림 8.20]으로부터 알 수 있는 바와 같이 ZOH를 이용하여 연속시간시스템을 이산화하는 경우, 당연히 샘플링시간이 짧으면 짧을수록 연속시스템과 근접한 주파수응답을 얻을 수 있다. 그러나 일반적으로 이산시간시스템의 주파수응답은 연속시스템에 비하여 주파수의 증가에 따라 왜곡이 발생하기 때문에 주의가 필요하다.

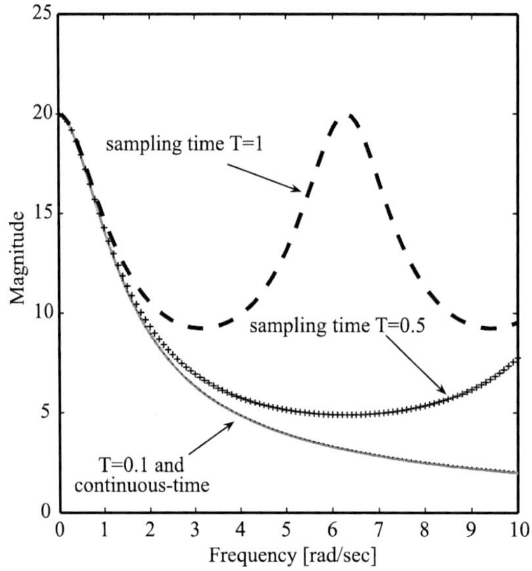

그림 8.20
[예제 8.8]의 결과

%[예제 8.8]

```
num=10;den=[1 1];T=1;                % G(s)의 입력
sysc=tf(num,den);
sysd1=c2d(sysc,1,'zoh');             % ZOH에 의한 이산화(T=1)
sysd2=c2d(sysc,1/2,'zoh');           % ZOH에 의한 이산화(T=0.5)
sysd3=c2d(sysc,1/10,'zoh');          % ZOH에 의한 이산화(T=0.1)
w=0:0.1:10;                          % 주파수 축의 설정
hc=freqresp(sysc,w);                 % G(s)에 대한 주파수응답
hd1=freqresp(sysd1,w);hd2=freqresp(sysd2,w); %
hd3=freqresp(sysd3,w);               % 이산시스템에 대한 주파수 응답
hc=reshape(hc,1,length(hc));         % 3차원인 hc를 크기가 (1×101)인 벡터로 변환
hd1=reshape(hd1,1,length(hd1));hd2=reshape(hd2,1,length(hd2));
hd3=reshape(hd3,1,length(hd3));
plot(w,abs(hc),w,abs(hd1),':'), hold on        % [그림 8.20]
plot(w,abs(hd2),'+',w,abs(hd3),'o'), hold off
ylabel('Magnitude ')
xlabel('Frequency [rad/sec]')
```

'freqresp'는 연속시간 혹은 이산시간시스템에 대한 주파수응답을 얻을 수 있는 명령어이며, 이 결과로 얻어지는 'hc'는 3차원의 크기를 가진다. 이를 명령어 'plot'에 적용하기 위해서는 1차원(즉 벡터)로 변환하여야 한다. 이를 수행하는 명령어가 'reshape'이다.

8.3 펄스전달함수

식 (8.6)으로 주어진 이산시스템의 상태방정식

$$\vec{x}[k+1]=\boldsymbol{A}_d\vec{x}[k]+\boldsymbol{B}_d\vec{u}[k] : \boldsymbol{A}_d(n\times n),\ \boldsymbol{B}_d(n\times m) \tag{8.23a}$$

$$\vec{y}[k]=\boldsymbol{C}_d\vec{x}[k] : \boldsymbol{C}_d(p\times n) \tag{8.23b}$$

을 z 변환을 이용하여 표현하고, 이에 대한 해를 계산하여 보자. 우선 차분방정식[12)] (8.23a)의 해를 벡터의 열 $\vec{x}[k], (k=0,1,2,\cdots)$로 나타내고 이것의 z 변환을

$$\mathcal{Z}\{\vec{x}[k]\}=\vec{x}(z) \tag{8.24}$$

로 정의한다. 이 경우 $\vec{x}[k+1]$는 벡터 열 $\vec{x}[k]$를 1 샘플 앞선 신호 열로 된다. 따라서 z 변환의 정의식 (8.16)으로부터

$$\begin{aligned}\mathcal{Z}\{\vec{x}[k+1]\}&=\vec{x}[1]+\vec{x}[2]z^{-1}+\cdots+\vec{x}[k]z^{-k+1}+\cdots \\ &=z\{\vec{x}[0]+\vec{x}[1]z^{-1}+\cdots+\vec{x}[k]z^{-k}+\cdots\}-z\vec{x}[0]\end{aligned} \tag{8.25}$$

로 되어

$$\mathcal{Z}\{\vec{x}[k+1]\}=z\vec{x}(z)-z\vec{x}[0] \tag{8.26}$$

로 표현된다. 이를 이용하여 식 (8.23)의 양변을 z 변환하면

$$z\vec{x}(z)-z\vec{x}(0)=\boldsymbol{A}_d\vec{x}(z)+\boldsymbol{B}_d\vec{u}(z) \tag{8.27a}$$

$$\vec{y}(z)=\boldsymbol{C}_d\vec{x}(z) \tag{8.27b}$$

로 된다. 단 $\mathcal{Z}\{\vec{u}[k]\}=\vec{u}(z)$, $\mathcal{Z}\{\vec{y}[k]\}=\vec{y}(z)$이다. 식 (8.27)을 정리하면

$$\vec{x}(z)=(z\boldsymbol{I}-\boldsymbol{A}_d)^{-1}z\vec{x}[0]+(z\boldsymbol{I}-\boldsymbol{A}_d)^{-1}\boldsymbol{B}_d\vec{u}(z) \tag{8.28a}$$

$$\vec{y}(z)=\boldsymbol{C}_d(z\boldsymbol{I}-\boldsymbol{A}_d)^{-1}z\vec{x}[0]+\boldsymbol{C}_d(z\boldsymbol{I}-\boldsymbol{A}_d)^{-1}\boldsymbol{B}_d\vec{u}(z) \tag{8.28b}$$

가 얻어진다. 여기서 이산시간시스템 (8.23)의 초기값 $\vec{x}[0]=\vec{0}$으로 두면 입력 $u(z)$와 출력 $y(z)$ 사이에는 크기 $(p\times m)$인 행렬

$$\boldsymbol{G}(z)=\boldsymbol{C}_d(z\boldsymbol{I}-\boldsymbol{A}_d)^{-1}\boldsymbol{B}_d \tag{8.29}$$

---

12) 연속시간의 1계미분방정식에 대응하며, 이산시간에서의 1계미분작용을 나타낸다.

이 존재하며, 이를 '펄스전달함수(pulse transfer function)' 행렬이라고 한다. 특히 $m=p=1$ 인 경우 식 (8.29)는 스칼라 값을 가지는 펄스전달함수로 된다.

또한 특성다항식

$$|z\boldsymbol{I}-\boldsymbol{A}_d|=0 \tag{8.30}$$

의 근, 즉 행렬 $\boldsymbol{A}_d$ 의 고유값을 이산시간시스템 (8.23)의 극이라고 한다. 따라서 이산시간 시스템 (8.23)이 안정하기 위해서는 [요점 8.5]에 의해 $\boldsymbol{A}_d$ 의 고유값이 z 평면의 단위원 내부에 존재하여야 한다는 것을 알 수 있다.

영점에 대해서는 식 (8.23)의 세 행렬 $\boldsymbol{A}_d, \boldsymbol{B}_d, \boldsymbol{C}_d$ 로서 식 (3.68)과 같은 시스템행렬

$$\boldsymbol{P}(z)=\begin{bmatrix} \boldsymbol{A}_d-z\boldsymbol{I} & \boldsymbol{B}_d \\ \boldsymbol{C}_d & 0 \end{bmatrix},\ (n+p)\times(n+m) \tag{8.31}$$

을 구성하여

$$\operatorname{rank}\boldsymbol{P}(z_0) < n+\min(m,p) \tag{8.32}$$

을 만족하는 복소수 z_0 가 이산시스템의 영점으로 정의된다.

예제 8.9

이산시스템이 다음과 같이 주어졌을 경우 해 $\vec{x}_d(k)$를 계산하여 보자.

$$\vec{x}[k+1]=\begin{bmatrix} 0 & 1 \\ -0.15 & 0.8 \end{bmatrix}\vec{x}[k]+\begin{bmatrix} 0 \\ 1 \end{bmatrix}u[k],\ \vec{x}[0]=\begin{bmatrix} 1 \\ 1 \end{bmatrix} \qquad ①$$

단 단위계단의 입력이 인가되었다고 한다. 즉 $u[k]=1$ 이다.

해 식 (8.28a)로부터

$$\vec{x}(z)=\begin{bmatrix} z & -1 \\ 0.15 & z-0.8 \end{bmatrix}^{-1}\left\{z\begin{bmatrix} 1 \\ 1 \end{bmatrix}+\begin{bmatrix} 0 \\ 1 \end{bmatrix}\frac{z}{z-1}\right\} \qquad ②$$

$$=\begin{bmatrix} \dfrac{z^3-0.8z^2+0.8z}{(z-1)(z-0.3)(z-0.5)} \\ \dfrac{z^3-0.15z^2+0.15z}{(z-1)(z-0.3)(z-0.5)} \end{bmatrix}$$

로 된다. 이로부터 z 역변환[13]은

13) z 역변환의 수행방법은 언급하지 않았지만, 라플라스역변환과 마찬가지로 부분분수 전개에 의한 방법이 편리하다.

$$\frac{z^3-0.8z^2+0.8z}{(z-1)(z-0.3)(z-0.5)}=\frac{20}{7}\frac{z}{z-1}+\frac{65}{14}\frac{z}{z-0.3}-\frac{13}{2}\frac{z}{z-0.5} \quad ③$$

$$\frac{z^3-0.15z^2+0.15z}{(z-1)(z-0.3)(z-0.5)}=\frac{20}{7}\frac{z}{z-1}+\frac{39}{28}\frac{z}{z-0.3}-\frac{13}{4}\frac{z}{z-0.5} \quad ④$$

로부터

$$x_{d1}(k)=\frac{20}{7}+\left(\frac{65}{14}\right)0.3^k-\left(\frac{13}{2}\right)0.5^k,\ (k\geq 0) \quad ⑤$$

$$x_{d2}(k)=\frac{20}{7}+\left(\frac{39}{28}\right)0.3^k-\left(\frac{13}{4}\right)0.5^k,\ (k\geq 0) \quad ⑥$$

을 얻는다. ⑤, ⑥으로부터 $k\rightarrow\infty$로 되었을 경우

$$\vec{x}[\infty]=\begin{bmatrix}20/7\\20/7\end{bmatrix} \quad ⑦$$

로 된다는 것을 쉽게 이해할 수 있을 것이다[14].

%[예제 8.9]

```
Ad=[0 1;-0.15 0.8];Bd=[0 1]'; Cd=[1 0];D=0;          % 이산시스템 ①
% 역 z변환의 확인
syms z k
x1z=(z^3-0.8*z^2+0.8*z)/(z-1)/(z-0.3)/(z-0.5);       % ③의 설정
x2z=(z^3-0.15*z^2+0.15*z)/(z-1)/(z-0.3)/(z-0.5);     % ④의 설정
iztrans(x1z,k)                                        % ⑤의 계산
iztrans(x2z,k)                                        % ⑥의 계산
[y,x]=dstep(Ad,Bd,Cd,D);                              % 계단응답의 계산
subplot(2,1,1),stem(x(:,1))                           % ⑦의 확인
subplot(2,1,2),stem(x(:,2))
```

8.3.1 이산시간 폐루프시스템

여기서는 펄스전달함수의 형식을 이용하여 이산시간시스템의 폐루프 전달함수를 유도하여 본다. 연속시간인 제어대상을 μ−프로세서와 같은 이산시간시스템으로 제어하는 경우 일반적인 구성법은 [그림 8.21]으로 주어진다. 즉 이상적인 샘플러에 의해 연속시간신호

14) Simulink file인 'example_8_9' 참조.

$e(t)$를 이산시간신호 $\vec{e}[k]$로 변환하여 μ-프로세서에 입력되며, 이것의 출력 $u[k]$는 다시 ZOH회로에 의해 연속시간으로 바뀌어 제어대상에 입력으로 들어가게 된다.

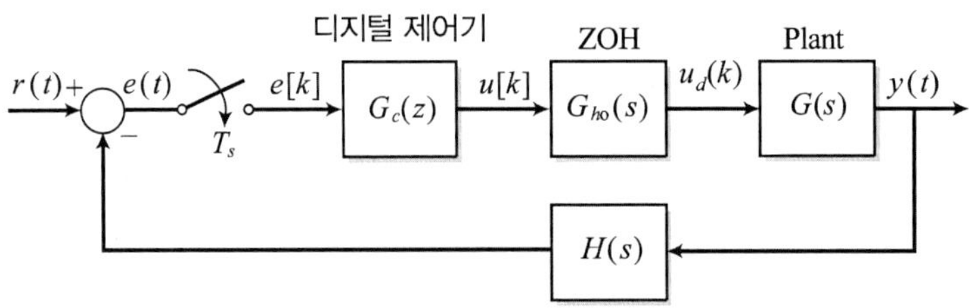

그림 8.21 폐루프 sampled-data 시스템

이 결과 [그림 8.21]의 시스템에는 연속시간신호와 이산시간신호가 혼재하게 되어 디지털 제어시스템의 설계에 어려움이 따른다[15]. 여기서는 시스템에 존재하는 모든 연속시간신호를 이상적인 샘플러로 이산화하여 [그림 8.22(a)]와 같이 완전한 이산시간의 폐루프시스템을 구성하고, 이에 대한 펄스전달함수를 계산하기로 한다. 앞으로 [그림 8.22(a)]를 간략하게 [그림 8.22(b)]와 같이 표현하기로 한다.
폐루프시스템의 전달함수는

$$\frac{y(z)}{r(z)} = T(z) = \frac{G(z)}{1+G(z)} \tag{8.33}$$

이다. 여기서 $G(z)$는 $G(s) = G_0(s)G_p(s)$의 z 변환으로 가정한다. 단 $G_0(s)$는 식 (8.4)로 주어진 ZOH회로의 전달함수이며, $G(s)$는 제어대상의 전달함수이다.

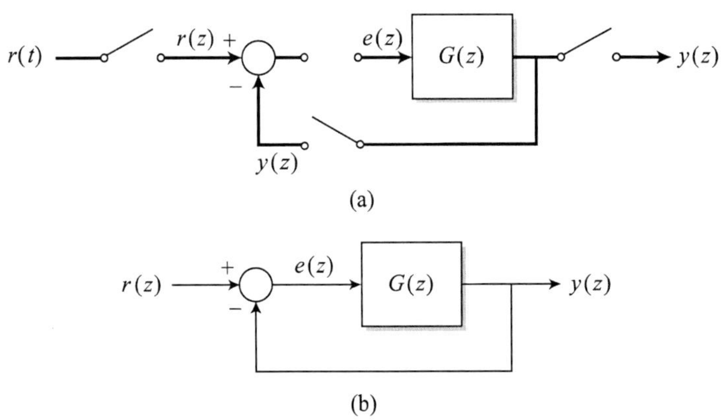

그림 8.22 이산시간의 폐루프시스템

[그림 8.22]의 시스템에 이산시간의 제어기 $D[z]$를 [그림 8.23]과 같이 삽입하였다면 폐루프시스템의 전달함수는

15) [그림 8.21]과 같이 연속시간과 이산시간이 혼재하는 시스템을 sampled-data system 이라고 하며, 제어기의 설계이론도 이산시간시스템과는 다른 접근방법을 취하고 있다.

$$\frac{y(z)}{r(z)} = \frac{G(z)D(z)}{1+G(z)D(z)} \tag{8.34}$$

로 될 것이다.

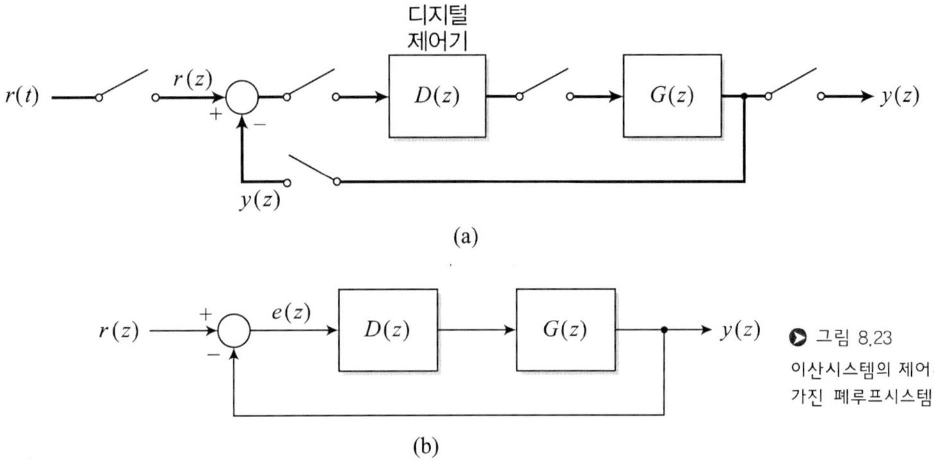

그림 8.23 이산시스템의 제어기를 가진 폐루프시스템

예제 8.10

[그림 8.24]로 주어진 폐루프시스템에 있어서 입력으로 단위계단함수가 주어졌을 경우 이산시간시스템의 출력응답 $y[k]$를 계산하여 보자. 단 $T=1$로 한다.

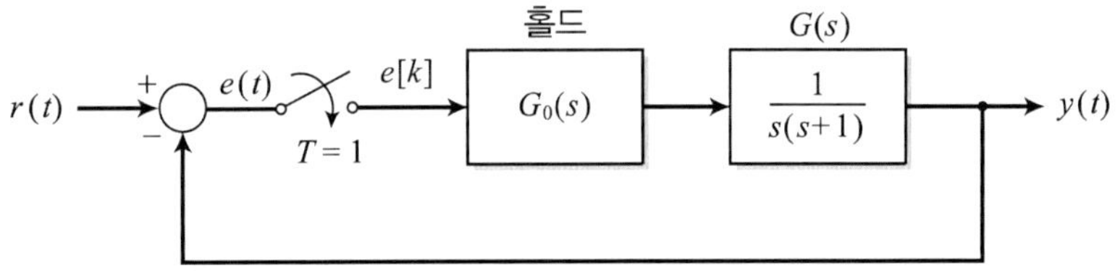

그림 8.24 [예제 8.10]의 시스템

해 먼저 그림으로부터 $G[z]=\mathcal{Z}\{G_0(s)G(s)\}$를 계산하면

$$G(s) = \frac{1-e^{-sT}}{s^2(s+1)} = (1-e^{-sT})\left(\frac{1}{s^2} - \frac{1}{s} + \frac{1}{s+1}\right) \quad ①$$

이므로 z 변환은

$$G(z) = \mathcal{Z}\{G(s)\} = (1-e^{-sT})\,\mathcal{Z}\left(\frac{1}{s^2} - \frac{1}{s} + \frac{1}{s+1}\right) \quad ②$$

로 된다. 위 식을 [표 8.1]을 이용하여 z 변환을 수행하면

$$G(z) = (1 - z^{-1})\left[\frac{Tz}{(z-1)^2} - \frac{z}{z-1} + \frac{z}{z-e^{-T}}\right] \qquad ③$$

$$= \left[\frac{(ze^{-T} - z + Tz) + (1 - e^{-T} - Te^{-T})}{(z-1)(z-e^{-T})}\right]$$

를 얻는다. 여기서 $T=1$로 두면 전달함수는

$$G(z) = \frac{ze^{-1} + 1 - 2e^{-1}}{(z-1)(z-e^{-1})} = \frac{0.3678z + 0.2644}{z^2 - 1.3678z + 0.3678} \qquad ④$$

로 된다. ④를 (8.34)에 대입하면 폐루프전달함수를 얻는다.

$$\frac{y(z)}{r(z)} = \frac{0.3678z + 0.2644}{z^2 - z + 0.6322} \qquad ⑤$$

여기서 입력이 계단함수이므로

$$r(z) = \frac{z}{z-1} \qquad ⑥$$

를 ⑤에 적용하면 출력은

$$y(z) = \frac{z(0.3678z + 0.2644)}{(z-1)(z^2 - z + 0.6322)} = \frac{0.3678z^2 + 0.2644z}{z^3 - 2z^2 + 1.6322z - 0.6322} \qquad ⑦$$

가 얻어진다. ⑦은 간단한 형식으로는 역 z 변환이 되지 않기 때문에 ⑦의 분자를 분모로 나누면

$$y(z) = 0.3678z^{-1} + z^{-2} + 1.4z^{-3} + 1.4z^{-4} + 1.147z^{-5} + \cdots \qquad ⑧$$

로부터 $y(k), k=0,1,2,\cdots$ 를 얻는다. [그림 8.25]에 $T=0$ (즉 연속시간)인 경우의 출력과 ⑧의 출력인 $y[k] = y(kT)$를 각각 표시하였다. 이 그림으로부터 완전이산시간시스템에 의한 출력은 오버슈터와 정정시간이 모두 연속시간에 비하여 악화되었다는 것을 알 수 있다[16].

16) 앞서 언급한 바와 같이 연속시간과 이산시간이 혼재하는 시스템(sampled-data system)으로서 제어시스템을 설계한다면 완전이산시간의 경우에 비해 훨씬 양호한 결과를 얻을 수 있다.(Simulink file 'example_8_10' 참조.)

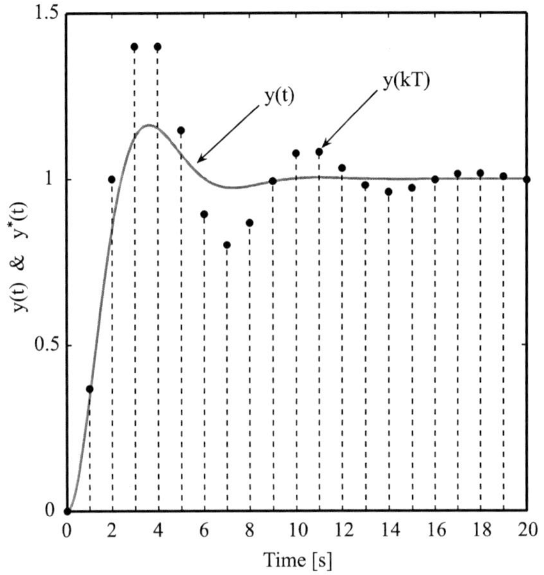

그림 8.25
[예제 8.10]의 결과

%[예제 8.10]

```
sysc=tf(1,[1 1 0]);                    % 연속시간시스템 G(s)
closed_c=feedback(sysc,1);             % 연속시간으로서의 폐루프시스템
t=0:0.1:20;                            % 시뮬레이션 시간
[yc,t]=step(closed_c,t);               % 계단응답의 계산(연속시간)
plot(t,yc), hold on
%
Ts=1;sysd=c2d(sysc,Ts,'zoh')           % ④의 계산
closed_d=feedback(sysd,1);             % 이산시간으로서의 폐루프시스템
td=0:Ts:20;                            % y(t)의 샘플링시각의 지정
[yd,td]=step(closed_d,td);             % 이산시간으로서의 계단응답
stem(td,yd), hold off
xlabel('Time [s]')
ylabel('y(t)  &  y^*(t) ')
```

8.3.2 이산시간시스템의 안정성

여기서는 연속시간시스템 (8.6)을 이상적인 샘플러와 ZOH회로를 이용하여 이산화하였을 경우에 얻어지는 이산시간시스템 (8.8)의 안정성에 대하여 간단히 살펴보기로 한다. 우선 s 평면과 z 평면 사이에는 $z = e^{sT}$ 의 관계가 성립하기 때문에, 예를 들어 s 평면상의 한 점 $s = \alpha + j\beta$, $(\alpha > 0)$는

$$z = e^{(\alpha + j\beta)T} = e^{\alpha T} e^{j\beta T} = e^{\alpha T}[\cos(\beta T) + j\sin(\beta T)] \tag{8.35}$$

로 된다. 여기서 만약 α 가 어떤 고정된 값 $\alpha = K$, (K는 일정한 값)를 가진다면 이는 s 평면에서 허수축에 평행한 직선을 의미하며, 이것은 식 (8.35)에 의해 z 평면에서 $z=0$ 에 중심을 가지는 반지름 $e^{\alpha T}$ 인 원에 대응하게 된다. 따라서 s 평면의 불안정 영역인 허수축의 오른쪽 반면은 z 평면에서 단위원의 외부(즉 $e^{\alpha T} > 1$)로 사상하게 되어, 이산시간시스템의 안정성과 관련한 [요점 8.6]을 얻는다.

요점 8.6 이산시스템의 안정성 II

식 (8.33)의 폐루프시스템의 펄스전달함수 $T(z)$가 안정하기 위한 필요충분조건은 $1+G(z)=0$ 의 모든 극이 $z=0$ 에 중심을 가지는 단위원 내부에 존재하는 것이다.

다음의 간단한 예제를 이용하여 샘플링시간과 안정성과의 관련성을 살펴보자.

예제 8.11

다음과 같은 펄스전달함수가 안정하기 위한 샘플링 시간의 범위를 구하여 보자.

$$G(z) = \frac{100}{(z^2 - 5e^{-T} + 4)}$$

해 $G(z)$의 극은 $z = \pm(5e^{-T} - 4)^{1/2}$ 이다. 이로부터 $T > 0.51$ 이면 $|z| > 1.0$ 으로 되어 불안정영역에 극을 가지게 된다. 따라서 $G(z)$가 안정하기 위해서는 $T \leq 0.51$ 로 되어야 한다.

예제 8.12

[그림 8.26]로 주어진 이산시간시스템에서 폐루프시스템이 안정하기 위한 샘플링 시간 T를 계산하여 보자. 단

$$G_1(s) = \frac{s}{(s^2+1)} \quad ①$$

이다.

해 [예제 8.10]의 방법으로 $G(z) = \mathcal{Z}\{(1-e^{-sT})/s \cdot G_1(s)\}$을 계산하면

$$G(z) = \frac{z(1+3e^{-2T} - 4e^{-3T}) + e^{-5T} + 3e^{-3T} - 4e^{-2T}}{6(z-e^{-2T})(z-e^{-3T})} \quad ②$$

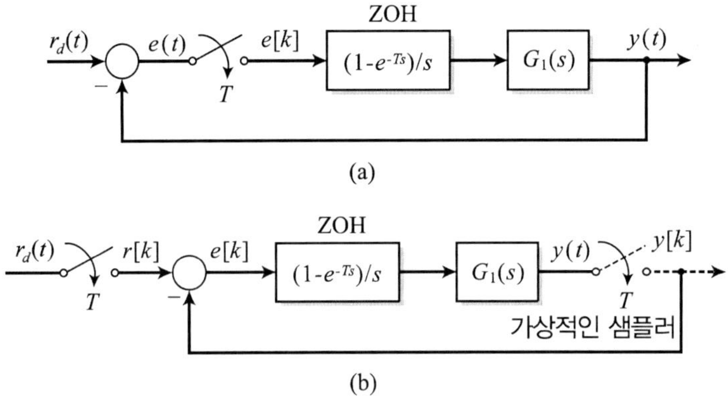

그림 8.26 [예제 8.12]의 폐루프시스템

이로부터 폐루프시스템의 펄스전달함수는 다음으로 됨을 쉽게 확인할 수 있다.

$$T(z) = \frac{G(z)}{1+G(z)}$$
$$= \frac{z(1+3e^{-2T}-4e^{-3T})+e^{-5T}+3e^{-3T}-4e^{-2T}}{6(z-e^{-2T})(z-e^{-3T})+z(1+3e^{-2T}-4e^{-3T})+e^{-5T}+3e^{-3T}-4e^{-2T}} \quad ③$$

따라서 $T(z)$의 근은

$$6z^2+z(1-3e^{-2T}-10e^{-3T})+7e^{-5T}+3e^{-3T}-4e^{-2T}=0 \quad ④$$

으로부터 적당한 T의 값을 대입하면 계산가능하다. 예를 들어 $T=0.0001$의 경우 근은

$$z_{1,2}=0.9998, 0.9996 \quad ⑤$$

로 된다. 이로부터 $T\to 0$으로 됨에 따라서 근은 단위원 상(즉 $z=1$)으로 수렴하게 되므로, 위 시스템은 모든 영이 아닌 샘플링 시간에 대하여 안정한 시스템으로 된다.

%[예제 8.12]

```
sysc=tf([1 0],[1 0 1]);Ts=0.001;      % ①의 입력
sysd=c2d(sysc,Ts,'zoh');              % ②의 계산
closed_d=feedback(sysd,1);            % ③의 계산
pole(closed_d)                        % T=0.001인 경우의 극
```

8.4 상태방정식을 이용한 이산시간시스템의 설계

여기서는 연속시간상태방정식 (8.6)을 샘플링 주기 T로 이산화하여 얻어진 이산시스템의 상태방정식 (8.8)에 대하여 제5장의 내용을 적용하여 보기로 한다. 다시 말하면 이산시간인 상태방정식

$$\vec{x}[k+1]=\boldsymbol{A}_d\vec{x}[k]+\boldsymbol{B}_d\vec{u}[k]:\boldsymbol{A}_d(n\times n),\ \boldsymbol{B}_d(n\times m) \tag{8.37a}$$

$$\vec{y}[k]=\boldsymbol{C}_d\vec{x}[k]:\boldsymbol{C}_d(p\times n) \tag{8.37b}$$

에 대한 상태피드백, 관측기 등에 관한 내용을 예제를 중심으로 간단히 설명한다.

먼저 연속시간상태방정식 (8.6)의 가제어성 및 가관측성이 이산시간시스템 (8.37)에서는 어떻게 되는 지에 대하여 알아보자. 이에 대해서는 다음의 요점이 알려져 있다.

요점 8.7 가제어성 및 가관측성의 보존

연속시간시스템 (8.6)이 가제어 및 가관측하다고 한다. 이때 행렬 $\boldsymbol{A}$의 고유값, 즉 $|s\boldsymbol{I}-\boldsymbol{A}|=0$의 근 $\eta_i,(i=1\sim n)$ 중에서 실수부가 같은 값을 가지는 복소수 근 η_i,η_j에 대하여

$$\eta_i-\eta_j\neq j\frac{2\pi k}{T},\ (i\neq j) \tag{8.38}$$

을 만족하는 것이 이산시간시스템 (8.37)이 가제어 및 가관측하기 위한 필요충분조건이다. 단 T는 샘플링시간을 나타내며, k는 임의의 상수이다.

식 (8.38)이 만족되지 않는 것은 드물기 때문에, 연속시간시스템이 가제어 · 가관측하다면 거의 대부분의 T에 대하여 이산시간시스템도 가제어 · 가관측하다고 볼 수 있다.

8.4.1 레귤레이터의 설계

식 (8.37)의 상태방정식에 대하여 레귤레이터를 설계하는 문제를 생각하여 보자. 레귤레이터는 식 (8.37)이 불안정 또는 안정에 관계없이 [그림 8.27]과 같은 상태피드백 제어

$$\vec{u}[k]=-\boldsymbol{F}_d\vec{x}[k] \tag{8.39}$$

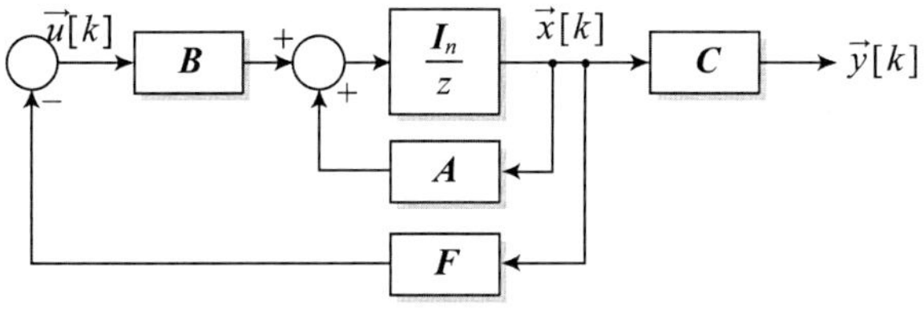

그림 8.27 레귤레이터

에 의해 폐루프시스템을 안정이며, 더욱이 $\vec{x}[k] \neq \vec{0}$ 인 경우 $\vec{x}[k]$의 진폭을 작게 유지하면서 가능한 신속하게

$$\lim_{k \to \infty} \vec{x}[k] = \vec{0} \tag{8.40}$$

로 만드는 것이다([그림 8.28] 참조). 특히 식 (8.40)에서 어떤 유한한 값 q가 존재하여 임의의 초기값 $\vec{x}[0]$에 대하여

$$\vec{x}[k] = \vec{0},\ (k \geq q) \tag{8.41}$$

로 되었을 경우 이를 유한정정레귤레이터라고 한다. 여기서 $\vec{x}[0]$는 $k<0$ 에서 외란 등으로 인해 시스템이 평형상태(즉 $\vec{0}$)로부터 벗어난 상태벡터로서, 특별히 초기외란이라고 부르기도 한다. 식 (8.39)을 식 (8.37a)에 대입하면 폐루프시스템은

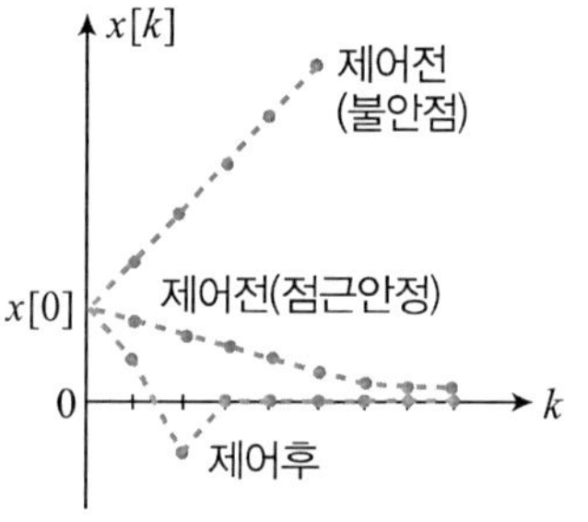

그림 8.28 응답의 비교

$$\vec{x}[k+1] = (\boldsymbol{A}_d - \boldsymbol{B}_d\boldsymbol{F}_d)\vec{x}[k] \tag{8.42}$$

로 되어, 이것의 해는 식 (8.11)로부터

$$\vec{x}[k] = (\boldsymbol{A}_d - \boldsymbol{B}_d\boldsymbol{F}_d)^k \vec{x}[0] \tag{8.43}$$

로 되기 때문에 $(\boldsymbol{A}_d - \boldsymbol{B}_d\boldsymbol{F}_d)$의 고유값 $\mu_i, (i = 1 \sim n)$는 $|\mu_i| < 1$이며, 더욱이 가능한 μ_i를 원점에 가깝게 설정한다면 $\vec{x}[k]$의 감쇠율은 더욱 크게 되어 레귤레이션의 목적이 달성된다.

한편 행렬 $(\boldsymbol{A}_d - \boldsymbol{B}_d\boldsymbol{F}_d)$의 고유값을 임의의 위치에 배치할 수 있는 피드백행렬 $\boldsymbol{F}_d$의 존재조건에 관해서는 연속시간 시스템의 [요점 5.1]과 유사한 다음의 요점이 주어진다.

요점 8.8 피드백행렬 $\boldsymbol{F}_d$의 존재조건

$(\boldsymbol{A}_d - \boldsymbol{B}_d\boldsymbol{F}_d)$의 고유값을 임의의 위치에 배치하기 위한 $\boldsymbol{F}_d$가 존재하기 위한 필요충분조건은 $(\boldsymbol{A}_d, \boldsymbol{B}_d)$가 가제어로 되는 것이다.

예제 8.13

이산시간 시스템

$$\vec{x}[k+1]=\begin{bmatrix}0 & 1\\ -1 & 0\end{bmatrix}\vec{x}[k]+\begin{bmatrix}1\\ 0\end{bmatrix}u[k],\ \vec{x}[0]=\begin{bmatrix}1\\ 0\end{bmatrix} \qquad ①$$

에서 폐루프시스템의 극을 0.1, 0.5 에 설정하는 상태피드백 벡터 $\vec{f}_d$를 구하고, 개루프시스템($u[0]=0$)과 폐루프시스템의 응답을 비교하여보자.

해 극배치를 위한 벡터의 계산법은 5.3.1절의 내용을 참조한다. 먼저

$$|\boldsymbol{W}|=|\boldsymbol{B}_d\ \ \boldsymbol{A}_d\boldsymbol{B}_d|=\begin{vmatrix}1 & 0\\ 0 & -1\end{vmatrix}\neq 0,\quad |z\boldsymbol{I}-\boldsymbol{A}_d|=z^2+1$$

이므로 가제어이며, $a_2=0,\ a_1=1$ 이므로

$$\boldsymbol{T}=\boldsymbol{W}\boldsymbol{R}=\begin{bmatrix}1 & 0\\ 0 & -1\end{bmatrix}\begin{bmatrix}0 & 1\\ 1 & 0\end{bmatrix}=\begin{bmatrix}0 & 1\\ -1 & 0\end{bmatrix} \qquad ②$$

로 된다. 이때 이동하고자 하는 극의 위치가 각각 $\mu_1=0.1,\ \mu_2=0.5$ 이기 때문에

$$(z-\mu_1)(z-\mu_2)=z^2+\beta_2 z+\beta_1=z^2-0.6z+0.05$$

로부터 $\beta_1=0.05,\ \beta_2=-0.6$ 을 얻는다. 따라서 5.3.1절의 [단계 4]에 의해

$$\vec{f}_d=[\beta_1-a_1\ \ \beta_2-a_2]\,\boldsymbol{T}^{-1}=[-0.6\ \ 0.95] \qquad ③$$

으로 되어 폐루프시스템은

$$\vec{x}_d(k+1)=(\boldsymbol{A}_d-\boldsymbol{B}_d\vec{f}_d)\vec{x}_d(k)=\begin{bmatrix}0.6 & 0.05\\ -1 & 0\end{bmatrix}\vec{x}_d(k) \qquad ④$$

로 된다(응답은 프로그램 참조).

%[예제 8.13]

```
Ad=[0 1;-1 0];Bd=[1 0]';Cd=[1 0];Dd=0; % 이산시간 시스템 ①
p=[0.1 0.5]';                           % 제어후의 극점위치
Fd=place(Ad,Bd,p);                      % ③의 계산
Ad_cl=Ad-Bd*Fd;                         % 폐루프시스템
diff=sort(p)-sort(eig(Ad_cl))           % 지정한 곳과의 비교
dtime=0:1:11;                           % 식 (8.9)에 의한 상태의 계산
xd=zeros(2,11);xd(:,1)=[1 0]';
```

```
xdc=zeros(2,11);xdc(:,1)=[1 0]';
for i=1:11
    xd(:,i+1)=Ad*xd(:,i);
    xdc(:,i+1)=Ad_cl*xdc(:,i);
end
plot(dtime,xd,'o'),                          % [그림 8.29(a)]
plot(dtime,xdc,'o'),hold on                  % [그림 8.29(b)]
xlabel('Time [s]')
ylabel('x_1(k)  &  x_2(k) ')
```

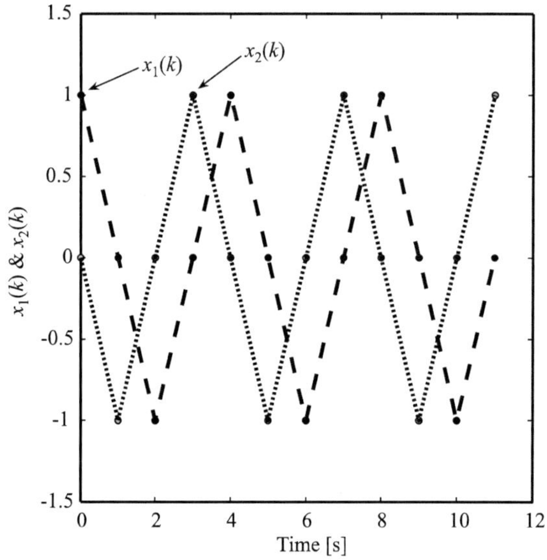

(a) 제어 실행 전

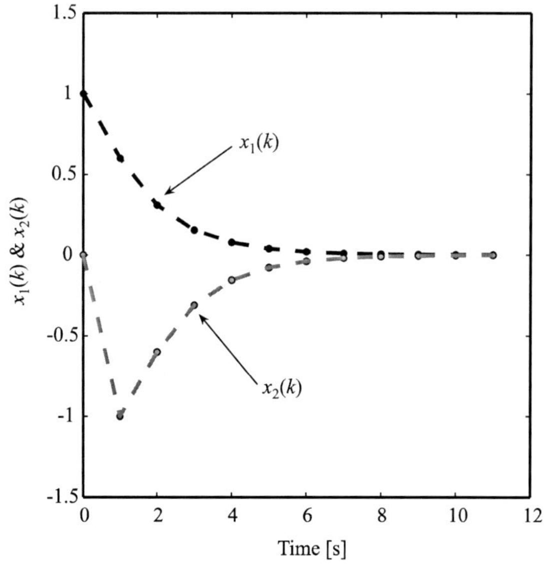

(b) 피드백 제어 실행 후

그림 8.29

[예제 8.13]의 응답

8.4.2 관측기의 설계

여기서는 이산시간시스템 (8.37)에 대한 관측기의 설계에 대하여 알아보기로 한다. 즉 연속시간시스템 (8.6)이 가관측하다면 [요점 8.7]에 의해 샘플링 주기 T 에 의한 이산시간시스템 (8.37)도 가관측으로 되기 때문에, 이산시간의 상태 $\vec{x}[k]$ 를 추정하는 (동일차원) 관측기를 설계할 수 있다.

연속시간관측기의 표현식 (5.44)를 이용하면 이산시간관측기는

$$\vec{\hat{x}}[k+1] = (\boldsymbol{A}_d - \boldsymbol{K}_d \boldsymbol{C}_d)\vec{\hat{x}}[k] + \boldsymbol{K}_d \vec{y}[k] + \boldsymbol{B}_d \vec{u}[k] \tag{8.44}$$

로 됨을 알 수 있다. 위 식에서 행렬 $(\boldsymbol{A}_d - \boldsymbol{K}_d \boldsymbol{C}_d)$ 의 고유값이 z 평면의 단위원 내에 존재하도록 $\boldsymbol{K}_d$ 가 설정되었다면 식 (8.44)의 출력 $\vec{\hat{x}}[k]$ 는 점근적으로 $\vec{x}[k]$ 의 추정값으로 된다. 이러한 $\boldsymbol{K}_d$ 는 [요점 5.5]로부터 $(\boldsymbol{A}, \boldsymbol{C})$ 가 가관측하다면 반드시 존재한다는 것을 알 수 있다. 또한 이러한 행렬의 계산법은 5.4절의 내용을 참고하면 간단히 해결할 수 있을 것이다([예제 8.14] 참조).

예제 8.14

식 (8.37)의 이산시간상태방정식의 각 행렬이 다음과 같이 주어져 있다. 이 시스템에 대한 관측기를 구성하고 이 결과를 원래의 시스템과 비교하여 보자.

$$\boldsymbol{A}_d = \begin{bmatrix} 0.81 & -0.23 & -0.045 \\ 0.09 & 0.98 & -0.0023 \\ 0.005 & 0.10 & 1 \end{bmatrix}, \boldsymbol{B}_d = \begin{bmatrix} 0.09 \\ 0.0047 \\ 0.00016 \end{bmatrix}, \boldsymbol{C}_d = \begin{bmatrix} 1 & 3.5 & 3 \end{bmatrix} \quad ①$$

해 먼저 주어진 시스템의 가관측성을 확인하면 가관측성행렬 식 (4.14)의 랭크가 3 으로 되어 가관측함을 알 수 있다. 다음 관측기의 극점을 $\{0.5, 0.6, 0.75\}$ 에 두는 관측기의 식 (8.44)를 5.4.2절의 방법을 적용하여 구한 뒤, 시스템의 초기값 $\vec{x}[0] = [1, -0.75, 0.5]^T$ 과 관측기의 초기값 $\vec{\hat{x}}[0] = \vec{0}$ 를 이용하여 관측기에 의한 추정값 $\vec{\hat{x}}[k], \hat{y}[k]$ 와 실제값 $\vec{x}[k], y[k]$ 를 비교한 것이 [그림 8.30]이다. 이 경우 샘플링 시간은 0.1 초로 간주하였다[17].

17) Simulink file인 'example_8_14' 참조.

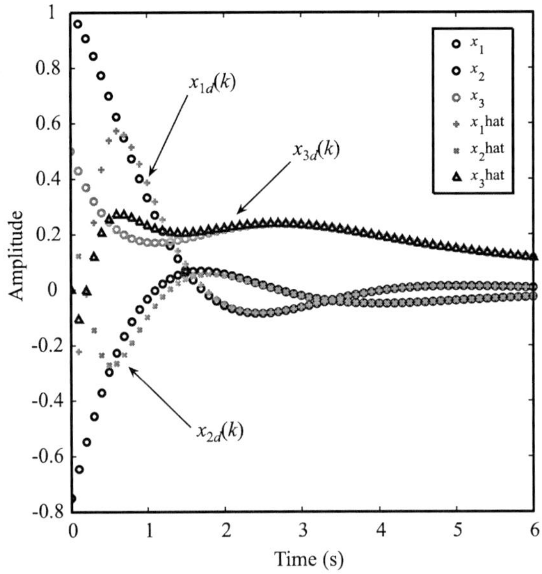

(a) 추정값 $\vec{\hat{x}}[k]$ 와 실제값 $\vec{x}[k]$

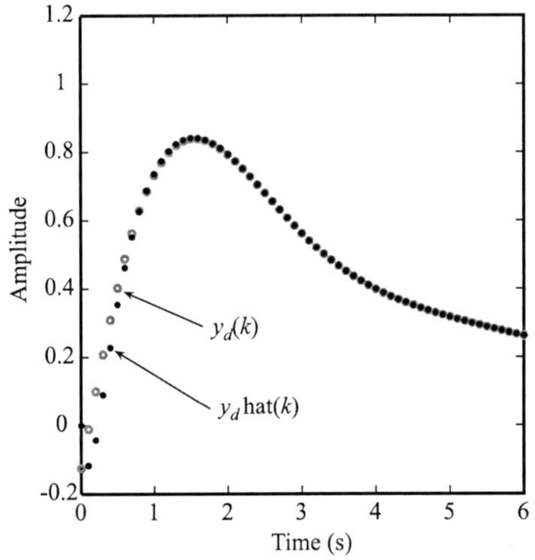

(b) 관측기에 의한 출력 $\hat{y}[k]$ 와 실제출력 $y[k]$

그림 8.30

%[예제 8.14]

```
Ts=0.1;
Ad=[0.81   -0.23   -0.045
    0.09    0.98   -0.0023
    0.005   0.10    1     ];                    % ①의 입력
Bd=[0.09 0.0047 0.00016]';
Cd=[1 3.5 3];
Dd=0;
p=[0.50 0.60 0.75]';                            % 관측기 극의 위치 지정
Kd=place(Ad',Cd',p)'                            % 관측기의 이득
```

```
Ad_ob=Ad-Kd*Cd                            % 관측기의 시스템행렬
eig(A_ob)                                 % 관측기 고유값의 확인
%
x0=[1; -0.75; 0.5]                        % 시스템의 초기값 설정
dtime=[0:Ts:6];                           % 시뮬레이션을 위한 시간대 설정
ud=zeros(1,length(dtime));                % 영-입력
Gd=ss(Ad,Bd,Cd,Dd,Ts);                    % LTI object(이산시간)의 지정
[yd,dtime,xd]=lsim(Gd,ud,dtime,x0);       % 상태와 출력의 계산(관측기 미사용)
%
Gd_ob=ss(Ad_ob,Kd,Cd,Dd,Ts);              % LTI object의 설정(관측기 사용)
[yd_hat,dtime,xd_hat]=lsim(Gd_ob,yd,dtime); % 관측기의 응답계산
%
plot(dtime,xd,'o',dtime,xd_hat(:,1),'+',dtime,xd_hat(:,2),'x',...
     dtime,xd_hat(:,3),'^')               % [그림 8.30(a)]
xlabel('Time (s)')
ylabel('Amplitude')
plot(dtime,yd,'o',dtime,yd_hat,'*')       % [그림 8.30(b)]
xlabel('Time (s)')
ylabel('Amplitude')
```

관측기의 시뮬레이션을 수행하는 과정에서 입력 $\vec{u}[k]$을 영으로 두었기 때문에 관측기의 식 (8.44)는

$$\vec{\hat{x}}[k+1]=\boldsymbol{A}_{ob}\vec{\hat{x}}[k]+\boldsymbol{K}_d\vec{y}[k] \tag{8.45a}$$

$$\vec{\hat{y}}[k]=\boldsymbol{C}_d\vec{\hat{x}}[k] \tag{8.45b}$$

로 표현되어, 이 시스템은 입력으로 관측기를 사용하지 않은 시스템의 출력 $\vec{y}[k]$를 입력으로 취하고 있음을 알 수 있다. 이로부터 MATLAB 명령어

```
>>Gd_ob=ss(Ad_ob,Kd,Cd,Dd,Ts);
>>[yd_hat,dtime,xd_hat]=lsim(Gd_ob,yd,dtime);
```

로서 관측기의 출력, 즉 원래 상태의 추정값을 얻을 수 있다.

8.4.3 관측기를 이용한 상태피드백

여기서는 이산시간시스템 (8.37)이 가제어 및 가관측이라고 가정하고 7.4절에서 언급한 관측기를 이용한 병합시스템을 구성하는 방법을 예제를 이용하여 간단히 설명한다.

관측기를 이용한 병합시스템이란 [그림 7.17]과 같이 안정화보상기로서 관측기를 이용하여 서보시스템을 구성하는 것이다. [그림 7.19]를 이산시스템의 경우로 약간 변형한 것이 [그림 8.31]이다. 여기서는 [그림 7.19]와 같이 정상오차보상기(즉 적분기)를 사용하지

않았기 때문에 계단상의 기준입력에 대하여 정상오차가 발생한다. 따라서 이를 보상하기 위하여 적당한 크기의 이득 $\boldsymbol{N}$을 삽입하였다.

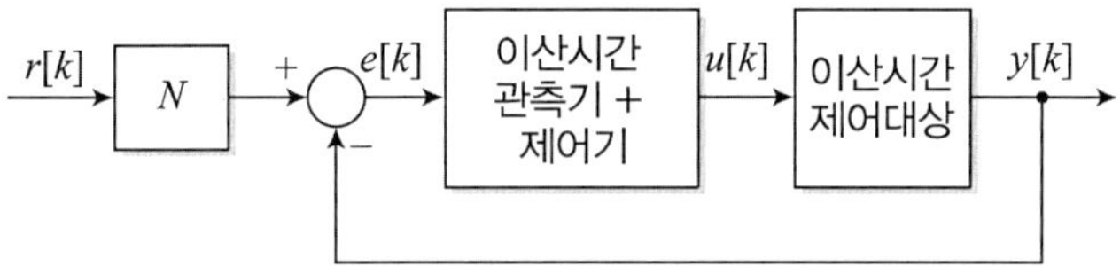

그림 8.31 관측기를 이용한 서보시스템 (이산시간)

[그림 8.31]에서의 관측기는 식 (8.44)의 각 신호에

$$\vec{u}[k] \to -\boldsymbol{F}_d \vec{\hat{x}}[k] \quad \text{및} \quad \vec{y}[k] \to \vec{e}[k] = \vec{r}[k] - \vec{y}[k]$$

를 각각 대입하면

$$\vec{\hat{x}}[k+1] = (\boldsymbol{A}_d - \boldsymbol{B}_d\boldsymbol{F}_d - \boldsymbol{K}_d\boldsymbol{C}_d)\vec{\hat{x}}[k] - \boldsymbol{K}_d\{\vec{r}[k] - \vec{y}[k]\} \tag{8.46a}$$

로 되며, 시스템 (8.46)에 대응하는 출력은

$$\vec{u}[k] = -\boldsymbol{F}_d \vec{\hat{x}}[k] \tag{8.46b}$$

로 쓸 수 있다. 따라서 안정화보상기로 사용되는 이산시간관측기는 상태방정식표현에서 $(\boldsymbol{A}, \boldsymbol{B}, \boldsymbol{C})$가 $\{(\boldsymbol{A}_d - \boldsymbol{B}_d\boldsymbol{F}_d - \boldsymbol{K}_d\boldsymbol{C}_d), -\boldsymbol{K}_d, -\boldsymbol{F}_d\}$로 주어진 n 차의 시스템이라는 것을 알 수 있다. 이 결과 [그림 8.31]의 폐루프시스템은 이산시간인 제어대상을 포함하여 전체 $2n$ 차의 시스템으로 되며, 폐루프시스템의 극은 상태피드백에 의한 고유값 $(\boldsymbol{A}_d - \boldsymbol{B}_d\boldsymbol{F}_d)$와 관측기의 고유값 $(\boldsymbol{A}_d - \boldsymbol{K}_d\boldsymbol{C}_d)$으로 구성된다[18].

다음 예제는 식 (8.46), 즉 관측기를 이용한 이산시간서보시스템의 설계법을 보여주고 있다.

예제 8.15

[예제 8.14]와 동일한 시스템에 대하여 극을 $\vec{p}_s = [0.75,\ 0.80,\ 0.90]^T$에 배치하는 상태피드백 행렬 $\boldsymbol{F}_d$와 관측기의 극을 $\vec{p}_o = [0.5,\ 0.6,\ 0.75]^T$에 두는 관측기 이득행렬 $\boldsymbol{K}_d$를 각각 설계하여 폐루프시스템의 극점을 확인하여라. 또한 기준입력이 $r[k] = 1$ 이고 초기값이 $\vec{\hat{x}}[0] = \vec{0}$ 및 $\vec{x}[0] = [1,\ -0.75,\ 0.5]^T$로 주어졌을 경우의 응답을 그림으로 나타내어 보자.

18) 연속시간에서의 식 (5.65)를 참조하면 쉽게 알 수 있을 것이다.

해 프로그램에 제시한 바와 같이 간단히 $\boldsymbol{F}_d$ 와 $\boldsymbol{K}_d$ 를 구하고, 이를 이용하여 안정화보상기 (8.46a)의 시스템행렬 $(\boldsymbol{A}_d - \boldsymbol{B}_d\boldsymbol{F}_d - \boldsymbol{K}_d\boldsymbol{C}_d)$의 고유값을 계산하면

$$z = -0.1330,\ 0.8450,\ 0.7980 \qquad ①$$

으로 되어 안정함을 확인할 수 있다. 폐루프시스템의 극은 식 (5.62)를 참고하면

$$\boldsymbol{A}_{dcl} = \begin{bmatrix} \boldsymbol{A}_d & -\boldsymbol{B}_d\boldsymbol{F}_d \\ \boldsymbol{K}_d\boldsymbol{C}_d\boldsymbol{A}_d & -\boldsymbol{B}_d\boldsymbol{F}_d - \boldsymbol{K}_d\boldsymbol{C}_d \end{bmatrix} \qquad ②$$

로 되며 이것의 고유값은 각각

$$\{0.5,\ 0.60,\ 0.75,\ 0.75,\ 0.80,\ 0.90\} \qquad ③$$

으로 된다. 이로부터 ③의 첫 번째 세 개의 고유값은 관측기에 의한 것이며, 두 번째 세 개는 상태피드백으로부터 얻어진 것임을 확인할 수 있다.

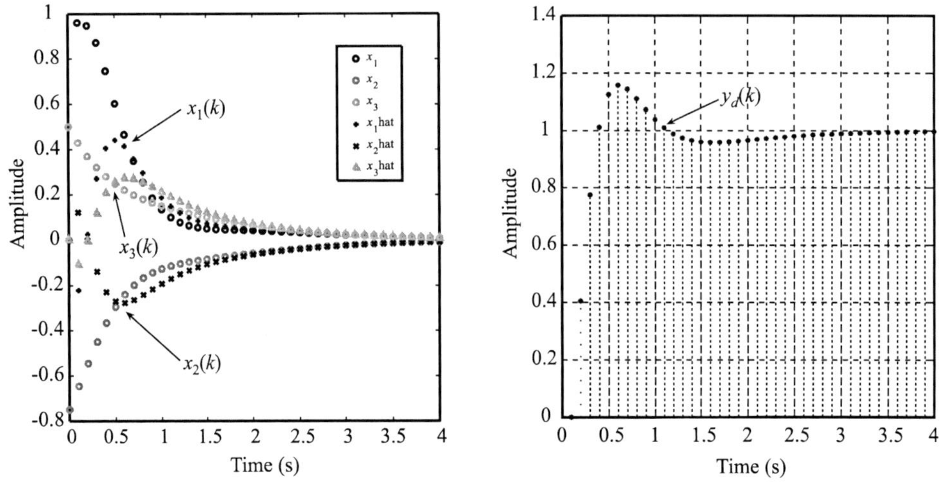

(a) 상태응답 $\hat{\vec{x}}[k]$ 및 $\vec{x}[k]$ (b) 출력 $y[k]$

그림 8.32

%[예제 8.15]

```
Ts=0.1;
Ad=[0.81 -0.23 -0.045;0.09 0.98 -0.0023;0.005 0.10 1];
Bd=[0.09 0.0047 0.00016]';
Cd=[1 3.5 3]; Dd = 0;
Gd=ss(Ad,Bd,Cd,Dd,Ts);                    % 제어대상을 LTI object로 설정
p_s=[0.75 0.8 0.9]';                      % 상태피드백에 의한 극의 설정
```

```
Fd=place(Ad,Bd,p_s)                        % F_d의 계산
p_o=[0.5 0.6 0.75]';                       % 관측기의 극의 설정
Kd=place(Ad',Cd',p_o)'                     % K_d의 계산
% 식 (8.42)에 의한 관측기의 계산
Ad_oc=Ad-Bd*Fd-Kd*Cd;                      % 식 (8.46a)의 시스템 행렬
Gdoc=ss(Ad_oc,-Kd,-Fd,0,Ts);               % 식 (8.46)를 LTI object로 설정
Gdoc_poles=pole(Gdoc);                     % 식 (8.46)의 극점 확인
Gdoc_zeros = tzero(Gdoc);                  % 식 (8.46)의 영점 확인
%
Gdpc=Gd*Gdoc;                              % 제어기(즉 관측기)와 제어대상의 연결
Gdcl=feedback(Gdpc,1,-1);                  % 폐루프시스템의 구성
cl_loop_poles=pole(Gdcl);                  % 폐루프시스템의 극점 확인
                                           % N 값의 결정
lfg=dcgain(Gdcl);                          % 폐루프시스템의 직류이득 확인
N=1/lfg                                    % N을 직류이득의 역수로 지정
                                           % N을 폐루프시스템에 삽입
Td_ref=N*Gdcl;                             % [그림 8.31]의 구성
td=[0:Ts:4];                               % 시뮬레이션 시간의 설정
rd=0*td;                                   % 기준입력을 영(r[0]=0)으로 지정
z0 = [1 -0.75 0.5 0 0 0];                  % 폐루프시스템의 초기값 지정
[yd,td,zd] = lsim(Td_ref,rd,td,z0);        % 초기조건에 의한 시뮬레이션
% plot system states and observer states
plot(td,zd(:,1:3),'o',td,zd(:,4),'+',td,zd(:,5),'x',td,zd(:,6),'^')
, grid
legend('x_1','x_2','x_3','x_1hat','x_2hat','x_3hat')
xlabel('Time (s)')
ylabel('Amplitude')
[ys,t,z] = step(Td_ref,4);                 % 폐루프시스템에 대한 계단응답의 계산
stem(t,ys,':*'); grid
xlabel('Time (s)')
ylabel('Amplitude')
```

- 7.4절에서 언급한 바와 같이 서보시스템의 안정화보상기로서 관측기를 사용하였을 경우 관측기는 시스템의 상태변수를 추정하는 역할을 하는 것이 아니라, 폐루프시스템의 안정화작용을 한다. 따라서 $\vec{r}[k] \neq \vec{0}$ 인 경우 관측기의 출력 $\hat{\vec{x}}[k]$는 시스템의 상태변수 $\vec{x}[k]$에 수렴하지 않는다. 위 프로그램의 경우 $r[k]=0$로 두고 관측기가 상태변수의 추정을 수행하고 있는 지의 여부를 먼저 확인하고, 뒷부분에서 명령어 'step'을 이용하여 폐루프시스템의 출력 $y[k]$가 기준입력 $r[k]=1$를 추종하는 지의 여부를 확인하고 있다.
- 서보시스템 설계의 경우 '내부모델의 원리'에 따라 출력이 기준입력에 오차 없이 추종하기 위해서는 반드시 목표신호 발생모델(이 경우는 적분기)를 가지고 있어야 한다. 위 예제의 경우 적분기를 가지고 있지 않기 때문에 출력신호에는 오차가 발생하지만 이를 제거하기 위하여 크기 $\boldsymbol{N}=1.0683$을 가지는 이득을 삽입하였다.

8.4.4 이산시간시스템의 최적제어

마지막으로 이산시간시스템에서의 최적제어문제를 6.2절을 참고로 간단히 언급한다. 연속시간에서의 최적제어는 주어진 평가함수식 (6.3)을 최소로 하는 피드백이득 행렬 $\boldsymbol{F}$를 계산하는 것이었다. 이 과정에서 대수리카티방정식 (6.29)를 필요로 하였다. 여기서는 이산시간의 상태방정식

$$\vec{x}[k+1] = \boldsymbol{A}_d \vec{x}[k] + \boldsymbol{B}_d \vec{u}[k] : \boldsymbol{A}_d(n\times n),\ \boldsymbol{B}_d(n\times m) \tag{8.47}$$

에 대한 최적제어문제를 생각한다. 즉 식 (8.47)의 시스템에 대하여 이산시간의 평가함수

$$J = \frac{1}{2}\sum_{k=0}^{\infty}\left\{\vec{x}^T[k]\,\boldsymbol{Q}_d\vec{x}[k] + \vec{u}^T[k]\,\boldsymbol{R}_d\vec{u}[k]\right\} \tag{8.48}$$

를 최소로 하는 피드백 행렬 $\boldsymbol{F}_d^o$를 계산하는 것이다. 단 $\boldsymbol{Q}_d(n\times n)\ge 0$ (준정정행렬), $\boldsymbol{R}_d(m\times m) > 0$ (정정행렬)으로 둔다. 이때 [요점 6.3]과 [요점 6.4]에 대응하여 이산시간 시스템에 있어서 다음 요점을 얻는다[19].

요점 8.9 **최적제어문제의 해**

임의의 초기값 $\vec{x}[0]$에 대하여 평가함수 (8.48)을 최소로 하는 안정화 이득행렬 $\boldsymbol{F}_d{}^o$는 다음으로 주어진다.

$$\boldsymbol{F}_d{}^o = \left[\boldsymbol{R}_d + \boldsymbol{B}_d^T\boldsymbol{P}_d\boldsymbol{B}_d\right]^{-1}\boldsymbol{B}_d^T\boldsymbol{P}_d\boldsymbol{A}_d \tag{8.49}$$

여기서 $\boldsymbol{P}_d$는 다음과 같은 이산시간의 대수리카티방정식을 만족한다.

$$\boldsymbol{P}_d = \boldsymbol{Q}_d + \boldsymbol{A}_d^T\boldsymbol{P}_d\boldsymbol{A}_d - \boldsymbol{A}_d^T\boldsymbol{P}_d\boldsymbol{B}_d\left[\boldsymbol{R}_d + \boldsymbol{B}_d^T\boldsymbol{P}_d\boldsymbol{B}_d\right]^{-1}\boldsymbol{B}_d^T\boldsymbol{P}_d\boldsymbol{A}_d \tag{8.50}$$

요점 8.10 **행렬 $\left(\boldsymbol{A}_d - \boldsymbol{B}_d\boldsymbol{F}_d{}^o\right)$의 안정성 여부**

식 (8.49)와 (8.50)으로 얻어진 행렬 $\boldsymbol{F}_d{}^o$에 의한 상태피드백 $\vec{u}[k] = -\boldsymbol{F}_d{}^o\vec{x}[k]$을 수행하여 얻어진 폐루프시스템

$$\vec{x}[k+1] = \left(\boldsymbol{A}_d - \boldsymbol{B}_d\boldsymbol{F}_d{}^o\right)\vec{x}[k] \tag{8.51}$$

19) [요점 8.9]와 [요점 8.10]을 연속시간시스템의 [요점 6.3]과 [요점 6.4]로부터 유도하기 위해서는 적지 않은 수식 전개가 필요하기 때문에 여기서는 생략한다.

가 안정으로 되기 위한 필요충분조건은 $(\boldsymbol{A}_d, \boldsymbol{B}_d)$가 가제어, $(\boldsymbol{Q}_d{}^{1/2}, \boldsymbol{A}_d)$가 가관측으로 되는 것이다.

최적제어에 의한 폐루프시스템의 극, 즉 행렬 $(\boldsymbol{A}_d - \boldsymbol{B}_d \boldsymbol{F}_d^o)$의 고유값의 위치와 관련하여 [요점 6.5]에 대응하는 이산시간시스템의 요점은 다음과 같다. 이를 위해 먼저 이산시간시스템에서의 해밀토니언행렬 $\boldsymbol{M}_d$을 다음과 같이 정의한다.

$$\boldsymbol{M}_d = \begin{bmatrix} \boldsymbol{A}_d + \boldsymbol{B}_d \boldsymbol{R}_d^{-1} \boldsymbol{B}_d^T (\boldsymbol{A}_d^T)^{-1} \boldsymbol{Q}_d & \vdots & -\boldsymbol{B}_d \boldsymbol{R}_d^{-1} \boldsymbol{B}_d^T (\boldsymbol{A}_d^T)^{-1} \\ \cdots\cdots & & \cdots\cdots \\ -(\boldsymbol{A}_d^T)^{-1} \boldsymbol{Q}_d & \vdots & (\boldsymbol{A}_d^T)^{-1} \end{bmatrix} \tag{8.52}$$

이때 $\boldsymbol{M}_d$의 고유값과 관련하여 다음 요점이 주어진다.

요점 8.11 행렬 M_d의 고유값

행렬 $(\boldsymbol{A}_d - \boldsymbol{B}_d \boldsymbol{F}_d^o)$의 고유값 μ_i가 비영(non-zero)이며, $|\mu_i| < 1, (i = 1 \sim n)$이라 하면 해밀토니언 행렬 M_A의 고유값은

$$\mu_1, \mu_2, \cdots, \mu_n, \frac{1}{\mu_1}, \frac{1}{\mu_2}, \cdots, \frac{1}{\mu_n} \tag{8.53}$$

와 같이 주어진다.

간단한 예제를 이용하여 위 내용을 확인하여 보자.

예제 8.16 연속시간 시스템

$$\dot{\vec{x}}(t) = \begin{bmatrix} 0 & 1 & 0 \\ 0 & 0 & 1 \\ -35 & -27 & -9 \end{bmatrix} \vec{x}(t) + \begin{bmatrix} 0 \\ 0 \\ 1 \end{bmatrix} u(t) \quad ①$$

에 대한 ZOH회로를 이용하여 샘플링 시간 $T = 0.1$(s)로 이산화하고 이에 대한 최적제어시스템을 설계하여 보자. 단 $\boldsymbol{Q} = \boldsymbol{I}_3$, $\boldsymbol{R} = 1$ 이다.

해 먼저 이산시간시스템 (8.47)을 계산하고 여기에 최적제어법칙을 적용하여 이산시간 피드백 행렬 $\boldsymbol{F}_d{}^o$를 계산한다. 이 결과 최적극은

$$\{0.8078 \pm j0.1397, 0.6011\}$$

로 됨을 확인할 수 있으며, 최적 피드백 행렬 $\boldsymbol{F}_d^{\,o}$에 의한 폐루프시스템에서의 각 상태의 응답을 [그림 8.33]에 나타내었다.

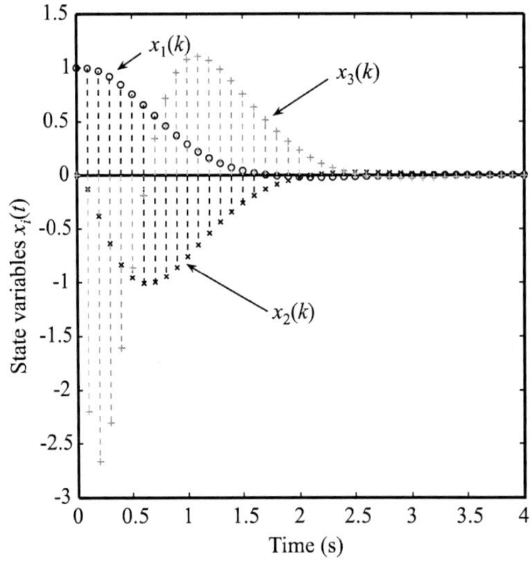

그림 8.33
[예제 8.16]의 결과

%[예제 8.16]

```
A=[0 1 0;0 0 1;-35 -27 -9];
B=[0 0 1]';C=[1 0 0];D=0;                 % ①의 입력
T=0.1;                                    % 샘플링 시간의 설정
Ad=expm(A*T);Bd=(Ad-eye(3))/A*B;          % 식 (8.9)에 의한 상태방정식의 이산화
Qd=eye(3);Rd=1;                           % 평가함수의 설정
[Pd,Ld,Fd]=dare(Ad,Bd,Qd,Rd);             % 이산시간의 리키치방정식의 해(Pd)와 Fd의 계산
Ad_cl=Ad-Bd*Fd;eig(Ad_cl)                 % 폐루프시스템의 극 확인
%
sysd_cl=ss(Ad_cl,Bd,C,D,T);               % 이산시간 시스템의 LTI object로 설정
dtime=0:T:4;                              % 시뮬레이션 시간의 설정
ud=zeros(1,length(dtime));                % 이산시간의 zero 입력 설정
xo=[1 0 0]';                              % 시스템의 초기값 설정
[yd,td,xd]=lsim(sysd_cl,ud,dtime,xo);     % zero 입력에 의한 폐루프시스템의
                                          % 시뮬레이션
stem(dtime,xd)                            % [그림 8.32]
xlabel('Time (s)')
ylabel('State variables x_i(t)')
```

연 습 문 제

8.1 다음과 같은 연속시간의 상태방정식에 대하여 각 물음에 답하라.

$$\dot{\vec{x}}(t)=\begin{bmatrix} -1 & 1 \\ 0 & -2 \end{bmatrix}\vec{x}(t)+\begin{bmatrix} 0 \\ 1 \end{bmatrix}u(t),$$

$$y(t)=\begin{bmatrix} 1 & 0 \end{bmatrix}\vec{x}(t)$$

(1) 샘플링주기 $T=1\,[\mathrm{s}]$와 0차 홀드회로를 사용하여 위 시스템을 이산시간시스템으로 변환하고, 펄스전달함수를 구하여라.
(2) 이산시간시스템의 입력을 $u[0]=2$, $u[1]=1$, $u[k]=0, (k \ge 2)$ 로 두었을 때 상태 $x[k]$ 는 어떤 모양을 나타내는가?

8.2 연속시간의 상태방정식과 이산시간의 상태방정식의 $\boldsymbol{A}$ 행렬에는 식 (8.9)의 관계가 성립한다. 이때 η_i 가 $\boldsymbol{A}$ 의 고유값이라고 할 때 $e^{\eta_i T}$ 가 $\boldsymbol{A}_d$ 의 고유값으로 된다는 것을 보여라.

8.3 다음의 연속시간시스템

$$\dot{\vec{x}}(t)=\begin{bmatrix} 0 & 1 \\ 0 & 0 \end{bmatrix}\vec{x}(t)+\begin{bmatrix} 0 \\ 1 \end{bmatrix}u(t),$$

$$y(t)=\begin{bmatrix} 1 & 1 \end{bmatrix}\vec{x}(t),\ \vec{x}(0)=\begin{bmatrix} 1 \\ -1 \end{bmatrix}$$

을 샘플링주기 $T=1\,[\mathrm{s}]$와 0차 홀드를 이용하여 이산화하고, 이에 대하 폐루프의 극점을 1/3과 0으로 가져가는 레귤레이터를 구성하여라. 이 결과 얻어진 이산시간시스템의 레귤레이터와 연속시간시스템의 레귤레이터의 응답, 즉 $\vec{x}(t)$ 와 $\vec{x}[k]$ 를 비교하여라.

8.4 다음의 이산시간시스템에 있어서 각 물음에 답하라.

$$\vec{x}[k+1]=\begin{bmatrix} 0 & 1 & 0 \\ 0 & 0 & 1 \\ 1 & 2 & 3 \end{bmatrix}\vec{x}[k]+\begin{bmatrix} 0 \\ 0 \\ 1 \end{bmatrix}u[k]$$

$$y[k]=\begin{bmatrix} 0 & 1 & 0 \end{bmatrix}\vec{x}[k]$$

(1) 상태피드백에 의한 레귤레이터를 구성하여라.
(2) 동일차원의 관측기를 구성하여 피드백을 완성하여라.
(3) 관측기를 이용하였을 경우와 그렇지 않을 경우의 응답을 비교하여라.

8.5 [그림 P8.1]로 주어진 시스템이 안정하기 위한 K 값의 범위를 구하여라. 단

$$G_p(s)=\frac{K}{s(s+1)}$$

이다.

8.6 [그림 P8.2]의 시스템에 입력으로 단위램프함수, 즉 $r(t)=t, t \ge 0$ 이 인가되었다. 이때 출력 $y[k]$ 의 대략적인 모양을 나타내어라. 단

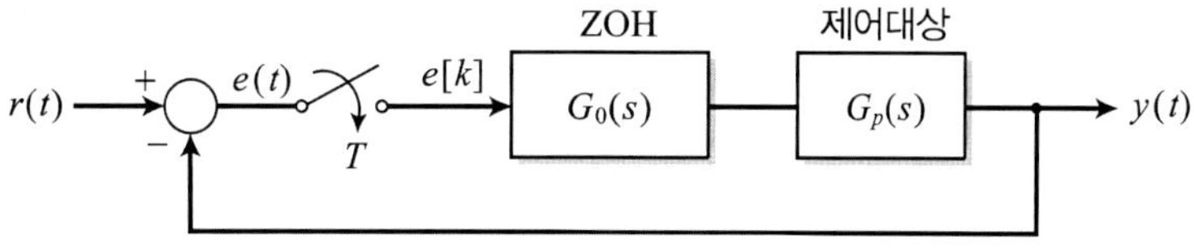

그림 P8.1 [문제 8.5]

$$G(s)=\frac{1}{(s+1)}$$

이다.

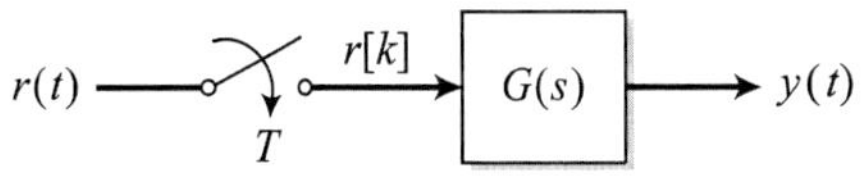

그림 P8.2 [문제 8.6]

8.7 [그림 P8.3]으로 주어진 폐루프시스템에서 각 경우에 대한 전달함수를 구하여라.

단

$$G_p(s)=\frac{1}{s(s+1)},\ G_c(z)=5\,\frac{z-0.9}{z-0.7}$$

이다.

(1) 이상적인 센서를 사용하였다. 즉 $H(s)=1$ 이다.

(2) $H(s)=\dfrac{10}{(s+10)}$

(3) 위 시스템에서 샘플링주기 $T=0.1\,[\mathrm{s}]$로 두고 폐루프시스템의 감쇠비를 MATLAB를 이용하여 계산하여라.

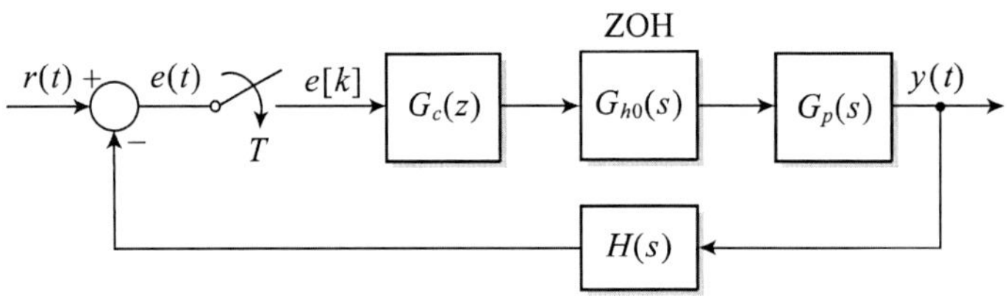

그림 P8.3 [문제 8.7]

제 9 장

로버스터제어

지금까지 설명한 여러 종류의 제어기설계법은 주어진 시스템의 수식모델에 대한 완전한 정보를 가지고 있다는 가정 아래 제시된 것이었다. 다시 말하자면, 제어대상의 수식모델, 즉 상태방정식 혹은 전달함수의 각 파라미터가 항상 일정한 값을 가지며 변동이 없다는 전제 하에 이루어진 것이었다. 그러나 일반적으로 제어대상의 수식모델은 아래에 제시한 여러 원인으로 인해 실제 시스템과 항상 일치하는 것은 아니다.

- 파라미터의 변동
- 모델링과정에서 제외된 특성
- 비선형시스템의 선형화 과정에서의 동작점의 변동
- 센서의 잡음
- 예측하지 못한 외란

로버스터제어의 목적은 모델링과정에서 발생하는 위와 같은 여러 종류의 불확실성의 존재에도 불구하고 설계된 제어시스템의 성능을 원래의 설계의도대로 유지하고자 하는 것이다. 따라서 전체 시스템에 모델의 변동이나 부정확성에도 불구하고 그의 성능을 유지할 수 있을 경우, 시스템이 '로버스터(robust)'하다고 한다[1].

요점 9.1 로버스터 제어

시스템에 상에 현저한 불확실성이 존재함에도 불구하고, 전체 시스템이 바람직한 성능특성을 유지하는 경우, 이러한 시스템을 로버스터 제어시스템이라고 한다.

시스템 상에 불확실성을 내포하는 [그림 9.1]과 같은 시스템을 생각하여 보자. 이 모델은 센서잡음 $n(s)$, 예측할 수 없는 외란 $d(s)$를 가지며, 또한 제어대상 $G(s)$는 모델링과정에서 발생하는 불확실성(또는 파라미터 변동)을 가지는 것으로 한다. 예를 들어 제어대상의

1) 영어의 'robust'는 우리말의 '강인하다'라는 의미를 가지기 때문에 책에 따라서는 이를 '강인한 제어시스템'이라고도 한다.

수식표현이 가지는 불확실성의 영향이 현저하다면, 제어시스템의 설계과정에 이러한 불확실성을 어떤 형태로든지 반영하는 것이 실제 시스템에서 원하는 제어성능을 유지할 수 있을 것이라는 것은 쉽게 짐작할 수 있을 것이다.

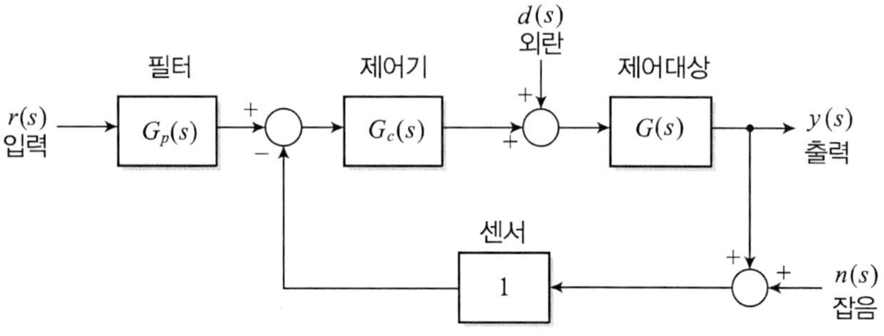

그림 9.1 불확실성을 가지는 폐루프시스템의 기본구조

이와 같이 제어기가 실제의 환경에 존재하는 여러 종류의 불확실성에 대처하기 위해 가져야 할 특성을 일반적으로 '로버스터성(Robustness)'이라고 한다. 이것은 수학적으로는 설계된 제어기가 제어대상의 수식모델(또는 기준모델: nominal model) 뿐만 아니라 모델화 오차[2]를 반지름으로 하는 모델의 집합에 대해서도 만족할 만한 제어성능을 가져야 한다는 뜻으로 해석할 수 있다. 간단한 제어대상을 안정화시키는 문제를 가지고 로버스터성의 의미를 좀 더 구체적으로 생각해 보자. 예를 들어

$$G(s) = \frac{1}{s-a} \tag{9.1}$$

로 주어진 제어대상에서 파라미터 a 의 기준값은 1 이지만 이 값은 50% 의 범위 내에서 변동한다고 가정한다. 따라서 만약 $0.5 \leq a \leq 1.5$ 의 범위에 있는 모든 값에 대해서 시스템 (9.1)을 안정화시킬 수 있는 제어기가 설계되었다고 하면 이 시스템은 '로버스터 안정(robust stability)'하다고 한다. 나아가서 이 제어기가 주어진 여러 가지의 설계사양, 예를 들어 정상상태의 추종특성, 외란억제특성 및 과도응답특성 등을 범위 내의 모든 a 값에 대해서도 여전히 만족시킨다면, 이 시스템은 '로버스터 성능(robust performance)'을 가진다고 한다. 이와 같이 로버스터 안정과 로버스터 성능을 동시에 만족시키는 제어기를 설계하는 문제를 일반적으로 '로버스터 제어(robust control)'라고 부르고 있다.

2) 모델링과정에서 발생하는 여러 종류의 불확실성을 '모델화 오차'라고 쓰기로 한다.

9.1 로버스터 제어와 감도

제어대상의 수식모델에 현저한 불확실성(또는 파라미터 변동)이 존재하는 경우에도 주어진 설계사양을 만족하는 제어기의 설계는 전형적인 피드백제어문제이다. 다시 말하면, (음의) 피드백제어를 사용하여 시스템의 변동(즉 불확실성)이 출력에 미치는 영향을 최소화하는 것이다. '영향의 최소화'를 조금 구체적으로 설명하면 다음과 같다.

❶ 시스템이 낮은 감도를 가진다.
❷ 주어진 파라미터의 변동범위 내에서 시스템은 안정하다.
❸ 파라미터의 변동(혹은 불확실성)이 존재함에도 시스템의 성능은 주어진 설계사양을 계속적으로 만족한다.

위의 세 가지 조건을 충족할 수 있는 경우, 제어시스템은 로버스터하다고 한다. 이와 같이 로버스터성을 가진다는 것은 설계의 단계에서 고려되지 않았던 여러 사항, 예를 들어 [그림 9.1]에서와 같이 외란, 측정잡음 및 모델화과정에서의 오차 등에 대하여 시스템이 낮은 감도를 가지는 것으로 볼 수 있을 것이다. 다시 말하면 로버스터한 시스템은 설계과정에서 무시한 여러 요소가 실제시스템에서 억제되어 출력에 나타나지 않도록 해야 할 것이다.

변동의 범위가 작을 경우 로버스터성에 대한 하나의 척도로서 감도를 사용하고 있다. 여기서는 감도에 대한 이해를 돕기 위해 전달함수 표현식을 사용하기로 한다.

요점 9.2 감도

감도는 특정한 변수의 변동이 출력에 미치는 영향에 대한 정도의 크기를 의미한다. 특히 폐루프시스템에서 제어대상의 수식모델 변동 등으로 인한 출력 변화량과의 비를 시스템감도라도 부르며

$$S_{\alpha}^{T}=\frac{\partial T/T}{\partial\alpha/\alpha} \tag{9.2}$$

로 정의된다. 여기서 α 는 수식모델(즉 제어대상의 전달함수)의 파라미터이며 T 는 폐루프시스템의 전달함수이다.

[그림 9.2]로 주어진 폐루프시스템에 대하여 감도를 확인하여 보자. 이 경우 폐루프시스템의 전달함수는

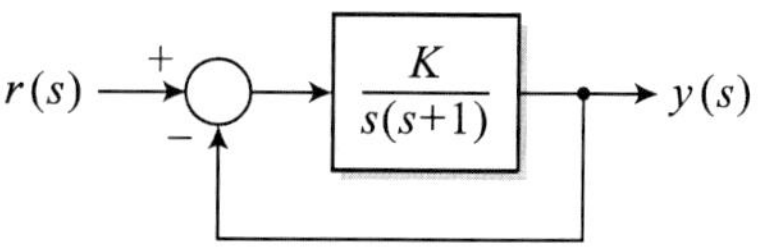

그림 9.2 2차 시스템

$$T(s)=\frac{K}{s^2+s+K} \tag{9.3}$$

이므로 식 (9.2)에 의해

$$S_K^T = \frac{1}{1+G(s)} = \frac{s(s+1)}{s^2+s+K} \tag{9.4}$$

로 된다. 식 (9.4)로부터 감도는 s의 함수, 다시 말하면 $s = j\omega$의 관계를 생각하면 감도는 주파수 ω의 함수로 된다는 것을 알 수 있다. 이는 파라미터 K의 변동이 출력에 미치는 영향은 시스템에 사용되는 주파수의 범위에 따라 달라진다는 것을 의미한다. 이를 보드선도를 이용하여 확인하여 보자.

[그림 9.3]에 $K = 1/4$인 경우 식 (9.3)과 (9.4)의 주파수응답, 즉 $20\log|T(j\omega)|$와 $20\log|S(j\omega)|$를 근사적으로 나타내었다. 이로부터 감도는 낮은 주파수, 대략적으로 $\omega \approx 0.2$ [rad/s] 부근까지는 작은 값을 가지기 때문에 파라미터 K의 작은 변동이 출력에 미치는 영향은 그다지 크지 않을 것이라는 사실을 알 수 있다[3].

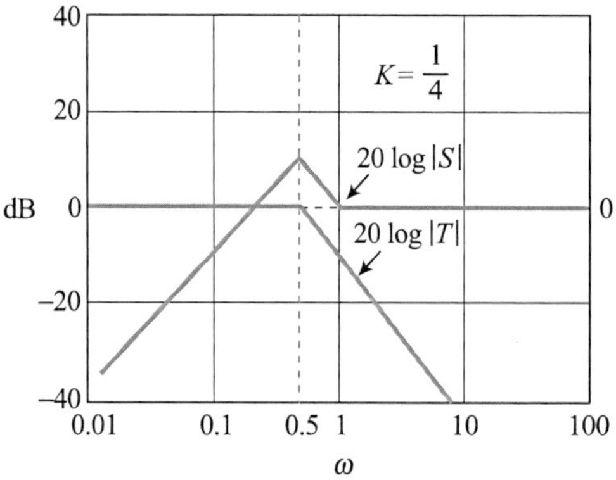

그림 9.3 $K = 1/4$에서의 $20\log|T(j\omega)|$와 $20\log|S(j\omega)|$

위에서 언급한 바와 같이 감도 S는 파라미터의 작은 변동에 대한 로버스터성의 정도를 나타내는 양이다. 예를 들어 [그림 9.2]의 시스템에서 K를 $1/16 \le K \le 1$ (기준값은 $1/4$)와 같이 상당히 넓은 범위에서 변화시켰을 경우의 계단응답은 [그림 9.4]로 된다. 이로부터 넓은 범위의 K값의 변화에 대해서는 더 이상 로버스터하지 않음을 알 수 있다.

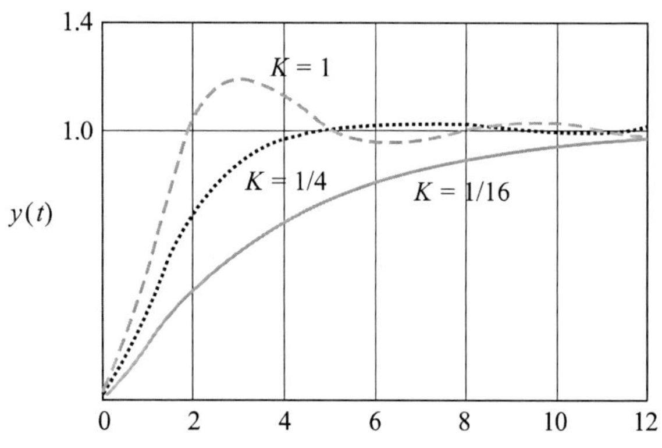

그림 9.4 $K = 1/16, 1/4, 1$인 경우의 계단응답

예제 9.1

[그림 9.5]에서 $G(s) = 1/s^2$이며 PD제어기는 $G_c(s) = b_1 + b_2 s$로 주어졌다. 이때 제어대상 $G(s)$의 변동에 대한 감도를 계산하여 보자.

---

3) 예를 들어 입력으로 $\sin\omega t$와 같은 정현파신호가 입력되었다면 입력주파수 ω가 대략 0.2[rad/s] 근처까지에는 시스템의 출력이 파라미터 K의 변동에 대해 로버스터하다는 것을 의미한다.

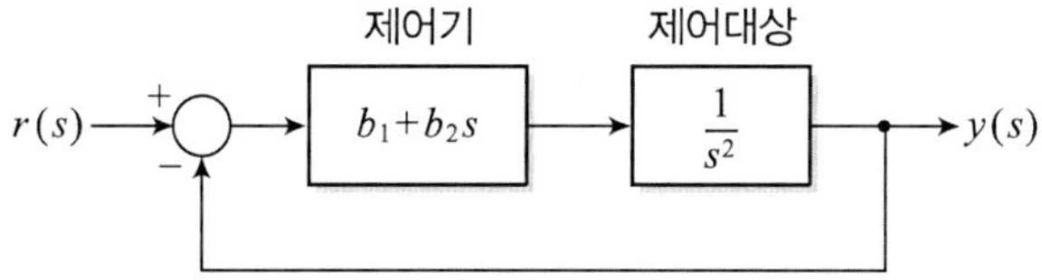

그림 9.5
[예제 9.1]의 시스템

해 식 (9.2)로부터

$$S_G^T = \frac{1}{1+GG_c(s)} = \frac{s^2}{s^2+b_2s+b_1} \quad ①$$

이며 폐루프전달함수

$$T(s) = \frac{b_2s+b_1}{s^2+b_2s+b_1} \quad ②$$

로 된다. 여기서 ②를 $\zeta=1$과 $\omega_n=\sqrt{b_1}$ 으로 주어지는 표준 2차 시스템[4]으로 간주한다면 $b_2=2\omega_n$ 으로 된다. 이 경우 적절한 ω_n 에 대해 $20\log|T|$ 와 $20\log|S|$ 를 [그림 9.6]에 나타내었다. 이 그림에서 전달함수 $T(s)$와 감도함수 $S(s)$는 주파수특성이 서로 완전히 반대로 되어 있음을 알 수 있다. 다시 말하면, 낮은 주파수영역에서는 감도함수의 값이 작기 때문에 제어대상에서의 파라미터 변동에 대해 로

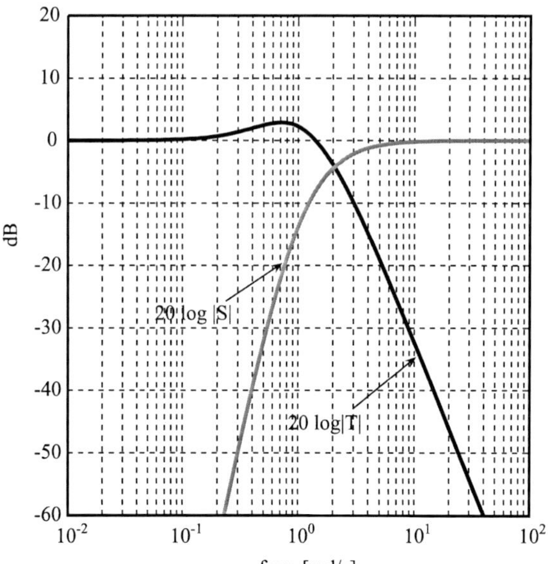

그림 9.6
[그림 9.5]에 대한 $20\log|T|$ 와 $20\log|S|$

4) 표준 2차 시스템의 전달함수는 $\frac{\omega_n^2}{s^2+2\zeta\omega_n s+\omega_n^2}$ 의 형식으로 주어지며 전달함수를 이용한 제어시스템 설계 시에 유용하게 사용된다.

버스터 하지만, 그 대신 전달함수의 값이 크기 때문에[5] 폐루프시스템이 불안정으로 될 가능성이 높아진다. 따라서 만약 파라미터의 변동 등에 대한 감도의 조절보다는 시스템 전체의 안정성을 중시하고자 한다면 ω_n 값을 조절하여 $20\log|T|$가 0[dB]로 되는 범위를 좁혀야 할 것이다. 이와 같이 ω_n은 두 종류의 제어지침, 즉 안정성 중시 또는 파라미터 변동에 대한 로버스터성 중에서 어느 것에 더 설계의 중점을 두느냐에 대한 하나의 지표가 된다.

%[예제 9.1]

```
wn=1; w=logspace(-2,2,100);             % ωn =1, 주파수영역의 지정
sysT=tf([2*wn wn^2],[1 2*wn wn^2]);% T(s)의 LTI object
sysS=tf([1 0 0],[1 2*wn wn^2]);         % S(s)의 LTI object
[magT,phaseT]=bode(sysT,w);             % 주어진 주파수영역에서 크기와 위상의 계산
[magS,phaseST]=bode(sysS,w);            %
magT=reshape(magT,100,1);               % 3차원 행렬을 2차원으로 변경
magS=reshape(magS,100,1);               %
semilogx(w,20*log(magT)),hold on        % [그림 9.6]의 작성 (대수눈금 그래프)
semilogx(w,20*log(magS)),hold off       %
xlabel(' freq. [rad/s]')
ylabel(' dB '), grid                    % 그리드 삽입
```

9.2 주파수영역에서 감도의 표현

식 (9.2)로 정의된 감도는 이미 9.1절에서 설명한 바와 같이 주파수의 함수이다. 다시 말하면 임의의 파라미터변동에 대한 감도의 크기는 시스템에서 사용되는 주파수대역에 따라 달라진다는 것이다. 예를 들어 단위계단신호가 입력으로 인가되었을 경우 파라미터 변동에 대한 감도를 생각하여 보자. 이 경우 단위계단신호의 라플라스변환은 $\mathcal{L}[1(t)]=1/s$이므로 이 신호의 주파수대역은 $1/|\omega|$로 되어 주파수가 증가함에 따라 크기는 감소한다[6]. 따라서 이 신호의 활동영역은 낮은 주파수대역에 있으므로 파라미터의 변동에 대해 비교적 로버스터한 특성을 나타낼 것으로 생각된다([그림 9.6] 참조). 그러나 입력으로

5) $20\log|T|=0$[dB]라는 것은 $|T(s)|=1$을 의미한다. 이러한 사실은 시스템에 약간의 변동으로 출력이 발산할 수 있음(즉 불안정)을 나타내는 것으로 볼 수 있다.

6) 라플라스변환 된 신호(혹은 시스템) $G(s)$의 주파수특성은 $s=j\omega$의 치환에 의해 얻어진 복소함수로부터 크기와 위상을 얻을 수 있다.

$\sin\omega t$와 같은 정현파신호가 인가되었을 경우에는 인가된 신호의 주파수 대역에 따라 시스템의 로버스터성이 달라질 것이다.

이와 같이 주파수의 함수로 표현되는 감도에 대하여 어떤 특정한 주파수대역에서 감도의 크기를 제한하는 경우에 대한 문제를 생각하여 보자. 하나의 예로서, 10[rad/s] 이하의 대역에서 감도를 −20[dB] 이하로 제한하고자 하는 경우 등을 들 수 있을 것이다. [그림 9.7]과 같은 1입출력시스템인 폐루프시스템에 대하여 이 문제에 대한 해결책을 알아본다.

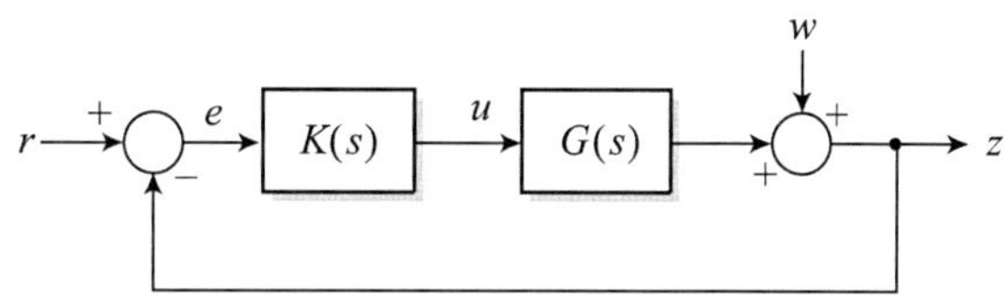

그림 9.7 기본적인 서보시스템

[그림 9.7]에서 외란 $w(s)$와 출력 $z(s)$ 사이의 전달함수 다음 식으로 주어진다.

$$z(s)=\frac{1}{(1+G(s)K(s))}w(s)\equiv S(s)w(s) \tag{9.5}$$

식 (9.5)는 외란이 출력에 미치는 영향을 나타내고 있는 것으로, 이는 시스템의 출력부분에서 인가되는 외란에 대한 감도로 해석할 수 있다. 한편 목표입력 $r(s)$에서 오차 $e(s)$까지의 전달함수 역시

$$e(s)=S(s)r(s) \tag{9.6}$$

로 표현되므로 $S(s)$는 목표신호의 변동에 대한 오차신호의 감도라고도 할 수 있을 것이다. 여기서 감도함수로서 표현된 식 (9.5)(또는 (9.6))를 주파수영역에서 해석해 보자.

위 식은 외란 w나 목표신호 r이 가지는 주파수특성과는 관계없이 정상상태에서[7] 신호 z나 e의 크기(즉 $|e(j\omega)|$ 또는 $|z(j\omega)|$)는 임의 주파수 ω_1에서 $|S(j\omega_1)|$배로 된다는 것을 나타내고 있다. 따라서 $|S(j\omega)|$의 크기를 주파수대역에 따라 조절할 수 있다면 입력신호의 대역적인 성질에 의존하지 않는 시스템의 특성을 보증할 수 있게 된다. 이와 같은 사실을 수학적으로 표현하여 보자.

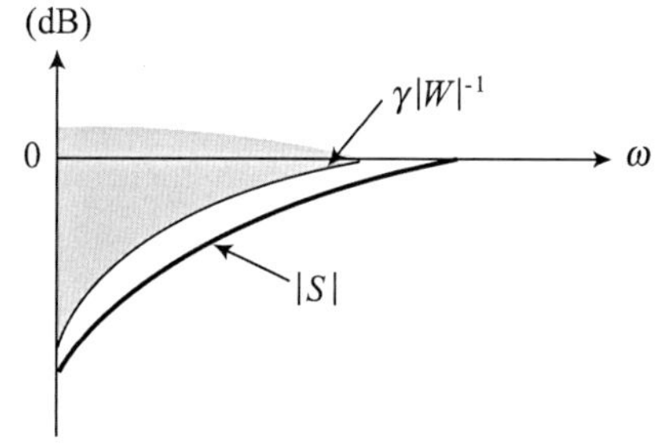

그림 9.8 $|S(j\omega)|$에 대한 요구

외란 w나 목표신호 r이 가지는 주파수특성을 고려해서 감도함수 $S(s)$가 임의의 함수 $W(s)$와 γ에 대하여

$$|S(j\omega)|<\frac{\gamma}{|W(j\omega)|},\ \forall\omega \tag{9.7}$$

을 만족시키고자 하는 요구가 있다고 한다. 이때 식 (9.7)은 [그림 9.8]로부터 알 수 있는

7) 정상상태란 시간영역에서 $t\to\infty$인 경우를 의미한다.

바와 같이 감도함수의 주파수특성 $|S(j\omega)|$가 미리 주어진 주파수곡선 $\gamma \cdot |W(j\omega)|^{-1}$의 아래쪽에 올 수 있도록 [그림 9.7]의 제어기 $K(s)$를 설계하고자 하는 것으로 해석할 수 있다.

이를 위해서는

$$\max_{\omega} |\Phi(j\omega)| < \gamma, \quad \Phi(s) \equiv W(s)S(s) \tag{9.8}$$

를 만족하는 제어기 $K(s)$가 존재하지 않으면 안 된다. 식 (9.8)의 왼쪽 항은 함수 Φ의 H_∞ norm으로 불리며 $\| \Phi \|_\infty$로 표현한다. 안정하며 프로퍼한 전달함수[8] $G(s)$에 대한 H_∞ norm은

$$\| G \|_\infty = \max_{\omega} | G(j\omega)| \tag{9.9}$$

로 정의되며 일반적으로 유한한 값을 가진다. 따라서 식 (9.8)로 주어지는 $\| \Phi \|_\infty$은 $\Phi(s)$의 벡터궤적을 $\Phi(s)$ 평면에 표현하였을 경우[9] 원점에서 가장 멀리 떨어진 점과의 거리를 의미하는 것으로 해석할 수 있다([그림 9.9] 참조). 여기서 H_∞ norm의 의미를 시스템의 입출력과 관련하여 살펴보자. 예를 들어

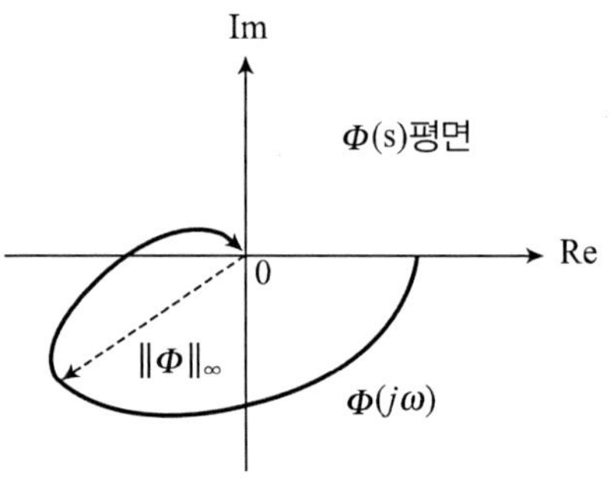

그림 9.9 H_∞ norm의 의미

$$y(s) = G(s)u(s)$$

로 주어졌다면 $G(s)$의 H_∞ norm은

$$\| G \|_\infty = \max_{u(t)} \frac{\text{출력 power}}{\text{입력 power}} \tag{9.10}$$

으로 정의된다. 이것은 다시 말하면 적절한 크기를 가지는 시스템의 입력신호 $u(t)$가 인가되었을 때 $y(t)$가 가질 수 있는 최대출력을 의미하는 것으로 볼 수 있다. 따라서 시스템의 H_∞ norm 값을 제한할 수 있다면 출력을 어떤 크기의 입력에 대해서도 항상 일정한 값 이하로 만들 수 있을 것이다. 이러한 개념을 로버스터제어기 설계에 적용한 것이 H_∞ 제어이론이다(9.5절 참조).

8) 전달함수 표현에서 분모의 차수가 분자의 차수보다 같거나 큰 경우 '프로퍼(proper)'하다고 한다.
9) 복소평면에 표시된 벡터궤적은 일반적으로 극좌표선도(polar plot)라고 불린다.

예제 9.2

전달함수가 $G(s)=\dfrac{s+b}{s+a}$ 로 주어졌다고 한다. 이 경우

$$\left\| \frac{j\omega+b}{j\omega+a} \right\|_{\infty} = \begin{cases} 1, & b<a \\ \dfrac{b}{a}, & b \ge a \end{cases}$$

로 됨을 알 수 있다. 따라서 위 시스템은 입력의 크기에 관계없이 출력의 최대값을 적절한 값으로 제한할 수 있음을 알 수 있다.

9.3 수식모델이 가지는 불확실성의 표현

이미 여러 번 언급한 바와 같이 제어기의 설계에 사용되는 수식모델(전달함수, 혹은 상태방정식)은 모델화과정에서 발생하는 모델화오차를 포함하고 있지 않다. 따라서 이러한 변동에 대해 로버스터한 시스템을 얻기 위해서는 제어기의 설계과정에서 모델화오차를 반영하여야 할 것이다. 예를 들어 [그림 9.7]의 시스템에서 목표신호 $r(s)$와 제어오차 $e(s)$ 사이에는 식 (9.6), 즉 $e(s)=S(s)r(s)$ 의 관계가 성립한다. 이때 $S(s)$가 식 (9.7), 즉

$$|W(j\omega)S(j\omega)| < \gamma, \ \forall\omega \tag{9.11}$$

을 만족하도록 제어기 $K(s)$를 설계하였다고 한다. 이 경우 [그림 9.7]의 제어대상이 가지는 모델화오차의 변동이 식 (9.11)의 함수 $W(j\omega)$가 흡수할 수 있는 범위 내에서 변동한다면 폐루프시스템의 로버스터성을 보장할 수 있을 것이다. 다시 말하면 제어대상에 존재하는 변동, 혹은 외란 등에 의한 출력의 변동을 미리 어떤 함수($W(s)$ 등)로 지정하여 이것을 시스템의 일부로 간주하여 주어진 사양을 만족하는 제어기를 설계하여 실현한다면, 제어대상에 변동이 존재하거나 외란이 인가되더라도 주어진 설계사양의 성능을 유지할 수 있다는 것이다.

이러한 관점에서 제어대상에 존재하는 변동(혹은 모델화오차) 등을 미리 어느 정도 파악하여 함수로 표현한다는 것은 로버스터제어에는 필수적인 과정으로 된다. 이때 모델화오차나 외란은 주파수에 따라 달라지므로 대부분 주파수의 함수로 표현된다. 여기서 제어대상에 존재하는 이러한 오차(혹은 변동)를 나타내는 방법에 대하여 알아보자.

예를 들어 [그림 9.10]과 같이 마찰이 있는 평면상에 놓여 있는 질량 M의 물체에 스프링을 연결하여 힘 F를 인가하였을 경우를 생각하여 보자. 이때 질량이 움직인 거리 x와 인가된 힘 F 사이에는

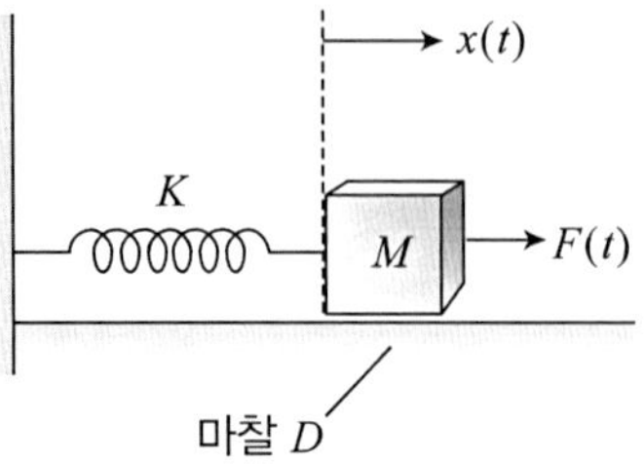

그림 9.10 질량–스프링–마찰 시스템

$$M\frac{d^2x}{dt^2}+D\frac{dx}{dt}+Kx=F \tag{9.12}$$

가 성립한다. 이때 D는 마찰계수이며, K는 스프링상수이다. 힘과 거리 사이이의 전달함수는

$$G(s)=\frac{1}{Ms^2+Ds+K} \tag{9.13}$$

로 된다. 그러나 전달함수에 사용된 M, D, K의 정확한 값은 알기 어렵고 대략

$$1\le M\le 1.2,\quad 0.2\le D\le 0.23,\quad 0.9\le K\le 1.1 \tag{9.14}$$

의 범위 내에는 존재한다고 생각하는 것이 일반적이다. 이와 같은 모델화오차를 모델파라미터의 불확실성이라고 한다. 이외에 제어대상 내에 존재하는 어떠한 진동성분 등으로 인해 제어대상에 대한 정확한 정보(차수 등)를 알 수 없는 경우 등이 있다. 이와 같이 실제 제어대상 $\tilde{G}(s)$의 정보를 파악하기 어려운 경우, 또는 식 (9.14)와 같이 파라미터의 불확실성만이 주어진 경우 등에서는 실제의 제어대상이 존재하는 대략적인 범위를 주파수영역에서

$$\tilde{G}(j\omega)=G(j\omega)+\Delta_a(j\omega),\quad |\Delta_a(j\omega)|\le|r(j\omega)| \tag{9.15}$$

과 같이 표현하여 [그림 9.11(a)]와 같이 존재 가능한 영역을 집합으로 나타낸다. 이 방법은 모델화되지 않은 동적특성 $\Delta_a(s)$의 크기를 $|r(j\omega)|$로서 평가할 수 있다는 설정이다. 식 (9.15)와 같이 정의된 불확실성을 '덧셈형 불확실성(additive uncertainty)'라고 한다. 여기서

$$\Delta_a(s)=\tilde{G}(s)-G(s) \tag{9.16}$$

으로 되므로 덧셈형 불확실성은 실제모델과의 절대적인 차이를 반영한 것으로 볼 수 있으며, 주로 고주파영역에서 모델의 차수를 줄이기 위해 무시한 모델화오차를 나타내는 데 사용된다.

식 (9.15)외에도 '곱셈형 불확실성(multiplicative uncertainty)'의 표현법이 있으며 (그림 9.11 (b), (c))와 같이

$$\tilde{G}(s)=\left(1+\Delta_m(s)\right)G(s),\quad |\Delta_m(j\omega)|\le|r(j\omega)| \tag{9.17}$$

로 정의된다. 이 경우 모델화오차는

$$\Delta_m = \frac{\widetilde{G}(s) - G(s)}{G(s)} \tag{9.18}$$

로 주어지며 실제모델과의 오차를 백분율로 표시한 양을 나타낸다. 이런 형태의 오차는 액추에이터나 센서의 동적인 특성에 의한 모델화오차를 표현하는 데 주로 사용된다.

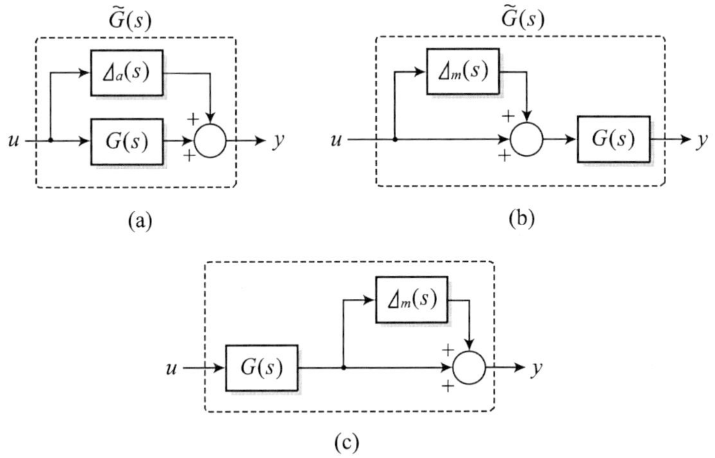

그림 9.11
(a) 덧셈형 불확실성,
(b) 곱셈형 불확실성(입력측),
(c) 곱셈형 불확실성(출력측)

예제 9.3

두 개의 적분기로서 이루어진 기본모델에 진상보상기를 추가한 시스템의 전달함수가 다음과 같이 주어져 있다고 한다.

$$G(s) = \frac{10(s+1)}{s^2(s+5)} \quad ①$$

이때 기본모델은 다음 식

$$\text{진동영역} = \frac{s^2 + 2(0.1)(12)s + 12^2}{s^2 + 2(0.05)(10)s + 10^2} \cdot \frac{10^2}{12^2} \quad ②$$

으로 주어지는 고주파영역에서의 진동을 생략(즉 ≈ 1 두었다)한 것이므로 실제의 제어대상 $\widetilde{G}(s)$는 다음과 같이 표현되어야 할 것이다.

$$\widetilde{G}(s) = \frac{10(s+1)}{s^2(s+5)} \cdot \frac{s^2 + 2(0.1)(12)s + 12^2}{s^2 + 2(0.05)(10)s + 10^2} \cdot \frac{10^2}{12^2} \quad ③$$

이때 ①의 모델화오차를 덧셈형 불확실성으로 표현하면

$$\Delta_a(s) = \tilde{G}(s) - G(s) = \frac{-3.05(s+1)(s-2.18)}{s(s+5)(s^2+s+1)} \quad ④$$

으로 되며, 곱셈형 불확실성으로 나타내면

$$\Delta_m(s) = \frac{\tilde{G}(s) - G(s)}{G(s)} = \frac{-3.05(s-2.18)}{s^2+s+1} \quad ⑤$$

로 나타낼 수 있다.

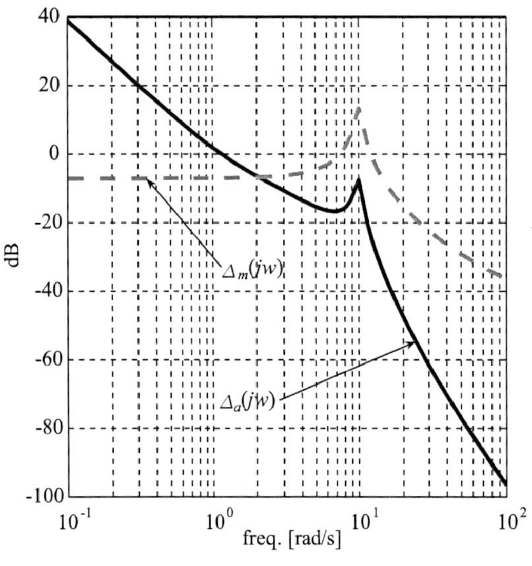

그림 9.12
$\Delta_a(j\omega)$ 와 $\Delta_m(j\omega)$ 의 주파수특성

% [예제 9.3]

```
Gs=tf([10 10],[1 5 0 0]);                          % ①의 LTI object표현
num_t=conv([10 10],[1 2*0.1*12 12^2]);
den_t=conv([1 5 0 0],[1 2*0.05*10 10^2]);
G_t=tf(num_t,den_t);                               % ③의 LTI object 표현
w=logspace(-1,2,100);
FGs=freqresp(Gs,w);FGs=reshape(FGs,100,1);         % ①의 주파수특성 계산
FG_t=freqresp(G_t,w);FG_t=reshape(FG_t,100,1);     % ③의 주파수특성 계산
DelmdB=20*log10(abs(FG_t-FGs))-20*log10(abs(FGs)); % ⑤의 크기(dB)
semilogx(w,20*log10(abs(FG_t-FGs)),w,DelmdB,':') % [그림 9.12]
xlabel(' freq. [rad/s]')
ylabel(' dB '), grid
```

9.3.1 불확실성의 반영

지금까지 제어대상이 가지는 불확실성을 나타내는 방법에 대하여 설명하였다. 여기서는 이와 같이 정의된 제어대상의 불확실성과, 외란 등에 의한 변동을 어떻게 제어기의 설계에 반영할 것인가에 대하여 간단히 설명한다.

[그림 9.13]에서 목표신호 r, 외란 d 및 잡음 w를 입력으로 하고 오차신호 $e=r-y$를 출력으로 하는 전달함수는

$$e=\frac{1}{(1+GK)}r-\frac{1}{(1+GK)}d-\frac{GK}{(1+GK)}w \tag{9.19}$$

로 됨을 쉽게 알 수 있다. 여기에 식 (9.5)에 의한 감도함수를 이용하면 식 (9.19)는

$$e=Sr-Sd-(1-S)w \tag{9.20}$$

로 된다. 여기서 감도함수 S에 대응하는 함수

$$T(s)\equiv 1-S(s) \tag{9.21}$$

를 정의하고, 이를 '상보감도함수'라고 부른다. 감도함수와의 관계는 식 (9.21)에서

$$S(s)+T(s)=1 \tag{9.22}$$

로 되므로 서로 보완하는 관계에 있기 때문에 상보(complementary)감도라는 표현이 사용되었다.

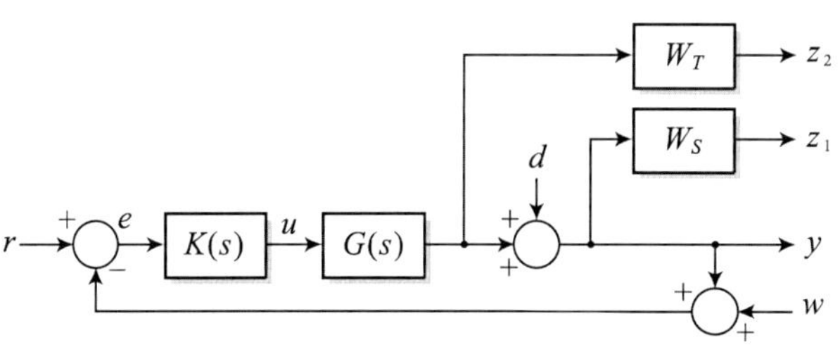

그림 9.13 불확실성(또는 변동)을 나타내기 위한 구조

[그림 9.13]에서 제어기 $K(s)$의 설계목적은 외부 신호 r, d 및 w가 가지는 주파수특성에 관계없이 오차 e를 항상 작은 값으로 유지하고자 하는 것이다. 식 (9.20)으로부터 알 수 있는 바와 같이 $e\approx 0$으로 되기 위한 가장 확실한 방법은 전 주파수영역에서 $S\approx 0$ 및 $T\approx 0$으로 하는 것이다. 그러나 식 (9.22)의 관계로부터 동일한 주파수 대역에서 S와 T를 동시에 영(또는 작은 값)으로 할 수 없기 때문에, 주파수대역을 나누어서 각각의 영역에서 S와 T가 작은 값을 가질 수 있도록 하는 것이다. 예를 들어, 식 (9.20)에서

S는 목표신호 r과 외란 d와 관련이 있기 때문에 이들이 의미를 가지는 주파수(주로 낮은 주파수대역)에서 작은 값을 가지도록 하고, T는 잡음 w이 의미를 가지는 주파수(주로 높은 주파수대역)에서 작은 값을 가지도록 제어기를 설계하는 것이다. 이와 같이 대응하는 신호가 의미를 가지는 주파수대역[10]에서 S와 T가 각각 작은 값을 가질 수 있도록 S와 T의 주파수특성 곡선을 변형하는 것이다[11].

이와 같이 감도함수(또는 상보감도함수)의 주파수특성을 특정한 주파수대역에서 변형하기 위해서는 어떤 특정한 주파수특성을 가지는 함수를 이용하여 식 (9.7)과 같이 감도함수의 주파수특성을 원하는 모양이 될 수 있도록 변형하는 것이다. 이와 같은 역할을 하는 함수를 '가중함수(weighting function)'이라고 한다. 여기서 S의 가중함수를 $W_S(s)$, T의 가중함수를 $W_T(s)$로 두었을 경우

$$|S(j\omega)| < \frac{\gamma}{|W_S(j\omega)|}, \quad |T(j\omega)| < \frac{\gamma}{|W_T(j\omega)|} \tag{9.23}$$

가 만족되도록 제어기를 설계하는 것이다. 식 (9.23)을 식 (9.9)로 정의된 H_∞ norm을 사용하여 표현한다면

$$\| W_S S \|_\infty < \gamma, \quad \| W_T T \|_\infty < \gamma \tag{9.24}$$

으로 된다. 이와 같이 가중함수 $W_S(s)$와 $W_T(s)$가 주어졌을 때 식 (9.24)를 동시에 만족시키는 제어기를 구하는 문제를 블록선도를 이용하여 나타낸 것이 [그림 9.13]이다.

이 그림에서 z_1과 z_2는 실제로 존재하는 출력이 아니라 제어기설계를 위하여 인위적으로 인가한 것이다. 이렇게 하여도 폐루프의 특성에는 아무런 영향을 미치지 않으므로 전체 시스템의 안정성과는 무관하다. 그림으로부터

$$z_1 = W_S(1+KG)^{-1}d, \quad \text{혹은} \quad z_1 = W_S S d \tag{9.25a}$$

$$z_2 = W_T(1+KG)^{-1}KGw, \quad \text{혹은} \quad z_2 = W_S T w \tag{9.25b}$$

이며 동시에

$$z_2 = W_T T r \tag{9.25c}$$

가 쉽게 얻어진다.

주파수변형을 위하여 도입된 가중함수의 전형적인 모양을 [그림 9.14]에 표시하였다. 이 그림에 의한 감도함수와 상보감도함수의 조건은 다음과 같이 나타낼 수 있을 것이다.

---

10) 신호가 의미를 가진다는 것은 비교적 큰 에너지를 가지는 주파수대역을 의미한다.

11) 이와 같이 적절한 주파수함수를 이용하여 S 또는 T의 특성곡선을 변형하는 것을 정형(shaping)이라고 한다.

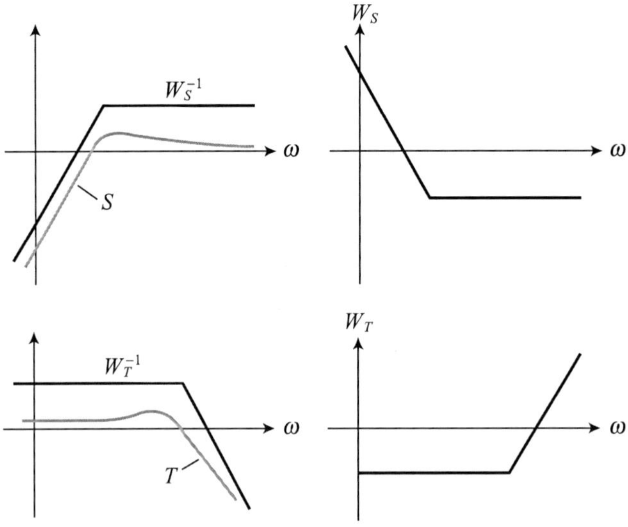

▶ 그림 9.14
S 와 T 에 대한
전형적인 가중함수

$$|S| \leq W_S^{-1}, \text{ 혹은 } |W_S S| \leq 1 \tag{9.26a}$$

$$|T| \leq W_T^{-1}, \text{ 혹은 } |W_T T| \leq 1 \tag{9.26b}$$

이와 같은 두 가지의 제약조건 (9.26)을 동시에 만족하는 제어기의 설계법을 '혼합감도 문제(mixed sensitivity problem)'라고 하며 H_∞ 제어문제의 가장 일반적인 형태로 알려져 있다.

9.4 로버스터 안정성

제어대상과 보상기(즉 제어기)를 가지는 [그림 9.1]과 같은 피드백시스템에 대해 생각해보자. 단 보상기는 제어대상의 기준모델[12] $G(s)$를 안정화시킬 수 있도록 설계되었다고 가정한다. 이때 이와 같은 보상기를 실제의 제어대상 $\widetilde{G}(s)$에 적용하였을 경우에도 폐루프 시스템의 안정성이 계속 유지된다면 이 보상기는 시스템을 '로버스터하게 안정화시킨다고' 한다. 로버스터 안정성과 관련된 결과와 조건들은 전달함수를 이용하는 고전제어의 안정성이론에서 주된 역할을 하고 있는 나이퀴스트 안정판별정리(Nyquist stability criterion)나, 혹은 로버스터이론과 관련된 가장 중요한 이론 중의 하나인 스몰게인정리(small gain theorem) 등으로부터 유도된 것이 대부분이다. 여기서는 스몰게인정리를 SISO시스템에 한정하여 구체적으로 설명한다.

12) 제어기 설계에 사용되는 수식모델을 의미한다.

스몰게인정리(Small Gain Theorem)

[그림 9.15]로 주어진 피드백시스템에서 제어대상 G와 보상기 K는 안정한 시스템이라고 가정한다. 이때 다음 식

$$|K(s)G(s)| < 1 \tag{9.27}$$

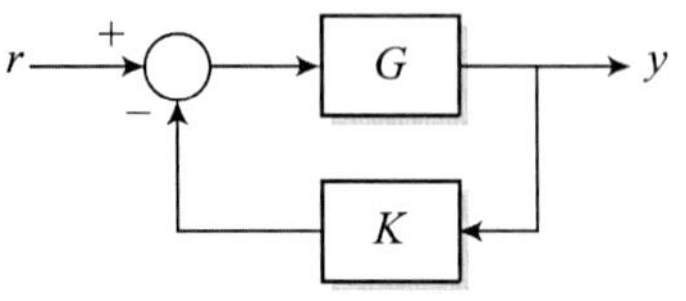

그림 9.15 피드백제어시스템

이 만족된다면 폐루프시스템은 항상 안정하다. 또한 식 (9.27)에서 다음 부등식

$$|K(s)G(s)| \leq |K(s)| \cdot |G(s)| \tag{9.28}$$

이 성립하기 때문에, 이 결과 다음 식이 만족된다면 폐루프의 안정성이 보증된다는 것을 알 수 있다.

$$|K(s)| \cdot |G(s)| \leq 1 \tag{9.29}$$

이상의 사실로부터 다음 요점을 얻는다.

요점 9.3 스몰게인 정리

폐루프시스템이 안정하기 위한 충분조건은

$$|K(s)| \cdot |G(s)| \leq 1$$

이 만족되는 것이다. 이 조건은 폐루프가 안정하기 위해서는 루프이득이 작아야 한다는 것을 의미하는 것으로 볼 수 있다.

위 요점을 나이퀴스트 안정성조건[13](Nyquist stability criterion)을 이용하여 간단히 증명하여 보자. 식 (9.27)은 폐루프시스템이 안정하기 위해서는 개루프전달함수 $K(s)G(s)$의 벡터궤적은 원점을 중심으로 하는 단위원 내부에 반드시 존재해야 한다는 것을 나타내고 있다. 이 결과 복소평면 상에서 $K(j\omega)G(j\omega)$의 궤적은 점 $(-1, j0)$을 둘러싸지 않게 된다(즉 $N=0$이다). 또한 개루프시스템은 안정하다고 가정했기 때문에(즉 $P=0$이다), 나이퀴스트의 안정성정리에 의해 $Z=0$으로 되어 폐루프시스템은 불안정한 극점을 가지지 않는다. 즉 식 (9.29)가 만족되면 폐루프시스템은 안정하게 되어 [요점 9.3]이 증명되었다. 이때 유의할 점은 스몰게인정리는 시스템의 내부안정성을 보장하는 충분조건이라는 점이다. 다시 말하면 식 (9.29)를 만족하기 않더라도 폐루프시스템을 안정화하는 보상기 $K(s)$가 존재한

13) $Z=N+P$이다. 단, Z는 폐루프의 불안정한 극점의 수, N은 $G(s)F(s)$의 궤적이 점$(-1, j0)$을 시계반대방향으로 둘러싸는 회수이며 P는 $G(s)F(s)$의 불안정한 극점의 개수를 각각 의미한다.

다는 점에 유의한다.

스몰게인정리를 이용하면 다음과 같은 로버스터 안정성과 관련된 두 가지 문제를 해결할 수 있다.

❶ 어떤 제어대상의 불확실한 영역[14]이 안정하며 한정되어 있다면 이러한 불확실성을 가지는 폐루프시스템을 항상 안정하게 할 수 있는가.

❷ 임의의 제어대상으로 안정한 폐루프시스템을 구성하였을 경우, 이 폐루프시스템을 불안정하게 하는 가장 작은 크기의 제어대상의 불확실성의 크기는 얼마인가(즉 제어대상의 불확실성의 크기가 얼마 이상이면 폐루프시스템이 불안정해 지기 시작하는 가).

이와 같은 문제를 스몰게인정리를 이용하여 해결하기 위해서는, 먼저 여러 형태로 주어지는 제어시스템의 구조를 [그림 9.15]와 같이 두 개의 블록으로 이루어진 구조로 변환하는 것이 필요하다. 여기서는 [그림 9.11(c)]로 정의된 곱셈형 불확실성을 가지는 제어대상에 대한 로버스터 안정성의 조건을 유도해 보자.

곱셈형 불확실성을 가지는 제어대상에 대한 피드백시스템 [그림 9.16(a)]에서, 우선 [그림 9.16(b)]와 같이 불확실성의 블록과 나머지 부분으로 분할하여 입력과 출력을 정한 뒤 나머지 부분에 대한 전달함수를 계산하면 다음과 같다([그림 9.16(c)] 참조).

$$M(s)=\frac{-K(s)G(s)}{1+K(s)G(s)} \tag{9.30}$$

만약 식 (9.30)의 전달함수와 불확실성의 함수 Δ_m 이 안정하다면 [요점 9.3]에 의해

$$|\Delta_m|<\frac{1}{|KG(1+KG)^{-1}|} \tag{9.31}$$

이 만족되면 [그림 9.16(a)]의 시스템은 로버스터안정으로 됨을 알 수 있다. 위 부등식의 오른쪽의 분모는 상보감도함수 T 와 같으므로 위 식은

$$|\Delta_m|<\frac{1}{|T|}, \quad \text{혹은} \quad |\Delta_m|<|1+(KG)^{-1}| \tag{9.32}$$

으로 변경할 수 있다. 이 결과를 이용하면 앞에서 언급한 두 가지 문제를 해결할 수 있다. 먼저 문제 ❶에 대해 생각해 보자. 크기가 아래와 같이 제한되어 있는 안정한 불확실성의 함수가 주어졌다고 가정한다.

$$|\Delta_m|<\gamma \tag{9.33}$$

이때 폐루프시스템은 식 (9.32)로부터

14) 식 (9.16)과 (9.18)로 정의된 덧셈형 및 곱셈형의 불확실 영역 Δ_a 및 Δ_m 을 의미한다.

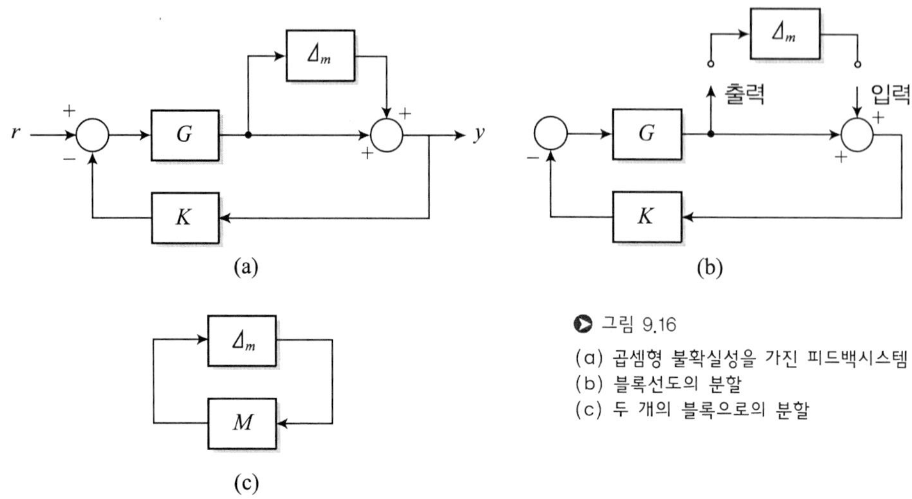

그림 9.16
(a) 곱셈형 불확실성을 가진 피드백시스템
(b) 블록선도의 분할
(c) 두 개의 블록으로의 분할

$$|T| < \frac{1}{\gamma}, \quad \text{혹은} \quad |\gamma T| < 1 \tag{9.34}$$

가 만족되도록 제어기 K를 설계한다면 로버스터 안정하게 될 것이다. 문제 ❷는 폐루프시스템을 불안정하게 하는 가장 작은 크기의 안정한 불확실성의 크기를 구하여 이것을 설계에 반영한다면 해결할 수 있을 것이다. 즉 불확실성의 크기는 식 (9.32)로부터 주파수 ω의 함수인 $1/|T(\omega)|$의 최소값보다 반드시 작아야 한다는 것을 알 수 있다. 따라서 부등식 (9.32)의 오른쪽 항을 ω의 변화에 있어 최소로 한다는 것은 $T(\omega)$를 최대로 한다는 것과 같으므로, 결국 전 주파수영역에서 T의 최대값을 구하면 된다. 결론적으로 폐루프를 불안정하게 하는 가장 작은 곱셈형 불확실성의 크기(MSM: multiplicative stability margin)는

$$\text{MSM} = \frac{1}{M_r}, \quad M_r = \sup_{\omega} |T(j\omega)|, \ (\forall \omega) \tag{9.35}$$

으로 주어진다. 기호 sup는 supreme를 의미하며 이는 함수 $T(j\omega)$가 가지는 최대값을 나타낸다[15](부록참조).

덧셈형 불확실성을 가지는 시스템에 대한 로버스터 안정성 역시 곱셈형과 동일한 과정을 거쳐 유도할 수 있다. 이 경우 식 (9.30)에 대응하는 전달함수는

$$M(s) = \frac{-K(s)}{1 + K(s)G(s)} \tag{9.36}$$

로 주어진다. 따라서 폐루프시스템은 식

$$|\Delta_a| < \frac{1}{|K(1+KG)^{-1}|}, \quad \text{혹은} \quad |\Delta_a| < \frac{1}{|KS|} \tag{9.37}$$

15) 여기서는 시스템이 SISO라고 가정하고 수식을 전개해 왔다. 그러나 MIMO인 경우는 모든 식이 행렬과 관련한 식으로 되어 좀 더 복잡한 형태로 되며 식의 순서에도 신경을 써야 한다.

이 만족하면 안정이다. 만약 불확실성이 안정하며 그 크기가

$$|\Delta_a| < \gamma \tag{9.38}$$

로 한정되어 있다면 폐루프시스템의 안정성은 식

$$|KS| < \frac{1}{\gamma} \quad \text{혹은} \quad |\gamma KS| < 1 \tag{9.39}$$

이 만족되는 경우에 보증된다. 식 (9.35)에 대응하는 덧셈형 불확실성의 크기(ASM: additive stability margin)는 다음과 같다.

$$\text{ASM} = \frac{1}{\sup\ |K(j\omega)S(j\omega)|},\ (\forall\,\omega) \tag{9.40}$$

식 (9.35)로부터 곱셈형 불확실성을 가지는 제어대상에서 로버스터 안정성을 확보하기 위해서는 MSM이 충분히 커야 하는데, 이것은 상보감도함수가 전 주파수영역에서 작아야 한다는 것을 의미하고 있다. 이 결과로서 출력에 대한 잡음은 영향은 억제되지만, 반대로 출력의 추종특성이나 외란억제특성 등이 나빠지게 된다. 이와 같이 서로 상반되는 결과를 보완하기 위해서는 주파수영역을 분리하는 것이 바람직하다.

요점 9.4 주파수영역의 분리설계

시스템에 나타나는 상반되는 요구조건을 모두 만족시키기 위해서는 주파수영역을 분리하여 설계하는 것이 바람직하다. 예를 들어 곱셈형 불확실성의 영향이 크게 나타나는 고주파영역에서는 루프이득이 작은 값을 가지도록 하며, 추종특성이나 외란이 주된 의미를 가지는 저주파영역에서는 루프이득을 크게 되도록 제어기를 설계함으로써 폐루프의 안정성을 계속적으로 확보하면서 전체 시스템의 성능을 개선할 수 있게 된다. 이러한 내용은 덧셈형 불확실성에 대해서도 마찬가지로 성립한다.

이상의 사실을 예제를 통하여 확인해 보자.

예제 9.4

[예제 9.1]에서와 같이 두 개의 적분기로 이루어진 제어대상에 진상보상기를 추가하여 모델로서 사용한다. 이 경우 각 모델을 나타내는 전달함수는 다음과 같다.

기준모델: $G(s) = \dfrac{10(s+1)}{s^2(s+5)}$ ①

$$\text{실제의 모델: } \widetilde{G}(s) = \frac{10(s+1)}{s^2(s+5)} \cdot \frac{s^2+2(0.1)(12)s+12^2}{s^2+2(0.05)(10)s+10^2} \cdot \frac{10^2}{12^2} \quad ②$$

$$\text{덧셈형 불확실성: } \Delta_a(s) = \widetilde{G}(s) - G(s) = \frac{-3.05(s+1)(s-2.18)}{s(s+5)(s^2+s+1)} \quad ③$$

$$\text{곱셈형 불확실성: } \Delta_m(s) = \frac{\widetilde{G}(s)-G(s)}{G(s)} = \frac{-3.05(s-2.18)s}{s^2+s+1} \quad ④$$

해 기준모델과 실제모델에 대한 근 궤적 선도를 [그림 9.17(a),(b)]에 나타냈다. 그림으로부터 알 수 있는 바와 같이 기준모델 $G(s)$는 이득 K의 모든 값에 대해서 안정하지만 실제의 모델 $\widetilde{G}(s)$는 아주 작은 이득과 아주 큰 이득 이외의 모든 값에 대해서는 불안정하게 된다는 것을 확인할 수 있다.

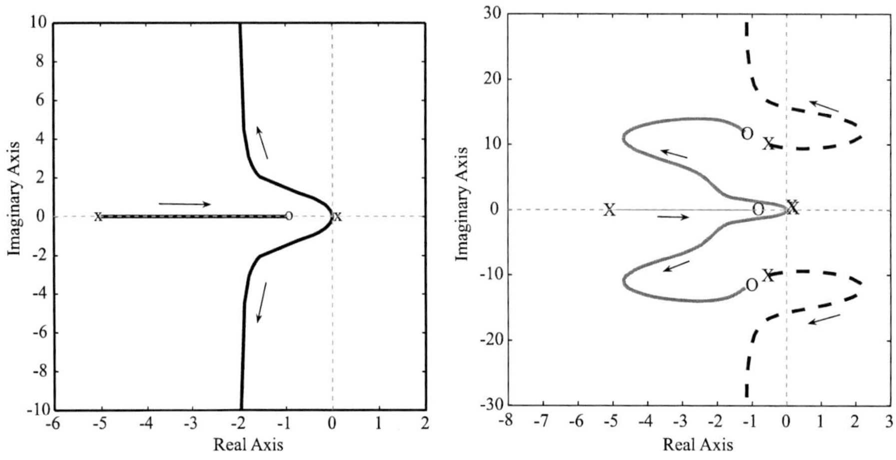

(a) 기준모델 $G(s)$의 근 궤적 선도 (b) 실제모델 $\widetilde{G}(s)$의 근 궤적 선도

그림 9.17

페루프시스템에 대한 단위계단응답을 [그림 9.18]에 표시하였다. 시간응답의 결과로는 둘 다 완만하게 정상상태 값에 수렴하고 있는 것으로 보이지만, 주파수응답의 입장에서 보면 현저한 특성의 차이를 보인다. 즉 기준모델은 무한대의 이득여유와 약 42^o의 위상여유를 가지는 데 반해, 실제의 모델은 약 10.6dB 정도의 이득여유와 동일한 크기의 위상여유를 가지기 때문이다. [그림 9.19]에 감도함수 S와 상보감도함수 T의 크기곡선을 나타내었다. 식 (9.35)로부터 MSM 은 T의 피크 값의 역수이며, 또한 식 (9.40)으로부터 ASM 은 S의 피크 값의 역수로 주어지기 때문에 그림으로부터

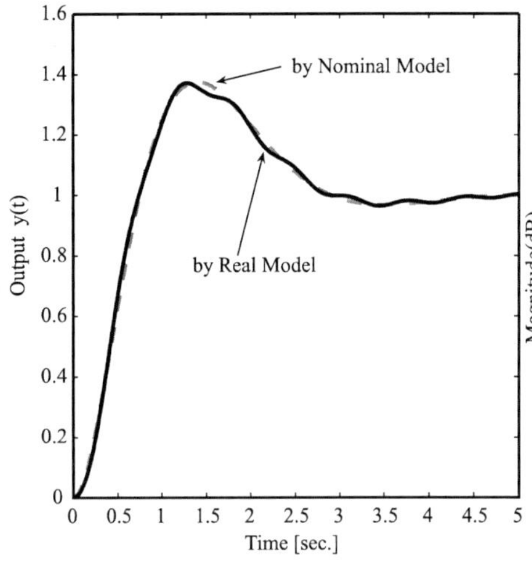

▶ 그림 9.18 기준모델과 실제모델의 계단응답

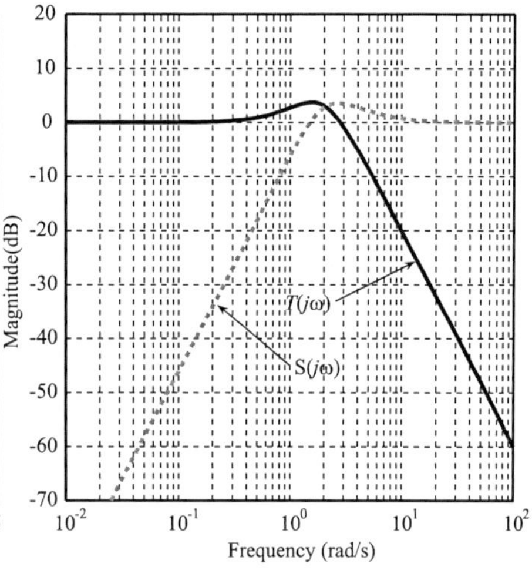

▶ 그림 9.19 S 와 T 의 주파수특성

$$\text{MSM} = 0.64, \quad \text{ASM} = 0.66$$

로 됨을 알 수 있다. 결과적으로 MSM이나 ASM은 고전제어이론에서 안정여유로서 주로 사용되는 이득여유(GM)보다 더욱 보수적인 값을 가진다는 점에 유의해야 한다. 이는 이득여유가 위상여유에는 변화가 없다고 가정했을 때 이득을 어느 정도까지 올리면 페루프가 불안정해지는 가를 보여주는 양이라는 사실에 기인한다. 다시 말하면 이득여유는 위상을 고정시켰을 때의 순수한 이득불확실성을 의미하고 있다. 이에 반해 MSM은 위상과 이득이 동시에 변화할 경우 페루프의 불안정성과 관련된 불확실성을 나타내고 있다. 따라서 이득여유 혹은 위상여유보다는 더욱 일반적이며 현실적인 것으로 해석될 수 있다.

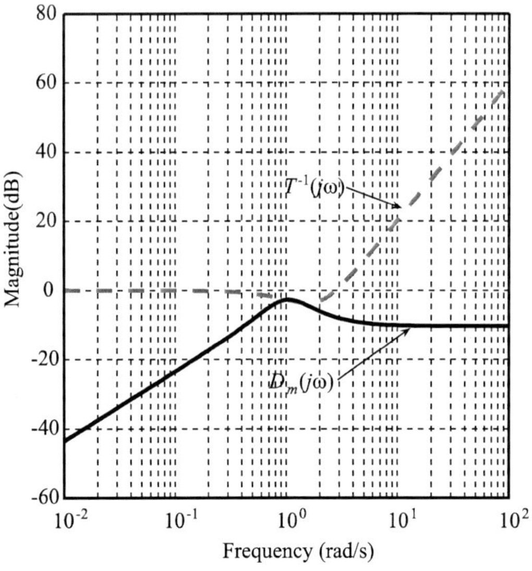

▶ 그림 9.20
식 (9.32)의 확인을 위한 그래프

곱셈형 불확실성에 대한 폐루프시스템의 로버스터 안정성을 확인하기 위해 식 (9.32)를 확인하여 보자. 즉 주파수변화에 따른 $1/[1+(GK)^{-1}]$ 와 Δ_m 크기를 그림으로 나타낸 것이 [그림 9.20]이다. 이 그림으로부터 식 (9.29)가 전 주파수영역에서 만족되고 있으므로 로버스터 안정하다는 것을 알 수 있다. 덧셈형 불확실성에 대한 로버스터 안정성은 식 (9.37)의 만족여부를 전 주파수영역에서 확인해 봄으로서 알 수 있다(그림 9.21).

여기서 주의해야 할 점은 스몰게인정리가 필요충분조건이 아니고 충분조건이라는 사실이다. 다시 말하면 이 정리가 만족되지 않을 경우에도 폐루프시스템은 안정으로 될 수 있다는 점이다. 예를 들어 만약 기준모델이 다음 식과 같이 주어졌다고 하자.

$$G(s) = \frac{32(s+1)}{s^2(s+2)} \quad ⑤$$

이 경우에 대한 식 (9.32)의 조건은 만족되지 않지만, 이 시스템에 대한 단위계단응답은 [그림 9.22]와 같이 약간 진동하기는 하지만 수렴하고 있으므로 이는 시스템이 분명히 안정하다는 것을 의미하고 있다.

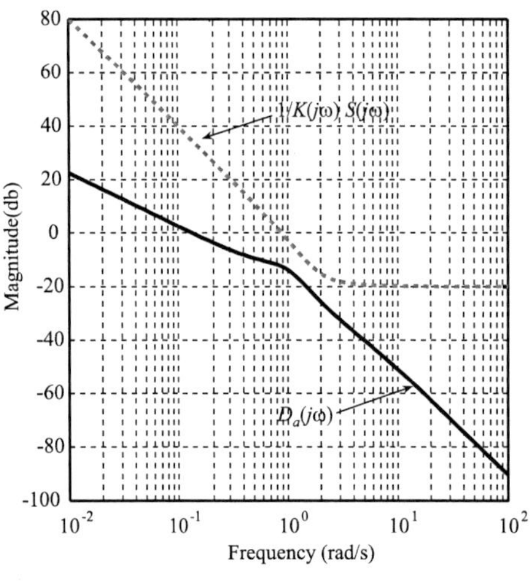

그림 9.21 식 (9.39)의 확인을 위한 그래프

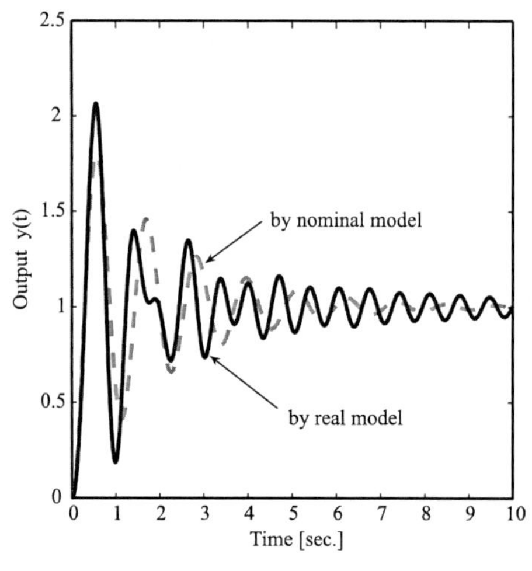

그림 9.22 식 ⑤에 의한 계단응답

%[예제 9.4]-A

```
num_t=conv([10 10],[1 2*0.1*12 12^2]);     % ②의 분자
den_t=conv([1 5 0 0],[1 2*0.05*10 10^2]); % ②의 분모
% Root Locus
r_No=rlocus([10 10],[1 5 0 0]);          % ①의 근궤적 계산
r_Re=rlocus(num_t,den_t);                % ②의 근궤적 계산
plot(r_No,'-'),v=[-6 2 -10 10];axis(v);   % [그림 9.17(a)]
plot(r_Re,'-'),v=[-8 3 -30 30];axis(v);   % [그림 9.17(b)]
axis('square'), grid
xlabel('Real Axis'),ylabel('Imaginary Axis')
gtext('X')                               % [그림 9.17]에 'X'와 'O'를 표시
% Step Response
sys_No=tf([10 10],[1 5 0 0]);            % 기준모델  ①의 LTI object
sys_Re=tf(num_t,den_t);                  % 기준모델  ②의 LTI object
closed_No=feedback(sys_No,1);            % 폐루프시스템의 계산(nominal model)
closed_Re=feedback(sys_Re,1);            % 폐루프시스템의 계산(real model)
time=0:0.01:5;
[y_No,time]=step(closed_No,time);
[y_Re,time]=step(closed_Re,time);
plot(time,y_No,':',time,y_Re,'-')        % [그림 9.17]의 계단응답
xlabel(' Time [sec.] ')
ylabel(' Output  y(t) ')
% Gain Margin & Phase Margin
[GmN,PmN,WgN,WpN] = margin(sys_No);      % ①에 대한 이득여유와 위상여유
[GmR,PmR,WgR,WpR] = margin(sys_Re);      % ②에 대한 이득여유와 위상여유
```

%[예제 9.4]-B

```
% S와 T의 그림
w=logspace(-2,2,100);
sys_T=feedback(sys_No,1);                                  % T=KG/(1+KG)의 계산
mag_T=freqresp(sys_T,w);                                   % T의 주파수특성
m_data(:,1)=reshape(mag_T,length(mag_T),1);
sys_S=feedback(1,sys_No);                                  % S=1/(1+KG)의 계산
mag_S=freqresp(sys_S,w);                                   % S의 주파수특성
m_data(:,2)=reshape(mag_S,length(mag_S),1);
semilogx(w,20*log10(m_data(:,1)),'-',w,20*log10(m_data(:,2)),':')
grid                                                       % [그림 9.19]
xlabel(' Frequency (rad/s) ')
ylabel(' Magnitude(dB) ')
```

```
%Uncertainty
sys_Mult=tf([1 2.18 0]*(-0.305),[1 1 1]);            % Δm 의 LTI object
sys_Add=tf([1 -1.18  -2.18]*(-0.305),[ 1 6 6 5 0]); % Δa 의 LTI object
m_Mult=freqresp(sys_Mult,w);                         % Δm 의 주파수특성 계산
m_Add=freqresp(sys_Add,w);                           % Δa 의 주파수특성 계산
un_data(:,1)=reshape(m_Mult,length(m_Mult),1);
un_data(:,2)=reshape(m_Add,length(m_Add),1);
```

%[예제 9.4]-C

```
% KS의 계산
sys_K=tf([10 10],[1 5]);
sys_KS=series(sys_K,sys_S);  % 식 (9.39)의 확인을 위한 K(s)S(s)의 LTI object
m_KS=freqresp(sys_T,w);                  % K(s)S(s)의 주파수특성
m_KS=reshape(m_KS,length(m_KS),1);
semilogx(w,-20*log10(m_data(:,1)),':',w,20*log10(un_data(:,1)),'-')
grid                                     % [그림 9.20]
semilogx(w,-20*log10(m_KS),':',w,20*log10(un_data(:,2)),'-')
grid                                     % [그림 9.21]
xlabel(' Frequency (rad/s) ')
ylabel(' Magnitude(dB) ')
%
sys_No2=tf([32 32],[1 2 0 0]);           % ⑤의 LTI object
sys_Re2=series(sys_Pert,sys_No2);        % ⑤의 모델에 대한 G̃(s)의 LTI object
closed_No2=feedback(sys_No2,1);
closed_Re2=feedback(sys_Re2,1);
time=0:0.01:10;
[y_No2,time]=step(closed_No2,time);
[y_Re2,time]=step(closed_Re2,time);
plot(time,y_No2,':',time,y_Re2,'-') % [그림 9.22]
```

9.5 H_∞ 제어

[예제 9.4]로부터 알 수 있는 바와 같이 식 (9.31), 혹은 식 (9.37)을 만족하는 제어기 $K(s)$를 설계하는 문제는 폐루프의 감도함수 $S(s)$ 또는 상보감도함수 $T(s)$의 최대이득이 어떤 값 이하로 될 수 있도록 하는 $K(s)$를 구하는 것으로 귀착된다. 예를 들어 곱셈형

의 불확실성을 가지는 시스템의 경우 식 (9.34), 즉 $|\gamma T| < 1$이 모든 주파수 영역에서 만족될 수 있도록 제어기를 설계하는 것이다. 이것은 식 (9.10)와 같은 H_∞ norm을 이용하면

$$\| T(j\omega) \|_\infty < \frac{1}{\gamma} \tag{9.40}$$

로 될 수 있는 제어기 $K(s) \in RH_\infty$ 를 찾아내는 문제로 된다는 것을 알 수 있다. 이와 같은 제어기의 설계법을 H_∞ 제어라고 한다. 여기서는 H_∞ 제어기의 설계법을 증명 없이 예제를 중심으로 간단히 언급한다[16].

9.5.1 H_∞ 제어를 위한 준비사항

여러 형태의 제어기 설계문제를 통일적으로 취급할 수 있는 H_∞ 제어의 특징과 수식전개 과정의 편의를 위해 먼저 몇 가지의 용어를 설명한다.

먼저, H_∞ 는 안정하며 프로퍼(proper)한 전달함수를 의미하고 있다. 따라서 어떤 전달함수가 $G(s) \in RH_\infty$ 라는 사실은 $G(s)$가 프로퍼하며 동시에 안정한 전달함수라는 것을 나타내고 있다[17]. 대략적으로 말하자면, H_∞ 제어라는 것은 전달함수의 공간, 즉 RH_∞ 인 전달함수의 집합에서 폐루프전달함수를 최소화하는(예를 들어 (9.40)을 만족하는) 제어기의 전달함수를 찾아내는 과정으로 볼 수 있다. 여기서 '최소화'의 도구로서는 위에서 언급한 전달함수의 ∞ −norm을 사용한다. 전달함수 $G(s)$의 ∞ −norm은 식 (9.10)의 정의를 이용하면

$$\| G \|_\infty = \sup_\omega | G(j\omega)| \tag{9.41}$$

로 주어진다. 이 값은, 예를 들어 전달함수의 보드선도에서 피크값으로 주어지므로 간단하게 계산할 수 있다. 따라서 폐루프의 보드선도에서 그의 피크값을 최소화할 수 있다면, 이는 9.3절에서 설명한 바와 같이 시스템의 로버스터 안정성을 증가시킬 수 있게 된다.

상태방정식 표현으로 주어진 시스템 $\boldsymbol{A}, \boldsymbol{B}, \boldsymbol{C}, \boldsymbol{D}$[18]과 이것의 전달함수 표현식은 식 (3.27)로부터

---

16) H_∞ 제어기 설계를 위한 자세한 설명은 전문 참고서를 참조하고 여기서는 1입출력시스템이라는 전제 하에 기본적인 과정만을 소개한다.

17) RH_∞ 의 R은 전달함수의 분자 및 분모 다항식의 계수가 유리수라는 것을 나타낸다.

18) 상태방정식의 표현에서 지금까지 $\boldsymbol{D}=0$ 으로 간주했다. 그러나 뒤에서 볼 수 있는 바와 같이 원래의 제어대상에 대한 상태방정식 표현은 $\boldsymbol{D}=0$ 라 하더라도, H_∞ 제어를 위한 표현식에서는 $\boldsymbol{D}\neq 0$ 인 경우가 대부분이다. 또한 원래의 제어대상이 SISO이라고 하더라도 H_∞ 제어의 표현으로 변환하면 MIMO로 된다.

$$G(s) = \boldsymbol{C}(s\boldsymbol{I} - \boldsymbol{A})^{-1}\boldsymbol{B} + \boldsymbol{D}$$

로 주어진다. 여기서 표현상의 번거로움을 피하기 위해 다음과 같은 '압축행렬(packed matrix)' 표현식을 도입한다.

$$G(s) = \left[\begin{array}{c:c} \boldsymbol{A} & \boldsymbol{B} \\ \cdots\cdots & \cdots \\ \boldsymbol{C} & \boldsymbol{D} \end{array}\right] \tag{9.42}$$

여기서 식 (9.42)는 일반적인 의미에서의 행렬이 아니며, 단지 시스템 $G(s)$를 상태, 입력 및 출력 사이의 관련성을 강조하면서 간략하게 나타낸 것이라는 점에 유의한다.

H_∞ 제어문제의 해를 구하기 위해서는 식 (6.29)로 주어진 대수리카티방정식(ARE)이 중요한 역할을 한다. 리카티방정식의 해와 그의 존재조건과의 관련성을 명확히 나타내기 위하여 몇 가지 표현법을 도입한다. 즉 리카티방정식

$$\boldsymbol{A}^T\boldsymbol{X} + \boldsymbol{X}\boldsymbol{A} - \boldsymbol{X}\boldsymbol{R}\boldsymbol{X} + \boldsymbol{Q} = 0 \tag{9.43}$$

의 안정화 해 $\boldsymbol{X}$를 $\boldsymbol{X} = \mathrm{Ric}(\boldsymbol{H})$로 나타낸다. 여기서 $\boldsymbol{H}$는 식 (6.33)으로 주어진 해밀토니언행렬, 즉

$$\boldsymbol{H} = \begin{bmatrix} \boldsymbol{A} & -\boldsymbol{R} \\ -\boldsymbol{Q} & -\boldsymbol{A}^T \end{bmatrix} \tag{9.44}$$

를 나타내며, '안정화 해'라는 것은 $(\boldsymbol{A} - \boldsymbol{R}\boldsymbol{X})$를 안정행렬로 하는 식 (9.43)의 해 $\boldsymbol{X}$를 의미한다.

마지막으로 H_∞ 문제를 정의하는데 있어 유용한 [그림 9.23]과 같은 '투포트블록선도(Two-Port block diagram)' 표현법을 도입한다. 뒤에서 알 수 있는 바와 같이, 이와 같은 형식의 투포트블록선도는 여러 종류의 제어기 설계문제를 H_∞ 문제의 형식으로 변환할 수 있기 때문에 상당히 유용하다.

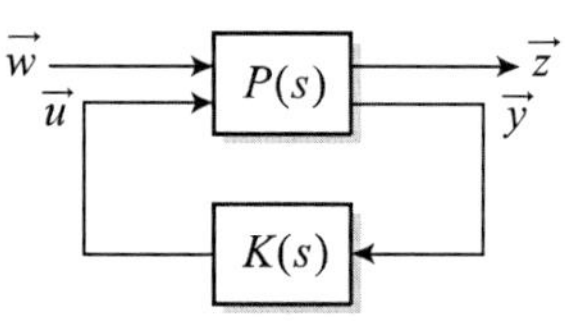

그림 9.23 H_∞ 제어를 위한 투포트블록선도

그림에서 알 수 있는 바와 같이, 블록선도는 제어대상과 제어기의 두 블록으로 구성되어 있으며, 제어대상은 두 개의 입력과 두 개의 출력을 가지고 있다. 두 개의 입력은 '외생신호입력(exogenous input)'과 '제어입력(control input)'으로 각각 구분된다. 외생입력 $\vec{w}$는 실제적으로 외부에서 들어가는 신호(기준신호, 외란 및 잡음 등)의 집합이며, 제어입력 $\vec{u}$는 제어기로부터 나오는 신호로서 제어대상에 직접 작용하여 원하는 출력을 만들어 내게 된다. $\vec{u}$로서 외생신호 $\vec{w}$를 직접 조정할 수 없다는 점으로서 두 신호를 구별할 수 있다. 제어대상의 출력 역시 두 그룹으로 분류할 수 있는데, 첫 번째 그룹인 $\vec{z}$는 제어되는 양으로서, 제어입력 $\vec{u}$로서 제어하고자 하는 신호를 포함하고 있다(예를 들어, 오차신호 $\vec{e} = \vec{r} - \vec{y}$ 등이 여기에 해

당한다). 두 번째 그룹인 $\vec{y}$ 는 제어대상에서 센서 등을 이용하여 관측되는 실제 출력을 나타내는 신호로서 제어기의 출력인 $\vec{u}$ 의 생성에 기여하게 된다. 주어진 시스템이 1입출력인 경우라도 $\vec{w}$, $\vec{u}$, $\vec{z}$ 및 $\vec{y}$ 는 벡터로 되는 경우가 많다(예제 참조).

이와 같은 투포트블록선도에 대한 전달함수 표현식은

$$\begin{bmatrix} \vec{z}(s) \\ \vec{y}(s) \end{bmatrix} = \boldsymbol{P}(s) \begin{bmatrix} \vec{w}(s) \\ \vec{u}(s) \end{bmatrix} = \begin{bmatrix} P_{11}(s) & P_{12}(s) \\ P_{21}(s) & P_{22}(s) \end{bmatrix} \begin{bmatrix} \vec{w}(s) \\ \vec{u}(s) \end{bmatrix} \tag{9.45a}$$

$$\vec{u}(s) = \boldsymbol{K}(s)\vec{y}(s) \tag{9.45b}$$

로 둔다. 여기서 $\boldsymbol{P}(s)$는 제어대상(즉 수식모델)과 구별하기 위하여 보통 '일반화 제어대상(generalized plant)'이라고 불리고 있다. 식 (9.45)로부터 제어출력 $\vec{z}$ 와 외생신호 $\vec{w}$ 사이의 폐루프전달함수는 약간의 계산과정을 거치면 다음과 같이 됨을 쉽게 확인할 수 있다.

$$\vec{z} = \left[P_{11} + P_{12}\boldsymbol{K}(\boldsymbol{I} - P_{22}\boldsymbol{K})^{-1}P_{21} \right] \vec{w} \equiv \Phi_{zw}\vec{w} \tag{9.46}$$

식 (9.46)과 같은 폐루프전달함수 $\Phi_{zw}(s)$의 형식을 '선형분수변환(LFT: Linear Fractional Transformation)'이라고 부른다.

투포트블록선도의 상태방정식 표현은

$$\dot{\vec{x}} = \boldsymbol{A}\vec{x} + \boldsymbol{B}_1\vec{w} + \boldsymbol{B}_2\vec{u} \tag{9.47}$$

$$\vec{z} = \boldsymbol{C}_1\vec{x} + \boldsymbol{D}_{11}\vec{w} + \boldsymbol{D}_{12}\vec{u}$$

$$\vec{y} = \boldsymbol{C}_2\vec{x} + \boldsymbol{D}_{21}\vec{w} + \boldsymbol{D}_{22}\vec{u}$$

로 되며, 이것을 식 (9.42)의 압축행렬 형식을 이용하면

$$\boldsymbol{P}(s) = \left[\begin{array}{c:cc} \boldsymbol{A} & \boldsymbol{B}_1 & \boldsymbol{B}_2 \\ \hdashline \boldsymbol{C}_1 & \boldsymbol{D}_{11} & \boldsymbol{D}_{12} \\ \boldsymbol{C}_2 & \boldsymbol{D}_{21} & \boldsymbol{D}_{22} \end{array} \right] \tag{9.48}$$

로 나타낼 수 있다.

이상의 사항을 이용하여 H_∞ 제어를 다시 한 번 정리하여 보자. 즉 H_∞ 제어란, '식 (9.45)의 시스템에 대하여 식 (9.45b) 형식의 제어기로 구성한 폐루프전달함수 식 (9.46)의 H_∞ norm을 최소로 하는 제어기 $K(s)$를 계산하는 문제'라고 할 수 있다. 이와 같은 제어기는 다음 절의 [요점 9.5]에서 제시하는 조건을 만족하는 경우에 항상 존재하며 이것의 계산방법은 좀 더 복잡한 이론적 과정이 필요하기 때문에 더 이상 언급하지 않는다. 그

러나 기본적으로 제어기의 구성을 위해서는 식 (9.43)의 대수리카티방정식의 해가 필요하기 때문에 그 계산이 간단하지는 않다. 9.6절에서 제어기를 구하기 위한 두 종류의 MATLAB 프로그램을 소개한다.

9.5.2 제어문제의 투포트형식으로의 변환

제6장에서 다룬 LQR문제를 포함한 일반적인 제어기의 설계문제를 투포트형식으로 표현하여 보자. 이 과정은 H_∞ 문제의 해결을 위한 첫 번째 단계이자 가장 중요한 단계의 하나이다. 먼저 [그림 9.24(a)]와 같은 고전적인 레귤레이터 문제를 생각하여보자[19]. 이 시스템에 대한 제어기의 설계목적은 제어대상에 직접 작용하는 외란과 측정잡음이 존재함에도 불구하고 제어대상의 출력을 최소(또는 영)로 유지하며, 동시에 가능한 한 제어입력의 크기를 억제하는 것이다. 이에 대한 투포트블록선도는 [그림 9.24(b)]와 같이 표현할 수 있다.

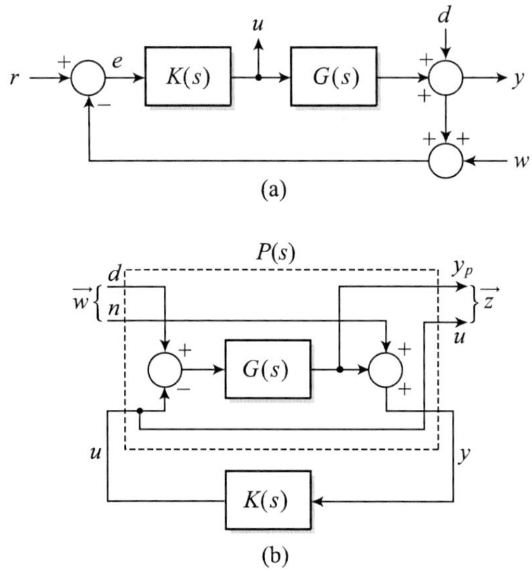

그림 9.24 (a) 고전적인 레귤레이터 문제
(b) 레귤레이터를 위한 투포트 형식의 변환

이 그림에서 외란과 관측 잡음이 제어대상의 외생신호 $\vec{w}$ 이며, 억제하고자 하는 제어입력 u 와 최소화 하고자 하는 제어대상의 출력 y_p 가 투포트시스템의 제어량 $\vec{z}$ 로 되었다. 이때 [그림 9.24(b)]로부터 식 (9.45)를 위한 입출력관계식은 다음으로 된다.

$$\begin{cases} y_p = Gd + Gu \\ u = u \\ y = Gd + n - Gu \end{cases} \tag{9.49}$$

여기서

$$\vec{w} = \begin{bmatrix} d \\ n \end{bmatrix},\ \vec{z} = \begin{bmatrix} y_p \\ u \end{bmatrix},\ \boldsymbol{P} = \begin{bmatrix} P_{11} & P_{12} \\ P_{21} & P_{22} \end{bmatrix} \tag{9.50}$$

로 두면 다음을 얻을 수 있다.

$$P_{11} = \begin{bmatrix} G & 0 \\ 0 & 0 \end{bmatrix},\ P_{12} = \begin{bmatrix} G \\ 1 \end{bmatrix},\ P_{21} = [\ G\ \ 1],\ P_{22} = -G \tag{9.51}$$

19) [그림 9.24(a)]에서 $r=0$인 경우이다.

따라서 LFT 표현에 의한 전달함수 Φ_{zw} 는

$$\Phi_{zw} = \begin{bmatrix} SG & -T \\ -T & -T/G \end{bmatrix} \tag{9.52}$$

이다. 단 T, S 는

$$T = \frac{KG}{1+KG}, \quad S = 1 - T \tag{9.53}$$

으로 주어지는 상보감도함수 및 감도함수이다. H_∞ 제어는 상기 전달함수를 식 (9.41)의 의미에서 최소화하는 제어기의 설계문제를 해결하고자 하는 것이다. 이 결과로서 위 제어기의 목적인 제어입력 u 및 관측출력 y_p 의 최소화를 얻을 수 있게 된다.

9.5.3 제어기설계문제의 H_∞ 제어에의 적용

이미 언급한 바와 같이 식 (9.45)로 정의되는 일반화 제어대상 $\boldsymbol{P}$ 를 적절하게 설정하면 Φ 를 여러 가지의 제어문제에 대응할 수 있도록 변형할 수 있게 된다. 여기서는 이것과 관련된 몇 가지를 나타낸다.

❶ 감도 최소화문제: 일반화제어대상을

$$\begin{bmatrix} \vec{z} \\ \vec{y} \end{bmatrix} = \begin{bmatrix} \boldsymbol{W}_S & -\boldsymbol{W}_S \boldsymbol{G} \\ \boldsymbol{I} & \boldsymbol{G} \end{bmatrix} \begin{bmatrix} \vec{w} \\ \vec{u} \end{bmatrix} \tag{9.54}$$

으로 두면

$$\Phi = \boldsymbol{W}_S (\boldsymbol{I} + \boldsymbol{K}\boldsymbol{G})^{-1} \tag{9.55}$$ [20]

으로 되기 때문에 $\gamma = 1$ 로 두었을 경우의 H_∞ 문제는 식 (9.26a)의 사양을 표현하고 있는 것으로 볼 수 있다([그림 9.25] 참조).

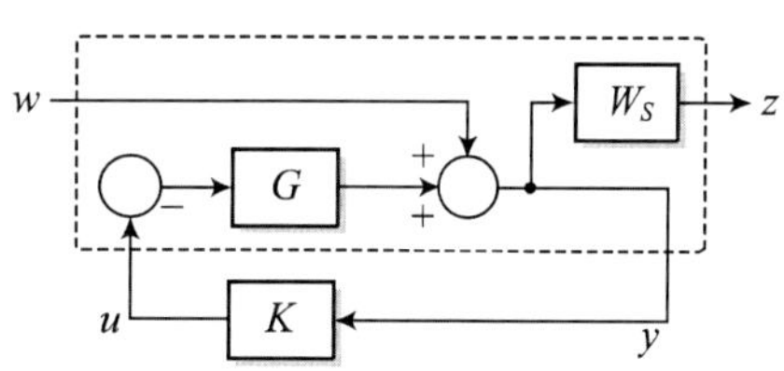

▶ 그림 9.25 감도 최소화 문제

❷ 로버스터 안정화 I: 제어대상이 곱셈형 불확실성을 가지는 경우의 로버스터 안정화 문제는 일반화제어대상을

20) $(\boldsymbol{I}+\boldsymbol{AB})^{-1} = \boldsymbol{I} - \boldsymbol{AB}(\boldsymbol{I}+\boldsymbol{AB})^{-1}$ 의 공식을 이용하였다.

$$\begin{bmatrix} \vec{z} \\ \vec{y} \end{bmatrix} = \begin{bmatrix} 0 & -\boldsymbol{W}_T\boldsymbol{G} \\ \boldsymbol{I} & \boldsymbol{G} \end{bmatrix} \begin{bmatrix} \vec{w} \\ \vec{u} \end{bmatrix} \tag{9.56}$$

으로 두면

$$\Phi = \boldsymbol{W}_T\boldsymbol{K}\boldsymbol{G}(\boldsymbol{I}+\boldsymbol{K}\boldsymbol{G})^{-1} \tag{9.57}$$

으로 되기 때문에 이것은 바로 $\gamma = 1$ 로 두었을 경우의 H_∞ 문제로 된다([그림 9.26] 참조). 단 이 경우 곱셈형 불확실영역의 범위를 나타내는 가중함수 $\boldsymbol{W}_T(s)$는

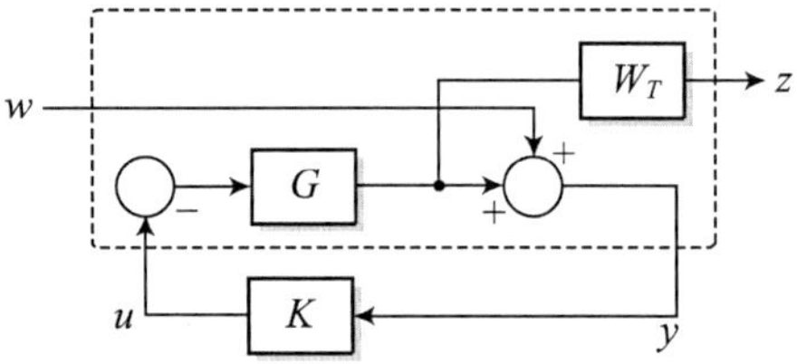

그림 9.26 로버스터 안정화문제 I

$$|\Delta_m(j\omega)| < |W_T(j\omega)|$$

을 만족하도록 정의된다. 즉 $W_T(s)$ 로서 제어대상이 가지는 (곱셈형) 변동의 범위를 지정하고 있는 것으로 해석할 수 있다.

❸ 로버스터 안정화 II: 제어대상이 덧셈형 불확실성을 가지는 경우의 로버스터 안정화문제는 일반화 제어대상을

$$\begin{bmatrix} \vec{z} \\ \vec{y} \end{bmatrix} = \begin{bmatrix} 0 & -\boldsymbol{W}_A\boldsymbol{G} \\ \boldsymbol{I} & \boldsymbol{G} \end{bmatrix} \begin{bmatrix} \vec{w} \\ \vec{u} \end{bmatrix} \tag{9.58}$$

으로 두면

$$\Phi = \boldsymbol{W}_A\boldsymbol{K}(\boldsymbol{I}+\boldsymbol{K}\boldsymbol{G})^{-1} \tag{9.59}$$

으로 되어 역시 H_∞ 제어로 바꿀 수 있다. 여기서도 $W_A(s)$ 는 $W_T(s)$ 와 마찬가지로

$$|\Delta_a(j\omega)| < W_A(j\omega)|$$

를 만족하는 함수로 해석할 수 있다([그림 9.27] 참조).

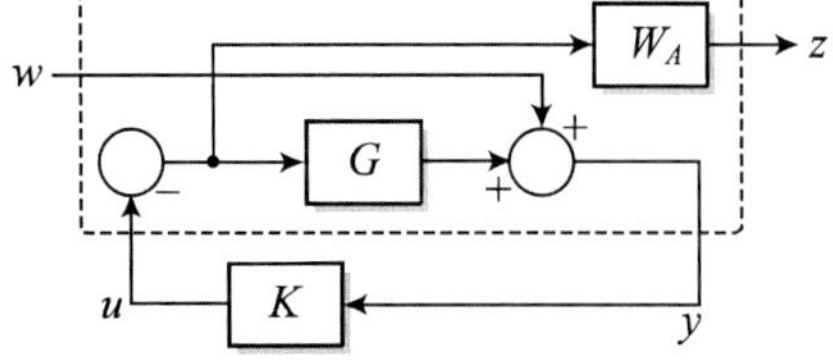

그림 9.27 로버스터 안정화문제 II

❹ 혼합감도문제: 이미 여러 번 언급한 것처럼 감도함수와 상보감도함수와의 사이에는 $S+$ $+T=1$의 관계가 성립하고 있다. 따라서 S를 작게 하고자 하는 감도저감문제에서의 요구와 T를 작게 하고자 하는 로버스터 안정화문제의 요구는 서로 양립할 수 어려운 경우가 대부분이다. 이와 같은 경우에는

S와 T에 각각 별도의 가중함수 $W_S(s)$와 $W_T(s)$를 추가한 뒤, 두 함수의 합의 H_∞ norm을 최소화함으로서 양쪽의 요구 사이에서 타협을 기하고자 하는 것이다. 다시 말하면 평가함수를

$$J = \max[|W_S(j\omega)S(j\omega)|^2 + |W_T(j\omega)T(j\omega)|^2] \tag{9.60}$$

으로 두고 가중함수 $W_S(s)$와 $W_T(s)$를 각각 S와 T를 중시하고자(또는 중시해야) 하는 주파수대역에서 큰 값을 가지도록 설정하며 서로 중복이 되지 않도록 하는 것이다.

이와 같은 문제는 '혼합감도문제'로 불리며 H_∞ 제어의 전형적인 문제의 하나이다. 여기서도 제어대상이 곱셈형 불확실성을 가지는 경우와 덧셈형 불확실성을 가지는 두 가지 경우로 분리하여 H_∞ 표준문제로 정리하면 다음으로 된다.

혼합감도문제 I (곱셈형 불확실성을 가지는 경우): 일반화제어대상을

$$\begin{bmatrix} \vec{z} \\ \vec{y} \end{bmatrix} = \begin{bmatrix} \boldsymbol{W}_S & -\boldsymbol{W}_S\boldsymbol{G} \\ 0 & \boldsymbol{W}_T\boldsymbol{G} \\ \hdashline \boldsymbol{I} & -\boldsymbol{G} \end{bmatrix} \begin{bmatrix} \vec{w} \\ \vec{u} \end{bmatrix} \tag{9.61}$$

으로 두면

$$\|\Phi\|^2 = \left\| \begin{matrix} \boldsymbol{W}_S\boldsymbol{S} \\ \boldsymbol{W}_T\boldsymbol{T} \end{matrix} \right\|^2 = \left\| \begin{matrix} \boldsymbol{W}_S(\boldsymbol{I}+\boldsymbol{GK})^{-1} \\ \boldsymbol{W}_T\boldsymbol{GK}(\boldsymbol{I}+\boldsymbol{GK})^{-1} \end{matrix} \right\|^2 \tag{9.62}$$

로 되어 H_∞ 제어로 된다([그림 9.28] 참조).

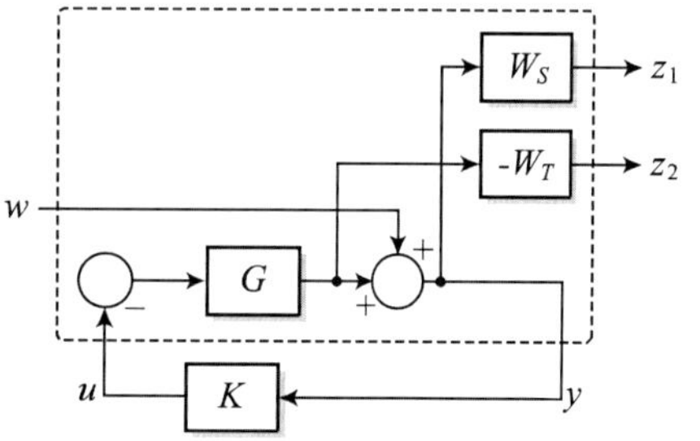

그림 9.28 혼합감도문제 I

혼합감도문제 II (덧셈형 불확실성을 가지는 경우): 일반화제어대상을

$$\begin{bmatrix} \vec{z} \\ \vec{y} \end{bmatrix} = \begin{bmatrix} \boldsymbol{W}_S & -\boldsymbol{W}_S\boldsymbol{G} \\ 0 & \boldsymbol{W}_A \\ \hdashline \boldsymbol{I} & -\boldsymbol{G} \end{bmatrix} \begin{bmatrix} \vec{w} \\ \vec{u} \end{bmatrix} \tag{9.63}$$

으로 두면

$$\|\Phi\|^2 = \left\| \begin{matrix} \boldsymbol{W}_S\boldsymbol{S} \\ \boldsymbol{W}_A\boldsymbol{KS} \end{matrix} \right\|^2 = \left\| \begin{matrix} \boldsymbol{W}_S(\boldsymbol{I}+\boldsymbol{GK})^{-1} \\ \boldsymbol{W}_A\boldsymbol{K}(\boldsymbol{I}+\boldsymbol{GK})^{-1} \end{matrix} \right\|^2 \tag{9.64}$$

으로 되어 역시 H_∞ 제어로 귀착시킬 수 있다([그림 9.29] 참조).

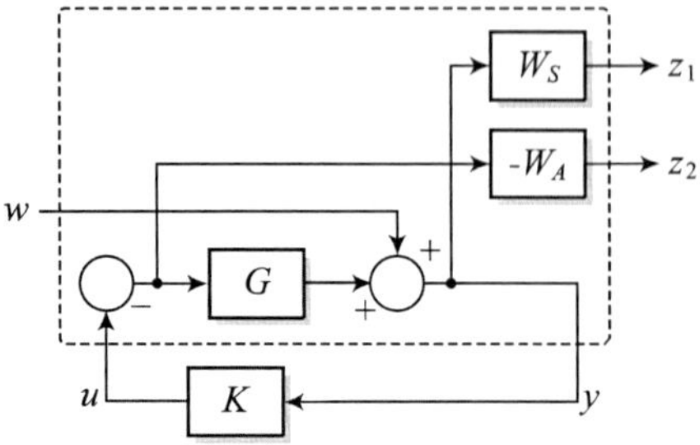

그림 9.29 혼합감도문제 II

혼합감도문제와 관련된 위 두 가지의 사양이 만족된다면, H_∞ 의 정의로부터

$$\|\boldsymbol{S}(j\omega)\|_\infty < \|\boldsymbol{W}_S^{-1}\|_\infty \quad (\forall\omega) \tag{9.65}$$

가 성립한다. 이로부터 가중함수 $\boldsymbol{W}_S$ 를 적절히 선정함으로써 감도함수 $\boldsymbol{S}(j\omega)$의 모양(즉 이득 $|S(j\omega)|$의 크기)을 어느 정도 조절할 수 있다는 것을 알 수 있다. 이러한 사실을 이용하면 주어진 주파수대역에서 저감도화를 실현할 수 있다. 로버스터 안정성에 관해서도 마찬가지로

$$\|\boldsymbol{T}(j\omega)\|_\infty < \|\boldsymbol{W}_T^{-1}\|_\infty, \quad (\forall\omega) \tag{9.66}$$

이 성립하기 때문에 가중함수 $\boldsymbol{W}_T$ 의 선택에 의해 상보감도함수$\boldsymbol{T}(j\omega)$의 모양(즉 이득 $|T(j\omega)|$)을 적절히 변경할 수 있게 된다.

여기서 일반화제어대상을 나타내는 식 (9.54), 혹은 (9.56) 등을 서로 비교해 보면 알 수 있는 바와 같이, [그림 9.23]의 형식으로 주어지는 일반화제어대상의 내부에는 원래의 제어대상뿐만 아니라 설계에 사용되는 가중함수까지도 포함하고 있다. 또한 어느 신호에서 어느 신호까지의 전달함수에 주목하고 있는 가를 신호 $\vec{z}$ 와 $\vec{w}$ 를 이용해서 분명히 나타낼 수 있게 된다. 다시 말하면 일반화제어대상 $\boldsymbol{P}(s)$ 를 결정한다는 것은 설계사양을 결정한다는 것과 1대1 대응하고 있다. 이러한 사실이 종래의 제어기설계법에서 사용되던 블록선도를 이용한 방법과는 근본적으로 다른 점이다.

그러면 H_∞ 제어를 이용한다면 무엇을 할 수 있는 가라는 의문에 대해 생각해 보자. 만약 설계사양을 폐루프전달함수의 H_∞ norm으로 표현할 수 있다면[21] 이 사양을 만족시키는 안정한 제어기의 존재유무를 판정할 수 있게 된다. 만약 그러한 제어기가 존재하지 않는다면 이것은 주어진 설계사양이 처음부터 실현 불가능한 무리한 사양이었음을 의미하며, 반대로 사양을 만족시키는 안정한 제어기가 존재한다면 이러한 제어기의 집합을 제공해 주는 것이 바로 H_∞ 제어이다. 따라서 설계자는 제어기의 집합 내에서 적절한 것을 선택할 수 있는 또 하나의 설계자유도를 가지게 된다.

21) 설계사양을 H_∞ norm으로 표현할 수 있다는 것은, 예를 들어 [그림 9.24]의 감도최소화문제의 형식에서 설계사양을 만족하는 가중함수 W_s 가 존재하는지의 여부로 볼 수 있다.

9.6 H_∞ 제어: 문제설정과 설계예제

9.6.1 문제의 설정과 필요한 가정

9.5절의 설명에서 알 수 있는 바와 같이, H_∞ 제어는 여러 종류의 제어기설계문제를 [그림 9.23]와 같은 투포트형식으로 변환하여 통일적으로 해를 구하는 방법이다. 다시 말하면 H_∞ 제어는 폐루프전달함수 $\Phi_{zw}(s)$의 ∞ −norm을 어떤 주어진 값 γ 이하로 만드는 안정화 제어기 $K(s)$를 구하는 것이라고 할 수 있다. 이러한 형식의 문제를 '표준 H_∞ 제어문제' 라고 한다. 즉

$$\underset{K(s)\,\text{stabilizing}}{\text{Find}} \quad \| \Phi_{zw} \|_\infty \le \gamma \tag{9.67}$$

이다. 이 문제를 풀기위해서는, 적당한 크기의 γ에서 출발하여 식 (9.67)을 만족하는 최소의 γ를 얻을 수 있는 제어기 $K(s)$가 표준 H_∞ 제어문제의 해로 된다. 이와 같이 γ의 값을 최소화하는 과정을 'γ −반복(iteration)'이라고 한다.

식 (9.67)을 만족하는 $K(s)$가 존재하기 위해서는 일반화제어대상 $P(s)$가 몇 가지의 조건을 만족시켜야 한다. 먼저 일반화제어대상의 상태공간표현식인 (9.48)에 대응하는 각 변수의 차원을 다음과 같이 둔다.

차원: $\dim(\vec{x}) = n,\ \dim(\vec{w}) = m_1,\ \dim(\vec{u}) = m_2,\ \dim(\vec{z}) = p_1,\ \dim(\vec{y}) = p_2$

요점 9.5 H_∞ 제어기의 존재조건

일반화제어대상의 상태공간표현식 (9.47)이 다음 여섯 가지 조건을 만족하는 경우 주어진 H_∞ norm 조건을 만족하는 제어기가 존재한다.

A1) $(\boldsymbol{A}, \boldsymbol{B}_2)$는 가안정이다.

A2) $\text{rank}\,\boldsymbol{D}_{12} = m_2$, (열 풀랭크(column full rank))

A3) $\text{rank}\begin{bmatrix} \boldsymbol{A} - j\omega \boldsymbol{I} & \boldsymbol{B}_2 \\ \boldsymbol{C}_1 & \boldsymbol{D}_{12} \end{bmatrix} = n + m_2,\ (\forall\,\omega)$

A4) $(\boldsymbol{C}_2, \boldsymbol{A})$는 가검출이다.

A5) $\text{rank}\,\boldsymbol{D}_{21} = p_2$, (행 풀랭크(row full rank))

A6) $\text{rank}\begin{bmatrix} \boldsymbol{A} - j\omega \boldsymbol{I} & \boldsymbol{B}_1 \\ \boldsymbol{C}_2 & \boldsymbol{D}_{21} \end{bmatrix} = n + p_2,\ (\forall\,\omega)$

상기 여섯 가지 가정이 가지는 의미를 간단히 설명하면 다음과 같다.

먼저 A1)과 A4)는 폐루프를 안정화하는 제어기가 존재하기 위해서 반드시 필요한 가정이다. 제4장에서 설명한 바와 같이, 상태를 직접 관측할 수 없는 시스템을 제어하기 위해서는 주어진 제어대상이 가안정 및 가검출로 되어야 한다는 사실로부터 쉽게 짐작할 수 있을 것이다. 다음에 A2)와 A4)는 계산된 제어기가 프로퍼(proper)로 되기 위한 조건이며, 동시에 외생신호 $\vec{w}$ 에서 출력 $\vec{y}$ 까지의 전달함수가 고주파영역 (즉 $\omega \rightarrow \infty$)에서 영(zero)으로 되지 않는다는 것을 보증하고 있다. A1), A4)의 가정과 달리 A2) 및 A4)는 일반화제어대상의 구조나 사용된 가중함수 등에 따라 만족되지 않는 경우가 종종 있으므로 주의가 필요하다. A3)와 A6)는 H_∞ 제어의 해를 계산하는 데 필요한 두 개의 리카티방정식의 해가 존재하기 위해 필요한 조건이다.

[요점 9.5]의 조건이 만족되는 경우 실제로 H_∞ 제어기를 얻기 위해서는 몇 가지 수학적인 과정이 더 필요하지만 여기서는 더 이상 언급하지 않고, 예제를 이용하여 MATLAB의 μ Control Toolbox에 의해 해를 구하는 과정을 나타낸다. 각 과정에서 사용되는 MATLAB 명령어의 구체적 사용법은 매뉴얼 등을 이용하여 각자 확인하여 보기 바란다.

9.6.2 진동시스템에 대한 설계 예제

여기서는 [그림 9.30]에 나타낸 진동시스템에 대한 제어기의 설계를 H_∞ 제어를 이용하여 구하는 순서를 단계별로 구체적으로 설명한다. 각 단계에서 필요한 MATLAB 프로그램은 H_∞ 제어기의 설계법과 관련된 μ Control Toolbox에서 제공되는 명령어를 주로 이용하였다.

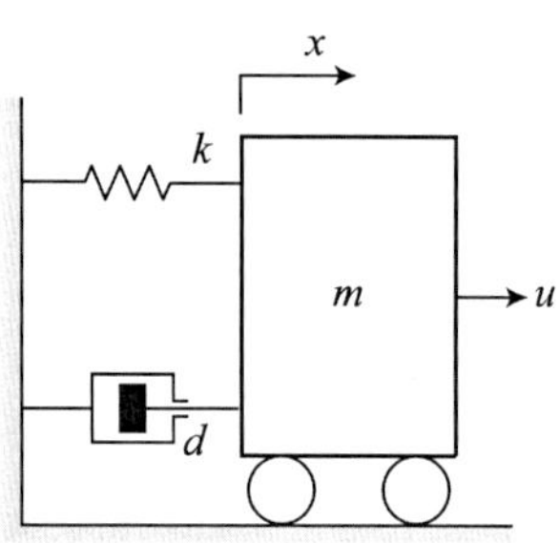

그림 9.30 진동시스템

[그림 9.30]에서 m 은 대차의 질량, d 는 대차와 지면과의 마찰계수, k 는 스프링상수, x를 대차의 이동한 위치로 하고, 또한 제어입력 u 는 대차에 인가되는 힘, 관측출력 y 를 대차의 위치로 취한다. 이때 위 시스템에 대한 상태방정식은 다음으로 된다.

$$\dot{\vec{x}} = \begin{bmatrix} 0 & 1 \\ -\frac{k}{m} & -\frac{d}{m} \end{bmatrix} \vec{x} + \begin{bmatrix} 0 \\ \frac{1}{m} \end{bmatrix} u, \; y = [1\,0]\,\vec{x} \tag{9.68a}$$

$$\vec{x} := \begin{bmatrix} x_1 \\ x_2 \end{bmatrix} = \begin{bmatrix} x \\ \dot{x} \end{bmatrix} \tag{9.68b}$$

또한 u 에서 y 까지의 전달함수를 $G(s)$로 하면

$$G(s) = \frac{1}{ms^2 + ds + k} \tag{9.68c}$$

로 된다.

풀이 진동시스템에 혼합감도문제를 적용하여 진동제어시스템을 설계하기로 한다. 여기서는 덧셈형 불확실성에 대한 혼합감도문제를 생각하기 위해 [그림 9.29]를 이용한다. 이 경우 외란 w에서 두 개의 가상출력 $[z_1, z_2]^T$까지의 폐루프전달함수는 식 (9.64)로부터

$$\Phi = \begin{bmatrix} \boldsymbol{W}_S \boldsymbol{S} \\ \boldsymbol{W}_A \boldsymbol{K}\boldsymbol{S} \end{bmatrix} = \begin{bmatrix} \boldsymbol{W}_S(\boldsymbol{I}+\boldsymbol{G}\boldsymbol{K})^{-1} \\ \boldsymbol{W}_A \boldsymbol{K}(\boldsymbol{I}+\boldsymbol{G}\boldsymbol{K})^{-1} \end{bmatrix} \tag{9.69}$$

로 된다. 따라서 식 (9.69)의 H_∞ norm의 값을 1 미만으로 하는 제어기를 구하는 과정이 혼합감도문제로 된다.

MATLAB를 이용하여 이와 같은 혼합감도문제를 해결하는 과정은 보통과 다음과 같은 순서를 취한다.

(1) 제어대상의 확인(또는 평가)
(2) 가중함수의 선정
(3) 일반화제어대상의 정의
(4) H_∞ 제어기의 계산
(5) 폐루프시스템의 평가

여기서는 구체적인 설계순서를 MATLAB 프로그램을 제시하면서 설명하기로 한다.

제어대상의 정의

제어대상의 파라미터를 $m=0.01, k=1, d=0.001$로 두고 제어대상을 평가하는 프로그램은 다음과 같다.

%진동시스템의 제어

```
% 제어대상의 평가
m=0.01;k=1;d=0.001;                  % 파라미터의 입력
Ap=[0 1;-k/m -d/m];                  % 제어대상의 상태방정식
Bp=[0;1/m];Cp=[1 0];Dp=[0];
G=pck(Ap,Bp,Cp,Dp);                  % 상태방정식을 SYSTEM 행렬로 변환22)
w=logspace(0,2,100);                 % 평가를 위한 주파수영역 지정
G_g=frsp(G,w);                       % SYSTEM 행렬에 대한 주파수응답의 계산
vplot('bode',G_g);                   % varying 행렬을 이용한 보드선도 작성23)
```

22) SYSTEM 행렬은 μToolbox에서 사용되는 LTI object의 표현형식이다.

23) varying matrix 역시 μToolbox에서 사용되는 배열의 하나로서, 이 경우는 지정된 주파수에서 계산된

위 프로그램에 의한 보드선도를 [그림 9.31]에 나타내었다. 이 그림으로부터 약 10[rad/sec] 부근에 공진피크가 존재한다는 것을 알 수 있다.

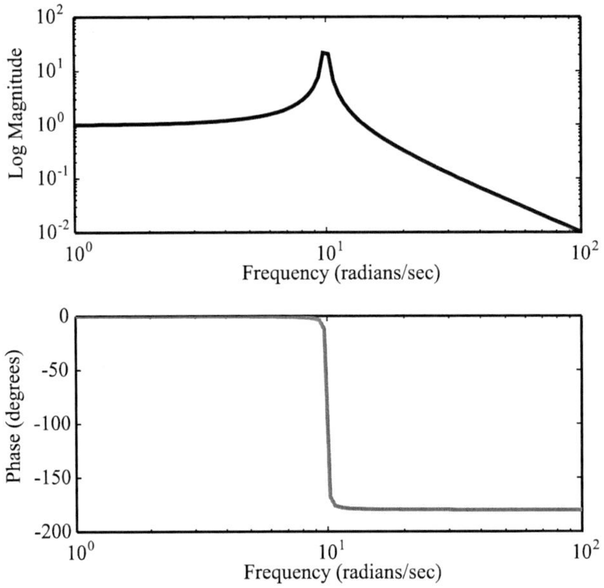

그림 9.31
제어대상의 보드선도

가중함수의 선정

대부분의 경우, 가중함수의 선정에는 시행착오의 과정에 필요하다. 이는 일단 계산된 제어기의 성능을 평가하여 가중함수를 재조정한다고 하는 설계과정을 반복하기 때문이다. 또한 감도함수 S와 상보감도함수 T 사이에는 식 (9.22)의 관계가 성립하기 때문에, 상호간에 타협이 필요하게 된다. 여기서는 몇 번의 시행착오 결과 다음과 같은 가중함수를 선정하였다.

$$W_S(s) = \frac{10s + 1000}{100s + 1}, \quad W_A = \frac{10s + 100}{s + 1000} \tag{9.70}$$

위 가중함수에 대한 주파수응답을 [그림 9.32]에 나타내었다. 특히 W_A의 선정에서 만약 덧셈형 불확실성의 크기 $\Delta_a(s)$를 알고 있다면

$$|\Delta_a(j\omega)| < |W_A(j\omega)| \tag{9.71}$$

을 만족하도록 W_A를 선정한다면 진동시스템에 대한 로버스터 안정성은 보장된다.

크기와 위상 값이 배열 속에 들어간다.

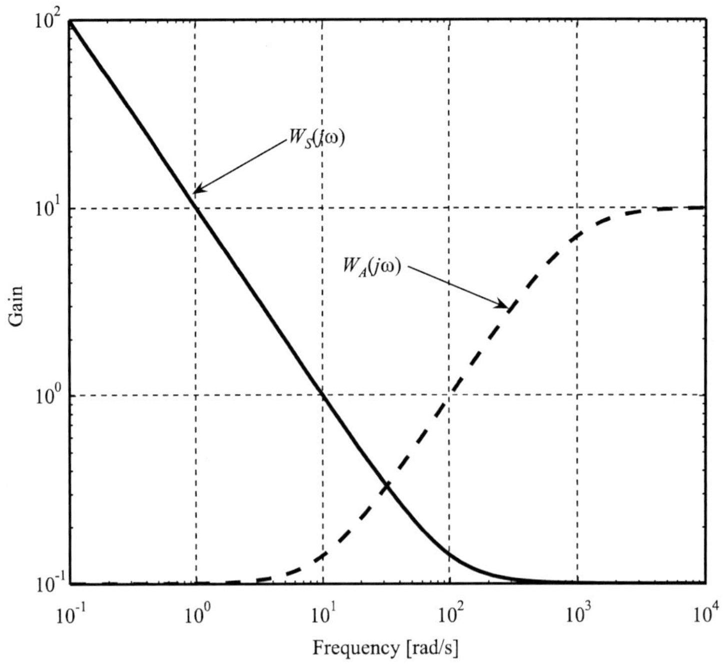

그림 9.32
가중함수의 주파수응답

% 가중함수의 선정

```
numws=[1/100 1];
denws=[1/0.01 1];
wsgain=1000;                              % Ws의 DC 이득
Ws=nd2sys(numws,denws,wsgain);            % Ws의 SYSTEM 행렬 표현
numwa=[1 10];
denwa=[1 1000];
wagain=10;                                % WA의 DC 이득
Wa=nd2sys(numwa,denwa,wagain);            % WA의 SYSTEM 행렬 표현
w=logspace(-1,4,100);                     % 평가를 위한 주파수영역 지정
Ws_g=frsp(Ws,w);                          % Ws에 대한 주파수응답의 계산
Wa_g=frsp(Wa,w);                          % WA에 대한 주파수응답의 계산
vplot('liv,lm',Ws_g,'-',Wa_g,'--');
xlabel('Frequency [rad/s]'), ylabel('Gain')
```

일반화제어대상의 구성

[그림 9.29]로 주어진 혼합감도문제 II에 대하여 일반화제어대상을 구성하여 전달함수 $P(s)$를 얻는 과정은 명령어 'sysic'을 사용하여 수행한다. 'sysic'은 [그림 9.29]의 블록 선도[24]의 구조와 동일하게 프로그램을 작성하여 전달함수, 즉 $P(s)$를 계산할 수 있기 때

문에 대단히 편리하다.

% 일반화제어대상의 정의

```
systemnames='G Ws Wa'                 % [그림 9.29]에서 사용되는 블록의 지정
inputvar='[dist;control]'             % P(s)에 사용되는 입력변수의 지정
outputvar='[Ws;Wa;G+dist]'            % P(s)에 사용되는 출력변수의 지정
input_to_G='[control]'                % 블록과 변수와의 연결상태를 지정
input_to_Ws='[G+dist]'
input_to_Wa='[control]'
sysoutname='P'                        % 일반화 제어대상의 전달함수를 P로 지정
cleanupsysic='yes'                    % 계산 후 메모리상의 내용을 삭제
sysic;                                % sysic 명령어의 실행
```

위 프로그램을 실행하기 전에 사용되는 블록, 즉 제어대상 G와 가중함수 Wa 및 Wa의 전달함수가 정의되어 있어야 한다. 또 입력변수(dist와 control)의 이름은 적절히 붙여 사용하여도 문제없으나, 출력변수는 [그림 9.29]에서 출력으로 사용하고자 하는 블록을 지정한다. 예를 들어 제어대상의 출력 y 에는 제어대상의 출력과 외란이 동시에 존재하기 때문에 출력변수로서 'G+dist'로 지정하여야 한다. 또한 입출력변수를 지정하는 경우 그의 순서에 주의하여야 한다. 당연히 순서에 따라 최종적인 전달함수 $P(s)$의 값이 달라질 것이다.

H_∞ 제어기의 계산

H_∞ 제어기의 계산에는 명령어 'hinfsyn'을 이용한다. 이 명령어는 주어진 γ (식 (9.40) 참조)의 최대값과 최소값 사이에서 반복작업[25]을 자동적으로 수행하여, 이것의 최소값과 이 경우의 제어기 $K(s)$를 계산할 수 있다. 즉 MATLAB 화면에서

```
>> gmax=10; gmin=0;
>> k=hinfsyn(P,1,1,gmin,gmax,0.1,2);
```

을 실행하면 γ 의 최소값으로 0.9508 을 가지는 H_∞ 제어기를 얻는다. [그림 9.33]에 제어기 $K(j\omega)$의 주파수응답을 실선으로 나타내었다.

24) 일반화 제어대상의 전달함수를 계산하는 것이므로 제어기 $K(s)$ 는 제외된다.

25) 이를 'γ -iteration'이라고 하였다.

% H_∞ 제어기의 계산

```
gmax=10; gmin=0;
k=hinfsyn(P,1,1,gmin,gmax,0.1,2);
% Freq. response of H_infinity controller
k_g  = frsp(k,w);
vplot('liv,lm',k_g,'-',Gr_g,'--')
xlabel('Frequency [rad/s]'), ylabel('Gain')
```

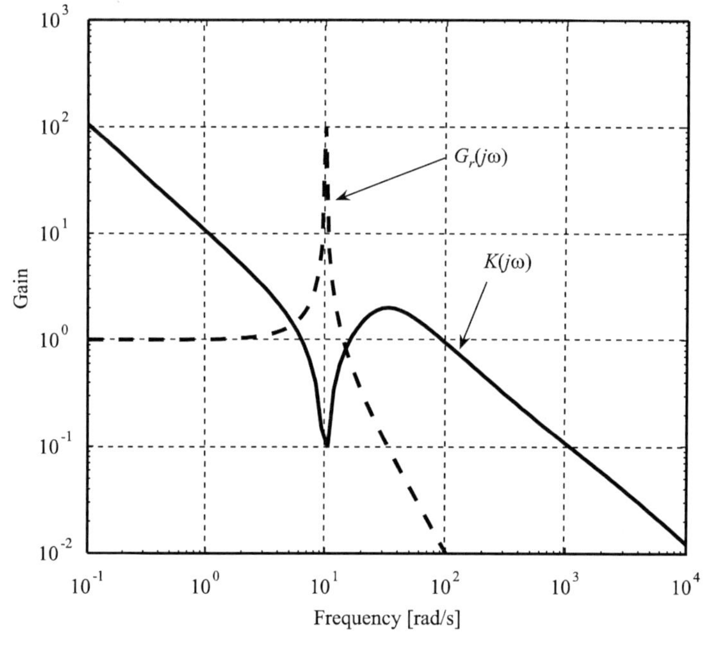

그림 9.33
H_∞ 제어기의 주파수응답

제어성능의 평가

H_∞ 제어기에 의한 폐루프시스템의 성능을 평가하기 위하여, 1) [그림 9.34]와 같이 목표신호 r 에 대한 y 의 응답과, 2) 제어대상의 입력측에 인가되는 외란 d 에 대한 영향을 살펴본다.

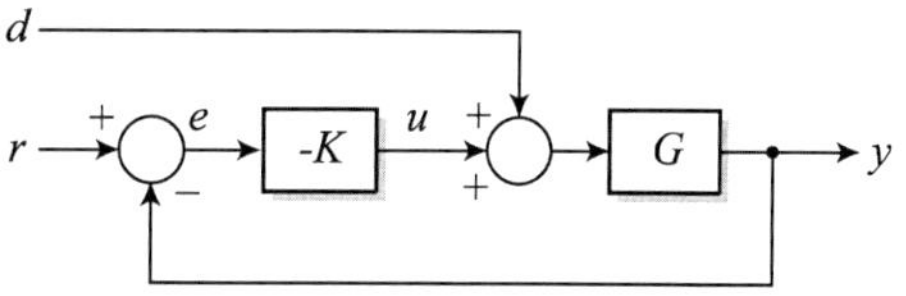

그림 9.34 폐루프시스템

목표신호로서 단위계단함수를 인가하였을 경우의 출력응답을 [그림 9.35(a)]에 표시하였다. 이로부터 H_∞ 에 의해 오버슈터 양은 적으며, 동시에 정상오차도 충분히 작은 값을 가지는 출력응답을 얻을 수 있다는 것을 알 수 있다. 그러나 제어대상의 입력측에 임펄스상의 외란을 인가하였을 경우의 출력 y 는 [그림 9.35(b)]로 된다. 다시 말하면 제어대상이 가지는 공진피크에 대응하는 주파수 10 [rad/s] 를 가지는 진동이 출력에 크게 나타나 시간이 경과하여도 좀처럼 감쇠하지 않는다는 것을 알 수 있다. 이것은 계산된 H_∞ 제어기가 제어대상의 공진피크 근처(즉 허수축 근방)에 안정한 극을(제어기의) 영점으로 가지기 때문에 발생하는 현상이다. 제어대상의 극과 제어기의 영점 사이에서 극-영점 소거된 항은 항상 폐루프시스템의 극점으로 된다는 사실은 간단한 예를 이용하여 쉽게 확인할 수 있다. 특히 불안정영역에 가까운 곳에서 극-영점 소거가 발생하는 경우가 문제로 된다.

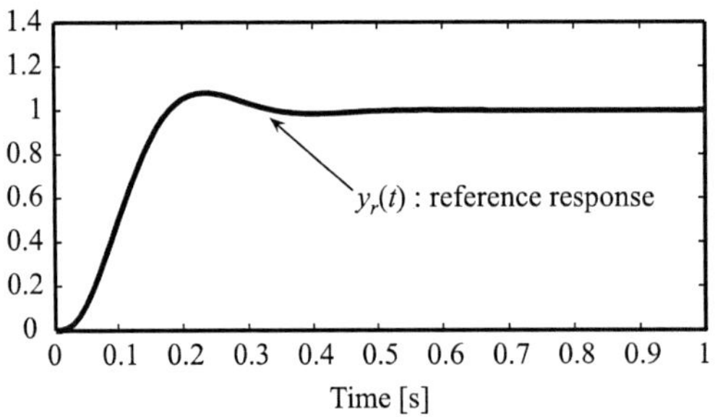

(a)

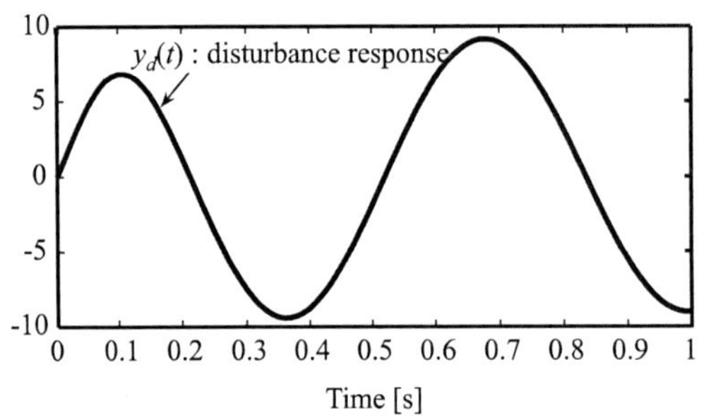

(b)

그림 9.35
폐루프 응답
(a) 목표값 응답,
(b) 외란응답

%제어성능의 평가

```
systemnames='Gr k'                      % 두 개의 블록이 존재
inputvar='[ dist; ref]'                 % 두 개의 입력(기준신호와 외란)
outputvar='[ Gr]'                       % 하나의 출력 (y)
input_to_Gr='[ - k + dist ]'            % 각 블록 사이의 연결을 표현
input_to_k='[ref  -Gr]'
sysoutname='closeKP'                    % 폐루프전달함수의 이름 지정
cleanupsysic='yes'
sysic;                                  % [그림 9.34]의 전달함수 계산
out_r=sel(closeKP,1,2);                 % 기준신호 r 과 출력 y 사이의 전달함수 P1
out_d=sel(closeKP,1,1);                 % 외란 d와 출력 y 사이의 전달함수 P2
[Ar,Br,Cr,Dr]=unpck(out_r);
[Ad,Bd,Cd,Dd]=unpck(out_d);
sys_r=ss(Ar,Br,Cr,Dr);                  % P1을 LTI object로 변환
```

```
sys_d=ss(Ad,Bd,Cd,Dd);                    % P2를 LTI object로 변환
% step response
t=0:0.01:1;
y=step(sys_r,t);
subplot(2,1,1),plot(t,y)                  % [그림 9.35(a)]
xlabel('Time [s]'), ylabel('Output y(t)')
% impulse response
yimp=impulse(sys_d,t);
subplot(2,1,2), plot(t,yimp)              % [그림 9.35(b)]
xlabel('Time [s]'), ylabel('Output y(t)')
```

[그림 9.33]에 제어대상 G_r 의 주파수응답을 점선으로 표시하였는데, 제어대상의 공진피크와 제어기의 노치(notch)주파수가 일치하고 있다는 것을 확인할 수 있다. 제어대상의 극을 실제로 계산하면

$$\begin{aligned}&-0.0500 + 9.9999i\\&-0.0500 - 9.9999i\end{aligned}$$

로 되며, 이에 대해 제어기의 영점은

$$\begin{aligned}&-10.0000\\&-0.0005 + 0.1000i\\&-0.0005 - 0.1000i\end{aligned}$$

로 되어, 제어대상의 극과 같은 곳에 제어기가 영점을 가진다는 것을 알 수 있다. 여기서 폐루프시스템의 고유값을 계산하면

$$\begin{aligned}&-1.3664e+02\\&-2.1236e+00\\&-1.0645e+00+ 1.8230e+00i\\&-1.0645e+00- 1.8230e+00i\\&-5.0000e-02+ 9.9875e-01i\\&-5.0000e-02- 9.9875e-01i\end{aligned}$$

로 되어 제어대상의 공진피크가 그대로 폐루프시스템의 극으로 되어 있음을 확인할 수 있다.

이러한 사실은 혼합감도문제를 이용하여 얻어지는 H_∞ 제어기가 가지는 특징으로서 알려져 있으며, 이것은 가중함수의 선정만으로는 회피하기 어렵다. 따라서 제어대상이 안정이지만 허수축에 상당히 가까운 곳에 극을 가지는 경우, 외란 등에 의해 이 극점이 여기(excite)된다면 그의 응답특성은 좀처럼 수렴하지 않기 때문에 문제가 된다.

```
%제어대상의 극과 제어기의 영점
eig(Ap)                                % 제어대상의 극
[ak,bk,ck,dk]=unpck(k);                % 제어기의 상태방정식 표현
[num,den]=ss2tf(ak,bk,ck,dk);          % 제어기의 전달함수 표현
roots(num)                             % 제어기의 영점 계산
spoles(cl)                             % 폐루프시스템의 극 계산
```

9.6.3 설계사양으로 주어진 경우의 예제

제어대상

$$G(s) = \frac{1}{(s+2)(s-1)} \qquad ①$$

에 대하여 다음 두 가지의 설계사양을 만족시키는 H_∞ 제어기를 설계하여 보자.

❶ 로버스터 안정성의 관점으로부터 $\omega \geq 10$ 이상인 고주파영역에서 상보감도함수 T의 이득은 0 [dB] 이하이며, 동시에 -40 [dB/dec]로 감쇠한다.

❷ 가능한 한 감도함수 S를 저주파영역에서 작게 한다.

가중함수의 선정

설계사양을 H_∞ 제어를 위한 표현식으로 변형하기 위한 방법은 여러 종류가 있지만, 여기서는 곱셈형 불확실성을 가지는 혼합감도문제로 생각하기로 한다([그림 9.28] 참조). 이때 가중함수는 몇 번의 시행착오를 거쳐

$$W_T = \frac{(s+1)^2}{100}, \quad W_S = \frac{\rho}{s+0.001} \qquad ②$$

로 선정한다. 이와 같이 취하면 식 (9.66)으로부터 ❶의 사양을 만족한다는 것은 쉽게 알 수 있다. 이때 W_T를 다항식의 형식으로 취한 이유로서는, 일반화 제어대상의 차수가 필요 이상으로 높아지지 않도록 하기 위함이다[26]. 또 2차의 다항식으로 선정한 것은 H_∞ 제어기가 존재하기 위한 조건인 [요점 9.5]의 A2), 즉

$$W_T(\infty)G(\infty) \neq 0 \qquad ③$$

을 만족시키기 위함이다. H_∞ 제어를 위한 여섯 가지 전제조건은 일반적으로 가중함수의

26) 일반화 제어대상의 차수는, 사용된 가중함수의 차수와 제어대상의 차수 등을 전부 포함한 것으로 된다. 또한 이때 얻어지는 H_∞ 제어기의 차수는 일반화 제어대상의 차수와 같다.

선정이나, 또는 이것을 블록선도 상에서 적절히 배치함으로써 극복 가능하다. W_S 로서는 좀 더 복잡한 형식의 함수를 선정해도 되지만, 여기서는 간단함과 제어기의 차수를 최소한으로 억제하기 위해 1차 지연 시스템으로 하였다. 또한 W_S 에 변수 ρ 를 포함시켜서 이것의 조정에 의해 가능한 한 저감도화를 기하고자 한다. 더욱이 가정 A3), A6)에 저촉되지 않도록 가중함수는 허수축 상에 극과 영점을 가지지 않도록 선정하였다.

일반화제어대상의 구성

가중함수 W_T 가 다항식의 형식으로 주어졌기 때문에 9.6.2절의 경우와 같이 명령어 'sysic'을 사용할 수 없다[27]. 따라서 여기서는 9.6.2절과는 다른 방법을 이용하여 제어기를 설계하기로 한다. 먼저 [그림 9.28]과 같은 혼합감도문제 I의 구조로부터

$$\begin{cases} z_1 = W_S w - G W_S u \\ z_2 = \qquad\quad G W_T u \\ y = \quad\ w - G u \end{cases} \tag{4}$$

가 얻어지며, 이를 [그림 9.36]에 표시하였다.

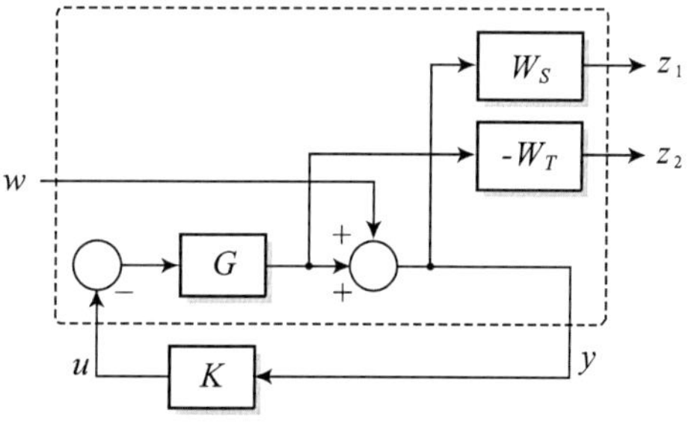

그림 9.36 혼합감도문제 I

[그림 9.36]에 대한 투포트형식의 전달함수 P 는 다음과 같이 유도할 수 있다. 이 경우 시스템 G 의 출력이 시스템 W_S 의 입력으로 된다는 사실을 염두에 두고 전개한다. 먼저 제어대상 G 의 상태공간표현식을

$$G : \begin{cases} \dot{\vec{x}}_G = \boldsymbol{A}_G \vec{x}_G - \boldsymbol{B}_G u \\ y_G = \boldsymbol{C}_G \vec{x}_G \end{cases} \tag{5}$$

로 두면 W_S 와 $W_T G$ 는 각각 다음과 같이 됨을 확인할 수 있다.

$$W_S : \begin{cases} \dot{\vec{x}}_S = \boldsymbol{A}_S \vec{x}_S + \boldsymbol{B}_S y_G + \boldsymbol{B}_S w \\ \quad\ = \boldsymbol{A}_S \vec{x}_S + \boldsymbol{B}_S \boldsymbol{C}_G \vec{x}_G + \boldsymbol{B}_S w \\ z_1 = \boldsymbol{C}_S \vec{x}_S \end{cases} \tag{6}$$

$$W_T G : \begin{cases} \dot{\vec{x}}_G = \boldsymbol{A}_G \vec{x}_G + \boldsymbol{B}_G u \\ z_2 = \boldsymbol{C}_T \vec{x}_G + \boldsymbol{D}_T u \end{cases} \tag{7}$$ [28]

27) 전달함수가 프로퍼하지 않는 시스템은 MATLAB에서 System 행렬, 또는 LTI object로 표현할 수 없다.

28) G 의 출력이 다항식으로 주어진 W_T 로 인가되기 때문에 $W_T G$ 의 상태공간 표현에서 (A, B)항은 시스템 G 와 동일하게 주어진다.

위 식으로부터 그림의 점선부분인 $P(s)$를 상태벡터 $\vec{x}_G$와 $\vec{x}_S$에 대한 상태방정식으로 정리하면

$$\frac{d}{dt}\begin{bmatrix}\vec{x}_S \\ \vec{x}_G\end{bmatrix}=\begin{bmatrix}\boldsymbol{A}_S & \boldsymbol{B}_S\boldsymbol{C}_G \\ 0 & \boldsymbol{A}_G\end{bmatrix}\begin{bmatrix}\vec{x}_S \\ \vec{x}_G\end{bmatrix}+\begin{bmatrix}\boldsymbol{B}_S & 0 \\ 0 & -\boldsymbol{B}_G\end{bmatrix}\begin{bmatrix}w \\ u\end{bmatrix} \tag{8}$$

$$\begin{bmatrix}z_1 \\ z_2\end{bmatrix}=\begin{bmatrix}\boldsymbol{C}_S & 0 \\ 0 & \boldsymbol{C}_T\end{bmatrix}\begin{bmatrix}\vec{x}_S \\ \vec{x}_G\end{bmatrix}+\begin{bmatrix}0 & 0 \\ 0 & D_T\end{bmatrix}\begin{bmatrix}w \\ u\end{bmatrix} \tag{9}$$

로 된다. 또한 $y=G(-u)+w$이므로

$$y=\begin{bmatrix}0 & \boldsymbol{C}_G\end{bmatrix}\begin{bmatrix}\vec{x}_S \\ \vec{x}_G\end{bmatrix}+\begin{bmatrix}\boldsymbol{I}_G & 0\end{bmatrix}\begin{bmatrix}w \\ u\end{bmatrix} \tag{10}$$

로 된다. 위 식을 정리하면

$$P=\left[\begin{array}{c:cc}\boldsymbol{A} & \boldsymbol{B}_1 & \boldsymbol{B}_2 \\ \hdashline \boldsymbol{C}_1 & \boldsymbol{D}_{11} & \boldsymbol{D}_{12} \\ \boldsymbol{C}_2 & \boldsymbol{D}_{21} & \boldsymbol{D}_{22}\end{array}\right]=\left[\begin{array}{cc:cc}\boldsymbol{A}_S & \boldsymbol{B}_S\boldsymbol{C}_G & \boldsymbol{B}_S & 0 \\ 0 & \boldsymbol{A}_G & 0 & -\boldsymbol{B}_G \\ \hdashline \boldsymbol{C}_G & 0 & 0 & 0 \\ 0 & \boldsymbol{C}_T & 0 & \boldsymbol{D}_T \\ 0 & \boldsymbol{C}_G & \boldsymbol{I}_G & 0\end{array}\right] \tag{11}$$

가 얻어진다. ⑪의 일반화 제어대상의 전달함수는 아래 프로그램의 실행으로 얻어진다.

% 일반화 제어대상의 구성

```
rho=4;                                        % ρ=4로 지정
[Ag,Bg,Cg,Dg]=tf2ss(1,[1 1 -2]);              % G의 상태공간 표현
[Ag,Bg,Ct,Dt]=tf2ss([1 2 1]*0.01,[1 1 -2]);   % GW_T의 상태공간 표현
[As,Bs,Cs,Ds]=tf2ss(rho,[1 0.001]);           % W_S의 상태공간 표현
Ap=[As Bs*Cg;zeros(2,1) Ag];
Bp=[Bs zeros(1,1);zeros(2,1) -Bg];
Cp=[Cs zeros(1,2);zeros(1,1) Ct;zeros(1,1) Cg];
Dp=[zeros(1,2);zeros(1,1) -Dt;1 zeros(1,1)];
P=pck(Ap,Bp,Cp,Dp);                           % ⑪의 구성
```

H_∞ 제어기의 계산 및 성능평가

전과 마찬가지로 MATLAB의 명령어 'hinfsyn'을 이용하여 H_∞의 제어기를 계산한다. 이 경우 파라미터 ρ를 크게 하면 할수록 저감도화가 가능하다. 그러나 $\rho = 5$ 이상이면 설계사양을 만족하는 제어기는 존재하지 않는다는 것을 확인할 수 있다. 따라서 여기서는 $\rho = 4$로 두었을 경우의 제어기의 전달함수는 다음으로 된다.

$$K(s) = \frac{8831.6(s+0.7043)(s+2)}{(s+338.22)(s+0.001)(s+14.47)} \qquad ⑫$$

제어기의 차수는 말할 것도 없이 일반화제어대상의 차수와 동일한 3이며, 제어기의 극에는 가중함수 W_S의 극 $s = -0.001$이 포함되어 있는 것을 확인할 수 있다.

설계된 제어기에 의한 감도함수와 상보감도함수의 이득곡선을 [그림 9.37]에 나타내었다. 이로부터 T는 주어진 사양을 만족하고 있음을 확인할 수 있다.

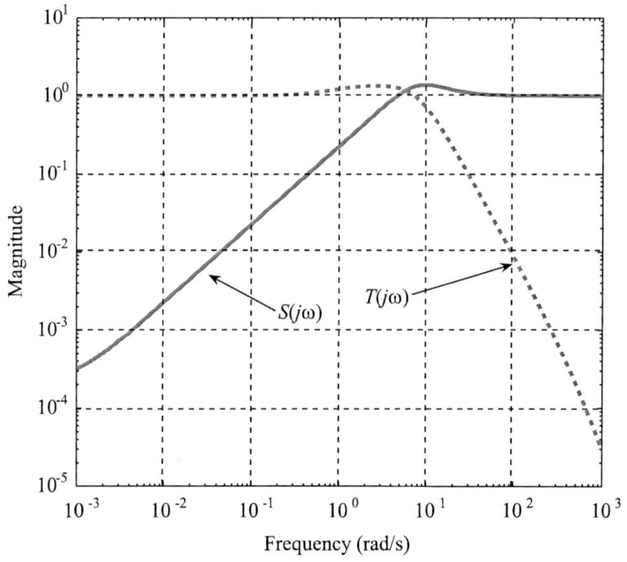

그림 9.37
S와 T의 주파수특성

%제어기의 계산

```
gmax=10; gmin=0;
[k,cl]=hinfsyn(P,1,1,gmin,gmax,0.1,2); % 제어기 K(s)의 계산
[Ak,Bk,Ck,Dk]=unpck(k);                % ⑫의 계산을 위한 과정
k_sys=ss(Ak,Bk,Ck,Dk);
dcgain(k_sys)
spoles(cl)                             % 폐루프시스템의 극 확인
% 제어성능의 평가
```

```
G=nd2sys(1,[1 1 -2],1);
GK=mmult(k,G);                    % GK의 SYSTEM 행렬 표현
S=minv(madd(1,GK));               % S의 SYSTEM 행렬 표현
T=mmult(GK,S);                    % T의 SYSTEM 행렬 표현
w=logspace(-3,3,100);             % 주파수특성을 위한 영역의 지정
S_g=frsp(S,w);T_g=frsp(T,w);      % S와 T의 주파수특성 계산
vplot('liv,lm',S_g,T_g,':')       % [그림 9.37]의 작성
xlabel(' Frequency (rad/s) ')
ylabel(' Magnitude ')
```

9.6.4 두 개의 적분기로 이루어진 시스템에 대한 H_∞ 제어기의 설계

[그림 9.38]과 같이 두 개의 적분기로 이루어진 제어대상에 대한 H_∞ 제어기를 설계하여 보자.

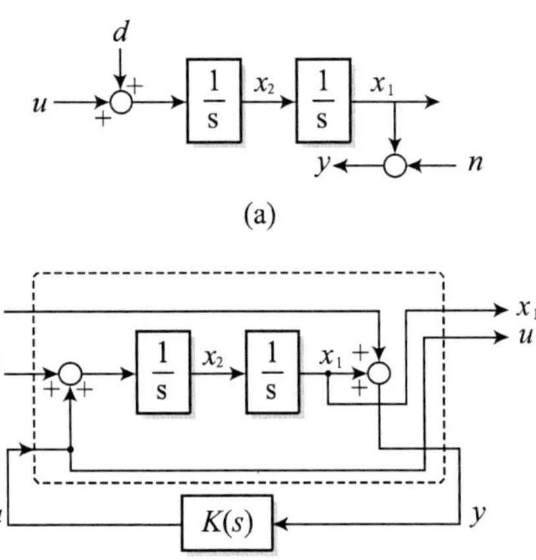

▶ 그림 9.38 (a) 두 개의 적분기로 이루어진 시스템
(b) H_∞ 제어를 위한 투포트시스템

일반화제어대상의 구성

그림으로부터 제어대상의 상태방정식은

$$\dot{x}_1 = x_2 \qquad ①$$
$$\dot{x}_2 = d + u$$

여기서 d는 제어대상의 입력측으로 인가되는 외란을 나타내고 있는 데, 이것은 실제의 시스템에서 액추에이터가 가지는 외란이나 저주파영역에서 발생하는 모델링오차 등으로 간주할 수 있다. 출력으로는 x_1와 제어입력 u를 취한다. 따라서 투포트시스템에서 입력 $\vec{w}$ 와 출력 $\vec{z}$ 는

$$\vec{w} = \begin{bmatrix} d \\ v \end{bmatrix},\ \vec{z} = \begin{bmatrix} x_1 \\ u \end{bmatrix} \qquad ②$$

으로 된다. 여기서 제어입력 u 를 투포트시스템의 출력 $\vec{z}$ 에 도입한 이유로서는 입력의 포화상태를 막기 위해 그 크기를 제한하기 위함이며 동시에 [요점 9.5]의 가정 A2)를 만족시켜서 리카티방정식이 반드시 안정화 해를 가질 수 있도록 하기 위한 목적도 겸하고 있다. 이처럼 H_∞ 제어에서는 투포트시스템의 입출력을 적당히 선정함으로서 H_∞ 제어를 위한 여섯 가지의 전제조건을 비교적 어렵지 않게 만족시킬 수 있다. 출력은

$$y = x_1 + v \qquad ③$$

으로 된다. 잡음 v 은 실제의 센서잡음이나 고주파영역에서의 모델링오차 등으로 간주할 수 있다. 이것 역시 가정 A5)와 관련된 $\boldsymbol{D}_{21}$ 의 랭크조건을 만족시키기 위한 목적도 내포하고 있다. 이들을 이용해서 일반화제어대상을 압축행렬형식으로 표현하면 다음과 같다.

$$P(s) = \begin{bmatrix} \boldsymbol{A} & \vdots & \boldsymbol{B}_1 & \boldsymbol{B}_2 \\ \cdots & \vdots & \cdots & \cdots \\ \boldsymbol{C}_1 & \vdots & \boldsymbol{D}_{11} & \boldsymbol{D}_{12} \\ \boldsymbol{C}_2 & \vdots & \boldsymbol{D}_{21} & \boldsymbol{D}_{22} \end{bmatrix} = \begin{bmatrix} 0 & 1 & \vdots & 0 & 0 & 0 \\ 0 & 0 & \vdots & 0 & 1 & 1 \\ \cdots & \cdots & \cdots & \cdots & \cdots & \cdots \\ 1 & 0 & \vdots & 0 & 0 & 0 \\ 0 & 0 & \vdots & 0 & 0 & 1 \\ 1 & 0 & \vdots & 1 & 0 & 0 \end{bmatrix} \qquad ④$$

①, ③을 나타내는 블록선도와 이것을 이용한 투포트시스템을 [그림 9.38(a),(b)]에 각각 나타냈다[29].

% 9.6.4의 설계 예

```
int1=nd2sys(1,[1 0],1);                    % 적분기의 SYSTEM 행렬 표현
int2=nd2sys(1,[1 0],1);
systemnames='int1 int2'                    % [그림 9.38(b)]의 구조 지정
inputvar='[noise;dist;control]'
outputvar='[int1;control;noise+int1]'
input_to_int1='[int2]'
input_to_int2='[dist-control ]'
sysoutname='two_int'
cleanupsysic='yes'
sysic;
seesys(P)                                  % ④의 내용 확인
```

H_∞ 제어기의 계산 및 성능평가

전절의 예제에서와 마찬가지로 명령어 'hinfsyn'을 이용하며 계산한 제어기의 전달함수는

$$K(s) = \frac{0.4483}{(s+2)(s+13164)} \qquad ⑤$$

로 주어진다. 이 제어기에 의한 폐루프시스템의 극은

29) 이 예제의 경우는 감도함수나 상보감도함수 등이 반드시 만족해야 하는 주파수영역에서의 설계사양이 주어지지 않았다. 따라서 이 경우는 $W_S = W_T = 1$으로 두고 일반화제어대상을 구성하였다.

$$\{-13164, -1 \pm j, -1\} \quad ⑥$$

으로 됨을 쉽게 확인할 수 있다. 설계된 제어기의 성능평가를 위해 [그림 9.39]와 같이 서보시스템을 구성하고, 계단상의 목표입력에 대한 출력응답과 임펄스상의 잡음이 인가되었을 경우의 출력을 각각 [그림 9.40(a),(b)]에 나타내었다.

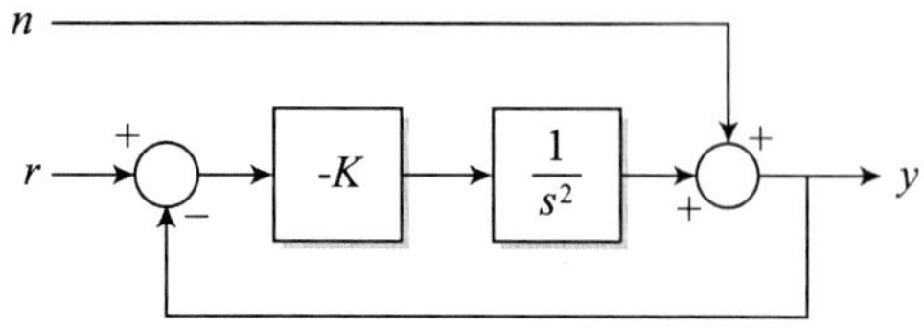

그림 9.39 서보시스템의 구성

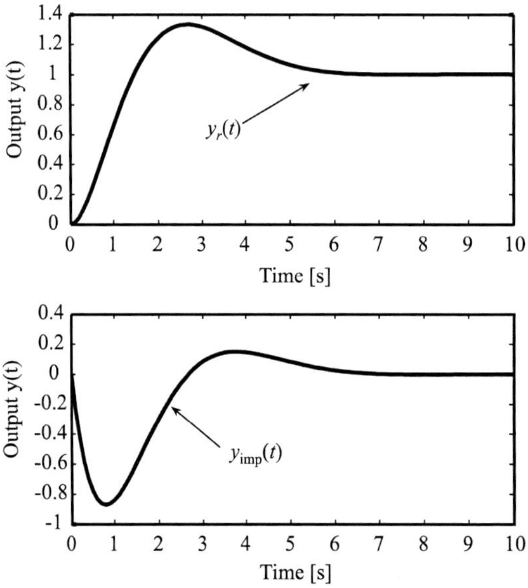

그림 9.40 H_∞ 제어기의 성능평가

% 제어성능의 평가

```
G=nd2sys(1,[1 0 0],1);                % ①의 SYSTEM 행렬 표현
systemnames='G k'                     % [그림 9.39]를 표현하기 위한 준비
inputvar='[noise;ref]'                % 입력변수의 지정 : 외란과 목표신호
outputvar='[G+noise]'                 % 출력변수의 지정 : 출력 y
input_to_G='[-k]'                     % [그림 9.39]의 연결구조
input_to_k='[ref-G-noise]'
sysoutname='closeKP'                  % 페루프시스템의 이름
cleanupsysic='yes'
sysic;
out_r=sel(closeKP,1,2);               % 신호 r과 출력 y사이의 전달함수
out_d=sel(closeKP,1,1);               % 신호 v와 출력 y사이의 전달함수
[Ar,Br,Cr,Dr]=unpck(out_r);           % 각 전달함수의 상태공간 표현
```

```
[Ad,Bd,Cd,Dd]=unpck(out_d);
sys_r=ss(Ar,Br,Cr,Dr);                    % 상태공간표현의 LTI object 표현
sys_d=ss(Ad,Bd,Cd,Dd);                    % LTI object
% step response
t=0:0.1:10;                               % 계단응답을 위한 시간지정
y=step(sys_r,t);                          % 계단응답의 계산
subplot(2,1,1),plot(t,y)
xlabel('Time [s]'), ylabel('Output y(t)')
% impulse response
yimp=impulse(sys_d,t);                    % 임펄스응답의 계산
subplot(2,1,2), plot(t,yimp)
xlabel('Time [s]'), ylabel('Output y(t)')
```

지금까지의 설계예제에서 보는 바와 같이, 주어진 설계사양에 따라서 가중함수를 결정하여 일반화제어대상을 제대로 구성하였다면 H_∞ 제어기설계를 위한 나머지의 과정은 단지 행렬계산을 이용한 수학적인 전개뿐이다. 특히 이러한 계산은 MATLAB를 사용한다면 어렵지 않게 해결할 수 있으므로 전혀 문제가 되지 않을 것으로 보인다. 여기서는 H_∞ 제어기설계를 위한 기초단계로서 복잡한 수식전개와 정리의 증명 등은 생략하였지만, 지금까지의 내용만으로도 H_∞ 제어기설계는 가능할 것으로 생각된다. 이는 만약 주어진 제어대상에 대한 수학모델이 주어져 있고 동시에 그것이 가지는 불확실성의 영역의 범위가 어느 정도 알려져 있다면, 실시스템에 적용 가능한 제어기설계는 MATLAB와 같은 상업용 소프트웨어를 이용하여 비교적 간단히 설계할 수 있을 것이다.

연 습 문 제

9.1 두 개의 적분기로 이루어진 제어대상을 진상보상기로 제어하는 문제를 생각한다.

$$G(s)=\frac{1}{s^2},\ K(s)=\frac{20(s+1)}{s+10}$$

이때 실제 제어대상은 다음 식으로 주어지는 덧셈형 불확실성 $\Delta_a(s)$ 를 가지고 있는 것으로 가정한다.

$$\Delta_a(s)=\frac{-1}{s^2+s+1}$$

(a) 보상기 $K(s)$ 로서 수식모델 $G(s)$ 를 안정화시킬 수 있는 지의 여부를 확인하라.

(b) 위 보상기가 실제의 모델 $\tilde{G}(s)=G(s)+\Delta_a(s)$ 을 역시 안정화시킬 수 있는 지를 확인해 보라.

(c) 불확실성 $\Delta_a(s)$ 에서 본 전달함수 $M(s)$ 를 구하라.

(d) 시스템의 로버스터 안정성을 결정하기 위해 $M(s)$ 와 $\Delta_a(s)$ 의 보드선도를 그려라.

9.2 다음과 같은 1차원의 시스템이 주어져 있다.

$$\begin{cases}\dot{x}=x+u+d\\ y=x+n\end{cases}$$

제어기의 설계목적은 외란 d 와 잡음 n 이 존재함에도 불구하고 상태 $\vec{x}$ 와 제어신호 u 를 적절하게 규제하기 위함이다. 여기서

$$\vec{w}=\begin{bmatrix}d\\n\end{bmatrix},\ \vec{z}=\begin{bmatrix}x\\u\end{bmatrix}$$

으로 둔다.

(a) 일반화제어대상 $P(s)$ 를 압축행렬형식으로 표현하라.

(b) 전체 시스템의 투포트구조를 블록선도로 그려라.

(c) 제어기설계를 위한 일반화제어대상의 모든 랭크조건(요점 9.5)이 성립되는 지의 여부를 확인하라.

(d) 제어기 $K(s)$ 를 계산하고 폐루프시스템의 극점을 구하라.

9.3 곱셈형 불확실성을 가지는 제어대상의 전달함수가 다음과 같이 주어져 있다.

$$\tilde{G}(s)=\frac{2(s+1)}{s^2(s^2+s+1)}$$

이때 기준모델의 전달함수 $G(s)$ 와 제어기 $K(s)$ 는 [문제 9.1]에서 주어진 것을 사용한다.

(a) 시스템의 곱셈형 불확실성을 나타내는 전달함수 $\Delta_m(s)$ 를 계산하라.

(b) 곱셈형 불확실성에서 본 시스템의 전달함수 $M(s)$ 를 구하라. ([그림 9.15] 참조)

(c) 문제(a)에서 계산한 곱셈형 불확실성에 대해 폐루프시스템이 로버스터 안정한 지의 여부를 확인하라.

9.4 다음과 같은 제어대상이 주어져 있다.

$$G(s)=\frac{s-1}{(s+1)(s^2+s+1)}$$

이에 대해 감도함수가 $|S(j\omega)|\le 1$, ($\omega \le$ 0.01 rad/sec)의 사양을 만족시키는 로버스터 제어기를 설계하고자 한다. 이러한 문제는 일반적으로 감도최소화 문제로 알려져 있다. 이것을 H_∞ 문제의 형식으로 만들기 위해 아래 [그림 P9.4]와 같이 투포트형식으로 변환한다.

여기서

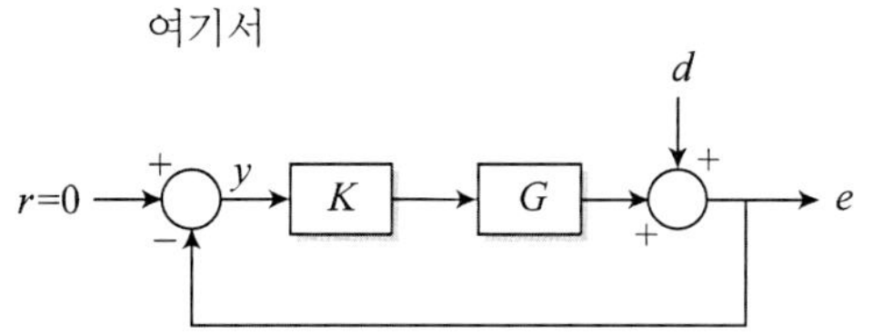

(a)

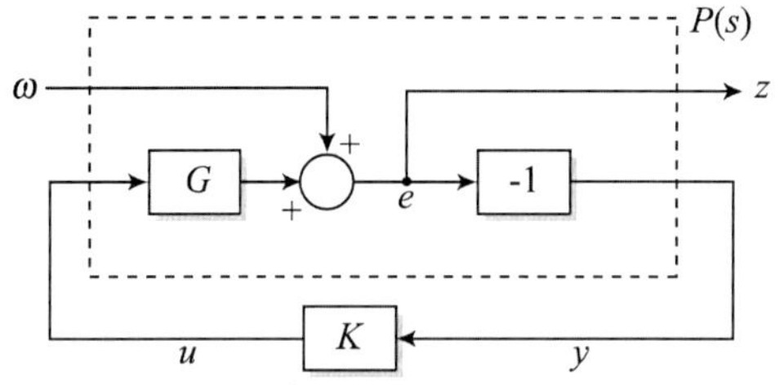

(b)

그림 P9.4

$$S=\frac{e}{d}=\frac{1}{1+GK}$$

이다.

(a) 일반화제어대상 $P(s)$ 를 구성하고 이를 이용하여 제어기 $K(s)$ 를 설계해 보라.

(b) 감도함수S 의 보드선도를 그려서 설계사양이 만족되는 지의 여부를 확인하고, 계단상의 외란입력을 인가하여 출력응답을 그려보아라.

9.5 다음 식과 같이 주어진 시스템에 대해 $\|W_1S\|_\infty < 1$을 얻을 수 있는 제어기를 설계하고, 폐루프의 계단응답을 그려보아라.

$$G(s)=\frac{s-1}{(s+1)^2},$$

$$W_1(s)=0.62\frac{s^2+1.2s+1}{(s+0.001)(s+1.2)(0.001s+1)}$$

9.6 제어대상의 전달함수와 가중함수를 각각 다음과 같이 둔다.

$$G(s)=\frac{(s-1)(s-2)}{(s+1)^3},\ W_1(s)=\frac{a}{100s+1}$$

이때 $\|W_1S\|_\infty < 1$ 를 만족시키는 제어기를 설계하라. 사양이 만족될 수 있도록 가중함수의 변수 a 는 변경 가능하다. 또 $|S|$, $|W_1|$ 및 $|KS|$의 보드선도를 그려보아라.

9.7 [문제 9.6]을 아래의 전달함수에 대해서 반복하라.

$$G(s)=\frac{s-1}{(s-2)(s+1)}$$

9.8 제어대상과 가중함수를 각각 다음과 같이 둔다. 이때 아래의 각 물음에 답하라.

$$G(s)=\frac{1}{s},\ W_1(s)=\frac{100}{s+1}$$

(a) 제어대상이 $\tilde{G}(s)=\dfrac{1}{s+\epsilon}$ 로 변동하였다고 한다. 이때 $\|W_1S\|_\infty < 1$ 를 만족시키며 폐루프의 내부안정성을 만족시키는 제어기 $K(s)$ 를 구하라.

(b) 제어기$K(s)$ 내의 변수인 ϵ 을 영(0)으로 수렴시켰다고 한다. 이때 얻어진 제어기가 원래의 제어대상 $G(s)$ 에 대해서도 여전히 설계사양을 만족시키고 있는가?

(c) 제어대상을 다음과 같이 분할하였다고 한다.

$$G(s)=G_1(s)G_2(s),\ G_1(s)=\frac{1}{s+1},$$
$$G_2(s)=\frac{s+1}{s}$$

$G_1(s)$에 대해 설계사양을 만족시키는 제어기 $K_1(s)$를 계산하라. 여기서 $K(s)=K_1(s)/G_2(s)$ 로 둔다. 이렇게 하여 얻어진 제어기 $K(s)$는 원래의 제어대상 $G(s)$에 대해서 설계사양을 만족하는가? 만약 만족한다면 그 이유를 설명해 보라.

부록

Appendix

여기서는 본서의 내용을 이해하기 위해 필요한 선형대수학의 내용을 증명 없이 간략히 소개한다. 각 내용의 자세한 검증은 '선형대수학'과 관련된 참고문헌을 참조하기 바란다.

1 벡터공간

벡터의 선형독립성

n 차원인 m 개의 벡터 $\vec{v}_i, (i = 1 \sim m)$ 가 '선형독립(linearly independent)'이라고 하는 것은 미지의 스칼라계수 $\alpha_i, (i = 1 \sim m)$ 에 의해

$$\alpha_1 \vec{v}_1 + \alpha_2 \vec{v}_2 + \cdots + \alpha_m \vec{v}_m = \vec{0} \tag{A.1}$$

로 두었을 때 위 식을 만족하는 해 α_i 는 $\alpha_1 = \alpha_2 = \cdots = \alpha_m = 0$ 로 되는 것을 제외하고는 다른 해가 없는 경우를 의미한다. 반대로 한 개라도 영이 아닌 계수 α_i 가 존재하여 그것이 위 식의 해로 될 경우 α_i 에 대응하는 벡터 $\vec{v}_i$ 를 '선형종속(linearly dependent)'이라고 한다.

$\vec{v}_i, (i = 1 \sim m)$ 가 선형종속이라면 α_i 중에는 적어도 하나 이상의 영이 아닌 계수가 존재한다. 이들 중의 하나를 α_h 라고 하자. 그러면 식 (A.1)은

$$\vec{v}_h = -\frac{\alpha_1}{\alpha_h}\vec{v}_1 - \cdots - \frac{\alpha_{h-1}}{\alpha_h}\vec{v}_{h-1} - \frac{\alpha_{h+1}}{\alpha_h}\vec{v}_{h+1} - \cdots - \frac{\alpha_m}{\alpha_h}\vec{v}_m \tag{A.2}$$

로 변형되어 벡터 $\vec{v}_h$ 는 자신 이외의 다른 벡터들의 스칼라 배의 합(이것을 선형결합(linear combination)이라고 한다)으로서 나타낼 수 있게 된다. 따라서 $\vec{v}_i, (i = 1 \sim m)$ 가 선형독립이라고 하는 것은 이들 중의 어떤 벡터도 다른 벡터들의 선형결합으로 나타낼 수가 없는 경우를 말한다.

또한 $\vec{v}_i, (i = 1 \sim m)$ 가 선형독립이 되기 위해서는 $n \geq m$ 의 조건이 필요하다. 다시

말하면 n 차원벡터에서 $n+1$ 개 이상의 벡터는 반드시 선형종속으로 되며 최고 n개의 선형독립인 벡터만이 존재한다. 특히 선형독립인 n 개의 n 차원벡터를 n차원 벡터공간의 기저(base)벡터라고 부른다. 따라서 임의의 n 차원인 벡터는 이 기저벡터의 선형결합으로서 나타낼 수 있다. 이때 이 임의의 벡터를 표현할 수 있는 선형결합의 각 계수는 유일하게 정해진다.

벡터공간과 기저

임의의 차원 n을 가지는 벡터 집합 R^n 가 아래의 두 조건을 만족할 때 R^n 을 '벡터공간(vector space)'라고 하며, R^n 을 구성하고 있는 n차원인 요소 $\vec{x}, \vec{y}, \vec{z}, \cdots$ 를 벡터라고 한다. 또한 R^n 내의 임의의 벡터가 이들의 선형결합으로 나타내어 질 때 R^n 은 유한차원(n차원)이라고 하며 그렇지 않을 경우는 무한차원이라 한다.

1) R^n 에 포함되어 있는 임의의 벡터 $\vec{x}, \vec{y} \in R^n$ 에 대해서 덧셈이 정의되어 $\vec{x} + \vec{y} \in R^n$ 로 되어 다음의 법칙이 성립할 것.
   1.a) $\vec{x}, \vec{y} \in R^n$ 에 대해서 $\vec{x} + \vec{y} = \vec{y} + \vec{x}$ (교환법칙)
   1.b) $\vec{x}, \vec{y}, \vec{z} \in R^n$ 에 대해서 $(\vec{x} + \vec{y}) + \vec{z} = \vec{x} + (\vec{y} + \vec{z})$ (결합법칙)
   1.c) $\vec{0} \in R^n$ 가 존재해서 $\vec{x} + \vec{0} = \vec{x}$ (영인 요소의 존재)
   1.d) $-\vec{x} \in R^n$ 가 존재해서 $\vec{x} + (-\vec{x}) = \vec{0}$ (역원의 존재)
2) 임의의 스칼라 α 와 $\vec{x} \in R^n$ 에 대한 곱셈이 정의되어 $\alpha\vec{x} \in R^n$ 로 되며 동시에 다음의 법칙이 성립할 것.
   2.a) 스칼라 1 과 $\vec{x} \in R^n$ 에 대해 $1 \cdot \vec{x} = \vec{x}$
   2.b) 스칼라 α, β 와 $\vec{x} \in R^n$ 에 대해서, $\alpha(\beta\vec{x}) = (\alpha\beta)\vec{x}$
   2.c) $(\alpha+\beta)\vec{x} = \alpha\vec{x} + \beta\vec{x}$ (스칼라에 관한 분배법칙)
   2.d) $\alpha(\vec{x} + \vec{y}) = \alpha\vec{x} + \alpha\vec{x}$ (벡터에 관한 분배법칙)

벡터공간 V에서 n 개의 벡터 $\vec{v}_i, (i=1,\cdots,n)$를 임의로 추출하였다고 하자. 이때 벡터공간 V와 n 개의 벡터 사이의 관련성에 관하여 다음의 요점이 있다.

요점 A.1

n 개의 벡터 $\vec{v}_i, (i=1,\cdots,n)$은 공간 V의 기저로 된다는 사실과 아래 두 조건은 서로 필요충분조건의 관계에 있다.

(1) $\vec{v}_i, (i=1,\cdots,n)$는 선형독립이다.

(2) $\vec{v}_i, (i=1,\cdots,n)$는 공간 V를 이룬다. 즉 $V = \mathrm{span}\{\vec{v}_1, \vec{v}_2, \cdots, \vec{v}_n\}$이다.

부분공간

R^n 에 속하는 m, $(m \le n)$ 개의 선형독립인 벡터 $\{\vec{x}_1, \vec{x}_2, \cdots, \vec{x}_m\}$의 선형결합으로 이루어지는 공간은 R^n 의 '부분공간(subspace)' S를 이루며 다음과 같이 나타낸다.

$$S = \mathrm{span}\{\vec{x}_1, \vec{x}_2, \cdots, \vec{x}_m\}$$

또한 공간 S가 R^n 의 부분공간이며 S 내의 임의의 m 개의 벡터 $\{\vec{x}_1, \vec{x}_2, \cdots, \vec{x}_m\}$가 선형독립이고 동시에 $S = \mathrm{span}\{\vec{x}_1, \vec{x}_2, \cdots, \vec{x}_m\}$으로 표현된다면 벡터 $\{\vec{x}_1, \vec{x}_2, \cdots, \vec{x}_m\} \in S$는 S 에 대한 '기저벡터(basis vector)'라고 한다. 그러나 임의의 부분공간 S 를 나타낼 수 있는 기저가 유일하게 존재하는 것은 아니지만 기저를 이루는 벡터의 개수는 항상 동일하다. 이 개수를 부분공간 S 의 '차원(dimension)'이라고 하며 $\dim(S)$로 표시한다.

일반적으로 벡터공간 R^n 의 기저는 선형독립인 n 개의 벡터로서 이루어져 있으므로 무수한 기저가 존재한다. 이 중에서 n 개의 단위벡터 $\{\vec{e}_1, \vec{e}_2, \cdots, \vec{e}_n\}$[1]를 사용하여 공간상의 임의의 벡터를 나타내면 편리하므로 이를 표준기저라고 부른다.

2 선형변환

정의와 예제

먼저 선형변환을 정의한다.

요점 A.2 선형변환

벡터공간 V에서 벡터공간 W로의 사상(mapping)이 아래의 조건을 만족한다면 이를 '선형변환(linear transformation)' 혹은 '선형작용소(linear operator)'라고 하며

$$L:\ V \rightarrow W$$

로 표현한다. 즉

$$L(\alpha \vec{v}_1 + \beta \vec{_2}) = \alpha L(\vec{v}_1) + \beta L(\vec{v}_2) \tag{A.3}$$

이다. 단 $\vec{v}_1, \vec{v}_2 \in V$이며 α, β는 임의의 스칼라이다.

1) $\boldsymbol{e}_i = [0 \cdots 0\,1\,0 \cdots 0]^T$를 의미한다.

예제 A.1

다음과 같이 정의되는 작용소 L 은 선형이다.

$$L(\vec{x}) = [-x_2, x_1]^T, \quad (\vec{x} \in R^2)$$

이것은 다음과 같이 확인할 수 있다. 즉

$$L(\alpha\vec{x} + \beta\vec{y}) = \begin{bmatrix} -(\alpha x_2 + \beta y_2) \\ \alpha x_1 + \beta y_1 \end{bmatrix}$$

$$= \alpha \begin{bmatrix} -x_2 \\ x_1 \end{bmatrix} + \beta \begin{bmatrix} -y_2 \\ y_1 \end{bmatrix}$$

$$= \alpha L(\vec{x}) + \beta L(\vec{y})$$

이다. 이 작용소는 R^2 공간에 존재하는 모든 벡터를 시계 반대방향으로 90° 도 회전시키는 작용을 한다.

선형변환의 행렬표현

R^n 공간에서 R^m 공간으로의 선형변환을 생각한다.

예제 A.2

다음으로 정의되는 R^2에서 R^3 로의 선형변환을 생각한다.

$$L(\vec{x}) = [x_2, x_1, x_1 + x_2]^T, \quad (\vec{x} \in R^2)$$

이것은

$$L(\alpha\vec{x}) = [\alpha x_2, \alpha x_1, \alpha x_1 + \alpha x_2]^T = \alpha L(\vec{x})$$

및

$$L(\vec{x} + \vec{y}) = (x_2 + y_2, x_1 + y_1, x_1 + y_1 + x_2 + y_2]^T$$

$$= [x_1, x_2, x_1 + x_2]^T + [y_2, y_1, y_1 + y_2]^T$$

$$= L(\vec{x}) + L(\vec{y})$$

를 각각 만족시키고 있기 때문에 선형이다. 여기서 만약 행렬 $\boldsymbol{A}$ 를

$$A = \begin{bmatrix} 0 & 1 \\ 1 & 0 \\ 1 & 1 \end{bmatrix}$$

로 둔다면 선형변환 L 은 다음과 같이 간략하게 표현할 수 있다.

$$L(\vec{x}) = \begin{bmatrix} x_2 \\ x_1 \\ x_1 + x_2 \end{bmatrix} = \boldsymbol{A}\vec{x}, \ \vec{x} \in R^2$$

일반적으로 공간 R^n 에서 R^m 로의 선형변환 L_A 는 크기 $m \times n$인 행렬 $\boldsymbol{A}$를 이용하여 다음과 같이 정의할 수 있다.

$$L_A(\vec{x}) = \boldsymbol{A}\vec{x}, \ \vec{x} \in R^n$$

이러한 변환 L_A 는 선형임을 쉽게 확인할 수 있다. 위 예제로부터 모든 선형작용소 L 은 행렬을 이용하여 표현할 수 있으며, 반대로 임의 크기의 행렬을 벡터에 곱하는 작용은 벡터의 선형변환을 의미하는 것으로 해석할 수 있다.

이미지(image)와 영화공간(null space)

L 을 공간 V 에서 W 로의 선형변환이라고 하자. 이때 공간 W 내의 영(zero)벡터로 사상되는 V 의 부분공간에 대해 생각해 보자. 먼저 이것과 관련하여 이미지와 영화공간에 대한 정의가 필요하다.

요점 A.3 영화공간

(1) 영화공간(null space)은 다음을 만족하는 공간이며, V 의 부분공간이다.

$$\mathrm{N}(L) = \{\vec{v} \in V \mid L(\vec{v}) = \vec{0}_W\}$$

(2) 이미지공간(image space): S 가 V 의 부분공간이라고 할 때

$$\mathrm{Im}(S) = \{\vec{w} \in W \mid \vec{w} = L(\vec{v}), \vec{v} \in S\}$$

를 만족하는 W 의 부분공간이다. 공간 V 의 전체, 즉 $\mathrm{Im}(V)$는 변환 L 의 '치역(range)'이라고 한다.

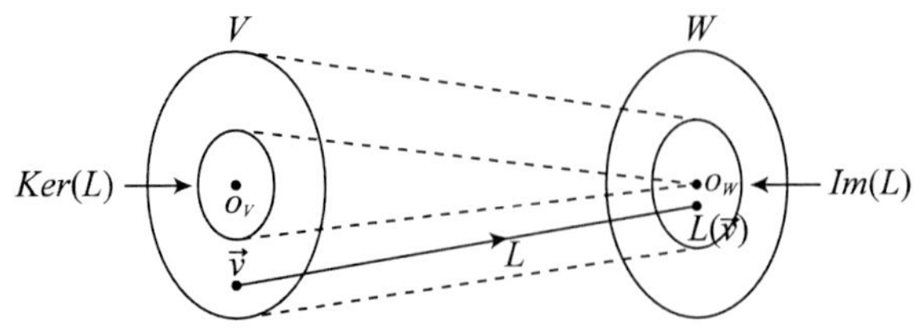

그림 A.1
영화공간과 이미지공간

예제 A.3

L: $R^3 \rightarrow R^2$ 는 선형변환이며 다음과 같이 정의된다.

$$L(\vec{x}) = [x_1 + x_2, x_2 + x_3]^T, \vec{x} \in R^3$$

또 S는 벡터 $\vec{e}_1, \vec{e}_3$를 기저로 하는 R^3 공간 내의 부분공간이라고 한다. 이때 $\vec{x} \in \mathrm{N}(L)$이면

$$x_1 + x_2 = 0, \; x_2 + x_3 = 0$$

로 된다. 자유변수 $x_3 = a$로 두면 쉽게

$$x_2 = -a, x_1 = a$$

를 얻는다. 따라서 $\mathrm{N}(L)$은 $a \cdot [1, \ -1, \ 1]^T$인 벡터형식으로 표현되는 R^3 공간 내의 1차원인 부분공간으로 된다.

만약 $\vec{x} \in S$이면 $\vec{x}$는 $[a, \ 0, \ b]^T$의 형식을 가져야 하며, 동시에 $\mathrm{Im}(\vec{x}) = [a, b]^T$로 될 것이다. 따라서 $\mathrm{Im}(S) = R^2$ 임을 알 수 있다. 부분공간 S의 이미지가 R^2 공간 전체이므로, 변환 L의 치역 역시 R^2로 될 것이다(즉 $\mathrm{Im}(R^3) = R^2$이다).

임의의 $\boldsymbol{A} \in R^{m \times n}$에 대하여

$$\dim\{\mathrm{Im}(\boldsymbol{A})\} + \dim\{N(\boldsymbol{A})\} = n \tag{A.4}$$

가 성립한다. 따라서 $m = n$인 경우 다음 세 가지는 등가이다.

(i) $\boldsymbol{A}$는 정칙,
(ii) $\mathrm{N}(\boldsymbol{A}) = \{\vec{0}\}$,
(iii) $\mathrm{rank}(\boldsymbol{A}) = n$

마지막으로 영화공간과 이미지공간과 관련이 있는 직교보공간에 대하여 간단하게 언급한다. 먼저 벡터 $\vec{x}, \vec{y} \in R^n$로 둔다. 이때 $\vec{x}^T \vec{y} = 0$로 된다면 벡터 $\vec{x}$와 $\vec{y}$는 서로 직교

한다. 또한 $\vec{y}^T\vec{x}=0$가 모든 $\vec{x}\in S\subset R^n$에 대해서도 성립한다면 벡터 $\vec{y}$는 공간 S와 직교한다고 한다. 이와 같은 $\vec{y}$의 집합으로 이루어진 공간을 S의 '직교보공간(orthogonal complementary space)'이라고 하며

$$S^{\perp}=\{\vec{y}\in R^n \mid \vec{y}^T\vec{x}=0,\ \forall\vec{x}\in S\}$$

와 같이 표현한다. S가 부분공간이 아닌 경우에도 $S^{\perp}$는 부분공간으로 된다. 또한 $S\subset R^n$을 부분공간으로 한다면

$$R^n=S\bigoplus S^{\perp}$$

가 성립한다. 즉 임의의 $\vec{x}\in R^n$는 일의적인 분해 $\vec{x}=\vec{x}_1+\vec{x}_2,\ \vec{x}_1\in S,\ \vec{x}_2\in S^{\perp}$가 항상 가능하다.

$W\subset R^n$을 부분공간으로 하고 $\boldsymbol{A}\in R^{n\times n}$을 L의 선형변환의 행렬표현식(다음 절 참조)으로 두었을 경우

$$\vec{x}\in W\ \rightarrow\ \boldsymbol{A}\vec{x}\in W,\ (\boldsymbol{A}W\subset W)$$

로 된다면 W는 $\boldsymbol{A}$-'불변부분공간(invariant subspace)'라고 한다. 행렬 $\boldsymbol{A}$의 고유벡터로 이루어진 공간 및 $\mathrm{Im}(\boldsymbol{A})$, $\mathrm{N}(\boldsymbol{A})$ 등은 $\boldsymbol{A}$-불변부분공간이다.

선형변환의 행렬 표현

[예제 A.2]에서 크기 $m\times n$인 행렬 $\boldsymbol{A}$는 공간 R^n에서 R^m로의 선형변환 L_A를 정의하고 있음을 알았다. 즉

$$L_A(\vec{x})=\boldsymbol{A}\vec{x},\ \vec{x}\in R^n$$

이다. 이를 정리하여 다음 요점을 얻는다.

요점 A.4 행렬표현 I

L을 공간 R^n에서 R^m로의 선형변환이라고 한다면, 이때 다음 식을 만족하는 $(m\times n)$크기의 행렬 $\boldsymbol{A}$가 존재한다.

$$L_A(\vec{x})=\boldsymbol{A}\vec{x},\ \vec{x}\in R^n \tag{A.5}$$

이 경우 행렬 $\boldsymbol{A}$의 j번째 열은 다음과 같이 주어진다.

$$\vec{a}_j=L(\vec{e}_j),\ j=1,2,\cdots,n \tag{A.6}$$

[요점 A.4]는 공간 R^n 에서 R^m 으로의 선형변환을 나타내는 크기 $(m \times n)$인 행렬 $\boldsymbol{A}$ 를 어떻게 구성하는 것인가를 보여주고 있다. 즉 행렬 $\boldsymbol{A}$ 의 j 번째 열은 공간 R^n 의 표준기저 $\vec{e}_j$ 에 대하여 선형변환 L 을 수행한 결과를 나타내고 있다는 것이다. 이때 $\{\vec{e}_1, \cdots, \vec{e}_n\}$은 R^n 에서 표준기저로서 사용되고 있으므로, 이에 대한 선형변환 L 의 표현인 행렬 $\boldsymbol{A}$ 를 '변환 L 의 표준행렬표현'이라고 부르고 있다.

예제 A.4

선형작용소 L 은 다음과 같다.

$$L(\vec{x}) = [x_1 + x_2, x_2 + x_3]^T, \vec{x} \in R^3$$

이것에 대한 행렬표현식, 즉 $L(\vec{x}) = \boldsymbol{A}\vec{x}$ 를 구해보자. 즉

$$L(\vec{e}_1) = L([1, 0, 0]^T) = \begin{bmatrix} 1 \\ 0 \end{bmatrix}$$

$$L(\vec{e}_2) = L([0, 1, 0]^T) = \begin{bmatrix} 1 \\ 1 \end{bmatrix}$$

$$L(\vec{e}_3) = L([0, 0, 1]^T) = \begin{bmatrix} 0 \\ 1 \end{bmatrix}$$

가 행렬 $\boldsymbol{A}$ 의 열을 구성할 것이므로

$$\boldsymbol{A} = \begin{bmatrix} 1 & 1 & 0 \\ 0 & 1 & 1 \end{bmatrix}$$

로 된다. 이것을 확인하기 위해 $\boldsymbol{A}\vec{x}$ 를 계산해보면

$$\boldsymbol{A}\vec{x} = \begin{bmatrix} 1 & 1 & 0 \\ 0 & 1 & 1 \end{bmatrix} \begin{bmatrix} x_1 \\ x_2 \\ x_3 \end{bmatrix} = \begin{bmatrix} x_1 + x_2 \\ x_2 + x_3 \end{bmatrix}$$

로 됨을 알 수 있다.

다음은 표준기저가 아닌 경우에 대한 선형변환의 행렬표현식에 대하여 알아보자.

요점 A.5 행렬표현 II

$E = [\vec{v}_1, \vec{v}_2, \cdots, \vec{v}_n]$, $F = [\vec{w}_1, \vec{w}_2, \cdots, \vec{w}_m]$를 각각 벡터공간 V 및 W 의 기저라고 한다면, $L: V \rightarrow W$ 인 선형변환에 대해 다음 식을 만족하는 크기 $(m \times n)$인 행렬 $\boldsymbol{A}$ 가 존재한다.

$$\left[L(\vec{v})_F \right] = \boldsymbol{A} \left[\vec{v} \right]_E \tag{A.7}$$

이때 $\boldsymbol{A}$ 는 기저 E, F 에 의하여 결정되는 선형변환의 행렬표현식이며, $\boldsymbol{A}$ 의 각 열벡터는

$$\vec{a}_j = \left[L(\vec{v}_j) \right]_F, \ (j = 1, 2, \cdots, n) \tag{A.8}$$

의 관계에 있다.

[요점 A.5]의 관계를 [그림 A.2]에 나타내었다. 이 그림을 간단히 설명하면 다음과 같다. 즉 두 벡터 $\vec{v} \in V$, $\vec{w} \in W$ 의 각 성분은 각 공간에서 표준기저를 이용하여 표현된 값을 나타낸다. 이것을 각 공간에서의 기저를 E, F 로 하여 나타내었을 때의 벡터를 각각 $\vec{x}, \vec{y}$ 로 하면 다음 관계가 성립한다.

$\vec{x} = [\vec{v}]_E$: 벡터 $\vec{v}$ 를 기저 E 로서 표현한 벡터
$\vec{y} = [\vec{w}]_F$: 벡터 $\vec{w}$ 를 기저 F 로서 표현한 벡터

이때 행렬 $\boldsymbol{A}$ 가 $\vec{x}$ 를 $\vec{y}$ 로 사상(mapping)한다면 변환 L 은 $\vec{v}$ 를 $\vec{w}$ 로 사상하는 관계에 있다는 것을 [그림 A.2]는 의미하고 있다.

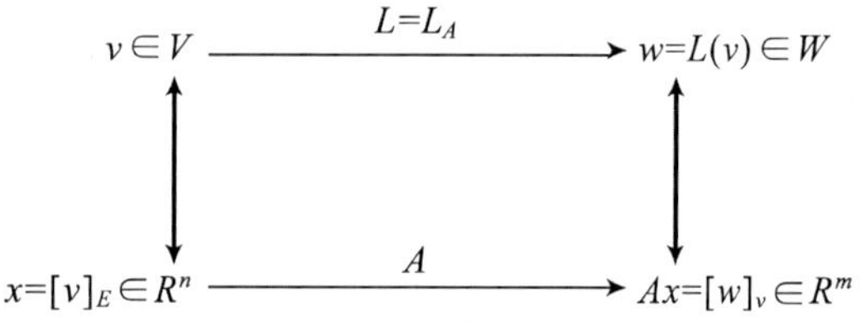

그림 A.2 [요점 A.5]의 관계

예제 A.5

L 은 다음과 같이 정의되는 R^3 에서 R^2 로의 선형변환이다.

$$L(\vec{x}) = x_1 \vec{b}_1 + (x_2 + x_3) \vec{b}_2, \ \vec{x} \in R^3$$

단

$$\vec{b}_1 = \begin{bmatrix} 1 \\ 1 \end{bmatrix}, \vec{b}_2 = \begin{bmatrix} -1 \\ 1 \end{bmatrix}$$

이다. 이때 기저 $[\vec{e}_1, \vec{e}_2, \vec{e}_3]$ 와 $[\vec{b}_1, \vec{b}_2]$ 에 대한 L 의 표현식을 계산하여 보자.

해

$$L(\vec{e}_1) = 1 \cdot \vec{b}_1 + 0 \cdot \vec{b}_2$$

$$L(\vec{e}_2) = 0 \cdot \vec{b}_1 + 1 \cdot \vec{b}_2$$

$$L(\vec{e}_3) = 0 \cdot \vec{b}_1 + 1 \cdot \vec{b}_2$$

에서 $\boldsymbol{A}$ 의 i 번째 열은 기저 $[\vec{b}_1, \vec{b}_2]$에 대한 변환 $L(\vec{e}_i), i = 1,2,3$ 의 좌표값으로 이루어지므로

$$\boldsymbol{A} = \begin{bmatrix} 1 & 0 & 0 \\ 0 & 1 & 1 \end{bmatrix}$$

로 된다.

3 대수방정식의 해와 존재조건

3.1 행렬의 랭크

랭크를 정의하는 방법은 여러 가지가 있으나 여기서는 행렬의 소행렬식을 이용하는 방법에 대하여 설명한다.

행렬에서 1 개 혹은 몇 개의 행과 열을 소거하고 나머지 요소만으로 구성된 r 차원인 정방행렬의 행렬식을 r 차원의 '소행렬식(minor)'이라고 한다. 따라서 $\boldsymbol{A}(n \times m)$ 인 경우에는 $r \le \min(n,m)$ 가 필요하게 되며 r 차원인 소행렬식의 총 개수는 ${}_n\mathrm{C}_r \times {}_m\mathrm{C}_r$ 만큼 존재한다.

요점 A.6 행렬의 랭크 I

행렬 $\boldsymbol{A}(n \times m)$ 에서 $r+1$ 차원의 소행렬식은 전부 영으로 되지만 r 차원인 소행렬식 중에서 영이 아닌 것이 적어도 하나 이상 존재한다면 $\boldsymbol{A}$ 의 랭크(rank)는 r 이며 $\mathrm{rank}(\boldsymbol{A}) = r$ 로 표시한다. 랭크는 행렬의 계수라고 부르기도 한다.

행렬의 랭크에 대하여 다음의 사항이 알려져 있다.

(i) 행렬에서 2 개의 행(혹은 열)을 서로 교환하여도 어떤 행(혹은 열)에 다른 행(혹은 열)의 정수 배를 더하여도 랭크는 변하지 않는다. 또한 어떤 행(혹은 열)을 $a\,(\neq 0)$ 배하여

도 랭크는 불변이다.

(ii) $\boldsymbol{A}(n\times m)$의 경우, $\text{rank}(\boldsymbol{A})\le \min(n,m)$

(iii) $\boldsymbol{A}(n\times n)$의 경우, $\text{rank}(\boldsymbol{A})=n$이기 위한 필요충분조건은 $|\boldsymbol{A}|\ne 0$ 이다.

(iv) $\text{rank}(\boldsymbol{A}^T)=\text{rank}(\boldsymbol{A})$

(v) $\text{rank}(\boldsymbol{AB})\le \min[\text{rank}(\boldsymbol{A}),\text{rank}(\boldsymbol{B})]$

(vi) $\boldsymbol{A}(n\times n)$, $|\boldsymbol{A}|\ne 0$이며 $\boldsymbol{B}(n\times m)$일 때 $\text{rank}(\boldsymbol{AB})=\text{rank}(\boldsymbol{B})$가 성립한다. 마찬가지로$\boldsymbol{A}(m\times m)$, $|\boldsymbol{A}|\ne 0$일 때 $\text{rank}(\boldsymbol{BA})=\text{rank}(\boldsymbol{B})$로 된다.

상기 (v)의 특성을 확장한 것으로 아래와 같은 정리가 알려져 있다.

(vii) 행렬 $\boldsymbol{A}\in R^{m\times n}$, $\boldsymbol{B}\in R^{n\times k}$로 둔다. 이때

$$\text{rank}(\boldsymbol{A})+\text{rank}(\boldsymbol{B})-n\le \text{rank}(\boldsymbol{AB})\le \min\{\text{rank}(\boldsymbol{A}),\text{rank}(\boldsymbol{B})\} \quad \text{(A.9)}$$

가 성립한다. 이것은 '실베스터 부등식(Sylvester's Inequality)'이라고 불리며 행렬에 관련된 수식의 증명에 자주 사용된다.

요점 A.7 행렬의 랭크 II

벡터의 선형독립성과 행렬의 랭크와는 다음 관계가 있다.

(i) n 차원이 열벡터 $\vec{v}_i,(i=1\sim m)$가 선형독립이라는 사실과

$$\boldsymbol{T}=(\vec{v}_1\vec{v}_2,\cdots,\vec{v}_m),\ (n\times m),(n\ge m)$$

의 랭크가 m이라는 사실은 서로 등가이다. 특히 $m=n$인 경우에는 $|\boldsymbol{T}|\ne 0$와 등가이다.

또한 n 차원인 행벡터 $\vec{c}_i,(i=1\sim m)$가 선형독립이라는 것과

$$\boldsymbol{U}=\begin{bmatrix}\vec{c}_1\\ \vec{c}_2\\ \vdots\\ \vec{c}_m\end{bmatrix},\ (m\times n),\ (n\ge m)$$

의 랭크가 m이라는 사실과는 등가이다. 특히 $m=n$의 경우에는 $|\boldsymbol{U}|\ne 0$와 등가이다.

(ii) 반대로 어떤 행렬 $\boldsymbol{A}$의 랭크는 각 열(혹은 행)을 하나의 열벡터(혹은 행벡터)로 간주했을 때 그들 중에서 선형 독립한 열벡터(혹은 행벡터)의 개수와 같다.

영화공간과 이미지의 개념에의 적용:

$\vec{a}_i, (i=1,\cdots,n)$ 가 행렬 $\boldsymbol{A} \in R^{m \times n}$ 의 열벡터를 나타내는 것으로 한다. 그러면

$$\text{Im}\,(\boldsymbol{A}) = \text{span}\left\{\vec{a}_1, \vec{a}_2, \cdots, \vec{a}_n\right\}$$

로 표현되므로 결국 행렬 $\boldsymbol{A}$ 의 랭크는 다음 식으로 나타낼 수 있다.

$$\text{rank}(\boldsymbol{A}) = \dim(\text{Im}(\boldsymbol{A}))$$

이것은 앞에서 설명한 바와 같이 행렬 $\boldsymbol{A}$ 가 가지고 있는 선형 독립한 열(혹은 행)의 개수와 일치한다. 만약 $\boldsymbol{A} \in R^{m \times n}$ 가 $m \le n$ 의 조건아래서 $\text{rank}(\boldsymbol{A}) = m$ 으로 된다면 이 행렬은 '풀 행랭크(full row rank)'를 가진다고 한다. 물론 $m = n$ 에서 풀 랭크란 정칙행렬을 의미한다. 반대로 $m \ge n$ 에서 $\text{rank}(\boldsymbol{A}) = n$ 이라면 '풀 열랭크(full column rank)'를 가지는 행렬이다.

3.2 대수방정식의 해

제차방정식(homogeneous equation)

정방행렬 $\boldsymbol{A}\,(n \times n)$ 에 대해서

$$\boldsymbol{A}\,\vec{x} = \vec{0} \tag{A.10}$$

로 주어지는 방정식을 생각해보자. 해 $\vec{x}$ 는 $|\boldsymbol{A}| \ne 0$의 경우에는 $\vec{x} = \vec{0}$ 이외에는 해가 존재하지 않는다. 왜냐하면 $\boldsymbol{A}$ 를 열벡터로 분할하면 위 식은

$$\left(\vec{a}_1, \vec{a}_2, \cdots, \vec{a}_n\right)\begin{bmatrix} x_1 \\ x_2 \\ \vdots \\ x_n \end{bmatrix} = x_1\vec{a}_1 + x_2\vec{a}_2 + \cdots + x_n\vec{a}_n = \vec{0}$$

로 되어 $|\boldsymbol{A}| \ne 0$일 때에는 벡터 $\left\{\vec{a}_1, \cdots, \vec{a}_n\right\}$은 선형독립으로 되기 때문에 선형독립성의 정의에 의해 $x_1 = x_2 = \cdots = x_n = 0$, 즉 $\vec{x} = \vec{0}$ 으로 된다. 반대로 $|\boldsymbol{A}| = 0$의 경우에는 $\left\{\vec{a}_1, \cdots, \vec{a}_n\right\}$가 선형종속으로 되기 때문에 $\vec{x} \ne \vec{0}$ 인 해가 존재한다. 단 해의 개수는 $\boldsymbol{A}$ 의 랭크에 따라 다르며, 만약 $\boldsymbol{A}$ 의 랭크가 $(n-p), (p \ge 1)$ 이라면 p 개의 선형 독립한 벡터 $\vec{x}_1 \sim \vec{x}_p$가 존재해서 식 (A.10)을 만족하게 된다.

결론적으로 식 (A.10)을 만족하는 해를 구한다는 것은, 행렬 $\boldsymbol{A}$ 의 영화공간을 계산하는 과정으로 볼 수 있다. 즉

$$\mathrm{N}(\boldsymbol{A}) = \{ \vec{x} \in R^n \mid \boldsymbol{A}\vec{x} = \vec{0} \}$$

를 만족하는 선형독립인 벡터 $\vec{x}$를 전부 찾아내는 것이다. 식 (A.10)의 경우에는 $\{\vec{x}_1, \cdots, \vec{x}_p\}$ 의 선형결합 전체가 $\mathrm{N}(\boldsymbol{A})$로 될 것이다.

비제차방정식(non-homogeneous equation)

❶ $\boldsymbol{A}$가 정방행렬인 경우:

행렬 $\boldsymbol{A}$가 $(n\times n)$의 크기를 가지는 정방행렬인 경우 식

$$\boldsymbol{A}\vec{x} = \vec{b} \tag{A.11}$$

로 주어지는 비제차연립방정식을 생각해 보자. 이 식은

$$x_1\vec{a}_1 + x_2\vec{a}_2 + \cdots + x_n\vec{a}_n = \vec{b}$$

과 같이 쓸 수 있으므로 해 $\vec{x}$는 $\vec{b}$가 $\{\vec{a}_1, \cdots, \vec{a}_n\}$의 선형결합으로 이루어진 공간 속에 들어 있는 경우 외에는 존재하지 않는다. 다시 말하면 [요점 A.3]에서 정의한 바와 같이 $\vec{b}$가 행렬 $\boldsymbol{A}$의 이미지

$$\mathrm{Im}(\boldsymbol{A}) = \{ \vec{b} \in R^n \mid \vec{b} = \boldsymbol{A}\vec{x}, \vec{x} \in R^n \}$$

속에 들어 있는지의 여부에 따라 식 (A.11)의 해의 존재성이 결정됨을 알 수 있다. 다시 말하면 n 차원인 임의의 벡터는 n 개의 선형독립인 벡터의 선형결합으로 나타낼 수 있기 때문에 $|\boldsymbol{A}| \neq 0$의 경우에는 이 조건은 항상 만족되어 $\vec{x} = \boldsymbol{A}^{-1}\vec{b}$인 유일한 해를 가진다. 그러나 $|\boldsymbol{A}| = 0$로 되는 경우는 반드시 해가 존재한다고 할 수 없다. 즉 $|\boldsymbol{A}| = 0$의 경우에는 $\vec{b} \in \mathrm{Im}(\boldsymbol{A})$인 경우에만 해 $\vec{x}$가 존재한다. 그러나 해 $\vec{x}$는 무수히 존재하며 유일하게는 나타낼 수 없다. 반대로 $\vec{b} \not\in R(\boldsymbol{A})$의 경우에는 (A.11)을 만족하는 해가 존재하지 않는다.

❷ $\boldsymbol{A}$가 크기 $(m\times n)$을 가지는 경우:

A) $m < n$ (즉 미지수의 개수가 방정식의 개수보다 많은 경우):

① $\mathrm{rank}(\boldsymbol{A}) = m$ 이라면 항상 $\vec{b} \in \mathrm{Im}(\boldsymbol{A})$로 되어 $\boldsymbol{A}\vec{x} = \vec{b}$를 만족하는 해 $\vec{x}$는 무수히 존재한다.

② $\mathrm{rank}(\boldsymbol{A}) < m$ 이면 다음과 같은 두 가지로 분류할 수 있다. 즉 $\vec{b} \in \mathrm{Im}(\boldsymbol{A})$로 된다면 식 (A.11)의 해는 (무수히) 존재하며, 반대로 $\vec{b} \not\in \mathrm{Im}(\boldsymbol{A})$로 된다면 해가 존재하지 않는다.

B) $m > n$ (즉 방정식의 개수가 미지수의 개수보다 많은 경우):

일반적으로 해가 존재하지 않는다. 해가 존재하지 않는 경우에도 $\| \boldsymbol{A}\vec{x}_o - \vec{b} \|$를 최소로 하는 의미에서의 해 $\vec{x}^o$는 $\vec{x}^o = (\boldsymbol{A}^T\boldsymbol{A})^{-1}\boldsymbol{A}^T\vec{b}$와 같이 하여 계산할 수 있다. 그러나 이 값은 $\boldsymbol{A}\vec{x} = \vec{b}$를 만족시키지 않는다는 점에 유의해야 한다.

마지막으로 식 (A.11)의 우변을 확장한 아래와 같은 선형방정식을 생각해 보자.

$$\boldsymbol{A}\boldsymbol{X} = \boldsymbol{B} \tag{A.12}$$

단 $\boldsymbol{A} \in R^{n\times l}, \boldsymbol{B} \in R^{n\times m}$와 $\boldsymbol{X} = \{\vec{x}_1, \cdots, \vec{x}_m\}$으로 각각 주어진다. 이때 다음 네 가지 조건은 서로 등가이다.

(i) 해 $\boldsymbol{X} \in R^{l\times m}$가 존재한다.
(ii) 행렬 $\boldsymbol{B}$의 각 열은 행렬 $\boldsymbol{A}$의 이미지에 속한다. 즉

$$\mathrm{span}\{\vec{b}_1, \vec{b}_2, \cdots, \vec{b}_m\} \in \mathrm{Im}(\boldsymbol{A})$$

이다.
(iii) $\mathrm{rank}[\boldsymbol{A}, \boldsymbol{B}] = \mathrm{rank}(\boldsymbol{A})$
(iv) $\mathrm{N}(\boldsymbol{A}^T) \subset \mathrm{N}(\boldsymbol{B}^T)$

또한 행렬 $\boldsymbol{A}$가 '풀 열랭크'인 경우에 한해서 유일한 해 $\boldsymbol{X}$가 존재한다.

4 고유값, 고유벡터와 죠르단형식(Jordan form)

4.1 고유값과 고유벡터

상태방정식으로 표현된 시스템의 해석에 있어서 가장 중요한 역할을 하는 것 중의 하나가 행렬의 고유값과 고유벡터이다.

요점 A.8 고유값과 고유벡터 I

$\boldsymbol{A}$가 크기 $n\times n$인 정방행렬이다. 이때 $\boldsymbol{A}\vec{v} = \lambda\vec{v}$를 만족하는 영이 아닌 벡터 $\vec{v}$가 존재하는 경우, λ와 $\vec{v}$를 각각 행렬 $\boldsymbol{A}$에 대한 '고유값(eigenvalue)'과 '고유벡터(eigenvector)'라고 한다.

방정식 $\boldsymbol{A}\vec{v}=\lambda\vec{v}$ 를

$$(\boldsymbol{A}-\lambda\boldsymbol{I})\vec{v}=\vec{0} \tag{A.13}$$

와 같이 변형하였을 때, 식 (A.13)이 비자명한 해(non-trivial solution)를 가진다면 λ는 행렬 $\boldsymbol{A}$의 고유값으로 된다. 이때 식 (A.13)을 만족하는 해 $\vec{v}$의 집합은 R^n의 부분공간인 $\mathrm{N}(\boldsymbol{A}-\lambda\boldsymbol{I})$속에 존재하게 된다. 따라서 만약 λ가 $\boldsymbol{A}$의 고유값이라면 $\mathrm{N}(\boldsymbol{A}-\lambda\boldsymbol{I})\neq\{\vec{0}\}$로 되며, 반대로 $\mathrm{N}(\boldsymbol{A}-\lambda\boldsymbol{I})$에 존재하는 영이 아닌 임의의 벡터는 항상 λ에 대한 고유벡터로 된다. 이러한 부분공간 $\mathrm{N}(\boldsymbol{A}-\lambda\boldsymbol{I})$를 고유치 λ에 대응하는 '고유공간(eigenspace)'이라고 한다.

식 (A.13)으로부터 행렬식

$$|\boldsymbol{A}-\lambda\boldsymbol{I}|=0 \tag{A.14}$$

을 정의하여 이를 행렬 $\boldsymbol{A}$의 '특성다항식(characteristic equation)'이라고 한다. 따라서 이것을 만족하는 n개의 근이 $\boldsymbol{A}$의 고유값으로 된다. 고유값 중에는 2 이상의 중복도를 가지는 경우도 있을 수 있으며, 또한 복소수의 형태로 존재로 할 수 있다.

$p(\lambda)$가 $\boldsymbol{A}$의 특성다항식이라면

$$P(\lambda)=\begin{vmatrix} a_{11}-\lambda & a_{12} & \cdots & a_{1n} \\ a_{21} & a_{22}-\lambda & \cdots & a_{2n} \\ \vdots & \cdots & \ddots & \cdots \\ a_{nn}-\lambda & & & a_{nn}-\lambda \end{vmatrix}$$

이다. 위 식을 전개하여 인수분해 한다면

$$\begin{aligned} p(\lambda) &= (-1)^n(\lambda-\lambda_1)(\lambda-\lambda_2)\cdots(\lambda-\lambda_n) \\ &= (\lambda_1-\lambda)(\lambda_2-\lambda)\cdots(\lambda_n-\lambda) \end{aligned}$$

로 될 것이다. 이로부터 다음 관계식을 얻을 수 있다.

$$\lambda_1\cdot\lambda_2\cdots\lambda_n=p(0)=|\boldsymbol{A}|$$

또한

$$\sum_{i=1}^{n}\lambda_i=\sum_{i=1}^{n}a_{ii}=\mathrm{tr}(\boldsymbol{A})$$

를 간단히 유도할 수 있다. 위 식에서 $\boldsymbol{A}$의 대각요소의 합을 '트레이서(trace)'라고 하며 $\mathrm{tr}(\boldsymbol{A})$로 표시한다.

4.2 행렬의 대각화

$$\boldsymbol{A}\vec{v}_i = \lambda_i \vec{v}_i$$

을 만족하는 고유값 λ_i 에 서로 중복되는 것이 없다고 가정하면, 각 고유값에 대한 고유벡터 $\vec{v}_i$의 2배수 3배수 등과 같은 배수를 제외하면 단 한 개의 $\vec{v}_i$가 존재하며 동시에 $\{\vec{v}_1, \vec{v}_2, \cdots, \vec{v}_n\}$은 서로 선형독립으로 된다는 것이 알려져 있다.

이때

$$\boldsymbol{T} = (\vec{v}_1, \vec{v}_2, \cdots, \vec{v}_n), (n \times n)$$

로 두면

$$\boldsymbol{T}^{-1}\boldsymbol{A}\boldsymbol{T} = \boldsymbol{\Lambda} = \begin{bmatrix} \lambda_1 & 0 & \cdots & 0 \\ 0 & \lambda_2 & \cdots & 0 \\ \vdots & & \ddots & \vdots \\ 0 & 0 & \cdots & \lambda_n \end{bmatrix}$$

로 되어 $\boldsymbol{A}$는 대각행렬 또는 모드행렬(modal matrix)이라고도 불리는 $\boldsymbol{\Lambda}$로 변환된다. 이와 같은 과정을 '대각변환(diagonalization)'이라고 하며 $\boldsymbol{T}$를 대각변환행렬이라고 한다.

4.3 대칭행렬의 대각화

요점 A.9 대칭행렬의 특성

$\boldsymbol{A}$ 가 대칭행렬($\boldsymbol{A}^T = \boldsymbol{A}$)인 경우에는 다음의 사실이 알려져 있다.

(i) $\boldsymbol{A}$ 의 고유값은 전부 실수이다.
(ii) 값이 서로 다른 고유값에 대한 고유벡터는 선형독립이며 동시에 서로 직교하고 있다.
(iii) 중복 고유값에 대해서는 중복도(multiplicity)와 같은 수만큼의 선형독립인 고유벡터가 존재하며 동시에 그들이 서로 직교하도록 선택할 수 있다.

대칭행렬의 고유값 $\{\lambda_1, \lambda_2, \cdots, \lambda_n\}$을 중복하고 있는 것도 포함하여 순서대로 번호를 붙여서 이에 대한 고유벡터를 $\{\vec{v}_1, \vec{v}_2, \cdots, \vec{v}_n\}$로 하면, 이들은 서로 선형독립이며 동시에 직교(orthogonal)조건, 즉

$$\vec{v}_i^{\,T}\vec{v}_j = 0,\ (\forall\ i \neq j)$$

를 만족하도록 선택할 수 있다.

직교조건을 만족하는 적당한 고유벡터가 구해졌다고 가정했을 때

$$\boldsymbol{T} = \left(\frac{\vec{v}_1}{\alpha_1}, \frac{\vec{v}_2}{\alpha_2}, \cdots, \frac{\vec{v}_n}{\alpha_n}\right):\ \alpha_i = \left(\vec{v}_i^{\,T}\vec{v}_i\right)^{1/2} \tag{A.15}$$

로 주어지는 대각변환행렬을 구성해서 대각변환할 수 있다. 이 경우 고유벡터가 서로 직교하고 있다는 사실과 $\boldsymbol{T}$를 식 (A.5)와 같이 정규화(normalization)했다는 사실로부터

$$\boldsymbol{T}^T\boldsymbol{T} = \begin{bmatrix} \vec{v}_1^{\,T}/\alpha_1 \\ \vdots \\ \vec{v}_n^{\,T}/\alpha_n \end{bmatrix}\left[\vec{v}_1/\alpha_1, \cdots, \vec{v}_n/\alpha_n\right] = \begin{bmatrix} \lambda_1 & 0 & \cdots & 0 \\ 0 & \lambda_2 & \cdots & 0 \\ \vdots & & \ddots & \vdots \\ 0 & 0 & \cdots & \lambda_n \end{bmatrix}$$

가 성립한다.

4.4 죠르단형식

대칭행렬이 아닌 임의의 행렬 $\boldsymbol{A}$의 고유값 중에서 만약 중복하는 것이 존재할 경우에는 위에서 설명한 대각변환을 할 수 없는 경우가 많다. 이런 경우에는 대각변환의 일종인 죠르단형식 $\boldsymbol{J}$ $(=\boldsymbol{T}^{-1}\boldsymbol{A}\boldsymbol{T})$를 이용하면 편리하다. 본 항에 한해서 고유값 λ에 붙어있는 첨자가 틀린 경우에는 그 고유값의 값도 서로 틀리는 것으로 가정한다.

먼저 죠르단블록과 죠르단형식에 대해 간단하게 설명한다.

$$\boldsymbol{J}_p(\lambda) = \begin{bmatrix} \lambda & 1 & 0 & \cdots & 0 \\ 0 & \lambda & 1 & \cdots & 0 \\ \vdots & & \ddots & \ddots & \vdots \\ \vdots & & & \lambda & 1 \\ 0 & 0 & \cdots & 0 & \lambda \end{bmatrix},\ (p \times p)$$

인 형식의 정방행렬을 고유값 λ에 대한 p차의 죠르단셀(Jordan cell)이라고 한다. 또 몇 개의 죠르단셀을 대각선상의 부행렬(sub-matrix)로서 나열한 것을 '죠르단형식(Jordan form)'이라고 한다. 예를 들면

$$J = \mathrm{diag}\left[J_1(\lambda_1), J_2(\lambda_1), J_2(\lambda_2)\right] = \begin{bmatrix} \lambda_1 & 0 & 0 & 0 & 0 \\ 0 & \lambda_1 & 1 & 0 & 0 \\ 0 & 0 & \lambda_1 & 0 & 0 \\ 0 & 0 & 0 & \lambda_2 & 1 \\ 0 & 0 & 0 & 0 & \lambda_2 \end{bmatrix}$$

는 λ_1 에 대해서 3중, λ_2 에 대해서는 2중의 고유값을 가지는 행렬로서 λ_1 에 대한 죠르단셀로는 1차와 2차인 두 개의 블록이 있으며 λ_2 에 대해서는 2차인 블록이 하나 있는 경우의 죠르단형식을 나타내고 있다.

고유값의 중복도가 같다고 하더라도 죠르단블록의 개수와 각 블록의 차수는 행렬 $\boldsymbol{A}$ 가 가지는 구조에 따라 달라진다.

요점 A.10 죠르단형식

일반적으로 중복도 r (1도 포함해서 생각한다)인 고유값 λ 에 대해서 다음의 사실이 알려져 있다.

(i) $(\lambda \boldsymbol{I} - \boldsymbol{A})$ 의 랭크가 $(n-p)$이면 λ 에 대해 선형독립인 고유벡터가 p 개 존재한다.
(ii) 또 이 고유벡터에 대응하는 p 개의 죠르단셀이 존재한다.
(iii) 각 죠르단셀의 차수의 합은 중복도 r 과 같다.

5 2차 형식과 정정행렬

5.1 2차 형식

여기서는 $f(\vec{x}) = \vec{x}^T \boldsymbol{A} \vec{x}$ 의 형식으로 주어지는 벡터함수에 대하여 알아본다. 이러한 형식의 벡터함수를 '2차 형식(quadratic form)'이라고 부르며 제어이론의 전개에 있어 중요한 역할을 담당하고 있다.

변수 $\{x_1, x_2, \cdots, x_n\}$ 로 이루어진 상태벡터에 적용하면 2차 형식은

$$\vec{x}^T \boldsymbol{A} \vec{x} = \sum_{i=1}^{n} \sum_{j=1}^{n} a_{ij} x_i x_j \tag{A.16}$$

모양을 하고 있다. 이때 항상 $\boldsymbol{A}$ 가 대칭행렬로 됨에 유의해야 한다. 2차 형식 $\vec{x}^T \boldsymbol{A} \vec{x}$ 가 모든 요소가 영이 아닌 임의의 벡터 $\vec{x}$ 에 대해서 양의 값을 가지면, 즉

$$\vec{x}^T \boldsymbol{A} \vec{x} > 0, (\forall \vec{x} \neq \vec{0})$$

이 만족되는 2차 형식을 '정정(positive definite)'이라고 하며 영을 포함한 양의 값을 가지면, 즉

$$\vec{x}^{\,T}\boldsymbol{A}\vec{x} \geq 0, (\forall \vec{x} \neq \vec{0})$$

이 만족되면 '준정정(semi-positive definite)'이라고 한다. 또 $-\vec{x}^{\,T}\boldsymbol{A}\vec{x}$ 가 정정(준정정)일 때 $\vec{x}^{\,T}\boldsymbol{A}\vec{x}$를 부정(준부정)이라고 한다.

5.2 정정, 준정정행렬

대칭행렬 $\boldsymbol{A}$에 대한 2차 형식 $\vec{x}^{\,T}\boldsymbol{A}\vec{x}$가 정정으로 될 때 $\boldsymbol{A}$를 '정정행렬(positive definite matrix)'이라고 하며

$$\boldsymbol{A} > 0$$

로 표현한다. 또 준정정의 경우 '준정정행렬(semi-positive definite matrix)'이라 하며

$$\boldsymbol{A} \geq 0$$

와 같이 표시한다.

또한 $-\boldsymbol{A} > 0$ (또는 $-\boldsymbol{A} \geq 0$)일 때 $\boldsymbol{A}$를 부정(또는 준부정)행렬이라고 하며 $\boldsymbol{A} < 0$(또는 $\boldsymbol{A} \leq 0$)으로 표시한다. 더욱이 2개의 대칭행렬 $\boldsymbol{A}, \boldsymbol{B}$에 대해 $(\boldsymbol{A}-\boldsymbol{B})$가 정정행렬(즉 $\boldsymbol{A}-\boldsymbol{B} > 0$를 만족한다)일 경우에는 $\boldsymbol{A} > \boldsymbol{B}$로 표시된다.[2)]

정정행렬과 관련하여 다음의 정리가 알려져 있다.

> **요점 A.11 정정행렬**
>
> 행렬 $\boldsymbol{A}$를 크기$(n \times n)$인 정방행렬이라 한다. 이때 $\boldsymbol{A}$가 정정행렬로 되기 위한 필요충분조건은 $\boldsymbol{A}$의 모든 고유값이 양으로 되는 것이다.

위 정리로부터 다음 두 가지 사항은 서로 등가임을 쉽게 알 수 있다.

(i) 행렬 $\boldsymbol{A}$가 정정이면, $\boldsymbol{A}$는 정칙이다.
(ii) $\boldsymbol{A}$가 정정이면 $\boldsymbol{A}$의 행렬식 값은 영보다 크다. 즉 $|\boldsymbol{A}| > 0$ 이다.

행렬 $\boldsymbol{A}$가 정정행렬인지 아닌지를 판정하는 방법으로 다음과 같은 것이 있다.

(i) $\boldsymbol{A}(n \times n)$의 고유값을 λ_i, $(i = 1 \sim n)$로 두면 $\boldsymbol{A} > 0$이기 위한 필요충분조건은 $\lambda_i > 0, (\forall\, i)$이며 $\boldsymbol{A} \geq 0$로 되기 위한 필요충분조건은 $\lambda_i \geq 0, (\forall\, i)$이다.

2) 행렬의 크기 등을 비교하는 것이 아니라는 점에 유의한다.

(ii) $\boldsymbol{A} > 0$ 로 되기 위한 필요충분조건은 $\boldsymbol{A}$ 에 대한, 다음 식과 같은 선두주좌 소행렬식(leading principal minor)이 전부 양이다. 즉

$$a_{11} > 0, \quad \begin{vmatrix} a_{11} & a_{12} \\ a_{21} & a_{22} \end{vmatrix} > 0, \quad \begin{vmatrix} a_{11} & a_{12} & a_{13} \\ a_{21} & a_{22} & a_{23} \\ a_{31} & a_{32} & a_{33} \end{vmatrix} > 0, \cdots, |\boldsymbol{A}| > 0 \tag{A.17}$$

로 되는 것이다. 이것은 '실베스터의 판정조건(Sylvester's criterion)'으로 불린다. 위 식에서 단순하게 부등호를 '≥ 0'으로 바꾸었다고 해서 '$\boldsymbol{A} \geq 0$'의 판정 조건으로는 되지 않음에 주의해야한다.

6 케일리-헤밀턴의 정리

최소다항식

다음은 케일리-헤밀턴의 정리와 관계가 있는 최소다항식에 대해서 정의해 둔다.

요점 A.12 최소다항식

행렬 $\boldsymbol{A}$ 의 '최소다항식(minimal polynomial)'은 $\psi(\boldsymbol{A}) = \boldsymbol{0}$ 를 만족시키는 최소차수를 가지는 모닉다항식[3](monic polynomial)인 $\psi(\lambda)$ 로 된다.

케일리-헤밀턴의 정리

주어진 행렬의 특성다항식은 항상 최소다항식으로 나머지 없이 나누어진다는 사실로부터 다음의 관계식을 얻을 수 있다. 즉

$$\Delta(s) = \det(s\boldsymbol{I} - \boldsymbol{A}) = s^n + a_n s^{n-1} + \cdots + a_2 s + a_1$$

을 행렬$\boldsymbol{A}$ 의 특성다항식이라면 항상

$$\Delta(\boldsymbol{A}) = \boldsymbol{A}^n + a_n \boldsymbol{A}^{n-1} + \cdots + a_2 \boldsymbol{A} + a_1 \boldsymbol{I} = 0 \tag{A.18}$$

이 성립한다. 이것을 '케일리-헤밀턴(Cayley-Hamilton)'의 정리라고 하며 이것과 최소다항식의 개념을 이용하면 다음과 같은 정리를 얻을 수 있다.

3) 모닉(monic)다항식이란 최고차항의 계수가 1인 다항식을 의미한다.

요점 A.13

행렬 $\boldsymbol{A}$ 의 특성 다항식이 다음과 같이 주어져있다고 한다.

$$\Delta(s) \equiv \det(s\boldsymbol{I} - \boldsymbol{A}) = \prod_{i=1}^{m}(s-\lambda_i)^{n_i} \tag{A.19}$$

이때 f 와 g 를 임의의 다항식이라고 하자. 이때 만약

$$f^{(l)}(\lambda_i) = g^{(l)}(\lambda_i), \quad l = 0,1,2,\cdots,n_i - 1, \quad i = 1,2,3,\cdots,m \tag{A.20}$$

가 성립한다면 $f(\boldsymbol{A}) = g(\boldsymbol{A})$ 로 된다.

위 요점에서 일반적으로 n_i 는 고유값의 중복도를 의미하지만, 만약 행렬 $\boldsymbol{A}$ 의 특성다항식이 그의 최소다항식과 다를 경우에는 n_i 는 고유값 λ_i 의 중복도보다 작은 값을 가질 수 있다. 자세한 내용은 선형대수 관련서적을 참조바란다.

7 벡터와 행렬의 크기와 행렬의 놈

벡터의 norm

여기서는 벡터와 행렬의 크기, 즉 norm에 대해서 정의하기로 한다. V 를 벡터공간이라 하자. 이때 이 공간상에서 정의되고 동시에 $\| \bullet \|$ 가 실수 값을 가지는 임의의 벡터가 아래의 조건을 만족할 때 이것을 벡터 $\vec{x}$ 의 크기(norm)라고 정의한다.

(i) $\| \vec{x} \| \geq 0$ (Positivity)
(ii) $\| \vec{x} \| = 0$ 이면 $\vec{x} = \vec{0}$ 이다 (Positive Definiteness)
(iii) $\| \alpha \vec{x} \| = \alpha \| \vec{x} \|$,α 는 임의의 스칼라이다(homogeneity)
(iv) $\| \vec{x} + \vec{y} \| \leq \| \vec{x} \| + \| \vec{y} \|$ (Triangle inequality)

단 $\vec{x}$ 와 $\vec{y}$ 는 벡터공간 V 상에 존재한다. 만약 (i), (iii)과 (iv)만이 성립할 경우는 세미 norm이라고 한다.

또한 $\vec{x} = [x_1, x_2, \cdots, x_n]^T$ 라 하면 $\vec{x}$ 의 p -norm은 다음과 같이 정의된다.

$$\| \vec{x} \|_p \equiv \left(\sum_{i=1}^{n} |x_i|^p \right)^{\frac{1}{p}}, \ (1 \leq p \leq \infty) \tag{A.21}$$

특히 제어이론 등에서 많이 사용되는 $p=1,2,\infty$ 일 경우의 각 norm은 아래와 같이 주어진다.

$$\| \vec{x} \|_1 \equiv \sum_{i=1}^{n} |x_i|$$

$$\| \vec{x} \|_2 \equiv \sqrt{\sum_{i=1}^{n} |x_i|^2}$$

$$\| \vec{x} \|_\infty \equiv \max_{1 \le i \le n} |x_i|$$

놈은 유클리드 공간(Euclidean space)에서의 크기를 나타내는 일반적인 개념의 추상적인 확장이라고 할 수 있다. 그래서 벡터의 norm이란 벡터의 길이의 척도, 예를 들면 $\| \vec{x} \|_2$ 는 원점에서 벡터 $\vec{x}$ 까지의 유클리드 거리라고 볼 수 있다.

임의의 벡터 공간에 속하는 두 개 벡터 $\vec{x}, \vec{y}$ 의 내적은 실수값을 가지며

$$\langle \vec{x}, \vec{y} \rangle = \vec{x}^T \vec{y}$$

와 같이 표시된다. 이것은 다음과 같은 특성을 가지고 있다(α_1, α_2 는 임의의 복소수).

$$\langle \overline{\vec{x}, \vec{y}} \rangle = \langle \vec{y}, \vec{x} \rangle$$

$$\langle \alpha \vec{x}_1 + \beta \vec{x}_2, \vec{y} \rangle = \overline{\alpha} \langle \vec{x}_1, \vec{y} \rangle + \overline{\beta} \langle \vec{x}_2, \vec{y} \rangle$$

$$\langle \vec{x}, \vec{y} \rangle > 0, \ \forall \vec{x} \neq \vec{0}$$

여기서 바(bar)는 공역복소수를 의미하고 있다. 위의 첫 번째 특성으로부터 $\langle \vec{x}, \vec{y} \rangle$는 실수로 됨을 알 수 있다.

내적은 벡터의 norm에 대한 자연적인 결과를 보여주고 있다. 즉 $\| \vec{x} \| = \{ \langle \vec{x}, \vec{x} \rangle \}^{1/2}$ 이다. 사실상 이것은 위에서 정의한 $p=2$ 에서의 벡터 norm에 대한 정의와 같다는 것을 쉽게 확인할 수 있다.

내적에 관련하여 '스와쯔의 부등식정리(Schwartz's inequality)'로서 알려진 다음과 같은 정리가 유명하다.

요점 A.14 스와쯔의 부등식정리(Schwartz's inequality)

벡터 $\vec{x}$ 의 크기를 $\| \vec{x} \| = \{ \langle \vec{x}, \vec{x} \rangle \}^{1/2}$ 로 정의한다면

$$|\langle \vec{x}, \vec{y} \rangle| \le \| \vec{x} \| \cdot \| \vec{y} \| \tag{A.22}$$

가 성립한다.

행렬의 norm

벡터에서의 norm과 유사하게 행렬에 대해서도 그의 크기를 나타내는 척도를 도입할 수 있다. 이에 대하여 간단히 알아본다.

먼저 $\boldsymbol{A}=[a_{ij}]\in C^{m\times n}$라 둔다. 그러면 벡터 p-norm에 의해 유도된(induced) 행렬의 norm은

$$\|\boldsymbol{A}\|_p \equiv \sup_{\vec{x}\neq\vec{0}} \frac{\|\boldsymbol{A}\vec{x}\|_p}{\|\vec{x}\|_p} = \sup_{\|\vec{x}\|\neq 1} \|\boldsymbol{A}\vec{x}\|_p \tag{A.23}$$

으로 정의된다. 여기서 sup는 supreme을 의미하는 것으로 $\|\boldsymbol{A}\vec{x}\|_p$의 최대값의 상한을 의미한다. 따라서 임의의 $\vec{x}$에 있어

$$\|\boldsymbol{A}\vec{x}\|_p \le \|\boldsymbol{A}\|_p \cdot \|\vec{x}\|_p \tag{A.24}$$

가 성립되는 것을 쉽게 확인할 수 있다.

행렬 $\boldsymbol{A}$의 norm은 $\|\vec{x}\|$을 통해서 정의되어지므로 사용하는 $\|\vec{x}\|$의 정의에 따라 $\|\boldsymbol{A}\|$의 값도 달라진다. 예를 들면 $\|\vec{x}\|_1$을 사용한다면 $\|\boldsymbol{A}\|$는

$$\max\left(\sum_{j=1}^{m}|a_{ij}|\right)$$

로 되며, $\|\vec{x}\|_\infty$를 이용한다면 $\|\boldsymbol{A}\|$는

$$\max\left(\sum_{i=1}^{n}|a_{ij}|\right)$$

로 된다. 이것과 함께 특히 제어이론의 전개과정에서 중요한 의미를 가지는 $p=\infty$ 인 경우를 포함해서 정리하면 다음과 같다.

$$\|\boldsymbol{A}\|_1 = \max_{1\le j\le n} \sum_{i=1}^{m}|a_{ij}| \quad \text{(열의 합계)} \tag{A.25a}$$

$$\|\boldsymbol{A}\|_2 = \sqrt{\lambda_{\max}(\boldsymbol{A}^*\boldsymbol{A})} \tag{A.25b}$$

$$\|\boldsymbol{A}\|_\infty = \max_{1\le i\le m} \sum_{j=1}^{n}|a_{ij}| \quad \text{(행의 합계)} \tag{A.25c}$$

과 같이 된다.

8 행렬과 관련된 몇 가지 공식

행렬식

행렬식에 대해서는 다음과 같은 사실이 알려져 있다.

(i) 2개의 행(또는 열)을 서로 교환하면 행렬식의 절대값은 변화가 없고 부호만이 반전된다. 또 어떤 행(또는 열)에 다른 행(또는 열)의 정수 배를 더해도 행렬식은 불변이다. 예를 들어 $\boldsymbol{A}=[\vec{a}_1, \vec{a}_2]$로 가정하면

$$\det[\vec{a}_1, \vec{a}_2] = -\det[\vec{a}_2, \vec{a}_1]$$

$$\det[\vec{a}_1, \vec{a}_2] = \det[\vec{a}_1 + \alpha\vec{a}_2, \vec{a}_2]$$

가 성립한다.

(ii) $\boldsymbol{A}(n\times n), \boldsymbol{B}(n\times n)$일 때, $\det(\boldsymbol{AB}) = \det(\boldsymbol{A})\det(\boldsymbol{B})$로 된다.

(iii) $\boldsymbol{A}(n\times n)$의 어떤 행(또는 열)을 a 배하면, 행렬식도 a 배로 된다. 또한

$$\det(a\boldsymbol{A}) = a^n \det(\boldsymbol{A})$$

으로 된다.

(iv) $\det[\vec{a}_1 + \vec{b}, \vec{a}_2] = \det[\vec{a}_1, \vec{a}_2] + \det[\vec{b}, \vec{a}_2]$가 성립한다.

(v) $\boldsymbol{A}(n\times n)$의 고유값을 $\lambda_i, (i=1,\cdots,n)$이라 하면 $|\boldsymbol{A}| = \lambda_1 \cdot \lambda_2 \cdots \lambda_n$이 성립한다. 따라서 $|\boldsymbol{A}| \neq 0$은 $\lambda_i \neq 0, (\forall i)$와 등가이다.

특히 행렬의 요소 중에 영(zero)을 많이 가지고 있거나 특수한 행렬에서 다음과 같은 블록 행렬에 관한 공식을 이용하면 간단하게 행렬식을 구할 수 있다.

(vi) $\boldsymbol{A}(n\times n), \boldsymbol{D}(m\times m)$의 경우

$$\det\begin{bmatrix} \boldsymbol{A} & \boldsymbol{B} \\ \boldsymbol{C} & \boldsymbol{D} \end{bmatrix} = \begin{cases} \det(\boldsymbol{A})\det(\boldsymbol{D}-\boldsymbol{C}\boldsymbol{A}^{-1}\boldsymbol{B}), \ (|\boldsymbol{A}| \neq 0 \text{ 인 경우}) \\ \det(\boldsymbol{D})\det(\boldsymbol{A}-\boldsymbol{B}\boldsymbol{D}^{-1}\boldsymbol{C}), \ (|\boldsymbol{D}| \neq 0 \text{ 인 경우}) \end{cases} \quad \text{(A.26)}$$

가 성립한다. 특히 $\boldsymbol{C}=0$ 또는 $\boldsymbol{B}=0$ 인 경우에는 무조건으로

$$\det\begin{bmatrix} \boldsymbol{A} & \boldsymbol{B} \\ 0 & \boldsymbol{D} \end{bmatrix} = \det\begin{bmatrix} \boldsymbol{A} & 0 \\ \boldsymbol{C} & \boldsymbol{D} \end{bmatrix} = \det(\boldsymbol{A}) \cdot \det(\boldsymbol{D}) \quad \text{(A.27)}$$

로 된다.

(vii) $\boldsymbol{B}(n\times m), \boldsymbol{C}(m\times n)$ 의 경우

$$\det\begin{bmatrix} \boldsymbol{I}_n & \boldsymbol{B} \\ -\boldsymbol{C} & \boldsymbol{I}_m \end{bmatrix} = \det(\boldsymbol{I}_n + \boldsymbol{B}\boldsymbol{C})$$

$$= \det(\boldsymbol{I}_m + \boldsymbol{C}\boldsymbol{B})$$

가 성립하고, 특히 $m=1$ 이면 $\vec{b}, (n\times 1), \vec{c}, (1\times n)$ 로 되어

$$\det(\boldsymbol{I}_n + \vec{b}\,\vec{c}) = 1 + \vec{c}\,\vec{b}$$

로 됨을 알 수 있다.

역행렬

$\boldsymbol{AX}=\boldsymbol{I}$ (또는 $\boldsymbol{XA}=\boldsymbol{I}$)를 만족하는 정방행렬 $\boldsymbol{X}$ 를 $\boldsymbol{A}$ 의 '역행렬(inverse matrix)'이라고 하며 $\boldsymbol{A}^{-1}$ 로 표시한다. 정방이며 행렬식이 영이 아닌 행렬에 대해서만 정의된다.

$$\boldsymbol{A}\vec{x} = \vec{b}$$

인 대수방정식(연립방정식)의 해는 $\boldsymbol{A}^{-1}$ 이 존재할 경우에만 유일한 해

$$\vec{x} = \boldsymbol{A}^{-1}\vec{b}$$

를 가진다. 또한

$$\boldsymbol{A}^{-1} = \frac{\mathrm{adj}\,(\boldsymbol{A})}{|\boldsymbol{A}|}$$

로 정의하며 $\mathrm{adj}(\boldsymbol{A})$ 를 $\boldsymbol{A}$ 의 '여인자행렬(adjoint matrix)'이라고 한다. $\boldsymbol{A}^{-1}$ 은 위 식을 이용해서 계산되며 $\mathrm{adj}(\boldsymbol{A})$ 의 제 i 행, j 열 번째의 요소를 $\boldsymbol{A}_{ij}$ 로 하면

$$A_{ij} = (-1)^{i+j}\boldsymbol{M}_{ji}$$

로 된다. 예를 들면, $\boldsymbol{A}:(2\times 2)$ 의 행렬에서는

$$\mathrm{adj}\,(\boldsymbol{A}) = \begin{bmatrix} a_{22} & -a_{12} \\ -a_{21} & a_{11} \end{bmatrix}$$

로 된다.

역행렬에 대해서는 다음의 사실이 알려져 있다.

(i) $\boldsymbol{A}(n\times n), \boldsymbol{B}(n\times n)$ 에서 $|\boldsymbol{A}|\neq 0, |\boldsymbol{B}|\neq 0$ 의 경우, $(\boldsymbol{AB})^{-1} = \boldsymbol{B}^{-1}\boldsymbol{A}^{-1}$ 로 된다.

(ii) a 를 스칼라로 했을 경우 $(aA)^{-1}=A^{-1}/a$ 로 된다.

(iii) $|A^{-1}|=1/|A|$로 된다.

행렬식의 경우와 마찬가지로 다음과 같은 블록행렬의 역행렬에 대한 공식이 알려져 있으며 matrix inversion lemma으로 불린다.

(iv) $A(n\times n), D(m\times m)$ 일 때

$$\begin{bmatrix} A & B \\ C & D \end{bmatrix}^{-1} = \begin{bmatrix} A^{-1}+A^{-1}BS^{-1}CA^{-1}, & -A^{-1}BS^{-1} \\ -S^{-1}CA^{-1} & S^{-1} \end{bmatrix} \tag{A.28}$$

단, $S=D-CA^{-1}B$ ($|A|\neq 0$, $|S|\neq 0$인 경우)이다. 또는

$$\begin{bmatrix} A & B \\ C & D \end{bmatrix}^{-1} = \begin{bmatrix} K^{-1} & -K^{-1}BD \\ -D^{-1}CK^{-1}, & D^{-1}+D^{-1}CK^{-1}BD^{-1} \end{bmatrix} \tag{A.29}$$

단, $K=A-BD^{-1}C$ ($|D|\neq 0$, $|K|\neq 0$ 인 경우)이다.

(v) $A(n\times n), B(n\times m), C(m\times n)$ 이며 $|A|\neq 0$ 일 때

$$(A+BC)^{-1}=A^{-1}-A^{-1}B\left(I_n+CA^{-1}B\right)^{-1}CA^{-1} \tag{A.30}$$

가 성립하고, 특히 $m=1$ 인 경우에 $\vec{b}:(n\times 1), \vec{c}:(1\times n)$ 로 되어

$$(A+\vec{b}\,\vec{c}\,)^{-1}=A^{-1}-\frac{A^{-1}\vec{b}\,\vec{c}\,A^{-1}}{1+\vec{c}A^{-1}\vec{b}} \tag{A.31}$$

된다.

(vi) (v)의 특별한 경우로서

$$(I+A)^{-1}=I-A(I+A)^{-1}=I-(I+A)^{-1}A \tag{A.32}$$

가 성립한다.

전치행렬

$A=\{a_{ij}\}$로 표시했을 때, $A^T=\{x_{ij}\}: x_{ij}=a_{ji}$, 즉 A 의 제 j 행, i 열 번째의 요소를 제 i 행 j 열 번째의 요소로 하는 행렬 A^T를 A 의 '전치행렬(transposed matrix)'이라고 한다. $A(n\times m)$ 일 때 $A^T(m\times n)$로 된다. 특히 $A^T=A$ (따라서 A 는 반드시 정방행렬이어야 한다)을 만족하는 행렬을 '대칭행렬(symmetric matrix)'이라고 하며, 또 $A^T=-A$를 만족하는 정방행렬을 '왜대칭행렬(skew symmetric matrix)'이라고 한다.

전치행렬에 대해서는 다음의 사실이 알려져 있다.

(i) $(\boldsymbol{AB})^T = \boldsymbol{B}^T \boldsymbol{A}^T$로 된다.

(ii) $\boldsymbol{A}(n \times n)$의 경우 $|\boldsymbol{A}^T| = |\boldsymbol{A}|$, $\mathrm{adj}(\boldsymbol{A}^T) = [\mathrm{adj}(\boldsymbol{A})]^T$로 되며, 따라서 $\boldsymbol{A}$가 정칙행렬이면 $(\boldsymbol{A}^T)^{-1} = (\boldsymbol{A}^{-1})^T$가 성립한다.

(iii) $\boldsymbol{A}(n \times n)$일 때, $\boldsymbol{A}$와 $\boldsymbol{A}^T$의 고유값은 서로 같다.

찾 아 보 기

| 저자 소개 |

최연욱(崔然旭) : wook@pknu.ac.kr

1955년 부산출생

1978년 한양대학교 전자공학과 학사

1980년 한양대학교 대학원 전자공학과 석사

1990년 일본 京部大學 대학원, 공학박사

현재 부경대학교 공과대학 제어계측공학부 교수

[관심분야] Robust Control, Sampled-Data Control, 제어기설계론 등

[저서] 자동제어실험(상학당), 현대제어이론의 기초(청문각), 신호와 제어(홍릉과학출판사) 등

정가 29,000원

현대제어공학 – 개정판 –

(상태방정식의 이해)

2008년 8월 18일 초판 인쇄

2012년 3월 2일 개정판 발행

저 자 : 최연욱

발행자 : 우명찬 · 송 준

발행처 : 홍릉과학출판사

주 소 : 서울시 강북구 인수동 455-60

142-885

등 록 : 1976년 10월 21일 제5-66호

전 화 : (02) 999-2274~5, 996-8341, 903-7037

팩 스 : (02) 905-6729

e-mail: hongpub@hongpub.co.kr

http://www.hongpub.co.kr

ISBN: 978-89-97570-12-6

저자와의 협의하에 인지생략